U0160832

中国气候与生态环境演变评估报告

秦大河　总主编

丁永建　翟盘茂　宋连春　姜克隽　副总主编

中国科学院科技服务网络计划项目："中国气候与环境演变：2021"（KFJ-STS-ZDTP-052）

中国气象局气候变化专项："中国气候与生态环境演变"

联合资助

中国气候与生态环境演变：2021

第二卷（下）

区域影响、脆弱性与适应

宋连春　吴绍洪
丁永建　罗　勇　主编

张建云　主审

科学出版社

北　京

内 容 简 介

本书在国内外最新科学研究成果的基础上，系统地评估了气候变化对我国东北、京津冀、长三角、长江中上游、粤港澳大湾区、台湾和福建、西北干旱区、黄土高原、青藏高原、云贵高原等地区以及“一带一路”重点区域的影响，综合分析了各地区和区域气候变化脆弱性和未来风险，归纳、总结并提出了不同地区和区域适应气候变化的措施选择。

本书可供各级政府部门、企业、群众组织和民间团体的有关人员，相关学科的专业技术人员，大专院校师生和具有一定相关专业知识背景的社会各界人士参考。

审图号：GS (2021) 4892 号

图书在版编目（CIP）数据

中国气候与生态环境演变. 2021 第二卷 下 区域影响、脆弱性与适应/宋连春等主编. —北京：科学出版社，2021.9

（中国气候与生态环境演变评估报告/秦大河总主编）

ISBN 978-7-03-069782-0

Ⅰ.①中… Ⅱ.①宋… Ⅲ.①气候变化–中国 ②生态环境–中国 Ⅳ.①P468.2 ②X321.2

中国版本图书馆CIP数据核字（2021）第187558号

责任编辑：朱 丽 郭允允 赵 晶 / 责任校对：何艳萍

责任印制：肖 兴 / 封面设计：蓝正设计

科学出版社 出版

北京东黄城根北街 16 号

邮政编码：100717

http://www.sciencep.com

北京九天鸿程印刷有限责任公司 印刷

科学出版社发行 各地新华书店经销

*

2021年9月第 一 版 开本：787 × 1092 1/16

2021年9月第一次印刷 印张：30 1/4

字数：717 000

定价：328.00元

（如有印装质量问题，我社负责调换）

丛书编委会

本卷编写组

组　　长： 宋连春

副 组 长： 吴绍洪　丁永建　罗　勇　张建云

成　　员：（按姓氏汉语拼音排序）

蔡庆华　陈发虎　陈亚宁　崔胜辉　邓　伟　董文杰　杜德斌　方创琳
傅伯杰　何大明　李占斌　刘国彬　刘国华　刘洪滨　刘绍臣　宋长春
孙福宝　王　军　王澄海　王春乙　王江山　王晓明　王雪梅　温家洪
夏　军　张　强　张宪洲　张勇传　赵春雨　朱立平　朱永官　左军成

技术支持： 魏　超

总序一

气候变化及其影响的研究已成为国际关注的热点。以联合国政府间气候变化专门委员会（IPCC）为代表的全球气候变化评估结果，已成为国际社会认识气候变化过程、判识影响程度、寻求减缓途径的重要科学依据。气候变化不仅仅是气候自身的变化，而且是气候系统五大圈层，即大气圈、水圈、冰冻圈、生物圈和岩石圈（陆地表层圈层）整体的变化，因此其对人类生存环境与可持续发展影响巨大，与社会经济、政治外交和国家安全息息相关。

从科学的角度来看，气候变化研究就是要认识规律、揭示机理、阐明影响机制，为人类适应和减缓气候变化提供科学依据。但由于气候系统的复杂性，气候变化涉及自然和社会科学的方方面面，研究者从各自的学科、视角开展研究，每年均有大量有关气候系统变化的最新成果发表。尤其是近 10 年来，发表的有关气候变化的最新成果大量增加，在气候变化影响方面的研究进展更令人瞩目。面对复杂的气候系统及爆炸性增长的文献信息，如何在大量的文献中总结出气候系统变化的规律性成果，凝练出重大共识性结论，指导气候变化适应与减缓，是各国、各界关注的科学问题。基于上述原因，由联合国发起，世界气象组织 (WMO) 和联合国环境规划署 (UNEP) 组织实施的 IPCC 对全球气候变化的评估报告引起了高度关注。IPCC 的科学结论与工作模式也得到了普遍认同。

中国地处东亚、延至内陆腹地，不仅受季风气候和西风系统的双重影响，而且受青藏高原、西伯利亚等区域天气、气候系统的影响，北极海冰、欧亚积雪等也对中国天气、气候影响巨大。在与全球气候变化一致的大背景下，中国气候变化也表现出显著的区域差异性。同时，在全球气候变化影响下，中国极端天气气候事件频发，带来的灾害损失不断增多。针对中国实际情况，参照 IPCC 的工作模式，以大量已有中国气候与环境变化的研究成果为依托，结合最新发展动态，借鉴国际研究规范，组织有关自然科学、社会科学等多学科力量，结合国家构建和谐社会和实施“一带一路”倡议的实际需求，对气候系统变化中我国所面临的生态与环境问题、区域脆弱性与适宜性及其对区域社会经济发展的影响和保障程度等方面进行综合评估，形成科学依据充分、具有权威性，并与国际接轨的高水平评估报告，其在科学上具有重要意义。

中国科学院对气候变化研究高度重视，与中国气象局联合组织了多次中国气候变化评估工作。此次在中国科学院和中国气象局的共同资助下，由秦大河院士牵头实施的“中国气候与生态环境演变：2021”评估研究，组织国内上百名相关领域的骨干专家，历时3年完成了《中国气候与生态环境演变：2021（第一卷　科学基础）》、《中国气候与生态环境演变：2021（第二卷上　领域和行业影响、脆弱性与适应）》、《中国气候与生态环境演变：2021（第二卷下　区域影响、脆弱性与适应）》、《中国气候与生态环境演变：2021（第三卷　减缓）》及《中国气候与生态环境演变：2021（综合卷）》（中、英文版）等评估报告，系统地评估了中国过去及未来气候与生态变化事实、带来的各种影响、应采取的适应和减缓对策。在当前中国提出碳中和重大宣示的背景下，这一报告的出版不仅对认识气候变化具有重要的科学意义，也对各行各业制定相应的碳中和政策具有积极的参考价值，同时也可作为全面检阅中国气候变化研究科学水平的重要标尺。在此，我对参与这次评估工作的广大科技人员表示衷心的感谢！期待中国气候与生态环境变化研究以此为契机，在未来的研究中更上一层楼。

中国科学院院长、中国科学院院士

2021年6月30日

总序二

近百年来，全球气候变暖已是不争的事实。2020 年全球气候系统变暖趋势进一步加剧，全球平均温度较工业化前水平（1850~1900 年平均值）高出约 1.2℃，是有记录以来的三个最暖年之一。世界经济论坛 2021 年发布《全球风险报告》，连续五年把极端天气、气候变化减缓与适应措施失败列为未来十年出现频率最多和影响程度最大的环境风险。国际社会已深刻认识到应对气候变化是当前全球面临的最严峻挑战，采取积极措施应对气候变化已成为各国的共同意愿和紧迫需求。我国天气气候复杂多变，是全球气候变化的敏感区，气候变化导致极端天气气候事件趋多趋强，气象灾害损失增多，气候风险加大，对粮食安全、水资源安全、生态安全、环境安全、能源安全、重大工程安全、经济安全等领域均产生严重威胁。

2020 年 9 月，国家主席习近平在第七十五届联合国大会一般性辩论上郑重宣布，我国将力争于 2030 年前实现碳达峰、2060 年前实现碳中和，这是中国基于推动构建人类命运共同体的责任担当和实现可持续发展的内在要求做出的重大战略决策。2021 年 4 月，习近平主席在领导人气候峰会上提出了“六个坚持”，强烈呼吁面对全球环境治理前所未有的困难，国际社会要以前所未有的雄心和行动，勇于担当，勠力同心，共同构建人与自然生命共同体。这不但展示了我国极力推动全球可持续发展的责任担当，也为全球实现绿色可持续发展提供了切实可行的中国方案。

中国气象局作为 IPCC 评估报告的国内牵头单位，是专业从事气候和气候变化研究、业务和服务的机构，曾先后两次联合中国科学院组织实施了“中国气候与环境演变”评估。本轮评估组织了国内多部门近 200 位自然和社会科学领域的相关专家，围绕“生态文明”“一带一路”“粤港澳大湾区”“长江经济带”“雄安新区”等国家建设，综合分析评估了气候系统变化的基本事实，区域气候环境的脆弱性及气候变化应对等，归纳和提出了我国科学家的最新研究成果和观点，从现有科学认知水平上加强了应对气候变化形势分析和研判，同时进一步厘清了应对气候生态环境变化的科学任务。

我国气象部门立足定位和职责，充分发挥了在气候变化科学、影响评估和决策支撑上的优势，为国家应对气候变化提供了全链条科学支撑。可以预见，未来十年将是社会转型发展和科技变革的十年。科学应对气候变化，有效降低不同时间尺度气候变化所引发的潜在风险，需要在国家国土空间规划和建设中充分考虑气候变化因素，推动开展基于自然的解决方案，通过主动适应气候变化减少气候风险；需要高度重视气候变化对我国不同区域、不同生态环境的影响，加强对气候变化背景下环境污染、生态系统退化、生物多样性减少、资源环境与生态恶化等问题的监测和评估，加快研发相应的风险评估技术和防御技术，建立气候变化风险早期监测预警评估系统。

“十四五”开局之年出版本报告具有十分重要的意义，对碳中和目标下的防灾减灾救灾、应对气候变化和生态文明建设具有重要的参考价值。中国气象局愿与社会各界同仁携起手来，为实现我国经济社会发展的既定战略目标砥砺奋进、开拓创新，为全人类福祉和中华民族的伟大复兴做出应有的贡献。

中国气象局党组书记、局长

2021 年 4 月 26 日

总序三

当前，气候变化已经成为国际广泛关注的话题，从科学家到企业家、从政府首脑到普通大众，气候变化问题犹如持续上升的温度，成为国际重大热点议题。对气候变化问题的广泛关注，源自工业革命以来人类大量排放温室气体造成气候系统快速变暖、并由此引发的一系列让人类猝不及防的严重后果。气候系统涉及大气圈、水圈、冰冻圈、生物圈和岩石圈五大圈层，各圈层之间既相互依存又相互作用，因此，气候变化的内在机制十分复杂。气候变化研究还涉及自然和人文的方方面面，自然科学和社会科学各领域科学家从不同方向和不同视角开展着广泛的研究。如何把握现阶段海量研究文献中对气候变化研究的整体认识水平和研究程度，深入理解气候变化及其影响机制，趋利避害地适应气候变化影响，有效减缓气候变化，开展气候变化科学评估成为重要手段。

国际上以 IPCC 为代表开展的全球气候变化评估，不仅是理解全球气候变化的权威科学，而且也是国际社会制定应对全球气候变化政策的科学依据。在此基础上，以发达国家为主的区域（欧盟）和国家（美国、加拿大、澳大利亚等）的评估，为制定区域 / 国家的气候政策起到了重要科学支撑作用。中国气候与环境评估起始于 2000 年中国科学院西部行动计划重大项目“西部生态环境演变规律与水土资源可持续利用研究”，在此项目中设置了“中国西部环境演变评估”课题，对西部气候和环境变化进行了系统评估，于 2002 年完成了《中国西部环境演变评估》报告（三卷及综合卷），该报告为西部大开发国家战略实施起到了较好作用，也引起科学界广泛好评。在此基础上，2003 年由中国科学院、中国气象局和科技部联合组织实施了第一次全国性的“中国气候与环境演变”评估工作，出版了《中国气候与环境演变》（上、下卷）评估报告，该报告为随后的国家气候变化评估报告奠定了科学认识基础。基于第一次全国评估的成功经验，2008 年由中国科学院和中国气象局联合组织实施了“中国气候与环境演变：2012”评估研究，出版了一套系列评估专著，即《中国气候与环境演变：2012（第一卷　科学基础）》《中国气候与环境演变：2012（第二卷　影响与脆弱性）》《中国气候与环境演变：2012（第三卷　减缓与适应）》和由上述三卷核心结论提炼而成的《中国气候与环境演变：2012（综合卷）》。这也是既参照国际评估范式，又结合中国实际，从科学基础、影响与脆弱性、适应与减缓三方面开展的系统性科学评估工作。

时至今日，距第二次全国评估报告过去已近十年。十年来，不仅针对中国气候与环境变化的研究有了快速发展，而且气候变化与环境科学和国际形势也发生了巨大变化。基于科学研究新认识、依据国家发展新情况、结合国际新形势，再次开展全国气候与环境变化评估就成了迫切的任务。为此，中国科学院和中国气象局联合，于2018年启动了“中国气候与生态环境演变：2021”评估工作。本次评估共组织国内17个部门、45个单位近200位自然和社会科学领域的相关专家，针对气候变化的事实、影响与脆弱性、适应与减缓等三方面开展了系统的科学评估，完成了《中国气候与生态环境演变：2021（第一卷　科学基础）》《中国气候与生态环境演变：2021（第二卷上　领域和行业的影响、脆弱性与适应）》《中国气候与生态环境演变：2021（第二卷下　区域影响、脆弱性与适应）》《中国气候与生态环境演变：2021（第三卷　减缓）》《中国气候与生态环境演变：2021（综合卷）》（中、英文版）等系列评估报告。评估报告出版之际，我对各位参与本次评估的广大科技人员表示由衷的感谢！

中国气候与生态环境演变评估工作走过了近20年历程，这20年也是中国社会经济快速发展、科技实力整体大幅提升的阶段，从评估中也深切地感受到中国科学研究的快速进步。在第一次全国气候与环境评估时，科学基础部分的研究文献占绝大多数，而有关影响与脆弱性及适应与减缓方面的文献少之又少，以至于在对这些方面的评估中，只能借鉴国际文献对国外的相关评估结果，定性指出中国可能存在的相应问题。由于文献所限第一次全国气候评估报告只出版了上、下两卷，上卷为科学基础，下卷为影响、适应与减缓，且下卷篇幅只有上卷的三分之二。到2008年开展第二次全国气候与环境评估时，这一情况已有改观，发表的相关文献足以支撑分别完成影响与脆弱性、适应与减缓的评估工作，且关注点已经开始向影响和适应方面转移。本次评估发生了根本性变化，有关影响、脆弱性、适应与减缓研究的文献已经大量增加，评估重心已经转向重视影响和适应。本次评估报告的第二卷分上、下两部分出版，上部分是针对领域和行业的影响、脆弱性与适应评估，下部分是针对重点区域的影响、脆弱性与适应评估，由此可见一斑。对气候和生态环境变化引发的影响、带来的脆弱性以及如何适应，这也是各国关注的重点。从中国评估气候与生态环境变化评估成果来看，反映出中国科学家近20年所做出的努力和所取得的丰硕成果。中国已经向世界郑重宣布，努力争取2060年前实现碳中和，中国科学家也正为此开展广泛研究。相信在下次评估时，碳中和将会成为重点内容之一。

回想近三年的评估工作，为组织好一支近200人，来自不同部门和不同领域，既有从事自然科学、又有从事社会科学研究的队伍高效地开展气候和生态变化的系统评估，共召开了 8 次全体主笔会议、3 次全体作者会议，各卷还分别多次召开卷、章作者会议，在充分交流、讨论及三次内审的基础上，数易其稿，并邀请上百位专家进行了评审，提出了 1000 多条修改建议。针对评审意见，又对各章进行了修改和意见答复，形成了部门送审稿，并送国家十余个部门进行了部门审稿，共收到部门修改意见 683 条，在此基础上，最终形成了出版稿。

参加报告评审的部门有科技部、工业和信息化部、自然资源部、生态环境部、住房和城乡建设部、交通运输部、农业农村部、文化和旅游部、国家卫生健康委员会、中国科学院、中国社会科学院、国家能源局、国家林业和草原局等；参加报告第一卷评审的专家有蔡榕硕、陈文、陈正洪、胡永云、马柱国、宋金明、王斌、王开存、王守荣、许小峰、严中伟、余锦华、翟惟东、赵传峰、赵宗慈、周顺武、朱江等；参加报告第二卷评审的专家有陈大可、陈海山、崔鹏、崔雪峰、方修琦、封国林、李双成、刘鸿雁、刘晓东、任福民、王浩、王乃昂、王忠静、许吟隆、杨晓光、张强、郑大玮等；参加报告第三卷评审的专家有卞勇、陈邵锋、崔宜筠、邓祥征、冯金磊、耿涌、黄全胜、康艳兵、李国庆、李俊峰、牛桂敏、乔岳、苏晓晖、王遥、徐鹤、余莎、张树伟、赵胜川、周楠、周冯琦等；参加报告综合卷评审的专家有卞勇、蔡榕硕、巢清尘、陈活泼、陈邵锋、邓祥征、方创琳、葛全胜、耿涌、黄建平、李俊峰、李庆祥、孙颖、王颖、王金南、王守荣、许小峰、张树伟、赵胜川、赵宗慈、郑大玮等。在此对各部门和各位专家的认真评审、建设性的意见和建议表示真诚的感谢！

评估报告的完成来之不易，在此对秘书组高效的组织工作表达感谢！特别对全面负责本次评估报告秘书组成员王生霞、魏超、王文华、闫宇平、徐新武、王荣、王世金，以及各卷技术支持余荣和周蓝月（第一卷）、黄建斌（第二卷上）、魏超（第二卷下）、刘影影和朱磊（第三卷）、王生霞（综合卷）表达诚挚谢意，他们为协调各卷工作、组织评估会议、联络评估专家、汇集评审意见、沟通出版事宜等方面做出了很大努力，给予了巨大的付出，为确保本次评估顺利完成做出了重要贡献。

由于评估涉及自然和社会广泛领域，评估工作难免存在不当之处，在报告即将出版之际，怀着惴惴不安的心情，殷切期待着广大读者的批评指正。

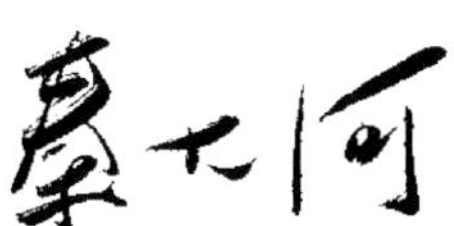

中国科学院院士

2021 年 4 月 20 日

前言

我国疆域辽阔，包含热带、亚热带、暖温带、中温带、寒温带以及特殊的青藏高原区，区域气候特征复杂多样，气候变化对不同区域的影响也具有独特的特点。我国也是世界上极端气候事件和灾害种类最多、范围最广、发生频率最高和强度最大的区域之一。在全球变暖背景下，我国一些极端气候事件趋多趋强，由极端气候事件引发的气象灾害及其衍生的灾害所造成的损失不断增加，面临的灾害风险也不断加大。此外，不同地区和区域之间经济社会发展程度具有差异性，从客观上要求气候变化适应措施需根据各区域的气候变化风险特点，因地制宜、有的放矢，通过对极端灾害风险的评估和有效管理，减少气候变化带来的不利影响及损失。本书就是针对气候变化对不同地区和区域的影响开展的系统性评估研究。

此次在中国科学院和中国气象局的共同资助下，由秦大河院士牵头实施“中国气候与生态环境演变：2021”评估研究，组织了国内近 200 名相关领域的骨干队伍，历时 3 年完成了《中国气候与生态环境变化：2021》系列评估报告。本书评估了我国东北地区、京津冀地区、长三角地区、长江中上游地区、粤港澳大湾区、台湾和福建、西北干旱区、黄土高原、青藏高原、云贵高原，以及“一带一路”等众多典型地区和区域的气候变化影响及适应措施选择，期望评估结论能够体现当前科学界的认知水平。

参加本书评估工作的有来自中国科学院、中国气象局、教育部、水利部、生态环境部、农业农村部、国家卫生健康委员会及中国社会科学院等部门所属的 38 个科研院所共 70 多名科研人员。本书由宋连春、吴绍洪、丁永建和罗勇任主编，张建云为主审。魏超为技术支持，负责本书的协调、组织、沟通和技术支持工作。第 11 章为东北地区，赵春雨、宋长春为主要作者协调人，王江山编审，米娜、孙丽、周晓宇、崔妍、梁爱珍为主要作者；第 12 章为京津冀地区，宋连春、孙福宝为主要作者协调人，刘洪滨编审，潘志华、郭军、王冀、许红梅为主要作者；第 13 章为长三角地区，左军成、温家洪为主要作者协调人，王军编审，谈建国、丁爱军、王健鑫、纪棋严为主要作者；第 14 章为长江中上游地区，夏军、蔡庆华为主要作者协调人，张勇传编审，朱波、王学雷、汪明喜、徐耀阳为主要作者；第 15 章为粤港澳大湾区，王雪梅、董文杰为主要作者协调人，王春乙编审，陈永勤、王伟文、李剑锋、罗明、严鸿霖为主要作者；第

16章为台湾和福建，刘绍臣、崔胜辉为主要作者协调人，朱永官编审，石龙宇、黄金良、徐礼来为主要作者；第17章为西北干旱区，张强、陈亚宁为主要作者协调人，王澄海编审，李耀辉、王劲松、姚玉璧、王玉洁为主要作者；第18章为黄土高原，刘国彬、李占斌为主要作者协调人，傅伯杰编审，杨艳芬、党小虎、王国梁、张晓萍为主要作者；第19章为青藏高原，朱立平、张宪洲为主要作者协调人，陈发虎编审，阳坤、王小丹、王宁练、赵东升为主要作者；第20章为云贵高原，何大明、刘国华为主要作者协调人，邓伟编审，田立德、曹建华、杨庆媛为主要作者；第21章为"一带一路"，方创琳、杜德斌为主要作者协调人，罗勇编审，王振波、范育鹏、杨文龙为主要作者；第22章为影响、脆弱性与适应的综合评估，丁永建、罗勇为主要作者协调人，王晓明编审，王生霞、王少平、赵求东、秦甲、李晨毓为主要作者。

本书分别由部门和专家进行了评审，参加评审的部门有科技部、工业和信息化部、自然资源部、生态环境部、住房和城乡建设部、交通运输部、农业农村部、文化和旅游部、国家卫生健康委员会、中国科学院、中国社会科学院、国家能源局、国家林业和草原局等；参加评审的专家有陈大可、陈海山、崔鹏、崔雪峰、方修琦、封国林、李双成、刘鸿雁、刘晓东、任福民、王浩、王乃昂、王忠静、许吟隆、杨晓光、张强、郑大玮等。不同部门和各位评审专家对本卷评估报告完成提出了许多具有建设性的意见，各章作者根据评审意见也进行了认真修改。正是有了上述部门和专家的评审意见和修改建议，本书的质量才得到提升和保证。在此，对参加评审的部门和各位评审专家表示衷心感谢!

在本次评估过程中，来自不同部门、不同领域的专家共同研讨，反复修改，付出了巨大努力，在此对各位专家的辛勤工作和无私奉献表示衷心感谢；对为本书承担繁重秘书及技术支持工作的魏超博士的杰出工作表示由衷感谢！在评估报告即将出版之际，特别对全面负责本次评估报告秘书及技术支持工作的王生霞博士表达诚挚谢意，她为协调各卷工作、组织评估会议、联络评估专家、汇集评审意见、沟通出版事宜等付出了很多，确保了本次评估顺利完成。

宋连春　中国气象局国家气候中心研究员

吴绍洪　中国科学院地理科学与资源研究所研究员

丁永建　中国科学院西北生态环境资源研究院研究员

罗勇　清华大学教授

2021年4月12日

目录

第11章 东北地区

主要作者协调人：赵春雨、宋长春
编　　　　审：王江山
主 要 作 者：米　娜、孙　丽、周晓宇、崔　妍、梁爱珍

▪ 执行摘要

本章重点评估了气候变化对东北地区农业、湿地、水资源和冰雪气候资源领域的影响和脆弱性、风险，并提出了针对性的适应对策。气候变化引起作物适宜生长期期间热量资源增加，1961~2015 年≥ 10℃积温增幅为 5~120（℃ · d）/10a；极端低温冷害事件强度和频率降低；农业病虫害损失加重；玉米和水稻种植期延长 2~9 天；春玉米的可能种植北界向北移动了 158.3~285.8km，可种植面积增加了 $3.84 \times 10^4 km^2$；水稻以北移为主，逐渐向东移、向高海拔地区扩展，种植面积增加了近 250 万 hm^2（高信度）。湿地植被退化较为明显，多年冻土呈现出区域性退化趋势（中等信度）。松辽流域呈干旱化趋势，径流量和水资源量均减少（低信度）。未来东北地区单季稻区发生高温热害的概率逐渐增加，不同熟性春玉米种植界限继续北移东扩，可种植玉米区域扩大明显（高信度）。沼泽湿地面积减少、冻土面积缩小和南界北移、冻土脆弱性增加。松辽流域发生连续性的旱涝和旱涝互转的可能性增加，需水量整体增加，辽河流域面临极度脆弱性（低信度）。因此，应加强农田基本建设、作物抗逆品种选育、作物病虫害防治、作物应变耕作栽培、农业种植结构调整、极端天气事件农业保险等作为农业适应气候变化的关键技术；加强湿地保护法制建设、提高东北湿地研究的科技支撑力度、加强湿地保护宣传教育、开展湿地生态监测与评估；加强水资源合理配置及干旱监测；科学发挥冰雪气候优势。

11.1 引　言

东北地区包括黑龙江、辽宁、吉林和内蒙古东部呼伦贝尔、兴安盟、通辽和赤峰，总面积为 145 万 km^2。东、北、西三面为低山、中山环绕，中部为广阔的大平原，全区平原统称为东北大平原，包括三江平原、松嫩平原和辽河平原，是我国最大的平原之一。本书的东北地区仅指由辽宁、吉林、黑龙江三省构成的区域，面积为 $80.84 \times 10^4 km^2$。东北地区南面是黄、渤二海，东面和北面有鸭绿江、图们江、乌苏里江和黑龙江环绕，仅西面为陆界。受纬度、海陆位置、地势等因素的影响，东北地区属大陆性季风气候，地域广阔，气候类型多样，自南而北跨暖温带、中温带与寒温带，四季分明，夏季温热多雨，冬季寒冷干燥。东北地区森林覆盖率高，可拉长冰雪消融时间，且森林储雪有助于发展农业及林业。

东北地区既是典型的老工业基地，又是重要的粮食主产区，其农作物以一年一熟为主，2017 年东北地区粮食产量占全国粮食产量的 19.2%，粮食商品量占全国的 1/3，这对保证全国粮食安全具有举足轻重的作用。东北地区是气候变化敏感区，随着气候变暖，东北地区的农业生产发生了重大变化，喜温高产作物水稻、玉米面积扩大，生育期较长的高产品种比重增加，播种期提前，从而促进了粮食产量的大幅度增加。同时，干旱、暴雨等极端天气气候事件对东北地区粮食生产的冲击强度加大，使农业生产波动性加剧。未来气候变化势必将影响到东北地区农业结构的调整和种植布局的规划，气候变化影响下东北地区农业生产波动将直接影响中国粮食安全问题。

东北地区也是世界仅存的“四大黑土带”之一的东北黑土区分布所在地，经过数万年的变迁，草原、草甸茂盛的植被凋落物与残体经微生物分解转化为腐殖质，形成一层厚厚的黑土层，为东北地区农业发展和粮食生产提供肥沃的土壤。东北黑土区主要分布在呼伦贝尔草原，大、小兴安岭，三江平原，松嫩平原和长白山地区，涉及黑龙江和吉林全部，辽宁东北部及内蒙古东部（全国水土保持规划编制工作领导小组办公室和水利部水利水电规划设计总院，2016）。全球气候变化，如温度上升、降水量下降以及极端天气频发等（Gong et al.，2013），将导致东北黑土区有机质分解加快和土壤肥力下降。

东北地区湿地景观类型多、分布广泛，是中国平原区沼泽分布最大的区域之一。东北地区湿地面积 753.57 万 hm^2，占中国陆地湿地面积的 14.1%，其中自然湿地面积 689.44 万 hm^2，已建成湿地类型自然保护区 130 多处，其中国家级 33 处。截至 2016 年，有辽宁铁岭莲花湖、吉林磨盘湖等国家湿地公园 99 个。湿地是陆地表层重要的生态系统，是生态功能独特且不可替代的自然综合体。天然湿地包括沼泽、泥炭地、湿草甸等多种形态，其不仅为地球上 20% 的生物提供了生境，也为人类提供了很高的生态系统服务和价值，特别是在供给淡水、补充地下水、拦蓄洪水、降解有毒物质、提供动植物产品、保护生物多样性等方面有着重要的功能，因而被称为“地球之肾”、“天然水库”和“天然物种库”。湿地与气候之间存在着密切的联系。与其他陆地生态系统相比，湿地生态系统对气候变化异常敏感和脆弱。保护湿地、恢复湿地是缓解全球气候变暖和应对全球气候变化的重要手段。

东北地区境内的松花江流域、辽河流域均属于我国七大江河。辽河发源于河北七老图山脉的光头山，流经河北、内蒙古、吉林和辽宁，在辽宁盘锦注入渤海，河长1345km。辽河干流呈弓形，分为上、中、下游三段。上游段称老哈河，即源头至西拉木伦河入口，中游段称西辽河，即西拉木伦河汇入口至东辽河汇入口，下游段始称辽河，即铁岭昌图的福德店辽河汇入口至盘锦入海口（《中国河湖大典》编纂委员会，2014）。辽河流域属于资源型缺水地区。目前，全流域水资源开发利用程度已达77%，水资源开发利用已接近或超过水资源承载能力。随着振兴东北老工业基地、保证国家粮食安全战略及辽宁省沿海经济带发展战略的实施，经济社会发展将对水资源提出更高要求，水资源供需矛盾将更加突出[①]。松花江流域包含嫩江、西流松花江、松花江干流等主要河流，松花江流经内蒙古、黑龙江、吉林，于黑龙江同江注入黑龙江，河长2309km，松花江源头至三岔河段称嫩江，三岔河以下称松花江（《中国河湖大典》编纂委员会，2014）。

冰雪资源是指人类可利用的地球表面积雪和积冰。东北地区由于经纬度位置高，冬季严寒时间长，降雪丰富，且东北地区冬季平均温度低，降雪后不易融化，拥有得天独厚的雪资源。其不仅在气候上具有先天的优势，而且在地理环境条件上也具备其他各省市不能比较的优势，长白山脉体系、大兴安岭山脉、小兴安岭山脉形成了天然的保护屏障并为其提供了丰富的资源。冰雪是重要的淡水资源，也是干旱区水资源的重要来源，被称为“固体水库”。陆地上每年从降雪获得的淡水补给量约为$6\times10^{12}m^3$，约占陆地淡水年补给量的5%。中国年平均降雪补给量为$3.4518\times10^{11}m^3$，冰雪资源的一半集中在西部和北部高山地区，黑龙江流域、大兴安岭和长白山地区冰雪融水补给占重要地位。此外，冰雪融水径流具有调节河川流量的作用，其使水量不至于过分集中于下雨季节。冰雪资源在调节水资源、冷藏、冰雪考古、开展冰雪运动和冰雪旅游等方面都有重要意义。长期积冰和积雪的变化还是气候变化的指示物。

本章选取东北地区农业、湿地、水资源和冰雪气候资源作为评估对象，评估气候变化对农业、湿地、水资源以及冰雪气候资源的影响和脆弱性、风险以及适应对策，以期提升东北地区气候变化适应能力。

11.2 影响和脆弱性

11.2.1 农业

1. 对农业气候资源的影响

1）光照资源

1961~2015年东北地区≥10℃作物适宜生长期期间日照时数整体呈减少趋势，

① 辽河流域综合规划（2012—2030年）.

平均减幅为 8h/10a（高信度）。其中，64% 的气象站点日照时数呈减少趋势，减幅为 1~59h/10a，平均减幅为 21h/10a；34% 的气象站点日照时数呈增加趋势，增幅为 1~57h/10a，平均增幅为 14h/10a；2% 的气象站点日照时数无明显增减变化。日照时数减幅较大的地区主要分布在辽宁西部、中部和辽南，增幅较大的地区主要分布在黑龙江东部（张丽敏等，2018）。

1961~2012 年，年太阳辐射随年代变化呈递减趋势，年太阳辐射总量减少 340.4 MJ/m^2，变化幅度为 –1.1%/10 a（高信度）。生长季太阳辐射平均减少了 103.5 MJ/m^2，气候倾向率为 –19.9 MJ/（m^2 · 10a），年代际变幅较小，变化幅度为 –0.5%/10a，其经历了“变暗”到“变亮”的过程，20 世纪 80 年代生长季太阳辐射达到最小值。东北地区年太阳能资源的减少主要是由春季和夏季太阳辐射量减少引起的（胡琦等，2016）。

2）热量资源

东北地区农业热量资源地域差异明显，作物适宜生长期期间热量资源增加（高信度）。1961~2015 年东北地区 ≥ 10℃适宜生长期期间平均气温呈上升趋势，平均增幅为 0.14℃/10a，分布趋势由南向北递增；增幅较大的地区分布在黑龙江北部，增幅较小的地区分布在辽南和吉林长白山地区，大部分地区增幅为 0.10~0.20℃/10a（张丽敏等，2018）。1981~2006 年玉米生育期内东北地区平均温度上升幅度达 0.5℃/10a，从全国范围看，其是温度上升幅度较大的区域之一（王柳等，2014）。东北地区 ≥ 10℃初日在 20 世纪 90 年代、21 世纪前 10 年普遍提前，相比于 20 世纪 80 年代，平均提前 5~15 天；≥ 10℃终日随着年代的推移逐渐延迟，相比于 20 世纪 60 年代，2001~2010 年双鸭山地区和吉林西部终日延后 1~20 天（赵俊芳等，2015）。1961~2015 年 ≥ 10℃积温整体呈增加趋势，增幅为 5~120℃/（d · 10a）。增幅较大的区域分布在黑龙江北部和小兴安岭地区，在 80℃/（d · 10a）以上；增幅较小的地区分布在辽宁大部和吉林东部地区，为 1~50℃/（d · 10a）（张丽敏等，2018）。

3）降水量

1961~2015 年东北地区 ≥ 10℃适宜生长期期间降水量整体呈减少趋势，平均减幅为 4.7mm/10a（高信度），其中 65.0% 的站点呈减少趋势，其主要分布在辽宁、吉林大部和黑龙江东部地区，减幅为 1~36mm/10a；23.0% 的站点呈增加趋势，分布在黑龙江西北部和吉林长白山地区，增幅为 1~18mm/10a。各地增减趋势不同，辽宁和吉林地区降水量呈减少的趋势，减幅分别为 9.0mm/10a 和 4.0mm/10a; 黑龙江地区降水量呈略增加的趋势，增幅为 2.0mm/10a（张丽敏等，2018）。东北黑土区降水整体呈现减少趋势，存在显著季节性变化趋势，其中春季和冬季降水量呈现增多的趋势，夏季和秋季降水量呈现减少的趋势（贺伟等，2013a）。1961~2016 年东北地区夏季降水量呈现较为明显的减少趋势（张雷，2017），其影响因素较多，包括东亚夏季风、冷涡现象（王晓雪和王深义，2016）、前期西太平洋暖池热含量异常（王晓芳等，2013）以及北极偶极子异常（周杰，2015）。Liang 等（2011）认为，东北地区在 1961~2008 年降水量的下降是东亚夏季风和复杂地形综合作用的结果。Shen 等（2011）证明了东北地区降水量的变异在初夏（5 月和 6 月）受冷涡现象影响、在盛夏（7 月和 8 月）则是东亚夏季风起主导作用。陈海山等（2017）证明了春、夏两季气旋活动均对东北地区同期的降水有影响，特别是在东北东部地区两者呈现正相关关系，但气旋活动强年两个季节造成东北东部地区降水增多的原因不同。在春季，东北东部地区低层存在气旋性环流，其有利于该地区降水增多；在夏季，西风带水汽输送异常使得东北东部地区水汽偏多，从而使降水增多。

4）参考作物蒸散量

参考作物蒸散量与降水量共同决定区域的干湿状况，并且是估算生态需水和农业灌溉的关键因子。1961~2015 年东北地区参考作物蒸散量的增减趋势不明显，各省增减趋势有所差异（高信度），其中 54.0% 的气象站点呈增加趋势，分布在黑龙江大部和吉林东部地区，增幅为 1~27mm/10a；41.0% 的气象站点呈减少趋势，分布在辽宁大部、吉林西部和黑龙江西南部，减幅为 1~27mm/10a。各地参考作物蒸散量的增减趋势也不同，变化幅度较小，黑龙江和吉林参考作物蒸散量呈增加趋势，增幅分别为 3.0mm/10a 和 1.8mm/10a；辽宁参考作物蒸散量呈减少趋势，减幅为 4.0mm/10a（张丽敏等，2018）。

2. 对农业气象灾害的影响

1）旱涝灾害加剧

东北地区旱涝灾害频次与强度增大（高信度）。随着气温升高，东北地区的降水量和降水日数均在减少，连续累积无降水日在增加，土壤湿度明显趋于干旱，20 世纪 70 年代以后，农业干旱灾害的发生频次和程度明显增加（图 11-1）（卢洪健等，2015；杨贵羽等，2014）。1960~2014 年东北地区夏季、秋季、生长季及年际尺度均略呈干旱化趋势（杨晓静等，2016）。大旱频率高值中心集中分布于东北地区西部，干旱多发生于北部黑龙江干流、西辽河以及嫩江地区，尤其松嫩平原地区干旱频次、连续干旱年数明显增加（韩晓敏和延军平，2015）。2000~2010 年是东北地区干旱发生频率和影响范围最大的时期，尤其是东北地区中部和西部的干旱发生频率分布达到 42.9% 和 33.3%（孙滨峰等，2015）。水利部发布的 2006~2014 年《中国水旱灾害公报》显示，东北地区多年平均因旱作物受灾面积、成灾面积及绝收面积占全国的比例分别为 18.6%、20.1% 及 19.5%，其中 2014 年干旱导致东北地区作物绝收面积占全国

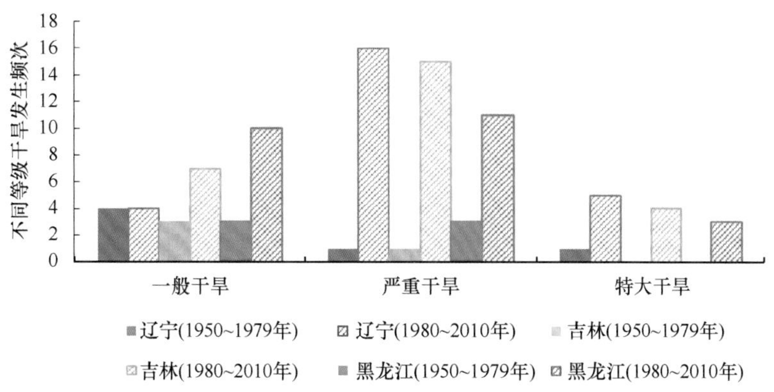

图 11-1 1950~2010 年东北三省不同等级干旱发生频次（杨贵羽等，2014）

的比例高达 43.9%（杨晓静等，2018）。东北地区的整体降水量线在向东向北扩张，这样更易发生洪涝。大涝频率高值中心分布于小兴安岭北部和三江平原、嫩江流域北部、辽河流域、长白山地区（韩晓敏和延军平，2015）。1950~2010 年，东北三省洪涝灾害发生频次先降后升，1980~2010 年特大涝灾发生频次整体高于 1950~1979 年（图 11-2）（杨贵羽等，2014）。

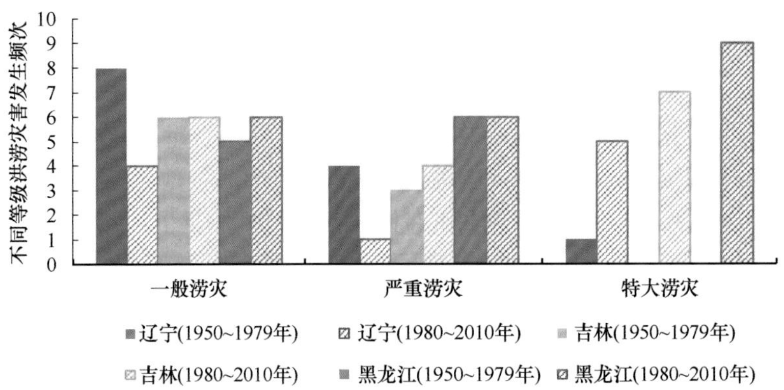

图 11-2 1950~2010 年东北三省不同等级洪涝灾害发生频次（杨贵羽等，2014）

2）低温冷害整体降低

东北水稻、玉米冷害都呈现出随年代显著递减的趋势（高信度）（冯喜媛等，2013；张卫建等，2012；高晓容等，2012）。一方面，20 世纪 90 年代以来水稻冷害发生年份和区域明显减少，进入 2000 年，水稻冷害发生年份和区域进一步减少，发生频率较低，主要集中在黑龙江北部、东南部和吉林东南部局部区域，年频率降低到 0.1~0.2 次 / 年（余会康和郭建平，2014）。另一方面，东北地区严重的玉米低温冷害，在不同年代总体呈现频率减少趋势。轻度冷害区主要分布在黑龙江中北部和东南部地区，其发生频率较低（0.1~0.2 次 / 年），中度及重度冷害只在局部发生（余弘泳等，2017），1961~2010 年，各等级冷害的发生范围明显缩小（张梦婷等，2016）。不容忽视的是，虽然 1961~2008 年与日最低气温相关的极端气候事件强度和频率明显减弱、减少，但是气温的波动幅度明显增加，且在东北地区随着纬度的升高，发生极端低温事件的频率也逐渐增大，与此同时，不同熟性品种的玉米可种植北界呈现北移东扩态势，中、晚熟玉米品种种植面积不断扩大并逐渐替代早熟玉米品种，由于晚熟收获期推迟，玉米遭受低温冷害的风险加大。因此，低温冷害仍是东北地区大田作物生产中应关注的重要问题（张梦婷等，2016；何奇瑾和周广胜，2012）。

3）病虫害加重

温度是影响作物病虫害发生的主要环境条件。随着气候变化，东北地区冬季温度显著上升，暖冬现象增加。根据相关研究，气候变暖导致东北地区多数病虫害显著加重，病虫害危害范围扩大，病虫害暴发时段随作物生长季延长而同时加长，害虫繁衍的世代数增加（高信度）。原来的一代区可能变成二代区、二代区可能变成三代区，还会出现一些在原来严寒冬季不能生存的新型病虫害，新的害虫也可能进入东北地区（霍治国等，2012）。以东北地区玉米病虫害为例，持续暖冬可使害虫越冬存活基数明显上升，现阶段冬季后虫源基数比 20 世纪 90 年代增加 4 倍以上（顾娟，2016）。东北地区水稻病虫害则表现为随着温度升高，稻飞虱、稻纵卷叶螟发育、繁殖速度加快，积温增加促使其世代数增加，由一代向二代、三代转变；冬季增温幅度大有利于其越冬，此外，增温还导致害虫向北迁出时间提前，由夏季向春季过渡，迁入范围随水稻扩种而扩大，导致害虫危害时间延长，危害次数增加（李阔和许吟隆，2018；张蕾等，2012）。

3. 对粮食生产的影响

1）对玉米生产的影响

种植面积和种植界限：气候变化背景下，春玉米种植北界可能向北向西移动，1971~2008 年东北地区玉米播种面积呈波动增加的趋势，增幅为 72 万 $hm^2/10a$（高信度）。将 1961~2015 年分成三个时段，即 1961~1980 年（Ⅰ）、1981~2000 年（Ⅱ）、2001~2015 年（Ⅲ），则 3 个时段 4 种熟性（早熟、中熟、中晚熟、晚熟）春玉米种植界限的变化情况如图 11-3 所示。早熟春玉米的种植界限向北部高纬度地区扩大，时段Ⅱ和时段Ⅲ都表现为北移东扩；中熟品种的种植界限时段Ⅲ比时段Ⅱ向北推进的幅度更大，东扩不明显；中晚熟品种的种植界限时段Ⅱ变化幅度较小，时段Ⅲ则明显北移东扩且东扩幅度较大，整个黑龙江东部都具备了种植中晚熟玉米的热量条件；晚熟品种的种植界限时段Ⅱ和时段Ⅲ均表现为北移明显，东扩不明显（张淑杰和侯依玲，2019）。赵锦等（2014）以≥ 10℃积温≥ 2100℃的地区作为春玉米的可能种植区域，研究结果表明，1961~2010 年东北地区春玉米的可能种植北界在黑龙江北部向北向西移动明显，春玉米的可能种植面积增加。与 1961~1980 年相比，1981~2010 年春玉米的可能种植北界由 48°40′N~49°35′N 北移至 50°55′N~51°35′N，向北移动了 158.3~285.8km，1981~2010 年较 1961~1980 年春玉米的可种植面积增加了 $3.84 \times 10^4 km^2$，占东北地区土地面积的 4.91%。统计数据表明，1910~2010 年，东北玉米实际种植面积增加了 174.5%（胡亚南，2017）。

(a) 早熟

(b) 中熟

(c) 中晚熟

(d) 晚熟

图 11-3 东北地区不同熟性春玉米在不同时段种植界限的变化（张淑杰和侯依玲，2019）

发育期：除气象要素外，玉米种植的品种、栽培措施等均影响着作物发育期，在气候变暖背景下，东北玉米种植品种正逐步由早熟向中晚熟过渡，1981~2010 年东北地区玉米种植品种繁杂，品种更替速度较快，研究表明，春玉米出苗期提前，成熟期推迟，大部分地区春玉米生长前期（播种期—抽雄期）日数减少，生长后期（抽雄期—成熟期）日数增加，全生育期日数增加（高信度）（秦雅等，2018；Liu et al.，2013；李正国等，2013）。其中，黑龙江生育期日数延长最明显，达 3.2d/10a（穆佳等，2014）。对 1990~2012 年东北地区 53 个站点的物候研究表明，有 22 个站点的播种期和抽雄期显著提前；有 23 个站点的成熟期显著推迟，有 30% 的站点生育期、营养生长期、生殖生长期长度显著增加（Li et al.，2013）。

产量：1981~2010 年东北地区玉米气候生产潜力呈明显下降趋势，每 10 年下降 0.7t/hm^2，降水的减少是引起东北地区气候生产潜力下降的主要原因（钟新科等，2012）。1961~2010 年东北地区玉米实际产量 4.5t/hm^2，表现出显著的增加趋势（每 10 年增加 1.27t/hm^2）（Liu et al.，2016）。研究表明，东北玉米生产通过改变播种期和改种生育期更长的品种，有效地缓解了气候变暖带来的负面效应，这样有利于产量的提升（高信度）（Zhao et al.，2015；Tao et al.，2014；Liu et al.，2012）。其中，早播促使产量提升了 1.1%~7.3%，改种生育期更长的品种使产量提升了 6.5%~43.7%，两种措施综合使用可以使产量提升 7.1%~57.2%（Zhao et al.，2015）。

需水量：玉米大喇叭口期到吐丝期（即营养生长后期至生殖生长初期）的需水量最高，为 150.1~229.3mm，播种—出苗阶段的需水量最低，为 37.3~60.0mm。在过去 50 年（1961~2010 年）期间，东北地区南部播种—出苗阶段与北部苗期和花期玉米的需水量呈现增加趋势，但趋势不显著。松辽平原南部玉米的苗期和花期的需水量以及东北大部成熟期玉米的需水量则表现为减少趋势（高信度）（Yin et al.，2016）。1964~2013 年辽西北春玉米全生育期需水量呈现不显著下降趋势，在空间上，其呈现自东南向西北逐渐递增的规律（曹永强等，2018）。

2）对水稻生产的影响

种植面积：升温促使东北水稻种植区域呈显著向北扩展趋势，1980~2010 年东北水稻种植面积增加了近 250 万 hm^2，到 2010 年全区已达到 320 万 hm^2，较 1980 年增长了近 4 倍（高信度）。纬向上，水稻种植核心分布区由 39°N~46°N 变成 41°N~47°N；经向上，则由 122°E~127°E 向东推移至 131°E；海拔上，其核心分布区由海拔 50m 以下区域逐步转移至以海拔 150~250m 为主。其总体呈现以北移为主，逐渐向东移、向高海拔地区扩展的态势（曹丹等，2018；陈浩等，2016）。其中，黑龙江水稻种植面积增加较快，黑龙江 2010 年的水稻总种植面积为 197.5 万 hm^2，较 1970 年扩大了 24.4 倍，该省的水稻种植重心点发生了明显的北移，1970 年和 2010 年水稻种植重心点分别在 128.87°E、45.62° N 和 130.17° E、46.71° N，北移幅度约 110km，而吉林、辽宁只有小幅度变化（曹丹等，2018；张卫建等，2012）。

发育期：随着全球气候变暖，东北地区的温度普遍升高，水稻安全播种期表现为提前的趋势，出苗期、抽穗期同样也表现为提前的趋势，而成熟期则表现为推后的趋势（高信度）。水稻安全播种期的提前和成熟期的推后导致东北地区水稻生育期表现为明显的延长趋势（李艳萍，2017）。与 20 世纪 70 年代相比，理论上东北地区 21 世纪前 10 年的水稻播种期平均可以提前 4.5 天，收获期可以推迟 5.0 天，生育期可以延长 9.5 天左右。为适应气候变化，1971~2010 年东北地区新育成的水稻品种的生育期呈现明显的延长趋势，全区水稻新品种的平均生育期延长了 11.8 天左右。作物物候期观测数据显示，20 世纪 90 年代至 21 世纪初东北地区实际生产中的水稻生育期也确实发生了明显的延长。与 20 世纪 90 年代相比，21 世纪前 10 年黑龙江、吉林和辽宁的水稻播种期分别提前了 7 天、1 天和 3 天，而收获期分别推迟了 2 天、1 天和 2 天，整个生育期分别延长了 9 天、2 天和 5 天，水稻全生育期整体延长了 3.7d/10a，其主要归因于营养生长期的延长（高孟霜等，2018；张卫建等，2012）。

产量：温度升高使得东北地区水稻的生育期延长，这为早种晚收、生育期长的高产品种种植提供了必要的条件，使得通过延长作物育种生育期，特别是延长生殖生长期来提高产量成为可能。同时，在受低温限制的中高纬度地区，温度的适度升高将有利于水稻干物质生产和产量形成。气候变暖主要通过增加分蘖数和成穗率来提高水稻干物质生产效率，进而显著提高籽粒产量（张卫建等，2012）。低温冷害、冰雹灾害发生概率明显降低。东北地区气候变暖对水稻产量影响的正面效应大于负面效应，播种期提前和改种生育期更长的品种部分抵消了气候变化所带来的负面效应，使增产趋势明显（高信度）（Yao et al.，2019；李艳萍，2017）。研究表明，东北地区水稻产量与其生长季的气温变化关系密切，尤其是黑龙江。统计数据显示，在 1970~2009 年气温显著递升的过程中，黑龙江、吉林和辽宁水稻单产的年递增趋势分别为 129.9kg/hm^2、116.3kg/hm^2、88.5kg/hm^2（张卫建等，2012）。1949~2013 年，东北水稻单产从 1949 年的 1832kg/hm^2 增加到 2013 年的 7517kg/hm^2，水稻总产达 3200 万 t，占全国水稻总产量的 20%（胡亚南，2017）。

4. 对东北黑土区的影响

东北黑土区是世界四大黑土区之一，总面积约为 109 万 km^2（包括内蒙古东部），东北黑土是我国珍贵的土地资源。东北黑土土壤性状好、肥力高，是最适宜作物生长的土地。在全球气候变化的大背景下，位于高纬度的地区较低纬度地区更易受到气温变暖的影响（Li et al.，2017）。我国东北地区是全国增温最显著的地区之一（IPCC，2013）。黑土区地处温带半湿润大陆性季风气候区域，其地形又多为波状起伏的漫岗丘陵，土壤母质以粗粉沙、黏粒为主，具有黄土特性，从而导致其抗蚀能力较差（张孝存等，2013），因此黑土区应对全球变化的能力较弱。

1）对土壤侵蚀的影响

全球气候变化，如温度上升、降水量下降以及极端天气频发等均会对黑土区产生影响（Gong et al.，2013）。黑土区温室气体的增加导致气候变暖（宋斌等，2015），同时年降水量、生长季降水量和年降水日数均呈减少趋势，而无降水时段的连续累积日数趋于增加，土壤湿度明显下降，气候暖干化趋势加剧，致使该区西部土壤沙化也较为严重（官甲义和孙宏刚，2013；石磊，2015）。气候变暖增加了黑龙江偏旱大旱等级发生的频次，尤其是 2000~2016 年，偏旱大旱平均 2~3 年就发生一次，明显加速了土壤的沙化过程（郑红，2018）。

气候变化也对黑土区的冻融过程有显著影响，李佳等（2017）证明气候变暖缩短了东北地区黑土冬季的冻融时间，降低了黑土最大霜冻土层深度。Wei 等（2018）发现，气候变暖改变了春季黑土 20~60cm 土层的融化速率和融化时间，进而影响土壤在融化过程中的水分迁移，导致土壤水分利用率在 0~20cm 土层发生变化。极端天气也加剧了土壤侵蚀的发生，极端降水的发生增加了土壤侵蚀发生的概率（Mullan，2013），并会影响土壤有机碳的含量（Jiang et al.，2014）。顺坡垄作坡面侵蚀率在 75~100mm/h 降雨强度之间存在突变，降雨强度变化对顺坡垄作坡面黑土区侵蚀的影响十分显著（郑粉莉等，2016），但是在干旱年份，土壤的侵蚀强度较常规年份低 23%（Wu et al.，2018）。

2）对土壤肥力的影响

近年来，黑土有机质含量呈显著下降趋势，已经造成黑土肥力严重退化。研究表明，东北地区松嫩平原 0~30cm 土层有机质含量与气候因素关系非常密切，尤其是年平均温度（Wang et al.，2013）。在全球气候变化背景下，东北 3 个省份（黑龙江、辽宁、吉林）的土壤有机质含量均与年平均温度、≥ 10℃有效积温、无霜期存在显著负相关关系，与年降水量呈显著正相关关系，说明无论在何种热量条件下，雨量充沛均有利于土壤有机质的累积（赵兰坡，2017）。张丹丹（2017）通过对东北黑土区不同土壤进行室内培养发现，土壤二氧化碳释放速率和累积释放量均随温度升高而增加。气温升高加速土壤有机质矿化，致使有机质含量的平衡点降低，反之，则使平衡点升高。在一定的温度范围内，黑土有机质的含量随着温度升高逐渐降低，但当温度继续升高，黑土有机质含量反而表现出升高的趋势。同时，黑土区土壤有机质的质量和 pH 调节着土壤有机质矿化对温度变化的响应（Li et al.，2017）。

气候变化中大气二氧化碳浓度的升高也会影响土壤有机质的动态变化。大气二氧化碳浓度上升增加了生育期光合碳向根系的输入量及收获后秸秆的还田量，从而有效地提升了土壤颗粒态有机质含量（王艳红，2018）。净初级生产力（net primary productivity，NPP）在全球气候变化（温度、降雨、二氧化碳浓度）的影响下逐渐升高（Ye et al.，2013; Chuai et al.，2018）。在NPP上升的条件下，利用模型模拟发现，东北黑土有机质转化率（8.6%）高于其他类型土壤，更有利于土壤有机质的累积。除土壤有机质外，气候条件通过温度和降水等影响土壤含氧量、碱解氮含量、土壤酶活性以及根系活动（董志新等，2012），黑土碱解氮、速效磷含量与年降水量呈显著相关关系，但土壤速效钾含量与气象因子并没有表现出明显的相关关系，这有可能是钾素在土壤中移动性较大所导致（赵兰坡，2017）。在升温背景下，硝化和氨化过程均受土壤水分和/或根生物量的调节，但不受升温的影响，这表明东北黑土氮的周转和可利用性对未来的全球变暖敏感性较弱（Fu et al.，2019），这可能是因为低土壤湿度降低了N_2O通量对温度的响应（Ni et al.，2012）。

3）土壤微生物群落组成的响应

土壤微生物在土壤碳和营养物质循环、动物（包括人类）和植物健康、农业发展和全球食物网中扮演着重要的角色（Cavicchioli et al.，2019）。气候变暖会引起土壤温度、湿度、pH等土壤环境因素的变化，可能直接或间接地影响土壤微生物群落组成/生理生长和生态功能（董志新等，2012）。东北黑土区大气二氧化碳浓度升高导致植物光合同化碳源向土壤中输送碳的质和量发生改变，引起土壤根际细菌群落结构的演替变化（Wang et al.，2017）。同时，不同二氧化碳浓度下产生的植物残体添加到土壤中后，对土壤细菌群落结构的丰富度有显著的影响，植物根际土壤中利用光合作用同化碳的细菌群落丰富度和多样性显著降低（王艳红，2018），二氧化碳浓度的升高也会改变东北黑土区大豆土壤中真菌的群落结构（Yu et al.，2018）。

11.2.2 湿地

1. 湿地分布变化及其与气候变化的关系

东北地区是我国湿地的主要分布区之一，区域内的湿地分布与气候变化密切相关。与其他陆地生态系统相比，湿地生态系统对气候变化异常敏感和脆弱。气候因素是湿地生态系统形成、发育的因素，其影响湿地生态系统的结构、功能和过程。气候变化往往通过降水量、气温、干旱、极端降水等影响湿地的分布、面积和功能（Chen et al.，2018；蔡卓岐等，2018；李闯等，2018；Cui et al.，2014）。

自20世纪70年代以来，东北地区年平均气温升高约1.8℃，尤其90年代以后整体温度偏高，气温升高使得地表蒸发量增大（Zhang et al.，2018），从而使得小型湿地消亡，并造成较大型和大型湿地的水量补给不足；降水方面，东北地区近40年来有变干趋势，全区年平均降水量逐渐减少（崔瀚文等，2013），减少了湿地的水源补给和水量平衡，加速了湿地的退化。邢宇等（2015）研究发现，1976~2007年东北地区湿地总面积减少了6252.7km^2；马驰（2017）的研究表明，1975~2013年东北地区湿地面积总体呈减少的趋势，其中沼泽湿地面积减少 24769.9km^2；毛德华等（2016）进一步的评估结果表明，1990 年、2000 年、2013 年东北地区湿地面积分别为 117531.3km^2、105696.1km^2、104128.8km^2，其中天然湿地分别占总湿地面积的 95.36%、94.65%、92.20%，沼泽湿地分别占天然湿地面积的 83.87%、82.26%、81.14%（表 11-1），1990~2013 年大兴安岭、小兴安岭、长白山地区、三江平原、松嫩平原和辽河三角洲天然湿地均出现不同程度的减少。

表 11-1 1990 年、2000 年、2013 年东北地区天然湿地和人工湿地面积统计（毛德华等，2016）

（单位：km^2）

湿地类型		1990 年	2000 年	2013 年
天然湿地	沼泽湿地	93997.4	82287.1	77906.0
	湖泊	8279.5	8242.4	6944.0
	河流	9802.3	9508.5	11160.8
人工湿地	水库 / 坑塘	5180.8	5307.0	7665.3
	运河水渠	271.3	351.1	452.7

东北地区湿地景观的变化是人类活动和气候变化综合影响的结果，东部人类农业活动区内自然湿地分布的变化以非气候因素为主，西部地区则主要受气候变化引起的气温和降水格局变化的影响（高信度）。以东北地区重要的湿地分布区三江平原为例来分析东北地区东部湿地受气候变化的影响程度：三江平原曾是我国最大的淡水沼泽湿地分布区，目前是我国重要的商品粮农业基地。1950~2010 年，三江平原沼泽湿地面积由 375.4 万 hm^2 缩减至 69.3 万 hm^2。基于景观分析法区分气候因素和非气候因素对湿地生态系统的影响发现，气候因素和非气候因素对湿地分布的影响分别为 19.4% 和 80.6%；而在 1980~2010 年，气候因素和非气候因素对湿地分布的影响分别为 10.1% 和 89.9%（吕宪国等，2018），即在东北三江平原沼泽湿地分布区，非气候因素对湿地的影响程度远大于气候变化的影响，且非气候因素的影响程度呈现逐步增强的趋势。对于东北地区西部的区域性湿地，以松嫩平原西部为例分析气候变化对湿地分布的影响：1987~2013 年，松嫩平原西部国家级湿地自然保护区的自然湿地（包括沼泽湿地与水体）面积由 3368.06km^2 减少至 2752.91km^2，此时期区域内气候变化呈现出年均气温升高和年降水量减少的趋势，其引起自然湿地水源补给减少，加之降水量分配不均，降水量远小于蒸发量，气候日趋干燥，由此造成多数湿地水源补给不足（路春燕等，2015）。水资源的短缺逐渐使得湿地植被向水分减少的逆向演替方向发展，区域湿地类型逐渐向草地、无植被覆盖地和林地方向变化，湿地空间分布界限逐渐退缩。

2. 湿地植被退化

近几十年来，气候变化正引起湿地植物物种组成、密度和分布范围的变化。受气候变暖的显著影响，一些植物物种开始向高纬地区扩展，目前草本植物占优势的北方沼泽湿地生态系统中普遍出现了灌木扩张现象（Castro-Morales et al.，2014；Brandt et al.，2013），而某些响应气候变化的植物物种则快速消失（Zhu et al.，2012）。气候变暖驱动下，湿地中灌丛类植物物种丰度和数量会不断增加，特别是促进北方湿地中杜鹃科矮小灌木的扩张和维管植物的增加，造成凋落物数量、质量发生变化（deMarco et al.，2014；Myers-Smith and Hik，2013）。气候变化通过影响植物群落结构、生产力等来改变有机输入物的质量和数量及土壤有机质的分解速率而直接影响碳、氮循环，并通过改变地上和地下生物的活性间接影响碳、氮循环（宋长春等，2018）。

1）灌木扩张对三江平原沼泽湿地生态系统的影响

湿地植物对气候、水文、土壤及人类活动的影响非常敏感，对湿地生态环境的变化和生态功能具有重要指示作用。近年来，柳属和桦木属植物在全球中高纬度湿地和苔原中的扩张现象有着极高的代表性（Myers-Smith et al.，2015）。三江平原是我国重要的淡水沼泽湿地分布区，其由于地处北方中高纬度地带，是全球变化的敏感区域。在人类活动干扰和全球变暖的背景下，三江平原自然湿地水分逐渐减少，植被有朝旱化方向演替的趋势（中等信度）。草本沼泽是三江平原的主要景观，禾草和莎草是该地区草本沼泽的主要建群种和优势种，而灌木往往主要分布于相对干旱的生境中（Shi et al.，2015；Lou et al.，2013）。对三江平原湿地的植被调查发现，灌木类植物在草本沼泽中逐渐增多，除小型灌木柳叶绣线菊（*Spiraea salicifolia*）和细叶沼柳（*Salix rosmarinifolia*）外，大型灌木如崖柳（*Salix floderusii*）和柴桦（*Betula fruticosa*）的增加趋势也非常明显（Lou et al.，2015）。相比草本植物，灌木由于生产力更高，根系吸收能力更强，冠层的微生境效应更大，往往会对植物群落结构和关键生态过程产生更为显著的影响。

2）木本植物扩张对大兴安岭地区泥炭地生态系统的影响

20 世纪 50 年代以来，大量的长期观测数据发现，随着气候变暖及其引起的土壤干旱化，北方泥炭地普遍出现了固氮树种 [主要是桤木属（*Alnus*）] 扩张的现象（Frost and Epstein，2014；Hiltbrunner et al.，2014）。固氮树种能通过共生的固氮微生物将大气中的氮气还原成氨，绕过苔藓植物的过滤效应直接提高土壤氮素有效性，缓解维管植物生长的氮素限制状况。因此，与大气氮沉降相比，固氮树种扩张引起的土壤活性氮增加对维管植物和苔藓植物之间竞争关系的影响更为强烈（中等信度）。

大兴安岭地区是我国北方泥炭地的主要分布区，单位面积土壤有机碳储量大，是我国重要的土壤碳库，随着气温升高及其引起的土壤干旱化等，近年来大兴安岭地区泥炭地中固氮树种辽东桤木（*Alnus sibirica*）幼苗数量越来越多，其丰富度呈现持续增加的趋势（中等信度）。陈慧敏等（2017）通过调查辽东桤木树岛与开阔泥炭地的植物群落物种组成和地上部分生物量发现，辽东桤木扩张提高了落叶灌木的地上部分生物量，降低了草本植物的地上部分生物量，并导致苔藓植物和地衣均呈现消失的趋势。由于辽东桤木自身巨大的生物量，泥炭地中落叶灌木、常绿灌木、草本植物、苔藓植物和地衣的优势度在桤木扩张后均呈现下降的变化趋势。这些研究结果表明，固氮树种扩张将剧烈地改变北方泥炭地植物群落组成和地上部分生物量，导致生物多样性下降，这将对生态系统结构和功能产生深远的影响（中等信度）。

对于物种多样性而言，辽东桤木扩张导致苔藓植物和地衣均呈现出消失的趋势，从而显著降低了大兴安岭泥炭地植物群落的物种丰富度和生物多样性指数，这与北美和欧洲的大多数氮沉降模拟的研究结果是基本一致的（曾竞等，2013）。在长时间尺度上，辽东楤木扩张后，落叶灌木可凭借其高度和对资源获取的优势在群落中进一步占据优势地位，而苔藓植物和地衣的生长则受到抑制甚至从群落中消失，降低群落的物种多样性，影响泥炭地生态系统结构和功能；另外，虽然辽东楤木扩张引起的土壤氮素有效性增加在植物群落水平上提高了整个生态系统的地上部分生物量，但与之相伴的大多数苔藓物种和地衣的减少则可能会减弱限制性养分元素对植物群落生产力的正效应，导致生态系统结构和功能出现降低趋势（陈慧敏等，2017；Zhang et al.，2016）。

3. 冻土退化对湿地的影响

东北地区湿地的形成发育与冻土和冻融作用密切相关，二者在大尺度空间上具有非常高的重叠性，沼泽湿地与多年冻土往往具有独特的共生模式：冻土的阻水特性使土壤水入渗困难，造成地表过湿，促进沼泽发育。另外，该区域也是对气候变化高度敏感和进行碳循环研究的热点地区。目前，沼泽湿地与冻土的共生关系及湿地作为大气碳库的作用正变得不稳定（高信度）。IPCC（2013）中指出，在全球变化背景下，北方中高纬地区湿地生态系统变得更加脆弱。随着全球气候变化，中高纬地区多年冻土的稳定性、土壤冻融状况等都可能发生变化，表面能量平衡和多年冻土温度变化将诱发多年冻土退化和冻土活动层深度的增加。

北方中高纬地区湿地土壤中一般富含有机质，随着气温升高，冻土活动层深度增加，土壤呼吸作用增强，这将促进土壤有机碳的损失，并改变生态系统的碳汇功能（Burke et al.，2013）。因此，在全球变暖背景下，高纬地区多年冻土的变化及其对湿地生态系统稳定性的影响正受到广泛关注。

1）东北地区冻土退化特征

东北地区是我国沼泽湿地的主要集中分布区，也是我国唯一的高纬多年冻土分布区和第二大多年冻土区（46°30′N~53°30′N），多年冻土主要分布在大、小兴安岭地区和松嫩平原北部，面积约为 $0.24\times10^6km^2$（Ran et al.，2012）。其地处北方高纬多年冻土带的南缘，冻土赋存条件脆弱，冻土的热稳定性差，对气候变暖的敏感性强。目前，东北多年冻土呈现出自南向北的区域性退化趋势，多年冻土南部地区表现为冻土南界北移、融区扩大和冻土消失等特征，而多年冻土北部地区表现为冻土下限上移、活动层厚度增大及地温升高等特征（高信度）。

根据 2014 年 6~7 月对大兴安岭北部霍拉盆地的钻孔观测结果，盆地内的月牙湖区地下未发现冻结，已成为贯穿融区；月牙湖畔湖心岛的厚层地下冰正在逐渐融化；盆地内热喀斯特地貌广泛发育，区域冻土正在退化（何瑞霞等，2015）。近 50 年来，黑龙江全省季节性冻土厚度的时空变化特征则表现为：季节性冻土厚度呈明显下降趋势，下降速率为 5.3cm/10a，相比 20 世纪 60 年代，最近 10 年季节性冻土厚度减少了 19.4cm；自 20 世纪 90 年代以来，大兴安岭地区已成为全省冻土厚度下降速率最快的冻土变化敏感区和脆弱区；影响季节性冻土厚度变化的最为重要的环境因素为气温，近 50 年来季节性冻土厚度的变化趋势与气候变化背景下全省春季提前、入冬推迟的时间变化特征一致，后者是导致季节性冻土厚度变化的重要因素之一（王宁等，2018）。而与季节性冻土相比，多年冻土对气候变化更为敏感脆弱，位于东北北部的多年冻土在冻土脆弱度分级中属不稳定、抗干扰能力差的强度脆弱冻土，仅次于青藏高原部分地区的极强度脆弱冻土（杨建平等，2013）。此外，位于东北中部的吉林区域内冻土的时空变化亦表现出与气候变化趋势基本一致的特征，自20世纪80年代中期以来，随着气候（尤其是冬季气候）的变暖，冻土层变浅，土壤封冻期推迟，解冻期提前，冻结持续时间缩短（晏晓英等，2018）。

2）冻土退化对东北湿地生态系统碳循环的影响

湿地是重要的大气碳汇，在缓解全球变暖方面发挥着重要的作用。冻土环境和较长的季节性冻融期是东北寒区沼泽湿地形成的重要因素，气候变暖导致的东北多年冻土的退化和土壤冻融过程的变化，正在改变着脆弱的沼泽湿地的碳、氮循环过程和服务功能。气候变暖背景下，冻土环境所发生的诸多变化加速了储存在冻土区湿地中有机碳的分解，由此增加了大气中主要温室气体的排放并对气候变化起到正反馈作用。

Song等（2012）在连续的野外长期原位观测中发现，东北冻土区的沼泽湿地在春季积雪融化后出现了CH_4"爆发式"排放现象，且CH_4排放以立枯的维管植物为主要通道（Sun et al.，2012），这些高排放点平均的CH_4排放速率为1.8g C/（$m^2 \cdot h$），最高排放速率为48.6g C/（$m^2 \cdot h$），是生长季沼泽湿地CH_4平均排放速率的42~1495倍（Song et al.，2012）；冻结过程中产生的大量死亡微生物为产甲烷菌群提供了有效碳源，促进了CH_4的产生，冻结期冰封的物理条件限制了CH_4的释放，使得CH_4不断积聚，而融化期内适宜的温度环境使产甲烷菌相对活跃，融化期冰层下CH_4的不断聚集和气体压力的升高，最终造成春季短时间内CH_4"爆发式"排放（Ren et al.，2018）；对全球高纬度地区沼泽湿地春季冻融期CH_4排放进行评估发现，冻融期沼泽湿地CH_4的高排放将会加剧气候变暖（Song et al.，2012）。

针对东北大兴安岭多年冻土区泥炭地土壤的室内模拟试验分析结果表明，融化会使多年冻土快速释放CO_2和CH_4，进一步对其温度敏感性分析发现，多年冻土在有氧环境下有机碳分解的温度敏感性更高（Q_{10}平均值可达27），说明在有氧环境下多年冻土融化后的分解潜力巨大，气候变暖和多年冻土融化会增加多年冻土区湿地的融化深度，活动层加深和以往冻结的多年冻土融化会释放大量的碳，进而会增加沼泽湿地的碳排放（中等信度）（Song et al.，2014）。

研究冻融作用对大兴安岭多年冻土区泥炭地土壤有机碳的影响发现，冻融循环显著增加了土壤中溶解有机碳的释放，释放量可达对照的1.8倍，冻融环境导致了可被微生物利用的土壤活性底物的释放，这是产生土壤碳高排放的原因之一（Wang et al.，2014a）。此外，研究发现，东北季节性冻土区泥炭地表层土壤在融化期出现了明显的CH_4高峰排放，排放量可达对照的4~19倍，冻融环境下活性底物的增加可能是导致融化期CH_4高排放的一个重要原因（Wang et al.，2014b）；基于东北多年冻土区和季节冻土区沼泽湿地土柱南移、模拟冻融循环的实验研究发现，冻土中CO_2、CH_4和N_2O这三种温室气体在融化阶段均出现明显的排放高峰，在相同冻融环境下，多年冻土区沼泽湿地在冻融期CO_2和N_2O的释放潜力要大于季节冻土区沼泽湿地，气温升高和冻土退化将促进中高纬度冻土区沼泽湿地温室气体释放，从而加剧温室效应（Wang et al., 2013）。黄石竹（2016）在对小兴安岭岛状多年冻土区沼泽湿地温室气体排放的原位观测中发现，随着多年冻土退化程度加深以及由此引起的土壤温度、水位升高等环境条件的变化，沼泽湿地生长季 CH_4 排放峰值逐渐增大；相比多年冻土未退化的沼泽湿地，多年冻土轻度和重度退化的沼泽湿地生长季 CH_4 排放明显升高，说明增加的 CH_4 排放可能对气候变暖有正反馈作用。

11.2.3 水资源

1. 水资源现状

根据《松辽流域水资源公报》，松辽流域 2000~2017 年降水量、水资源总量、地下水资源量均呈增加趋势（表 11-2）。2013 年水资源总量最多，达 3357.97 亿 m^3，最少的为 2007 年，仅为 1309.70 亿 m^3（中等信度）。

表 11-2 松辽流域 2000~2017 年水资源量、水资源开发利用现状

年份	降水量 / mm	地表水资源量 / 亿 m^3	地下水资源量 / 亿 m^3	水资源总量 / 亿 m^3	供水量 / 亿 m^3	用水量 / 亿 m^3	耗水量 / 亿 m^3
2000	437.0	1121.80	577.01	1393.62	616.91	616.38	323.49
2001	400.1	1163.43	557.89	1418.95	595.22	595.12	323.63
2002	460.5	1075.03	575.69	1371.84	565.63	565.63	309.47
2003	509.8	1465.69	646.57	1765.71	544.75	544.75	311.77
2004	436.9	1343.48	612.45	1608.87	558.69	558.69	321.64
2005	504.7	1762.71	690.62	2080.07	569.46	569.46	324.14
2006	465.8	1406.50	610.24	1676.85	600.22	600.22	339.62
2007	409.3	1065.39	536.81	1309.70	605.01	605.01	342.35
2008	475.6	1093.58	605.97	1373.37	613.63	613.63	349.06
2009	508.1	1482.83	634.66	1764.43	643.81	643.81	366.57
2010	577.0	2135.57	721.90	2452.83	665.55	665.55	386.03
2011	444.5	1319.35	600.29	1587.39	703.11	703.11	409.34
2012	601.1	1898.74	742.41	2254.05	709.25	709.25	416.72
2013	649.2	2998.44	840.71	3357.97	713.75	713.75	448.66
2014	490.2	1566.06	648.08	1846.69	712.71	712.71	448.17
2015	498.4	1502.22	636.25	1783.79	704.87	704.87	448.30
2016	543.6	1664.05	708.99	1973.69	698.05	698.05	446.07
2017	453.8	1315.66	627.01	1569.97	686.97	686.97	439.07

2. 流域干旱

松花江流域、辽河流域干旱化趋势明显（中等信度）。1961~2010 年松花江流域、辽河流域年干燥度以上升趋势为主，这主要由年降水量的下降引起（谭云娟，2016）。1960~2009 年松花江流域气象干旱呈现出明显的空间分带性和季节分带性，流域干旱区主要分布在东北、西南部；春旱和夏旱是流域气象干旱的主要类型，夏季干旱最严重，春季次之；20 世纪 60 年代中后期至 70 年代中期春夏旱频繁，80 年代较为正常，90 年代以后夏秋旱呈现增加趋势，冬旱则变化程度较小（冯波等，2016）。1961~2010 年松花江流域总体呈干旱化趋势。气象干旱有明显的时段性，1967~1983 年和 1996~2010 年气象干旱频发、覆盖范围广、持续时间长且强度大；1961~1967 年和 1984~1995 年气象干旱鲜有发生。松花江流域气象干旱空间分布差异明显，东部的平均干旱频次和干旱强度都大于西部地区，中部（嫩江流域）平均干旱持续时间最长；区域气象总体呈干旱化趋势，但在嫩江流域和黑龙江上游地区干旱略有减弱趋势。松花江流域水文干旱也呈加剧的趋势，水文干旱的时段特征与气象干旱大致相同；挠力河流域水文干旱严重，干旱频发，持续时间长且强度大。

3. 径流量

辽河流域径流量减少（中等信度）。辽河流域 1996~2009 年经历了年径流量最少阶段，平均年径流量仅为 16.2 亿 m^3，只达到多年平均径流量的 58%、径流量最多年代的 32%。一年之中，7 月和 8 月径流量最多，两个月径流量占全年的 50%（孙凤华等，2012）。将气候变化归结为水热条件变化，以辽河中上游地区下洼、福山地、乌丹 3 个典型水文站点为基础，定量分析径流变化、气候变化和人类活动对径流变化量的贡献。径流量多年来呈减少趋势，随降水的增加而增加，随平均气温的升高而减少。径流量在 21 世纪初最少，相对 20 世纪 90 年代减少了 45.89%~82.13%。径流突变点为 1995 年和 1998 年，1995~2010 年（1999~2010 年）与 1957~1994 年（1957~1998 年）相比，下洼、福山地、乌丹 3 个典型水文站点控制流域气候变化对径流减少的贡献率分别为 41.57%、60.20% 和 36.76%，人类活动贡献率分别为 58.43%、39.80% 和 63.24%（马龙等，2015）。

松花江流域径流量减少（中等信度）。松花江流域内多数站点的年径流、年最大和最小径流在 1960~2009 年均呈现出下降的趋势，春季和秋季下降趋势明显，且下降趋势主要出现在嫩江下游和松花江干流区（李峰平，2015）。气候变化和人类活动对径流变化的贡献率随着时间和空间变化，其中，气候变化是导致 1975~1989 年松花江干流区径流减少（63%~65%）和 1990~1999 年嫩江流域径流增加（85%~86%）的主要原因。由于流域下游区内人类活动的强度较大，人类活动对径流的影响在下游流域表现得较上游流域强。然而，流域上游人类活动的影响也在随着土地的开发利用而不断增大（李峰平，2015）。松花江流域干支流径流量均有下降的趋势，其中嫩江、松花江干流、洮儿河和霍林河下降趋势较为明显。嫩江的突变点有两个，主要集中在 1963 年和 1991 年；松花江干流有两个突变点，分别在 1967 年和 1990 年左右；洮儿河的突变点在 1971 年和 1995 年；霍林河的突变点在 1964 年。

在不考虑蒸散的情况下，对松花江流域 3 个主要区段进行突变分析得到 4 个不同时段（表 11-3），对 3 个区段不同时段内径流量变化的气候影响程度估算，结果表明，与基准期（T1）相比，人类活动对径流量的变化起着主导作用，其中江桥以上、江桥—大赉和哈尔滨—佳木斯 3 个区段人类活动对径流量变化的影响程度在 T2、T3、T4 3 个时段分别为 75%、95% 和 80%，而降水的影响程度分别为 25%、5% 和 20%（王彦君等，2014）。

表 11-3 松花江流域不同区段年径流的时段划分（王彦君等，2014）

时段	江桥以上	江桥—大赉	哈尔滨—佳木斯
T1	1955~1963 年	1955~1962 年	1955~1966 年
T2	1964~1982 年	1963~1985 年	1967~1980 年
T3	1983~1998 年	1986~1998 年	1981~1998 年
T4	1999~2010 年	1999~2010 年	1999~2010 年

分析人类活动和气候变化在年代间对老哈河流域径流变化的影响，在降水偏少的 20 世纪 80 年代，受人类活动和气候变化双重影响，其整体径流普遍呈下降趋势，而在降水相对较多的 20 世纪 90 年代，气候变化促进了径流增加，致使部分流域气候变化对径流的影响高于人类活动。在丰水年由于雨量充足，气候变化在一定程度上促进了径流回升，人类活动的影响相对较小，整个流域径流的下降 10% 归因于气候变化的影响（雍斌等，2014）。

4. 水资源量

松花江流域和辽河流域水资源量减少（中等信度）。1956~2000 年松花江区和辽河区水资源距平波动明显较大，且水资源距平由原来正距平演变为负距平，减少趋势明显。1991~2010 年，松花江区和辽河区年均水资源量分别减少了 1.4% 和 7.9%，但水资源变差系数有所增加，反映出松花江和辽河区的水资源年际变化幅度有所增加（李原园等，2014）。

5. 输沙量

松花江流域输沙量增加（中等信度）。松花江年输沙量主要集中于几次极端洪水过程，一场洪水过程的输沙量可占年输沙量的 88.6%。1960~2014 年松花江流域输沙量则呈波动变化，但其变化趋势不显著。松花江流域输沙量与极端降水事件呈显著正相关（$P<0.05$）且具有相似的周期性变化趋势，极端降水变化是引起输沙量年际波动变化的主要原因。1978~2014 年松花江极端降水指数的变化对输沙量变化的影响为 –23.43%~9.29%（钟科元，2018）。

11.2.4 冰雪气候资源

1. 对冰雪气候的影响

东北地区降雪量增加（低信度）。东北地区 1961~2017 年降雪量、降雪强度显著增加[1.93mm/10a、0.11mm/（d·10a）]，降雪日数明显减少（2.08d/10a）。将1961~2017年划分为气候变暖前1961~1980年、气候变暖1981~2000年与气候变暖停滞2001~2017年三个时段，从区域平均而言，降雪量分别为24.8mm、27.4mm和31.7mm，1981~2000年区域平均降雪量较1961~1980年增加了10.5%，2001~2017年降雪量较1961~1980年增加了27.8%，降雪量逐年代增加（周晓宇等，2020a）。

东北地区积雪持续时间较长，从10月持续到次年6月，基于MODISMC数据HY2003-HY2014，东北地区积雪覆盖率以每年0.22%的速率增长，即积雪面积每年以22.57km^{2}的速率增加。积雪持续时间最长的区域分布在长白山地区和大兴安岭北部，最大积雪持续时间超过6个月。大兴安岭（内蒙古界内）和小兴安岭积雪持续时间较长，为3~5月。平原地区积雪持续时间明显低于山区，三江平原积雪持续时间最长，为3~4月，松嫩平原居中，为2~3月，辽河平原积雪持续时间最短（低信度）（杨倩，2015）。

2. 对冰雪气候资源适宜性的影响

辽宁各地均具有冰雪资源，东部山区冰雪资源最为丰富，中部和北部地区较东部山区稍弱，辽西地区降雪和积雪较少但结冰期长，南部大连沿海地区由于温度较高、临近渤海，冰雪资源相对较少。1月和2月平均气温、1月（除大连旅顺外）和2月上旬平均最高气温均在0℃以下，东部和北部地区日平均气温在–15~–10℃的日数可占冬季30%的时间，而低于–20℃的日数一般不足5天，室外冰雪运动温度条件较好；冰雪资源丰富区对应低风速区，该区域日照适中。冬季全省平均高温融雪日数为12天，东部山区冬季小于8天，1月和2月分别为1天和5天，辽西和南部沿海地区1月和2月不足5天，全省冬季各月发生高温融雪的风险小；东部降雪和积雪高值区对应着雾和大风日数的低值区；能见度小于1km、5km和10km事件在东部山区偶有发生；全省气象灾害少，冰雪活动与冰雪旅游风险低。以日相对湿度<80%和日平均气温<3℃为标准，全省11月中旬到3月上旬均可人工造雪，人工造雪时段适宜，尤以东部山区时间最长（周晓宇等，2020b）。

从气候条件来看，黑龙江纬度较高，整体温度偏低，能够满足滑雪场的需求，个别地区体感温度较低，影响户外滑雪的舒适度，在降水上整个黑龙江的平均年降水量多介于400~650mm，中部山区多，东部次之，西、北部少，符合滑雪场建设的要求。吉林纬度适宜，整体温度较为适宜，能够满足滑雪场的需求，在降水上整个吉林的平均年降水量多介于400~600mm，符合滑雪场建设的要求。辽宁的温度适宜，体感温度较好，但雪期较短，能够满足滑雪场的需求，在降水上整个辽宁的平均年降水量多介于600~1100mm，沈阳是东北地区降水最为丰富的省会，较适合建设滑雪场（范立佳，2019）。

3. 对冰雪灾害的影响

雪灾潜在危险性比较高的地区分布在大、小兴安岭及长白山等山区，雪灾潜在危险性比较低的地区分布在松嫩–辽河平原的中西部以及辽东半岛大部。天气的极端性导致整个地区发生雪灾的潜在危险性变高。雪灾风险极高的地区包括呼伦贝尔高原、黑龙江南部、吉林东南部、辽宁北部；风险较高的地区分布在风险极高地区的周围，具体分布在东北的东南部及西部的部分地区，其地域范围远大于极高风险地区；风险比较低（较低和极低）的地区分布在东北北部山区、大兴安岭东侧与松嫩－辽河平原西部之间的广大地区，尤其以大兴安岭地区、蒙黑吉三省（自治区）交界地区和辽宁西部地区的雪灾风险最低（低信度）（马东辉，2017）。

11.3 风　　险

11.3.1 农业

1. 农业气候资源风险

历史观测数据结合区域气候模式输出数据表明，1961~2099 年，在气候变化的影响下，未来热量资源明显增加，其空间分布为南高北低，东北地区年均温度呈升高趋势（高信度），RCP4.5、RCP8.5 情景分别升温约 2℃、3℃，≥ 10℃初日早 3~4 天，初霜日晚 2~6 天，可能导致生长季增加 4~10 天（初征等，2017）。空间上，东北北部地区将成为增温幅度最大、增温速率最快的区域（陶纯苇等，2016）。温度的升高与生长季的延长使得积温大幅增加，在 RCP2.6 情景下，21 世纪 20 年代和 50 年代东北地区≥ 10℃积温与基准年相比分别增加 227.7℃ · d 和 359.0℃ · d；在 RCP8.5 情景下，21 世纪 20 年代年平均积温增加 266.2℃ · d，到了 50 年代则增加 657.6℃ · d（侯依玲等，2019）。

从年际间表现来看，降水量波动明显，极端降水事件增多，波动范围由 450~800mm 变化为 400~950mm（初征等，2017）。未来降水量虽有增加，但是并不显著。RCP4.5 情景增加最多，增量为 16mm，增量不到 3%（初征等，2017）。陶纯苇等（2016）的研究则表明，21 世纪末期 RCP1.5 和 RCP8.5 情景下的降水增加幅度分别为 11.2% 和 16.0%，空间上，辽宁西部地区将成为降水增加最为显著的区域。预计 2035 年前后年降水由少到多，2033 年前以持续干旱为主，2034 年后旱涝交替发生，且重度及以上等级旱涝事件频次将增加。未来东北地区旱涝依然呈广发、频发态势，且洪涝更为突出，旱涝多发区主要集中在三江平原、松嫩平原以及辽河平原等地（韩冬梅等，2015）。综上所述，东北地区未来向暖湿发展，热量增加更加显著。

热量和水分的合理匹配对作物生产至关重要。在全球变暖背景下，热量资源的增加使东北农业区的气候资源发生改变，但水热的不匹配可能会对农业生产造成不利影响（初征等，2017；刘红等，2018）。在气候增暖的同时，东北农业区的降水集中期呈提前趋势，表明该区域原先固有的雨热配置模式不会发生大的改变。但降水年内分配不均匀性可能会导致夏季作物需水关键时期的降水相对不足，使得东北地区夏季发生干旱的风险性相对较大（中等信度）（杨晓晨等，2015；刘红等，2018）。

2. 对玉米生产的可能风险

未来东北地区不同熟性春玉米种植界限继续北移东扩，可种植玉米区域扩大明显，可播种日期“窗口”变长（高信度）。1961~2099 年东北地区可种植玉米区域扩大明显，热量不足导致不能种植玉米区域明显缩小，不能种植玉米区域大都缩小至大兴安岭地区，RCP8.5 情景下不能种植玉米区域减少更为明显；原早熟、中熟等品种被更高级品种所代替，未来晚熟玉米的种植面积在东北地区占主导地位（初征和郭建平，2018a）。不同熟性春玉米种植北界在未来 2 个年代际的北移东扩速度较过去 50 年更快，预计到 21 世纪 30 年代，东北地区晚熟、中晚熟和中熟春玉米的种植北界将在现有基础上分别北移 2°13′N、1°08′N 和近 3°N，中晚熟春玉米可种植区北界到 21 世纪 30 年代将北移至 49°32′N、东扩至我国东部边境 135°E（王培娟等，2015）。在气候变暖情景下，在不改变耕作制度和更换更晚熟春玉米品种的前提下，预计到 21 世纪 30 年代，东北的松嫩平原春玉米播种期可提前或推迟 16~20 天，部分地区可超过 20 天；三江平原和辽河平原区可提前或推迟 8~12 天；南部沿海地区播种期变化范围较小，在 8 天以内（王培娟等，2015）。

1961~2099 年东北玉米的气候生产潜力整体为南高北低，RCP4.5 情景下比历史情景增加约 204.62kg/hm^2，RCP8.5 情景下比历史情景减少约 1082.37kg/hm^2，生产潜力变化速率最慢的为历史情景（初征和郭建平，2018b）。1961~2099 年东北玉米光照适宜度最高，均在 0.9 以上，且未来有所增加；温度适宜度在未来也呈增加趋势，RCP8.5 情景增长更快；水分适宜度在未来下降明显，RCP8.5 情景下降至最低，为 0.48（初征和郭建平，2018b）。历史情景期间玉米的气候资源利用率最高，RCP8.5 情景在水分限制情况下，气候资源利用率明显降低。RCP4.5 情景在辐射、热量适宜度升高和水分适宜度下降的综合影响下，气候资源利用率下降幅度较小（初征和郭建平，2018a）。

3. 对水稻生产的可能风险

未来气候变化情景下，水稻单产和总产都呈增加趋势，能够种植水稻的区域也在增加，且有北移的趋势（高信度），东北地区相对基准段二氧化碳浓度升高及降水总体增加，个别年代降水减少、温度升高和太阳辐射增加。其有利的方面是，热量资源增多使作物潜在生长季延长，大大增加了水稻生长季节弹性，可以根据温度升高的幅度，适当地种植生育期较长的品种，从而增加产量；不利的方面是，气温升高加速土壤有机质分解，使土壤肥力下降，病虫害发生频率增加。应采取测土配方施肥措施加强病虫害监测防治工作，保证水稻生长需要（凌霄霞等，2019；李忠辉等，2015；Tian et al.，2014）。未来随着气候变暖的持续，东北单季稻区发生高温热害的概率逐渐增加，部分区域增加明显（中等信度），如 RCP2.6 情景下，东北单季稻区发生高温热害损失的概率以增加趋势为主，尤其是在辽宁和吉林的部分地区增加幅度甚至超过了 20%，RCP8.5 情景下，水稻发生热害的概率变化幅度超过 20% 的区域有了进一步的扩大，这可能与 RCP8.5 情景下气候变得更暖有关（熊伟等，2016）。

4. 对东北黑土区的可能风险

气候变化背景下温度升高、降水减少以及极端天气的频发严重加速了东北黑土区土壤风蚀、水蚀等作用，进而影响黑土的土层厚度（高信度）。东北黑土区腐殖质层厚度渐趋浅薄，自然黑土腐殖质层厚度一般多在30~70cm，但全国第二次土壤普查结果显示，已有近40%面积的腐殖质层厚度不足30cm（An et al.，2014）。黑土资源有限，黑土层下面是黄土状成土母质，侵蚀严重地区已将黑土层剥蚀殆尽，黄土状母质裸露，导致其生产农作物能力丧失（尤孟阳，2015），因此黑土流失的后果十分严峻（高信度）。黑土区冬季降雪多以积雪形式存在，春季随着气温的升高，积雪迅速融化，形成融雪径流，从而为土壤侵蚀提供了动力条件，若出现春季降雨或气温迅速升高的情况，将会加剧这一过程（李楚君，2018）。从养分结构来说，黑土的养分含量从表层到深层呈较快递减状态，因此，表土流失越多土壤养分含量就越少（高信度）。气候干旱是土壤盐碱化的根本原因（冒海霞，2018），强烈的蒸发使土壤表层迅速积盐（刘莹，2015），而气候变化导致的土壤沙化加剧也已经成为制约东北西部农田生态系统健康发展的重要因素（赵兰坡，2017）。IPCC（2013）和Hicks Pries等（2017）指出，预计22世纪末亚表层土壤的升温速度与表层土壤的升温速度大致相同（中等信度）。在气候变暖背景下，不同土层土壤有机碳动态变化存在差异，仅关注表层土壤的研究可能会严重误解气候变化下生态系统碳储量的变化，更加重要的是，亚表层土壤中有机碳组分、微生物群落以及底物可利用性均与表层土壤存在差异，由于植物群落结构及分布的影响，亚表层的微生物活动以及功能可能对温度变化的响应更为明显（Liu ct al.，2018; Keuper et al.，2017）。因此，寻求一种有效的农田管理方式来尽量减少气候变化对土壤有机碳的影响非常重要（Zhang et al.，2019）。

11.3.2 湿地

1. 对湿地潜在分布的风险

基于现有的东北地区沼泽湿地分布数据，利用最大熵模型模拟预测东北地区沼泽湿地的潜在分布，结果表明，随着时间的推移，东北地区沼泽湿地原有潜在分布面积明显减少，同时新增潜在分布面积很少，导致总面积急剧下降；至21世纪70年代以后，原有沼泽湿地潜在分布面积将减少99.8%，新增潜在分布面积仅2.48%，由于沼泽湿地分布受很多因素制约，在气候因素和地形因素适宜的情况下产生新沼泽湿地的可能性很小（贺伟等，2013b）。分析气候变化对东北三江平原沼泽湿地分布的影响则发现（孟焕等，2016），近60年来，三江平原年均气温呈升高趋势，年均降水量呈现下降趋势；区域内沼泽湿地面积急剧下降，分布区域破碎化，沼泽湿地累计丧失率达80%，气候变化导致沼泽湿地分布的不适宜区和低适宜区面积增大、中适宜区和高适宜区面积缩小，抑制了沼泽湿地的分布，其整体呈负增益；但进一步的模型模拟预测结果表明，随着时间的推移，至21世纪中叶，在RCP4.5和RCP6.0两种情景下，气候变化总体上可能会促进沼泽湿地分布，起到正增益作用。

2. 对冻土和湿地退化的可能风险

未来 50 年中国地区冻土整体呈现出退缩的趋势，其中东北地区冻土的变化主要表现为冻土面积缩小和南界北移（高信度）（王澄海等，2014）。气候暖干化趋势是近几十年来东北多年冻土区湿地生态系统退化的主要诱因之一，未来大兴安岭多年冻土区湿地生态系统仍将受到气候暖干化的巨大威胁，面临萎缩和严重退化的风险（高永刚等，2016）。吕宪国等（2018）基于风险分析的结果表明，未来气候情景模式下，东北地区湿地面临着一定的风险，高风险主要分布在三江平原湿地区、大兴安岭北部和中部湿地区、松嫩平原北部湿地区及长白山湿地区（高信度）。在当前的升温水平下，气候要素的变化尚主要通过影响多年冻土所在局部地形的水热收支与再分布来影响冻土类型的变化（如从多年冻土到季节性冻土），从而间接影响冻土的脆弱性；随着未来升温幅度进一步加大，气候变化对冻土脆弱性的影响将进一步显现和加强，并将成为冻土脆弱程度的主要影响因素（杨建平等，2013）。

11.3.3　水资源

1. 旱涝风险

在不考虑人类活动的影响下，辽河流域 2011~2050 年径流量年际变率较小，距平百分率变化范围为 –5%~10%，径流量的年代际变率增大，水文旱涝灾害显著增加。利用标准化径流指数分析显示，2035~2040 年、2047~2048 年流域发生洪涝灾害的可能性较大；2017~2025 年、2030~2035 年发生干旱的可能性较大；未来流域发生连续性旱涝和旱涝互转的可能性增大。标准化径流指数旱涝预估结果显示，2015~2016 年、2035~2040 年、2047~2048 年流域发生洪涝灾害的可能性增大；2017~2025 年、2030~2035 年流域发生干旱的可能性增大，流域发生连续性旱涝和旱涝互转的可能性增大（低信度）（曹丽格，2013）。

以 Holland 等建立的年尺度气候 – 径流模拟模型，设定年降水量分别为 ±10%、±20% 增减幅度变化及年平均气温为 ±1℃的升温和降温幅度，分析了耦合条件下辽河干流流域年平均径流变化率，伴随着气温、降水的变化，径流量有明显的响应。在降水增加、气温降低的状况下，径流量增加最为明显；反之，在降水减少、气温升高的状况下，径流量减少最为明显。8 种假定的气候变化情景下，辽河干流流域径流变化率为 –37.8%~57.8%，若温度升高 1℃，降水减少 10%，则径流将减少 30%（低信度）（孙凤华等，2018）。

2. 需水量变化

不同流域需水量增加（中等信度）。嫩江流域整体沼泽湿地适宜生态需水量在丰水年（25% 降水频率）、平水年（50% 降水频率）和枯水年（75% 降水频率）分别为 70.284 亿 m^3，118.696 亿 m^3 和 169.343 亿 m^3；其在年内的变化趋势表现为春夏较大、秋季次之、冬季最小。CMIP 全球气候模式预估，2030 年、2050 年和 2100 年，在 RCP2.6、RCP4.5 和 RCP8.5 情景下，嫩江流域湿地生态水量呈先增加后减少的趋势，RCP4.5 和 RCP8.5 情景下需水量整体呈增加趋势，到 2100 年分别达到 147.337 亿 m^3 和 132. 659 亿 m^3，其变化受到最高气温、最低气温和降水量变化的共同影响（董李勤等，2015）。2040 年气候变化对松嫩平原水稻需水量的贡献率为 34.4%，增加 $21.2\times10^8\ m^3$ 的灌溉水量（黄志刚等，2015）。

3. 水资源脆弱性

辽河流域水资源脆弱性高（中等信度）。以水资源开发利用率、人均用水量、百万方水承载人口数和生态需水满足率 4 个指标构建的气候变化下水资源脆弱性评价函数表明，辽河流域、松花江流域大部分地区处于中度脆弱状态（雒新萍等，2013）。耦合暴露度、风险、敏感性与抗压性的脆弱性评估模型对水资源脆弱性状况评估的结果显示，辽河流域因水资源总量明显减少，水功能区达标河长比低、暴露度高而呈现较高的脆弱性，耦合暴露度及风险后，辽河流域面临极度脆弱性（陈俊旭等，2018）。多模式和多情景的组合分析表明，21 世纪 30 年代（2030~2039 年）未来低、中、高的典型浓度路径排放情景（RCP2.6、RCP4.5、RCP8.5）下，辽河流域和海河流域、黄河流域、淮河流域的水资源脆弱性较高，是气候变化下水资源管理和适应性管理实践的重点流域，西辽河未来水资源脆弱性上升至极端脆弱状态（表 11-4）（夏军等，2015）。

表 11-4 未来不同情景下 21 世纪 30 年代水资源脆弱性相对基准年的变化（夏军等，2015）

地区	基准年 V	RCP2.6		RCP4.5		RCP8.5	
		V_1	ΔV_1/%	V_2	ΔV_2/%	V_3	ΔV_3/%
松花江流域	0.37	0.43	14.86	0.40	7.30	0.39	5.41
辽河流域	0.61	0.67	9.67	0.67	9.02	0.64	4.59
海河流域	0.80	0.99	23.75	0.99	23.75	0.99	23.25
淮河流域	0.59	0.60	2.03	0.63	6.95	0.65	10.51
黄河流域	0.75	0.82	8.80	0.85	13.07	0.84	11.33
长江流域	0.36	0.38	6.11	0.38	5.56	0.38	6.11
东南诸河流域	0.30	0.33	8.67	0.33	8.67	0.32	7.67
珠江流域	0.34	0.36	5.00	0.36	5.00	0.36	5.00

注：V 指基准年（2000 年）水资源脆弱性；V_1、V_2、V_3 分别指不同情景下 21 世纪 30 年代（2030~2039 年）水资源脆弱性。

4. 流域输沙量增加

采用 Mann-Kendall 法计算松花江流域径流量趋势系数 Z 值，$Z>0$ 表示呈上升趋势，$Z<0$ 表示呈下降趋势。RCP4.5 和 RCP8.5 情景下，2020~2099 年松花江流域径流量将呈波动变化，其中 RCP4.5 情景下 Z 值为 0.42，RCP8.5 情景下 Z 值为 1.17，两种情景下径流量均呈不显著增加趋势（$P>0.05$）。2020~2099 年松花江流域输沙量呈显著增加趋势，这可能与 2020~2099 年极端降水增加有关。RCP8.5 情景下输沙量变化趋势（Z=2.19）比 RCP4.5 情景下更加显著（钟科元，2018）。

11.3.4　冰雪气候资源

1. 冬季降雪量增加

未来东北地区冬季降雪量增加（高信度）。运用 CMIP5 多模式集合资料对东北地区未来降雪进行预估，RCP2.6、RCP4.5 和 RCP8.5 三种排放情景下，21 世纪东北地区冬季降雪显著增加，且增幅高于其他季节，RCP8.5 情景下降雪量增幅为 14.1%~20.7%（敖雪等，2017）。CMIP5 模式预估东北地区冬季降雪量增加，冬季降雪量偏差百分率增幅最大，在 RCP 4.5 情景下降雪量增幅达 13.55%，在 RCP 8.5 情景下降雪量增幅达 17.3%（王涛等，2016）。

2. 雪水当量减少

雪水当量既可反映积雪的累积量，也可反映出积雪的覆盖率信息。CMIP3 20C3M 模式在对中国地区雪水当量的模拟能力进行检验的基础上，选取 6 个模拟能力较好的模式进行集合平均，预估在 A1B 和 B1 情景下，2021~2050 年相对于 1971~1999 年东北北部地区雪水当量有减少的趋势（王芝兰和王澄海，2012）。

11.4　适应对策

11.4.1　农业

十九大报告提出了“乡村振兴”这一战略目标，在推进农业供给侧结构性改革的过程中，政府应建立以市场定价为主体的粮食价格形成机制，同时积极促进农业调结构、减库存，配套建立农业生产者补贴机制，提高粮食生产能力，确保粮食安全（韩芳玉等，2019）。为应对气候变化对东北农业生产带来的不利影响，提高农业综合生产能力，结合气候变化影响与农业生产实践，将农业适应气候变化技术措施划分为 6 种类型（《第三次气候变化国家评估报告》编委会，2015），即农田基本建设（水利、基础设施等）、作物抗逆（抗旱、耐涝、耐高温、抗病虫害）品种选育、作物病虫害防治、作物应变耕作栽培、农业种植结构调整、极端天气事件农业保险。对于农业适应气候变化，某类单一技术措施所起到的适应效果有一定局限，在适应过程中需要对上述 6 类适应关键技术进行有机组合形成综合的农业适应气候变化技术体系。气候变化影响下，东北地区的农业气候资源、农业气象灾害、病虫害等都在发生变化，其中最显著、关键的问题是：热量资源增加、旱涝灾害加剧、极端低温冷害整体降低、病虫害加重、黑土退化（李阔和许吟隆，2018）。针对气候变化对东北农业的影响风险，将这些问题优化筛选并组装形成适应气候变化的技术体系，是东北农业领域适应气候变化的有效途径。

1. 针对热量资源增加问题

面对气候变化所带来的东北热量资源增加的趋势，调整农业种植结构是适应气候变化的关键措施，其包括作物种植范围、作物布局、品种布局等方面，应使之与变化的气候要素相协调，尽可能充分利用气候变化所带来的优势。在此基础上，农田基本建设措施、作物应变栽培技术将是有效的配套技术措施。以水稻扩种和种植北界北移为例，为了有效利用增加的热量资源，满足市场需求，在东北一些地区由原来的种植玉米或其他作物改为种植水稻。因此，相应的耕作栽培技术需要随之变化，包括播期、水肥、灌溉等多方面的措施调整，同时对于农田基本建设也要做出相应改变，将旱地改为水田，实施沟渠配套改建与节水改造、农田小水利工程改造等措施。

2. 针对旱涝灾害加剧问题

针对气候变化引起的东北旱涝灾害加剧的状况，农田基本建设（水利、基础设施等）技术措施是适应气候变化的关键。通过水利工程、生态工程、农田基础设施等建设，改变不利于农业生产发展的自然条件，结合东北地区机械化、农场化大规模农业发展趋势，改造和升级已有农田基础设施及水利工程设施，提升东北地区农业应对更严重或更频繁洪涝、干旱灾害的能力，减少因灾损失，保障粮食安全。灾害监测预警与应急响应、抗逆（旱、涝）品种选育、应变耕作栽培、保险技术将是有效的配套技术措施。例如，在抗逆品种实验中，所有抗逆品种的玉米生产潜力均高于原有品种，在 RCP4.5 情景下，耐高温品种的玉米生产潜力更高，在 RCP8.5 情景下，耐旱品种表现更好，双耐（耐高温、耐旱）品种的玉米生产潜力在两种气候变化情景下均最高（初征和郭建平，2018b）。

3. 针对极端低温冷害整体降低问题

针对东北地区气候变化影响下低温冷害发生的新特征，作物应变栽培技术措施是适应气候变化的关键。结合气候变化影响下低温冷害发生的时间、范围、变化趋势，运用农作物生产的技术与原理，通过调节作物群体或个体，以增强对气候变化环境的适应能力，其包括适时播种、耕作保墒、科学灌水、灾后补救等技术措施。在低温冷害可能发生的区域，采取应变栽培耕作措施可以有效缓解极端低温冷害所带来的威胁；同时，在充分开展气候变化影响下低温冷害研究的基础上，进一步发展精细化的低温冷害预警预报技术也是东北地区农业适应气候变化的有效配套措施；而抗寒品种选育与保险技术将是进一步增强作物抗寒能力、提升灾害恢复能力的行之有效的配套适应措施（李阔和许吟隆，2018）。

4. 针对病虫害加重问题

通过物理、化学、生物等技术手段进行综合防治，可以有效控制气候变化条件下作物病虫害的暴发，因此，病虫害综合防治技术是适应气候变化条件下病虫害加重的关键措施。通过物理、化学、生物等技术手段进行综合防治，从增强作物抗逆性、消除病虫害本体、改善农田环境等不同方面采取防治措施，提升作物对病虫害的抗御能力，遏制气候变化条件下作物病虫害的暴发。在作物病虫害防治措施的基础上，采取抗病虫害品种选育、应变耕作栽培、农业保险等相应的配套适应措施，将进一步提升作物抗御病虫害的能力、受灾后的恢复能力，从而形成应对东北病虫害的综合适应技术体系框架。

5. 针对黑土退化问题

首先，我国关于气候变化对东北黑土区影响的研究起步较晚，系统性的历史数据还较为匮乏，需加强对气候变化背景下黑土退化基本理论的研究。防胜于治，早治胜于晚治，我们必须通过加强对气候变化对黑土区土壤侵蚀机理以及土壤肥力影响的认识，科学计划气候变化背景下黑土区的治理办法。对黑土退化的趋势和规律进行深入探索，可以为全球气候变化下黑土的退化防治提供坚实的理论基础。

其次，在田间农田管理中，改变耕作制度，调整种植方式，科学合理施肥。翻耕会加速有机质分解（Zhang et al.，2018），因此应减少耕作。同时，在春季解冻时节，注意引水导流，在可能的情况下给土地增加覆盖物，尽量减少冻融作用对土壤的侵蚀。推行以秸秆覆盖为主、减少耕作次数的保护性耕作技术，对于控制土壤侵蚀、固定土壤有机碳的作用巨大（Jiang et al.，2014; Liang et al.，2016）。对于黑土区中坡耕地则采用改变垄向、兴建梯田、增加地埂植物带及保护性耕作等水土保持措施（王磊等，2018）。在坡度比较大的耕地以退耕还林（或草地）为主，旨在保持水土、改善生态环境，降低在全球变化背景下黑土区土壤侵蚀事件的发生概率。

最后，我们应依法防治水土流失，加大宣传力度，建立科研推广协作机制，树立生态环境保护意识和法律意识，让保护黑土区这一信念深入农民心中，从根本上加强对东北黑土区保护的重视程度。

11.4.2 湿地

气候变化背景下，东北地区沼泽湿地的适应能力较弱、适应状况较差，气候变化对一些区域的不利影响还将持续，目前东北地区湿地保护形势依然严峻。在应对全球气候变化，加强湿地保护和合理利用方面，目前国内已积累了宝贵的经验（吕宪国等，2018），针对气候变化影响下东北地区湿地的保护管理和适应性对策具体如下。

（1）加强湿地保护法治建设，形成湿地保护长效机制。完善湿地管理政策，健全湿地保护制度体系；尽快制定湿地生态补偿相关政策和制度，对东北多年冻土区受到退耕还林还草和天然林保护工程影响的企业及居民进行生态补偿，体现“谁治理，谁受益”的环境经济思想，实现湿地保护与生态惠民双赢；湿地附近严格控制大量开采地下水扩种水稻；加强区域重要湿地保护、恢复、综合治理等方面的建设；加强东北林区火灾的预防工作，加大湿地自然保护区、湿地公园等的建设力度；强化湿地保护管理组织、协调和管理工作，形成湿地保护长效机制。

（2）提高东北湿地研究的科技支撑力度，加大冻土区湿地保护科技含量。增加对湿地保护和研究的资金投入，增强湿地研究能力建设，开展湿地重点领域科学研究；深入开展东北多年冻土区冻土变化过程及其对气候变化响应机理的研究，科学预估区域未来多年冻土变化的碳源汇效应；结合区域自然、社会、经济和人文因素，构建完善的东北多年冻土变化的脆弱性评价体系，为应对多年冻土变化提出与时俱进的科学对策。

（3）加强湿地保护宣传教育，提高全民湿地保护意识。加强对公众湿地保护意识和资源忧患意识的教育，常态化开展湿地保护宣传活动，利用电视、报刊等宣传湿地保护知识，并在自然保护区和湿地公园内建立湿地科普宣教基地，开展湿地保护、湿地生态功能和服务价值培训。实践证明，离开当地群众的参与和支持，很多湿地保护项目的实施往往行不通，调动群众关爱湿地的积极性和自觉性，使重视湿地保护、人与自然和谐相处成为全民共识，才能形成全社会保护湿地的良好氛围，从而使得湿地生态环境和湿地保护工程真正得到持续利用。

（4）开展湿地生态监测与评估，构建湿地适应气候变化的技术体系。开展湿地资源和生态状况的监测与评估，加强区域湿地监测能力建设，建立东北湿地专项监测网络、湿地生态状况和服务功能价值评估体系，及时动态掌握区域湿地资源与生态状况的变化情况；针对东北湿地面临的水源补给不足、植被退化、冻土退化及生物地球化学循环过程改变等问题，采用冰雪融水资源化技术、跨区域（流域）调水技术、生物多样性保育技术、固碳增汇和甲烷减排技术等，有针对性地解决湿地的气候变化适应问题，逐步构建和完善湿地适应气候变化的技术方法体系。

11.4.3 水资源

1. 加强水资源合理配置

气候变化引发区域气温、降水等发生相应变化，进而对区域的径流量、生产生活供水量等产生直接影响。因此，必须采取必要措施，以积极的态度保护生态环境，确保环境气候变化能够遵从相应的自然规律，采取有效措施加强对水文水资源的分析、预测，研究科学合理的措施进行水文水资源的分配、利用，提升水资源使用效率。

2. 加强流域应对极端事件的预报、预警和应急能力

气候变暖，水资源循环加快，干旱、洪水等极端水文事件将多发、频发，应加强对气候变化对辽河流域、松花江流域未来干旱、洪涝事件影响的评估，加强对流域洪涝、干旱技术指标研发及灾情监测。建立跨区域、跨部门的洪水预警预报、应急决策会商体系，根据气象水文状况，参照历史干旱情景，编制干旱应急预案。修订完善洪涝、干旱灾害发生时的水量调整预案，确保城乡居民生活用水。

11.4.4　冰雪气候资源

科学发挥冰雪气候资源优势。未来在新建滑雪场时，注意开展滑雪场选址气候可行性论证，对滑雪场项目的气候适宜性、风险性和可持续性进行评估，有效利用冰雪气候资源，因地制宜地科学规划论证滑雪场的开发，使生态保护和经济发展相结合。在冰雪资源开发规划中还要考虑到未来的气候变化情况，以及未来可能出现的气象灾害风险变化，应增强防灾减灾救灾意识，强化防灾减灾基础知识宣传普及，趋利避害，发展冰雪产业。

11.5　主要结论和认知差距

11.5.1　主要结论

作物适宜生长期期间热量资源增加，日照时数和降水量整体呈减少趋势。旱涝灾害频次与强度增大，极端低温冷害事件下降，农业病虫害损失显著加重。玉米、水稻生育期延长，种植面积波动增加，呈现出显著增产趋势。未来东北地区气候将可能向暖湿化方向发展，东北单季稻区发生高温热害的概率逐渐增加，不同熟性春玉米种植界限继续北移东扩，可种植玉米区域扩大明显，可播种日期“窗口”变长。农田基本建设（水利、基础设施等）、作物抗逆（抗旱、耐涝、耐高温、抗病虫害）品种选育、作物病虫害防治、作物应变耕作栽培、农业种植结构调整、极端天气事件农业保险 6 类适应关键技术需要进行有机组合，形成综合的农业适应气候变化技术体系。

湿地是陆地表层重要的生态系统，是具有独特生态功能且不可替代的自然综合体。湿地生态系统与气候之间存在着密切的联系，与其他陆地生态系统相比，湿地生态系统对气候变化异常敏感和脆弱。东北地区东部和西部湿地分布的变化分别主要受人类活动和气候变化的影响；气候变化影响下，东北地区湿地植被退化较为明显，草本植物占优势的沼泽湿地出现灌木扩张，泥炭沼泽则出现明显的木本植物扩张；东北地区多年冻土在气候变暖背景下已呈现出区域性退化趋势，且这一变化趋势正在改变着湿地的碳循环过程。随着气候变化的持续和加剧，东北地区湿地和冻土分布都将面临诸多风险。采取积极和适宜的措施以减缓和应对气候变化的影响是东北湿地可持续利用的必要保障。

松辽流域呈干旱化趋势，但具有空间差异性；径流量和水资源量均减少，年际变化幅度增加。未来松辽流域发生连续性的旱涝和旱涝互转的可能性增加，未来需水量整体增加，辽河流域面临极度脆弱性，西辽河未来水资源脆弱性上升至极端脆弱状态。

东北地区降雪量和降雪强度增加的同时，降雪日数在减少。中雪以上的降雪贡献率增加，而小雪降雪量和微量降雪日数贡献率减少；积雪覆盖率以每年 0.22% 的速率增长，即积雪面积每年以 22.57km^2 的速率增加。

11.5.2 认知差距

东北地区随着耕地质量退化、污染问题突出，其面临的资源环境约束有日益强化的趋势。全球气候变化将促使我国东北粮食主产区水热资源等要素的时空分布格局发生变化，并不断加剧局部地区的自然灾害性要素形成，最终引发自然灾害特别是极端气候事件，这种现象一旦发生必将对东北地区粮食产量、种植制度、生产结构和地区布局产生深远影响，当前对未来极端自然灾害对粮食生产和农业发展影响的认识仍然不够全面、准确。例如，气候变化在多大程度上影响了玉米产量的波动变化，各种方法的评估结果并不一致；又如，气候波动对作物产量的影响是局地性的还是大范围的，未来气候变化如何影响高温、干旱及作物产量，如何通过季节性预报来减少气候风险。气候变化对农业影响的内在机理机制仍不明晰，此外，环境要素（如温度、光照、水分、土壤微生物等）的多因子协同机制将使未来气候变化的影响变得十分复杂，仍需要进一步开展评估与适应研究，以更好地应对气候变化。

由于历史上东北湿地多次受到大规模开垦，气候变化和人类活动对东北湿地的影响往往交互并行、综合产生，目前尚难以在较高水平上筛选、甄别和定量评估气候变化对湿地的影响，还需继续开展长期观测、广泛收集历史数据并进行系统的科学分析，以提高气候变化影响的评估精度。

目前针对水资源影响的评估中，缺少从整体性的视角对水资源进行系统性的测量分析。其一般限于地表径流量，忽视了对地表水和地下水的影响评价，而这部分水资源对农业的生产生活有重要影响，从而造成水资源的评估不够全面。

在冰雪气候资源影响及风险的评估中，雨雪相态判别方法不同、研究文献较少，这在一定程度上影响了评估结论的信度水平。

▪ 参考文献

敖雪，翟晴飞，崔妍，等 . 2017. 东北地区气候变化 CMIP5 模式预估 . 气象科技，45（2）：298-312.

巴丽敏 . 2015. 东北黑土区生产建设项目水土保持方案常见问题与探讨 . 东北水利水电，33（9）：27-29.

蔡卓岐，田艳林，王宗明，等 . 2018. 基于 Landsat 的黑龙江省大庆市湿地分布时空动态研究 . 湿地科学与管理，14（2）：33-37.

曹丹，白林燕，冯建中，等 . 2018. 东北三省水稻种植面积时空变化监测与分析 . 江苏农业科学，46（10）：260-265.

曹丽格 . 2013. 辽河流域气候变化及其对径流量的影响研究 . 北京：中国气象科学研究院 .

曹永强，李维佳，赵博雅，等 . 2018. 气候变化下辽西北春玉米生育期需水量研究 . 资源科学，40（1）：150-160.

陈海山，滕方达，蒋大凯 . 2017. 1979~2013 年东亚中纬度春、夏温带气旋活动特征及其与东北地区同期降水的联系 . 大气科学学报，40（4）：443-452.

陈浩，李正国，唐鹏钦，等 . 2016. 气候变化背景下东北水稻的时空分布特征 . 应用生态学报，27（8）：

2571-2579.
陈慧敏，宋长春，石福习，等 . 2017. 辽东桤木扩张对大兴安岭泥炭地植物群落组成和生物量的影响 . 应用与环境生物学报，23（5）：778-784.
陈晶 . 2013. 黑龙江省气温时空变化特征分 . 哈尔滨：东北农业大学 .
陈俊旭，赵红玲，赵志芳，等 . 2018. 水资源脆弱性评估的 RESC 模型及其在东部季风区的应用 . 应用基础与工程科学学报，（5）：940-953.
陈溪，Laba M，Morgan R，等 . 2016. 美国湿地保护制度变迁研究 . 资源科学，38（4）：777-789.
陈哲，杨世琦，张晴雯，等 . 2016. 冻融对土壤氮素损失及有效性的影响 . 生态学报，36（4）：1083-1094.
初征，郭建平 . 2018a. 东北地区玉米适应气候变化措施对生产潜力的影响 . 应用生态学报，29（6）：1885-1892.
初征，郭建平 . 2018b. 未来气候变化对东北玉米品种布局的影响 . 应用气象学报，29（2）：165-176.
初征，郭建平，赵俊芳 . 2017. 东北地区未来气候变化对农业气候资源的影响 . 地理学报，72（7）：1248-1250.
崔瀚文，姜琦刚，程彬，等 . 2013. 东北地区湿地变化影响因素分析 . 应用基础与工程科学学报，21（2）：214-223.
《第三次气候变化国家评估报告》编委会 . 2015. 第三次气候变化国家评估报告 . 北京：科学出版社 .
董李勤，章光新，张昆 . 2015. 嫩江流域湿地生态需水量分析与预估 . 生态学报，35（18）：6165-6172.
董志新，孙波，殷士学，等 . 2012. 气候条件和作物对黑土和潮土固氮微生物群落多样性的影响 . 土壤学报，49（1）：130-138.
段兴武，赵振，刘刚 . 2012. 东北典型黑土区土壤理化性质的变化特征 . 土壤通报，43（3）：529-534.
范昊明，蔡强国，王红闪 . 2004. 中国东北黑土区土壤侵蚀环境 . 水土保持学报，18（2）：66-70.
范昊明，顾广贺，王岩松，等 . 2013. 东北黑土区侵蚀沟发育与环境特征 . 中国水土保持，10：75-78.
范立佳 . 2019. 东北地区滑雪资源合理利用的研究 . 哈尔滨：哈尔滨体育学院 .
范玲雪 . 2016. 松花江流域水资源承载力及产业结构优化研究 . 邯郸：河北工程大学 .
冯波，章光新，李峰平 . 2016. 松花江流域季节性气象干旱特征及风险区划研究 . 地理科学，36（3）：466-474.
冯喜媛，郭春明，陈长胜，等 . 2013. 基于气象模型分析东北地区近 50 年水稻孕穗期障碍型低温冷害时空变化特征 . 中国农业气象，34（4）：462-467.
高孟霜，许吟隆，殷红，等 . 2018. 1992—2012 年东北水稻生育期变化分析 . 气候变化研究进展，14（5）：495-504.
高晓容，王春乙，张继权 . 2012. 气候变暖对东北玉米低温冷害分布规律的影响 . 生态学报，32（7）：2110-2118.
高永刚，赵慧颖，高峰，等 . 2016. 大兴安岭区域未来气候变化趋势及其对湿地的影响 . 冰川冻土，38（1）：47-56.
顾娟 . 2016. 浅谈气候变化对我国农业气象灾害及病虫害的影响 . 农业科技与信息，（28）：65-66.
官甲义，孙宏刚 . 2013. 吉林省中西部地区土地沙化原因及治理对策 . 吉林林业科技，42（6）：16-18.
韩冬梅，许新宜，杨贵羽，等 . 2015. 未来 50 年东北地区旱涝演变规律预估 . 水利水电技术，46（10）：1-7.

韩芳玉，张俊飚，程琳琳，等 . 2019. 气候变化对中国水稻产量及其区域差异性的影响 . 生态与农村环境学报，35（3）：283-289.

韩晓敏，延军平 . 2015. 气候暖干化背景下东北地区旱涝时空演变特征 . 水土保持通报，35（4）：314-317.

何杰，张士锋，李九一 . 2014. 粮食增产背景下松花江区农业水资源承载力优化配置研究 . 资源科学，36（9）：1780-1788.

何奇瑾，周广胜 . 2012. 我国玉米种植区分布的气候适宜性，科学通报，57（4）：267-275.

何瑞霞，金会军，马富廷，等 . 2015. 大兴安岭北部霍拉盆地多年冻土及寒区环境研究的最新进展 . 冰川冻土，37（1）：109-117.

贺伟，布仁仓，刘宏娟，等 . 2013a. 气候变化对东北沼泽湿地潜在分布的影响 . 生态学报，33（19）：6314-6319.

贺伟，布仁仓，熊在平，等 . 2013b. 1961~2005 年东北地区气温和降水变化趋势 . 生态学报，33（2）：519-531.

洪江涛，吴建波，王小丹，等 . 2013. 全球气候变化对陆地植物碳氮磷生态化学计量学特征的影响 . 应用生态学报，24（9）：2658-2665.

侯依玲，徐瀚卿，王涛，等 . 2019. 未来东北地区农业气候资源的时空演变特征 . 气象科技，47（1）：154-162.

胡琦，潘学标，李秋月，等 . 2016. 气候变化背景下东北地区太阳能资源多时间尺度空间分布与变化特征 . 太阳能学报，37（10）：2647-2652.

胡亚南 . 2017. 东北作物产量对气候变化的空间响应研究——以水稻和玉米为例 . 北京：中国农业科学院 .

黄诚诚 . 2017. 东北黑土坡耕地水蚀条件下土壤有机碳分布及土壤呼吸的研究 . 北京：中国农业科学院 .

黄石竹 . 2016. 环境变化对小兴安岭沼泽湿地甲烷和氧化亚氮排放的影响 . 哈尔滨：东北林业大学 .

黄志刚，王小立，肖烨，等 .2015. 气候变化对松嫩平原水稻灌溉需水量的影响 . 应用生态学报，26（1）：260-268.

霍治国，李茂松，王丽，等 . 2012. 气候变暖对中国农作物病虫害的影响 . 中国农业科学，45（10）：1926-1934.

贾建英，郭建平 . 2011. 东北地区近 46 年气候变化特征分析 . 干旱区资源与环境，25（1）：109-115.

李楚君 . 2018. 东北黑土区冻融侵蚀气候驱动要素变化规律研究 . 沈阳：沈阳农业大学 .

李闯，刘吉平，梁晨，等 . 2018. 1990~2010 年东北地区湿地空间格局变化及影响因素分析 . 太原城市职业技术学院学报，12：21-23.

李峰平 . 2015. 变化环境下松花江流域水文与水资源响应研究 . 北京：中国科学院大学 .

李佳，周祖昊，王浩，等 . 2017. 松花江流域最大冻土深度的时空分布及对气温变化的响应 . 资源科学，39(1)：147-156.

李阔，许吟隆 . 2018. 东北地区农业适应气候变化技术体系框架研究 . 科技导报，36（15）：67-76.

李琳慧，李旭，许梦，等 . 2015. 冻融温度对东北黑土理化性质及土壤酶活性的影响 . 江苏农业科学，43（4）：318-320.

李晓燕，张树文 . 2005. 吉林省大安市近 50 年土地盐碱化时空动态及成因分析 . 资源科学，27（3）：92-97.

李艳萍 . 2017. 气候变化对东北水稻生产的影响分析 . 中国农业信息，12：41-42.

李原园，曹建廷，沈福新，等. 2014. 1956~2010 年中国可更新水资源量的变化. 中国科学：地球科学，44（9）：2030-2038.

李正国，杨鹏，唐华俊，等. 2013. 近 20 年来东北地区春玉米物候期变化趋势及其对温度的时空响应. 生态学报，33（18）：5818-5827.

李忠辉，刘实，郭春明，等. 2015. 未来气候变化对东北地区水稻产量影响的评估. 中国农业大学学报，20（2）：223-228.

梁尧，韩晓增，丁雪丽. 2012. 东北黑土有机质组分与结构的研究进展. 土壤，44（6）：888-897.

林艺，李和平，肖波. 2017. 东北黑土区农田土壤风蚀的影响因素及其数量关系. 水土保持学报，31（4）：44-50.

凌霄霞，张作林，翟景秋，等. 2019. 气候变化对中国水稻生产的影响研究进展. 作物学报，45（3）：323-334.

刘宝元，张甘霖，谢云，等. 2021. 东北黑土区和东北典型黑土区的范围与划界. 科学通报，66（1）：96-106.

刘红，任传友，许烁舟，等. 2018. 东北农业区降水年内分配的不均匀性及对区域增暖的响应. 气候变化研究进展，14（4）：371-380.

刘宏娟. 2007. 东北沼泽湿地的潜在分布对气候变化的响应. 北京：中国科学院大学.

刘莹. 2015. 大庆地区土壤盐碱化成因及改良对策. 黑龙江水利科技，6：151-152.

卢洪健，莫兴国，孟德娟，等. 2015. 气候变化背景下东北地区气象干旱的时空演变特征. 地理科学，35（8）：1051-1059.

陆志华，夏自强，于岚岚. 2012. 松花江流域年降水和四季降水变化特征分析. 水文，32（2）：62-71.

路春燕，王宗明，刘明月，等. 2015. 松嫩平原西部湿地自然保护区保护有效性遥感分析. 中国环境科学，35（2）：599-609.

雒新萍，夏军，邱冰，等. 2013. 中国东部季风区水资源脆弱性评价. 人民黄河，35（9）：12-20.

吕宪国，邹元春，王毅勇，等. 2018. 气候变化影响与风险 – 气候变化对湿地影响与风险研究. 北京：科学出版社.

马驰. 2017. 东北地区湿地遥感监测与景观分析. 水生态学杂志，38（2）：10-16.

马东辉. 2017. 东北地区雪灾风险综合评价. 南京：南京大学.

马龙，刘廷玺，马丽，等. 2015. 气候变化和人类活动对辽河中上游径流变化的贡献. 冰川冻土，37（2）470-479.

满卫东，王宗明，刘明月，等. 2016. 1990—2013 年东北地区耕地时空变化遥感分析. 农业工程学报，32（7）：1-10.

毛德华，王宗明，罗玲，等. 2016. 1990—2013 年中国东北地区湿地生态系统格局演变遥感监测分析. 自然资源学报，31（8）：1253-1263.

冒海霞. 2018. 土地盐碱化及其治理措施. 农业科技与信息，6：56-57.

孟焕，王琳，张仲胜，等. 2016. 气候变化对中国内陆湿地空间分布和主要生态功能的影响研究. 湿地科学，14（5）：710-716.

穆佳，赵俊芳，郭建平. 2014. 近 30 年东北春玉米发育期对气候变化的响应. 应用气象学报，25（6）：680-689.

齐庆华，蔡榕硕 . 2018. 全球变化下中国大陆东部气温和降水的极端特性与气候特征分析 . 合肥：第 35 届中国气象学会年会 .

秦雅，刘玉洁，葛全胜，等 . 2018. 气候变化背景下 1981—2010 年中国玉米物候变化时空分异 . 地理学报，73（5）：906-916.

全国水土保持规划编制工作领导小组办公室，水利部水利水电规划设计总院 .2016. 中国水土保持区划 . 北京：中国水利水电出版社 .

石磊 . 2015. 明晰土地沙化成因保护农业生态环境——吉林省土地沙化原因与解决对策 . 吉林农业，19：100-110.

宋斌，智协飞，胡耀兴，等 . 2015. 全球变暖停滞的形成机制研究进展 . 大气科学学报，38（2）：145-154.

宋长春，宋艳宇，王宪伟，等 . 2018. 气候变化下湿地生态系统碳、氮循环研究进展 . 湿地科学，16(3)：424-431.

宋怀龙 . 2013. 全球气候变化中被忽略的重大问题——盐碱（混合）尘暴 . 海洋地质与第四纪地质，33：(1)：45-55.

孙滨峰，赵红，王效科 . 2015. 基于标准化降水蒸发指数（SPEI）的东北干旱时空特征 . 生态环境学报，24(1)：22-28.

孙凤华，李丽光，梁红，等 . 2012. 1961—2009 年辽河流域气候变化特征及其对水资源的影响 . 气象与环境学报，28（5）：8-13.

孙凤华，李丽光，袁健，等 . 2018. 辽河流域年平均径流对气候变化响应的试验分析 . 气象与环境学报，34（6）：91-95.

孙莉英，蔡强国，陈生永，等 . 2012. 东北典型黑土区小流域水土流失综合防治体系 . 水土保持研究，19（3）：36-41.

谭云娟 . 2016. 近 50 年来我国气候干湿区的变化规律及其成因分析 . 南京：南京信息工程大学 .

陶纯苇，姜超，孙建新 . 2016. CMIP5 多模式集合对东北地区未来气候变化的预估研究 . 地球物理学报，59（10）：3580-3591.

汪雪格，胡俊，吕军，等 . 2017. 松花江流域 1956—2014 年径流量变化特征分析 . 中国水土保持，10：61-65.

王宝桐 . 2005. 黑土区水土流失危害及其防治对策 . 水利天地，11：18-19.

王彬彬，金凯 . 2018. 吉林省水土流失概况及生态修复探讨 . 吉林水利，4：45-47.

王澄海，靳双龙，施红霞 . 2014. 未来 50a 中国地区冻土面积分布变化 . 冰川冻土，36（1）：1-8.

王磊，何超，郑粉莉，等 . 2018. 黑土区坡耕地横坡垄作措施防治土壤侵蚀的土槽试验 . 农业工程学报，1：141-148.

王丽，霍治国，张蕾，等 . 2012. 气候变化对中国农作物病害发生的影响 . 生态学杂志，31（7）：1673-1684.

王柳，熊伟，温小乐，等 . 2014. 温度降水等气候因子变化对中国玉米产量的影响 . 农业工程学报，30（21）：138-146.

王念忠，沈波 . 2012. 搞好黑土区水土保持保障国家粮食安全 . 中国水土保持，1：6-8.

王宁，臧淑英，张丽娟 . 2018. 近 50 年来黑龙江省冻土厚度时空变化特征 . 地理研究，37（3）：622-634.

王培娟，韩丽娟，周广胜，等 . 2015. 气候变暖对东北地区春玉米布局的可能影响及其应对策略 . 自然资源学报, 30（8）：1343-1355.
王淑平，吕育财，周广胜，等 . 2002. 中国东北样带（NECT）土壤碳、氮、磷的梯度分布及其与气候因子的关系 . 植物生态学报, 26（5）：513-517.
王淑平，周广胜，高素华，等 . 2005. 中国东北样带土壤氮的分布特征及其对气候变化的响应 . 应用生态学报, 16（2）：279-283.
王涛，王乙舒，崔妍，等 . 2016. 气候模式对东北地区降水模拟能力评估及预估 . 气象与环境学，32（5）：52 -60.
王晓芳，何金海，廉毅，等 . 2013. 前期西太平洋暖池热含量异常对中国东北地区夏季降水的影响 . 气象学报, 71（2）：305-317.
王晓雪，王深义 . 2016. 东北地区夏季降水特征及其与大气环流的关系 . 黑龙江气象, 33（4）：9-11.
王彦君，王随继，苏腾 . 2014. 1955—2010 年松花江流域不同区段径流量变化影响因素定量评估 . 地理科学进展, 33（1）：65-75.
王艳红 . 2018. 大气 CO_2 浓度升高条件下作物光合碳在黑土中转化过程及微生物群落结构特征 . 长春：中国科学院大学（中国科学院东北地理与农业生态研究所）.
王芝兰，王澄海 . 2012. IPCC AR4 多模式对中国地区未来 40a 雪水当量的预估 . 冰川冻土, 34（6）：1273-1283.
王智慧，王志慧 . 2016. 土壤盐碱化防治措施概述 . 内蒙古水利, 1：71-72.
吴燕锋，章光新 . 2018. 松花江区气象水文干旱演变特征 . 地理科学, 38（10）：1731-1739.
夏军，雒新萍，曹建廷，等 . 2015. 气候变化对中国东部季风区水资源脆弱性的影响评价 . 气候变化研究进展, 11(1)：8-14.
肖维阳，任锦海，江丽君，等 . 2017. 湿地景观保育关键技术体系的构建：以九寨沟为例 . 湿地科学与管理, 13（2）：30-33.
邢宇，张汉女，姜琦刚，等 . 2015. 东北地区湿地演化特征遥感分析 . 湿地科学与管理, 11（2）：50-54.
熊伟，冯灵芝，居辉，等 . 2016. 未来气候变化背景下高温热带对中国水稻产量的可能影响分析 . 地球科学进展, 31（5）：515-528.
徐璐，王志春，赵长巍，等 . 2011. 东北地区盐碱土及耕作改良研究进展 . 中国农学通报, 27（27）：23-31.
许淼平，任成杰，张伟，等 . 2018. 土壤微生物生物量碳氮磷与土壤酶化学计量对气候变化的响应机制 . 应用生态学报, 29（7）：369-378.
晏晓英，冬妮，袁福香 . 2018. 吉林省近 52 年冻土时空变化特征 . 气象灾害防御, 25（3）：44-48.
杨贵羽，韩冬梅，陈一鸣 . 2014. 1950—2010 年东北地区旱涝演变特征分析 . 中国水利, 243（5）：45-48.
杨建平，杨岁桥，李曼，等 . 2013. 中国冻土对气候变化的脆弱性 . 冰川冻土, 35（6）：1436-1445.
杨倩 . 2015. 东北地区积雪时空分布及其融雪径流模拟 . 长春：吉林大学 .
杨晓晨，明博，陶洪斌，等 . 2015. 中国东北春玉米区干旱时空分布特征及其对产量的影响 . 中国生态农业学报, 23(6)：758-767.
杨晓静，徐宗学，左德鹏，等 . 2016. 东北地区近 55a 旱涝时空演变特征 . 自然灾害学报, 25（4）：9-18.
杨晓静，徐宗学，左德鹏，等 . 2018. 东北地区农业旱灾风险评估研究 . 地理学报, 73（7）：1324-1337.
杨新，郭江峰，刘洪鹄，等 . 2006. 东北典型黑土区土壤风蚀环境分析 . 地理科学, 26（4）：443-448.
雍斌，朱磊，任立良，等 . 2014. 人类活动对老哈河流域近 50 年径流变化影响的定量评估 . 河海大学学报（自然科学版），42（2）：16-26 .
尤孟阳 . 2015. 黑土母质熟化过程中的土壤有机碳组分与结构变化特征 . 长春：中国科学院大学（中国科学院东北地理与农业生态研究所）.
余弘泳，赵俊芳，余会康 . 2017. 气候变化对年代际东北玉米冷害影响分析 . 中国农业资源与区划，38（5）：113-122.
余会康，郭建平 . 2014. 气候变化下东北水稻冷害时空分布变化 . 中国生态农业学报，22（5）：594-601.
曾竞，卜兆君，王猛，等 . 2013. 氮沉降对泥炭地影响的研究进展 . 生态学杂志，32（2）：473-481.
翟献帅，苏筠，方修琦 . 2017. 东北地区近 30 年来温度变化的时空差异 . 中国农业资源与区划，2：20-27.
张丹丹 . 2017. 模拟增温对土壤有机碳矿化及腐殖质组成的影响 . 长春：吉林农业大学 .
张科利，刘宏远 . 2018. 东北黑土区冻融侵蚀研究进展与展望 . 中国水土保持科学，16（1）：17-24.
张雷 . 2017. 近 50 年东北地区夏季降水变化特征 . 黑龙江农业科学，10：15-16.
张蕾，霍治国，王丽，等 . 2012. 气候变化对中国农作物虫害发生的影响 . 生态学杂志，31（6）：1499-1507.
张丽敏，张淑杰，郭海，等 . 2018. 东北春玉米适宜生长期农业气候资源变化及其影响分析 . 江西农业学报，30（2）：93-99.
张梦婷，刘志娟，杨晓光，等 . 2016. 气候变化背景下中国主要作物农业气象灾害时空分布特征：东北春玉米延迟型冷害 . 中国农业气象，37（5）：599-610.
张淑杰，侯依玲 . 2019. 气候变化对东北玉米生产潜力的影响与评估 . 沈阳：辽宁科学技术出版社 .
张卫建，陈金，徐志宇，等 . 2012. 东北稻作系统对气候变暖的实际响应与适应 . 中国农业科学，45（7）：1265-1273.
张晓平，梁爱珍，申艳，等 . 2006. 东北黑土水土流失特点 . 地理科学，26（6）：687-692.
张孝存，郑粉莉，安娟，等 . 2013. 典型黑土区坡耕地土壤侵蚀对土壤有机质和氮的影响 . 干旱地区农业研究，4：182-186.
章光新 . 2012. 东北粮食主产区水安全与湿地生态安全保障的对策 . 中国水利，15：9-11.
赵锦，杨晓光，刘志娟，等 . 2014. 全球气候变暖对中国种植制度的可能影响 X . 气候变化对东北地区春玉米气候适宜性的影响 . 中国农业科学，47（16）：3143-3156.
赵俊芳，穆佳，郭建平 . 2015. 近 50 年东北地区≥ 10℃农业热量资源对气候变化的响应 . 自然灾害学报，24（3）：190-198.
赵兰坡 . 2017. 东北粮食主产区农业适应气候变化理论与技术 . 北京：科学出版社 .
郑粉莉，边锋，卢嘉，等 . 2016. 雨型对东北典型黑土区顺坡垄作坡面土壤侵蚀的影响 . 农业机械学报，2：90-97.
郑红 . 2018. 在气候变暖背景下对黑龙江农业干旱及生态环境的影响 . 合肥：第 35 届中国气象学会年会 .
《中国河湖大典》编纂委员会 .2014. 中国河湖大典 黑龙江、辽河卷 . 北京：中国水利水电出版社 .
钟科元 . 2018. 极端气候变化和人类活动对松花江流域输沙量的影响研究 . 杨凌：西北农林科技大学 .
钟新科，刘洛，宋春桥，等 . 2012. 1981 年至 2010 年中国东北地区春玉米气候潜力时空变化分析 . 资源科学，34（11）：2164-2169.
周杰 . 2015. 中国东北地区大气水循环的时空特征及其对降水的影响 . 扬州：扬州大学 .
周晓宇，龚强，赵春雨，等 . 2020a. 辽宁省冰雪气候资源适宜性评价 . 气象与环境学报，36（5）：76-85.

周晓宇，赵春雨，崔妍，等 . 2020b. 1961—2017 年中国东北地区降雪时空演变特征分析 . 冰川冻土，42（3）：766-779.

周秀杰，王凤玲，吴玉影 . 2015. 近 60 年来黑龙江与东北及全国气温变化特点关系的分析 . 天津：第 32 届中国气象学会年会 S6 应对气候变化、低碳发展与生态文明建设 .

朱晓勇 . 2017. 中美黑土区水土保持工作比较研究 . 长春：吉林大学 .

朱宇 . 2019. 东北蓝皮书：中国东北地区发展报告（2018）. 北京：社会科学文献出版社 .

An J，Zheng F，Wang B. 2014. Using ^{137}Cs technique to investigate the spatial distribution of erosion and deposition regimes for a small catchment in the black soil region，Northeast China. Catena，123：243-251.

Brandt J S，Haynes M A，Kuemmerle T，et al. 2013. Regime shift on the roof of the world：alpine meadows converting to shrublands in the southern Himalayas. Biological Conservation，158：116-127.

Burke E J，Jones C D，Koven C D. 2013. Estimating the permafrost-carbon climate response in the CMIP5 climate models using a simplified approach. Journal of Climate，26：4897-4909.

Castro-Morales L M，Quintana-Ascencio P F，Fauth J E，et al. 2014. Environmental factors affecting germination and seedling survival of Carolina Willow（*Salix Caroliniana*）. Wetlands，34：469-478.

Cavicchioli R，Ripple W J，Timmis K N. 2019. Scientists' warning to humanity：microorganisms and climate change. Nature Reviews Microbiology，17：569-586.

Chen H，Zhang W，Gao H，et al. 2018. Climate change and anthropogenic impacts on wetland and agriculture in the Songnen and Sanjiang Plain，Northeast China. Remote Sensing，10（3）：356.

Chuai X W，Qi X X，Zhang X Y，et al. 2018. Land degradation monitoring using terrestrial ecosystem carbon sinks/sources and their response to climate change in China. Land Degradation and Development，29：3489-3502.

Cui L，Gao C，Zhou D，et al. 2014. Quantitative analysis of the driving forces causing declines in marsh wetland landscapes in the Honghe region，northeast China，from 1975 to 2006. Environmental Earth Sciences，71（3）：1357-1367.

deMarco J，Mack M C，Bret-Harte M S. 2014. Effects of arctic shrub expansion on biophysical versus biogeochemical drivers of litter decomposition. Ecology，95：1861-1875.

Frost G V，Epstein H E. 2014. Tall shrub and tree expansion in Siberian tundra ecotones since the 1960s. Global Change Biology，20：1264-1277.

Fu W，Wang X，Wei X. 2019. No response of soil N mineralization to experimental warming in a northern middle-high latitude agro-ecosystem. Science of the Total Environment，659：240-248.

Gong H L，Meng D，Li X J，et al. 2013. Soil degradation and food security coupled with global climate change in northeastern China. Chinese Geogrophical Science，23（5）：562-573.

Hicks Pries C E，Castanha C，Porras R C，et al. 2017. The whole-soil carbon flux in response to warming. Science，355（6332）：1420-1423.

Hiltbrunner E，Aerts R，Buhlmann T，el al. 2014. Ecological consequences of the expansion of N_2-fixing plants in cold biomes. Oecologia，176：11-24.

Huo L，Zou Y，Lyu X，et al. 2018. Effect of wetland reclamation on soil organic carbon stability in peat mire soil around Xingkai Lake in Northeast China. Chinese Geographical Science，28（2）：325-336.

IPCC. 2013. Climate Change 2013：the Physical Science Basis. Working Group I Contribution to the Fifth Assessment Report of the Intergovernmental Panel on Climate Change. Cambridge：Cambridge University Press.

Jiang G，Xu M，He X，et al. 2014. Soil organic carbon sequestration in upland soils of northern China under variable fertilizer management and climate change scenarios. Global Biogeochemical Cycles，28（3）：319-333.

Keuper F，Dorrepaal E，van Bodegom P M，et al. 2017. Experimentally increased nutrient availability at the permafrost thawfront selectively enhances biomass production of deep-rooting subarctic peatland species. Global Change Biology，23：4257-4266.

Li J Q，Pei J M，Cui J. 2017. Carbon quality mediates the temperature sensitivity of soil organic carbon decomposition in managed ecosystems. Agriculture，Ecosystems and Environment，250：44-50.

Li Z G，Yang P，Tang H J，et al. 2013. Response of maize phenology to climate warming in Northeast China between 1990 and 2012. Regional Environmental Change，14（1）：39-48.

Liang A Z，Yang X M，Zhang X P，et al. 2016. Changes in soil organic carbon stocks under 10-year conservation tillage on a Black soil in Northeast China. The Journal of Agricultural Science，154（8）：1425-1436.

Liang L Q，Li L J，Liu Q. 2011. Precipitation variability in Northeast China from 1961 to 2008. Journal of Hydrology，404：67-76.

Liu H，Mi Z，Lin L，et al. 2018. Shifting plant species composition in response to climate change stabilizes grassland primary production. Proceedings of the National Academy of Sciences of the United States of America，115：4051-4056.

Liu Z J，Hubbard K G，Lin X M，et al. 2013. Negative effects of climate warming on maize yield are reversed by the changing of sowing date and cultivar selection in Northeast China. Global Change Biology，19：3481-3492.

Liu Z J，Yang X G，Hubbard K G，et al. 2012. Maize potential yields and yield gaps in the changing climate of northeast China. Global Change Biology，18：3441-3454.

Liu Z J，Yang X G，Lin X M，et al. 2016. Maize yield gaps caused by non-controllable，agronomic，and socioeconomic factors in a changing climate of Northeast China. Science of the Total Environment，541：756-764.

Lou Y J，Wang G P，Lu X G，et al. 2013. Zonation of plant cover and environmental factors in wetlands of the Sanjiang Plain，northeast China. Nordic Journal of Botany，31：748-756.

Lou Y J，Zhao K Y，Wang G P，et al. 2015. Long-term changes in marsh vegetation in Sanjiang Plain，northeast China. Journal of Vegetation Science，26：643-650.

Mao D，Wang Z，Li L，et al. 2014. Quantitative assessment of human-induced impacts on marshes in Northeast China from 2000 to 2011. Ecological Engineering，68：97-104.

Mullan D. 2013. Soil erosion under the impacts of future climate change：assessing the statistical significance of future changes and the potential on-site and off-site problems. Catena，109：234-246.

Myers-Smith I H，Elmendorf S C，Beck P S A，et al. 2015. Climate sensitivity of shrub growth across the tundra biome. Nature Climate Change，5：887-891.

Myers-Smith I H，Hik D S. 2013. Shrub canopies influence soil temperatures but not nutrient dynamics：an experimental test of tundra snow-shrub interactions. Ecology and Evolution，3：3683-3700.

Na X D，Zang S Y，Zhang N N，et al. 2015. Impact of land use and land cover dynamics on Zhalong wetland reserve ecosystem，Heilongjiang Province，China. International Journal of Environmental Science and Technology，12（2）：445-454.

Ni K，Ding W，Zaman M，et al. 2012. Nitrous oxide emissions from a rainfed-cultivated black soil in Northeast China：effect of fertilization and maize crop. Biology and Fertility of Soils，48（8）：973-979.

Qadir M，Noble A D，Chartres C. 2013. Adapting to climate change by improving water productivity of soils in dry areas. Land Degradation and Development，24（1）：12-21.

Ran Y H，Cheng G D，Zhang T J，et al. 2012. Distribution of permafrost in China：an overview of existing permafrost maps. Permafrost and Periglacial Processes，23：322-333.

Ren J S，Song C C，Hou A X，et al. 2018. Shifts in soil bacterial and archaeal communities during freeze-thaw cycles in a seasonal frozen marsh，Northeast China. Science of the Total Environment，625：782-791.

Shen B Z，Lin Z D，Lu R Y，et al. 2011. Circulation anomalies associated with inter annual variation of early-and late-summer precipitation in Northeast China. Science China：Earth Sciences，54：1095-1104.

Shi F X，Song C C，Zhang X H，et al. 2015. Plant zonation patterns reflected by the differences in plant growth，biomass partitioning and root traits along a water level gradient among four common vascular plants in freshwater marshes of the Sanjiang Plain，Northeast China. Ecological Engineering，81：158-164.

Sistla S A，Moore J C，Simpson R T，et al. 2013. Long-term warming restructures Arctic tundra without changing net soil carbon storage. Nature，497（7451）：615-618.

Song C C，Wang X W，Miao Y Q，et al. 2014. Effects of permafrost thaw on carbon emissions under aerobic and anaerobic environments in the Great Hing'an Mountains，China. Science of the Total Environment，487：604-610.

Song C C，Xu X F，Sun X X，et al. 2012. Large methane emission upon spring thaw from natural wetlands in the northern permafrost region. Environmental Research Letters，7：034009.

Sun X X，Song C C，Guo Y D，et al. 2012. Effect of plants on methane emissions from a temperate marsh in different seasons. Atmospheric Environment，60：277-282.

Tao F L，Zhang S A，Zhang Z，et al. 2014. Maize growing duration was prolonged across China in the past three decades under the combined effects of temperature，agronomic management，and cultivar shift. Global Change Biology，20：3686-3699.

Tian Z，Yang X C，Sun L X，et al. 2014. Agroclimatic conditions in China under climate change scenarios projected from regional climate models. International Journal of Climatology，34：2988-3000.

Wang J Y，Song C C，Hou A X，et al. 2014a. Effects of freezing-thawing cycle on peatland active organic carbon fractions and enzyme activities in the Da Xing'anling Mounyains，Northeast China. Environmental Earth Sciences，72：1853-1860.

Wang J Y，Song C C，Hou A X，et al. 2014b. CO_2 emissions from soils of different depths of a permafrost peatland, Northeast China: response to simulated freezing-thawing cycles. Journal of Plant Nutrition & Soil Science, 177: 524-531.

Wang J Y, Song C C, Miao Y Q, et al. 2013. Greenhouse gas emissions from southward transplanted wetlands during freezing-thawing periods in Northeast China. Wetlands, 33: 1075-1081.

Wang W J, Qiu L, Zu Y G, et al. 2011. Changes in soil organic carbon, nitrogen, pH and bulk density with the development of larch (*Larix gmelinii*) plantations in China. Global Change Biology, 17 (8): 2657-2676.

Wang Y H, Yu Z H, Li Y S, et al. 2017. Microbial association with the dynamics of particulate organic carbon in response to the amendment of elevated CO_2-derived wheat residue into a Mollisol. Science of the Total Environment, 607-608: 972-981.

Wei F, Zhang X Y, Zhao J, et al. 2018. Artificial warming-mediated soil freezing and thawing processes can regulate soybean production in Northeast China. Agricultural and Forest Meteorology, 262: 249-257.

Wu Y Y, Wei O Y, Hao Z C, et al. 2018. Assessment of soil erosion characteristics in response to temperature and precipitation in a freeze-thaw watershed. Geoderma, 328: 56-65.

Yao Y, Zong S, Kleidon A, et al. 2019. Impacts of climate warming, cultivar shifts, and phenological dates on rice growth period length in China after correction for seasonal shift effects. Climate Change, 155 (1): 127-143.

Ye L, Xiong W, Li Z, et al. 2013. Climate change impact on China food security in 2050. Agronomy for Sustainable Development, 33 (2): 363-374.

Yin X G, Nabloun M, Olesen J E, et al. 2016. Effects of climatic factors, drought risk and irrigation requirement on maize yield in the Northeast Farming Region of China. Journal of Agricultural Science, 154: 1171-1189.

Yu Z H, Li Y S, Hu X J, et al. 2018. Elevated CO_2, increases the abundance but simplifies networks of soybean rhizosphere fungal community in Mollisol soils. Agriculture, Ecosystems and Environment, 264: 94-98.

Zhang H Y, Yu Q, Lü X T, et al. 2016. Impacts of leguminous shrub encroachment on neighboring grasses include transfer of fixed nitrogen. Oecologia, 180: 1213-1222.

Zhang J, Wei Y, Liu J, et al. 2019. Effects of maize straw and its biochar application on organic and humic carbon in water-stable aggregates of a Mollisol in Northeast China: a five-year field experiment. Soil and Tillage Research, 190: 1-9.

Zhang L, Wang C, Li X, et al. 2018. Impacts of agricultural expansion (1910s-2010s) on the water cycle in the Songneng Plain, Northeast China. Remote Sensing, 10 (7): 1108.

Zhao J, Yang X G, Dai S W, et al. 2015. Increased utilization of lengthening growing season and warming temperatures by adjusting sowing dates and cultivar selection for spring maize in Northeast China. European Journal of Agronomy, 67: 12.

Zhu B M, Zhu X, Zhang R, et al. 2019. Study of multiple land use planning based on the coordinated development of wetland farmland: a case study of Fuyuan City, China. Sustainability, 11 (1): 271.

Zhu K, Woodall C W, Clark J S. 2012. Failure to migrate: lack of tree range expansion in response to climate change. Global Change Biology, 18 (3): 1042-1052.

第 12 章 京津冀地区

主要作者协调人：宋连春、孙福宝
编　　　　审：刘洪滨
主 要 作 者：潘志华、郭　军、王　冀、许红梅

▪ 执行摘要

自 1961 年以来，海河流域水资源总量和地表水资源量分别以 25.7 亿 m^3/10a 和 24.6 亿 m^3/10a 的速率减少，导致华北地区水资源供需矛盾突出；未来水资源供需矛盾仍将是制约华北地区可持续发展的主要因素，其中雄安新区的内涝和水安全风险高（中等信度）。京津冀地区的超大城市热岛效应显著，造成大雨以上降水向城区和下风向移动，$PM_{2.5}$ 的浓度整体上呈增加的趋势，其对社会、经济、健康和安全等方面的威胁日益加剧，对城市的运行和规划造成重大的影响，到 2050 年该地区的高强度极端暖事件发生风险将增加近 3 倍，高强度极端降水事件发生风险将增加近 2 倍（中等信度）。至 2015 年，京津冀地区的湿地面积较 20 世纪 80 年代末减少了 20%，人类活动是影响该区域湿地变化的主要因素，城市扩张和农业发展是侵占该区域湿地的主要表现形式，生态修复和生态建设工程使该区域的生态环境不断改善、区域发展环境不断优化（高信度）。到 21 世纪前期（2040 年前）和中期（2041~2070 年），京津冀地区气候的暖湿化有利于促进该地区植被的恢复和生长、有利于生态环境建设（高信度）。

12.1 引　　言

京津冀地区地处季风区的北边缘，其特殊的地理位置和地形造成了该地区气候敏感、生态脆弱的特点。该地区夏季高温多雨、冬季寒冷干燥、降水集中、年际变化大，从而易旱且涝，极端干旱和洪涝灾害时有发生。受全球气候变化的影响，自1961年以来，该地区的平均气温升高了0.31℃/10a，升温速率明显高于全球平均值（0.12℃/10a）和全国平均值（0.24℃/10a）。该地区的年平均降水量是528mm，人均水资源量是218m^3，仅为全国平均的1/9。自1961年以来，该地区的年降水量和降水日数分别以10.7mm/10a和1.9天/10a的速率减少。该地区的极端降水发生频率和强度增多增强，自21世纪以来，华北地区极端强降水频次和日降水量突破历史极值的频率显著增加；北京地区日降水量超过150mm的降水日有46%发生在近20年，其中日降水量超过250mm的降水日主要发生在2012年和2016年；河北地区的日降水量超过250mm的降水日有42%发生在近20年。京津冀地区的大气污染物的排放量持续增加，导致雾霾事件频发。自20世纪70年代至今，京津冀地区风速呈现整体减小的趋势，平均每年减小达0.014m/s，其中冬、春季节尤为明显，严重影响该地区冬半年的空气质量。受气候变化和不合理的人类活动的影响，京津冀的水资源从20世纪80年代前的291亿m^{3}减少到21世纪的166亿m^3，减少了43%。

依据《京津冀协同发展规划纲要》，到2035年，京津冀世界级城市群的架构和区域一体化格局基本形成，区域经济结构更加合理，生态环境质量总体良好，公共服务水平趋于均衡，其成为具有较强国际竞争力和影响力的重要区域，在引领和支撑全国经济社会发展中发挥更大作用。未来京津冀协同发展面临强降水及高温热浪等极端事件、干旱及水资源短缺和大气污染等气候生态环境问题。

12.2 影响和脆弱性

12.2.1 水资源管理

水资源是基础性的自然资源和关键性的生态环境要素，不仅关系着经济社会的稳定发展，也关系着一个国家和地区的生态安全。京津冀地区地处华北平原海河流域，位于东亚季风区北边缘带，是我国气候变化敏感区、生态环境脆弱区和水资源匮乏区（Gao et al., 2014；鲍超和贺东梅，2017），降水年际变化大、易旱且涝、极端干旱和洪涝灾害时有发生。京津冀地区属于“资源型”缺水地区，其以不足全国1%的水资源承载了2.3%的土地以及8%的人口和11%的经济总量，其水资源极度匮乏（Cheng et al., 2019）。气候变化对华北地区的水资源已经产生了影响，而京津冀协同发展和雄安新区建设等必将对该区域的水资源利用产生影响，未来气候变化将持续影响水资源的可持续利用和区域的可持续发展。

1. 水资源现状

京津冀地区地处华北平原，是世界上人口密集、经济快速发展的地区。该区域人口聚集，水资源总量不足，年地表水资源量、地下水资源量和水资源总量仅分别占全国总量的不到 1%、2.9% 和 1.3%（鲍超和邹建军，2018）。

海河流域是华北地区地表水的主要来源，1961 年以来，海河流域水资源总量和地表水资源量呈现明显的减少态势，平均每 10 年分别减少 25.7 亿 m^3 和 24.6 亿 m^3。对长序列的气象水文观测分析后揭示出，海河流域大部分子流域的降水和径流都显著减少，大部分子流域径流的突变点出现在 1978~1985 年（Yang and Tian，2009）。20 世纪 70 年代以后，径流的减少要比降水的减少更快，与气候变化相比，人类活动对于径流的突变贡献更大（Zhang et al.，2011；张利茹等，2017）。海河流域的径流年内分配不均匀，径流量主要来自汛期洪水，其全年径流量的 80% 以上集中在 6~9 月。海河流域年降水量减少，其中，夏季降水量减少趋势显著。气温升高且降水减少是导致海河流域地表径流量减少的原因之一（Wang et al.，2019）。下垫面变化使得水土保持增加了山区保水量，地下水开采造成地下水亏空和包气带增加，这也是地表水资源减少的原因（Xu et al.，2014）。此外，经济社会发展和生态用水的增加进一步导致地表水资源量减少。

在气候条件变化和人类活动的双重影响下，华北平原地下水循环方式与通量大小发生重大变化，地下水位急速下降（费宇红等，2007；Cao et al.，2013），产生地面沉降等一系列地质环境问题（石建省等，2014）。华北平原区地下水位持续下降制约着京津冀一体化发展。逐渐加剧的人类活动（包括粮食产量、人口数量）构成了京津冀地区地下水位持续下降的主要驱动力（李雪等，2018）。主要省市加大对地下水超采区综合治理，使超采恶化趋势得到控制，自 2000 年以来，地下水开采量 246 亿 m^3，总体呈现稳步下降趋势，特别是近 5 年来，地下水位下降趋势减弱。

华北平原是我国重要的粮食主产区，现有耕地面积 $32.6\times10^6hm^2$，约占全国耕地面积的 40%，目前小麦产量占全国的一半以上，玉米产量约占全国总产量的 40%。水资源是制约华北平原农业稳定和可持续发展的主要因素。在海河流域，耕地亩均水资源量约为 245 m^3，不足全国亩均水资源量的 1/8（夏军等，2011）。海河流域农业生产与社会发展、生态保护之间的矛盾日益尖锐。气候变化对华北平原水资源和农业需水影响显著。1950 年以来，华北平原气候总体趋向于暖干化；未来气候变化情景下，区域水分盈余量下降，干旱化趋势加重。未来作物生育期耗水量和灌溉需水量增加，其中北部地区水量亏缺更为严重，南部地区水量盈余则减少（莫兴国等，2016）。

京津冀城市群水资源极度短缺，绝大多数城市用水总量零增长或缓慢负增长，用水结构以工农业用水比重下降为主要特征，用水效率普遍快速提升（鲍超和贺东梅，2017）。2004 年京津冀三地生活用水总量为 39.04 亿 t，2014 年增长到 46.10 亿 t。2004~2014 年京津冀地区生活用水占用水总量的比重均高于工业用水及生态用水所占比重。从工业耗水总量上看，2004~2014 年京津冀工业用水总量呈缓慢下降趋势，基本维持在 35 亿 m^3。京津冀地区生态用水总量虽然在一定程度上低于生活和工业用水量，但呈现出较高的增长速度。2003 年京津冀地区生态用水量仅为 1.6 亿 m^3，2014 年增长至 14.4 亿 m^3（马海涛和耿凤娟，2017）。在强人类活动干扰及脆弱生态环境的约束下，水资源已成为制约京津冀城市群经济社会发展的关键要素（顾朝林和辛章平，2014；李孟颖和陈介山，2015）。

2. 供水安全风险

华北地区以全国 1.3% 的水资源供给全国 10% 的人口使用。随着经济社会发展、人口增加以及城镇化进程的加快，该地区存在水资源过度开发、环境承载力差、污染严重、河道断流、生态系统退化和部分河段防洪能力不足等突出问题，其严重制约了京津冀地区的供水安全，受气候与下垫面变化的影响，该地区的生态供水保障难度增大。由于生态文明建设的大力开展，该地区的生产、生活和生态需水量进一步发生了改变，供水安全的压力变大（Martisen et al.，2019；White et al.，2015），主要表现在以下三个方面。

一是华北地区生产、生活、生态用水供需矛盾突出。以北京为例，1994~2000 年平均人均年水资源总量为 246m^3，2001~2010 年降为 139m^3，2011~2016 年仅为 137m^3。虽然得益于灌区改造、节水灌溉技术推广以及工业水重复利用率提高等，农业和工业用水将呈现减小趋势，但是随着全社会对生态环境的重视，尤其是京津冀协同发展、雄安新区建设等重大战略相继实施，水生态建设标准将有所提高，生态用水需求将进一步增加。此外，受气候与下垫面变化的影响，保障生态供水的难度增大。

二是海河流域保障水资源安全的能力不足。随着外调水工程通水，供水水源不断丰富，水资源供需平衡关系相对稳定，海河流域的水环境得到了一定程度的改善，但仍存在供水安全的挑战。首先，本地水源与外调水源遇到枯水期的风险；其次，部分区域面临供水水源单一、备用水源不足的问题，部分区域缺少水资源调蓄工程，因此其应对长期风险的能力不足；最后，地下水一直是海河流域的主要供水水源，占总供水量的 60% 以上，尽管地下水超采得到控制，但超采在一定时期内仍将存在。

三是海河流域不仅水资源短缺，而且还面临着全流域防洪形势严峻、城市内涝灾害风险大等问题。由于流域强降水和洪水形成的特殊性，加上河道行洪能力降低、蓄滞洪区启用难以及全流域调度协调要求高，海河流域的防洪形势严峻。由于华北地区经济社会迅速发展，城市建成区面积逐年增加（21 世纪初以来城市面积增长率达到了 16.6%），再加上近些年来华北地区短历时降水强度和频次的增加，因此一旦出现强降水，城市径流量将超过排水管道的设计峰值，极易造成城市内涝。雄安新区位于大清河流域白洋淀周边，地势相对低洼，易受大清河洪水侵袭，雄安新区防洪标准为 50~200 年一遇，现状防洪标准仅为 20 年一遇，在雄安新区防洪工程尚未建成的情况下，雄安新区安全度汛压力大。

3. 雄安新区水资源安全与利用

雄安新区地处北京、天津和保定腹地，位于大清河流域白洋淀周边，多年平均气温 12.5℃，年降水量约为 480mm（赵本龙等，2018），降水季节分布不均匀，主要集中在夏季，约占年降水量的 70%。

大清河流域增温速率大，降水量和降雨日数减少，极端降雨增加。自 1961 年以来，大清河流域年平均气温以 0.33℃/10a 的速率升高，雄安新区平均气温上升速率为 0.17℃/10a；流域的平均年降水量总体呈减少趋势，减少速率约为 9mm/10a，其中夏季降水减少最为显著（16mm/10a），除中雨外，其他各等级的降水量也都有不同程度的减少趋势；小雨和中雨占年降水量的比例有增加趋势，而大雨和大暴雨的比例有减少趋势；年降水日数减少速率为 1.5d/10a，各等级的降雨日数都呈减少趋势，但不同等级的日降雨强度都有所增加；小时最大雨强也有增大趋势，以雄安（容城）为例，平均每 10 年小时最大雨强增加 1.5mm，不同重现期极端强降水强度增幅在 16%~28%，且降雨强度高的增幅更大，意味着极端强降水更强。

大清河白洋淀流域多年平均径流量约 22.3 亿 m^3，径流多产自山区，山区年径流量约占流域年总径流量的 85%。受降水影响，年地表径流量的 60%~80% 集中在 6~9 月，洪水也主要产生于这一时段的暴雨期。受季风气候影响，径流丰枯变化剧烈，年最大径流量为最小径流量的 15 倍（宋中海，2005）。1957~2012 年的径流观测结果揭示出大清河流域年径流量呈减小趋势，这主要是由年降水量减少引起的（刘茂峰等，2011；周玮等，2011）。例如，拒马河的紫荆关、沙河的阜平和唐河的倒马关 3 个山区水文站 1961~2016 年的结果显示，年径流量均呈减小趋势，平均减少速率约 1.3 亿 m^3/10a（图 12-1），且以夏季径流量减少为主（高彦春等，2017）。气温升高、年降水减少，特别是汛期降水减少是导致年径流量减少的原因之一。随着人类活动加剧，一方面农业用水量不断增加，另一方面流域上游水库建设，总库容已经超过 36 亿 m^3，工程拦蓄也会导致进入白洋淀的水量减少，进而加剧了白洋淀干淀现象的发生（胡姗姗等，2012）。

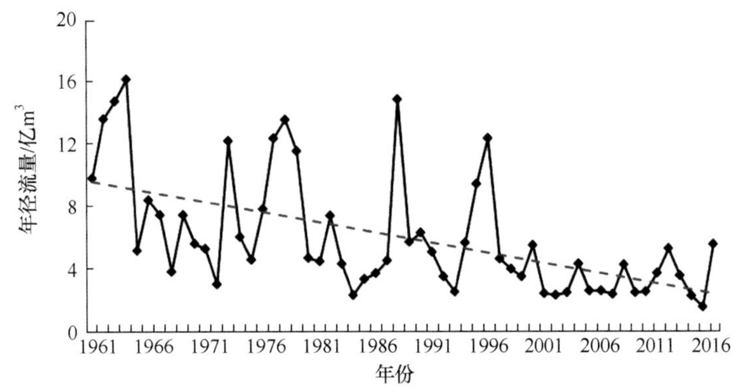

图 12-1 1961~2016 年大清河流域年径流量变化

入淀径流减少导致白洋淀干淀，调水工程在一定程度缓解了白洋淀水资源紧张的局面（杨春霄，2010）。20 世纪 50 年代以来，随着入淀河流天然径流量的逐年减少，淀区先后多次出现干淀现象。1984~1988 年白洋淀连续 5 年干淀，为了维持白洋淀的生态环境，20 世纪 80 年代以来多次从上游水库向白洋淀补水。2003~2005 年白洋淀 3 年干淀，2004 年首次实施了跨流域调水，从海河河系的岳城水库开闸放水，为白洋淀补水 1.6 亿 m^3（李英华等，2004）。2006~2012 年共实施了 5 次“引黄济淀”工程，这在一定程度上缓解了白洋淀水资源的紧张。

雄安新区水资源供需矛盾突出，供水结构不合理导致地下水位持续下降（夏军和张永勇，2017）。根据2005~2017年《中国水资源公报》，雄安新区多年（2005~2017年）平均水资源量为1.6亿m^3，供水总量为2.5亿m^3，用水赤字近0.9亿m^3/a，亏缺量约为36%。其中，供水总量中90%以上为地下水（图12-2），明显高于海河流域和河北地下水占供水总量60%和70%的平均水平。

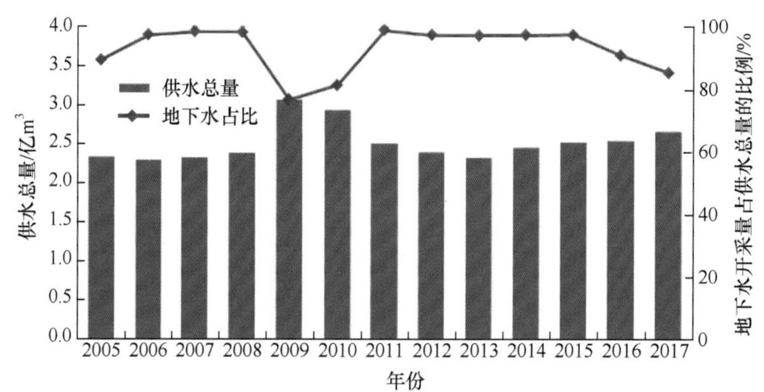

图12-2 2005~2017年雄安新区供水总量及地下水开采量占供水总量的比例

2009年和2010年分别外调水6621.6万m^3和5200万m^3用于生态补水

雄安新区地表水资源不足，为满足供水需求，其长期大量超采地下水，导致雄安新区三县地下水位快速下降，已被划入河北地下水超采区范围。1976~2016年，安新深层地下水位长期呈下降趋势；2006~2015年，安新地下水埋深由7.8m下降到10.2 m，下降幅度达30.8%；同期，容城地下水埋深由9.2m下降到22.5m，雄县地下水埋深由17.8m下降到19.2m。雄安新区生态、生产、生活用水矛盾突出。当前，雄安新区三县耕地面积约占总土地面积的66%，人口超过104万人，生产总值超过200亿元。2005~2017年平均用水量2.5亿m^3，多年来基本不考虑河湖生态用水；农业用水占比最大，约为76%。2017年新区三县总用水量2.67亿m^3，其中，农业用水量为1.9亿m^3，占比减少了4%，生活用水量为0.27亿m^3，减少了约2%，而生态用水量超过0.2亿m^3，增幅超过7%。

12.2.2 城市（群）发展

1. 城市（群）发展的气候效应

城市是人类社会发展的必然产物。随着城市的快速发展，城市气候效应凸显，对城市环境质量、工业生产和居民生活产生很大的负面影响，并且呈现逐年增加的趋势。大城市的气候效应是多个热力过程、动力过程相互联动的结果：城市的高层建筑、硬化的路面、人工热排放，以及植被和水面有限，造成城市气温高、郊区气温低的城市热岛效应。城市热岛效应又使空气从郊区到城区形成热岛环流，以及盛行气流在城市穿越时受到建筑和地面粗糙度大的影响使气流抬升，这样有利于云和降水在城市形成。城区的近地面风速低于郊区，而且随城市化的发展呈不断降低的趋势。城区气溶胶（霾）的增多，在夏季水汽充足的情况下会有助于云雨和强降水过程的形成，在冬天水汽少的情况下又使雨雪难以形成，城市区域近地面空气相对湿度比郊区明显偏低，形成所谓的“城市干岛效应”，秋冬季节夜间的城市干岛效应更加明显，加之冬春季降水稀少，致使北方特大城市城区越发干燥。

城市热岛效应是在城市化的人为因素和局地天气气候条件的共同作用下形成的，其与城市人为热量释放、下垫面性质和结构、植被覆盖、人口密度、天气状况等有密切关系，并且伴随着城市化进程的继续，城市热岛强度及其规模会日益加剧。据研究，10 万人口的城市热岛效应可达 0.32℃，100 万人口的城市热岛效应可达 0.91℃。由于我国城市的人口密度更大、绿化更少，因而城市热岛效应尤为显著（史军等，2011）。20 世纪 80 年代以来，北京、天津、石家庄平均热岛强度分别为 1.26℃、0.9℃和 0.75℃；从卫星遥感监测评估结果中发现，北京、天津、唐山和石家庄热岛面积大、强度强，显示出超大、特大城市及资源型城市的热岛效应显著。强热岛面积增加主要发生在超大城市，北京、天津强热岛区之间的最短空间距离从 1994 年的 94km 逐步缩减到 2014 年的 52km（图 12-3），未来存在形成“京津区域热岛群”的可能（刘勇洪等，2017）。

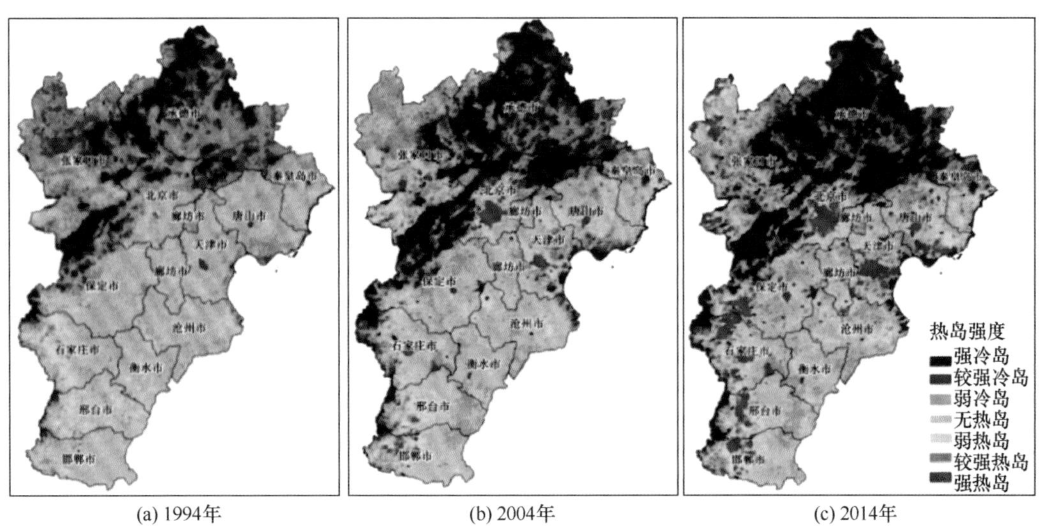

图 12-3　京津冀地区 1994 年、2004 年、2014 年夏季白天热岛强度变化示意图（刘勇洪等，2017）

城市化改变了城市局地的能量平衡、边界层结构和大气成分，导致局地环流状态发生变化，从而影响城市降水的时空分布。大量研究发现，城市化具有使城区及其下风向降水增多的效应，这种降水分布的异常在夏季最显著，并表现出随着城市化进程有进一步增强的趋势，如上海城市降水效应主要存在于 6~9 月的梅雨和台风雨期间。不仅单个城市，城市群对降水分布也有影响。从京津冀地区来看，北京、天津、唐山主要城市的降水量和降水频次都有明显减少，而城市群下风向的降水量和降水强度则明显增加和增强，其中 50mm 以上等级的降水量变化最为显著。夏季形成了主体位于城市下风向边缘区的多雨岛中心结构，城市地表特征使北京、天津和唐山地区 50mm 以上等级降水量的百分比下降了 6%~20%，下风向地区增加了 8%（张珊等，2015）。数值模拟试验结果也表明，城市扩张使得城区或其下风向地区局地降水增强，北京大规模扩张的过程中，夏季降雨中心向城区移动，在城区降水增多的同时，其他区域降雨减少。城市化不同的发展阶段对降水的影响不同，在城市化早期，因热岛效应对降水的影响占主导地位，京津冀城市化主要表现为增雨效应，但当城市群扩张至一定程度后，下垫面城市化导致水分供应减少，对降水的抑制作用将增强。

随着城市工业的发展和城市规模的扩大，人类活动排放的各种大气污染物悬浮在空中，尤其是以细颗粒物（$PM_{2.5}$）为首要污染物的城市与区域空气污染问题凸显。近年来，京津冀城市群 $PM_{2.5}$ 浓度整体呈上升趋势，城市建成区 $PM_{2.5}$ 浓度相比于周围郊区和农村平均高 10~20 μg/m^3。大气污染在城市群尺度的区域性和集聚性特征明显，两个城市间大气污染的正向交互影响范围平均可达到 200km，区域间大气污染的扩散与传输导致本地的 $PM_{2.5}$ 受邻近区域影响显著，邻近地区的 $PM_{2.5}$ 每升高 1%，将导致本地 $PM_{2.5}$ 至少升高 0.5%（刘海猛等，2018）。风速风向、气温、人口密度、地形以及第二产业是造成京津冀大气污染的主要内、外因素。

2. 城市化对极端高温、暴雨内涝、大气污染（或者雾霾）的影响

城市热岛效应是城市化对城市气候影响最典型的表现之一，在夏季其会与极端高温产生叠加效应。一方面，极端高温期间的城市热岛强度相比非高温日更大，城市热岛的影响也被放大，且热岛强度有随夏季环境气温上升而增加的趋势；另一方面，城市热岛效应不仅影响夏季高温分布，也会使高温强度明显增强，特别是夜间更为显著的城市热岛效应使得城区夜晚降温变缓，导致城市居民在白天和夜晚经历持续的高强度热胁迫，加剧了高温对城市居民健康的影响。从长期变化趋势来看，城市极端高温呈现上升趋势，城市化对此有重要贡献（杨续超等，2015）。20 世纪 80 年代以来，北京城市化进程加速，城市热岛强度增强，使得高温日数呈现出市区多于近郊和远郊的格局。在华北地区，与最低气温相关的指数受城市化影响更加显著，城市化对暖夜增加的贡献超过 50%。数值模拟结果表明，城市发展及其伴随的土地利用变化导致经历极端高温（尤其是夜间高温）的区域热胁迫增强，范围扩大；同时，城市化还降低夜间风速，使得进入城市的冷空气对流变弱。

近年来，全球许多城市遭遇极端暴雨过程的袭击，造成了巨大的人员伤亡及财产损失，这些突发于城市或城市群地区的极端暴雨洪涝灾害，除了极端天气及气候事件增多是暴雨灾害事件频发的主要诱因外，还有城市化对暴雨过程的改变等人为因素导致的“致灾因子”也是主要诱因。城市土地利用及土地覆盖变化所形成的城市地表水文特征使得城市地区对暴雨积涝灾害更加敏感。另外，城市基础设施建设落后造成的城市管网排洪能力不足也是城市地区暴雨积涝灾害频发的重要因素。通过对北京地区的暴雨危险性时空变化特征研究发现，该地区尽管年降水量在逐年增少，但自 1984 年

快速城市化以来暴雨危险性却逐年增加。城市化可能通过人口膨胀、土地利用类型变化等方式引发城市热岛效应、城市冠层、城市气溶胶等城市特征来影响水热气循环，形成辐射强迫，从而间接导致极端降水发生概率的增加。

研究发现，城市大气动力、热力特征空间结构中城市边界层建筑群湍流尺度特征对城市大气污染多尺度特征具有重要影响。$PM_{2.5}$ 增长率均较高的城市主要分布于北京—四川和上海—广西两个条带，其中以北京—四川条带最为严重，说明城市用地规模增大会显著增加污染排放负担，进而对城市及其周边产生严重的影响（韩立建，2018）。北京及周边区域冬、夏季不同污染排放源对大气污染成分特征的贡献率具有显著差异，冬季气溶胶颗粒物成分结构以 SO_2 和 NO_x 影响为主；夏季粒子成分结构则以 CO 和 NO_x 影响为主。北京 1973~2013 年 $PM_{2.5}$ 浓度的变化与能源利用总量、汽车数量等城市化强度指标显著相关，同时发现 2004 年这种关系发生显著变化，这一年可能是北京由工业型向生活型空气污染变化的转折点。

3. 气候变化对城市可持续发展和功能发挥的影响

城市是气候变化高风险区，在快速发展过程中受到全球变化和城市化效应叠加影响，气候变化对城市居民、户外人群、低收入人群等安全风险日益加大，对社会发展可持续造成巨大的压力；对城市及周边大气环境、水资源、生态系统的负面影响日益加剧，对生态可持续发展造成重要影响；气候变暖及其相关的极端事件影响城市生命线（水供应和污水处理、电力和通信系统、交通和公共健康系统等）及其功能，直接影响经济可持续发展。因此，城市应对气候变化与城市可持续发展有着密切的关系。

气候变化能够从危害的规模和发生的频次方面对城市生命线系统造成不利的影响如下：一是极端气候事件的规模增加，或多种气候事件产生协同效应，这可能迅速导致城市生命线系统的满负荷甚至超负荷。例如，气候变暖与城市热岛效应叠加，使得高温热浪增多增强，从而导致心脑血管和呼吸道等疾病发病率和死亡率上升，给城市居民，尤其是老龄人口带来严重的健康隐患。城市热岛效应的垂直分布，使得空气污染物在一定高度不易扩散，加重了污染。夏季城市热岛效应加剧了酷热，降低了城市舒适度并增加了居民的经济负担，空调制冷所消耗的能量十分巨大，夏季城市温度每升高 1℃，降温对能源的需求就要增加 2%~4%（史军等，2011）。2000~2015 年 $PM_{2.5}$ 污染日益严重，影响人口数量巨大且主要位于东部人口高密度的城市区域。城市化引发的人口迁移造成 $PM_{2.5}$ 污染人群日益加大。有足够的科学研究结果证明了大气细粒子能吸附大量致癌物质和基因毒性诱变物质，其给人体健康带来不可忽视的负面影响，包括提高死亡率、使慢性病加剧、使呼吸系统及心脏系统疾病恶化、改变肺功能及结构、影响生殖能力、改变人体的免疫结构等。据北京市卫生局统计，每当出现重度雾霾的天气，市属各大医院的呼吸科就诊的患者就增加 20%~50%。2013 年 1 月，我国中东部地区出现持续时间长、影响范围广的强雾霾过程，其造成的交通和健康的直接经济损失的保守估计值约为 230 亿元，受到雾霾事件影响损失最大的省（市）主要集中在上海、浙江、江苏、山东和京津冀区域。雾霾事件造成的急性健康（急门诊）损失共计 226 亿元，相当于非雾霾事件状态下所有健康终端损失的近 2 倍。

二是越发频繁出现的极端气候事件，提高了城市生命线系统发生事故的概率，增加了城市灾害风险。城市快速发展破坏了原有自然地理（特别是水系网）格局，城市高速公路、高架桥等改变了微地形地貌，老城区基础设施建设严重“欠账”，城市洪涝设防标准偏低。因此，大都市圈的规划和建设必须建立在对其自然地理格局，特别是水系和微地形分布遵循的前提下。然而，三大城市群城市建成区面积快速扩张，没有充分考虑大城市布局与原有自然地理格局的协调问题，导致城市建设对自然水系，特别是对支毛沟溪的占用和破坏严重，使天然河网密度极大下降，而新建的人工管网无法替代自然水系的行洪滞蓄与生态服务功能。与此同时，许多下凹式立交桥建在古河道、河网或残留洼地等负地形区，人为形成城市道路网络中“逢雨必淹”的薄弱点，严重放大了灾情，加重了救灾难度。从北京、上海、纽约、伦敦等特大城市所遭受暴雨内涝的影响来看，极端降雨对城市交通有直接的影响，引发诸多交通事故甚至人员伤亡。例如，2012 年 7 月 21 日，北京发生特大暴雨，严重积水使道路中断，并且造成了 77 人死亡，经济损失上百亿元；2013 年 9 月 13 日下午，一场百年一遇的暴雨袭击上海，致使市区 80 多条道路严重积水，造成诸多交通线路瘫痪，严重影响市民出行。

12.2.3 生态环境建设

1. 气候变化对区域生态环境的影响

气候变化是生态环境变化的主要自然驱动力。过去几十年，京津冀地区气候变暖、降水减少，对区域生态环境产生了巨大影响。

20 世纪 70 年代以来，京津冀地区潜在蒸散量持续减少，其中，东南部减少最快，降水减少较快而气温升高较慢；西北部地区气温升高较快，降水和蒸散量减少较慢。潜在蒸散量变化主要受到气温和风速影响，气温升高导致潜在蒸散量增大，但正因近 50 年京津冀地区风速减小（高歌等，2006；任国玉等，2005），潜在蒸散量实际上是减少的。风速下降与东亚季风减弱有关，近 50 年东亚季风减弱导致京津冀地区风速减小，且风速减小对潜在蒸散发的影响超过了气温升高的影响，导致潜在蒸散量减少。河北东南部地区气温升高相对较小，对潜在蒸散量的影响也相对较小，而风速的影响更为显著，导致潜在蒸散量减少更快。潜在蒸散量的减少缓解了京津冀地区由于降水持续减少带来的干旱化，但 20 世纪 80 年代潜在蒸散量有所增加，同时降水减少，因此干旱现象更为明显。总体上看，京津冀地区近 50 年由于升温和降水减少，整个区域干旱化加剧，但由于潜在蒸散量的减少，干旱化趋势得到一定程度的缓解（李鹏飞等，2015）。

从温度带划分结果看，比较 1961~1990 年和 1981~2010 年 2 个时段的温度带界线划分结果可以发现，中温带与暖温带界线整体明显北移，其中，区域西部北移距离明显大于东部，说明在 1981~2010 年时段内京津冀地区呈现明显的气温升高态势。从干湿型划分结果看，1961~1990 年的半干旱型气候分布在张北高原、桑干河间山盆地、洋河丘陵盆地，干燥度为 1.87~2.3；到 1981~2010 年，该类型的分布范围变化不明显，略有一定程度的东扩。1961~1990 年时段内的半湿润气候类型分布在 3 个独立的区域，分别是由承德南部、唐山、秦皇岛、天津、北京东部、沧州和衡水东部组成的东部区域，邯郸西部山区，以及涞源—易县一带的太行山北段。与之相比，1981~2010 年时段的半湿润类型范围明显缩小，尤其是东部区域的西部界线明显东缩，同时涞源—易县一带的太行山北段的半湿润气候型则完全消失。半干旱偏湿气候型是面积所占比例最高的类型，1981~2010 年时段相比于 1961~1990 年时段，该类型分布范围扩大明显（郝然等，2017）。

植被是影响地气系统能量平衡以及影响环境的敏感指标。对京津冀地区 2001~2013 年的逐像元尺度植被变化特征及其气候因子驱动力的分析结果表明，整个区域的植被覆盖状况有所改善，且归一化植被指数（NDVI）最大值的增加速率（0.044/10a）大于 NDVI 平均值的增加速率（0.009/10a）（图 12-4 和表 12-1）。地表覆盖整体得到改善的区域占主导地位，其中，严重退化区域面积占 1.03%，中度退化区域面积占 2.77%，而轻微退化区域面积占比较大，为 15.00%。退化面积较为严重的区域主要集中于东部平原地带，从行政界线上看主要位于北京、天津、唐山、石家庄等地，该类地区城市扩张迅速，城市化进程发展较快，大量自然植被覆盖用地转变为城市用地，从而导致 NDVI 退化。基本不变区域占总面积的绝大比重（56.06%），轻微改善区域占总面积的 20.57%。中度改善及明显改善区域分别占总面积的 4.06% 和 0.52%，其主要分布在西北山区，从行政界线上看主要位于张家口，说明在坝上高原地区营造乔、灌、草相结合的防护网，在山区营造水源涵养林和水土保持林等一系列措施已见成效；其余零星分布在承德、保定、沧州等地，尤其在北京城中心地带，植被覆盖呈现改善趋势，表明人类对自然环境的改造（如城市绿化、造林工程等）使植被覆盖呈现上升状态（孟丹等，2015）。

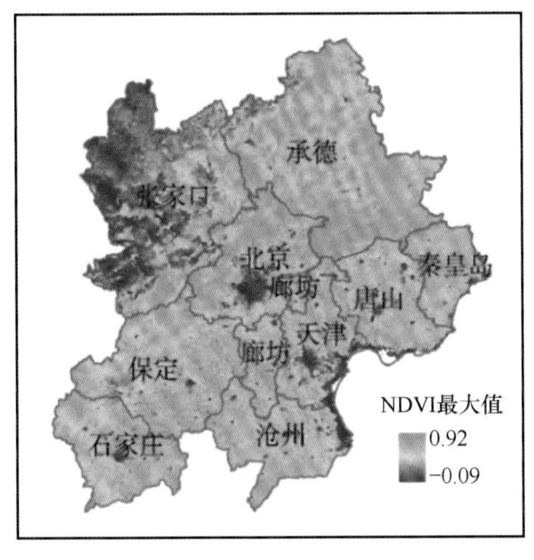

(a) NDVI最大值空间分布

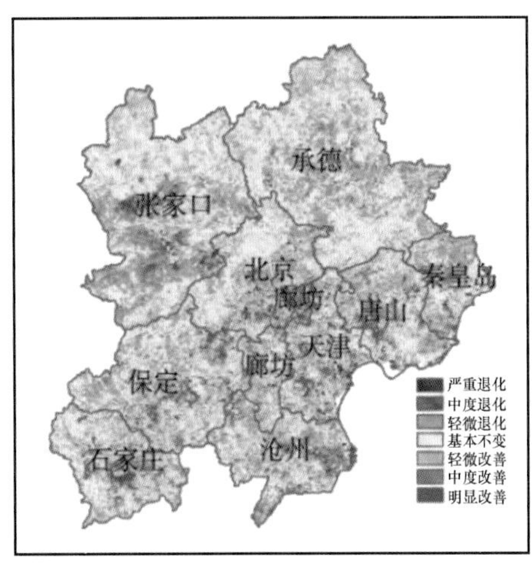

(b) NDVI变化趋势

图 12-4　2001~2013 年京津冀地区植被 NDVI 最大值空间分布及变化趋势示意图

表 12-1 2001~2013 年京津冀地区 NDVI 变化趋势

NDVI 变化趋势范围	变化程度	所占百分比 /%
$-0.0763<\theta_{slope}\leqslant-0.0177$	严重退化	1.03
$-0.0177<\theta_{slope}\leqslant-0.0103$	中度退化	2.77
$-0.0103<\theta_{slope}\leqslant-0.0029$	轻微退化	15.00
$-0.0029<\theta_{slope}\leqslant0.0045$	基本不变	56.06
$0.0045<\theta_{slope}\leqslant0.0119$	轻微改善	20.57
$0.0119<\theta_{slope}\leqslant0.0193$	中度改善	4.06
$0.0193<\theta_{slope}\leqslant0.0626$	明显改善	0.52

京津冀地区 2001~2013 年 NDVI 最大值与生长季降水及平均气温的平均偏相关系数分别为 0.20、–0.14（图 12-5），表明在年际变化水平上，京津冀地区 NDVI 总体与降水量呈正相关、与平均气温呈负相关，且 NDVI 与年降水关系更为密切。区域内 NDVI 与年降水量呈正、负相关的区域分别占总区域的 72.03%、27.97%，对偏相关系数进行显著性检验，得出 6.23% 的区域通过 $P<0.01$ 的检验，该区域主要分布在西北山区。区域内 NDVI 与平均气温呈正、负相关的区域，分别占总区域的 30.58%、69.42%，对偏相关系数显著性进行检验得出 0.36% 的区域通过 $P<0.01$ 的检验，该区域零星分布在平原地带。

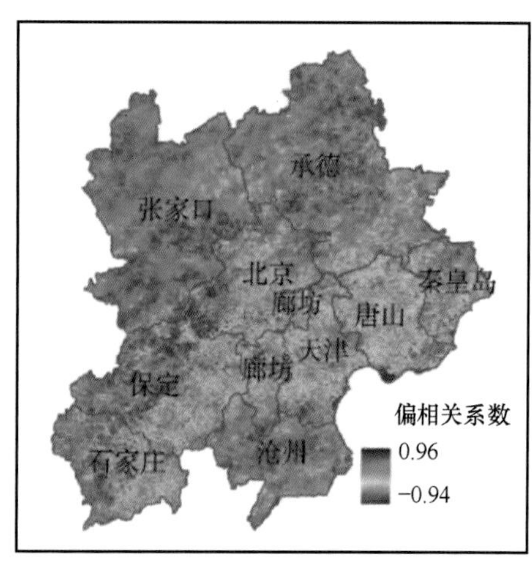

(a) NDVI和降水偏相关系数

(b) NDVI和平均气温偏相关系数

图 12-5 京津冀地区 NDVI 与降水及平均气温的偏相关系数

参照陈云浩等（2001）和王永财等（2014）研究植被覆盖变化驱动分区准则（表 12-2），对京津冀地区植被覆盖变化进行驱动分区的分析结果表明（图 12-6），4.51% 的区域属于降水驱动型，其零星分布在承德、张家口、保定、石家庄地区；气温驱动型仅占区域面积的 0.18%；降水、气温驱动型所占区域面积的 5.68%，其主要分布在张家口、承德等部分地区；而非气候因子驱动型所占比例最大，为 89.63%，遍布全区，其呈片状聚集在东部大部分地区，表明以改变下垫面为主的人类活动对植被变化的影响更大。

表 12-2　植被覆盖变化驱动分区准则

NDVI 变化类型	分区准则		
	$r_{NDVI\,P,\,T}$	$r_{NDVI\,T,\,P}$	$R_{NDVI\,T,\,P}$
降水驱动型	$t \geqslant t_{0.01}$		$F \geqslant F_{0.01}$
气温驱动型		$t \geqslant t_{0.01}$	$F \geqslant F_{0.01}$
降水、气温驱动型	$t \geqslant t_{0.01}$	$t \leqslant t_{0.01}$	$F \geqslant F_{0.01}$
非气候因子驱动型			$F \leqslant F_{0.01}$

注：表中 $r_{NDVI\,P,\,T}$、$r_{NDVI\,T,\,P}$ 分别为 NDVI 与降水、气温的偏相关系数；$R_{NDVI\,T,\,P}$ 则为 NDVI 与气温和降水的复相关系数；t 与 F 分别为 t、F 检验的统计量值；$t_{0.01}$ 和 $F_{0.01}$ 分别为 t 检验和 F 检验的 0.01 显著性水平。

京津冀地区可持续发展战略的实施，包括开展人工植树造林与草地围栏封育等生态保护与建设等，使得植被状况不断改善，这进一步表明，京津冀地区生态环境的演变除了受到气候因子影响外，人类活动也起着十分重要的作用。

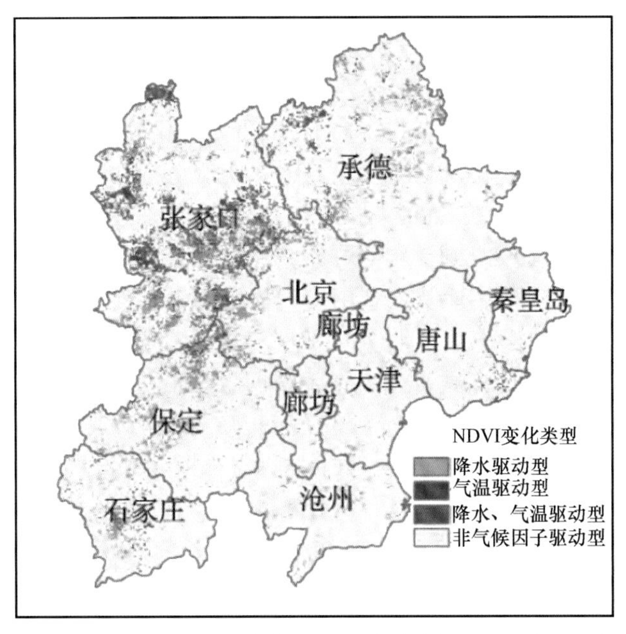

图 12-6　2001~2013 年京津冀地区植被覆盖变化驱动分区示意图

2000~2013 年我国北方降水呈现增多趋势，致使三北防护林地区植被生态质量持续好转（李泽椿等，2015）。2000~2013 年植被 NPP 和陆地生态质量等级评估结果表明，华北降水量增加 93mm，促进了陆地植被 NPP 每 10 年增加 183g/m^2，陆地植被生态质量好转的面积达到 91%，标志着陆地生态质量扭转了以往持续恶化的状况，陆地植被防风固沙能力显著提升，沙尘天气发生时间偏晚、发生次数减少。

湿地是水陆生态系统的转换区，是地球上生物多样性和生产力最高的生态系统之一。在快速城镇化和社会经济发展的推动下，京津冀地区湿地生态环境面临较大威胁。对京津冀地区湿地景观时空变化及其驱动力的研究结果表明：① 20 世纪 80 年代末至

2015 年期间，京津冀地区湿地面积的变化呈现从略微增长到快速减少趋势，后期减少趋势略有减缓。湿地总面积减少了 2695.05km^2，较 20 世纪 80 年代末减少了 20.08%；河北湿地面积减少最多，且天然湿地减少占据主导地位，其次是天津和北京。②湿地面积损失较为严重的区域主要分布在环渤海区域、北京、河北张家口和唐山。湿地受损主要是水田和滩涂向非湿地转换引起的。③水田和水库坑塘构成的人工湿地是京津冀地区的优势景观类型。湖泊、河渠、滩地破碎度增加，且空间分布离散，连通性差。④选取 9 个驱动因素指标进行主成分分析，人类活动是影响湿地景观格局变化的主要因素，城市扩张和农业发展是侵占湿地的主要表现形式，此外气候和政策等因素也对湿地变化存在一定影响（吕金霞等，2018）。

生态系统服务（ecosystem services）是指人类从生态系统生态过程中直接或间接获取的效益，包含食物生产、原料生产及水源供给等供给服务，气体调节及净化环境等调节服务，维持养分循环、土壤保持及生物多样性等支持服务，也包含娱乐文化等文化服务功能（Groot et al.，2002）。基于谷歌地球引擎（GEE）云平台采用分类决策树（CART）分类算法，对京津冀地区 1998 年、2003 年、2008 年、2013 年及 2018 年的 Landsat TM/OLI 影像进行的监督分类表明：① 1998~2018 年，京津冀地区建设用地（增加 16.67%）及草地（减少 13.73%）面积占比变化幅度最大，水体（减少 0.2%）面积占比变化幅度最小；② 京津冀地区生态系统服务总价值在 1998~2003 年出现短暂增加（增加 91.97×10^8 元），2003~2018 年持续减少（减少 239.07×10^8 元），这主要与建设用地面积在除 1998~2003 年的其余三个时间段扩张较快有关，林地提供的生态系统服务价值最高，建设用地及未利用土地提供的生态系统服务价值最低；③ 基于 15km×15km 尺度格网的生态系统服务价值时空分析表明，1998~2018 年京津冀地区生态系统服务价值中等区逐渐减少，生态系统服务价值较低区及较高区逐渐增加，且生态系统服务价值较低区增速高于较高区（娄佩卿等，2019）。因此，在未来经济发展中，京津冀地区应合理优化土地利用格局，加强对林地、草地、水体及耕地的保护。

2. 近 20 年区域生态建设成效

近 20 年来，京津冀地区广泛开展山水林田湖草生态修复，持续开展三北防护林、京津风沙源治理等生态建设工程，其生态环境不断改善，应对气候变化成效明显。

1978 年 11 月，国家计划委员会批准林业部的《西北、华北、东北防护林体系建设计划任务书》，国务院随即也批准林业部的《关于在西北、华北、东北风沙危害和水土流失重点地区建设大型防护林的规划》，至此，三北防护林工程正式启动实施。三北防护林工程是一项正在我国北方实施的巨型生态体系建设工程，工程地跨东北西部、华北北部和西北大部分地区，包括 13 个省（自治区、直辖市），总面积 407 万 km^2。截至 2019 年，三北防护林工程已实施四期，第五期即将进入总结阶段。第四期工程从 2001 年开始实施，到 2010 年结束，10 年创下了年均造林面积、年均中央投资、年均增长森林覆盖率“三个第一”。10 年完成造林面积 790.9 万 hm^2，完成中央投资 84 亿元，森林覆盖率净增近 4 个百分点，工程区森林覆盖率达到 12.4%。通过前四期工程的持续建设，重点治理区的风沙危害得到全面遏制，局部地区的水土流失得到有效控制，平原农区防护林体系基本建成，区域性特色林产业基地初具规模，生态综合效益逐步凸显，工程区生态状况呈现出整体遏制、局部好转的态势。三北防护林工程在国际社会享有很高的声誉，是我国政府高度重视和维护全球生态建设安全的标志性工程。

随着三北防护林工程的逐步实施，作为三北防护林重点建设项目，一项构筑京津生态屏障，彻底改善京津地区生态环境的大工程——河北省三北防护林体系建设工程（京津周围绿化项目）也已展开。河北省三北防护林体系建设工程从 1978 年启动，到 2018 年历经了两个阶段和五期工程建设。第一阶段（前三期工程，1978~2000 年）：1978 年，林业部同意将张北、康保、沽源、尚义四县列入三北规划；1979 年，先后又将张家口、承德两市的 20 个县（市）列入一期工程。1986 年，经国务院批准，京津周围绿化工程作为三北防护林体系建设重点工程，与三北二期、三期工程同步实施。河北省三北防护林体系建设工程建设范围扩展到张家口、承德、唐山、秦皇岛和廊坊五市的全部（市、区）和保定的涞水、涿州、易县、涞源，共计 52 个县（市、区），规划总任务 324.4 万 hm^2，规划总投资 30.72 亿元。四期工程（2001~2010 年）：自 2001 年开始，经国家林业局对林业工程的整合，将张家口、承德两市划至京津风沙源工程区，将沿海诸县划至沿海防护林工程区，从而将河北省三北防护林体系建设四期工程建设范围调整为秦皇岛、唐山、廊坊、保定和承德五市 26 个县（市、区）。规划造林任务 53 万 hm^2，规划总投资 15.2 亿元，其中中央投资 9.7 亿元。五期工程（2011~2020 年）：2011 年，为构筑更完备的环京津生态屏障，河北省三北防护林体系建设五期工程将京津南部部分平原县纳入建设范围，同时考虑到国家已批复的京津风沙源工程专项规划包括了张家口、承德两市全部，本着工程建设不重叠的原则，不再规划安排承德 3 个市辖区任务。由此，河北省三北防护林体系建设五期工程（华北平原农区）规划涉及秦皇岛、唐山、廊坊、保定、石家庄、沧州、衡水 7 个市的 63 个县（市、区）；规划造林绿化总面积 97 万 hm^2，其中人工造林 67.4 万 hm^2，封山育林 29.6 万 hm^2；规划总投资 62.5 亿元，其中人工造林投资 59.4 亿元，封山育林投资 3.1 亿元。

河北省内环京津、外沿渤海，是京津两市的生态屏障。冀北、冀西北山区地处京津“三盆水”（潘家口水库、密云水库和官厅水库）的上游，其是京津两市的重要水源区。京津周边分布有坝上沙区、坝下沙区、平原沙区等多个土地沙化区，其是两市的主要沙尘源地和风沙通道。由于历史原因，区域内原有森林和草原植被破坏严重，中华人民共和国成立前，河北省三北防护林体系建设工程区森林覆盖率只有 6.5%，生态环境恶化，自然灾害频繁，尤以水土流失、风沙危害为甚。中华人民共和国成立后，森林资源逐步增多，但生态环境问题依然突出。河北省三北防护林体系建设工程启动初期，京津周围地区水土流失面积约 6 万 km^2，占山区总流域面积的 80.2%，永定河含沙量高出黄河含沙量的 34.4%；区域沙化土地面积达 230.6 万 hm^2，其中坝上地区风蚀模数达 3000t/（$km^2 \cdot a$），每逢冬春季节，沙尘在强劲的风力作用下，分由南、北两路，从坝上高原、华北平原河流冲击沙区进逼北京，“风沙紧逼北京城”曾是这一现象的真实写照。

截至 2017 年底，河北省三北防护林体系建设工程累计完成造林面积 258.1 万 hm^2，包括人工造林 173.4 万 hm^2、封山育林 69.7 万 hm^2 和飞播造林 15 万 hm^2。40 年来，工程建设以“为京津阻沙源、保水源，为河北增资源、拓财源”为宗旨，根据风沙区、山地集水区、平原农区、特色林果区、生态景观区等不同类型区的主体功能需求，因地制宜，因害设防，建设实施了十大骨干工程，环卫京津的生态防护体系框架初步形成。一是沿边防护林带，即沿内蒙古界完成防风固沙林 8.1 万 hm^2。二是沿坝防护用材兼用林带，即在沿坝头一线完成防护用材兼用林 19.8 万 hm^2。这两条总面积约 28 万 hm^2 的防护林带构成了防风阻沙的两道绿色屏障。三是燕山－太行山水土保持林建设，完成封、飞、造结合，多林种、多树种结合的综合性生态防护林 76 万 hm^2，有效保持了水土、净化了水源。四是河系上游重点水源涵养林建设，在海河、滦河等水系上游主要集水区及重点库区周边，建成水源涵养林 25 万 hm^2。五是通道绿化项目，完成境内交通干线绿化里程 3 万余千米，营造护路林 12 万 hm^2。六是浅山丘陵区水保经济林项目，在浅山丘陵区及部分平原区发展以苹果、梨、葡萄、板栗、杏扁、核桃、柿子等为主的水保经济林带 38 万 hm^2，加上原有的，一个总规模近千万亩的干鲜果品生产基地初步形成。七是沿海防护林带建设，在环渤海地区营造以防潮夕、防风沙为主要目的沿海防护林带 1 万 hm^2。八是农牧场防护林，在坝上及平原地区营造 20 万 hm^2 网带片点相结合的综合性农田牧场防护林体系。九是永定河及冀东泛风沙区治理项目，优化推广桑粮油棉复合治理模式，营建网带片结合、立体化种植的防护林体系，完成防风固沙林 5 万 hm^2，使沙区土壤理化性状明显改善，减轻了对京津的风沙危害。十是生态景观林建设，在城镇村庄、生态旅游区、自然保护区周边、交通干线两侧等重点部位，完成以优化社会发展环境，改善人居环境，营造旅游观光、休闲游憩、保健疗养为目标的生态景观林 12 万 hm^2，促进人与自然和谐和社会经济协调发展。

河北省三北防护林体系建设工程自实施以来，区域生态环境得到有效改善，为京津构筑了绿色生态屏障。一是实现了土地沙化的逆转。根据最近三次河北省沙化土地监测，2004~2014 年，京津周围地区沙化土地面积减少 25.7 万 hm^2。张家口、承德地区由沙尘暴加强区变为阻滞区。张家口入围全国“16 座洗肺城市”，成为我国华北地区空气质量最好的地区，为冬奥会的成功申办做出突出贡献。二是提高了山地水土保持能力。完成山地造林绿化面积 180 万 hm^2，全区水土流失面积由工程初期的 6 万 km^2 减少到 3.9 万 km^2，重点治理区土壤侵蚀模数下降 70%，缓洪拦沙效益达 60%~80%。三是为农、牧业的高产稳产提供了保证。工程区 163 万 hm^2 农田和 33 万 hm^2 牧场实现了林网保护。在同样条件下，有林网保护比无林网保护的农作物产量增加 10%~30%。

在河北省生态环境改善的同时，区域发展环境不断优化，为京津冀协同发展创造了重要的基础条件，促进了京津冀区域社会经济的协同发展。张家口、石家庄、承德三市获得“国家森林城市”称号，廊坊、秦皇岛二市获得“全国绿化模范城市”称号。优美的生态景观已成为环京津城市群最具影响力的城市名片，为当地发展创造了良好的外部环境，促进了人才、资金、物资向京津周边地区的流动，缓解了京津两市对河北周边地区的“吸附效应”，疏解了北京非首都功能，均衡了京津冀区域产业格局[①]。

环北京地区防沙治沙工程是全国重点地区防沙治沙工程的重点项目，工程范围包括浑善达克沙地、科尔沁沙地西部、阴山以北、山西雁北、河北坝上和京津周围地区，涉及北京、天津、河北、内蒙古、山西 5 个省（自治区、直辖市）的 11 个县（旗），土地总面积近 46.4 万 km^2。工程于 2001 年启动，当年环北京地区防沙治沙工程完成建设任务 89.73 万 hm^2，风沙源林草植被开始恢复。2005 年完成各项治理任务 98.04 万 hm^2，其中林业建设任务 68.39 万 hm^2，草地治理任务 19.96 万 hm^2，小流域治理 9.69 万 hm^2，实施生态移民 7889 户。2010 年工程造林 43.70 万 hm^2，工程区植被盖度明显增加。截至 2015 年，工程累计造林 797 万 hm^2，工程区生态防护体系不断完善，生态环境显著改善，防灾减灾和可持续发展能力不断增强。经过十多年建设，工程区森林面积明显增加，风沙天气和沙化土地显著减少，工程对区域经济发展的贡献率保持在 24.7%~28.3%，生态、经济、社会三大效益逐步显现（景峰等，2017）。

随着太行山绿化工程建设的不断推进，有林地面积的不断增加，森林的多种功能得以逐步发挥，区域生态环境改善明显。太行山区水土流失面积和流失强度大幅度减少和下降，地表径流量降低，干旱、洪涝等自然灾害也明显减少，彻底改变了过去“土易失、水易流”的状况。同时，通过工程建设，改善了区域农业生产条件，促进了农业生产水平的提高，增强了农业生产发展的后劲。太行山不再是贫瘠、荒凉的颜色，而变成了绿色、优美、和谐、文明的象征，初步实现了“黄龙”变“绿龙”（曾宪芷等，2010）。

2014 年，京津冀协同发展正式成为国家战略；2015 年，《京津冀协同发展规划纲要》颁布；2015 年 12 月，国家发展和改革委员会与环境保护部发布《京津冀协同发展生态环境保护规划》。近年来，京津冀地区联手实施生态绿化工程，协同打造绿水青山。北京通过百万亩平原造林过程，已经形成 30 多处万亩以上环城大型森林。天津通过实施“美丽天津一号工程”，努力打造水绕津城、城在林中、天蓝水清、郁郁葱葱的宜居环境。河北通过实施“绿色河北攻坚工程”，大力推进山水林田湖草生态修复，增林扩绿，高标准推进造林绿化，打造京津冀地区绿色屏障。京津冀协同发展战略的实施有力推进了区域生态环境建设，为区域可持续发展打下了坚实的基础。

12.3　风　　险

12.3.1　水资源管理

1. 未来水安全形势

未来水资源仍然是限制华北地区可持续发展的制约因素。未来华北变暖将加

① 河北三北防护林体系建设工程四十年回顾 . 2018. http：//xczx.hebnews.cn/2018-12/05/content_7130712.htm.

剧，降水增幅小。预计到2050年前后，华北地区年平均气温升温幅度为1.6℃（较1986~2005年），升温幅度由西南向东北逐渐增大，大都在1.4~1.8℃，其中河北东北部升温幅度高，升温在1.7℃以上。从季节分布来看，四季气温都将升高，且夏、秋季气温升高幅度分别达到1.79℃和1.74℃。华北地区年平均降水量增加幅度不到4%，山西南部至河北南部一带增加相对明显，增幅一般在5%~10%。季节降水以冬季增加幅度最大，平均增幅约12%，局部地区增幅可达25%。未来华北旱涝规律更为复杂。2050年前后，尽管华北地区降水量增加不大，但降水的极端性将增强，小雨日数将减少。华北北部地区连续干旱日数将增加，部分地区增幅在1~3天，北部极端干旱将加剧。未来华北水资源增幅总体不大。预计到2050年，华北水资源增加幅度不超过4%（金君良等，2016；Chen et al.，2014）。结合社会经济发展以及生态修复对水资源的需求，未来水资源供需矛盾仍将是华北地区可持续发展的制约因素。

2. 雄安新区未来水安全风险

在不同RCPs情景下，未来大清河流域温度持续升高，降水量增幅小，极端强降水增加，中北部极端干旱加重。近期（2026~2045年），大清河流域预估的升温幅度为0.98~1.10℃，增幅夏季高于冬季；年平均降水量预估的增幅在8%左右，以夏秋季增加为主，增幅秋季最大（平均可达20%），夏季增幅达6%。未来大清河流域地表水资源量总体增加，但季节分布的变化会影响水资源有效性。水文模型模拟的近期大清河流域地表径流量增幅在11%，其中北部地区径流量的增幅大于南部。预估的径流量增加以秋冬季为主，增幅分别达到80%和45%，而春季径流量减少约5%，夏季预估的径流量基本不变。

未来水资源短缺仍将是雄安新区可持续发展的制约因素。大清河流域地表水资源量的增加在一定程度上有利于减少水资源的供需矛盾。但预估的地表水资源量的增幅（11%）还不足以满足现在的水资源缺口（以雄安新区为例：缺口达36%）；此外，地表径流量季节分布的变化也将影响水资源的有效性。

未来雄安新区生态、生产和生活用水矛盾依然存在。雄安新区规划面积1770km^2，耕地占雄安新区总面积18%左右，耕地面积减少，灌区改造、节水灌溉技术推广会导致农业用水量减少。雄安新区人口的增加将导致生活用水量加大；未来雄安新区森林覆盖率将由现状的11%提高到40%，白洋淀将逐步恢复淀区范围至360km^{2}左右，生态用水量也将增加。

未来雄安新区防洪压力大，城市内涝风险高。雄安新区位于大清河流域白洋淀周边，地势相对低洼，易受大清河洪水侵袭。预计随着极端降水频率和强度的增加，流域防洪形势严峻、城市内涝风险高。雄安新区防洪标准为50~200年一遇，现状防洪标准仅20年一遇。在新区防洪工程尚未建成的情况下，雄安新区安全度汛和内涝风险大。

12.3.2 城市（群）发展

1. 城市发展面临的主要气候风险

气候变化和城市群的发展是使人类社会容易遭受灾害影响的两大因素。气候变化引起的暴雨洪水、干旱、重度雾霾等灾害发生的频率和严重性明显增加，对社会、经济、健康、安全等方面的威胁日益加剧。随着城镇化进程的加速，城市已经成为规模庞大的承灾体，更易遭受灾害影响而产生重大损失。

京津冀城市群位于海河流域，降水具有年内集中、年际变化大、暴雨强度大等特点。虽然流域年平均降水量只有 500 多毫米，但是我国陆地 50min 和 7 天最大降水量纪录均出自海河流域，24h、3 天历时的最大暴雨接近全国最高纪录。受地形的影响，河流在山前区坡陡、源短、流急，一旦发生暴雨，产流快、洪水来势猛、防御难度大。1963 年子牙河、大清河京广铁路以西 56600km^2 汇流区内发生了 43200m^3/s 的洪水，洪峰模数居我国陆地之首。历史上，海河流域洪涝灾害频发、损失严重。全球气候变化导致极端气候事件增加以及城镇化快速发展而产生热岛效应、凝聚核作用和阻碍作用，使得城市暴雨呈现增多趋强的态势。城市化和人类活动引起的下垫面变化，影响到流域的产流汇流机制，使流域的径流系数增加，汇流速度加快，加上城市的无序开发，破坏了城市的排水和除涝系统，多种因素综合作用，导致京津冀城市群洪涝风险逐渐加大。气候变化对京津冀城市群排水设计标准、城市安全运行等方面都提出了挑战。

京津冀地区处于夏季风影响区域的边缘地带，是我国气候脆弱地区之一，其降水量不仅年内分配不均，而且年际变化显著，旱涝频发，干旱频率高于洪涝频率。1972 年京津冀地区春夏连旱，导致水资源严重短缺，海河和滦河径流量仅为多年均值的 44%，许多小水库和塘坝干涸，大中型水库如永定河官厅水库、滹沱河水库不得不挖掘死库容。1997 年京津冀地区冬、春、夏、秋都有干旱发生，以夏秋两季干旱的范围最广、持续时间最长，为近 50 年来少见的干旱年。进入 21 世纪以来，京津冀地区也时常有干旱发生，如 2010 年夏季华北大部分地区高温少雨。气候暖干化和人类用水增加严重加剧了京津冀地区水资源的供需矛盾，京津冀城市群的建设和发展将面临水资源短缺的严重问题。

20 世纪 90 年代中后期京津冀地区最高气温的天数有明显增多的趋势，而发生持续性高温事件的区域及强度都有明显的增加或增强。2017 年 5 月京津冀地区就出现持续性高温过程，多站日最高气温突破当地 5 月历史极值。天津高温日数达 21 天，比常年偏多 15 天，出现 3 次持续 5 天以上的高温天气；北京高温日数为 22 天，并出现了连续 6 天的高温天气。持续高温天气不仅增加电力负荷的风险，对人体健康也造成严重的威胁。遥感监测发现，北京二环以内的核心区高温热浪风险最高，从二环到六环，高温热浪风险呈明显下降趋势。除主城区外，以各辖区城区为中心形成多个大小不一的次高风险中心。无论是在当前还是在未来气候变化情景下，城市化的面积和强度对高温热胁迫都有着显著的放大效应。随着经济高速发展，人口激增，城市快速扩张，趋多增强的城市群极端高温事件将给城市安全运行带来更大风险。

近年来，中国沿海地区高潮位呈显著上升趋势，风暴潮灾害的次数、强度和发生时间跨度均有一定程度的增加。全球气候变化引起的海平面平均上升速率加快，预估2100年风暴潮强度将上升2%~11%，发生频率将增加6%~34%。我国沿海地区大部分堤防都已经达到或接近50年一遇防护标准，其中天津等沿海重点城市已建设成100年一遇高标准防护堤坝。但近期有研究指出，由于海平面上升，至2050年，100年一遇的极值水位的重现期将变为10~30年一遇；至2100年，千年一遇的极值水位重现期将缩短为10年一遇。气候变化引起的海平面上升将显著缩短极值水位的重现期，加重京津冀沿海地区的风险。

2. 未来气候变化对雄安新区建设的影响

基于RegCM3区域气候模式对21世纪气候变化的连续模拟结果，21世纪中期中国区域的年平均气温相对于当代将明显升高，其中中国东部黄河以北和中国西部地区的升温一般在3℃以上；华南和华北西部至西北的大范围地区降水呈增加趋势（徐集云等，2013）。与气温相关的极端气候指数，如生长季长度、夏季日数到21世纪中期将明显增加，霜日明显减少，未来夏季高温日数的增加会对社会和经济生活产生一定影响，而生长季长度的增加和霜冻日数的减少及降水量的变化会对农业生产和生态环境产生较大影响；日降水量≥10mm的日数在京津冀西部增加5%~10%，日降水强度在京津冀中南部增加5%~20%，最长连续干旱日数在京津冀地区将减少5%~10%，表明在气候变暖的环境下水循环过程将得到增强，引起降水强度增加，洪涝灾害发生的可能性增大。在全球1.5℃温升背景下，高强度和中等强度极端暖事件发生风险分别为1986~2005年基准期的2.14倍和1.93倍，高强度和中等强度极端冷事件发生风险分别为基准期的58%和63%。华北的高强度极端暖事件增幅最大（为基准期的2.94倍）。全国大部分地区的平均降水显著增加，高强度的极端降水事件在全国普遍增加，并且在华北和东南的发生风险增幅最大（分别为基准期的1.88倍和1.85倍）。闷热日数在东部地区显著增加，并且与单一的极端高温事件相比，极端闷热日数的增加风险更大（将为基准期的5.34倍）（李东欢等，2017）。

多模拟集合的预估表明，未来雄安新区及周边区域的气温将持续上升，其中21世纪中期雄安新区和周边的年平均气温升幅在1.6℃左右（1986~2005年为参考年，下同），21世纪末期分别达到2.2℃和2.1℃，且夏季升温更加显著。未来年平均降水量有所增加，21世纪中期雄安新区和周边区域的增加值分别为8%和5%左右，冬季降水增加相对较多（吴婕等，2018）。

21世纪中期，雄安新区和周边的日最高气温最大值分别升高2.0℃和1.9℃，日最低气温最小值分别升高1.6℃和2.1℃，表明未来高温热浪事件的发生频率和强度将增加，而极端冷事件的发生频率和强度将降低。未来日最大降水量也将增加，且数值大于年平均降水的增加值，尤其是在雄安新区的东部，21世纪中期雄安新区及周边区域的增幅分别为16%和13%左右，总体而言，强降水事件的发生频率和强度也将增加。水资源盈亏指数在未来将增大，说明未来水资源不足将加重，21世纪中期雄安新区和周边区域该项指数的增幅分别为1%和6%左右，末期将达到9%和14%（表12-3）（吴婕等，2018）。

表 12-3　雄安新区及周边区域平均各要素未来变化的集合模拟预估值及范围（以 ±1 个标准差表示）（吴婕等，2018）

变量	未来变化的集合模拟预估值及范围	
	21 世纪中期（雄安新区及周边区域）	21 世纪末期（雄安新区及周边区域）
年平均气温 /℃	1.6 ± 0.5/1.6 ± 0.5	2.2 ± 0.6/2.1 ± 0.6
年平均降水 /%	8 ± 10/5 ± 8	1 ± 7/1 ± 9
TXx/℃	2.0 ± 0.5/1.9 ± 0.3	2.8 ± 0.3/2.7 ± 0.4
TNn/℃	1.6 ± 1.2/2.1 ± 1.1	2.9 ± 1.6/3.0 ± 0.7
RX1day/%	16 ± 16/13 ± 13	5 ± 12/8 ± 19
IWR/%	1 ± 5/6 ± 6	9 ± 4/14 ± 9

注：TXx 为日最高温度最高值，表示统计时段中，逐日最高气温的最大值；TNn 为日最低温度最低值，表示统计时段中，逐日最低气温的最小值；RX1day 为日最大降水量，表示统计时段中，逐日降水量的最大值；IWR 为水资源盈亏指数，当 IWR 为负值时表示水资源较丰富，IWR 为正值时，表示水分亏损，以其大小表示相对的缺水程度。

3. 雄安新区建设面临的主要气候风险

在当前华北地区气候暖干化和社会经济发展所引起人类活动加剧的背景下，资源承载力与经济发展的矛盾日益突出，如何实现人类与自然和谐相处并促进区域经济的可持续发展，是雄安新区建设中必须考虑的问题。同时，要实现雄安新区的“生态优先、绿色发展、绿色宜居”理念，亟须在综合考虑气候系统、生态系统、水资源系统和社会经济协同机制的基础上进行科学规划、合理布局，在自然环境承载范围内优化资源配置，实现雄安新区及京津冀地区的可持续发展。

雄安新区位于我国严重缺水地区之一的华北平原保定地区。在目前的开发强度下，保定地区平水年缺水率为 19%，整体属缺水状态；偏枯水年缺水率为 44%，属严重缺水状态。从雄安新区规划范围内的白洋淀来看，自 20 世纪 50 年代以来白洋淀来水急剧减少，已从每年 19.2 亿 m^3 锐减到 1.35 亿 m^3，减幅高达 93%。降水量减少和气温升高，导致白洋淀流域水量严重减少。另外，随着流域工农业用水量不断增加，流域上游工程拦蓄导致入淀水量锐减。气候变化和人类活动对白洋淀流域径流量影响的贡献率分别为 40% 和 60%，可见造成白洋淀流域水资源量匮乏的主要因素是人类活动的过度干扰。受气候变化和人类用水的影响，京津冀地区河流的径流量急剧减少，几乎到了“有河皆干”的严重程度。因此，雄安新区建设也面临着水资源安全问题及风险（夏军和张永勇，2017）。

雄安新区地处九河下梢的低洼平原，其现状防洪能力偏低。近百年发生特大洪水的时间为 1939 年 8 月、1956 年 8 月、1963 年 8 月、1996 年 8 月和 2012 年 7 月等。由此，雄安新区建设也面临地处九河下梢、洪涝重的水旱灾害风险问题。

京津冀城市群的大气污染问题由来已久，进入 21 世纪后呈爆发式增长。到 2014 年，大约 1/3 区域的 $PM_{2.5}$ 浓度超过 75μg/m^3。雄安新区及周边地区位于太行山东侧

“背风坡”和燕山南侧的半封闭地形中，冬季为显著的下沉气流区，这不利于大气对流扩散及污染物清除。这个地区是我国冬季大气污染最重、季节差异最为显著的区域，$PM_{2.5}$浓度冬季普遍偏高，污染最重，秋、春季次之，夏季最轻。受特殊地形影响，污染物区域传输对污染快速累积产生显著影响，对西南通道（太行山前输送带）、东南通道（济南—沧州—天津输送带）和偏东通道（燕山前输送带）均影响较大。雄安新区及周边地区受到整个区域的传输影响，全年平均“贡献”为20%~30%，重污染期间的“贡献”还会再提升15%~20%。

12.3.3 生态环境建设

根据不同RCPs情景下，对中国地区21世纪近期（2011~2040年）、中期（2041~2070年）和后期（2071~2100年）气温和降水变化预估（相对于1986~2005年）的结果表明，在RCP4.5情景下，未来中国北方地区增温较为明显，到2040年增温1℃，到2070年增温2℃；降水增幅相对较大，到2040年大部分超过2%，到2079年降水增幅超过6%。而在RCP8.5情景下，暖湿化特征更为明显，到2040年增温1.2℃，到2070年增温超过3.2℃；到2040年大部分超过2%，到2070年降水增幅超过8%。

无论是RCP4.5情景还是RCP8.5情景，21世纪近期和中期，北方地区均以增温为主要特征，降水也均表现为增加趋势，气候呈现暖湿化趋势。降水增加是植被NPP增加和植被生态质量好转的一个直接、主要的气候驱动要素，因此，北方地区暖湿化的气候变化趋势有利于促进森林植被恢复和生长、巩固和扩大三北防护林建设的成果和效益（李泽椿等，2015）。

12.4 适应对策

气候变化导致高温热浪、暴雨、雾霾等灾害频发，已经并将持续影响京津冀地区的人居环境和发展条件，加剧了京津冀地区人口、资源、环境与可持续发展之间的矛盾，亟待在生态建设、水资源管理、城市规划等方面制定适应策略和措施。我国不断强化适应气候变化策略的顶层设计，加强了适应气候变化基础能力建设，减轻了气候变化对中国经济社会发展和生产生活的不利影响。按照《京津冀协同发展规划纲要》明确的京津冀协同发展的路线图，坚持京津冀协同发展和区域可持续发展战略，秉持“创新、协调、绿色、开放、共享”发展理念，主动适应气候变化，增强三地优势互补，打造京津冀协同创新共同体。

12.4.1 水资源管理

1. 加强水安全顶层设计，优化供水布局

充分贯彻党中央提出的“节水优先、空间均衡、系统治理、两手发力”的水安全思路，加强顶层设计。全面推行河长制、湖长制，深化流域水污染防治，加强河湖水域岸线监管，统筹考虑水资源保护和水环境治理的关系，把节约用水作为水资源开发、

利用、保护、配置、调度的前提，加大水资源节约保护力度，全面提高水资源质量，发展节水型经济。建设地下水位水质监测与管理平台，严控地下水开采，促使地下水位逐步回升。进一步完善政策措施、市场措施、工程措施，以水安全保障京津冀经济社会可持续发展。

2. 提高降水资源利用效率和效益，发展节水型经济

坚持以水定产、以水定市，强化水资源承载能力刚性约束，统筹水的资源功能、环境功能、生态功能，立足水资源承载能力，坚持开源和节流并举，优化水资源利用结构与效益，推进从供水管理向需水管理转变，从粗放用水方式向集约用水方式转变，加快建设节水型公共设施、居民小区，推广使用节水器具，推进节约集约用水。加强供用水侧安全管理，提高生活、生产和生态用水的效率和效益，破解民生需求、经济发展、生态建设与水资源条件不平衡不匹配的困局，加快形成有利于水资源节约循环利用的空间格局、产业结构，发展节水型经济。推进重点行业的节水技术改造，调整农业种植结构，推广高效节水灌溉，减少化肥农药施用量，加强面源污染防治，同步治理污水、垃圾等，开展生态清洁小流域治理。

3. 开展生态清洁小流域治理，提升水源涵养功能

大力推进涵水蓄水、集约用水、多源增水，有序实施流域综合治理、地表蓄水、高效节水、再生水利用等系列水源涵养工程，加强水利工程对水生态修复和保护的积极作用，完善水资源保障体系，建立生态涵养区，提高水资源调控能力，积极适应气候变化。加快实施永定河、潮白河等河道及流域综合治理与生态修复工程，加大山区坡面治理力度，减少水土流失，依托实施京津风沙源治理、退耕还林、京冀生态水源保护林等重点生态工程，加强林草生态系统建设。深化流域水污染防治，促进水生态环境持续改善，推进河流综合整治，强化水源地保护，严格控制河流断面水质。

4. 加强雨洪预报预测及防洪管控，扩大海水淡化开发

加强雨水资源化利用、防洪补充雨洪利用，改造不透水地面等，充分利用现有蓄水工程，在秋季源区丰水期尽量留蓄和回补地下水。提高雨洪预报预测预警水平，加强防洪工程和非工程体系建设，建立和健全城市内涝监测和预报灾害系统，增强灾害风险管理能力，推进海绵城市建设。在确保防洪安全和满足必要生态用水的条件下，合理利用洪水资源，最大限度地实现雨水在相应区域的积存、渗透和净化，使更多雨洪资源转化为可利用的地表水和地下水资源，提高水资源利用效率和效益。合理规划建设海水淡化项目，加强对海水的综合利用，推动海水淡化产业发展，从而有效缓解京津冀地区水资源的供需矛盾，这对改善水环境、保障水安全具有重大意义。

5. 强化空中云水资源合理开发利用

从自然云的降水效率看，对流云平均降水效率为 56%，层状云为 29%。华北地区

空中云水资源转化率每增加 1%，即可增加降水资源量 190 亿 m^3。加强空中云水资源的开发利用，抓住时机进行人工干预，实现增雨。

12.4.2 城市（群）发展

1. 推动气候适应型城市建设，促进京津冀地区高质量发展

积极应对气候变化，把适应气候变化融入城市规划、建设、运营、管理全过程和经济社会发展各方面，全面提升城市应对气候风险的能力和水平，积极推动气候适应型城市建设，促进京津冀地区高质量发展。贯彻落实《京津冀协同发展规划纲要》，根据水资源承载力和气候容量，合理规划京津冀地区城市布局，控制超大中心城市规模，推动北京城市副中心建设，打造“一副双港三线四区”新布局，严格控制城市规模及人口，促进区域人口和产业配置与气候容量相适宜，优化提升首都功能。同时，推动张家口首都水源涵养功能区和生态环境支撑区（“两区”）与雄安新区的非首都功能疏解承载区建设，疏解北京非首都功能。优化城市基础设施规划布局，完善绿色基础设施建设，充分发挥城市生态系统在气候调节、洪涝防范等方面的功能，抵抗极端气候事件带来的负面影响。坚持灰色与绿色基础设施建设并重，建设通风廊道，优化城市风循环，通过实施森林进城工程，降低城市发生内涝的可能性，降低城市热岛效应，提升城市区域的宜居水平。

2. 推进海绵城市建设，强化城市应灾救灾能力

近几十年的京津冀地区快速城镇化进程已经彻底改变了原有的自然地表景观和生态系统，京津冀地区已经建立起了以人为核心的城市群，气溶胶不断增加，暴雨和特大暴雨频发。加之，超大城市群的不透水层面积快速扩张，地面汇流加快，城市内涝灾情愈演愈烈。因此，应推进海绵城市建设，加强城市给排水系统升级改造及综合性规划、城市雨洪管理和雨水利用，保护地表水与地下水质量并保障供水安全。在城市防洪减灾中要重视综合防灾减灾体系，应加强气候变化和气象灾害监测预警平台建设与基础信息收集，应用天基、空基、地基等技术手段，实现各种气候风险及极端天气气候全天候监测、预报、预警。同时，应加强自然灾害应急救助响应能力建设，推动建立政府主导、部门参与、社会协同的城市适应治理体系，强化城市总体规划的科学论证，加强对特大暴雨洪涝灾害过程的研究，提高生态服务能力，加强大都市应对巨灾的能力建设。此外，应健全应急联动和社会响应体系，加强防灾减灾知识和技能的科普宣传，增强全民防灾减灾意识，从而提升城市气候灾害管理与应急保障服务能力。

3. 合理规划和设计，综合考虑影响城市气候安全的适应策略

全球变暖和热岛效应对城市环境带来的危害越来越引起人们的关注，现代城市规划和设计应对此给予足够的重视。结合能源规划及能源政策、城市开发建设模式、交通规划与交通政策、绿化系统的规划设计等方面，综合考虑影响城市气候安全的适应

策略，依托现有城市绿地、道路、河流及其他公共空间，打通城市通风廊道，增加城市的空气流动性，缓解城市“热岛效应”和雾霾等问题，有效缓解和控制全球变暖带来的负面影响，提升城市安全水平。同时，高度重视气候变化背景下的城市极端高温事件，增加城市绿地面积，确保适当比例的城市绿化与水体面积，对城市建成区预留风廊与绿色隔离带，这样均可有效缓解城市热岛效应。此外，建立基于健康的极端高温风险评估与健康预警系统，根据年龄、性别、疾病、职业及其他社会经济条件所决定的不同人群适应性的差异，科学合理地开展可用于表征人群风险以及脆弱性的风险评估，综合考虑城市热岛效应的影响，降低高温健康风险。

12.4.3　生态环境建设

1. 加强国土空间规划，严守生态保护红线

2015 年，《京津冀协同发展规划纲要》颁布。随后，北京也公布了《北京城市总体规划（2016 年—2035 年）》。2018 年，北京、天津、河北相继发布生态保护红线，划定土地利用底线，为生态建设提供了基本遵循原则。

北京全市生态保护红线面积 4290km^2，占市域总面积的 26.1%，呈现“两屏两带”空间格局（图 12-7）。“两屏”指北部燕山生态屏障和西部太行山生态屏障，主要生态功能为水源涵养、水土保持和生物多样性保护；“两带”为永定河沿线生态防护带、潮

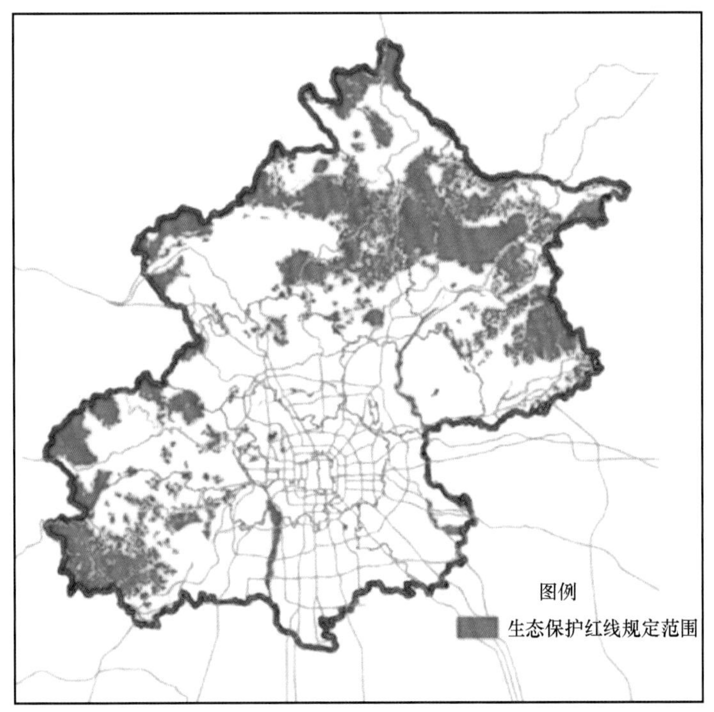

图 12-7　北京生态保护红线分布示意图

资料来源：北京市人民政府 . 2018. 北京市人民政府关于发布北京市生态保护红线的通知

白河—古运河沿线生态防护带，主要生态功能为水源涵养。按照主导生态功能，全市生态保护红线分为四种类型：①水源涵养类型，主要分布在北部军都山一带，即密云水库、怀柔水库和官厅水库的上游地区；②水土保持类型，主要分布在西部西山一带；③生物多样性保护类型，主要分布在西部的百花山、东灵山，西北部的松山、玉渡山、海坨山，北部的喇叭沟门等区域；④重要河流湿地，即五条一级河道（永定河、潮白河、北运河、大清河、蓟运河）及“三库一渠”（密云水库、怀柔水库、官厅水库、京密引水渠）等重要河湖湿地。

天津全市划定陆域生态保护红线面积 1195km^2（图 12-8），占天津陆域土地面积的 10%；划定海洋生态保护红线面积 219.79km^2，占天津管辖海域面积的 10.24%；划定自然岸线合计 18.63km，占天津岸线的 12.12%。陆海统筹划定生态保护红线总面积 1393.79km^2（扣除重叠），其占陆海总面积的 9.91%。空间基本格局为“三区一带多点”：“三区”为北部蓟州的山地丘陵区、中部七里海—大黄堡湿地区和南部团泊洼—北大港湿地区；“一带”为海岸带区域生态保护红线；“多点”为市级及以上禁止开发区和其

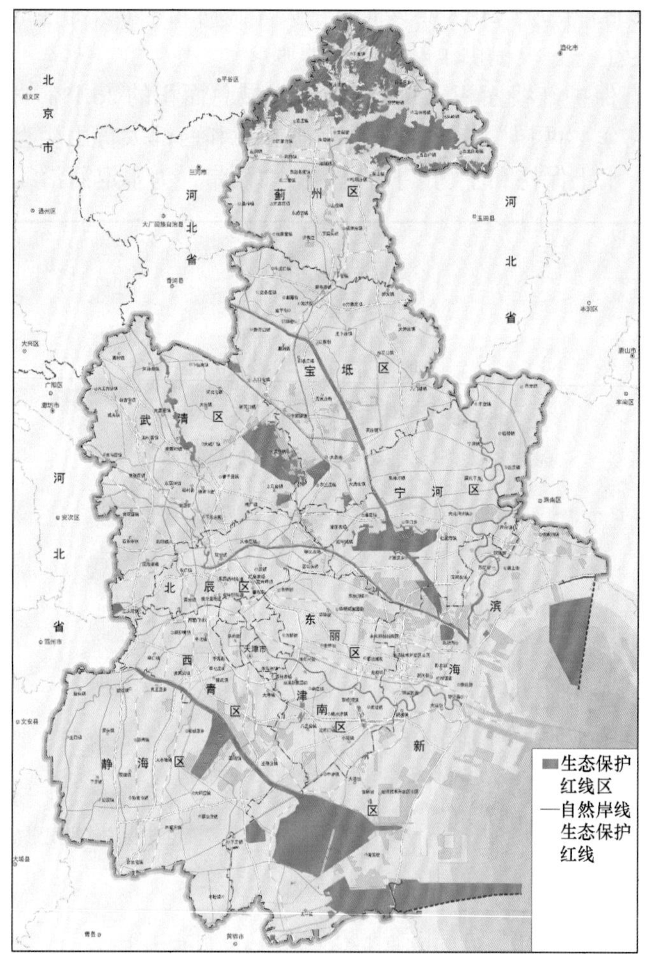

图 12-8　天津生态保护红线分布图

资料来源：天津市人民政府 . 2018. 天津市人民政府关于发布天津市生态保护红线的通知

他各类保护地。按照各片区主导生态功能将其分为 10 种类型。其中，陆域生态保护红线包括生物多样性保护生态保护红线、水源涵养生态保护红线、防风固沙生态保护红线、河滨岸带生态保护红线、地质遗迹－贝壳堤生态保护红线；海洋生态保护红线包括海洋特别保护区生态保护红线区、重要滨海湿地生态保护红线区、重要渔业海域生态保护红线区、滨海旅游休闲娱乐区生态保护红线区、自然岸线生态保护红线区。

河北全省生态保护红线总面积 4.05 万 km^2，占全省土地面积的 20.70%（图 12-9）。其中，陆域生态保护红线面积 3.86 万 km^2，占全省陆域土地面积的 20.49%，海洋生态保护红线面积 1880km^2，占全省管辖海域面积的 26.02%。其基本格局呈“两屏、两带、多点”。“两屏”为燕山和太行山生态屏障，主要生态功能为水源涵养、水土保持与生物多样性保护。“两带”为坝上高原防风固沙林带和滨海湿地及沿海防护林带。坝上高原防风固沙林带主要生态功能为防风固沙，其是京津冀地区抵御浑善达克沙地南侵的最后一道防线；滨海湿地及沿海防护林带对维护海岸生态系统稳定、提高抵御风沙和

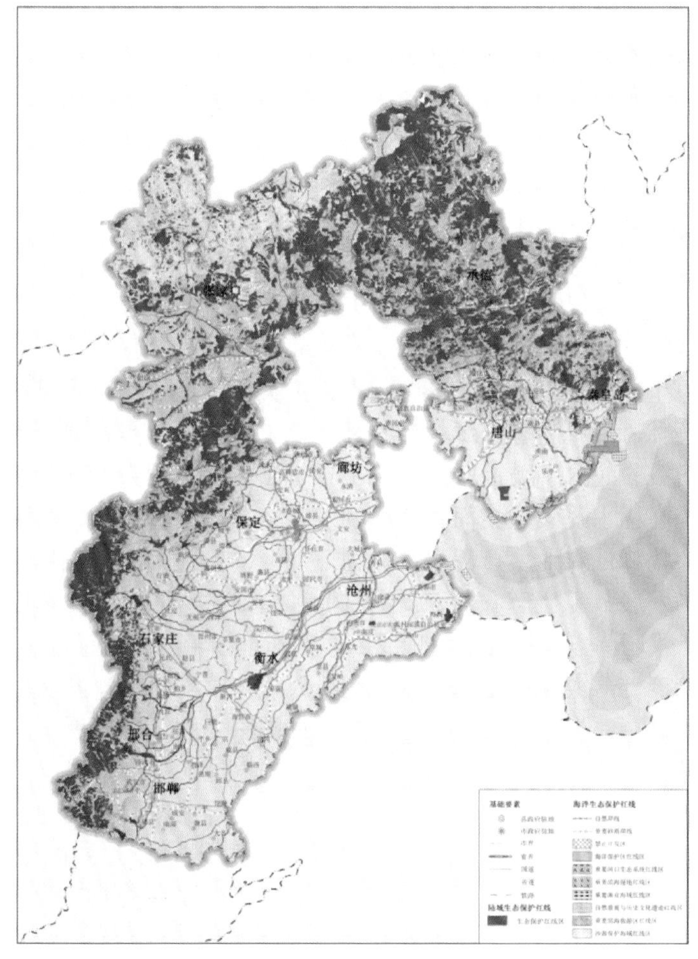

图 12-9　河北生态保护红线分布图

资料来源：河北省人民政府 . 2018. 河北省人民政府关于发布《河北省生态保护红线》的通知

大潮等自然灾害具有重要生态功能。“多点”是指分散于平原及山地的各类生态保护地。保护地内多以水库、湖泊、森林、湿地、河流为主，具有洪水调蓄、调节径流、水源涵养、生物多样性保护等功能。

2. 持续推进生态工程建设，优化“三生”空间

三北防护林及京津冀防沙源治理等工程的实施取得了显著成效。当前要加大实施力度，持续开展，并保证建设成效，以期有力改善我国北方生态面貌，有效应对气候变化。

与此同时，在京津冀协同发展的总体要求下，面向京津冀内部，着眼保障清洁水资源、防治风沙危害、减缓大气环境污染的核心目标，着力实施山水林田湖草生态修复工程，在建设区域上，以北部张承生态功能区建设、南部京津保中心区生态过渡带建设为重点；在建设领域上，以营林造林、治水还湿、复草退耕、国家公园建设为重点。

张承地区肩负着涵水源、阻风沙、净大气的重要使命，是维护京津冀生态安全的主要屏障，其以水源涵养和防风固沙为主攻方向，继续实施京津风沙源治理、小流域综合治理、生态水源林建设、草原生态恢复、农业节水等工程，建设一批国家公园，不断提高张承地区的生态涵养水平与生态环境质量。其主要途径有：一是推进小流域综合治理。以小流域为治理单元，推广生态清洁型小流域治理经验，沿密云水库、官厅水库上游实施小流域综合治理工程，统筹实施水土保持、截污治污、河道整治、村庄绿化等工程，进一步提高官厅水库和密云水库上游地区的水源涵养能力，减少入库泥沙量和污染物。二是加大营造生态水源林和防风固沙林。强化燕山—太行山水源涵养区和坝上高原生态防护区生态功能，重点推进天然林保护、京津风沙源治理、太行山绿化、退耕还林、京冀生态水源林和森林抚育工程，继续实施坝上地区退化林分改造，完善森林防火、病虫害防治联防联治工作机制。三是大力发展节水农业。在坝上地区，压缩传统高耗水蔬菜种植面积，适度发展精品蔬菜种植区，鼓励发展特色节水旱作农作物，大幅降低农业生产耗水。在坝下地区，巩固稻改旱成果，重点支持农业结构调整，鼓励发展节水生态农业，提高农业种植效益。四是恢复草原退化生态。在重点地区巩固退牧还草、禁牧育草治理成果，实施草原轮牧轮休，逐步恢复草场生态。建立基本草场制度，落实草原生态奖补机制，成立护草员队伍，开展生态高效草场建设试点示范，促进草牧生态平衡。五是建立一批国家公园。以开展国家公园体制建设试点为契机，整合自然保护区、国家森林公园、国家地质公园、风景名胜区等优质生态资源，探索建立松山—海坨山、雾灵山、百花山—野三坡等一批国家公园，理顺国家公园管理体制，探索建立合作共建共管新模式。六是探索建立横向生态补偿机制。与开展区域水权交易、碳排放权交易相结合，试点建立以水资源补偿、森林生态效益补偿为核心的生态补偿机制，由中央和北京、张承政府按照生态消费的初始比例共同出资设立生态补偿基金，主要用于生态工程建设、生态管理能力和机制建设、当地居民生产生活方式转变三个方面。

京津保中心区位于首都南部，属于城市建设密集区，是京津冀生态系统服务的主消费区，但长期以来生态建设较为薄弱，湿地萎缩、功能退化较为严重，生态供给难以支撑日益增长的生态服务需求。京津保中心区生态过渡带处于中心区城市的外围，是城市群之间的绿色隔离带，是与中心区关系最为密切的生态空间和生态安全屏障，是维系京津冀区域生态平衡、加强生态建设的重点区域，承担为中心区提供生态系统服务的重要功能，其作为首都生态圈构建的薄弱区域，需要重点加强建设。构筑京津保中心区生态过渡带要以资源环境承载能力为基础，优先划定区域生态保护红线，以湿地恢复、森林建设为主攻方向，实施退耕还湿、绿色廊道、平原造林、产业结构调整等工程，构建以绿色廊道为骨架，林、田、湿（地）镶嵌，点、线、面连接的大尺度生态格局，显著提升京津保中心区生态供给能力。其主要途径有：一是加快划定生态保护红线，限定城市增长边界。划定生态保护红线，明确生态空间是京津保中心区生态过渡带建设的首要任务，是确保京津保核心城市群绿色隔离、避免城市无序扩张发展的重要手段。特别对于地处京津保之间的廊坊，要重新评估城市规划与产业发展定位，严格生态保护红线的控制性作用。各区域应制定相应的土地利用控制性规划或法规，严格生态用地、农业用地和工业及住宅用地规模管制，充分利用农业及工业用地中可开展生态建设的空间进行绿化造林等生态建设。二是构建绿色景观廊道。沿永定河、北运河、潮白河等河流水系以及京台高速、京昆高速等交通干道两侧，营造有厚度、有色彩的景观生态林，构建放射状的绿色廊道，形成京津保中心区生态过渡带的生态骨架。三是推进平原造林建设。以新机场临空经济区、京津冀共建产业园区周边、湿地周边、地下水下降区为重点，逐步推进平原造林建设，营造农田林网，建设大尺度森林体系，提高平原地区森林覆盖率。四是实施湿地恢复工程。严禁占用湿地，严禁围湖造地，推进退耕还湿。严格保护湿地资源，调蓄雨洪水、再生水等可利用水资源，建设水系连通工程，逐步扩大湿地面积，建设保津湿地生态走廊，有条件的地区鼓励建设湿地公园。五是强化城乡生态建设。以生态保护为基本原则，加快城市建成区产业结构调整，逐步退出污染型产业，大力发展循环经济，大力推进城市和村庄绿化美化，建设城乡生态休闲公园，提高城乡人均绿地面积（朱跃龙等，2017）。

3. 切实尊重生态环境的承载容量

每一个生态系统都有其自身能够承载的负荷力，水、土地、大气、森林等生态系统都具有此种特性。因此，考察生态环境的承载容量，就必然需要严格掌握生态保护红线，明确划定区域内水、土地、煤炭等的消耗上限，在能源消耗强度与能源消耗总量两个方面实现“双控”，并以当前治理成效为标准，秉持水、大气、土壤环境质量“只能更好，不能更坏”的原则，明确用水指标，强化水土保持，做好风沙源治理及防护林建设，改良土壤环境，严控生态空间超标征用占用，督促各级政府切实负起环保职责。当然，生态保护红线标准的制定也离不开对生态环境容量的划定。例如，排污量和可排污染物标准的划定，清洁生产以及清洁生产扶持量的划定，不同区域控制和防治程度的划定，等等。在此基础上，实事求是地制定京津冀区域生态环境整体规划方案和政策计划，并以之作为生态环境保护的重要标准和依托（把增强和王连芳，2015）。

12.4.4 适应措施的协同性

加强监测预警和防灾减灾措施，打赢蓝天保卫战。建立健全京津冀地区应对暴雨洪涝、高温热浪及其他极端天气气候事件的监测、预报、预警系统，加强灾害防御协作联动，推进跨部门应急业务协同，“政府主导、部门联动、社会参与”的气象灾害防御机制初步形成，促进了信息互通、资源共享、良性互动，形成了防灾减灾救灾工作合力，提高了全社会预防与规避极端天气气候事件的能力。继续推进大气污染联防联控、生态恢复、能源发展改革、产业转型升级等进展；规划和建立多级通风廊道，形成通风“网”，综合治理雾霾；坚持全民共治、源头防治，打赢蓝天保卫战。

践行新时代治水方略，推进京津冀治水一体化。推动落实水资源消耗总量和强度双控行动，以水生态文明建设为宗旨，践行“节水优先、空间均衡、系统治理、两手发力”的新时期治水方针，加强水资源保护，构建水资源配置格局，逐步推进“五个统一”治水战略，加强水生态文明城市试点，强化节水压采措施，扎实推进《水污染防治行动计划》落实。完善以南水北调中线、引黄入冀补淀工程和现有河、库为骨干的供水网络，推进河湖水系连通工程建设。利用跨省河长制机制，积极推进水资源保障一体化、水生态保护一体化及防洪减灾一体化战略，实施京津冀区域治水一体化战略。

科学规划城市生命线系统，打造气候适应型城市。统筹现有资源和科技布局，把适应气候变化的各项任务纳入国民经济与社会发展规划，贯彻落实“创新、协调、绿色、开放、共享”发展理念，建设资源节约型、环境友好型社会，全面提升城市适应气候变化的能力。结合河北雄安新区和北京城市副中心规划建设，优化配置，疏解中心城市人口压力，缓解北京“大城市病”；借鉴国内外经验，调整和完善地下管线系统，改善城市布局，增强城市排涝能力，发展公共交通系统，减少不透水地面面积，扩大城市绿地和水体面积，缓解城市热岛效应；中央及京津冀三地政府从统筹多元化的跨区域市场主体，从总体规划、消除行政壁垒、构建统一市场等方面有序推进协同发展。

保障生态文明建设顺利实施，坚持绿色发展之路。生态文明建设是中华民族永续发展的千年大计，着力推进绿色发展、循环发展、低碳发展，调整优化能源生产和消费结构，推进生态清洁小流域建设，加强对重点生态功能区湿地等生态系统的保护，人工促进退化生态系统的功能恢复，持续推进京津风沙源治理等国家级重点生态工程建设，紧密围绕京津冀区域生态保护红线的“两屏两带”空间分布格局，整合统筹山水林田湖，充分发挥北京区位优势，带动天津、河北园林绿化应对气候变化共同发展，加大京津冀协同的碳汇林建设力度，“留白增绿”，推进天津“南北生态”与京津冀生态廊道有机联通，并将周边省份纳入京津冀生态文明建设协同范围，提升区域生态功能和维护区域生态安全。

12.5　主要结论和认知差距

12.5.1　主要结论

海河流域水资源短缺且减少明显，气候变化导致华北水安全加剧，未来华北水安全风险高（中等信度）。华北地区人口聚集，水资源总量不足。气候变化和人类活动导致海河流域地表径流量减少，水资源总量、地表水资源量呈现明显减少态势，减少速率分别为 25.7 亿 m^3/10a 和 24.6 亿 m^3/10a。华北地区水资源供需矛盾突出，全流域防洪形势严峻，城市内涝灾害风险、水安全压力大。未来华北地区变暖将加剧，降水增幅小，极端降水量增强，旱涝规律更为复杂，水资源增幅总体不大，水资源供需矛盾仍将是华北地区可持续发展的制约因素。

雄安新区水资源供需矛盾突出，大清河流域天然径流量急剧减少，地下水位持续下降；未来雄安新区水安全风险高（中等信度）。大清河流域增温速率高，降水量和降雨日数减少，极端降雨增加；降水量减少导致天然径流量急剧减少，白洋淀连续出现干淀现象；水资源供需矛盾突出，供水结构不合理导致地下水位持续下降。未来大清河流域温度持续升高，降水量增幅小，极端强降水增加，中北部极端干旱加重；地表水资源量总体增加，但季节分布的变化会降低水资源有效性，使生态、生产、生活用水矛盾突出。雄安新区防洪压力大，城市内涝风险高。

气候变化对京津冀城市群传统的灾害风险管理提出了更大的挑战，京津冀地区超大城市热岛效应显著，城市内部的高温、局地暴雨、重度雾霾有增加的趋势，直接影响城市交通、城市用水和用电、人体健康等。京津冀城市群暴雨内涝灾害逐渐加重，城市扩张使得城区或其下风向局地降水增强，夏季降雨中心向城区移动，使得城区降水增多，造成城市排水设计标准变小，增加城市内涝风险（高信度）。气候变暖使得城市高温高湿天气增多、$PM_{2.5}$ 浓度整体呈上升趋势，京津冀城市群用水用电负荷增加，给老龄人口带来严重的健康隐患（高信度）。到 2050 年京津冀地区高强度极端暖事件发生风险增大近 3 倍，京津冀城市群居民人均生活用水、用电需求量将进一步增加，夏季高峰日用水、用电量将激增。高强度极端降水事件发生风险增大近 2 倍，这将使城市暴雨内涝风险加大，同时对城市交通安全运行也构成严重威胁（中等信度）。

气候变化是生态环境变化的主要自然驱动力。近几十年来，京津冀地区气候变暖、降水减少，使得区域变得干旱，半干旱型气候范围扩大，半湿润型气候范围明显缩小（高信度）；区域植被覆盖状况有所改善，但降水、气温驱动型所占面积只有 5.68%，非气候因子驱动型面积占比最大，达到 89.63%（高信度）；区域湿地面积呈现快速减少趋势，2015 年较 20 世纪 80 年代末减少了 20%，人类活动是影响湿地变化的主要因素，城市扩张和农业发展是侵占湿地的主要表现形式（高信度）。京津冀地区广泛开展山水林田湖草生态修复，持续开展三北防护林、京津风沙源治理等生态建设工程，生态环境不断改善，在有效应对气候变化的同时，区域发展环境不断优化（高信度）。21 世纪近期和中期京津冀地区气候呈现暖湿化趋势，有利于促进植被恢复和生长，进而有利于生态环境建设（高信度）。

多方协作，努力全面提升城市适应气候变化能力。国家将适应气候变化的各项任务纳入国民经济与社会发展规划，实施京津冀协同发展的国家战略，优化国家发展区域布局和社会生产力空间结构，加强北京城市副中心、雄安新区和张家口“两区”规划建设，疏解北京非首都功能，缓解“大城市病”。京津冀地区通力协作，努力提高农业、水资源、生态系统、气象和防灾减灾等多领域适应气候变化的能力。通过大力推进大气污染联防联控，促进能源结构调整和产业转型升级，发挥温室气体排放控制和污染物减排的协同效应，助力打好污染防治攻坚战。同时，推进农田水利管理体制机制改革，统筹实施高效节水灌溉，推进海绵城市建设，增强城市排涝能力和雨洪管理及雨水利用，保障供水安全，深入开展节水型社会建设。加强京津冀生态廊道有机连通，提升区域生态功能和安全，“留白增绿”，缓解城市热岛效应。此外，通过加强基础设施建设、提高科技能力，建立灾害监测预警机制。政府通过加强引导，发挥媒体的传播作用，提升公众意识，鼓励企业和公民积极行动，形成多方参与的绿色低碳发展格局。

12.5.2 认知差距

气候变化对水资源影响的认知差距主要体现在：降水、蒸散发和土壤湿度变化的多源监测，人类活动对于地表径流的影响，气候变化对地下水和地表水及其之间相互作用的影响，以及极端天气事件和与水相关的灾害的监测、检测和归因等方面。气候变化对部门用水影响的认知差距主要体现在：缺乏水文气候条件和极端事件的变化对农业的综合影响研究，缺少二氧化碳对农作物需水影响评估，缺少气候变化对城市和城郊，特别是京津冀城镇化和一体化过程的影响；缺少气候变化对生态用水，特别是城市生态用水的认识、观测、评估和预估。

有关京津冀城市（群）建设对城市热岛、暴雨内涝、大气污染等影响的基础性研究已取得一系列的成果，但缺少极端降水、高温、重度雾霾等事件对京津冀城市群建设规划和城市功能发挥的定量化评估研究，缺少和气候变化的相关研究。未来需要加强对城市（群）气候变化影响、脆弱性和风险的评估，制定未来气候变化风险区划，加强气候变化背景下城市安全与人口承载力研究，探索城市减排、生态保护、防灾减灾的协同政策及措施。

气候变化对生态环境的影响非常复杂，且存在反馈过程。生态环境的改善或恶化是气候变化与人类活动共同影响的结果，识别气候变化的影响或人类活动的影响仍然是当前需要进一步研究的科学问题。未来气候发生什么变化、人类活动发生什么变化不确定非常大，弄清楚生态环境变化与气候变化的相互关系是关键，加强气候与生态环境相互关系研究是气候变化科学的重要研究方向。

▪ 参考文献

把增强，王连芳 . 2015. 京津冀生态环境建设：现状、问题与应对 . 石家庄铁道大学学报（社会科学

版), 9（4）: 1-4
鲍超，贺东梅 . 2017. 京津冀城市群水资源开发利用的时空特征与政策启示 . 地理科学进展，36（1）: 58-67.
鲍超，邹建军 . 2018. 基于人水关系的京津冀城市群水资源安全格局评价 . 生态学报，38（12）: 4180-4191.
陈方远 . 2015. 京津冀地区主要城市气候变化及其原因分析 . 南京：南京信息工程大学 .
陈云浩，李晓兵，史培军 . 2001. 1983—1992 年中国陆地 NDVI 变化的气候因子驱动分析 . 植物生态学报，25（6）: 716-720.
范引琪，李春强 . 2008. 1980—2003 年京、津、冀地区大气能见度变化趋势研究 . 高原气象，(6): 1392-1400.
费宇红，张兆吉，张凤娥，等 . 2007. 气候变化和人类活动对华北平原水资源影响分析 . 地球学报，28（6）: 567-571.
高歌，陈德亮，任国玉，等 . 2006. 1956~2000 年中国潜在蒸散量变化趋势 . 地理研究，25（3）: 378-387.
高彦春，王晗，龙笛 . 2009. 白洋淀流域水文条件变化和面临的生态环境问题 . 资源科学，31（9）: 1506-1513.
高彦春，王金凤，封志明 . 2017. 白洋淀流域气温、降水和径流变化特征及其相互响应关系 . 中国生态农业学报，25（4）: 467-477.
顾朝林，辛章平 . 2014. 国外城市群水资源开发模式及其对我国的启示 . 城市问题，(10): 36-42.
韩桂明，翟盘茂 . 2015. 1961—2008 年京津冀地区暴雨的气候变化特征分析 . 沙漠与绿洲气象，9（4）: 25-31.
韩立建 . 2018. 城市化与 $PM_{2.5}$ 时空格局演变及其影响因素的研究进展 . 地理科学进展，37（8）: 1011-1021.
郝立生，闵锦忠，丁一汇 . 2011. 华北地区降水事件变化和暴雨事件减少原因分析 . 地球物理学报，54（5）: 1160-1167.
郝然，王卫，郝静 . 2017. 京津冀地区气候类型划分及其动态变化 . 安徽农业大学学报，44（4）: 670-676.
何苗，徐永明，李宁，等 . 2017. 基于遥感的北京城市高温热浪风险评估 . 生态环境学报，26（4）: 635-642.
胡珊珊，郑红星，刘昌明，等 . 2012. 气候变化和人类活动对白洋淀上游水源区径流的影响 . 地理学报，67（1）: 62-70.
金君良，王国庆，刘翠善，等 . 2016. 气候变化下海河流域未来水资源演变趋势 . 华北水利水电大学学报（自然科学版），37（5）: 1-6.
景峰，邹涤，徐颖，等 . 2017. 我国重大林业工程的成效与经验 . 中国工程咨询，200（5）: 43-45.
李东欢，邹立维，周天军 . 2017. 全球 1.5℃温升背景下中国极端事件变化的区域模式预估 . 地球科学进展，32（4）: 446-457.
李令军，王占山，张大伟，等 . 2016. 2013~2014 年北京大气重污染特征研究 . 中国环境科学，36（1）: 27-35.
李孟颖，陈介山 . 2015. 京津冀地区面向人居环境之水安全格局初探 . 安全与环境学报，15（3）: 347-355.
李鹏飞，刘文军，赵昕奕 . 2015. 京津冀地区近 50 年气温、降水与潜在蒸散量变化分析 . 干旱区资源与环境，29（3）：137-143.
李双双，杨赛霓，刘焱序，等 . 2016. 1960~2013 年京津冀地区干旱暴雨热浪灾害时空聚类特征 . 地理科学，36（1）：149-156.
李双双，杨赛霓，张东海，等 . 2015. 近 54 年京津冀地区热浪时空变化特征及影响因素 . 应用气象学报，26（5）：545-554.
李雪，叶思源，宋凡，等 . 2018. 京津冀平原区地下水水位变化主导因素的定量识别研究 . 水文，38(1)：21-27，57.
李英华，崔保山，杨志峰 . 2004. 白洋淀水文特征变化对湿地生态环境的影响 . 自然资源学报，19(1)：62-68.
李泽椿，国安红，延昊，等 . 2015. 气候变化对生态保护工程的影响 . 气候变化研究进展，11（3）：179-184.
梁苏洁，程善俊，郝立生，等 . 2018. 1970—2015 年京津冀地区暖季小时降水变化特征 . 暴雨灾害，37（2）：105-114.
廖晓农，张小玲，王迎春，等 . 2014. 北京地区冬夏季持续性雾－霾发生的环境气象条件对比分析 . 环境科学，(6)：2031-2044.
刘海猛，方创琳，黄解军，等 . 2018. 京津冀城市群大气污染的时空特征与影响因素解析 . 地理学报，73（1）：177-191.
刘金平，韩军彩，向亮，等 . 2015a. 1961—2012 年京津冀地区不同等级降水日数时空演变特征 . 气象与环境学报，31（1）：43-50.
刘金平，向亮，韩军彩，等 . 2015b. 京津冀 1961—2012 年暴雨日数时空演变特征 . 气象科技，43（3）：497-502.
刘茂峰，高彦春，甘国靖 . 2011. 白洋淀流域年径流变化趋势及气象影响因子分析 . 资源科学，33（8）：1438-1445.
刘学锋，赵黎明，王颖 . 2002. 京津冀区域春夏季降水的气候变化 . 地理与地理信息科学，18（1）：72-76.
刘勇洪，房小怡，张硕，等 . 2017. 京津冀城市群热岛定量评估 . 生态学报，37（17）：5818-5835.
娄佩卿，付波霖，林星辰，等 . 2019. 基于 GEE 的 1998~2018 年京津冀土地利用变化对生态系统服务价值的影响 . 环境科学，40（12）：5473-5483.
吕金霞，蒋卫国，王文杰，等 . 2018. 近 30 年来京津冀地区湿地景观变化及其驱动因素 . 生态学报，38（12）：4492-4503.
马海涛，耿凤娟 . 2017. 京津冀区域城镇化过程中水资源利用的影响因素 . 科学，69（5）：32-36.
孟丹，李小娟，宫辉力，等 . 2015. 京津冀地区 NDVI 变化及气候因子驱动分析 . 地球信息科学，17(8)：1001-1007.
缪育聪，郑亦佳，王姝，等 . 2015. 京津冀地区霾成因机制研究进展与展望 . 气候与环境研究，20（3）：356-368.
莫兴国，夏军，胡实，等 . 2016. 气候变化对华北农业水资源影响的研究进展 . 自然杂志，38（3）：189-192.
任国玉，郭军，徐铭志，等 . 2005. 近 50 年中国地面气候变化基本特征 . 气象学报，63（6）：942-956.
申莉莉，张迎新，隆璘雪，等 . 2018. 1981—2016 年京津冀地区极端降水特征研究 . 暴雨灾害，37（5）：38-44.

石建省，李国敏，梁杏，等 . 2014. 华北平原地下水演变机制与调控 . 地球学报，35（5）：527-534.
史军，梁萍，万齐林，等 . 2011. 城市气候效应研究进展 . 热带气象学报，27（6）：942-951.
宋中海 . 2005. 白洋淀流域水文特性分析 . 河北水利，9：10-11.
孙霞，俞海洋，孙斌，等 . 2014. 河北省主要气象灾害时空变化的统计分析 . 干旱气象，32（3）：388-392.
谭畅，孔锋，郭君，等 . 2018. 1961—2014 年中国不同城市化地区暴雨时空格局变化——以京津冀、长三角和珠三角地区为例 . 灾害学，33（3）：132-140.
王彬 . 2013. 保定市地下水污染现状浅析 . 地下水，35（4）：65-66.
王永财，孙艳玲，王中良 . 2014. 1998—2011 年海河流域植被覆盖变化及气候因子驱动分析 . 资源科学，36（3）：594-602.
魏文秀，张欣，田国强 . 2010. 河北霾分布与地形和风速关系分析 . 自然灾害学报，19（1）：49-52.
吴兑，陈慧忠，吴蒙，等 . 2014a. 三种霾日统计方法的比较分析——以环首都圈京津冀晋为例 . 中国环境科学，34（3）：545-554.
吴兑，廖碧婷，吴蒙，等 . 2014b. 环首都圈霾和雾的长期变化特征与典型个例的近地层输送条件 . 环境科学学报，34（1）：1-11.
吴婕，高学杰，徐影 . 2018. RegCM4 模式对雄安及周边区域气候变化的集合预估 . 大气科学，42（3）：696-705.
夏军，刘昌明，丁永健，等 . 2011. 中国水问题观察（第一卷）：气候变化对我国北方典型区域水资源影响及适应对策 . 北京：科学出版社 .
夏军，张永勇 . 2017. 雄安新区建设水安全保障面临的问题与挑战 . 中国科学院院刊（专刊），32（11）：1199-1205.
肖嗣荣，张可慧，刘芳圆，等 . 2010. 石家庄市高温热浪与“三大火炉”城市的对比研究 . 地理与地理信息科学，26（5）：87-92.
徐集云，石英，高学杰，等 . 2013. RegCM3 对中国 21 世纪极端气候事件变化的高分辨率模拟 . 科学通报，58：724-733.
徐影，周波涛，吴婕，等 . 2017. 1.5 ~ 4℃升温阈值下亚洲地区气候变化预估 . 气候变化研究进展，13（4）：306-315.
杨春霄 . 2010. 白洋淀入淀水量变化及影响因素分析 . 地下水，32（2）：110-112.
杨续超，陈葆德，胡可嘉 . 2015. 城市化对极端高温事件影响研究进展 . 地理科学进展，34（10）：1219-1228.
尹志聪，王会军，袁东敏 . 2015. 华北黄淮冬季霾年代际增多与东亚冬季风的减弱 . 科学通报，60（15）：1395-1400.
袁媛，周宁芳，李崇银 . 2017. 中国华北雾霾天气与超强 El Niño 事件的相关性研究 . 地球物理学报，60（1）：11-21.
曾宪芷，杨跃军，张国红，等 . 2010. 对太行山绿化工程建设的思考 . 林业经济，7：52-54.
张昂，李双成，赵昕奕 . 2017. 基于 TRMM 数据的京津冀暴雨风险评估 . 自然灾害学报，26（2）：162-170.
张可慧 . 2011. 全球气候变暖对京津冀地区极端天气气候事件的影响及防灾减灾对策 . 干旱区资源与环

境，25（10）：122-125.

张可慧，李正涛，刘剑锋，等．2011. 河北地区高温热浪时空特征及其对工业、交通的影响研究．地理与地理信息科学，27（6）：90-95.

张利茹，贺永会，唐跃平，等．2017. 海河流域径流变化趋势及其归因分析．水利水运工程学报，4：59-66.

张珊，黄刚，王君，等．2015. 城市地表特征对京津冀地区夏季降水的影响研究．大气科学，39（5）：911-925.

赵本龙，马占辉，赵建永．2018. 雄安新区水文要素特性分析．水科学与工程技术，3：47-49.

郑祚芳，苗世光，范水勇，等．2014. 京津冀城市群未来发展情景气候效应模拟．南京大学学报（自然科学），50（6）：772-780.

周玮，吕爱锋，贾绍凤．2011. 白洋淀流域 1959 年至 2008 年山区径流量变化规律及其动因分析．资源科学，33（7）：1249-1255.

朱跃龙，闵庆文，刘某承．2017. 以首都生态圈推进京津冀生态共建．投资北京，（1）：37-40.

Cao G，Zheng C，Scanlon B R，et al. 2013. Use of flow modeling to assess sustainability of groundwater resources in the North China Plain. Water Resource Research，49：159-175.

Chen J，Xia J，Zhao C，et al. 2014. The mechanism and scenarios of how mean annual runoff varies with climate change in Asian monsoon areas. Journal of Hydrology，517：595-606.

Cheng X，Chen L，Sun R，et al. 2019. Identification of regional water resource stress based on water quantity and quality：a case study in a rapid urbanization region of China. Journal of Cleaner Production，209：216-223.

Gao Y，Feng Z，Li Y，et al. 2014. Freshwater ecosystem service footprint model：a model to evaluate regional freshwater sustainable development—a case study in Beijing-Tianjin-Hebei，China. Ecological Indicators，39：1-9.

Groot R D，Wilson M A，Boumans R M J. 2002. A typology for the classification，description and valuation of ecosystem functions，goods and services. Ecological Economics，41（3）：393-408.

Guo Y，Shen Y. 2015. Quantifying water and energy budgets and the impacts of climatic and human factors in the Haihe River Basin，China：1. Model and validation. Journal of Hydrology，528：206-216.

Liu M，Tian H，Lu C，et al. 2012. Effects of multiple environment stresses on evapotranspiration and runoff over eastern China. Journal of Hydrology，426-427：39-54.

Martisen G，Liu S，Mo X，et al. 2019. Joint optimization of water allocation and water quality management in Haihe River basin. Science of the Total Environment，654：72-84.

Wang D，Yu X，Jia G，et al. 2019. Sensitivity analysis of runoff to climate variability and land-use changes in the Haihe Basin mountainous area of north China. Agriculture，Ecosystems and Environment，269：193-203.

White D，Feng K，Sun L，et al. 2015. A hydro-economic MRIO analysis of the Haihe River Basin's water footprint and water stress. Ecological Modelling，318：157-167.

Xu X，Yang D，Yang H，et al. 2014. Attribution analysis based on the Budyko hypothesis for detecting the dominant cause of runoff decline in Haihe basin. Journal of Hydrology，510：530-540.

Yang Y，Tian F. 2009. Abrupt change of runoff and its major driving factors in Haihe River Catchment，

China. Journal of Hydrology，374：373-383.

Zhang H，Lin C，Lei P，et al. 2019. 2015. Evaluation of river eutrophication of the Haihe River basin. Acta Scientiae Circumstantiae，35：2336-2344.

Zhang Z，Chen X，Xu C，et al. 2011. Evaluating the non-stationary relationship between precipitation and streamflow in nine major basins of China during the past 50 years. Journal of Hydrology，409：81-93.

第 13 章 长三角地区

主要作者协调人：左军成、温家洪
编　　　　审：王　军
主　要　作　者：谈建国、丁爱军、王健鑫、纪棋严

▪ 执行摘要

20 世纪 50 年代以来，影响及登陆长江三角洲（以下简称长三角）地区的台风数量未呈现增加趋势，但台风的强度明显增强（中等信度）。海平面上升对长三角地区的海岸带和沿海城市已造成影响，未来海平面加速上升将显著加剧风暴潮、海水入侵、海岸侵蚀等极端事件的影响和风险（高信度），特别是增大沿海城市面临的台风风暴潮巨灾风险（高信度）。长三角及其毗邻地区是我国洪涝灾害最严重的地区之一，90 年代以来，由于长三角城市（群）的快速扩张，城市暴雨内涝事件明显增多，风险增大（高信度）。长三角城市群生态环境胁迫强度增大，水环境与水安全存在较高风险（中等信度）。60 年代以来，长江口低氧区范围和程度呈扩大趋势，河口和近海区域生物多样性降低、海洋生态灾害发生次数增多，风险增大（高信度）。城市热岛效应增强，高温热浪和大气污染对城市环境和人体健康产生不利影响（高信度）。上述问题严重制约着长三角区域的可持续发展，需要加强区域协作，推进长三角区域风险联合监测预警、评估与信息共享，加强基于气候变化风险的长三角城市群空间统筹规划、功能布局和关键基础设施提升和保护，以及长三角应急一体化建设，全面提升气候变化适应能力。

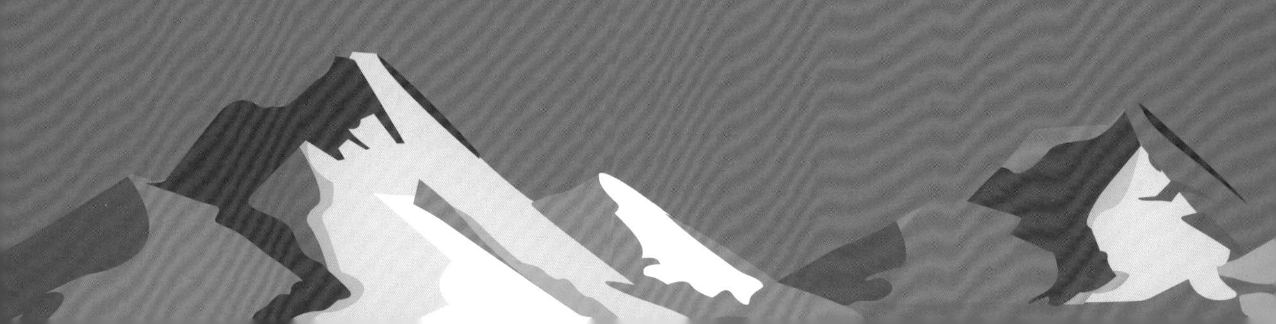

13.1 引　言

长三角区域一体化发展已上升为国家战略。长三角地区包括上海、江苏、浙江和安徽三省一市，土地面积 35.8 万 km^2，2017 年地区生产总值 19.5 万亿元，人口总量 2.2 亿人，分别约占全国的 3.8%、23%、16.7%。长三角地区是我国经济发展最活跃、开放程度最高、创新能力最强的区域之一，在国家现代化建设大局和全方位开放格局中具有举足轻重的战略地位。长三角地区也是我国城市化程度最高的区域之一，常住人口城镇化率超过 60%。长三角城市群是世界六大城市群之一，该城市群以上海为核心，由联系紧密的 26 个城市组成。

长三角地处我国东部沿海地区中部。江苏、浙江和上海的大陆海岸线 3007km，海域面积达 30.4 万 km^2，岛屿 2912 个。其中，上海崇明岛和浙江舟山岛是我国第三和第四大岛。其地势总体呈现西南高东北低的特征。西南部以中低山地和丘陵为主，约占整个长三角面积的 2/5。东北部地区以平原地貌为主，属于我国三大平原中海拔最低的长江中下游平原和黄淮平原。该区属亚热带湿润季风气候，冬温夏热，四季分明，雨热同季，降水丰沛，多数地区年降水量为 1000~1600mm。梅雨、伏旱、热带气旋活动频繁是该区重要的气候特征。该区地处长江下游、淮河中下游和钱塘江流域，河湖交错、水系众多，水资源丰富，拥有我国六大淡水湖中的太湖、洪泽湖、巢湖和高邮湖。

长三角地区属于气象水文和海洋灾害高风险区域，生态环境问题突出。该地区气象水文灾害和海洋灾害主要包括河流洪水、城市暴雨内涝、高温热浪、台风、风暴潮、海水入侵和赤潮等。经过 30 多年的城镇化和工业化，长三角地区社会经济取得了长足发展，但在一定程度上以牺牲环境为代价，造成了生态系统超负荷运转。在气候变化、区域经济快速发展和快速城市化背景下，近海水域普遍受到污染，长三角河口生态环境退化、生物多样性降低，海岸带海水入侵、海岸侵蚀，城市生态系统、河湖水系、水环境不断恶化，水生态严重退化，大气污染、高温热浪及其对人体健康的影响，以及海平面上升、台风、风暴潮等问题突出，其严重制约着区域的可持续发展。本章将针对上述关键问题开展长三角地区气候变化影响和脆弱性、风险、适应对策的评估。

13.2 影响和脆弱性

全球气候变暖造成或加剧了长三角地区海平面上升、风暴潮、海水入侵、海岸侵蚀、湿地生态退化等海洋灾害和沿海生态事件的影响（高信度）。气候因子和非气候因子是长三角地区环境和生态风险，以及城市、海岸带灾害风险的两类驱动因子。气候变化导致海平面上升加速、台风风暴潮强度增强、强降水次数增多、城市热浪高温频发等；非气候因子包括城市化、环境污染、海洋酸化、围填海、大型水利工程的建设、过度捕捞等。两者共同作用，增大了该区域的致灾因子危险性、承灾体的暴露度和脆弱性，总体上也增大了长三角地区的风险。河口生态环境生物多样性、海岸带、陆地生态与环境、城市环境等均受到不同程度的影响；气候变化导致河口较为严重的咸潮入侵频率略微增加，单次入侵强度增大，海岸侵蚀越发严重，对长三角地区湿地生态、水资源供给、人群健康、洪涝灾害防御等方面也有程度不一的影响。

13.2.1　河口生态环境

长三角河口地区人类活动频繁、经济活跃、人口密集。因此，气候变化背景下，长三角河口地区营养盐浓度及其他相关物理、化学、生物性质将发生较大改变，并通过改变生物多样性和不同营养水平间相互作用，对生态系统结构和功能产生可预见的影响，对湿地生物多样性、生态过程以及生态系统的完整性产生直接或间接威胁。

气候变化对河口生态环境有严重影响，从宏观和微观尺度上分析，主要包括以下两个方面：①气候变化改变了海洋生物群落结构和生态系统的能量传递方式，降低了生物多样性，从而严重影响渔业资源的可持续利用；②气候变化加剧了海洋升温、酸化、缺氧等趋势，改变了微生物种群结构，并因此影响海洋初级生产力和微食物网结构。

1. 生物多样性

1）现状

过度捕捞、大型工程建设、环境退化和气候变化已严重影响了长江口及邻近海区海洋生物群落的恢复力和完整性，使得生态系统稳定性变差，群落多样性降低（高信度）。长江口及邻近海域海洋生物多样性已显著减少，比较 2000 年以来的资料，长江口浮游生物种类减少 69%，底栖生物种类减少 54%，底栖生物生物量减少 89%（高宇等，2017）。长江口生物多样性指数明显低于黄海南部和南部的舟山渔场（戴芳群等，2020）。长江口及邻近的杭州湾区域的鱼类资源小型化、低龄化趋势明显加剧。长江口渔场和舟山渔场的带鱼、凤鲚、大黄鱼和小黄鱼等传统捕捞对象近年来资源衰退严重，低龄化和小型化明显（陈云龙等，2013；王淼等，2016）。通过 2000~2013 年对长江口及其邻近海域渔业资源调查物种统计，结果显示，长江口海域由鱼类占优势地位演变为目前甲壳类占优势地位。2000~2002 年长江口海域各季节均以鱼类为绝对优势类群，甲壳类单季所占百分比最高，为 11%（李建生等，2004）。但到 2012~2013 年，长江口区域甲壳类在渔获中占比上升为 40%~54%（孙鹏飞等，2015）。

由于人类活动和气候变化的加剧，长江口海域生态环境发生了显著变化，出现水母大量繁殖的现象，因此水母成为干扰长江口生态系统的主要类群（高信度）。水母暴发改变了河口区海洋生物群落结构和生态系统能量传递的方式，从以硅藻 - 甲壳类浮游动物 - 鱼类为主的生态系统，转变为以甲藻 - 原生动物和微型浮游动物 - 水母为主的生态系统，从而影响了海洋生态系统结构和功能，并影响了渔业资源的可持续利用（陈洪举和刘光兴，2010；单秀娟等，2011），2014~2016 年连续 3 年观测结果显示，水螅水母类是长江口及邻近海区夏季的优势类群（杨位迪等，2018）。气候变暖、厄尔尼诺现象以及水母主要分布区冷暖水系交汇锋面引起的温度改变被认为是长江口水母暴发的重要原因。

2）未来可能面临的问题

气候变化对未来长江口渔业资源分布和生态系统稳定性将产生重要影响。单秀娟等（2016）通过动态生物气候分室模型（DBEM）预估了3种气候变化情景下（RCP2.6、RCP6.0和RCP8.5）长江口鱼类资源密度增量分布的变化趋势。3种气候变化情景下，长江口鱼类资源密度增量、底层鱼类资源密度增量随着时间推移均呈递增趋势（低信度），至2030年，底层鱼类资源密度增量增加，至2050年，底层鱼类资源密度增量显著增加，并且递增趋势和增量重心分布范围随着温室气体排放的增加而扩大（RCP8.5 > RCP6.0 > RCP2.6）。鱼类资源密度增量重心有向南迁移的趋势。未来情景下，长江口渔业资源密度增加主要是一些小型的短生命周期暖水性鱼类聚集引起的，气候变化背景下，这一类型的鱼类比大型长生命周期的种类更容易迁移，并具有较高的脆弱性，其分布和资源量在气候变化背景下波动更大。渔业生态系统稳定性是维持渔业生物多样性、保证渔业生物生产的关键过程。从生态环境、生物群落结构和生态系统功能三个层面分析不同气候变化情景（RCP2.6、RCP6.0和RCP8.5）对长江口渔业生态系统稳定性的潜在影响，结果表明，2015~2050年，长江口渔业生态系统健康水平随着温室气体排放程度的增加而降低（中等信度）。

2. 湿地生态环境

气候变化导致海洋升温、酸化、缺氧等趋势加剧，对河口湿地生物地球化学循环产生深远影响：一方面，气候变化将导致河口和湿地生态系统初级生产力、有机质分解途径、营养盐等发生明显变化；另一方面，气候变化影响微生物驱动反应的变化速率，从而影响海洋生物地球化学循环和海洋微食物网结构（高信度）。

1）现状

目前，全球气候变化引发海水升温，进而促进藻类繁殖，增加细菌和真菌含量，导致水质恶化加重（郑峰，2008）；同时影响生物的适温范围及生理行为，引起多种生物生态位的变化、优势浮游生物种群的季节性变迁、浮游生物群落结构的变化以及全球生产力格局的变化。

近几十年，东海的营养盐浓度和结构发生显著的变化，呈现氮营养盐浓度和氮磷比升高、硅氮比下降的趋势（一致性高，证据量充分），但无机磷浓度年平均值变化趋势不明显。1959~2006年，长江口附近海域的营养盐水平总体上处于缓慢上升的趋势（王江涛和曹婧，2012）。

长江口外季节性缺氧是我国东海陆架海域最重要的生态问题之一，低氧面积1959年为1900km^2，1999年扩大到13700km^2，2006年为15400km^2，2009年为15700km^2（Wang，2009；Zhu et al.，2011；Wang et al.，2017）。与2011年同期[溶解氧（DO）约4mg/L]比较，2013年夏季长江口北部海域底层海水的DO平均水平（3mg/L）呈下降趋势（Zhu et al.，2017）。

东海大陆架坡折海域在1982~2007年的海水酸化速率为–0.000827 ± 0.00057pH/a。2002~2011年的海洋调查数据显示，夏季长江口海域表层海水pH范围为7.75~8.37，酸化趋势明显（刘晓辉等，2017）。海洋酸化使海洋生物（尤其珊瑚、球石藻等钙化生物）面临巨大威胁（石莉等，2011），也可能会降低硅藻的生物硅含量，进而影响浮游动物对硅藻的捕食率，通过影响硅藻的硅化作用而间接影响颗粒有机碳的沉降量（高坤山，2018），其也会对渔业经济发展和海洋生态系统健康产生影响。海水 pH 降低还会影响细菌形态和生理学特性，并导致细菌群落结构和功能发生变化（低信度）。虽然对长江口及邻近海域的相关研究发现，表层海水浮游细菌群落不受短期酸化的影响（Wang et al.，2017），但有证据表明，海洋细菌参与氮循环的四个重要过程（固氮作用、硝化作用、反硝化作用和氨氧化作用）都会受海洋酸化影响（Hutchings et al.，2009；Beman et al.，2011）。

2）未来可能面临的问题

长江口、杭州湾等东海河口区水温具有显著的长期变化趋势，总体表现为变暖（高信度），而且未来可能进一步加剧。温度是限制大型海藻生长和繁殖的关键因素（Fan et al.，2018），海水升温将对包括藻类在内的海洋生物构成严重的威胁，严重影响海洋生态系统的平衡（Harley et al.，2012）。

低氧区的增加不仅影响生物地球化学作用的上行调控（对于浮游植物和其他微生物生产力而言），同时对消费者的下行调控也有影响（Capone and Hutchins，2013）。海水 pH 降低也会影响细菌形态和生理学特性，并导致细菌群落结构和功能发生变化。长江口外夏季酸化环境的产生和消退同缺氧呈现同步趋势（韦钦胜等，2017）。

3. 湿地状况

1）现状

海平面上升会造成长三角地区海岸侵蚀和滩涂湿地的减少，也会对湿地植被的结构、行为、时空分布产生影响。滩涂湿地的减少及环境要素的变化可能会影响鸟类的生境，从而影响鸟类的迁移（王祥荣等，2012）。崇明东滩是上海重要的湿地，具有丰富的生物多样性。区内有中华鲟自然保护区、鸟类自然保护区，同时也是东亚－澳大利亚候鸟迁徙路线的一个重要驿站。通过构建上海气候变化脆弱性指数评价模型，选取海平面上升与海水水文状况、极端气候灾害、降水、气温四个主要气候变化指标，从气候变化风险和敏感度的双重角度，考虑气候变化背景下上海区域主要人为胁迫因子和生态环境响应的关键问题，综合开展脆弱度评价，辨识脆弱度较高的关键区域，结果显示，上海崇明东滩属于一级脆弱区，崇明岛北部、崇明岛主要水系（南横引河）属于二级脆弱区，崇明岛南带属于三级脆弱区。基于“压力－状态－响应”（PSR）模型，构建河口岛屿生态系统脆弱性评价体系，显示 2005~2015 年，崇明岛生态脆弱性由 0.39 转化为 0.36，同时原来较低的生态脆弱性区域（<0.2）和较高的区域（>0.6）转化为中等等级（0.2~0.6）的生态脆弱性（王多多，2018）。

2）未来可能面临的问题

研究海平面上升对长江口滨海湿地的影响，结果表明，在基于验潮站数据做趋势外推的情景下，湿地面积减少缓慢，而在考虑全球变暖背景的情景下，湿地面积迅速减少；随着海平面的上升，长江口滨海湿地的生态类型发生反向演替，向陆地退化受海塘阻挡，光滩被淹没甚至消失，草滩不断萎缩甚至可能退化为光滩（易思等，2017）。长江流域入海泥沙通量锐减，导致在三角洲前缘淤—蚀转型的大背景下，今后崇明岛周围的滩涂湿地总面积因侵蚀减小的可能性大于因自然淤涨扩大的可能性（杨世伦等，2019）。

13.2.2 海岸带

气候变化导致长三角地区海水入侵和咸潮入侵的频率增加、强度增大、河口海水回溯上游的距离增大，入侵时间从12月至次年3月提前到当年的10月；海岸侵蚀更加严重，海堤增高，滩涂面积减少，海岸淤积速率降低，对湿地面积、水文和生态系统方面产生影响。

1. 海水入侵

长三角地区海水入侵直接影响河口沿岸城市居民供水、工业生产、农田灌溉，同时影响淡水养殖、废热和污水稀释过程，对河口生态环境也有一定的影响，从而影响该地区经济的可持续发展。受气候变化的影响，长三角地区海水入侵呈现开始时间提前、持续时间延长、影响程度严重等特征。海平面上升导致海水入侵强度和分层都增加，在三角洲的增量非常明显（Qiu and Zhu，2015）。海平面上升导致长三角地区海水入侵加剧程度为3%~14%（Wang Q S et al.，2018）。

长三角地区是我国受咸潮入侵影响最为显著的地区之一，随着长江流域的气候变化，长江口咸潮入侵出现了一些新的特点（毛兴华，2016）。1981~2015年，受海平面上升和海水入侵影响，表层1.5psu等盐度线最大距离大约增加1.12km（低信度）。20世纪70年代末期开始，长江口咸潮入侵频率越来越高，持续时间也越来越长（许乃政等，2012）。进入21世纪以来，长江口较严重咸潮入侵发生的频率略有增加。1987年咸潮入侵距离1978~1979年咸潮入侵相隔8年，2006年咸潮入侵与1987年咸潮入侵相隔19年，2014年咸潮入侵距离2007年不到7年，而2015年咸潮入侵距离2014年咸潮入侵相隔仅约1年（表13-1）。咸潮入侵的开始时间和强度也发生变化，20世纪90年代以前，咸潮入侵主要发生在12月到次年3月，进入21世纪之后，咸潮入侵在10月前后就会出现，并且单次咸潮入侵时间延长，入侵程度加重，咸水上溯距离加大（毛兴华，2016）。

表13-1 几次较为严重的长江口咸潮入侵概况

时间范围	持续时间	主要影响
1978年冬至1979年春	约64天	吴淞水厂氯度持续超标（＞250mg/L）达64天，海水从口门向上延伸170多千米（许乃政等，2012）
1987年2月5日~3月25日	约49天	高桥站氯化物连续大于250mg/L（毛兴华，2016）
1998年12月~1999年3月	约4个月	南通青龙港的盐度达21%~26%，宝钢水库和陈行水库取水口水域氯度持续超标达月余（许乃政等，2012）
2006年6月~2007年5月	约10个月	2006年的盐水入侵从往年12月提前到汛期9月发生，江亚北水道超过生态用水含盐标准的水体多达140天以上（陈沈良等，2009）
2014年2月8~20日	约12天	50年不遇，上海青草沙水库不宜取水的时间达到23天，影响供水人口约200万人（吴宇帆等，2018）
2015年2月23日~3月1日	约7天	最大氯度值714mg/L，影响宝钢水库和青草沙水库取水（国家海洋局，2016）

2. 海岸侵蚀

长三角地区大约有 30% 的岸段为侵蚀海岸，长江口以北的吕泗海岸和长江口以南的南汇嘴南侧海岸及杭州湾北侧海岸多为侵蚀岸段（刘曦和沈芳，2010）。其中，长江口以北海岸侵蚀较为严重，受侵蚀海岸的侵蚀速率多数达到强侵蚀（2~3m/a）以上级别；长江口以南，总体海岸侵蚀速率相对较小，但范围较大（林峰竹等，2015）。1915~2006 年，通过长江北支入海的径流量从占整个长江入海径流量的 25% 减少到不足 1%，长江口向苏北沿岸输送的泥沙显著减少，导致吕泗海岸附近 30km 长的岸段节节后退（左书华等，2006a）。20 世纪 90 年代以后长江河口大量低潮滩促淤围垦，使入海泥沙尤其是进入杭州湾的泥沙大量减少，导致杭州湾北岸滩地普遍被冲刷后退（左书华等，2006b）。奉贤区管辖的原为淤积的岸滩已由淤涨转为侵蚀。奉贤区一线海堤外几乎无 3.0m 以上的高滩，0m 以上滩涂面积减少约 33.3hm^2，–5.0m 全线向岸后退，金汇港东断面最大后退距离达 405m。中港断面 0m 线后退最大距离达 475m（谢世禄，2000）。杭州湾北岸的芦潮港约 25km 长的岸段在 1980~2010 年以大约 40 m/a 的速率后退（刘曦和沈芳，2010）（中等信度）。上海粉砂淤泥质海岸平均侵蚀速率超过 10m/a（林峰竹等，2015）。长三角地区的海岸侵蚀除了受海平面上升累积效应的影响外，还受到台风和风暴潮极端天气过程、河流输沙减少、海岸工程建设和人工治理等方面的共同影响。因此，不同区域的海岸侵蚀程度也在逐年变化（国家海洋局，2015，2016，2017）（表 13-2）。

表 13-2 2014~2016 年长三角地区几个典型区域的海岸侵蚀状况

年份	江苏盐城射阳扁担港南侧岸段	崇明岛东滩	舟山大青山千沙岸段
2014	最大侵蚀距离 60m，平均侵蚀距离 19m，侵蚀面积 21.24 万 m^2（国家海洋局，2015）	侵蚀岸段长度 2.9km，最大侵蚀距离 22m，平均侵蚀距离 4.4m，海滩侵蚀总面积 1.28 万 m^2（国家海洋局，2015）	最大侵蚀距离 1.56m，平均侵蚀距离 1m（国家海洋局，2015）
2015	射阳河南岸段最大侵蚀距离 130m，平均侵蚀距离 110m，侵蚀面积 20.67 万 m^2（国家海洋局，2016）	侵蚀岸段总长度 2.7km，最大侵蚀距离 24m，平均侵蚀距离 7.9m，岸滩侵蚀总面积约 2.14 万 m^2（国家海洋局，2016）	最大侵蚀距离 0.72m，平均侵蚀距离 0.28m（国家海洋局，2016）
2016	最大侵蚀距离 59m，平均侵蚀距离 49m，侵蚀面积 8.55 万 m^2（国家海洋局，2017）	侵蚀岸段总长度 2.7km，最大侵蚀距离 20m，平均侵蚀距离 5.1m，岸滩侵蚀总面积约 1.38 万 m^2（国家海洋局，2017）	最大侵蚀距离 1.28m，平均侵蚀距离 0.4m（国家海洋局，2017）

长三角地区海岸侵蚀脆弱性分布与海岸侵蚀现状具有高度相关性。吕泗至塘芦港之间海岸段的侵蚀率大于泥沙淤积率，导致岸线后退、潮滩面积减小和海岸宽度变窄。海平面上升导致杭州湾北岸的南汇嘴与西岸之间海岸段潮汐动力作用增强，进而导致该海岸侵蚀率增大、侵蚀脆弱性增加。该岸段多分布有人工修筑的海岸维护工程，海岸侵蚀的主要表现为由岸线后退变为岸滩下蚀，潮滩坡度变陡。崇明东滩、南汇边滩以及长江口北岸的连兴港至启东岸段表现出稳定的低脆弱性，这些岸段有较宽阔的潮滩，且处于长江口泥沙含量较大的浑浊带区域，海岸动力的影响受到潮滩的抵消作用而影响力减小，同时泥沙补给较为充足，岸线表现为淤积状态。长三角地区海岸整体

上有向高脆弱性发展的趋势，淤涨趋势将减缓，侵蚀将加剧，一些原本是高脆弱性的岸段，海岸侵蚀将更加严重，在崇明东滩和南汇边滩这样的低脆弱性岸段，即使今后仍为强淤涨性质，其淤涨速率也会减小（刘曦和沈芳，2010）。

3. 湿地生态

气候变化对长三角地区湿地生态的影响包括湿地水文环境变化、植被群落演替和生物多样性变化等（王兴梅等，2011）。气候变化将加速大气环流和水文循环过程，降水变化以及更频繁和更高强度的扰动事件（如干旱、暴风雨、洪水）对长三角地区湿地能量和水分收支平衡产生影响，进而影响湿地水循环过程和水文条件。此外，气候变化也导致长三角地区的经济社会用水和农业用水会挤占更多的湿地生态用水，使湿地水资源短缺状况更加严重（董李勤和章光新，2011）。

海平面上升会使江苏海滨潮滩湿地的茅草湿地被盐蒿湿地所取代，米草沼泽不断退化为光滩。当相对海平面平均上升速率超过 0.82mm/a 时，将导致草湿地消失，盐蒿湿地范围扩大，进而导致湿地群落逆向演替，使潮滩湿地生物多样性减小、生物量下降（孙贤斌和刘红玉，2011）。

13.2.3 陆地生态

长三角地区的陆地生态与环境不仅受到快速城市化过程中人类活动的严重干扰，气候变化与区域生态环境演变也存在相互作用与影响。本节主要从气候变化对长三角河湖生态、植被生态和农业生态的影响方面进行评估。

1. 河湖生态

气候变化、城市化发展以及土地利用 / 地表覆被变化使得长三角地区水循环过程发生显著改变（高信度）。其中，气候变化加剧了流域水循环过程、增大了洪涝灾害风险，而城市化所引起的河流水系变迁则对洪水过程产生显著影响，同时河流水系衰减与河道淤积也使得河流自净能力下降。在各种因素的综合作用下，长三角地区洪涝灾害频繁发生，水环境问题日趋严重，并且在很大程度上制约了长三角地区现代化建设的进程与可持续发展（高信度）（许有鹏等，2009；许有鹏，2012）。20 世纪 60 年代至 21 世纪初，杭嘉湖地区水系长度和面积呈衰减趋势。近 50 年河流长度减少了 11023.33km，衰减了 38.67%，水面积减小了 151.58km^2，衰减了 18.83%。城市区水面率较小，为 4.9%~9.4%，20 世纪 60 年代以来水面率、河网密度呈减小的趋势（徐光来等，2013）。1961~2014 年杭嘉湖地区年降水量呈微弱的增加趋势，但降雨过程中的水位涨幅呈下降趋势。2000 年后，水位涨幅下降主要集中在 10~50mm/d 的降雨过程，而大于 50mm/d 的降雨过程水位涨幅较之前有所升高。杭嘉湖地区强降雨过程中水位涨幅依然较高，这可能是该地区洪峰水位居高不下的主要原因（王杰等，2019）。

城市化和城镇用地的扩张、水利工程的修建和农田水利活动是改变长三角水系的主要方式（高信度）。20 世纪 60 年代至 21 世纪 10 年代，长三角水系河网密度、水面率数量特征呈下降趋势，其中武澄锡虞、杭嘉湖和鄞东南地区河网密度减少近 20%；秦淮河流域干流面积长度比增加显著，杭嘉湖地区支流发育系数衰减达 46.8%；河网复杂度衰退，武澄锡虞和杭嘉湖地区的盒维数衰减分别达 7.8% 和 6.5%（韩龙飞等，2015; Han et al.，2016）。20 世纪 60 年代至 21 世纪初，高度城市化地区的河网密度、水面率衰减剧烈，分别达 27.2% 和 19.3%，河网主干化趋势加剧，河网复杂度下降 4.91%。20 世纪 80 年代至 21 世纪初，城市化较低地区支流衰减达 53.3%，河网密度大幅下降 14.6%。长三角各水利分区的主干河流面积长度比（R）相差不大。主干河流是城市规划的主要保护对象，随着城市的发展，流域防洪形势严峻，修建新的排洪干道与拓宽原有主干河道成为有效缓解洪涝的措施（韩龙飞等，2015，Han et al.，2016）。

气候变化、河流径流、泥沙淤积、人类活动等因素综合影响河流生态环境过程、湖泊状态和水生环境（高信度）。随着海平面上升，潮流将沿河流上溯至内陆更远的地方，涨潮流顶托，污水回荡，势必加重江河污染，长三角地区许多重要城市均位于入海河口区，如长江口的上海、甬江口的宁波、瓯江口的温州，其中上海市区淡水资源破坏最为严重（华东区域气象中心，2012）。太湖平均水位受降水和河流补给的共同影响，ICESat-GLAS 测高数据提取的湖面水位在 9 m 左右，波动幅度不大。但总体上，湖泊平均水位逐年下降（吴红波等，2012）。巢湖湖水补给依赖于地表径流和湖面降水，2009 年巢湖同期平均水位较 2003 年下降了 0.078m（赵云，2017）。

水环境问题日益成为长三角区域可持续发展的制约因素（高信度）。2014 年，长三角的浙江、上海和江苏废水排放总量为 124.06 亿 t，约占全国的 17.32%。日益加剧的水污染导致长三角地区成为全国水环境问题最突出的地区之一：2015 年，长三角国控地表水质符合Ⅲ类的断面比例为 45.27%，远低于全国平均水平 64.5% 的标准；上海、江苏和浙江二省一市的城市国控地表水质符合Ⅲ类的断面分别仅为 14.7%、48.2%、72.9%，主要污染物为氨氮和总磷；2014 年人均水资源占用量仅为 993.32m^3，不到全国平均水平 2001.31m^3 的一半，水资源供需矛盾十分突出（林兰，2016）。

长三角湖泊蓝藻水华暴发与气象水文因素密切相关（高信度）。气候变化会影响水生环境，为污染物的滋长提供有利条件，污染水质，尤其是富营养化是长三角地区湖泊普遍面临的生态问题（黄国情等，2014）。气温对于表层水华暴发动力学有重要影响（Zhang Y C et al.，2015），通常情况下，浅水湖泊平均水温与平均气温吻合度好，温度升高有利于越冬藻类复苏与大量生长，气囊增多并改变浮力使藻类上浮聚集至表层水体形成水华（王菁晗等，2018）。2007~2009 年淀山湖的总氮和总磷年均浓度分别为 3.47~4.53mg/L 和 0.18~0.24mg/L，明显高于富营养化水平，其成为蓝藻水华暴发的重要物质基础。气温偏高（24.2~30.5℃）、日照时间长（大于 5.9h）的气象条件成为诱发蓝藻大规模增殖的气象条件；低气压（小于 1015hPa）、低风速（小于 2.2m/s）以及基本无降水的气象条件有利于蓝藻上浮形成水华；强降水、高风速的气象条件则能够抑制蓝藻水华形成（王铭玮等，2011）。气候变暖速度加快为太湖蓝藻的生长发育提供了热量条件；降水量减少，加速了太湖水质恶化，为蓝藻暴发提供了有利的水质环境条件；日照时数增多，充足的光照为蓝藻生长发育提供了优良的光合条件；温度偏高、降水量偏少、日照时数偏多的气候变化趋势使太湖蓝藻暴发的次数也偏多，造成了太湖蓝藻暴发现象越来越严重（商兆堂等，2010）。太湖和巢湖是我国深受蓝藻水华影响的重要湖泊，其周边的自来水厂大部分已经关闭，损失惨重，剩下的一些水厂的水源的安全状况也令人担忧（谢平，2015）。

2. 植被生态

长三角地区植被生物量在各地市的分布具有显著的空间异质性，总体呈现南高北低的态势。在区域尺度上地域植被类型是生物量空间分布的主要影响因素，浙江的杭州、台州、宁波、绍兴和湖州森林面积和植被生物量总量均较大，2000~2010年植被生物量总量显著上升。其中，江苏部分地市和上海植被生物量稳中有升，浙江部分地市植被生物量显著增长。江苏具有十分丰富的植物资源，其植物区系分布具有温带向亚热带过渡的分布现象；加之近年来江苏的气候变化，为各类外来有害生物的入侵和生态适应创造了适宜的条件。据统计，江苏目前主要有紫茎泽兰、薇甘菊、豚草、毒麦等外来物种入侵。由于气候变暖，温度适宜，大米草适应环境而蔓延，改变了滨海生物栖息环境，夺走了泥螺、文蛤、青蛤、梭子的栖息场所，滩涂的生物多样性受到严重威胁。

长三角地区气候条件较好，降水量相对较丰富，森林植被生物量增长主要受太阳辐射的影响。在气候变化背景下，植被物候变化延长了植被生长周期，有利于森林植被生物量增加（中等信度）（李广宇等，2016）。气候变化将会改变森林生态系统及其提供的服务（Kruhlov et al., 2018），对长三角地区森林NDVI长时间数据序列进行物候特征的研究表明，NDVI与气温具有较明显的正相关性，森林植被年均NDVI值随气温升高而有所增加（中等信度）（吕雅，2014）。

随着黄山区域气候的暖化，现有植物及其系统被迫重新适应这种变化及仍在变化的环境条件，或者因其迁移的速度赶不上气候变化的速度而消亡，或往高海拔方向迁移寻找合适的生存环境。黄山区域气候变化已对当地动物物候产生了影响，如鸟类春天迁徙的时间和产卵时间均有所提前；与黄山邻近的浙北地区的褐飞虱由1年4代增加至1年5代（高信度）（戈峰，2011）。

3. 农业生态

长三角地区平均气温每升高1℃，水稻生育期将缩短14~15天（中等信度）。在目前的品种条件下，生育期缩短使分蘖速度加快，有效分蘖减少，导致总干重和穗重下降，产量降低，双季稻区早稻平均减产16%~17%，晚稻平均减产14%~15%。近十几年来，由于气候变暖，尤其是秋季光温条件的改善，长三角不少地区的晚稻由籼稻改成对光温要求更高的粳稻，其改进了晚稻种植品种，体现了气候变化对农业生产有利的一面。气候变暖也使小麦的生育期缩短，长三角地区的平均温度增高1℃，小麦生育日数则缩短10天。秋季–初春持续偏暖天气是造成长三角地区冬麦生育期超前的主要原因（高信度）（周文魁，2009）。

茶叶是浙江传统的经济作物之一，在气候变化背景下，浙江光、温、水资源的变化对茶叶种植布局、生长发育、产量和品质形成均有较大影响。1971~2015 年浙江气候资源变化明显，年平均气温和≥ 10℃活动积温增加，1994 年后春季平均气温增加了 1.1℃，导致春茶开采时间提前 8 天左右，茶叶生产面临霜冻危害的风险加重（中等信度）（李仁忠等，2017）。

气候变暖的协同效应，如降水事件的减少和强度的增加以及整体天气变异性的增大，会对雨养和灌溉作物产生较大的影响（Steiner et al.，2017）。江苏的水稻单产周期波动变化均与降水量周期变化差异最小，降水量是影响江苏水稻单产的重要气候因子（左慧婷等，2018）。降水的增多导致水稻单产的下降，水稻开花结实期日照时数的增多、昼夜温差的变大有利于水稻单产的增加，夜间最低气温的上升会导致水稻单产的下降（沈陈华，2015）。在高、中和低排放情景下，江苏各区春季平均气温均呈增高趋势，未来冬霜冻期也相应呈现逐年代提前趋势。但冬霜冻期提前结束并不意味着春霜冻害一定减轻，一方面随着春温的升高，作物生育进程加快，对霜冻敏感的时期会相应提前，另一方面在气候变暖背景下，完全可能出现严重霜冻，而极短时间的霜冻就可能对作物造成极大危害（张旭晖等，2013）。

此外，气温变暖将使长三角地区农业病虫害呈现加重趋势，气温升高、降水增加有利于稻纵卷叶螟、褐飞虱、白背飞虱、禾谷缢管蚜、粘虫、棉红铃虫、绿盲蝽等害虫暴发，加重植物病原菌引起的病害流行（中等信度）（孙华等，2015）。基于近 60 年的气象和马尾松毛虫发生数据，分析气温变化对潜山马尾松毛虫发生时间的影响得出，随着全球气候变暖，马尾松毛虫的发生期提前，发生范围扩大，危害程度加大，尤其是年平均气温、冬季平均气温、冬季最低气温的上升，促进马尾松毛虫的发生，其线性相关达到显著水平（金先来，2012）。

13.2.4　城市

1. 城市（群）生态

生态环境是长三角城市群发展的重要承载因素，其支撑长三角城市群经济和社会发展。20 世纪 90 年代以来，长三角城市群土地利用变化显著改变了区域生态系统的结构和格局，进而影响生态系统功能和健康。1990~2015 年，长三角城市群耕地、林地和草地面积显著减少，建设用地、水域和未利用地面积显著增加（史慧慧等，2019）。从经济发展、生态环境保护和社会文明进步三方面评价长三角城市群生态化水平，结果表明，长三角 26 个城市的生态化水平差异显著并呈扩大趋势；长三角城市群生态化水平在空间上呈现“中心 – 外围”结构，城市生态化水平与城市规模等级成正比，直辖市、省会城市和经济强市生态化水平要显著优于其他城市（徐丽婷等，2019）。

长三角城市群生态环境质量有所降低，生态环境胁迫强度增大。生态系统服务价值空间上呈现南高北低分布格局，时间上从 1990 年的 1717.0 亿元减少到 2015 年的 1682.7 亿元；在生态系统二级服务功能中，水文调节功能、美学景观功能持续增强，其他二级服务功能有所减弱。以耕地 – 建设用地、林地 – 耕地为主的土地利用转型模式是引起生态系统服务功能变化的主要动力（史慧慧等，2019）。在 1995~2015 年快速城市化背景下，长三角 16 个地级市生态系统健康指数降低了约 17.6%，其中，生态系统健康水平较高的区域面积减少了约 60.6%，而生态系统健康水平较低的区域面积增加了约 36.5%（欧维新等，2018a）。长三角生态系统服务供需亏损明显。生态系统服务盈余区从 1985 年的 40.9% 下降至 2015 年的 38.5%，生态系统服务赤字区面积占比从 1985 年的 1.3% 增长到 2015 年的 10.6%，总体呈现供不应求的趋势（欧维新等，2018b）。

整体上，1984~2010 年长三角城市群的林地覆盖更加破碎，耕地比例明显降低，生物量总体呈增加趋势，但存在明显的区域间和城市间的差异，浙江的生态质量高于江苏和上海。2000~2010 年，长三角 6 个重点城市（上海、南京、苏州、无锡、常州和杭州）的主城区呈不断扩张趋势，尽管扩张幅度较 1984~2000 年趋缓，但主城区范围基本都翻倍。建成区城市景观格局的总体特征是更加破碎。重点城市内部，多数市辖区的绿地比例和人均绿地面积减少、建成区内部的生态质量整体上呈下降趋势（李伟峰等，2017）。例如，1997~2008 年，上海城镇绿色空间面积总量萎缩明显，从 2031.2km^2 减少为 1364.7km^2，绿色空间去除大气污染物、固碳与削减雨洪径流后的生态环境效应价值之和由 1.62×10^9 元下降到 1.42×10^9 元（李莹莹，2012）。

崇明岛是世界上最大的河口冲积岛，面积约为上海的 1/5，是上海重要的生态屏障和战略发展空间，其世界级生态岛的建设对上海乃至全国生态文明建设都有着十分重要的引领和示范作用（上海市人民政府发展研究中心课题组等，2016）。崇明岛气候变化及影响评估表明，1961~2016 年，崇明岛气温显著上升，高温日数和极端最高气温增加；降水量显著增多，暴雨日数增加，小雨、中雨和大雨对全年总降水量的贡献下降，而暴雨和大暴雨的贡献增加；风速显著减小，大风日数减少和极端最大风速减小；日照时数明显减少和相对湿度明显降低，雾日数增加。在气候变化影响下，崇明岛作物无霜期初日提前，终日推后，无霜期日数增多，有效积温增多，人体舒适度日数增多。但气候变化会导致当地风能资源减少，其大气环境条件不利于污染物的扩散和稀释（穆海振等，2017）。

2. 台风与洪涝

长三角地区是台风风暴潮灾害的多发区，其中，浙江尤为严重。9216 号台风、9417 号台风、9711 号台风、2013 年“菲特”台风均造成了极为严重的破坏和损失。总体来看，温州、台州、舟山、绍兴、宁波、嘉兴和上海 7 个城市受到的强台风影响较多，尤其是温州、台州、舟山、绍兴和宁波遭受极端台风事件影响的概率较大；其他长三角地区城市遭受的台风数少、强度低。自 1951 年以来，登陆长三角地区的台风有 31 个，平均每年 0.5 个，影响及登陆长三角地区的台风数没有呈现增加趋势，但台风的强度却明显增强（中等信度）（张勇等，2014）。长三角地区台风过程最大风速的空间分布呈东南高、西北低的趋势。台风过程最大风速较高的区域分布于长三角地区东南沿海的舟山、温州、宁波和台州等地，达到 24% 以上。台风致灾事件危险性最高的区域位于长三角地区东南部沿海地区及海岛，主要包括温州、台州大部、宁波沿海及舟山，上海及杭州湾等区域致灾事件危险性也较高。

长三角地区的社会脆弱性存在显著空间差异，随着社会经济的发展，该区的社会脆弱性在逐步减小（中等信度）。利用人口、地区生产总值和土地利用 3 个指标估算了长三角地区承灾体经济价值的空间分布，发现该区南部由于多为山区，承灾体经济价值总量较低，高值区分布在城镇用地及其周围、杭州湾等地区；该区北部多为平原，城镇密集，而非城镇地区也多为耕地，因此承灾体经济价值总体较高（徐伟等，2014）。基于县域尺度的 29 个指标，研究分析了浙江的社会脆弱性，得出脆弱性高的地区是经济相对不发达的山区，而杭州和湖州等城市的脆弱性较低，受教育水平较高，防灾减灾意识较强（Lu et al.，2018）。1995~2009 年，长三角地区社会脆弱性不断变小，具有社会脆弱性高值的区县不断减少，表明长三角地区的整个城市社会经济良性发展（葛怡等，2014）。

综合台风致灾事件危险性、承灾体的暴露和脆弱性，分析发现台风高风险区主要分布于浙江东南沿海地区、杭州湾地区、上海靠近长江口的区域；低风险区则主要分布于北部的南京、扬州、镇江、常州一带，以及浙西山地（中等信度）（Lu et al.，2018；张勇等，2014）。

长三角地区的淮河、长江下游和杭嘉湖地区，以长江三角洲为中心，向北包括皖北、苏北地区，向南包括杭州、嘉兴、湖州地区，是我国洪涝灾害最严重的地区之一（高信度）（张业成等，2006）。其基本特点是：洪水发生频率高，洪峰流量大，水位高，历时长。1954 年、1991 年、1998 年发生多次特大洪水，给人民生命财产和社会经济造成巨大损失。2016 年汛期，安徽长江流域地区遭受了严重的洪涝灾害。受灾面积大、转移人员多、损失重。入梅以来强降雨导致全省宣城、六安、安庆等 11 市 73 县（市、区）不同程度受灾，受灾人口 1275 万人，转移人口 117.47 万人，农作物受灾面积 1674.36 万亩①，倒塌房屋 5.08 万间，水利设施损毁 7.2 万处，遭受损失的地区中绝大部分来自长江流域（程晓陶等，2017）。

长三角地区的城市洪涝灾害包括三类：一是流域性洪水涌入城区（漫溢型洪水）；二是城区内排水不畅形成内涝；三是大风引起增水，尤其是热带气旋导致的风暴潮（也称潮灾），上述灾害可同时发生。快速城市化导致流域下垫面与水系结构发生变化（许有鹏，2012；韩龙飞等，2015；杨柳等，2019）、地面沉降（Yin et al.，2016）、降雨过程对城市化有所响应（Sang et al.，2013；Jiang et al.，2019；Yuan et al.，2019）、排水能力不足等，进而导致暴雨内涝成为城市发生最为频繁的水患。Du 等（2015）研究发现，1949~2009 年上海的暴雨内涝事件明显增多。在沿海城市，如果台风、暴雨、高潮位和上游下泄洪水形成“三碰头”“四碰头”，将导致极为严重的洪涝灾害，造成沿海城市的功能丧失，社会经济正常秩序被破坏，人口、财产和经济遭受巨大损失（Li et al.，2019；Shan et al.，2019；王璐阳等，2019）。2013 年“菲特”台风灾害是比较典型的 风、暴、潮、洪“四碰头”洪涝灾害，在“菲特”台风和冷空气的共同影响下，上海和周边地区普降暴雨和特大暴雨，上游洪水下泄量大，同时正逢天文高潮位，造成上海地区洪涝积水严重。

① 1 亩≈ 666.7m^2。

长三角地区的洪水灾害风险呈东南向西北分异，西北部的风险高于东南部（中等信度）（田玉刚等，2014）。1990~2007 年，安徽沿江地区洪涝灾害风险整体在增加，低风险区和高风险区的面积减少，而较低风险区、中等风险区、较高风险区的面积在增加（程先富等，2014）。中华人民共和国成立以来淮河流域洪涝灾害存在 8 年和 25 年左右的周期震荡；地区分布很不均衡，安徽、江苏较为严重，对江苏、安徽的宏观经济发展影响程度较大（王芳，2011）。瑞士再保险公司（Swiss Re，2013）评估了全球 616 个城市（群）的台风、河流洪水和海岸带洪水的风险，发现上海受洪涝灾害潜在影响的人口（1160 万人）排在全球第二位，极端洪涝和风暴潮事件将造成巨大损失。Ke（2014）利用防汛墙顶高和重现期为 50 年、100 年、200 年、500 年、1000 年和 10000 年的黄浦江水位，估算出洪水漫顶的年均发生概率是 1/200。由于漫顶的时间有限，漫顶的洪水量有限，淹没区只发生在邻近河流的地方。决口造成的经济损失要比漫顶导致的损失高 10 倍以上。

近 30 年暴雨资料显示，上海暴雨历时有缩短趋势，而强度则有增加趋势，短时强降雨增加趋势明显。上海城市内涝主要分布在城市汇水面积大、地势低和排水能力比较差的地区，如城市高架出口、地下隧道的关键点易积水，易造成人员伤亡和交通瘫痪，尤其是在上下班高峰期。老式小区易发生涝灾，其对社区居民生活影响大，但财产损失相对较小，新式小区内涝造成的财产损失主要为地下车库车辆受淹。

3. 高温热浪

长三角地区是国家重要的经济中心和人口高密度中心，也是我国城市化发展最快速的地区。近 30 年来，长三角城市群建设的扩张、城市建设用地的增加，使长三角地区土地类型结构发生了显著变化。城市化进程不仅改变了原有下垫面特征，而且城市消耗的大量能源使得大气增加了大量人为热和污染物。城市化是影响区域气候变化的重要原因，城市化和气候变化的影响正以一种危险的方式汇聚，严重威胁城市的环境、经济和社会稳定。城市化和气候变化的双重影响已经造成高温热浪事件频发。

快速城市化和全球变暖的综合效应导致极端高温事件的频率、强度和持续时间增加。长三角地区是我国主要的高温分布区，也是连续 5 天以上长时间高温热浪经常出现的地区（谈建国和郑有飞，2013）。长三角地区内高温热浪集中在中部地区，包括上海、苏南和浙北地区（彭霞等，2016），其中浙江北部高温热浪频次最高、高温日数最多、高温强度尤为突出（叶殿秀等，2013）。

近几十年来，长三角地区城市化进程迅速，城市群发展，城市热岛加剧了气候变暖的影响，城市热岛效应问题突出。随着区域城市化进程的快速推进，大规模城市群对于区域下垫面性质的巨大改变，以及能源消耗的高度集中，形成了明显的城市热岛效应，这对区域城市气候造成了不可忽视的影响（高信度）（Zhang and Su，2016; Tao et al.，2017；Yang and Sun，2017；Zou et al.，2017）。2001 年以来，长三角地区夏季热岛面积不断变大，其中以苏锡常城市群的强热岛区增长最快，并呈现出与上海热岛连成一体，成为大城市群热岛区的趋势（董良鹏等，2014）。长三角城市群形成了从常州到上海、上海到杭州、杭州到宁波的一条“Z”形热岛城市带（高信度）（林中立等，2018）。2003~2013 年，南京、扬州、上海、杭州和宁波等城市热岛效应的核心区扩大了约 18154.0km²，导致以上海为核心的都市区高温热事件的空间格局发生了重大变化。而且不同类型的城市对气候变暖的影响表现出较大的空间变异性，超大城市、特大城市、大城市、中等城市和小城市的平均气温增温率分别为 0.483℃/10a、0.314 ± 0.030 ℃/10a、0.282 ± 0.042 ℃/10a、0.225 ± 0.044 ℃/10a、0.179 ± 0.046 ℃/10a，平均升温速率与城市化率、人口、建成区面积呈正相关，升温速率大城市和特大城市明显高于中等城市以及小城市，城市化平均气温暖化率为 0.124 ± 0.074℃/a（Huang and Lu，2015）。但是城市化对极端高温事件的影响增强，长三角北部地区城市的城市化发展对极端高温事件的影响明显大于南部地区（彭霞等，2016）。

高温热浪对人体健康产生不利影响。例如，2013 年夏季南方八省经历了自 1951 年以来最严重的高温热浪，据中国疾病预防控制中心热相关疾病监测系统统计，全国共有 5758 个中暑病例，绝大多数集中在长江中下游地区，并且长三角区域有最高的热相关疾病的发生率，年龄在 45~64 岁的老年人和男性可能是最易受热相关疾病影响的人群（Gu et al.，2016）。

城市化加剧了城市地区的热胁迫。人群体感热指数比气温增加多。城市区域比周围乡村的体感热指数要高。城市化对平均和最高热指数的贡献约占 30%（Luo and Lau，2018）。高度城市化地区被认为是高热健康风险的热点地区，这在很大程度上是由城市热岛效应和城市地区人口密度的增加所驱动的。

4. 大气污染

大气气溶胶浓度升高是造成空气污染的主要原因，且有着显著的气候效应，主要是对气候系统或气候变化产生影响（丁一汇等，2009）。在全球变暖的气候背景条件下，随着经济的快速发展和过去几十年巨大能源的消耗，长三角地区以细颗粒物和臭氧为特征的二次复合污染问题日益突出，大范围重污染天气同时爆发且频次增多，严重影响区域内人体健康和生态环境的可持续发展（Huang et al.，2014；Guo et al.，2014；Ding et al.，2016）。长三角地区空气污染不仅是由于人为活动密集，而且还由于有多种自然污染源（如沙尘、生物质燃烧和生物排放等）和复杂的季风气候。独特的季风气候和强烈的人为排放使得长三角地区成为大气物理和化学过程之间相互作用最重要、独特的地区之一，尤其是人为和自然污染物混合的相互作用（图 13-1）（Huang et al.，2016；Ding et al.，2017；Zhou et al.，2018）。城市建设区域空间扩大、地表粗糙度增加、风速减弱导致大气自净能力下降，城市区域污染物更难扩散稀释。2018 年长三角 41 个城市优良天数比例范围为 56.2%~98.4%，平均为 74.1%，比 2017 年上升 2.5 个百分点；平均超标天数比例为 25.9%，其中轻度污染为 19.5%、中度污染为 4.5%、重度污染为 1.9%、严重污染不足 0.1%。11 个城市优良天数比例为 80%~100%，30 个城市优良天数比例为 50%~80%。

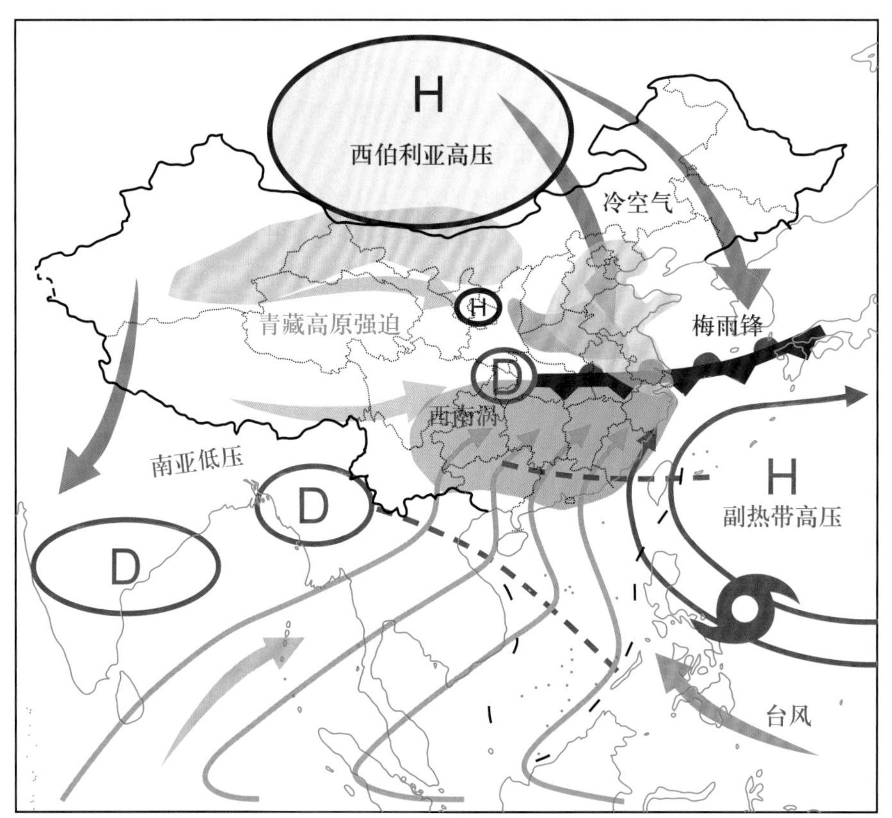

图 13-1 影响长三角地区的主要天气气候系统和大气污染排放源类

H，高压；D，低压

长三角地区受典型的东亚季风控制，而气候变化导致的东亚季风系统强弱的改变深刻影响着该地区污染物的变化趋势。受典型季风与海陆风的双重影响，在冬春，沙尘也会经过长距离传输至长三角地区，沙尘等矿物气溶胶可以实质性地影响大气的氧化能力、促进细颗粒的生成，同时对成云过程有重要影响（Nie et al.，2015；Xie et al.，2015）。在夏季，南部地区大量生物质挥发性有机物输送至长三角地区并与人为排放氮氧化物混合，加之副热带高压控制下独特的天气条件，导致区域出现大范围臭氧污染（Qi et al.，2015；Xu et al.，2018）。初夏和深秋生物质燃烧尤其是秸秆焚烧对区域大气污染贡献最为显著，秸秆燃烧的烟团与城市和区域的人为污染混合，进而通过复杂的大气边界层—污染—云和辐射反馈机制实质性地影响了气温垂直分布（Ding et al.，2013，2016；Petäjä et al.，2016；Huang et al.，2018）。

13.3 风　　险

气候变化导致长三角地区河口、近海、湿地、海岸、城市等区域致灾因子的危险性增大，抗风险能力下降。河口和近海区域生物多样性降低、赤潮和水母暴发等海洋生态灾害发生次数增多，东海渔业资源优势种类结构改变，经济鱼类产量降低；沿岸城市承受海水入侵的风险增大，防灾筑堤的成本增加。陆地生态与环境均受到影响，城市防台风和防洪防涝的难度增大；频发高温热浪和大气污染也导致城市居民健康安全隐患增大。

13.3.1 河口生态环境

1. 生物多样性

未来高强度捕捞叠加气候变化的影响，使长三角附近海洋生态系统的扰动增强，赤潮和水母暴发等海洋生态灾害可能频发，物种多样性进一步降低，长江口及附近海域生态系统能流被破坏，长江口传统产卵场的饵料基础受到影响，东海渔业资源的补充机制遭到严重破坏（高信度）。东海渔业资源主要优势种类将由低值的小型鱼类和虾蟹类组成，带鱼和小黄鱼等目前产量较高的经济鱼类产量可能进一步降低。

2. 湿地生态环境

长江口低氧区范围和程度仍然呈扩大趋势（高信度）。在 RCP4.5 情景下，中国东海 DO 含量在未来百年里是持续下降的，2020~2030 年、2050~2060 年和 2090~2100 年将会分别降低 0.0035mg/L、0.0060mg/L 和 0.0090mg/L（谭红建等，2018）。长江冲淡水海域海水酸化程度呈增大趋势（一致性高，证据量中等），到 21 世纪末期（2090~2100 年），东海海水 pH 在 RCP4.5 和 RCP8.5 情景下分别降低 0.16、0.35，下降幅度均超过同时期南海的变化（谭红建等，2018）。

3. 湿地状况

在全球变暖的背景下，长江口的风浪呈一定增强趋势（Luo et al., 2015），在这些因素的共同影响下，长江水下三角洲前缘将进一步遭受侵蚀后退（Yang and Sun, 2017），侵蚀后退很可能蔓延到崇明岛以东 5m 等深线以浅的范围以内，从而导致滩涂湿地遭受损失。

13.3.2 海岸带

1. 海水入侵

长三角地区海水入侵强度和频率增加，使得沿岸城市居民供水安全、工业生产和农田灌溉用水的安全性降低，尤其对长江口区域的宝钢水库、陈行水库、青草沙水库等淡水源的安全直接造成威胁（周飞等，2016）。基于长三角地区的咸潮入侵的数值模拟预测表明，海平面上升 0.3m，表层 1.5psu 等盐度线最大影响距离较海平面不上升的正常情况可增加约 4.0km；海平面上升 0.6m，影响距离则可增加 7.6km，底层影响距离变化与表层接近（罗锋等，2011）。海水入侵使江苏、上海、浙江沿岸的农田成为盐碱地的风险增大，破坏了该区域农作物生长环境，增加了滩涂区域淡水养殖的潜在风险。

长江口和近岸海域的低盐区不仅是幼鱼和无脊椎动物的育苗场，还是洄游鱼类重要的产卵场，海水入侵造成该低盐区盐度升高，对水生生物的生存、产卵等造成破坏。

2. 海岸侵蚀

长三角地区海岸侵蚀将造成该区域海岸带土地丧失，并造成海岸带原有的经济、社会和生态价值损失，如滩涂养殖业的萎缩、海岸居民财产和基础设施的破坏、海滩功能减弱和海岸生态系统退化等。气候变化导致长三角地区台风、风暴潮、台风巨浪等极端海洋灾害爆发频率增加，风暴增水、台风巨浪引起的海水侵蚀会摧毁天然海岸防护、淹没河口或海岸的低洼地、破坏海岸生态系统并造成土壤盐碱化（罗时龙等，2013）。岸滩下蚀则破坏人工海岸防护，尤其对长江口、钱塘江附近区域的海堤工程的破坏，将直接加快这些区域的海岸侵蚀过程或引起沿岸洪水泛滥，使得海洋工程防灾能力降低、维护和再造海堤的标准和成本增加。

13.3.3 陆地生态

城市生态风险是城市发展与城市建设导致城市生态环境要素、生态过程、生态格局和系统生态服务发生的可能不利变化，以及对人居环境产生的可能不良影响。在快速城市化与气候变化背景下，长三角地区城市生态与河湖生态都将面临严重威胁和风险。

1. 城市生态

选取长三角滨海地区：启东、海门、太仓、崇明、嘉定、浦东和宝山作为研究对象，选择人口密度、人均 GDP 等作为评价指标，研究发现，这几个地区生态风险排序为：嘉定 > 太仓 > 海门 > 宝山 > 启东 > 浦东 > 崇明，其中嘉定生态风险最高，崇明生态风险最低（低信度）（赵宸艺，2018）。基于皖江城市带多期、长时段的土地利用变化解译数据，以及数字高程模型（DEM）、降水、地形地貌、植被覆盖等自然生态属性数据，开展生态风险格局演化研究发现，皖江城市带 1995~2015 年近 20 年的生态风险整体不断上升，且存在明显的空间分异，生态风险明显增强的区域以合肥以及芜马铜沿江城市为主，西南大别山区与南部皖南山区没有大的变化，生态风险增加的区域主要在低海拔和低坡度的平原、丘陵地带，区域内生态风险分布的两极分化特征明显（低信度）（曹玉红等，2019）。

基于 Markov 和 CLUE-S 模型对 2030 年不同情景下景观类型变化进行模拟（谢小平等，2017），对太湖流域生态风险进行研究表明，未来太湖流域景观生态风险将总体降低，其以低生态风险和较低生态风险为主，太湖湖区不论在历史上还是未来都是高生态风险区（低信度）。

2. 河湖生态

湖泊富营养化是长三角地区湖泊面临的主要生态环境问题之一（高信度）。湖泊富营养化后会导致一系列的生态系统异常响应，这些响应包括沉水植物消亡、蓝藻水华频发、微生物的生物量与生产力增加、生物多样性下降、营养盐的循环与利用效率加快等。整个湖泊生态系统也会伴随着富营养化的发展，呈现出生物多样性下降、生物群落结构趋于单一、生态系统趋于不稳定的现象（秦伯强等，2013）。蓝藻的次生代谢产物——微囊藻毒素能损害脊椎动物的肝、肾、心脏和性腺等器官组织和神经系统，是一类毒性很强的生物毒素，尤其对哺乳动物的毒性很强。蓝藻水华及微囊藻毒素具有危害性，是饮用水源安全保护的一项重大挑战。

13.3.4　城市

1. 台风与洪涝

对不同预估情景下长三角地区未来（2021~2040 年和 2046~2065 年）两个时期洪涝灾害风险的变化预估表明，长江三角洲地区洪涝灾害呈由北向南风险强度降低的空间分布特征（低信度）。由 RCP2.6 情景至 RCP8.5 情景，长江北部地区洪涝灾害风险逐渐增加。在 RCP8.5 情景下，未来 50 年第二个时期（2046~2065 年）长三角地区洪涝灾害风险为所有情景中最大。在 RCP2.6 情景下，第一个时期洪涝灾害最高风险区域位于上海地区，洪涝灾害的高风险区出现在南通和泰州地区，出现Ⅳ级洪涝灾害风险，长三角地区Ⅲ级及以上洪涝灾害高风险地区的比例达 50.0%。第二个时期南通和泰州地区出现Ⅴ级洪涝灾害风险，长江三角洲地区Ⅲ级及以上洪涝灾害高风险地区的比例达 81.4%，Ⅴ级洪涝灾害风险区的比例由前一时期的 0.9% 增加至 6.1%。RCP6.0 情景下与 RCP2.6 情景下相比，洪涝灾害Ⅳ级和Ⅴ级风险比例略增加。在 RCP8.5 情景下，第二个时期Ⅲ级以上洪涝灾害风险面积最大，Ⅴ级洪涝灾害风险面积也是最大的，主要出现在长江下游靠近入海口流域地区（尹晓东等，2018）。

气候变化、海平面上升、地面沉降和社会经济发展共同影响着长三角沿海城市未来的台风风暴潮灾害风险（高信度）。杭州湾沿岸是长三角地区风暴潮的高危险性地带，特别是浙江平湖、海盐和上海的奉贤区风暴潮危险性最高。江苏的海门、启东和浙江温州、舟山、台州、临海风暴潮的危险性也较高。长三角地区风暴潮灾害风险存在显著空间差异，风暴潮灾害高风险或较高风险区主要集中在上海、宁波、温州、台州等经济发达地区，它们是未来长三角地区风暴潮灾害的重点防御区域（中等信度）（石先武，2014）。

到 2030 年、2050 年和 2100 年，预计上海地区海平面分别上升 87mm、186mm、433mm（中等信度）。同时，人为因素导致的地面沉降最大可达 24.12mm/a，造成了严重的后果（Wang et al.，2012）。如果不采取相关措施，经济发展对上海未来的风暴洪水风险贡献最大，到 2030 年可使风险增大 3 倍，2050 年增加 6 倍。地面沉降对未来风险的贡献排在第二位，而绝对海平面上升对未来洪水风险的影响最小。如果不采取措施，综合所有的影响因素，将使总的洪水风险在 2030 年增加 4 倍，到 2050 年增加 16 倍（低信度）。如果洪水灾害应对措施仅维持当前洪水发生概率的防范标准，在海平面上升的中间情景下，全球 136 个最大的沿海城市中，2050 年与 2005 年相比较，上海是年平均洪灾损失增加最快的城市之一（排在第 13 名）（中等信度）（Hallegatte et al., 2013）。到 2100 年，上海城市的一半将受海岸带洪水的影响，46% 的海塘和防汛墙将会被漫顶（低信度）（Wang J et al., 2018）。

2. 高温热浪

极端高温事件有增加趋势（高信度）。尽管长三角区域高温日数变化趋势在统计上不显著，但在江苏南通、上海、杭州湾地区以及浙江东部显著增加（史军等，2015）。

高温热浪健康风险与温度、人口和社会经济条件有关。通过综合长三角区域夜灯、增强型植被指数和数字地面高程构建居住环境指数来评估人体健康暴露度，结合温度、人口和社会经济条件得到的高温热浪健康脆弱性指数发现，由于城市区域具有高的暴露度，高温热浪风险主要分布在长三角地区的城市区域，一些城市化程度较低的城市与特大城市的郊区和农村地区，由于敏感人口比例低或社会经济发展水平高，高温热浪健康风险处于第二位（中等信度）。而一些较不发达地区，尽管人口较少，但由于较高的高温强度和脆弱性，高温热浪风险仍然很高（中等信度）（Chen et al., 2018）。例如，在浙江，城市化水平和气温相关的死亡风险水平呈显著负相关。在农村地区，极端气温导致的死亡为城市地区的 4.6 倍。即使考虑了城市热岛效应，在同等条件下面对极端高温时，浙江农村人口的死亡风险也比城市高。城乡人群应对不适气温的脆弱性可能受到多种因素的影响，包括年龄结构、教育水平、收入水平、医疗卫生服务、职业结构以及空调使用情况等。

3. 大气污染

气候变化和空气污染很大程度上有共同的原因，其主要由矿物燃料燃烧的排放造成。一方面，所排放的气溶胶不但造成空气污染，而且其还具有明显的气候效应；另一方面，温室气体增加所引起的气候变化也能影响空气污染问题，其可加重和放大空气污染对人体健康、农业生产和生态系统的影响。近年来，长三角地区空气污染的健康负担引起了广泛的关注。由于对人体健康的作用机理不同，空气污染的健康影响一般分为颗粒物影响和臭氧影响。对卫星反演的 $PM_{2.5}$ 浓度分布与人口分布数据进行的分析结果表明，长三角地区 2004 年有 60% 以上的人口暴露于浓度高于 $60\mu g/m^3$ 的 $PM_{2.5}$ 污染中，这一比例到 2012 年基本保持不变（Liu et al., 2017）。此后，长三角 $PM_{2.5}$ 污染大幅削减，部分省市削减程度甚至超过 $15\mu g/m^3$，空气质量的改善带来了显著的健康收益，长三角地区的 $PM_{2.5}$ 归因死亡人数由 2013 年的 25 万人到 2015 年减少了 2.1 万，空气质量监测数据估计，2015 年长三角地区的 $PM_{2.5}$ 归因死亡人数为 22.6 万人（中等信度）（Zheng et al., 2017；Song et al., 2017）。臭氧污染水平的升高对长三角地区全人群非意外死亡风险及心血管疾病死亡风险的增加均有显著影响，而对心血管系统疾病死亡风险的影响大于对全人群非意外死亡风险的影响，女性及 65 岁以上老年人群属于臭氧短期暴露的敏感人群，可能面临更大的健康威胁（高信度）（陈琦等，2017）。2013 年中国疾病负担研究通过计算人群归因分值，评估了 2013 年不同省份归因于大气臭氧污染的慢性阻塞性肺疾病死亡数，其中长三角地区的臭氧归因死亡为 8588 例，远高于京津冀地区的 2056 例以及珠三角地区的 4269 例（崔娟等，2016）。

13.4 适应对策

紧密围绕着长三角区域一体化发展战略，全面提升区域协调的气候变化适应能力，建立长三角跨区域风险治理联动机制，推进区域联合风险监测预警与信息管理、风险评估和应急能力建设，以及长三角安全应急一体化建设。加强对气候变化背景下长三角地区“黑天鹅”和“灰犀牛”事件识别，以及流域大洪水和台风风暴潮巨灾风险评估。推行充分考虑未来气候变化的影响与风险和长三角城市群空间统筹规划、功能布局和关键基础设施提升和保护。加强生态环境的共保联治，加快实施长三角生态系统修复工程，重视水网、湿地、林地等多种生态系统的协同治理与修复。采取扩大城市绿地和绿色通风廊道等综合措施，减轻城市热岛效应及其风险。实施“控源导流、清污两制”的水污染控制，加强对水源地的保护，根据实际情况建立完善的水资源供需管理系统。加强海岸带综合管理，实施基于陆海统筹的海岸带空间规划，构建海洋灾害监测体系和预警报系统，提升咸潮入侵的基础防护能力建设；加强海洋保护区建设与河口生态系统修复。全面推进产业结构、能源结构、运输结构和用地结构调整优化，推行企业绿色化战略和清洁生产。

13.4.1 河口生态环境

1. 加强海洋牧场建设，开展河口渔业资源修复

为主动应对全球气候变化，恢复长江口海洋生态系统，加强海洋牧场建设有着重要的现实意义。要构建数字化、标准化监测评估系统，建立一系列固定和动态的监测站，对生物资源进行动态监测，准确把握资源动态变动一手信息，及时提供预警信息。加强对全球气候变化对河口区经济鱼类的分布和扩张、外来物种入侵、群落演替和适应策略的影响研究。基于生态系统退化机制分析，确定需要修复的重要的功能物种和受损关键栖息地。合理规划布局，建立适合河口和岛礁的多类型海洋牧场，对重要经济种类和关键种类进行资源养护，构建亲体增殖、苗种放流、生境修复和资源管控四位一体的资源修复技术，对关键水生物种及其栖息地进行保护。

2. 开展海洋保护区建设，增强河口生态系统稳定性

海洋保护区的建立对于保护海洋环境和物种资源、维护海洋生态平衡有着重要意义。建议要推动立法，建立一系列资源养护的法律法规，从严控制捕捞强度，建立种质资源保护区和海洋保护区保护关键生境和关键物种。加强对长江口和浙江近岸渔场水生物种食物网及营养级别的研究，明确在生态系统中有重要生态功能的非经济物种，增加对这些生态关键物种的相应保护措施，改善食物网结构，增强长江口生态系统的稳定性。

3. 开展海洋碳汇研究，提升河口生态系统对气候变化的适应性

海洋作为地球上最大的碳库，主要通过溶解度泵、碳酸盐泵、生物泵和微生物泵这四种机制吸收大气中的 CO_2，其在全球的碳循环中发挥举足轻重的作用，也称为“蓝碳”。海洋生态系统中的各类生物在海洋碳汇功能中起着巨大的作用（邱潇涵等，2017）。加强海洋碳汇估算研究和固碳潜力评估，发展渔业固碳、养殖系统增汇和海洋牧场渔业低碳等技术，探索有效的海洋增汇技术方法。加强对河口湿地生态系统碳库和碳吸存的研究，明晰氮沉降和硫沉降对湿地生态系统碳循环的影响。加强对典型海洋环境变化（缺氧、酸化、升温）对微型生态系统的效应研究。

4. 湿地保护与生态环境修复

长江口潮间带湿地具有明显的碳汇与脱氮等环境效应，在相对海平面上升与长江来沙减少的背景下，建议加强河口湿地保护，降低围垦强度，建立湿地监测系统和基础数据的共享机制，同时建立并实施科学的河口湿地环境影响评价标准，加强潮滩恢复与生态重建等湿地保护技术研究。加强极端气候（热带气旋、风暴潮、海岸侵蚀、盐水入侵）对湿地生态系统过程与功能的影响研究（杨玉盛，2017）。在加强科学研究的基础上，尽快将湿地纳入中国碳排放权交易清单。

13.4.2 海岸带

为应对气候变化对海岸带区域的影响和风险，减小潜在损失，需要完善海洋环境监测系统、搭建海洋灾害预警预报系统、进行海平面变化研究和预测、开发海岸带综合管理技术。

1. 海洋环境监测

长三角地区目前已经建立了“立体监测示范区”，研究开发了供实时业务应用的台风暴雨、海洋环境污染及灾害监测分析技术，海上船只安全监控与报警管理信息系统，以及海啸的预报预警技术，包括卫星、雷达等资料的解释应用技术、多种资料的融合分析技术、高分辨率资料的同化技术等；建立了一个由浮标系统、岸基系统、地波雷达系统、海洋遥感系统、海底观测系统、预报预警系统和信息传输、管理决策系统组成的完整体系。地质、海洋灾害的频发，也暴露出许多实时监测预警方面的不足，迫切需要解决灾害监测预警、灾时监控救援及灾后重建与评价等全过程的预警平台建设等问题。

2. 海洋灾害预警预报

目前海洋预警预报信息服务逐渐向数字化和网络化方向发展，可以从以下几个方面打造更强大和更全面的海洋预警预报信息服务系统：建设重大海洋灾害预警预报短信平台，及时向有关政府部门和潜在受灾公众发送预警预报短信，增强防灾减灾支持

服务能力；建设海洋预报信息综合发布平台，形成部门联合、上下衔接和管理规范的预警预报信息统一发布系统；建设海洋观测预报网站，整合各级海洋预报机构发布的海洋预警预报产品，形成海洋观测预报“一张网”，为社会公众提供更便捷的海洋预报信息服务；建设海洋预报信息公共服务平台，并通过该平台定制服务，面向交通、海事、渔业、搜救、港口、码头、滨海旅游和海上航线等行业部门，提供专业、精细和准确的海洋预报公共服务产品；通过与各行业部门业务系统的精准对接，主动推送海洋观测数据和预警报产品，开展与各行业具体业务工作紧密结合的深层服务；建设基于船舶自动识别系统的海洋预报信息服务平台，有效扩展海洋预警预报产品的海上服务能力。

3. 海平面变化研究和预测

提高海平面变化观测及预测技术水平。优化现有海洋观测网，加强基准潮位核定工作，统一沿海海平面高程基准，掌握海平面变化事实，深入开展海平面变化归因及预估研究，科学预估未来海平面变化趋势；完善海平面变化影响调查与监测业务体系。深入开展海平面上升对风暴潮、滨海城市洪涝、咸潮、海岸侵蚀、海水入侵、典型滨海生态系统和海岸工程等的影响调查；积极推动海平面上升影响典型区域的试点评估工作，开展海平面上升对沿海滩涂的影响评估，研究海平面上升以及海岸带开发活动和沿海工程建设对重点岸段海岸侵蚀的影响，为海岸带的整治和修复提供科学依据。

4. 海岸带综合管理技术

目前我国海岸带地区面临的主要问题如下：海岸带自然资源减少和环境污染严重，海岸带生态系统被破坏，海岸带自然灾害频发（朱坚真和杨义勇，2012）。海岸带综合管理（integrated coastal zone management，ICZM）被认为是解决海岸带地区面临的发展与环境矛盾，达到海岸带地区可持续发展的有效途径（刘艺，2018）。ICZM 中关键的基础性技术为海岸带大量信息的获取、分析、模拟技术。近年来，我国大数据、云计算、5G 等互联网技术发展迅速，极大地推动了新技术的研发进度。目前，其存在的主要问题是如何将这些先进技术应用到我国 ICZM 实践中。除了管理技术之外，我国在海岸带管理模式、体制机制、研究范围、公众参与、海岸带管理法律法规等方面还有待完善，还存在很多问题和提升空间，需要国家成立海岸带管理技术专项基金，加强与相关企业和科研机构的合作，建立综合的海岸带信息决策系统。

13.4.3　陆地生态

1. 城市生态

在区域尺度上，要加强协调不同区域间和不同城市间的发展。要针对区域间的差异，如上海、江苏和浙江的差异，重视加强区域间的联系，更要兼顾不同区域发展对生态环境影响的差异，统一规划、整体协调和互补合作。同时，要针对城市间的差异，如重点城市和非重点城市的差异，充分考虑重点城市和非重点城市的发展特征以及对生态环境影响的差异，从而进行协调规划和统一布局。

重点城市的进一步扩张要着眼于“周边区域”，而不是简单的平摊式外延的模式。与周边区域的有机结合，不仅可以调动周边地区快速发展，还可以有效地改善和保障生态环境。非重点城市未来发展的重点是进一步提高资源环境利用效率，要紧密结合长三角区域整体的发展目标和生态环境状况，科学地规划每个城市的发展模式和布局。

为了推动长三角城市群跨区域生态环境治理与保护，促进政府间的环境合作行动，在政策引导上，国家层面和区域层面应加强制定相关政策或规划，为跨域生态环境合作治理提供政策依据；在组织推动上，通过领导人联席会议和建立区域性的生态环境合作机构，完善区域沟通机制；在参与激励上，政府间签订区域性府际环境合作协议和省域内府际环境合作协议；在具体行动上，政府间开展生态环境领域的联合监测、联合执法；在机制创新上，长三角城市群政府间探索横向生态补偿，探索异地开发模式，探索排污权、水权交易（王玉明和王沛雯，2018；谭倩，2017）。

崇明岛是上海重要的生态屏障和21世纪实现更高水平、更高质量绿色发展的重要示范基地，是长三角城市群和长江经济带生态环境保护的标杆和典范。通过优化生态功能空间布局，提升生态环境品质，提高生态人居水平和提升生态发展能级，将崇明岛打造成世界级生态岛。围绕世界级生态岛的功能定位，坚持“生态+”发展战略，兼顾居民就业需求，加快构建以生态、高端、智慧、低碳为特征的“2+3+3”绿色产业体系，提升崇明岛的发展动力和活力。

2. 河湖生态

针对长三角日益严峻的水环境问题，应强化空间管控与生态功能区划分，推动产业结构调整优化，建立健全长三角水环境联防联控机制，推动污染控制与生态修复相结合，并构建污染治理的倒逼机制和激励机制（林兰，2016）。加强水资源供需管理与水利基础设施建设，促进水利科学技术的研究与推广。加强对水资源的供需管理，根据实际情况建立完善的水资源供需管理系统，并定期对水资源的使用情况及其承载力进行全面评估，确保长三角地区水资源供需水平处在更加稳定的状态，推进节水型社会的建设。气候变化将增加长三角地区的水资源需求，农业对水的需求将受到比其他部门更大的影响。由于灌溉占消耗用水的主要部分，灌溉用水的增加可能对水资源造成严重压力，因此，为了适应环境和有关不确定因素，有必要将供水和供水需求管理战略结合起来（Wang et al., 2016）；要加强水利基础设施建设，充分调节人类与水资源之间的关系，提高人们抗旱、防洪、减灾的理念，做到未雨绸缪（刘孝萍，2018）。运用科学技术减灾防灾，实现现代化的适应管理；开发利用非传统资源，利用包括洪水（雨水）资源化、海水利用、污水资源化等手段增加可用水源；加强水文与水资源的管理，对天气情况进行全方面了解，不断提高天气预报的准确程度，以便做好预防措施和水资源管理应对措施，避免气象灾害导致降水量突增而影响对水文水资源的整体管理。

完善政策法规、加强水资源综合管理，建立节水型社会。建立适应气候变化和水资源可持续利用的水行政管理体制，制定和完善有关法律、法规和政策体系。依照《中华人民共和国水法》编制长三角水资源综合规划，保障和规范水资源管理，促进水资源的可持续开发利用。减少水资源的损失和浪费，提高用水效率与效益，合理和高效利用水资源，使人们在生活和生产过程中，在水资源开发利用的各个环节中，贯穿对水资源的节约和保护意识。

做好湖泊管理顶层设计和科学规划，明确湖泊建设管理、开发利用与保护的总体目标和任务。全面构建长三角湖泊管理和保护规划体系，科学制定湖泊治理开发与管理保护的总体目标、阶段安排、重点任务、投资规模、保障措施，为湖泊工作提供顶层科学规划和指导。

继续加大建设力度，标本兼治，综合治理，推进湖泊防洪保安建设、水生态治理和修复。加大投入，提高湖泊防洪工程标准，恢复湖泊调蓄功能；依据水功能区划，科学核定湖泊水域纳污能力，加强入湖排污口管理和整治，对湖泊水生态系统以及主要入湖河道、河口进行综合治理；加大湖泊上游水土流失综合治理力度，开展生态清洁小流域建设，减少入湖泥沙，防治面源污染，不断恢复水生态。

加强湖泊生态建设科技研究，加强湖泊管理保护能力建设。加强湖泊水生态系统保护与修复关键技术研发，积极开展重点湖泊生态安全评估，为实现湖泊资源的合理开发、有效保护、科学管理和可持续利用提供科技支撑。

13.4.4 城市

1. 台风与洪涝

长三角地区已形成集堤防、水闸、蓄滞洪区、分洪河道等于一体的较为完善的防洪减灾工程体系。立足于“防”，做到关口前移，研究重点开展了监测预报预警、水库调度等“防”的工作。例如，上海防台防汛的工程体系主要包括四道防线：千里海塘、千里江堤、区域除涝工和城镇排水系统。主要非工程性措施包括防汛指挥组织体系与法律法规建设，其预防、预警信息化水平较高，预警行动方案内容完整，响应和恢复的能力较强。

但长三角洪涝灾害风险管理薄弱环节仍然凸显，防洪能力亟须提高。其存在的主要问题包括：①总体而言，防洪减灾还是以工程性措施为主。防台防汛工作尚未建立市场与计划有机结合机制，或者目前这种机制不够明确和充分。资金管理、补偿和保险、规划等政策法规方面的问题较为集中和突出。②缺乏洪水风险治理的长期规划和战略，较少考虑气候变化和社会经济的长远发展。③适应能力区域差异显著。例如，对安徽淮河流域各县市洪涝灾害防灾减灾能力进行评估发现，淮河干流以南县市洪涝灾害防灾减灾能力相对较低，淮北平原相对较高；沙颍河右侧的临泉和阜南防灾减灾能力低，左侧县市相对较高；涡河蒙城以上的涡阳和亳州防灾减灾能力较低（黄大鹏等，2011）。④洪涝灾害风险分析系统化研究较弱，风险评估有待于加强。

主要适应对策与建议如下：

提升对洪涝灾害风险的理解。加强对城市洪涝灾害事件，特别是“黑天鹅”事件的辨识及其风险分析与评估。需要加强未来气候变化背景下，对极端洪涝事件的辨识与风险评估，进行洪涝灾害风险区划，制作洪涝灾害风险地图；加强对洪涝灾害的城市系统脆弱性与系统性风险分析。

加强洪涝灾害风险管理。通过工程与非工程性措施，降低极端事件的强度和发生频率，减少承灾体的暴露和脆弱性，以达到降低、避免和转移风险的目的。中小河流走系统治理道路，变“要我治”为“我要治”。加强基础研究，深入探讨新时期水利自主创新发展模式。加强法规建设，完善管理体制与运作机制。加强能力建设，构建与发展阶段相适应的人水和谐治水模式。

主要的工程性措施包括：实施与推广低影响开发措施的建设；有效推进海绵城市建设，充分利用屋顶绿地、透水路面和下凹式绿地等措施就地储存、过滤、蓄积暴雨径流，控制雨水径流量，通过在源头布置渗透、过滤、蒸腾和滞留等一系列的技术设施，以模拟场地开发前的水文特征，从而达到从源头管理雨水、控制径流污染的目的；提升重点地区的防洪排涝能力；继续加高加固重点区段和薄弱区段的海塘和防汛墙；加强地下空间的改造与防灾；加强关键基础设施和生命线工程保护；重视防灾避难系统建设。

主要的非工程性措施包括：将洪涝灾害风险治理纳入城市规划；完善洪涝灾害防御工程设施建设体制，探索运用市场的手段，进行洪涝灾害防御工程的开发、建设、经营和管理；完善洪涝灾害风险治理体系及相关法律法规，实现综合协调的风险管理；加强政府与公众防灾意识，普及防灾知识，提升民众自救能力；提高降水预报精度，优化洪涝灾害预报、预警系统；提高极端洪涝灾害情景的应急预案编制水平，加强应急演练。

2. 高温热浪

由于城市热岛的演变与城市开发建设密切相关，在新的城镇规划中，要留出生态绿色通风廊道，通过更新空气来缓解城市热岛效应。充分考虑未来气候变暖的影响，开展城镇功能布局的气候可行性论证，科学评估区域气候容量及高温灾害风险阈值，结合气候变化风险评估，测算出不同气候变化情景下的最优人口容量和社会经济发展规模，从源头上防止城市规模扩大导致的热岛强度增加的问题。

对于已有的城市建成区，为了调节和改善城市热环境，一方面可以增加城市绿地面积和体积，条件允许的情况下也可以考虑建设绿色生态屋顶，来增强地表水分蒸腾作用达到降温的效果；另一方面也可以增加城市下垫面的反照率，典型方法是为城市路面或建筑物顶铺设高反照率的建筑材料。推广浙江丽水经验，利用水库底层冷水和深层地下水进行夏季降温。

建立高温热浪与相关疾病监测预警系统，拓宽高温热浪期间的伙伴互助，开展气候变化对人体健康影响的科普宣传与培训。

3. 大气污染

空气污染不仅影响长三角区域的天气 – 气候变化，同时对全球气候变化产生严重影响，因此，相关治理工作能够起到双赢的效果。长三角地区经济发达，能源消耗大和工业密集，工业、生活污染源集中，机动车保有量持续增加，污染物在时空上重叠、输送并转化，该地区大气污染在“点、面、域”多个尺度上呈现出复杂性、复合性、区域性污染特征（Wang et al.，2015；Ming et al.，2017）。源排放和环境浓度间存在显著的非线性关系，因此污染协同控制的效果依赖于对复合污染机制的正确认识和对污染过程的有效应对（Zhang Y J et al.，2015；Sun et al.，2018）。针对长三角地区秋冬季大气污染的突出难题，需要全面推进产业结构、能源结构、运输结构和用地结构调整优化；深入进行企业综合整治，压减过剩产能，加快燃煤和生物质锅炉淘汰整治，推进城市建成区散煤整治，持续开展工业企业治污设施提标改造，加强船舶和港口污染防治，严厉打击非法加油站点，实施挥发性有机物、工业炉窑、柴油货车专项治理行动；加强重点时段区域联防联控，强化重大活动主办地及其周边城市、主要输送通道城市大气污染防治协作。

大气气溶胶中的黑碳类气溶胶会导致全球气候变暖，且可以通过直接辐射效应影响低层大气污染物的扩散，从而导致低层出现更为严重的空气污染。其相关过程被命名为黑碳气溶胶的“穹顶”效应，并指出在对 $PM_{2.5}$ 控制的实际过程中，并不能只针对直接影响 $PM_{2.5}$ 浓度的前体物进行减排，对于黑碳这样对 $PM_{2.5}$ 质量浓度本身影响不大的污染物的减排可以起到“四两拨千斤”的作用，更为显著地，可以通过改善大气扩散条件而改善空气质量；另外，相关控制措施的实施同时可以对缓解全球变暖起到协同效应（Ding et al.，2016；Huang et al.，2018）。

13.5　主要结论和认知差距

13.5.1　主要结论

气候变化与极端事件严重威胁和制约长三角区域可持续发展，本章评估其主要影响和脆弱性、风险，提出适应对策，主要结论如下。

（1）气候变化和人类活动对长三角河口生态环境造成了严重影响。气候变化改变了海洋生物群落结构和生态系统的能量传递方式，降低了生物多样性，从而严重影响渔业资源的可持续利用。气候变化加剧了海洋升温、酸化、缺氧等趋势，改变了微生物种群结构，并因此影响海洋初级生产力和微食物网结构。

过度捕捞、大型工程建设和环境退化已破坏了长江口及邻近海区的海洋生物群落恢复力和完整性，使生态系统稳定性变差，群落多样性降低（高信度）。水母大量繁殖，并成为干扰长江口生态系统的主要类群（高信度）。长江口外季节性缺氧区是我国东海陆架海域最重要的生态问题之一，低氧面积 1959 年时为 1900km^2，2009 年增加到的 15700km^2。2015~2050 年，长江口渔业生态系统健康水平随着温室气体排放程度的增加而降低（中等信度）。在 RCP4.5 情景下，中国东海 DO 含量在未来百年里仍将持续下降。在 RCP2.6、RCP6.0 和 RCP8.5 这 3 种气候变化情景下，长江口鱼类资源密度增量、底层鱼类资源密度增量随着时间推移均呈递增趋势（低信度），至 2030 年，底层鱼类资源密度增量增加，至 2050 年，底层鱼类资源密度增量显著增加。

（2）长三角地区海水入侵影响河口沿岸城市居民供水、工业生产、农田灌溉，以及淡水养殖、废热和污水稀释过程。海平面上升导致该区海水入侵加剧程度为 3%~14%。长三角地区海水入侵呈开始时间提前、持续时间延长、影响程度加重等特征。长三角地区大约有 30% 的岸段为侵蚀海岸，长江口以北的吕四海岸和长江口以南的南汇嘴南侧海岸及杭州湾北侧海岸多为侵蚀岸段（中等信度）。

（3）海平面上升使江苏海滨潮滩湿地的茅草湿地被盐蒿湿地所取代，米草沼泽不断退化为光滩（中等信度）。气候变暖使该地区湿地生态系统植物群落及种群发生变化，对湿地的动植物造成了巨大威胁。20 世纪 90 年代以来，长三角城市群土地利用变化显著改变了区域生态系统的结构和格局，进而影响生态系统功能和健康。长三角城市群生态环境质量有所降低，生态环境胁迫强度增大（中等信度）。长三角地区的社会脆弱性存在显著空间差异，随着社会经济的发展，该区的社会脆弱性在逐步减小（中等信度）。

（4）水环境问题日益成为长三角区域可持续发展的制约因素（高信度）。气候变化、城市化发展以及土地利用 / 地表覆被变化使得长三角地区水循环过程发生显著改变（高信度）。气候变化、河流径流、泥沙淤积、人类活动等因素综合影响河流生态环境过程、湖泊状态和水生环境（高信度）。长三角湖泊蓝藻水华暴发与气象水文因素密切相关（高信度）。

（5）长三角地区的淮河、长江下游和杭嘉湖地区，以长江三角洲为中心的广大地区是我国洪涝灾害最严重的地区之一（高信度）。台风高风险区主要分布于浙江东南沿海地区、杭州湾地区、上海靠近长江口的区域；低风险区则主要分布于北部的南京、扬州、镇江、常州一带，以及浙西山地（中等信度）。未来 50 年长江三角洲地区洪涝灾害呈由北向南风险强度降低的空间分布特征（中等信度）。极端洪涝和风暴潮事件对长三角地区，特别是沿海城市造成巨大损失（中等信度）。

（6）未来海平面加速上升将加剧风暴潮、海水入侵、咸潮入侵等灾害，给长三角地区的社会经济发展带来巨大损失（高信度）。风暴潮灾害高风险或较高风险区主要集中在上海、宁波、温州、台州等经济发达地区，它们是未来长三角地区风暴潮灾害的重点防御区域（中等信度）。

（7）长三角城市（群）热岛效应问题突出。20 世纪 80 年代以来，快速城市化和全球变暖的综合效应导致该区极端高温事件的频率、强度和持续时间增加（高信度）。长三角区域是我国主要的高温分布区，也是连续 5 天以上长时间高温热浪经常出现的地区。城市化加剧了城市地区的热胁迫，人群体感热指数比气温增加多。长三角地区以细颗粒物和臭氧为特征的二次复合污染问题日益突出，大范围重污染天气同时爆发且频次增多（中等信度）。高温热浪和大气污染对人体健康产生不利影响（中等信度）。

（8）需要加强区域协作，建立跨区域风险治理联动机制，推进区域风险联合监测预警、评估与信息共享，加强基于气候变化风险的长三角城市群空间统筹规划、功能布局和关键基础设施提升和保护，以及长三角应急一体化建设，全面提升气候变化适应能力。

13.5.2　认知差距

在理解风险方面，长三角极端事件的研究文献较多，但对暴露和脆弱性的分析较少。在气候变化、海平面上升背景下，关于未来长三角地区的复合事件、复合风险、巨灾风险和系统风险的研究仍不足，还难以深入理解气候变化与极端事件导致的风险及其时空动态格局，同时，还缺少权威发布的该区致灾因子危险性地图和风险地图。因此，难以将风险信息用于城市与区域发展规划，关键基础设施布局、建设与保护等风险决策过程。

在适应措施与风险管理方面，还缺乏对相关政策与法规、体制与机制、信息与标准、风险意识、能力建设等方面的研究；缺少对基于风险的城市发展与规划、风险管理筹资与巨灾保险方面的研究，以及对各类适应措施的成本 – 收益、成本 – 效益分析。需要加强多利益相关方的参与，加强学术界与政策制定者之间的沟通与合作，从而为长三角气候变化和极端事件风险决策与管理提供必要的信息和知识。

■ 参考文献

曹玉红，陈晨，张大鹏，等 . 2019. 皖江城市带土地利用变化的生态风险格局演化研究 . 生态学报，39（13）：4773-4781.

陈洪举，刘光兴 . 2010. 夏季长江口及邻近海域水母类生态特征研究 . 海洋科学，34（4）：17-24.

陈琦，孙宏，陈晓东，等 . 2017. 南京市臭氧短期暴露人群急性健康效应研究 . 江苏预防医学，28（4）：366-368.

陈沈良，张二凤，谷国传 . 2009. 特枯水文年长江口南槽盐水入侵分析 . 海洋通报，28（3）：29-36.

陈云龙，单秀娟，戴芳群，等 . 2013. 东海近海带鱼群体相对资源密度、空间分布及其产卵群体的结构特征 . 渔业科学进展，34（4）：8-15.

程先富，王诗晨，路明浩 . 2014. 安徽沿江地区洪涝灾害风险的空间格局演变 . 自然灾害学报，23（2）：129-136.

程晓陶，刘海声，黄诗峰 . 2017. 2016 年安徽省长江流域洪水灾害特点、问题及对策建议 . 中国防汛抗旱，(1)：79-83.

崔娟，殷鹏，王黎君，等 . 2016. 1990 年与 2013 年中国大气臭氧污染导致慢性阻塞性肺疾病的疾病负担分析 . 中华预防医学杂志，50（5）：391-396.

戴芳群，朱玲，陈云龙 . 2020. 黄、东海渔业资源群落结构变化研究 . 渔业科学进展，4（1）：1-10.

丁一汇，李巧萍，柳艳菊，等 . 2009. 空气污染与气候变化 . 气象，35（3）：3-14.

董李勤，章光新 . 2011. 全球气候变化对湿地生态水文的影响研究综述 . 水科学进展，22（3）：429-436.

董良鹏，江志红，沈素红 . 2014. 近十年长江三角洲城市热岛变化及其与城市群发展的关系 . 大气科学学报，37（2）：146-154.

高坤山 . 2018. 海洋酸化的生理生态效应及其与升温、UV 辐射和低氧化的关系 . 厦门大学学报（自然科学版），57（6）：800-810.

高宇，章龙珍，张婷婷，等．2017. 长江口湿地保护与管理现状、存在的问题及解决的途径．湿地科学，2：142-148.

高志勇，谢恒星，李吉锋．2017. 气候变化对湿地生态环境及生物多样性的影响．山地农业生物学报，37（2）：57-60.

戈峰．2011. 应对全球气候变化的昆虫学研究．应用昆虫学报，48（5）：1117-1122.

葛怡，陈磊，周忻，等．2014. 长江三角洲地区社会脆弱性评估 // 史培军，王静爱，方修琦，等．综合风险防范：长江三角洲地区综合自然灾害风险评估与制图．北京：科学出版社：126-174.

国家海洋局．2015. 2014 年中国海平面公报．http：//gc. mnr. gov. cn/201806/t20180619_1798295. html. [2017-02-02].

国家海洋局．2016. 2015 年中国海平面公报．http：//gc. mnr. gov. cn/201806/t20180619_1798296. html. [2017-02-02].

国家海洋局．2017. 2016 年中国海平面公报．http：//gc. mnr. gov. cn/201806/t20180619_1798297. html. [2018-03-01].

国家统计局．2008. 2007 中国统计年鉴．北京：中国统计出版社．

国家统计局．2019. 2018 中国统计年鉴．北京：中国统计出版社．

韩龙飞，许有朋，杨柳，等．2015. 近 50 年长三角地区水系时空变化及其驱动机制．地理学报，70（5）：819-827.

华东区域气象中心．2012. 华东区域气候变化评估报告．北京：气象出版社．

黄大鹏，郑伟，张人禾．2011. 安徽淮河流域洪涝灾害防灾减灾能力评估．地理研究，30（3）：523-530.

黄国情，吴时强，周杰，等．2014. 太湖蓝藻生境对气候变化的响应．水利水运工程学报，（6）：39-44.

金先来．2012. 气温变化对潜山县马尾松毛虫发生时间的影响．现代农业科技，（16）：167-168，174.

李广宇，陈爽，张慧，等．2016. 2000—2010 年长三角地区植被生物量及其空间分布特征．生态与农村环境学报，32（5）：708-715.

李建生，李圣法，任一平，等．2004. 长江口渔场渔业生物群落结构的季节变化．中国水产科学，11（5）：432-439.

李仁忠，王治海，金志凤，等．2017. 气候变化背景下浙江省茶叶气候资源特征分析．中国农学通报，33（24）：106-112.

李伟峰，等．2017. 长三角区域城市化过程及其生态环境效应．北京：科学出版社．

李莹莹．2012. 城镇绿色空间时空演变及其生态环境效应研究——以上海为例．上海：复旦大学．

林峰竹，王慧，张建立，等．2015. 中国沿海海岸侵蚀与海平面上升探析．海洋开发与管理，（6）：20-25.

林兰．2016. 长三角地区水污染现状评价及治理思路．环境保护，44（17）：41-45.

林中立，徐涵秋，陈弘．2018. 我国东部沿海三大城市群热岛变化及其与城市群发展的关系．环境科学研究，31（10）：1695-1704.

刘杜娟，叶银灿．2005. 长江三角洲地区的相对海平面上升与地面沉降．地质灾害与环境保护，16（4）：400-404.

刘曦，沈芳．2010. 长江三角洲海岸侵蚀脆弱性模糊综合评价．长江流域资源与环境，（S1）：199-203.

刘晓辉，孙丹青，黄备，等．2017. 东海沿岸海域表层海水酸化趋势及影响因素研究．海洋与湖沼，（2）：

197-204.
刘孝萍 . 2018. 全球气候变化对水文与水资源的影响与建议 . 低碳技术，11：94-95.
刘艺 . 2018. 我国海岸带综合管理研究述评 . 法制与社会，(11)：168-169.
罗锋，李瑞杰，廖光洪，等 . 2011. 水文气象条件变化对长江口盐水入侵影响研究 . 海洋学研究，29(3)：8-17.
罗时龙，蔡锋，王厚杰 . 2013. 海岸侵蚀及其管理研究的若干进展 . 地球科学进展，28（11）：1239-1247.
吕雅 . 2014. 气候变化对生态系统的影响及评估 . 南京：南京信息工程大学 .
毛兴华 . 2016. 2014 年长江口咸潮入侵分析及对策 . 水文，36（2）：73-77.
穆海振，史军，杨涵洧，等 . 2017. 崇明生态岛气候变化及影响评估研究 . 气象科技进展，7（6）：143-149.
欧维新，王宏宁，陶宇 . 2018a. 基于土地利用与土地覆被的长三角生态系统服务供需空间格局及热点区变化 . 生态学报，38（17）：359-369.
欧维新，张伦嘉，陶宇，等 . 2018b. 基于土地利用变化的长三角生态系统健康时空动态研究 . 中国人口 · 资源与环境，28（5）：87-95.
彭霞，郭冰瑶，魏宁 . 2016. 近 60a 长三角地区极端高温事件变化特征及其对城市化的响应 . 长江流域资源与环境，25（2）：1917-1926.
秦伯强，高光，朱广伟，等 . 2013. 湖泊富营养化及其生态系统响应 . 科学通报，58（10）：855-864.
邱蓓莉，徐长乐，刘洋，等 . 2014. 全球气候变化背景下上海市风暴潮灾害情景下脆弱性评估 . 长江流域资源与环境，23（S1）：149-158.
邱潇涵，程传东，刘强 . 2017. 海洋碳汇与温室效应 . 管理观察，(35)：77-81.
单秀娟，陈云龙，金显仕 . 2017. 气候变化对长江口和黄河口渔业生态系统健康的潜在影响 . 渔业科学进展，38（2）：1-7.
单秀娟，陈云龙，金显仕，等 . 2016. 气候变化对长江口鱼类资源密度分布的重塑作用 . 渔业科学进展，37（6）：1-10.
单秀娟，庄志猛，金显仕，等 . 2011. 长江口及其邻近水域大型水母资源量动态变化对渔业资源结构的影响 . 应用生态学报，22（12）：3321-3328.
商兆堂，任健，秦铭荣，等 . 2010. 气候变化与太湖蓝藻暴发的关系 . 生态学杂志，29（1）：55-61.
上海市人民政府发展研究中心课题组，肖林，严军，等 . 2016. 崇明世界级生态岛建设调研报告 . 科学发展，(8)：35-41.
沈陈华 . 2015. 气象因子对江苏省水稻单产的影响 . 生态学报，35（12）：4155-4167.
石莉，桂静，吴克勤 . 2011. 海洋酸化及国际研究动态 . 海洋科学进展，29（1）：122-128.
石先武 . 2014. 威马逊台风风暴潮灾害分析 // 第二届中国沿海地区灾害风险分析与管理学术研讨会论文集 . 北京：中国灾害防御协会风险分析专业委员会：4.
史慧慧，成久苗，费罗成，等 . 2019. 1990—2015 年长三角城市群土地利用转型与生态系统服务功能变化 . 水土保持研究，26（1）：301-307.
史军，陈伯民，穆海振 . 2015. 长江三角洲高影响天气演变特征及成因分析 . 高原气象，34（1）：173-182.
苏洁琼，王烜，杨志峰 . 2012. 考虑气候因子变化的湖泊富营养化模型研究进展 . 应用生态学报，23（11）：3197-3206.

孙华，何茂萍，胡明成 . 2015. 全球变化背景下气候变暖对中国农业生产的影响 . 中国农业资源与区划，36（7）：51-57.

孙鹏飞，戴芳群，陈云龙，等 . 2015. 长江口及其邻近海域渔业资源结构的季节变化 . 渔业科学进展，36（6）：8-16.

孙贤斌，刘红玉 . 2011. 江苏海滨湿地研究进展 . 海洋环境科学，30（4）：600-602.

谈建国，郑有飞 . 2013. 我国主要城市高温热浪时空分布特征 . 气象科技，41（2）：347-351.

谭红建，蔡榕硕，颜秀花 . 2018. 基于 CMIP5 预估 21 世纪中国近海海洋环境变化 . 应用海洋学学报，140（2）：4-13.

谭倩 . 2017. 统筹长三角城市群生态共建环境共享 . 唯实，（12）：81-82.

唐建华，徐建益，赵升伟 . 2011. 基于实测资料的长江河口南支河段盐水入侵规律分析 . 长江流域资源与环境，20（6）：677-684.

田玉刚，覃东华，杜渊会 . 2014. 洪水灾害风险评估 // 徐伟，田玉刚，张勇，等 . 综合风险防范：长江三角洲地区自然致灾因子与风险等级评估 . 北京：科学出版社：156-207.

王多多 . 2018. 河口岛屿生态脆弱性评价 . 上海：华东师范大学 .

王芳 . 2011. 淮河流域洪涝灾害评估研究 . 南京：南京信息工程大学 .

王江涛，曹婧 . 2012. 长江口海域近 50a 来营养盐的变化及其对浮游植物群落演替的影响 . 海洋环境科学，31（3）：310-315.

王杰，许有鹏，王跃峰，等 . 2019. 平原河网地区人类活动对降雨 – 水位关系的影响——以太湖流域杭嘉湖地区为例 . 湖泊科学，31（3）：779-787.

王菁晗，何吕奇姝，杨成，等 . 2018. 太湖、巢湖、滇池水华与相关气象、水质因子及其响应的比较（1981—2015 年）. 湖泊科学，30（4）：897-906.

王璐阳，张敏，温家洪，等 . 2019. 上海复合极端风暴洪水淹没模拟 . 水科学进展，（4）：1-11.

王淼，洪波 ，张玉平，等 . 2016. 春季和夏季杭州湾北部海域鱼类种群结构分析 . 水生态学杂志，37（5）：75-81.

王铭玮，徐启新，车越，等 . 2011. 淀山湖蓝藻水华暴发的气象水文因素探讨 . 华东师范大学学报：自然科学版，（1）：21-31.

王祥荣，凌焕然，黄舰，等 . 2012. 全球气候变化与河口城市气候脆弱性生态区划研究——以上海为例 . 上海城市规划，6：1-6.

王兴梅，陈先刚，罗明忠 . 2011. 我国湿地气候的研究进展 . 安徽农业科学，39（28）：17425-17427.

王玉明，王沛雯 . 2018. 长三角城市群跨域环境治理中的政府合作 . 成都行政学院学报，（1）：4-10.

韦钦胜，王保栋，于志刚，等 . 2017. 夏季长江口外缺氧频发的机制及酸化问题初探 . 中国科学：地球科学，47（1）：114-134.

吴红波，郭忠明，毛瑞娟 . 2012. ICESat-GLAS 测高数据在长江中下游湖泊水位变化监测中的应用 . 资源科学，34（12）：2289-2298.

吴宇帆，朱建荣，顾靖华 . 2018. 长江口强盐水入侵后期盐度分布规律分析 . 上海水务，34（3）：5-9.

谢平 . 2015. 蓝藻水华及其次生危害 . 水生态学杂志，36（4）：1-13.

谢世禄 . 2000. 杭州湾北岸（上海段）岸滩保护和开发研究（续一）. 上海水务，（2）：19-23.

谢小平，陈芝聪，王芳，等 . 2017. 基于景观格局的太湖流域生态风险评估 . 应用生态学报，28（10）：

3369-3377.
徐光来，王柳艳，许有鹏 . 2013. 近 50 年杭 – 嘉 – 湖平原水系时空变化 . 地理学报，68（7）：966-974.
徐丽婷，姚士谋，陈爽，等 . 2019. 高质量发展下的生态城市评价——以长江三角洲城市群为例 . 地理科学，39（8）：1228-1237.
徐伟，史培军，方建 . 2014. 长江三角洲地区数字自然灾害风险地图系统 // 史培军，王静爱，方修琦，等 . 综合风险防范：长江三角洲地区综合自然灾害风险评估与制图 . 北京：科学出版社：357-379.
许乃政，刘红樱，魏峰 . 2012. 长江三角洲地区水文水资源变化趋势及其对气候变化的响应 . 安徽农业科学，（12）：303-305.
许有鹏 . 2012. 流域城市化与洪涝风险 . 南京：东南大学出版社 .
许有鹏，尹义星，陈莹 . 2009. 长江三角洲地区气候变化背景下城市化发展与水安全问题 . 中国水利，（9）：42-45.
杨柳，许有鹏，田亚平 . 2019. 高度城镇化背景下水系演变及其响应 . 水科学进展，30（2）：166-174.
杨世伦，吴秋原，黄远光 . 2019. 近 40 年崇明岛周围滩涂湿地的变化及未来趋势展望 . 上海国土资源，40（1）：68-71.
杨位迪，郑连明，李伟巍，等 . 2018. 长江口邻近海域夏季大中型浮游动物物种多样性、年际变化及其影响因素 . 厦门大学学报（自然科学版），57（4）：517-525.
杨玉盛 . 2017. 全球环境变化对典型生态系统的影响研究：现状、挑战与发展趋势 . 生态学报，37(1)：1-11.
叶殿秀，尹继福，陈正洪 . 2013. 1961—2010 年我国夏季高温热浪的时空变化特征 . 气候变化研究进展，9（1）：15-20.
易思，谭金凯，李梦雅 . 2017. 长江口海平面上升预测及其对滨海湿地影响 . 气候变化研究进展，13（6）：598-605.
尹晓东，董思言，韩振宇 . 2018. 未来 50a 长江三角洲地区干旱和洪涝灾害风险预估 . 气象与环境学报，34（5）：66-75.
张旭晖，居为民，蒯志敏，等 . 2013. 江苏春季霜冻气候变化特征及其未来可能变化趋势 . 大气科学学报，36（6）：666-673.
张业成，马宗晋，高庆华，等 . 2006. 中国的巨灾风险与巨灾防范 . 地质力学学报，12（2）：119-126.
张勇，郑璟，高峰 . 2014. 台风灾害风险评估 // 徐伟，田玉刚，张勇，等 . 综合风险防范：长江三角洲地区自然致灾因子与风险等级评估 . 北京：科学出版社：49-129.
赵宸艺 . 2018. 基于遥感和模糊 TOPSIS 的长江三角洲滨海湿地型城市生态风险评价 . 北京：华北电力大学 .
赵云 . 2017. 雷达高度计数据中国主要湖泊水位变化监测方法研究 . 北京：中国科学院大学（中国科学院遥感与数字地球研究所）.
郑峰 . 2008. 台风倒槽引发特大暴雨的对比分析 . 安徽农业科学，36（34）：15124-15128.
周飞，马静，胡雅杰 . 2016. 长江三角洲水害特点与成因分析 . 中国水利水电科学研究院学报，14（2）：81-89.
周文魁 . 2009. 气候变暖背景下长三角地区农业应对策略研究 . 江南论坛，（6）：15-17.
朱坚真，杨义勇 . 2012. 我国海岸带综合管理政策目标初探 . 海洋环境科学，（5）：750-754.

左慧婷，娄运生，李忠良，等. 2018. 不同气候带典型区域水稻产量主控气候因子分析及预测. 自然灾害学报，27（5）：114-125.

左书华，李九发，陈沈良. 2006a. 海岸侵蚀及其原因和防护工程浅析. 人民黄河，28（1）：23-25.

左书华，李九发，陈沈良. 2006b. 河口三角洲海岸侵蚀及防护措施浅析——以黄河三角洲及长江三角洲为例. 中国地质灾害与防治学报，17（4）：97-101.

Beman J M，Chow C E，King A L，et al. 2011. Global declines in oceanic nitrification rates as a consequence of ocean acidification. Proceedings of the National Academy of Sciences of the United States of America，108（1）：208-213.

Capone D G，Hutchins D A. 2013. Microbial biogeochemistry of coastal upwelling regimes in a changing ocean. Nature Geoscience，6（9）：711-717.

Chen Q，Ding M J，Yang X C，et al. 2018. Spatially explicit assessment of heat health risk by using multi-sensor remote sensing images and socioeconomic data in Yangtze River Delta，China. International Journal of Health Geographics，17（1）：15.

Ding A J，Fu C B，Yang X Q. 2013. Intense atmospheric pollution modifies weather：a case of mixed biomass burning with fossil fuel combustion pollution in eastern China. Atmospheric Chemistry and Physics，13（20）：10545-10554.

Ding A J，Huang X，Fu C B. 2017. Air pollution and weather interaction in East Asia. Oxford Research Encyclopedias：Environmental Science，1：1-26.

Ding A J，Huang X，Nie W. 2016. Enhanced haze pollution by black carbon in megacities in China. Geophysical Research Letters，43（6）：2873-2879.

Du S Q，Gu H H，Wen J H，et al. 2015. Detecting Flood variations in Shanghai over 1949—2009 with Mann-Kendall tests and a newspaper-based database. Water，7（12）：1808-1824.

Fan M，Sun X，Liao Z，et al. 2018. Comparative proteomic analysis of *Ulva prolifera* response to high temperature stress. Proteome Science，16(1)：17-38.

Gorham E. 1994. The future of research in canadian peatlands：a brief survey with particular reference to global change. Wetlands，14（3）：206-215.

Gu S H，Huang C R，Bai L. 2016. Heat-related illness in China，summer of 2013. International Journal of Biometeorology，60：131-137.

Guo S，Hu M，Zamora M L. 2014. Elucidating severe urban haze formation in China. Proceedings of the National Academy of Sciences of the United States of America，111（49）：17373.

Hallegatte S，Green C，Nicholls R J. 2013. Future flood losses in major coastal cities. Nature Climate Change，（9）：802-806.

Han L F，Xu Y P，Lei C G，et al. 2016. Degrading river network due to urbanization in yangtze river delta. Journal of Geographical Sciences，26（6）：694-706.

Harley C D，Anderson K M，Demes K W，et al. 2012. Effects of climate change on global seaweed communities. Journal of Phycology，48（5）：1064-1078.

Huang Q，Lu Y. 2015. The effect of urban heat island on climate warming in the Yangtze River delta urban agglomeration in China. International Journal of Environmental Research and Public Health，12（8）：

8773-8789.

Huang R J, Zhang Y, Bozzetti C. 2014. High secondary aerosol contribution to particulate pollution during haze events in China. Nature, 514 (7521): 218.

Huang X, Ding A, Liu L. 2016. Effects of aerosol-radiation interaction on precipitation during biomass-burning season in East China. Atmospheric Chemistry & Physics, 16 (15): 1-37.

Huang X, Wang Z, Ding A. 2018. Impact of aerosol-PBL interaction on haze pollution: multiyear observational evidences in North China. Geophysical Research Letters, 45 (16): 8596-8603.

Hutchings D A, Mulholland M R, Fu F. 2009. Nutrient cycles and marine microbes in a CO_2-enriched ocean. Oceanography, 22: 128-145.

Jiang Q, He X, Wang J. 2020. Spatiotemporal analysis of land use and land cover (LULC) changes and precipitation trends in Shanghai. Applied Sciences, 10 (21): 7897.

Jiang Q, Li W Y, He X G. 2019. Spatiotemporal analysis of land use and land cover (LULC) changes and precipitation trends in Shanghai during the rapid urbanization phrase. Journal of Hydrology, 10 (21): 7897.

Ke Q. 2014. Flood Risk Analysis for Metropolitan Areas: a Case Study for Shanghai. Delft: Delft University of Technology.

Kruhlov I, Thom D, Chaskovskyy O, et al. 2018. Future forest landscapes of the Carpathians: vegetation and carbon dynamics under climate change. Regional Environmental Change, 18 (5): 1555-1567.

Li M L. 2012. Analysis and Evaluation of the Flood Risk Management Practices in Selected Megacities. Dresden: Technische Universität Dresden.

Li W J, Wen J H, Xu B. 2019. Integrated assessment of economic losses in manufacturing industry in Shanghai Metropolitan Area under an extreme storm flood scenario. Sustainability, 11: 126.

Liu M , Huang Y, Ma Z. 2017. Spatial and temporal trends in the mortality burden of air pollution in China: 2004—2012. Environment International, 98: 75-81.

Lu Y, Yuan J J, Lu X T. 2018. Major threats of pollution and climate change to global coastal ecosystems and enhanced management for sustainability. Environmental Pollution, 239 (1): 670.

Luo M, Lau N C. 2018. Increasing heat stress in urban areas of Eastern China: acceleration by urbanization. Geophysical Research Letters, 45: 13060-13069.

Luo X X, Yang S L, Wang R S, et al. 2015. New evidence of Yangtze delta recession after closing of the Three Gorges Dam. Scientific Reports, 7: 41735.

Ming L, Jin L, Li J. 2017. $PM_{2.5}$ in the Yangtze River Delta, China: chemical compositions, seasonal variations, and regional pollution events. Environmental Pollution, 223: 200-212.

Nie W, Ding A J, Xie Y N. 2015. Influence of biomass burning plumes on HONO chemistry in eastern China. Atmospheric Chemistry and Physics, 15 (3): 1147-1159.

Petäjä T, Järvi L, Kerminen V M. 2016. Enhanced air pollution via aerosol-boundary layer feedback in China. Scientific Reports, 6: 18998.

Qi X M, Ding A J, Nie W. 2015. Aerosol size distribution and new particle formation in the western Yangtze River Delta of China: 2 years of measurements at the SORPES station. Atmospheric Chemistry and Physics, 15 (21): 12445-12464.

Qiu C, Zhu J R. 2015. Assessing the influence of sea level rise on salt transport processes and estuarine circulation in the Changjiang River Estuary. Journal of Coastal Research, 313（3）: 661-670.

Sang Y F, Wang Z, Li Z. 2013. Investigation into the daily precipitation variability in the Yangtze River Delta, China. Hydrological Processes, 27（2）: 175-185.

Shan X M, Wen J H, Zhang M, et al. 2019. Scenario-based extreme flood risk of residential buildings and household properties in Shanghai. Sustainability, 11: 3202.

Song C, He J, Wu L. 2017. Health burden attributable to ambient $PM_{2.5}$ in China. Environmental Pollution, 223: 575-586.

Steiner J L, Briske D D, Brown D P, et al. 2017. Vulnerability of Southern Plains agriculture to climate change. Climatic Change, 146: 1-18.

Sun T, Che H, Qi B. 2018. Aerosol optical characteristics and their vertical distributions under enhanced haze pollution events: effect of the regional transport of different aerosol types over eastern China. Atmospheric Chemistry & Physics, 18（4）: 1-45.

Swiss Re. 2013. Mind the Risk: a Global Ranking of Cities under Threat from Natural Disasters. Zurich, Switzerland: Swiss Reinsurance Company Ltd.

Tao J, Kai C, Wang J. 2017. Characterizing the growth patterns of 45 major metropolitans in mainland China using DMSP/OLS data. Remote Sensing, 9（6）: 571.

Wang B, Chen J F, Jin H Y, et al. 2017. Diatom bloom-derived bottom water hypoxia off the Changjiang estuary, with and without typhoon influence. Limnology & Oceanography, 62（4）: 1552-1569.

Wang B D. 2009. Hydromorphological mechanisms leading to hypoxia off the Changjiang estuary. Marine Environmental Research, 67（1）: 53-58.

Wang J, Gao W, Xu S. 2012. Evaluation of the combined risk of sea level rise, land subsidence, and storm surges on the coastal areas of Shanghai, China. Climatic Change, 115（3-4）: 537-558.

Wang J, Yi S, Li M Y, et al. 2018. Effects of sea level rise, land subsidence, bathymetric change and typhoon tracks on storm flooding in the coastal areas of Shanghai. Science of the Total Environment, 621: 228-234.

Wang L, Chen Q, Han R. 2016. Characteristics of Jellyfish community and their relationships to environmental factors in the Yangtze Estuary and the adjacent areas after the third stage impoundment of the three gorges dam. Procedia Engineering, 154: 679-686.

Wang M, Cao C, Li G. 2015. Analysis of a severe prolonged regional haze episode in the Yangtze River Delta, China. Atmospheric Environment, 102: 112-121.

Wang Q S, Pan C H, Zhang G Z. 2018. Impact of and adaptation strategies for sea-level rise on Yangtze River Delta. Advances in Climate Change Research, 9（2）: 154-160.

Xie Y, Ding A, Nie W. 2015. Enhanced sulfate formation by nitrogen dioxide: implications from in situ observations at the SORPES station. Journal of Geophysical Research: Atmospheres, 120（24）: 12679-12694.

Xu Z, Huang X, Nie W. 2018. Impact of biomass burning and vertical mixing of residual-layer aged plumes on ozone in the Yangtze River Delta, China: a tethered-balloon measurement and modeling study of a multiday ozone episode. Journal of Geophysical Research: Atmospheres, 123（20）: 11786-11803.

Yang A, Sun G. 2017. Landsat-based land cover change in the Beijing-Tianjin-Tangshan urban agglomeration in 1990, 2000 and 2010. ISPRS International Journal of Geo-Information, 6（3）: 59.

Yang H F. 2017. Erosion potential of the Yangtze Delta under sediment starvation and climate change. Scientific Reports, 7: 10535.

Yin J, Yu D P, Wilby R. 2016. Modelling the impact of land subsidence on urban pluvial flooding: a case study of downtown Shanghai, China. Science of the Total Environment, 544: 744-753.

Yuan J, Xu Y P, Wu L. 2019. Variability of precipitation extremes over the Yangtze River Delta, eastern China, during 1960—2016. Theoretical and Applied Climatology, 138: 305-319.

Zhang Q, Su S. 2016. Determinants of urban expansion and their relative importance: a comparative analysis of 30 major metropolitans in China. Habitat International, 58: 89-107.

Zhang Y C, Ma R H, Zhang M, et al. 2015. Fourteen-year record（2000—2013）of the spatial and temporal dynamics of floating algae blooms in lake Chaohu, observed from time series of MODIS images. Remote Sensing, 7（8）: 10523-10542.

Zhang Y J, Tang L L, Wang Z. 2015. Insights into characteristics, sources and evolution of submicron aerosols during harvest seasons in Yangtze River Delta（YRD）region, China. Atmospheric Chemistry and Physics, 14（7）: 9109-9154.

Zheng Y, Xue T, Zhang Q. 2017. Air quality improvements and health benefits from China's clean air action since 2013. Environmental Research Letters, 12（11）: 114020.

Zhou D R, Ding K, Huang X. 2018. Transport, mixing, and feedback of dust, biomass burning and anthropogenic pollutants in eastern Asia: a case study. Atmospheric Chemistry and Physics, 18（22）: 1-26.

Zhu Z Y, Wu H, Liu S M, et al. 2017. Hypoxia off the Changjiang（Yangtze River）estuary and in the adjacent East China Sea: quantitative approaches to estimating the tidal impact and nutrient regeneration. Marine Pollution Bulletin, 125: 103-114.

Zhu Z Y, Zhang J, Wu Y, et al. 2011. Hypoxia off the Changjiang（Yangtze River）Estuary: oxygen depletion and organic matter decomposition. Marine Chemistry, 125: 108-116.

Zou Y, Peng H, Geng L, et al.2017. Monitoring urban clusters expansion in the middle reaches of the Yangtze River, China, using time-series nighttime light images. Remote Sensing, 9（10）: 1007.

第 14 章　长江中上游地区

主要作者协调人：夏　军、蔡庆华
编　　　　审：张勇传
主　要　作　者：朱　波、王学雷、江明喜、徐耀阳

▪ 执行摘要

长江中上游地区气候变化对典型生态系统的影响和脆弱性主要表现在：极端旱涝事件增加引起山地与河岸带滑坡、泥石流等地质灾害频发以及改变植被多样性和林线位置（中等信度）；降水减少和气温升高造成河流径流量和输沙量减少，使得水库水体滞留时间延长并改变浮游植物水下光环境，引起水库富营养化和藻类水华（中等信度）；极端干旱事件增加和河流径流量减少改变通江湖泊与长江干流的依存关系，造成湖泊和湿地面积萎缩与生态退化并减少生物多样性和威胁濒危的物种（中等信度）。促进长江经济带绿色发展和长江大保护需要充分重视气候变化对长江中上游地区典型生态系统的影响和风险，在针对山地和河岸带、河流与水库、湖泊与湿地的脆弱性方面分别开展生态系统修复、环境污染控制和水资源优化调度研究的同时，应进一步在流域尺度上建立系统性气候变化适应性对策。

14.1 引 言

长江中上游地区水资源十分丰富，分布有整个长江流域内所有流域面积超过 5 万 km^2 的支流及年平均径流量超过 500 亿 m^3 的支流，是南水北调和下游地区水资源配置的战略水源地。长江中游和上游的分界点为湖北宜昌，中游和下游的分界点为江西湖口。长江中游干流全长 955km，流域面积为 68.0 万 km^2，占整个长江流域面积的 37.8%，其主要由位于湖北的干流区，位于陕西、河南及湖北的汉江流域，位于贵州、湖南和湖北的洞庭湖流域以及位于江西的鄱阳湖流域组成，多为海拔较低的丘陵和平原（曹博等，2018）。长江上游从源头到湖北宜昌的干流全长 4500km，占长江总长度的 71.4%，流域面积为 105.4 万 km^2，占整个长江流域面积的 58.9%，其横跨我国一级阶梯、二级阶梯，地貌类型呈多级阶梯地形，流经青藏高原、横断山脉、云贵高原、四川盆地，主要由金沙江、雅砻江、岷江、沱江、嘉陵江、乌江和清江等水系的流域和干流区组成（孙鸿烈，2008）。

长江中上游地区地域辽阔、气候类型多样，跨越了高原、北亚热带和中亚热带三大气候区。长江中游地区以亚热带季风气候为主，东亚季风活动明显，而上游地区为东南季风、西南季风、青藏高原季风的交汇之地，其中东部属于北亚热带季风和中亚热带湿润季风气候，西部青藏高原属于高原季风气候，横断山区南部受西南季风影响。气温在长江中上游地区具有上升的趋势，其中在中游地区春季增温幅度大于其他三个季节（曹博等，2018），而在上游地区秋冬季节气温上升趋势明显大于春夏季节（王雨茜等，2017）。降水在长江中上游地区的变化趋势具有明显的空间差异，其中在中游地区特别是鄱阳湖出现较大的增多趋势，而在上游地区特别是四川东南部和贵州北部则出现减少趋势（孙惠惠等，2018）。长江中游地区的降水在年尺度上总体呈干旱化趋势，但空间分布有明显的不同，位于长江中游西部的洞庭湖流域、中游干流区及汉江流域在年尺度上以干旱化趋势为主，而位于其东部的鄱阳湖流域以湿润化趋势为主；上游地区干旱程度整体呈现加剧趋势，时间尺度越长、干旱趋势越严重，特别是 2005 年以后干旱的次数明显增多、程度明显加剧、持续时间也明显加长（王雨茜等，2017）。

气候变化导致的干旱和洪涝等灾害及水资源时空分布不均等问题，不仅影响到流域人类赖以生存的生态环境，同时还关系到经济发展和社会进步。长江中上游流域的面积和水资源占全流域的比例大、旱涝灾害频发，其是受气候变化影响的生态脆弱区，如流域内与生态水文循环密切相关的山地与河岸带、湖泊与湿地等典型自然生态系统以及河流筑坝后形成的水库的典型人工生态系统对气候变化的响应更为敏感。特别是长江上游许多地区生态环境普遍退化，呈现出气候变化异常、自然灾害频发、冰川冻土萎缩、草地严重退化、河川径流减少和生物多样性丧失等一系列生态与环境问题，导致长江上游生态屏障功能下降，其已成为长江上游地区乃至中下游地区社会经济发展的重要制约因素。因此，本章将重点评估长江中上游地区旱涝增加、气温上升和降水减少等气候变化趋势对该地区山地与河岸带、河流与水库及湖泊与湿地等典型生态系统的影响和脆弱性、风险，并进一步提出长江中上游典型生态系统对气候变化的适应对策，从而为长江经济带绿色发展和长江大保护提供科技支撑。

14.2　影响和脆弱性

14.2.1　山地与河岸带

长江中上游山地与河岸带生态系统的分布与结构受山脉与河流的影响。这种影响横跨我国地势一级阶梯、二级阶梯，其分布在长江流域各大支流水系（如金沙江、大渡河、岷江、嘉陵江）（图 14-1），将长江中上游山地生态系统划分为华中 / 西南山地生态系统亚区和青藏高原寒冷地区等特点迥异的区域（钟祥浩和刘淑珍，2014）。华中山地生态系统亚区位于龙门山—小凉山—贵州高原西部以东、秦岭—大巴山系以南和南岭以北的山地丘陵，其地势西高东低、气候为典型的亚热带季风气候，山地生态系统植被以常绿阔叶林为主、其垂直结构较为简单，多数为低山丘陵区一个基带。西南山地生态系统亚区包括龙门山—夹金山—小相岭—陀峨山以西和横断山西北部—喜马拉雅山东段以南的山地，该区以中高山和中山为主，山地生态系统具有明显的垂直结构分异特点，山地中上部形成我国特有的垂直分布幅度最大的亚热带山地针叶林带，在该区干旱河谷地带，植被基带不是亚热带常绿阔叶林而是稀树灌木草丛带。长江上游山地生态系统还包括少部分青藏高原寒冷地区，主要指青藏高原东缘和高原面的丘状山地，其平均海拔在 3500m 以上，因海拔高、气候寒冷和少雨的特点，生态系统结构主要为高寒草原、高寒湿地和高寒草甸（钟祥浩和刘淑珍，2014）。

知识窗

山地生态系统

山地生态系统指山地生命系统和山地环境系统在特定空间的组合。山地生命系统与山地环境系统及其空间分布具有复杂性和多样性，在不同山地和相同山地的不同部位都有相应的山地生命系统和山地环境系统的空间组合，因此山地生态系统具有多样性和复杂性特点。山地生态系统是草地、森林、农田、湿地（河流）等生态系统在山地不同空间的组合，因此山地生态系统也是复合生态系统。由于山地生命系统和山地环境系统在经向与纬向的差异性，依据经向从东到西的水分变化，山地生态系统可区分为湿润、半湿润、半干旱和干旱山地生态系统；依据纬向或海拔的温度变化及植被类型，山地生态系统还可区分为亚热带、温带、寒温带和寒带山地生态系统等。

河岸带生态系统：指河水－陆地交界处的两边，直至河水影响消失为止的区域，是介于河流和高地之间的过渡区域，是研究河流生态系统和陆地生态系统间物质、能量和信息交换的关键生态过渡带，具有明显的边缘效应。河岸带生态系统是一种非平衡的开放系统，气候变化对河岸带生态系统的结构和功能有着重要影响。气候变化导致降水减少和干旱增强，从而必将对河岸带生态系统的结构产生重要影响，主要体现在干旱加剧对河岸带生物多样性和生态过程的影响。随着降水减少，河岸带干旱时间较长，河岸带植被的结构将发生改变，许多干旱的木本植物将会在河岸带生长，河岸带生态系统将向旱生方向转化，将造成河岸带植被群落物种组成和结构的变化，进而使得河岸带景观格局发生改变。

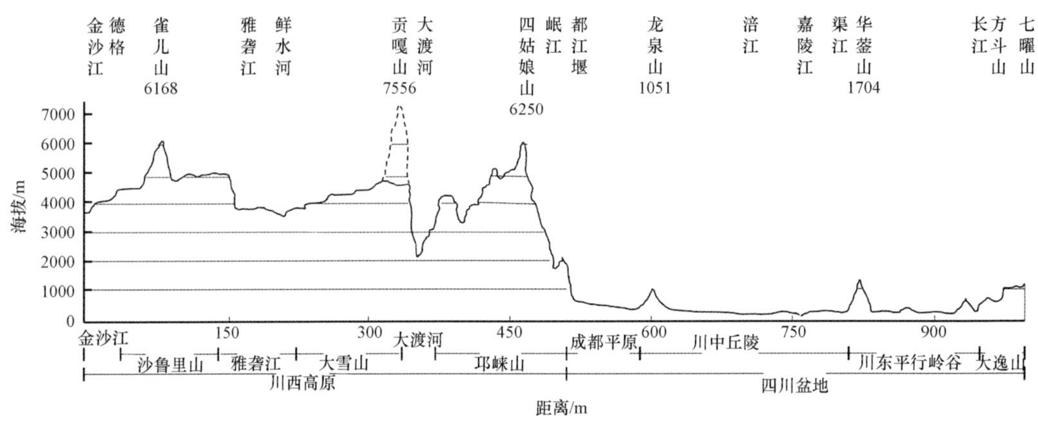

图 14-1 长江上游地势剖面与河流切割格局

气候变化对山地生态系统的生产力产生明显影响，其中降雨减少对长江上游西南典型山地生态系统（贡嘎山东坡）内峨眉冷杉林的生物量产生负面效应，包括降低冷杉林的高度、基径、总生物量、叶面积和比叶重（Yang et al.，2013）；降水量减少或增温以及二者的共同影响均降低了峨眉冷杉的生物量积累；尽管降水量减少和增温均未对峨眉冷杉叶片细胞膜造成明显伤害，但两者的交互作用却对峨眉冷杉的细胞膜造成严重伤害，显示出增温加剧了干旱对植物生长的抑制作用（Yang et al.，2013）。

西南山地生态系统的林线位置受到多种气候要素综合作用的影响，导致林线位置树种密度的变化相较林线位置变化更具易测性，更能反映较短时期（30~50 年）气候变化对林线的影响。过去 100 多年期间，峨眉冷杉林线的树种种群密度显著增大，但林线位置变化不明显。气候变暖背景下，西南山地生态系统如贡嘎山和藏东南的色季拉山林线的种群密度变化较为一致，种群密度增加（冉飞等，2014）。通过对不同海拔的峨眉冷杉径向生长与气候要素的响应分析发现，生长季的温度与高海拔树木生长存在显著正相关关系，与低海拔树木生长存在显著负相关关系；而且随着温度升高，生长季温度与不同海拔树木生长的关系增强（Wang et al.，2017）。因此，气候变暖促进了高海拔地区树木生长，但是抑制了低海拔地区树木生长，使得山地森林带谱具有向高海拔地带迁移的趋势（Zhu et al.，2014）。

1982~2011 年，长江中上游山地的气候变化明显，西南山地生态系统亚区的年均温度整体上呈现升高趋势，并以 12 月、1 月、2 月的气温升高最为明显；攀西地区和金沙江、雅砻江、大渡河等流域的多数河谷地带干热化趋势加重；而华中山地生态系统亚区的广安等地的气温呈下降趋势。降水量在华中和西南山地生态系统的多数区域呈非常明显的下降趋势，在西南山地生态系统亚区的少部分地区特别是亚高山地区有略微上升趋势（段士中，2013）。长江中上游山地生态系统对气候变化的敏感性、适应性和脆弱性较为一致，敏感性高的区域多是适应性较差的区域，也即脆弱性较高的区域；高脆弱性区域主要集中在雀儿山、沙鲁里山、雪宝顶、四姑娘山、贡嘎山等周围的高山、亚高山区域，其地势处于第一、第二阶梯的过渡地带，如西南高山 / 亚高山向盆地过渡的东部边缘和地形急变区域，这些地区的山地生态系统稳定性较差，敏感性较高。金沙江、雅砻江等流域的干旱河谷和若尔盖、红原等的沼泽地带的蒸散率都呈较明显的升高趋势，若气候变化特别是干热化的趋势持续下去，这些区域的脆弱性程度则会增加（段士中，2013）。1982~2003 年若尔盖高寒湿地的植被活动增强，NDVI 呈逐年增加趋势。22 年间年均 NDVI 增加了 5.4%，生长季平均 NDVI 增长了 6%（严晓瑜，2008）。但 2001~2013 年，植被覆盖总体呈下降趋势，草地植被出现轻度退化，草地退化程度对气候变化较敏感（冯文兰等，2015）。在牧草生长关键期（7 月）不出现干旱或干旱程度较轻的情况下，气候变暖将导致其生长期延长（郭斌等，2018）。此外，华中山地生态系统亚区的典型脆弱山地生态系统（如西南喀斯特地区）的植被覆盖度和净初级生产力近 20 年以来总体呈增加趋势，但不显著。秦巴山区的气温变化对植被的影响要高于降水量变化的影响，植被指数的年际变化存在明显区域差异，其与气候因子年际变化的相关系数的区域分布规律比较明显（陈超男等，2019）。

14.2.2　河流与水库

长江中上游地区水电工程的大规模建设，使得其以河流生态系统为主的流域干支流水系叠加了一系列水库生态系统（图 14-2）（周建军和张曼，2018），即沿着河流水流方向建设了极具典型的梯级水库群，形成了由河流与水库镶嵌而成的复杂淡水生态系统。长江中上游地区水库群建成和运行，其一方面作为可再生能源基础设施对长江经济带绿色发展具有深远意义，另一方面作为淡水资源库和水生态安全屏障的作用日

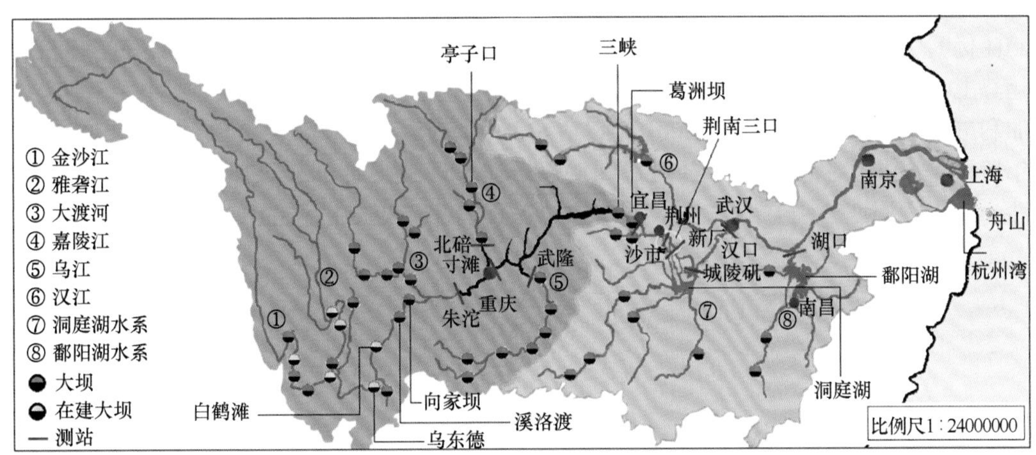

图 14-2　长江流域中上游主要支流水系和水库及水文观测点的分布格局（周建军和张曼，2018）

益凸显，对于长江大保护具有重要的战略地位。在气候变化影响下，长江中上游地区径流量及其挟带的泥沙和营养物质等外部驱动要素的变化，使得该地区河流与水库生态系统更具脆弱性。考虑到长江中上游地区已建、在建及规划的大型水利工程众多、隶属不同的管理部门，资料收集难度很大而且观测研究力度差异较大，本节以长江上游干流上的三峡水库和中游主要支流（汉江）上的丹江口水库及相应的主要入库河流为重点区域，从水资源、水环境和水生态等方面评估该地区河流与水库生态系统受气候变化的影响及其脆弱性。

三峡水库坝址位于长江干流西陵峡河段，控制流域面积达 100 万 km^2，年均入库径流量为 4510 亿 m^3，最高水位在 175m 时水库水面积和库容分别为 1080km^2 和 393 亿 m^3（舒卫民等，2016）。丹江口水库位于汉江中游干流与其支流丹江的交汇处，年均入库径流量为 396.2 亿 m^3，其中汉江和丹江分别为 388 亿 m^3 和 8.2 亿 m^3。2012 年，丹江口水库坝体加高工程顺利竣工后水库正常蓄水位、库容和水域面积分别增加至 170m、290 亿 m^3 和 1022km^2（王元超等，2015）。三峡和丹江口两个大型水库的正常蓄水位、库容和水面积等属性具有较高的相似性，但在流域控制面积和年径流量方面又具有明显的数量级差别。两个大型水库分别位于长江中上游地区的干流和最大支流上，相应地，它们作为治理长江干流的关键性骨干工程和南水北调中线一期工程的水源地。对此，以两个大型水库及相应的主要入库河流为重点评估区域，可以为评估长江中上游河流与水库生态系统受气候变化影响与脆弱性具有很强的区域代表性，以及制定适应气候变化下长江中上游大型水库优化运行和调控的技术方案及管理决策提供重要的科学依据。

三峡入库径流量和输沙量具有明显的年际波动，总体上均呈现下降趋势并有显著的周期性动态规律。三峡入库多年（1956~2013 年）平均径流量和输沙量分别为 3773 亿 m^3 和 4.00 亿 t。在年际波动方面，三峡入库多年平均径流量和输沙量在 1960~1969 年达到最大，分别为 4095 亿 m^3 和 5.35 亿 t，比 1956~2013 年的多年平均值分别偏大 322 亿 m^3 和 1.35 亿 t；蓄水运行后（2003~2013 年）三峡入库多年平均径流量和输沙量出现最小，分别为 3582 亿 m^3 和 1.96 亿 t，比 1956~2013 年多年平均值分别偏小 191 亿 m^3 和 2.04 亿 t，比蓄水运行前（1956~2002 年）分别偏小 236 亿 m^3 和 2.52 亿 t。在总体变化趋势上，三峡入库年径流量在 20 世纪 60 年代和 2006 年以后变化相对明显，分别呈增加和减小趋势；年输沙量在 2001 年以后呈减小趋势、在 2005 年出现突变点并在 2009 年后显著减小。三峡入库年径流量和输沙量在呈现减少趋势的同时还具有明显的周期性，第 1 主周期分别为 12~28 年和 15~25 年（李海宁和张燕菁，2015）。

知识窗

河流生态系统

河流生态系统指河流水体的生态系统，属流水生态系统的一种，是陆地与海洋联系的纽带，在生物圈的物质循环中起着主要作用。河流生态系统水的持续流动性，使其中的 DO 比较充足，层次分化不明显。其主要具有以下特点：①具有纵向成带现象，但物种的纵向替换并不是均匀的连续变化，特殊种群可以在整个河流中再出现。②生物大多具有适应急流生境的特殊形态结构，表现为浮游生物较少，底栖生物多且体形扁平，流线性等形态或吸盘结构，适应性强（如鱼类），微生物丰富。③与其他生态系统相互制约且关系复杂。一方面表现为气候、植被以及人为干扰强度等对河流生态系统的较大影响；另一方面表现为河流生态系统明显影响沿海（尤其河口、海湾）生态系统的形成和演化。④自净能力强，受干扰后恢复速度较快。

水库生态系统

水库生态系统指由水库水域内所有生物与非生物因素相互作用，通过物质循环与能量流动构成的具有一定结构和功能的系统。水库生态系统由库内水域、库岸及回水变动区的水生态系统和陆地生态系统两部分组成。水库的环境条件与天然湖泊有许多相似之处。作为生物栖息地，其可按光照条件和水力条件划分为库岸及回水变动区、沿岸带、敞水带和深水带四个不同的生态环境。水库的水位相对不稳定，浑浊度大，生物生产力一般低于天然湖泊。

长江上游地区汛期和非汛期降水量呈现减小趋势，直接导致三峡入库径流量出现减小趋势，从而使得三峡入库输沙量也具有减小趋势。长江上游年均降水量维持在 800~1000mm，占全流域降水总量 46.5%（李海宁和张燕菁，2015）。三峡入库径流主要由上游降水形成，两者具有较好的相关性，基本呈现相同的变化趋势（舒卫民等，2016）。在年内分配方面，降水和径流具有分配不均的特性，汛期所占比例远高于枯水期，汛期占全年的比例达 70% 以上。降雨强度、历时、分布范围和暴雨中心等随机因素直接影响产沙区产沙量，这一规律在长江上游的产沙区表现明显（李海宁和张燕菁，2015）。以 1956~1980 年径流量与输沙量的关系模型为基准期，1981~2002 年和 2003~2013 年三峡入库径流量减少导致输沙量减小的量分别是 0.0713 亿 t 和 0.503 亿 t，分别占 1981~2002 年和 2003~2013 年输沙量减小总量的 11.55% 和 17.90%（李海宁和张燕菁，2015）。

丹江口入库径流量具有明显的季节变化，其入库年径流量总体呈现下降趋势并有明显的周期性变化。在汛期丹江口入库径流量（5~10 月）占全年径流量的 76.75%，而在非汛期（11 月至次年 4 月）占全年径流量的 13.22%（王元超等，2015）。在年际动态方面，1956~1959 年、20 世纪 60 年代、80 年代以及 2010~2013 年，丹江口入库年径流量多于多年径流量的平均值（1956~2013 年），分别比多年径流量的平均值偏大 4.14%、10.58%、23.07% 和 7.46%；而 20 世纪 70 年代、90 年代和 21 世纪初入库年径流量小于多年平均值（1956~2013 年），分别比多年平均值偏小 8.76%、25.42% 和 11.06%（王元超等，2015）。在总体变化趋势方面，丹江口入库年径流量在 1956~2013 年表现出下降趋势，并在 2~5 年、6~9 年和 15~20 年具有明显的周期变化，其中突变点发生在 1986 年，即该年径流量达到一个最丰值（王元超等，2015）。

长江中游地区汉江流域丹江口上游的降水减少和气温增加是入库径流量减少的主要影响因素。丹江口上游降水与入库径流量在各季节的变化趋势基本一致，降水的减少发生在春季和秋季，其中秋季减少趋势显著、春季并不显著；冬季降水呈现显著增加趋势（杨娜等，2016）。丹江口水库上游流域属亚热带季风气候区，降水的季节分配明显，夏雨最多、春雨较多、秋雨次之、冬雨最少，但冬季的雨量仍可占全年降水量的 10% 以上（王元超等，2015）。丹江口入库年径流量呈下降趋势，主要受春季和秋季径流量减少的影响，冬季虽然具有显著增加趋势，但冬季来水占年来水总量的比例较小，因此只能在一定程度上减缓年径流的减少幅度（杨娜等，2016）。在春季径流的减少总量中气候变化的贡献度为 67%，而在秋季径流的减少总量中气候变化的贡献度为 88%（杨娜等，2016）。在气候变化对年径流减少的影响方面，变化期内年径流的减少总量中，气候变化的贡献度为 73.0%，其中降水占 46.7%、气温占 26.3%（杨娜等，2016）。因此，丹江口入库年径流减少主要是由气候变化引起的，降水的影响要大于气温。

长江中上游的降水减少和气温升高引起水库入库径流量与输沙量减少，对水库生态系统的影响主要体现在改变水库水动力、水下光照和营养盐等与水生生物种群动态紧密相连的生境特征。在水库水动力条件方面，入库径流量减少导致水库水体滞留时间延长，其中三峡水库大部分支流已经从河流型水体转变为湖泊型水体，为浮游植物的生长繁殖建立了更为稳定的水柱分层条件。在水下光学特征方面，真光层中外源性悬浮颗粒物和非藻类浊度下降，其不仅受到输沙量减少的影响，同时还受到水体滞留时间延长导致的悬浮颗粒物沉积作用增强的调控，其为浮游植物生长繁殖的光合作用创造了更良好的水下光环境。在营养盐浓度方面，2006~2015 年三峡水库总氮与总磷浓度呈上升趋势（彭福利等，2017），意味着三峡库区在污染源总量控制不变或减少的情况下受到了水库入库径流量减少的影响。特别是，三峡水库主要支流频繁发生的藻类水华及其优势藻类从以甲藻和硅藻为主转变为以蓝藻和绿藻为主，进一步体现水库生态系统受水库入库径流量和输沙量减少的影响，但这一影响在水库水位调控水动力效应的叠加作用下往往容易被忽视。

14.2.3 湖泊与湿地

长江流域的湿地类型齐全、空间分布广，无论是长江上游的高原高山区，还是中游的中低山区，或是丘陵、平原地貌区均不同程度地发育着各类湿地，特别是江源高寒地带的湖泊、沼泽地分布区域较大。在长江中上游流域中，湿地面积最大的为金沙江流域，各类湿地面积约为 1.92 万 km^2，占长江流域湿地总面积的 24.23%；湿地面积最小的为乌江流域，为 0.13 万 km^2，仅占 1.65%；洞庭湖流域、鄱阳湖流域的湿地面积较为接近，均在 1 万 km^2 左右。各流域湿地的密度差异性亦很突出，长江中游干流流域湿地密度为 $9.29km^2/100km^2$，湿地密度最小的乌江流域仅为 $1.52km^2/100km^2$，远低于流域平均值（$4.44km^2/100km^2$）；低于流域平均值的还有沱江流域、岷江流域、嘉陵江流域等；略高于平均值的为洞庭湖流域和鄱阳湖流域，分别为 4.71km²/km² 和 5.21km²/100km²（陈有明等，2014）。长江流域特殊的地貌背景和丰富的水资源条件，使沿江两岸发育了大量的湖泊湿地。长江源头地区是我国咸水湖和盐湖的集中分布区之一，长江中游平原是我国淡水湖泊分布较为密集的区域，沿江两岸湖泊星罗棋布。它涵盖了我国两大稠密湖群区的主体部分，即青藏高原湖群区和东部平原湖群区。其中，著名的两大淡水湖，即鄱阳湖和洞庭湖均位居长江中游。湖泊湿地蕴藏着丰富的自然资源和生态功能，在维系区域生态平衡等方面发挥着重要作用。但气候变化、水系变迁，以及人类活动等因素的影响，致使湖泊湿地生态环境显著退化，其已成为湖区乃至流域社会经济可持续发展和环境质量改善的制约因素。

地处长江中游流域的鄱阳湖和洞庭湖为通江湖泊，江湖关系独特。两个湖泊的形成及其演变是多种因素长期综合作用与发展的结果。自然通江的洞庭湖和鄱阳湖与长江之间形成复杂的江湖水沙交换关系，其变化影响着区域洪水灾害防治、水资源利用、水环境保护和水生态安全维护，是长江中游水问题的核心。两个湖泊具有丰富的水源和多样的生物群落，不仅具有显著的灌溉和饮用水源功能，同时能够提供养殖及航运等生态效益，其水域具有多样的水生植物和动物。因人类活动和气候条件的变化，湖泊面积缩减较大，如鄱阳湖，整体的湖泊面积从最为广阔时期的 6000km² 逐步缩减到现如今的 2625km²，甚至遇到严重枯水的季节时湖泊面积只有 645km²，其常有枯水成河的现象产生。为此，对长江中上游流域湖泊与湿地生态系统受气候变化影响评估的重点在于：湿地区域气象水文要素的变化及湿地水资源的时空分布，湿地生物多样性变化与候鸟栖息生境及迁徙规律与动态特性，水文气象条件与湖泊蓝藻水华的关系，以及以鄱阳湖和洞庭湖为重点区域的湖泊湿地生态系统影响评估。这将为长江中上游的湖泊与湿地生态系统受气候变化影响的评估与脆弱性分析、制定适应气候变化下长江中上游的湖泊湿地保护和管理对策提供重要的科学依据。

知识窗

湖泊生态系统

湖泊是一个复杂的生态系统，是流域与水体生物群落、各种有机和无机物质之间相互作用与不断演化的产物。从空间结构上看，湖泊生态系统由水陆交错带（湖滨带）生物群落和敞水区生物群落组成。水陆交错带分布有湿生植物、挺水植物、浮叶植物等，如果湖泊较浅，即便是敞水区，也会分布大量沉水植物。除了水生高等植物外，水中还生长有微小的浮游动植物、无脊椎动物（如水生昆虫、螺、蚌）和鱼类等，加上各种各样的微生物，形成一个相互联系与相互制约的复杂的生态系统结构。如果湖泊较深，敞水区的初级生产者就只有浮游植物。湖泊生态系统具有多种多样的功能——调蓄、改善水质、为动物提供栖息地、调节局部气候、为人类提供饮水与食物等。

知识窗

湿地生态系统

湿地生态系统指湿生以及水生植物和动物等各要素间密切的联系及作用，通过物质交换以及能量转换和信息传递构成的占有相应空间和具有相应结构并发挥相应功能的动态生态平衡整体，湿地生物与周围环境共同组成了湿地生态系统。湿地生态系统包含的湿地类型较多，生态功能多样，湿地能够保护生物多样性、促进生物系统的良好发展。不同气候区域的湿地生态系统的特征主要是受区域气候条件控制的，各地带内湿地所有的地带性烙印都会通过气候因子的作用而表现出来，特别是气候因子对湿地群落的演替和有机质的积累起到了决定性的作用。

气候变化导致了降水、蒸发等水文要素的时空变化，增强了水文极端事件发生的概率，加剧了流域洪涝灾害，改变了区域水量平衡，而这些变化都会严重影响流域水资源的时空分布，同时增强河流径流量、湖泊水位等重要水文要素的变异性。长江源地区气候变化剧烈，是青藏高原增温最为显著的地区之一；高寒生态系统与冻土环境不断退化，河川径流持续递减，年均径流量减少约 15.2%，大于 20% 频率的径流量显著降低，而且大于 550m^3/s 的稀遇洪水发生频率增加，变暖变干趋势较为明显。同时，部分地区显现暖湿化趋势，其虽然有利于植物的发芽和生长，但对于区域内水资源量的贡献不大，径流量仍然呈减小趋势。长江源高寒地区作为冰雪融水类区域，其冰川冻土的消融退化虽然对径流量的短期补给是有利的，但持续的消融退缩必将引起径流及其他地表水资源调节作用的减弱乃至丧失。湿地和沼泽的减少将导致源区水汽补给通量减少，沙化和荒漠化面积增加，使干旱化趋势加速；反之，湿地和沼泽的扩张，将造成蒸发面扩大、蒸发量增加而丧失更多水汽（梁川等，2013）。

气候因素是洞庭湖径流量变化的主要驱动因素。从整个洞庭湖出入湖径流量的变化来看，其在 1999~2015 年呈现减少趋势；特别是在 2003~2015 年，入湖径流量的总减少量为 793.97 亿 m^3，出湖径流量的总减少量为 831.14 亿 m^3（杨敏等，2019）。气候变化对径流量的影响主要通过降水量和潜在蒸散发量来反映。1985~2010 年，洞庭湖流域的年降水量呈下降趋势、下降速率为 5mm/a，而年潜在蒸散发量则呈上升趋势、上升速率为 3mm/a，而且 2002 年和 2005 年为洞庭湖流域干湿交替变化的突变点，降水量的下降和潜在蒸散发量的上升导致整个洞庭湖流域及湘江、资水、沅江、澧水 4 个子流域突变前后分别减少了 28mm、15mm、130mm、112mm 和 102mm（程俊翔等，2016）；2011~2013 年长江中下游流域受异常下沉气流控制，区域向高温干旱方向发展，造成洞庭湖流域出现了严重的旱灾（许金萍等，2017）。降水是洞庭湖流域内河流、湖泊的主要补给形式，受降水减少且时空分布不均匀的影响，整个洞庭湖流域及其 4 个子流域突变后的径流量均有所下降。在整个洞庭湖流域尺度上，气候变化仍然是径流减少的主要影响因素，气候变化的绝对贡献率为 64%，人类活动的绝对贡献率为 36%；因此，洞庭湖流域径流量的减少主要受气候变化的影响，人类活动虽然能增加径流，但是两者的叠加整体上使径流量减少。洞庭湖流域的水文干旱与区域气候变化息息相关（程俊翔等，2016）。

在气候变化影响下，湿地生物多样性受到较大影响。气候暖干化影响物种的分布和繁殖。气候变化对湿地生物多样性的影响表现在生物群落和种群数量上。气温升高、干旱等极端事件的发生，加大了水分蒸发量，导致湿地植物向中旱生植物演变，使得依靠初级生产力为生的鱼类和浮游动物大量消失，食物链变得越来越脆弱，从而严重威胁到湿地系统的生物多样性（袁玉洁，2017）。

地处长江中游的鄱阳湖和洞庭湖是我国重要的淡水湖泊湿地生态系统，是中国乃至亚洲较大的鸟类越冬地之一。在气候变化等引起的湖泊水文过程及湿地景观剧烈变化的背景下，湖泊生物栖息地面积及生态受到影响，特别是对候鸟多样性和数量的影响较为明显。水位与湿地候鸟总量和候鸟的不同食性都呈正相关关系。水分是生物生存的基础，处于湿地环境中的鱼类、无脊椎动物和植物的生存都需要依赖水分。在适当范围内，水位越高越适合鱼类、无脊椎动物和植物的生存，而鱼类、无脊椎动物和植物都属于湖泊湿地候鸟越冬期的食物，水位可以通过影响植被的生长来影响鸟类群落（向泓宇等，2017）。

对于洞庭湖而言，越冬水鸟大约在每年的 9 月飞至洞庭湖越冬，到次年 3 月、4 月初离开，水鸟的数量在每年的 1 月达到峰值。从洞庭湖整体水平来说，洞庭湖每年的水鸟总数都在变化，尤其是 2007 年和 2008 年波动较大（袁玉洁，2017）。在东洞庭湖，2006~2013 年冬季湿地鸟类数量总体呈波动上升趋势，但是干旱发生年会引起湿地候鸟数量的减少，如 2006 年和 2011 年的干旱使东洞庭湖大量植被枯萎，取食种子的湿地候鸟和取食苔草的湿地候鸟数量急剧下降。从 2009 年开始多次人工投放了大量鱼苗，使得捕食鱼类的湿地候鸟数量显著增大。东洞庭湖湿地候鸟的生物多样性几乎没有变化（向泓宇等，2017）。

鄱阳湖流域水资源丰富，年内降水、径流分配非常不均匀，汛期 4~9 月占全年径流的 75% 左右，湖泊水位变化受五河（赣、抚、信、饶、修）及长江来水的双重影响，丰水季节水位升高、湖水漫滩、湖面宽阔，枯水季节水位下降、洲滩显露。丰、枯水期水体面积和蓄水量相差极大，呈现出“高水是湖，低水似河”的独特景观，形成了发育系列明显、生物多样性丰富的湿地生态系统，为鸟类越冬提供了理想的栖息地；平均每年有 34 万多只候鸟在此越冬，最多的年份达到 73 万只。已观察到 112 种属于《国际湿地公约》指定水鸟，其中 11 种属于国家一级保护动物、40 种属于国家二级保护动物、13 种属于世界濒危鸟类。根据实地观测以及鄱阳湖水位过程与越冬候鸟的关系分析，当鄱阳湖处于平水年时，对候鸟越冬最为有利，候鸟数量、种类最多；当丰水期水位过高时，不利于植物生长，对候鸟越冬不利，影响最大的是雁、鸭类等候鸟，候鸟数量大幅度减少；当枯水期处于低水位时，对鹳类、天鹅和鸻鹬类候鸟取食造成一定困难，使候鸟数量减少；当枯水期水位较低时，如果科学管理碟形湖的水位，对候鸟越冬没有明显的不利影响；如果主湖区水位过低，则对候鸟越冬不利（胡振鹏等，2014）。

长江流域湖泊分布较多，水体污染和湖泊富营养化问题较为突出，富营养化成因复杂，外源输入与内源释放是其主要原因，湖泊形态与水文条件也起了辅助作用。位于长江中游地区的鄱阳湖与洞庭湖为长江仅存的 2 个大型通江湖泊，它们受长江来水量与来沙量影响较大。通过对 1996~2012 年鄱阳湖和洞庭湖的富营养化指数变化趋势的监测分析，1996~2002 年富营养化指数总体呈缓升趋势，2003~2012 年有明显升高趋势。2003 年三峡工程建成运行后，湖泊来沙量和来水量明显减少，尤其是洞庭湖，总入湖沙量比例由 1996~2002 年的 81.5% 降为 2003~2012 年的 57.2%，来水、来沙量减少导致水位降低、湖水透明度增加、换水周期变长、湖泊水体交换不畅、湖体自身净化能力降低，从而有利于营养物积累与藻类生长且会导致湖泊富营养化指数升高。

同时，蓝藻水华频发是富营养化湖泊所面临的重要的水环境问题，蓝藻水华是在各种环境因子的耦合驱动下通过产生巨大的生物量而在浮游植物群落中占绝对优势，在合适的水文气象条件下集聚于水表而形成的（马健荣等，2013）。除了营养过度富集而导致的水华外，包括全球气温上升和降水模式变化在内的气候变化也影响了蓝藻水华的进程。高温增加了浮游植物的产生，改变了它们的垂直分层，这有助于藻类的表面积累。蓝藻水华受气候和人为因素的影响，从 1990~2016 年长江中游 15 个大型湖泊蓝藻水华覆盖面积和频度的年际变化趋势来看，60% 以上的湖泊在气候变化和人为干扰的影响下，蓝藻水华的覆盖面积和发生频率都有增加趋势，图 14-3 显示长江中游地区鄱阳湖和洞庭湖 1990~2016 年蓝藻水华暴发面积百分比（CAP）和暴发频率指数（CFI）的年际动态。降水和气温与蓝藻水华状况的关系密切，高温会加剧蓝藻水华暴发，降水可能会在一定程度上缓解蓝藻水华暴发，相反，年平均温度的增加和特定年份的极端高温可能与蓝藻水华暴发的加剧有关。总的来说，蓝藻水华暴发的影响因素是复杂的，与人为和气候因素的混合有关，在不同湖泊中表现出不同的组合模式（Zong et al.，2019）。

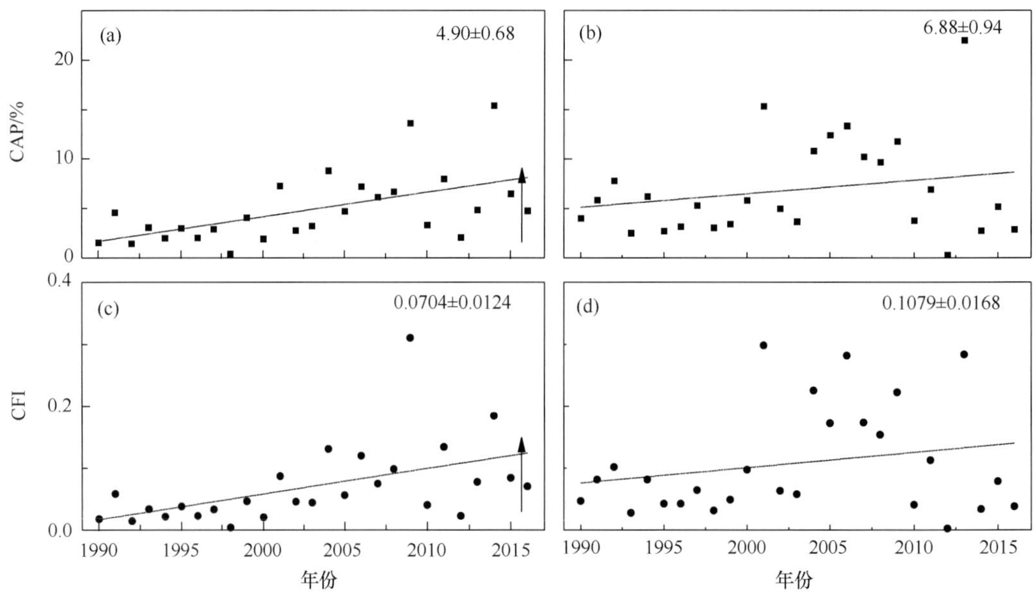

图 14-3 蓝藻水华暴发面积百分比（CAP）与暴发频率指数（CFI）年际动态

（a）和（c）代表鄱阳湖，（b）和（d）代表洞庭湖；箭头表示增加显著（$P < 0.05$）；右上角数字表示均值与标准误差

14.3 风　　险

14.3.1 山地与河岸带

1961~2012 年，长江上游四川盆地的气温不断升高，增温幅度低于全国但高于长江流域平均水平，降水量减少，气候暖干化趋势明显（杜华明和延军平，2013）。虽然未来长江上游气候变化具有较大的不确定性，但在《IPCC 排放情景特别报告（SRES）》A2、A1B 和 B1 情景下，21 世纪长江上游将呈显著变暖变湿的趋势（刘晓冉等，2012）。气候变化的不稳定性可能导致低温冻害、高温干旱、暴雨洪涝、大风雷电等极端事件频发，加剧水土流失和石漠化等生态系统功能退化，并进一步诱发山洪、泥石流、崩塌、滑坡、森林火灾及病虫害等（向柳等，2019）。

RCPs 情景下，未来气候变化极有可能造成西南、华中山地生态系统亚区的常绿阔叶林适宜生境向青藏高原腹地扩展（雷军成，2015）。在气温升高情景下，华中山地生态系统亚区（以四川盆地为例）的森林分布面积将增加，青藏高原的高山草原、高山草甸或冻原地带分布面积将减少，亚热带荒漠地带（如干热、干旱灌丛生态系统）分布面积将增加，长江中上游山地生态系统格局将会沿东南向西北方向发生类型和边界的推移。SRES A2、B2 和 A1B 情景下，21 世纪长江上游山地生态系统的主要森林植被分布面积增加，森林病虫害、鼠害、火灾等风险加大，森林火险指数增量逐渐增加，高火险及以上火险等级天数明显增加；主要森林虫害将沿攀枝花、西昌、峨眉山向北、向西移动，分布面积略有增加（贺山峰等，2013）。温度升高、雪线上升有益于竹子的生长、更新，促使竹子分布范围向更高海拔扩展，使大熊猫栖息地向更高海拔地区发展，拓宽大熊猫的活动范围（雷军成，2015；王锐婷等，2010）。气候持续变暖还可能加剧外来物种入侵的风险，紫茎泽兰向更北更高地区泛滥（杨佐忠等，2012）。

长江上游山地地势起伏，山地表层岩土结构松软，地表覆盖物质疏松，发生水土流失与滑坡和泥石流等山地灾害的风险较高。在全球气候变化背景下，长江上游降水量可能增加，极端降水事件频繁出现，从而将显著增加长江上游坡地（特别是四川盆地丘陵区）土壤侵蚀风险（吴绍洪等，2013）。长江上游的主要土壤侵蚀敏感区（如四川盆地）紫色土水土流失严重，年流失表土 3.77×10^8t（唐克丽，2003）。雨强是决定紫色土坡地侵蚀量的主要因子，短历时高强度降雨（暴雨、特大暴雨）将导致坡面、沟道乃至河岸带被强烈侵蚀，暴雨日数及降雨强度与水土流失强度呈正比关系，未来气候变化特别是极端降雨可能导致长江上游水土流失加剧，并进一步促发山洪等风险（高杨等，2017）。紫色土小流域泥沙与降水量呈显著正相关，表明水土流失对降水变化响应更敏感（彭清娥等，2018）。

气候变化还可能加剧长江上游生态脆弱区（如金沙江干热河谷）的“暖干化”风险，进而减少地表覆被并加剧水土流失。金沙江河谷区呈半干旱气候，年降水量仅 600~800mm，年蒸发量高达 2500~3800mm，年蒸发量为降水量的 3~6 倍。更为严重的是，流域内干湿季分明，雨季降水量集中，旱季干旱尤为突出。干季降水量仅为全年的10%~22%。低温干旱对植物越冬较为有利，而“暖干化”气候对植物生长极为不利。雨季高温又促进土壤有机质分解，导致土壤有机质积累慢、土壤结构变差、植物生长困难，进一步加剧土壤侵蚀与荒漠化风险（樊融，2009）。金沙江流域的龙川江小黄瓜园水文站20世纪50年代以来输沙量的变化分析结果表明，河流输沙量有增加趋势；特别是80年代末至2010年，年均输沙量由400万t（1971~1980年）增加至750万t（1991~2010年）。该流域内50年来的局地气候变化，特别是降水量及降雨强度的增加使地表侵蚀加速、进入河道的泥沙增多，而干热河谷植被恢复困难和强烈的冲沟侵蚀也是金沙江输沙量增加的重要原因之一（刘海等，2012）。

气候变化对极端天气事件（高强度降水、气温升高、强风和洪水灾害）的影响尤为强烈，并增加了地质灾害发生的风险（高杨等，2017）。据政府间气候变化专门委员会第五次评估报告（IPCC AR5）日尺度预估气候数据，对西南山地生态系统亚区（横断山北部）极端降水的时空变化分析发现，2010~2060年的极端降水总体呈现增加—减少—增加的趋势，极端降水事件的年代际波动显著，尤以2010~2020年及2040~2050年的突变最为显著，降水极端化意味着未来致灾的降水量阈值可能更低，灾害风险将会进一步增加，极易诱发洪涝、崩塌、泥石流等山地灾害（李沁汶等，2019）。例如，长江上游的岷江上游地区地处青藏高原东缘，其地质构造复杂，地貌类型多样，是我国著名的泥石流灾害活动强烈区和灾害严重区之一（孟国才等，2005）。2030~2060年岷江上游的主要降水中心将位于汶川东南部和与之接壤的都江堰小部分区域，次要降水中心位于黑水境内；未来的干旱中心集中分布于茂县境内，该区域是岷江上游干旱河谷气候的主要分布区。从≥25mm大雨日数指标看，2030~2060年岷江上游的大雨集中区将主要位于黑水大部分区域、松潘西部和理县西北部；茂县大部分区域和松潘北部可能降大雨的天数最少。岷江上游在未来气候变化下泥石流危险性的空间分布的总体趋势与现状分布较为一致，局部高危险区有所增加，中、低危险区相应减少。未来岷江上游泥石流灾害的高危险区集中分布于汶川、理县、茂县和黑水境内，且呈现出连片集中分布的特点（图14-4）。其中，汶川的泥石流灾害高危险区主要沿岷江干流分布，其构成第一个高危险集中区；县域西北部的分布也较为集中且分布范围广，与理县的高危险区共同构成第二个高危险集中区；理县的高危险区主要位于理县中南部地区；黑水的泥石流灾害高危险区主要沿黑水河分布，县域土地面积大部分位于高危险区；茂县的泥石流高危险区主要位于县域中部和西部地区，其集中连片分布，与黑水的高危险区构成第三个高危险集中区；松潘的泥石流高危险区分布范围较小，主要位于县域中部和南部个别流域。未来岷江上游泥石流灾害的中危险区集中分布于茂县两河口往北至松潘县城的岷江干流流域，黑水和松潘接合部，理县西北部和东部局部地区，茂县、理县和汶川接合部以及汶川县中南部地区。未来岷江上游泥石流灾害的低危险区集中分布于流域北部的松潘境内，主要位于松潘高原，该区域的地势平坦、降水量相对较小、泥石流灾害危险性程度最小，此外茂县北部和南部地区以及汶川境内局部地区零星分布。将过去与未来泥石流危险性划分进行对比发现，高危险区子流域增加90个，主要集中在汶川中部河谷地区、理县杂谷脑河河谷地区、黑水西南部山区，主要由中危险区和少数低危险区转变为高危险区（田丛珊，2016）。

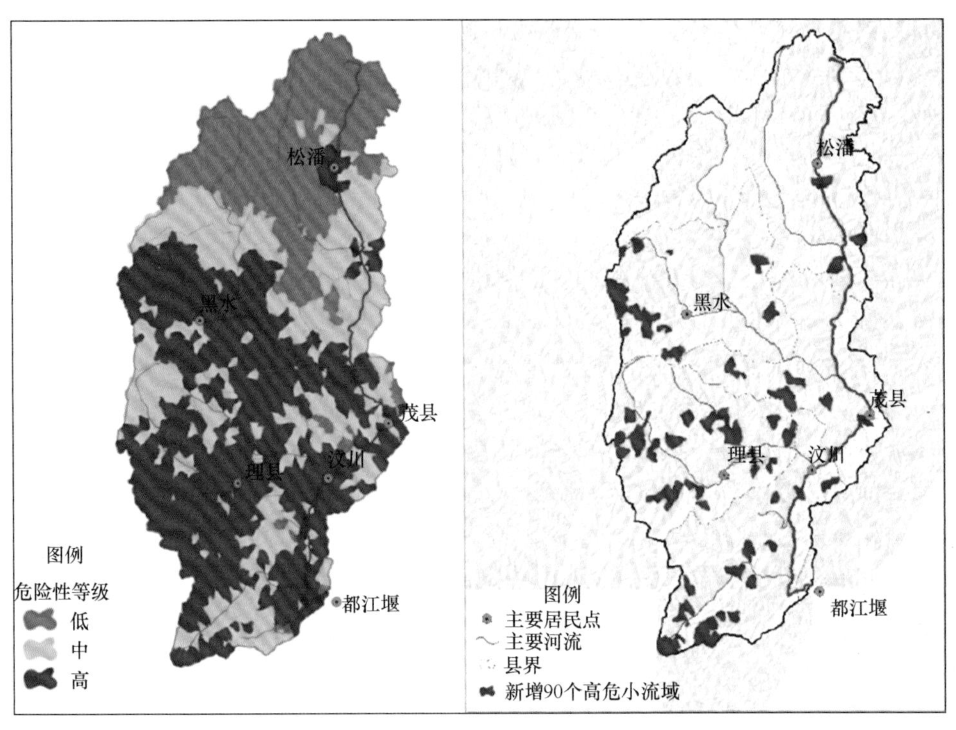

图 14-4 岷江上游 2030~2060 年泥石流危险性等级和新增 90 个高危小流域（田丛珊，2016）

14.3.2 河流与水库

长江上游地区河流与水库生态系统在未来气候变化情景下存在的风险主要表现在降雨和温度主导下的水库入库年径流量变化。在 99% 的置信水平下，未来 80 年（2020~2099 年）长江上游干流上水库入库年径流量在 RCP8.5 和 RCP4.5 排放情景下分别呈显著和不显著减小趋势，而在 RCP2.6 排放情景下呈不显著增加趋势（詹万志等，2017）。相对于 1961~2000 年，未来 80 年长江上游干流上水库入库年径流量在 RCP8.5、RCP4.5 和 RCP2.6 排放情景下分别减少 13.25%、10.99% 和 6.42%（詹万志等，2017）。未来 80 年长江上游干流上水库入库年径流量也具有一定的年代特征，具体体现在 RCP8.5 排放情景下 21 世纪中期以前偏多而中期以后明显偏少，在 RCP4.5 和 RCP2.6 排放情景下 21 世纪初期偏多、中期偏少而后期变化并不明显（詹万志等，2017；黄金龙等，2016）。

类似于长江上游干流上河流与水库生态系统，长江中游主要支流汉江上的水库入库年径流量变化的风险主要来自气候变化情景下降雨和温度的变化。具体而言，在不同未来气候变化设定情景下，汉江上的水库入库径流变化过程较为明显，年平均径流量最大变化范围为 34.7%~21.4%（何自立等，2016）。在降水量不变、气温升高的情况下，汉江上的水库入库年平均径流的响应变化范围为 5.1%~13.3%（何自立等，2016）。温度升高引起的冬季径流增加较为明显，春季及秋季径流则存在减小趋势，秋季明显减少，而降水量变化对夏季径流的影响最显著（何自立等，2016）。

由于未来气候变化情景的不确定性以及长江中上游地区水资源利用的未知性，对气候变化导致的长江中上游地区河流年径流量变化的预估存在一定的不确定性，但总体来说，该地区水库生态系统存在的入库径流减小趋势以及由此引起的水资源、水环境和水生态等系统要素变化的风险应引起重视。在水资源风险评估方面，长江中游主要支流汉江上的水库入库年径流量减少，将直接导致丹江口水库水资源量下降，而使得南水北调中线调水具有一定的风险（秦鹏程等，2019）。在水环境和水生态风险评估方面，如果将来营养盐的外源输入以点源污染为主，那么长江中上游地区年径流量减少的风险是水库生态系统中营养盐浓度上升以及水体滞留时间延长，同时输沙量减少将有利于藻类生长的水下光环境改善以及该地区温度的升高，使得水库富营养化过程加速，即藻类水华的现象更加频繁；如果将来营养盐的外源输入以面源污染为主，那么年径流量减少的同时会削减水库的外源营养盐输入，进而削弱径流量减少导致的水体滞留时间延长的富营养化效应，使得出现严重藻类水华的风险较小。另外，水库中的可溶性硅来源于流域内岩石风化和土壤流失的产物，长江中上游地区的降雨减少和温度升高可能在导致入库径流量和输沙量减少的同时使得可溶性硅输入减少，引起水库硅浓度下降而加剧固氮蓝藻水华的风险。

14.3.3 湖泊与湿地

长江中上游地区湖泊与湿地生态系统在未来气候变化情景下存在的风险主要表现在湖泊湿地的径流量变化和水资源的时空分布异常。利用国家气候中心发布的中国地区气候变化预估数据集中的全球气候模式加权平均集合数据，通过对 21 世纪 10 年代和 20 年代的平均最低气温、降水量和蒸发量与基准年（1981~2010 年）的差值进行分析，得出长江上游平均最低气温呈显著上升趋势，降水量和蒸发量呈微弱增加趋势；平均最低气温分别上升了 0.4℃（21 世纪 10 年代）和 1.1℃（21 世纪 20 年代），降水量分别增加了 3%（21 世纪 10 年代）和 7%（21 世纪 20 年代），蒸发量分别增加了 1%（21 世纪 10 年代）和 2%（21 世纪 20 年代）（梁川等，2013）。在 RCP2.6、RCP4.5 和 RCP8.5 排放情景下，未来 80 年长江上游年径流量预估均值相对于 1961~2000 年分别减少了 6.42%、10.99% 和 13.25%（99% 置信水平）（詹万志等，2017）。

长江中游主要湖泊区域水资源量的变化风险主要来自降水量、蒸发量和径流量等水文气候要素的趋势变化。未来气候变化情景下，鄱阳湖流域水资源量的变化趋势和幅度受到区域降水、蒸发和径流量等要素变化的影响。未来年降水量、年蒸发量和年径流量等水文气候要素的变化趋势以显著增加为主。未来年降水量、年蒸发量和年径流量的多年平均值相对基准期有较小幅度增加，最大增幅为年径流量的 13.81%。未来时期（2020~2100 年）RCP2.6 情景下的鄱阳湖流域年降水量、年蒸发量和年径流量的变化幅度不大，且略呈下降趋势；横向对比，RCP4.5 和 RCP8.5 情景下年降水量、年蒸发量和年径流量均呈上升趋势，且 RCP8.5 情景的增加幅度大于 RCP4.5；RCP8.5 情景下 21 世纪末降水量和径流量明显高于 21 世纪初（刘璇等，2018）。

14.4　适应对策

14.4.1　山地与河岸带

长江中上游山地生态系统类型多、结构复杂多样，对气候变化有不同的响应机制。在未来气候变化背景下，应牢固树立“山水林田湖草是一个生命共同体”的理念，按照生态系统的整体性、系统性及其内在规律，因地制宜，采取重点区域和优先生态系统管理的策略。例如，西南山地生态系统亚区的高山亚高山生态系统与干热（干旱）河谷生态系统、四川盆地的农田生态系统和华中山地生态系统亚区的石漠化脆弱生态系统应作为优先管理的生态系统，长江上游的金沙江、嘉陵江、岷江和三峡库区是重点管理区域，应本着生态优先、绿色发展、先易后难、长期坚持的原则，把山水林田湖草系统治理与长江大保护相结合，统筹各种自然生态要素，实现山、水、林、田、湖、草综合管理和治理，共同推进长江生态环境保护和修复工作，提高和巩固管理成效（姚瑞华等，2017），主要建议如下。

（1）加强森林生态系统的修复与保育。长江上游的高山、亚高山生态系统与干旱、干热河谷生态系统对温度与降雨的响应非常敏感。森林生态系统的修复与保育的关键是改善土壤水分状况，选育或引进适应这一区域的植物品种；在环境条件恶劣的地方（高山峡谷和干热、干旱河谷及石漠化地区），应先从草本或灌木进行研究，先覆盖后改造，同时创造适宜的土壤条件，采取相应的育林措施和生物工程技术措施，增强蓄水保墒能力，选择适宜的树种进行人工造林与更新。长江上游亚高山植被分布的范围广，应着重探索区域产业结构布局与调整的途径，进一步研究植被演替规律及机理，筛选相应的植被重建模式，选择适宜的树种，加速育苗进程，同时对现有人工林的结构优化和调控模式进行研究。长江上游地区低效防护林生态系统的管理是在探讨最优森林覆盖率的基础上，进一步调整农林牧的布局并优化已经恢复的低效防护林树种结构，加强对低效防护林生态系统的恢复与重建技术体系的研究。总体上，长江上游森林生态系统的管理应在森林承载力的基础上，与生态环境建设相结合、与产业化发展相结合、与城市化进程相结合、与发展优质农业相结合，森林生态系统的重建应与资源的合理开发结合，重要资源植物的规模化栽培应与植被恢复结合，集成、组装、配套、优化现有成熟科技成果，探索新的植被恢复和持续发展模式，促进全方位的林业管理和综合开发模式形成（廖文梅等，2019）。

（2）高寒草原、高寒湿地与高寒草地生态系统的修复与重建。应根据草地退化程度、草场质量类型及其与气候变化的敏感性程度，采取相应的恢复与重建措施。加强对草地植被的管理、草地的保护和放牧的管理，并依据牧草资源的类型、数量和质量确定合理的放牧时间、载畜能力和管理牧畜群，变草地粗放经营为集约经营，实现草地可持续利用。依据草种的生物学生态学特性，遵循生态适应性和适宜性原理，选择乡土草种。在引进外来优良草种时，应采取试验、示范和推广程序。在草地植被恢复过程中，应遵循生物多样性原则，最大限度地保护原生境的物种多样性。人工种草、飞机播草的目的在于加速草地的复壮复新，恢复草地植被，提高其生产力。对严重退化草地进行围栏，禁止人畜进入，使草场有较长时间恢复生机和完成生活周期；进行有性和无性繁殖，提高草群的高度、多度与盖度。围栏封育应以封为主，封管补相结合。沙化高寒草地的人工恢复重建，首先应重视乡土优势植物种的选择利用，其次应充分挖掘土壤种子库在草地恢复中的潜力，最后应考虑风沙地貌过程与植被演替的关系，同时借助有利的自然生境条件，因势利导，通过工程与生物相结合的综合措施达到草地植被恢复与生态修复的目的。采用化学防治、生物防治、综合防治相结合的方法，防治鼠虫害，提高草地的载畜能力（赵鹏等，2019；易湘生等，2018）。

（3）发展高质生态复合农田生态系统。长江中上游的农业主产区与农田生态系统对气候变化的高度敏感区具有较高的区位重合性。长江上游农业主产区是我国水稻、小麦、棉花和油菜的重要产区，但城镇化的快速发展和人口的高度集聚对其农田生态系统造成巨大压力和干扰，其成为生态系统极敏感区和高度敏感区的主要分布区域，必须引起高度重视。应对长江上游农田生态系统进行综合规划，加强农田土壤保护，控制农药化肥过度施用，发展生态高质复合农业，提高农田土壤质量、园林化和机械化，推动高标准农田和绿色农业的持续发展。同时对长江上游农田生态系统进行动态评价和长期监测，实施空间治理措施。

（4）促进流域河岸带生态系统的可持续管理。针对长江中上游流域生态系统，特别是山、水、林、田、湖、草结构复杂且对气候变化敏感以及长江源、金沙江、岷江、嘉陵江和三峡库区等区域生态退化严重的情况，从流域径流、泥沙调控、生态系统结构优化和河岸植被缓冲带结构与功能、规划设计、树种选择等方面综合考虑，并结合气候变化条件，开展河岸生态系统恢复，形成科学合理的山、水、林、田、湖、草空间结构和河岸植物群落结构，增强河岸带养分和污染物质吸收能力、护岸能力和水土保持能力。

14.4.2 河流与水库

随着长江中上游地区开发力度加大和社会经济快速发展，城镇化背景下的人口高度集中引起了城镇居民生活污水的排放量增加，而且就业需求驱动下产业发展带来的废水排放量也增加，这使得该地区河流与水库生态系统受到未处理或未达标的污水/废水等点源污染的压力进一步加大。同时，城镇居民生活水平的不断提升使农产品的需求量增加，库区种植业及畜禽与水产养殖业的多样化发展使得面源污染的总量增加且污染途径更加复杂。点源及面源污染总量增加引起河流污染物的输入加大，气候变化背景下长江中上游地区径流量和输沙量的减少导致了水库水体滞留时间延长和水下光环境改善，从而加剧了水库生态系统富营养化和藻类水华的暴发。因此，长江中上游地区河流与水库生态系统应对气候变化的适应性对策，应以减少水库富营养化风险为问题导向，通过对城镇与产业点源污染及农业面源污染的综合治理，从根本上控制流域污染物的输入，同时在监测预警的指导下，通过水库优化调度来改变水库水动力条件和水下光学条件的方式，从而抑制藻类生长，相应的建议包括以下3个方面。

（1）在监测体系完善方面，应在长江中上游地区建立面向水陆统筹优化的监测网络系统，为认知气候变化与环境污染的耦合效应及其相对重要性提供全面完整的科学数据支撑。长江中上游地区污染物的来源和总量及水体环境污染物浓度和生物量等基础数据，还有空间监测点位的数量、时间监测频率和历史监测的时间跨度明显低于降雨、温度等气象观测数据以及径流、水位等水文观测数据。对此，建立以空间监测点位和时间观测频率一致的以气象、水文、水质和生物为一体的数据观测网络和集成平台，该平台是深入研究水文过程和污染过程对河流与水库生态系统影响的重要科学基础设施。在数据一体化观测和集成的基础上，利用趋势拟合、信号识别和频谱分析等复杂算法与工具，开展数据挖掘并定量研究水环境和生物动态的趋势性、周期性和随机性及其对气候水文变化的响应规律。同时，在不同气候变化情景下，全面评估水库富营养化的风险、定量计算藻类水华暴发的营养盐临界值并模拟预测水库主要营养盐的环境容量，其为制定适应气候变化下长江中上游地区污染综合防治技术措施和水库生态系统调控管理决策提供了可靠的科学依据。

（2）在水环境污染控制方面，应基于不同气候情景下的环境容量来制定面向点源污染和面源污染综合防治的流域污染物总量控制集成体系。对于库区城镇居民生活污水治理的技术措施，应根据库区城镇人口发展规划进行雨污分流管网的基础设施建设、面向清洁排放的污水处理厂的升级改造以及新增污水处理厂规模大小的确定和合理布局，加快污水处理厂中水回用和推进污泥无害化处理处置并加强对污水处理厂的监督与管理。对于库区工业废水污染的控制措施，应从产业可持续发展、清洁生产和循环经济的角度来优化工业结构和布局并推动建立落后产能企业的淘汰退出机制，加强对重点行业治理并强化对直排河流污染源和沿江工业园区的监管。对于农业农村面源污染的控制措施，应通过大力发展生态农业并落实国家乡村振兴战略，根据种养结合的模式合理规划畜禽养殖的空间布局，使产生的畜禽粪便回用到农田并达到无害化处理和实现资源化综合利用，同时应依托库区渔业资源优势进一步优化渔业功能区布局、合理控制养殖规模、大力提升大水面养殖技术并减少饵料投入，加强对库区渔业资源保护和修复，构筑生态、循环和可持续的现代渔业体系。

（3）在水资源调控管理方面，应统筹协调长江中游水库群在防洪抗旱、供水、水生态保护、发电和航运等方面的关系，加强水库群联合调度，充分发挥水库群综合利用效益，促进长江大保护，推动长江经济带发展。在实施水库群联合调度时，坚持流域与区域调度结合，统筹上下游、协调左右岸、兼顾干支流；局部服从全局，兴利服从防洪，电调和航调服从水调；在确保防洪安全的前提下兼顾洪水资源利用，优先满足城乡居民生活用水，合理安排农业、工业和生态环境用水，实现水资源高效利用和水环境水生态保护。在汛期，首要任务是确保防洪安全，在确保各水库自身防洪安全的前提下按照联合调度方案实施防洪调度，通过拦蓄洪水实现各水库防洪目标并提高流域整体防洪效益，同时在确保防洪安全的基础上实施水库汛期运行水位动态控制，提高洪水资源利用率。在汛末，综合考虑防洪、供水、生态、发电、航运、泥沙和库区淹没等因素，统筹干支流和上下游，实施水库群提前有序逐步蓄水，尽量减少集中蓄水对水库下游河段和长江中下游供水、航运和水生态等的不利影响，提高水库群整体蓄满率。枯水期，适时补水，加大水库下游河道主要控制断面的水量，满足水库下游供水、发电、航运和水生态等方面的需求，合理安排各水库水位消落，避免集中消落带来的不利影响，并在规定时间消落到汛期运行限制水位、腾出防洪库容（肖舸和汤正阳，2018；陈桂亚，2013）。在未来气候变化情景下，随着水库群规模的不断扩大，水库群联合调度在广度和深度上要不断拓宽和加强；控制性的水利工程综合调度支持系统尚未建成，水利工程多目标综合调度模型仍有待研究，调度预案模拟及评价体系尚未形成，水库群联合调度决策支持系统平台不能满足联合调度的实时需求，综合调度支持系统亟须建设；联合调度体制机制亟须健全，现有的法律法规对水库联合调度还没有明确的规定，需要逐步完善水库统一调度管理体制，不断健全协调协商、利益补偿、风险控制等管理机制（张康等，2019；王冬等，2014）。

14.4.3 湖泊与湿地

湖泊与湿地是相对脆弱的生态系统，其物种适应气候变化的能力更弱。湖泊与湿地是潜在的土地资源，是人类赖以生存与发展的基础资源与环境条件；全球人口增长、资源开发与利用过度和气候变化的影响，导致湿地面积大量减少，许多湿地物种和生态系统正在消失。气候变化通过影响湿地面积、资源供给能力和水资源等因素来影响区域可持续发展能力。长江中上游气候变化与湿地生态环境的演变过程及未来可能的变化趋势是长江流域湿地生态系统保护和可持续发展必须面对的问题，也是制定长江经济带发展和生态保护战略方针的重要科学基础。在长江流域的各种生态系统中湿地生态系统比较敏感、脆弱，该流域湿地生态系统的大部分问题是气候变化和人类活动共同作用的结果，故适应性管理措施应该考虑上游各类生态系统和人类活动。对于湖泊湿地生态系统的适应性管理应关注以下几个方面。

（1）在湖泊水资源保障与生态保护方面，应加强长江中游江河湖水文与生物的联系，实施针对性的湖泊水生态与生物多样性保护，促进流域管理。加强江河湖水文与生物的联系，完善流域湿地保护地体系。长江流域修建了大量的水利工程，这些工程把湖泊与长江干流的联系隔断，造成湿地面积减小、自净能力下降、水生生物资源锐减。长江流域的江湖阻隔致使支流和干流失去自然涨落功能，这种功能的丧失不但破坏了水生植被的生长，也阻断了鱼类洄游的路线，因此要围绕着保持长江湿地生态系统完整性的要求，进行湿地保护的基础研究、技术开发及工程建设，完善流域湿地保护地体系。加强江湖连通性、优化水利工程运行管理方案、改善环境流，才能逐步保证下游的基本生态用水、改善湿地的水文条件、保障栖息地的生态需求；鉴于湿地生态系统与人类活动的密切关系，长江上中游的湖泊湿地保护与管理应该纳入整个长江流域的综合规划管理中。

（2）在湖泊水环境治理方面，应遵循“山水林田湖草生命共同体”“水资源保护、水环境治理与水生态修复”“三水治理”的要求，以应对人类活动和气候变化影响下的湖泊富营养化和蓝藻水华现象。从流域生态修复空间上，强化“水源涵养林—河流水网—湖滨缓冲带—湖泊湿地”的流域治理理念，形成涵盖流域的污染源系统控制、生态修复、湖泊水体生境改善及湖泊流域综合管理体系，保障和提升湖泊生态系统服务功能。从流域生态修复时序上，揭示河道生态修复、湖滨生态恢复及湖泊良性生态系统提升必须以生境改善为前提条件，综合提出富营养水体治理和蓝藻水华控制“先控源截污，后生境改善，再恢复生态系统”的总体策略。

（3）在生态监测和管理方面，应建立长江中上游地区湖泊湿地生态系统“空 – 天 – 地”一体化监测网络系统，为湖泊与湿地应对气候变化影响及生态恢复与适应性管理提供数据支撑。加强湖泊湿地生态监测，摸清湿地资源家底，开展针对性的生态恢复与适应措施。与长江流域其他生态系统相比，湖泊湿地的研究较为薄弱，缺乏系统长期的监测数据以及对湿地生态水文过程及其与气候变化作用机制的认识，需加强这方面研究，以提高未来气候变化背景下湿地的管理水平。要加强管理理顺机制，确保气候适应与生态修复措施的长效运行。

（4）在流域发展和湿地保护规划方面，应加快制定长江大保护绿色发展的综合治理战略规划与行动计划。在制定长江流域发展和湿地保护与生态建设规划时，应充分考虑气候变化对湖泊湿地生态的影响，实施湿地和水源地保护的生态保护红线管理。在重点湿地区域，尤其是长江中游湿地区域，应该大力推进湿地保护区及湿地公园等保护地的建设，逐步恢复湿地面积及其生态功能。对于长江流域湖泊湿地保护问题，应该与长江经济带开发战略连为一体，明确设定生态保护红线制度，只要纳入生态保护红线范围内的湿地区域，就应严禁任何形式的开发。

14.5　主要结论和认知差距

14.5.1　主要结论

长江中上游地区气候变化与生态环境演变的区域特点和主要关联机制是气候变化驱动的流域水循环过程引起的山地与河岸带、河流与水库及湖泊与湿地等主要生态系统的动态响应过程。对此，本章以流域水循环过程为纽带和主线，来评估气候变化对长江中上游主要生态系统的影响与风险，并就未来的气候变化提出适应对策。主要结论包括以下 3 个方面。

（1）气候变化影响的事实方面：气温升高对长江中上游地区山地生态系统的生产力产生明显影响，并导致山地森林带谱具有向高海拔地带迁移的趋势，引起高海拔地区草地生态系统退化等问题；气温升高和降雨减少引起长江中上游河流径流量及其挟带的泥沙和营养盐物质等水文和生源要素发生变化，从而使得水库藻类水等关键生态过程更敏感；受极端干旱事件频发和河流径流量变化的叠加影响，长江干流与通江湖泊水文相互关系的改变造成湖泊和湿地水位下降、面积萎缩、生态退化，使得生物多样性下降并威胁到濒危物种，特别是通过水位影响水生植物的生长来对鸟类群落产生影响，其对候鸟多样性和数量的影响较为明显。

（2）气候变化风险的预估方面：未来气候变化可能导致低温冻害、高温干旱、暴雨洪涝、大风雷电等极端事件频发，使得水土流失和石漠化等生态系统功能退化加剧，并进一步增加山洪、泥石流、崩塌、滑坡、森林火灾及病虫害等事件的风险；未来降雨减少和温度升高主导下的河流径流量和输沙量减少，将使得水库的水体滞留时间延长并改善浮游植物的水下光环境，增加水库富营养化和藻类水华的风险，因此带来的水环境和水生态问题将使得水资源的利用趋于复杂；长江中上游地区湖泊与湿地生态系统存在的风险主要在于降水、蒸发等极端事件影响下的湖泊湿地径流量变化和水资源的时空分布异常，其中鄱阳湖流域的年降水量、年蒸发量和年径流量等水文气候要素变化趋势以显著增加为主。

（3）气候变化适应的对策方面：长江中上游地区典型生态系统应对未来气候变化的对策应积极贯彻长江经济带发展的基本点，即“共抓大保护、不搞大开发”；长江经济带共抓大保护的核心是统筹山水林田湖草，即从生态系统的整体性出发，在流域尺度开展山水林田湖草等各类生态要素的综合管理或集成管理；山水林田湖草生命共同体的有机联系在于流域水循环的驱动，其统筹治理共同应对气候变化的关键是在流域尺度上对水资源保护、水环境治理和水生态修复开展“三水共治”；在应对气候变化的战略谋划层面，长江中上游地区应以流域水循环为纽带对山地水土保持、森林生态系统保育、草地生态系统重建、可持续农田建设、河岸带生态修复与河道治理、水库防洪与渔业资源保护、湖泊富营养化治理和湿地多样性维护等措施进行科学规划和合理布局；在应对气候变化的实施行动层面，应以多方数据共享为主线开展协同监测与研究，并将科学研究成果有效地转化为技术创新、工程建设和管理决策。

14.5.2 认知差距

长江中上游地区地域辽阔，气候、地形、生态和环境的类型多样且具有复杂的相互作用，对气候变化对生态环境演变的影响和风险评估的认知差距在于以下两个方面。

（1）气候变化影响的事实方面：气象和水文观测数据具有长期的时间序列，能够确保气候变化对水循环影响的研究有较为充足的证据；生态系统生源要素和生物多样性观测数据的时间序列短而且样点不一致，可支撑评估结论的证据明显较少且具有碎片化。因此，在应对气候变化监测体系建设方面，长江中上游地区应在时间和空间上进一步整合气象、水文、环境要素、生物资源等多要素的系统监测并推进数据共享，才能缩短在气候变化影响评估方面的认知差距。

（2）气候变化风险的评估方面：气候变化风险评估的结论主要是基于过去影响事实的理论推断和未来情景的模型模拟，其结论的认知差距和不确定性主要在于受人类活动影响的有关过程。特别是长江中上游地区水利水电工程的大规模建设和调度运行，将在很大程度上改变河流径流和输沙量对气温和降雨等气候变量的响应关系，这将可能直接增加或减少河流与水库、湖泊与湿地等水域生态系统的脆弱性和风险性，甚至与之关联的移民搬迁和新城建设等间接地对山地与河岸带生态系统产生正面或负面效应。因此，在应对气候变化风险管理层面，应建立面向流域生态系统服务的长江中上游水库群联网调度信息化预警平台。

参考文献

曹博，张勃，马彬，等 . 2018. 基于 SPEI 指数的长江中下游流域干旱时空特征分析 . 生态学报，38(17)：280-289.

陈超男，朱连奇，田莉，等 . 2019. 秦巴山区植被覆盖变化及气候因子驱动分析 . 生态学报，39（9）：3257-3266.

陈桂亚 . 2013. 长江上游控制性水库群联合调度初步研究 . 人民长江，44(23)：1-6.

陈有明，刘同庆，黄燕，等 . 2014. 长江流域湿地现状与变化遥感研究 . 长江流域资源与环境，23(6)：801-808.

程俊翔，徐力刚，姜加虎，等 . 2016. 洞庭湖流域径流量对气候变化和人类活动的响应研究 . 农业环境科学学报，35（11）：2146-2153.

杜华明，延军平 . 2013. 四川省气候变化特征与旱涝区域响应 . 资源科学，(12)：2491-2500.

段士中 . 2013. 气候变化下的四川省自然生态系统脆弱性分析 . 成都：成都理工大学 .

樊融 . 2009. 长江上游水土流失及影响因素初探 . 成都：成都理工大学 .

冯文兰，钟昊哲，王永前，等 . 2015. 2001—2013 年若尔盖地区植被退化的时空格局分析 . 草地学报，23（2）：239-245.

高杨，李冯振，左晓 . 2017. 全球气候变化与地质灾害响应分析 . 地质力学学报，23（1）：65-77.

郭斌，王珊，张菡，等 . 2018. 若尔盖湿地天然牧草生育期变化特征及其对气候变化的响应 . 高原山地气象研究，38（2）：49-57.

何自立，史良，马孝义 . 2016. 气候变化对汉江上游径流特征影响预估 . 水利水运工程学报，(6)：37-43.

贺山峰，葛全胜，吴绍洪，等 . 2013. SRES B2 情景下西南地区干旱致灾危险性时空格局预估 . 中国人口 · 资源与环境，(9)：165-171.

胡振鹏，葛刚，刘成林 . 2014. 越冬候鸟对鄱阳湖水文过程的响应 . 自然资源学报，29（10）：1770-1779.

黄金龙，王艳君，苏布达，等 . 2016. RCP4.5 情景下长江上游流域未来气候变化及其对径流的影响 . 气象，42(5)：614-620.

雷军成 . 2015. 气候变化情景下四川山鹧鸪适宜生境变化特征研究与保护关键区识别 . 南京：南京林业大学 .

李海宁，张燕菁 . 2015. 三峡水库进出库水沙特征及其影响因素分析 . 人民长江，46（5）：13-18.

李沁汶，王玉宽，徐佩，等 . 2019. 未来气候变化情景下横断山北部灾害易发区极端降水时空特征 . 山地学报，37（3）：400-408.

梁川，赵莉花，张博雄 . 2013. 长江江源高寒地区气候变化对水文环境影响研究综述 . 南水北调与水利科技，11（1）：81-86.

廖文梅，秦克清，童婷，等 . 2019. 长江经济带城市化与森林生态承载力协调关系研究 . 浙江农林大学学报，36（2）：349-358.
刘海，陈奇伯，王克勤，等 . 2012. 金沙江干热河谷典型区段水土流失特征 . 水土保持学报，26（5）：28-33.
刘晓冉，程炳岩，杨茜，等 . 2012. 我国西南地区 21 世纪气候变化的情景预估分析 . 西南大学学报（自然科学版），（9）：82-89.
刘璇，郭家力，张静文，等 . 2018. 气候变化影响下的赣江流域水资源变化趋势与幅度分析 . 水利水电技术，49（6）：39-46.
马健荣，邓建明，秦伯强，等 . 2013. 湖泊蓝藻水华发生机理研究进展 . 生态学报，33（10）：3020-3030.
孟国才，王士革，谢洪，等 . 2005. 岷江上游泥石流灾害特征分析 . 灾害学，20（3）：94-98.
彭福利，何立环，于洋，等 . 2017. 三峡库区长江干流及主要支流氮磷叶绿素变化趋势研究 . 中国科学：技术科学，47（8）：845-855.
彭清娥，刘兴年，黄尔，等 . 2018. 四川紫色土区强降雨情况下泥沙输移突增的临界条件 . 水利学进展，29（2）：204-212.
秦鹏程，刘敏，杜良敏，等 . 2019. 气候变化对长江上游径流影响预估 . 气候变化研究进展，15（4）：405-415.
冉飞，梁一鸣，杨燕，等 . 2014. 贡嘎山雅家埂峨眉冷杉林线种群的时空动态 . 生态学报，34（23）：6872-6878.
舒卫民，李秋平，王汉涛，等 . 2016. 气候变化及人类活动对三峡水库入库径流特性影响分析 . 水力发电，42（11）：29-33.
孙鸿烈 . 2008. 长江上游地区生态与环境问题 . 北京：中国环境科学出版社 .
孙惠惠，章新平，罗紫东 . 2018. 近 53 a 来长江流域极端降水指数特征 . 长江流域资源与环境，27（8）：228-239.
唐克丽 . 2003. 中国水土保持 . 北京：科学出版社 .
田丛珊 . 2016. 岷江上游未来气候变化下泥石流危险性评价 . 成都：成都理工大学 .
王冬，李义天，邓金运，等 . 2014. 长江上游梯级水库蓄水优化初步研究 . 泥沙研究，2：62-67.
王锐婷，范雄，刘庆，等 . 2010. 气候变化对四川大熊猫栖息地的影响 . 高原山地气象研究，（4）：57-60.
王雨茜，杨肖丽，任立良，等 . 2017. 长江上游气温、降水和干旱的变化趋势研究 . 人民长江，48（20）：39-44.
王元超，王旭，雷晓辉，等 . 2015. 丹江口水库入库径流特征及其演变规律 . 南水北调与水利科技，13（1）：15-19.
吴绍洪，黄季焜，刘燕华，等 . 2013. 气候变化对中国的影响利弊 . 中国人口 · 资源与环境，（5）：1-6.
向泓宇，梁婕，袁玉洁，等 . 2017. 东洞庭湖湿地越冬候鸟与环境因子的关系研究 . 中南林业科技大学学报，37（11）：154-160.
向柳，张玉虎，郭晓雁 . 2019. 四川省气候变化风险及适应对策研究 . 绿色科技，（4）：10-14，23.
肖舸，汤正阳 . 2018. 长江上游流域梯级水库群联合优化调度研究与实践 . 长江技术经济，1：75-80.
许金萍，王文，蔡晓军，等 . 2017. 长江中下游地区 2011 年冬春连旱及 2013 年夏季高温干旱环流特征及其与 Rossby 波活动的联系对比分析 . 热带气象学报，33（6）：992-999.
严晓瑜 . 2008. 不同时间尺度若尔盖湿地植被变化及其与气候的关系 . 北京：中国气象科学研究院 .

杨敏，毛德华，刘培亮，等 . 2019. 1951—2015 年洞庭湖水沙演变及人类活动对径流影响的定量评估 . 中国水土保持，(1)：38-43.

杨娜，赵巧华，闫桂霞，等 . 2016. 气候变化和人类活动对丹江口入库径流的影响及评估 . 长江流域资源与环境，25（7）：1129-1134.

杨佐忠，张顺谦，崔晓亮，等 . 2012. 气候变暖下四川气候响应及对紫茎泽兰入侵之影响 . 高原山地气象研究，(2)：51-56.

姚瑞华，王东，孙宏亮，等 . 2017. 长江流域水问题基本态势与防控策略 . 环境保护，19：46-48.

易湘生，李国胜，李阔，等 . 2018. 长江源区草地植被退化对土壤持水能力影响 . 长江流域资源与环境，27（4）：907-918.

袁玉洁 . 2017. 变化环境下洞庭湖水文情势的演变及湿地保护研究 . 长沙：湖南大学 .

詹万志，王顺久，岑思弦 . 2017. 未来气候变化情景下长江上游年径流量变化趋势研究 . 高原山地气象研究，37（4）：34-39.

张康，杨明祥，梁藉，等 . 2019. 长江上游水库群联合调度下的河流水文情势研究 . 人民长江，50（2）：107-114.

赵鹏，屈建军，徐先英，等 . 2019. 长江源区沙化高寒草地植被群落特征及其与地形因子的关系 . 生态学报，39（3）：1030-1040.

钟祥浩，刘淑珍 . 2014. 山地环境理论与实践 . 北京：科学出版社 .

周建军，张曼 . 2018. 近年长江中下游径流节律变化、效应与修复对策 . 湖泊科学，30（6）：1471-1488.

Wang W Z，Jia M，Wang G X，et al. 2017. Rapid warming forces contrasting growth trends of subalpine fir（*Abies fabri*）at higher-and lower-elevations in the eastern Tibetan Plateau. Forest Ecology and Management，402：135-144.

Yang Y，Wang G X，Yang L D，et al. 2013. Effects of drought and warming on biomass，nutrient allocation，and oxidative stress in *Abies fabri* in eastern Tibetan Plateau. Journal of Plant Growth Regulation，32（2）：298-306.

Zhu W Z，Wang S G，Yu D Z，et al. 2014. Elevational patterns of endogenous hormones and their relation to resprouting ability of Quercus aquifolioides plants on the eastern edge of the Tibetan Plateau. Trees，28：359-372.

Zong J M，Wang X X，Zhong Q Y，et al. 2019. Increasing outbreak of cyanobacterial blooms in large lakes and reservoirs under pressures from climate change and anthropogenic interferences in the Middle-Lower Yangtze River Basin. Remote Sensing，11（15）：1754.

第 15 章 粤港澳大湾区

主要作者协调人：王雪梅、董文杰
编　　　　审：王春乙
主 要 作 者：陈永勤、王伟文、李剑锋、罗　明、严鸿霖

▪ 执行摘要

粤港澳大湾区城市热岛逐年增强，21 世纪以来大幅增加，多个热岛中心形成一个大范围分布的半环状“U”形热岛群。大湾区亦可能成为我国未来高温致死率增加幅度最大的地区之一（中等信度）；未来的高温同时会加剧大湾区登革热与疟疾等虫媒传染病的流行传播（中等信度）。气候变化导致大湾区内的降水强度增加、降水天数减少，大部分降水特征在 20 世纪 80 年代和 90 年代发生显著变化，未来极端降水进一步增强并变得频繁（高信度），暴雨内涝的风险增加（高信度）。随着区域内城市社会经济的迅速发展，需水量急剧增加，水资源供需矛盾越发突出，近年来枯水事件威胁城市的用水安全；但未来径流量变化不明显（中等信度），干旱强度的历时可能增加（中等信度），水资源供需矛盾将进一步加剧。大湾区的海平面上升速率高于全球平均及中国沿海平均（高信度），且在未来仍然比全球平均高出 20%~30%（中等信度）。在海平面上升和降水分布改变的共同作用下，珠江口咸潮风险增加，威胁澳门和珠海等地区枯水期的供水安全。气候变化对大湾区空气质量，尤其对跨界污染物的输送有着重要影响。当极端天气发生时，跨界污染物输送会增加。尽管人为排放变化的影响较大，但气候变化对城市群空气质量的影响需要更多的关注和应对方案。

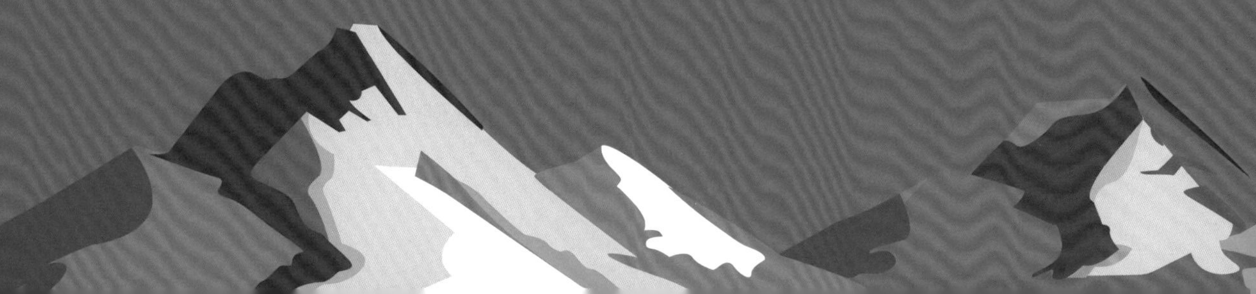

15.1 引　言

粤港澳大湾区是国家的重要发展战略区域，也是继续实施和推进“一国两制”伟大创举的地域。大湾区包括广东珠江三角洲（以下简称珠三角）地区的九个城市以及香港和澳门，面积 5.6 万 km^2、人口 6000 多万人。2016 年，粤港澳大湾区的 GDP 之和为 9.35 万亿元，总体经济规模与韩国相当。该区的聚集度、人口数量和密度及经济规模均为中国乃至全世界最高的区域之一，与纽约、东京和旧金山并列为全球四大湾区，是国家建设世界级城市群和参与全球竞争的重要空间载体，其将被打造成为具有全球影响力的国际科技创新中心，并成为“一带一路”建设的重要支撑。

粤港澳大湾区受亚热带季风控制，地处沿海和河口位置，水系发达，深受海陆共同作用的影响，自然环境和生态条件十分多样复杂，在多方面直接或间接地受气候变化的影响。在未来 40 年，预计将有 1.2 亿人居住在粤港澳大湾区的 11 个城市。在气候变化的背景下，这个建立在低洼沿海河口三角洲上的超级城市群未来可能越来越频繁地经受高温热浪、暴雨洪涝、台风风暴潮等灾害带来的影响，这些问题都会产生重大的经济、社会和生态影响。对这些问题开展影响评估，是探索区域可持续发展道路的必要途径。

大湾区内由于城市建筑物密集、许多城市通风不足，热岛效应非常突出，21 世纪以来热岛效应大幅增加。由于城市化和热岛影响，珠三角地区的热浪天数和热浪频数的增加幅度是广东其他地区的两倍。大湾区内由于温度和湿度较高，高温热浪将延长虫媒生物活动时间，提高虫媒繁殖速度，缩短病原体潜伏期而加速登革热、疟疾等传染病的传播与流行，从而进一步加剧公共卫生的负担。大湾区内高温伴随的高湿度和高浓度空气污染事件增加，这可能进一步加剧夏季极端高温对人体健康的影响和危害，导致相关疾病的发病率增加且死亡率升高。

大湾区高度城镇化导致不透水下垫面扩张，地表调蓄能力下降，同时排水系统淤塞老化等问题增加了城市内涝风险。区间雨洪和下游潮水顶托进一步加剧沿海沿江区域洪涝灾害风险，而行政区间防洪标准的不一致也是风险区域差异的原因之一。大湾区城市群人口密集，经济增长迅速，对水资源需求大，人均水资源量低。东江是大湾区中东部城市的主要水源；随着社会经济的迅速发展，河道外需水量增加，导致东江水资源供需矛盾越发突出，近年来的枯水事件威胁下游城市的用水安全。全球变暖条件下，珠江流域径流量变化、珠江口海平面上升、咸潮风险增加，给粤港澳大湾区城市水资源开发利用和跨界调水带来挑战。历史数据显示，粤港澳大湾区的台风登陆频数在 1949~2016 年呈下降趋势，但海平面上升速率高于全球及中国沿海平均，且近期存在加速上升趋势。海平面上升导致该区域的台风频数呈下降趋势，所以大湾区的风暴潮灾害发生频率没有显著的趋势变化。

本章在《中国气候与生态环境演变：2021》第一卷对粤港澳大湾区气候变化事实和趋势分析的基础上，梳理大湾区气候变化和生态环境演变所开展的研究，包括高温热浪与城市热岛、暴雨洪涝与水资源安全、台风和风暴潮与海平面上升，以及区域空气污染与大气环境保护，研究其受气候变化的影响和脆弱性、风险，并总结了在气候变化下大湾区采取的适应对策。

15.2　影响和脆弱性

15.2.1　高温热浪与城市热岛

粤港澳大湾区是中国经济活力最强、人口密度最高的地区之一，其人口城市化率已经超过了 80%，区内城市建筑物密集，许多城市通风不足，热岛效应（城市温度高于周边郊区的现象）非常突出，且日益加剧（Siu and Hart.，2013；Peng et al.，2018）。城市化对下垫面及上空热力学特征的改变，可能会导致城市地区增加的辐射输入转化为显热通量，进而增加城市蓄热，同时增加各种热气废气排放，导致热岛效应和极端高温与热浪事件（连续多天出现极端高温）之间的协同增效作用增强（Zhang N et al.，2016；Zhao et al.，2018）。与内陆城市相比，大湾区地处沿海地区，海陆热力差异对近地层气温影响较大，再加上海陆风影响，城市热岛强度比内陆城市小。由于城市化与城市热岛影响，1961~2014 年珠三角地区高温热浪事件的频数和天数的增加趋势是华南其他地区的两倍（Luo and Lau，2017）。

1. 区域特征

粤港澳大湾区内城市建设用地扩张现象显著，且空间分布越来越集中（图 15-1），其面积从 2006 年的 1.21 万 km^2 增加到 2016 年的 2.02 万 km^2，年均增长速度高达 6.65%（冯珊珊和樊风雷，2018）。随着城市化发展和不透水面积增加，大湾区内热岛强度呈逐年增强趋势（图 15-1）。珠三角地区年平均热岛强度从 1988 年的 0.1℃上升到了 2014 年的 1.8℃。1994~2014 年，珠三角城市群地表热岛强度 >3.0℃的热岛总面积从 6km^2 增加到了 4812km^2（张硕等，2017）。与 2000 年相比，2000 年后珠三角热岛强度增温率增加了 1 倍（Wang et al.，2014）。热岛效应导致香港城市地区在 1970~2015 年平均比农村地区温暖 0.865℃（To and Yu，2016）。1989~2014 年，香港夏季阈值＞ 4.8℃的极端热岛强度有显著增加趋势（Wang L et al.，2016）。随着持续发展的城市化进程，大湾区热岛强度可能继续增大（Chen and Jeong，2018）。

大湾区内的主要城市（如广州、佛山、中山、东莞、深圳）都出现明显的热岛效应。在大湾区 11 个城市中，有 8 个城市的热岛面积占比超过一半（杨智威等，2019）。从空间上看（图 15-1），大湾区热岛强度总体上呈中间高、四周低的空间格局，且珠江口两岸的广州、佛山、中山、东莞、深圳及香港西北部已形成一个相连的大范围分布的半环状“U”形热岛群。21 世纪早期（2000 年和 2008 年），珠江口东岸地区热岛强度高于西岸，以广州—佛山和深圳—香港两个热岛带尤为显著；近期（2016 年）随着城市用地迅速扩张，珠江西岸热岛强度增加较快，甚至高于东岸地区。虽然白天热岛中心与年均分布较一致，但夜间热岛中心主要分布于广州、佛山、肇庆、珠海、东莞、香港等地。大湾区内热岛强度呈较明显的季节变化规律，冬季最强、夏季最弱。与夏季相比，冬季（旱季）热岛面积明显扩大，较强等级的热岛中心集中在广州、佛山、东莞、深圳、中山等城市，并向东延伸至惠州东部、向西扩展到江门恩平（王志春等，2017）。与香港相比，广东深圳等市的城市热岛强度增强更加明显。

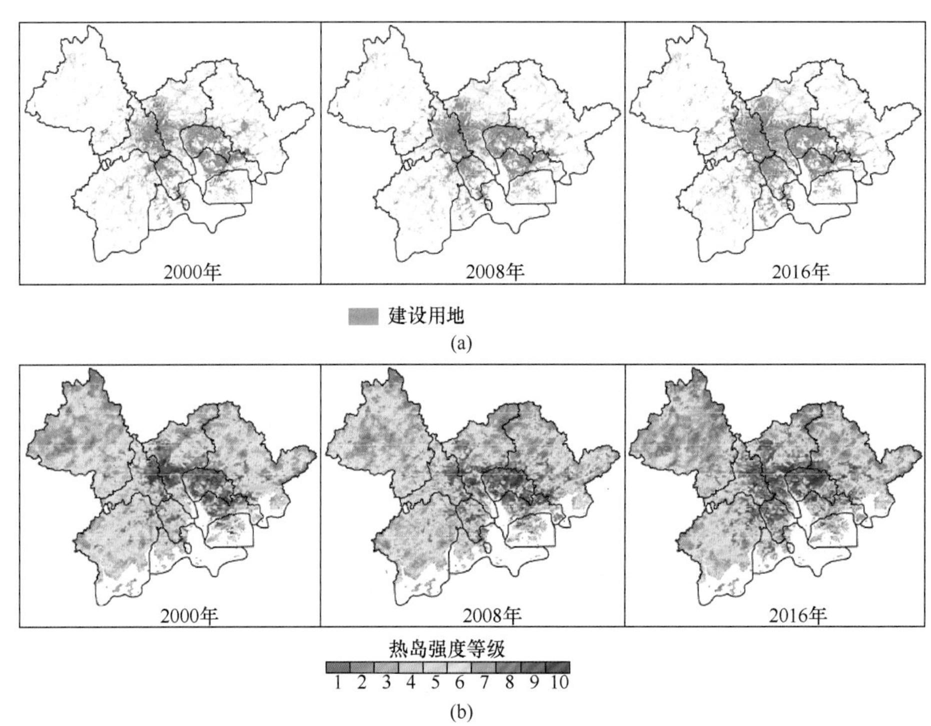

图 15-1 2000 年、2008 年、2016 年粤港澳大湾区城市建设用地变化及热岛强度等级空间分布（杨智威等，2018）

1961~2010 年，华南地区年平均气温以 0.16℃/10a 的速率显著上升，尤其以珠三角（0.3℃/10a）和华南地区冬季（0.27℃/10a）最为明显（《华南区域气候变化评估报告》编写委员会，2013）。基于气象站点资料与气候再分析资料的分析结果都表明，华南地区几乎所有区域的高温热浪事件都呈频数增加、强度增强、发生日期提前、持续时间延长的加剧趋势；尤其是珠三角地区，该地区夏季热浪频数的增加趋势是其他地区的两倍（Luo and Lau，2017）。华南地区日平均气温稳定在≥ 10℃的积温呈现增加趋势，空间上呈现由南向北逐渐降低的趋势，并且随海拔的升高而降低（戴声佩等，2014）。尤其 21 世纪以来，华南地区在 2003 年和 2013 年都遭受了严重的大范围的热浪袭击，2013 年我国南方 733 个站点中就有 285 个站点出现大于 40℃的极端高温（唐恬等，2014）。

在夏季，城市热岛会与极端高温及热浪产生叠加作用。与非高温日相比较，极端高温期间的城市热岛强度更大，其影响也更强。同时，城市热岛效应对极端高温的也有影响。与日间相比，夜间城市热岛效应更强，如在热浪期间广州夜间城市热岛强度增强了 0.8 ± 0.20℃(Jiang et al.，2019)。夜间城市热岛强度增强导致城区夜晚降温变慢，城市居民在白天和夜晚经历持续的高强度热胁迫，加剧了高温对城市居民健康的影响。

2. 高温热浪与城市热岛的影响

粤港澳大湾区内人口和建筑物密度高，极易受到高温热浪与城市热岛的影响，一旦遭受到高温热浪侵袭，造成的经济损失和人员伤害将会十分巨大。高温热浪可以引起用电用水量明显增加、劳动生产消耗高且效率下降等（Zhu et al.，2015）。华南地区是我国重要的粮食和主要热带作物的生产基地，高温天气容易引起作物生育期缩短、产量降低并导致相应的农业生产发生变化（Shi et al.，2015a；Zhang S et al.，2016）。1981~2009 年，高温（超过 35℃）天数增加导致早稻与晚稻分别减产 0.14% 与 0.32%（Zhang S et al.，2016）。受抽穗后期极端高温影响，1981~2010 年华南地区的早稻减产了 4.6%（Shi et al.，2015b）。

华南地区气候属于热带与亚热带气候，常年高温多雨，非常适宜传播媒介蚊虫的生长，从而为登革热与疟疾传播提供了有利条件，我国登革热与疟疾在历史上的多次暴发均集中在该地区（Xu et al.，2017；Yang S et al.，2017）。登革热的暴发与月平均气温和月降水量呈线性相关，而其发病率在 33℃后略有下降（Xu et al.，2017）。在日最高温介于 21.6~32.9℃时，气温每升高 1℃，登革热发病率将增加 11.9%（Xiang et al.，2017）。夏季时间和高温的持续延长，使居民露宿现象相应增加，造成人 – 蚊接触增多，疟疾流行程度增加且呈现向高海拔地区蔓延的趋势（杨坤等，2006）。1990~2010 年，粤港澳大湾区的新城市化地区，每年的蚊虫数量减少 12.6%，而现有市区中的蚊虫则每年增加 5.9%（Wang et al.，2020a）。

通过对华南地区若干城市与农村社区的对比研究发现，气温平均每增加 1℃，热浪导致的死亡人数增加 1.2%，且农村较城市更严重，女性大于男性，尤其是老年人群（Zeng et al.，2014）。与单日的极端高温相比，连续多天的高温事件（即热浪）对人群健康影响更甚，如果连续 5 天以上出现高温夜晚，人群死亡率将增加 7.99%（Ho et al.，2017）。2006~2011 年热浪期间，广州住院人数增加 2.6%（刘苑婷等，2015）。特别是高温伴随的高湿度和高浓度空气污染事件增加，可能进一步加剧夏季极端高温对人体健康的影响和危害，导致相关疾病发病率增加且死亡率升高。

此外，高温热浪对香港和澳门地区的环境、生态、经济等亦具有显著影响。高温容易导致香港地区高浓度的臭氧污染（赵伟等，2019）。高温天气也会增加劳动力成本，温度每增加 1℃，直接工作时长的百分比降低 0.33%（Yi and Chan，2017）。随着气候继续变暖，日益增多的高温事件可能加剧电力能源消耗。例如，气温每升高 1℃，香港地区电力消耗将增加 4%~5%（Jovanović et al.，2015；Ang et al.，2017）。

虽然农村社区脆弱性导致的高温热浪的死亡影响可能较城市大，但是因城市热岛和高温热浪事件的协同增效作用，城市居民遭受到的高温热浪效应更加严峻（Tan et al.，2010）。因此，城市居民（尤其是老年人和没有空调的居民）正面临更严重的健康威胁，远远高于仅受城市热岛或高温热浪的单一影响（Li et al.，2015）。高密度建筑引起的热岛效应和低风速使得香港市区高温期间的死亡率明显增加（Goggins et al.，2012）。2010~2016 年，香港地区由炎热天气引起的住院人数明显增加（Sun et al.，2019）；当气温高于 28℃时，每升高 1℃死亡率将增加 2%（Chan et al.，2012）。

极端高温与热浪频率和强度的增加，不仅造成了人群死亡率和发病率大幅提升，也增加了心脑血管疾病与呼吸系统疾病等慢性非传染病的发病数（Qiu et al., 2016；Sun et al., 2016；Yang J et al., 2013，2015a；Yi and Chan，2015）。例如，当气温从27.8℃上升到31.5℃时，香港的心肺疾病、心脑血管疾病、呼吸系统疾病的死亡率将分别增加14%、8%和33%（Yi and Chan，2015）；极端高温天气暴露还可能引发新生儿早产等（He J R et al., 2016）。值得注意的是，现有针对极端高温的健康效应研究主要集中于城市区域，而针对农村区域的高温热浪健康效应的研究还很缺乏，值得进一步探究。另外，各地区间是否存在显著的区域差异，以及影响这些差异的可能原因和机理，也值得进一步探讨。

除了对人群健康的直接影响外，高温天气还会加重云、雾、有害气体及烟尘在城市上空的积累，引发气象灾害，进一步威胁城市居民健康。最近针对珠三角地区的观测和模拟结果表明，人为热排放增加引起当地气象状况改变，影响城市空气质量分布变化（Xie et al., 2016）。大湾区内城市热岛可能会增强大气中的扰动混合，改变城市区域的热力环流特征，使得大气边界层加厚，从而导致二级污染物臭氧的夜间浓度增加（Li M et al., 2016）。

由于全球气候变化及城市热岛效应的影响，大湾区内城市的热舒适度恶化，特别是夜间制冷空调等设备的使用消耗更多的能源，制冷设备运行时产生的热量排放到空气中，形成城市区域热环境恶性循环，因而未来城市比郊区可能面临更严重的高温现象（Aflaki et al., 2017；郭秋萍等，2015）。另外，城市热岛效应导致城市区域空气相对湿度减小，其有利于“城市干岛”现象的发生和加剧（Luo and Lau，2019a；Lin et al., 2020），从而可能会导致城市生态环境恶化，植被减少，进一步加剧城市热岛和极端高温的发生。

极端高温导致土壤水分蒸发加剧，土壤和空气湿度降低，并使得植被光合作用减弱、呼吸作用增强，从而加剧陆地生态系统碳汇功能的降低（朴世龙等，2019）。与单一极端高温相比，连续多天的热浪事件与干旱灾害的协同作用会进一步降低植被生产力，导致生态系统碳的流失。高温事件引起的土壤、植被、空气等系统的水分和碳汇变化等还可能降低这些生态系统的生物多样性，对大湾区的本地物种保育带来较大威胁（香港环境局，2016）。由于不同类型植物对高温的适应性可能存在较大差异，高温热浪对大湾区不同类型、不同基因植被的影响还需进一步研究。此外，广东共有大型水库33座，极端高温热浪易导致湖泊、水库等水体的水位下降和面积萎缩，从而可能引发粤港澳大湾区夏季用水紧张。

3. 脆弱性

由于粤港澳大湾区内人口和建筑密度大，通风环境差，城市植被的空间较少，大湾区城市对极端高温热浪的敏感性较内陆可能更高；随着大湾区内社会经济的持续发展，人类活动对区域内环境和人类健康的影响会不断加强，极端高温热浪的区域敏感性将不断增大。高温热浪灾害的脆弱性及适应可以通过自然环境、社会经济、居民感知等多元化数据，对“暴露性－敏感性－适应性”一体化的高温热浪灾害脆弱性评价进行综合描述（罗晓玲等，2016）。其评估体系包括受灾环境的脆弱性、不同地区应对灾害的适应性、极端灾害的危险性以及承灾体暴露度的不同指标层（武夕琳等，2019）。

若综合考虑高温胁迫、社会脆弱性和人口暴露，珠三角地区属于中国高温灾害较高区域，其中东莞市市辖区是全国风险最高的 30 个县域单元之一（谢盼等，2015）。但与广东其他地区相比，珠三角地区对高温风险的适应性较高（罗晓玲等，2016）。就综合脆弱性而言，广东西部和北部内陆城市相对较高，南部和东部沿海城市较低（尤其是深圳）（Zhu et al.，2014）。然而，深圳由于女性人口占比、失业率较高，高温热浪的社会脆弱性也较高（谢盼等，2015）。此外，由于香港和深圳人口较多、人口密度大，这些地区发生高温事件时人群暴露性很高，其次为广州、佛山、中山和东莞。粤港澳大湾区内不同城市对高温热浪的风险及脆弱性的评估结果见表 15-1。

表 15-1　粤港澳大湾区与全国相比以及大湾区内不同城市对高温热浪的暴露性、敏感性、适应性和脆弱性评估

指标	大湾区	香港	澳门	广州	深圳	珠海	东莞	惠州	佛山	中山	江门	肇庆
暴露性	高	最高	最高	高	最高	中	高	中	高	高	中	中
敏感性	低	低	低	低	低	低	低	低	低	低	中	较高
适应性	高	最高	高	高	较高	较高	高	中	高	高	较高	较高
脆弱性	低	低	低	低	高	低	低	低	低	低	中	中

15.2.2　暴雨洪涝与水资源安全

暴雨可引发洪涝灾害、阻碍交通、冲毁公共设施和房屋，导致农作物被淹，威胁居民生命财产安全，影响社会经济发展。城市内涝是指暴雨导致的城市排水不畅而引起低洼地区严重积水，危害公共安全的灾害（刘俊等，2015）。粤港澳大湾区是由广州、深圳和香港等城市组成的超大城市群，城镇化程度高，快速城市化导致不透水下垫面扩张，地表调蓄能力下降，同时排水系统淤塞老化等问题增加了城市内涝风险。大湾区城市群处于珠江流域下游，是珠江三大子流域（西江、北江和东江）的交汇处，流域暴雨可导致珠江主干上游来水量增加并引发河道洪灾（肖恒等，2013）。香港、澳门和珠海等滨海城市受风暴潮侵袭和海平面上升的影响，其对暴雨期间的排涝也造成一定影响（宋连春，2017）。因此，上游来水、区间雨洪和下游潮水顶托的共同作用也往往导致并加剧城市洪涝灾害（陈洋波等，2017）。大湾区内城市间的排水系统建设标准具有差异性，广州和深圳等主要城市排水系统设计的暴雨重现期比较短，大部分地区小于 1 年一遇，而香港市区排水干渠系统设计的重现期达到 200 年一遇（刘洪伟等，2014；香港渠务署，2017）。综上所述，城市化是大湾区城市内涝风险的重要原因之一，区间雨洪和下游潮水顶托进一步加剧沿海沿江区域洪涝灾害风险，而行政区间防洪标准的不一致也是风险区域差异的原因之一。

粤港澳大湾区处于我国南方丰水区，珠江是该区域的重要水源。珠江流域虽然水资源充沛，多年平均径流量居全国第二位，但时空分布不均匀，为区域水资源安全带来一定挑战。该区域受亚热带季风气候控制，年平均降水量达到 2200mm，但具有较强的季节性，夏季降水占全年降水量的 72%~88%。大湾区城市群人口密集，经济增长迅速，对水资源需求大，人均水资源量低。东江是大湾区中东部城市如广州、深圳、香港等地的主要水源，随着社会经济迅速发展，河道外需水量增加，导致东江水资源供需矛盾越发突出，近年来的枯水事件威胁到下游城市的用水安全（涂新军等，2012）。香港降水丰富，但受集水面积狭小、缺乏大江大河等自然条件限制，本地水资源缺乏，因此香港自1965年起从东江跨界调水，目前东江水占香港饮用水供应量的70%~80%。另外，广州、澳门、中山等城市受水质性缺水或咸潮入侵等因素影响，其供水安全受到威胁。全球变暖条件下，珠江流域径流量变化，珠江口海平面上升，给粤港澳大湾区城市水资源开发利用和跨界调水带来挑战。

1. 主要影响

1）暴雨洪涝

全球变暖条件下大湾区降水规律发生改变。据60年观测资料统计，广州的暴雨频次有增加趋势，近20年来暴雨强度的增加幅度达9%，20世纪50年代每年平均暴雨次数是5.5天，到2000~2009年达到了8.7天（陈洋波等，2017）。1961~2015年广州地区约90%的暴雨发生在汛期，年及汛期前后暴雨日数，年及汛期前暴雨强度，以及年暴雨贡献率均呈现略增加趋势（艾卉和吴晓绚，2018）。大湾区城市的“热岛效应”使得温度较周边地区更高，上升的暖气团遇到外界的冷气团极易生成暴雨，形成“雨岛效应”，而“雨岛效应”多发生于湿热的汛期，高强度的降水在城市聚集且易导致内涝发生（陈洋波等，2017）。表征极端降水特征的极端降水指标变化具有不一致性，大湾区内降水强度增加、降水天数减少、短历时暴雨强度增加（表15-2）且变得更加频繁，导致内涝风险增加，以及最大日降水量、最大5日降水量、超过99分位数降水强度的极端降水等指标具有不显著上升趋势（Zhang et al.，2012b；Zhao et al.，2014）。大部分极端降水指标在1986/1987年和1997/1998年等年份发生显著变化（Fischer et al.，2012）。据香港1885年开始的降水观测统计，1h、2h和3h极端降水发生频率显著增加，极端降水对年总降水的贡献增加显著，平均每十年增加22mm，1h降水量超过100mm的重现期从1900年的37年显著减少到2000年的18年（Wong et al.，2011）。

表15-2 大湾区降水量和径流量在过去观测到的和未来预估的变化情况

指标类别	指标	过去观测		未来预估	
		变化情况	相关文献	变化情况	相关文献
暴雨洪涝	小时暴雨强度	显著增加	Yu et al.，2010；Wong et al.，2011；Shou et al.，2020	—	—
	日极端降水强度	不显著增加	Zhang et al.，2012b；Zhao et al.，2014；Duan et al.，2017	增加（高信度）	Li et al.，2013a，2013b；Chan et al.，2016
	日极端降水频率	不显著增加	Liu et al.，2016；Duan et al.，2017	增加（高信度）	Li et al.，2013b；Chan et al.，2016；Xu et al.，2019
	年最大径流量	西江和北江增加，其他区域减少	Wu et al.，2013；Zhang et al.，2015	增加（高信度）	Yuan et al.，2016；Li J et al.，2016

续表

指标类别	指标	过去观测		未来预估	
		变化情况	相关文献	变化情况	相关文献
水资源安全	年降水量	不明显	Liu et al., 2016	变化不大或轻微上升	Yan et al., 2015；Li J et al., 2016
	年径流量	20 世纪 80 年代前增加，20 世纪 80 年代后减少；总体变化趋势不明显	Zhang et al., 2012a；Lin et al., 2014；杨远东等，2019	RCP8.5 下降，RCP2.6 变化不大	Li J et al., 2016
	枯水流量	1956~2000 年显著增加 1989~2011 年不显著下降	Chen et al., 2012；周平等，2016	下降（中等信度）	Yan et al., 2015

2017 年 5 月 7 日广州增城的雨量站 3h 内记录到 586mm 的降水量，该暴雨在增城、花都和黄埔等地区造成严重内涝（Zhang et al., 2019）。气候变化和人类活动导致河道洪水的变化，西江和北江年最大径流量有增加趋势，洪峰强度增加，珠三角地区洪水强度和频次加剧，洪水风险增加（顾西辉等，2014）。2005 年 6 月珠江流域的持续性暴雨和局部高强度特大暴雨导致主要河道水位上涨，西江中下游出现百年一遇特大洪水、北江出现十年一遇洪水；西、北江洪水进入珠三角后，恰逢受 19 年来最大天文大潮影响，同时东江也发生 20 年最大的一次洪水，导致珠三角发生特大洪水（易越涛，2005；谢振强，2006）。综上，暴雨变得极端和频繁，增加了城市内涝风险；极端降水增加导致河道水位上升，提高了河道洪水风险；河道洪水到达沿海城市后若遇上天文大潮，则洪水更加严峻。

2）水资源安全

气候变化影响降水和蒸散发等水文要素的变化规律，影响陆面水文过程，导致河道内径流量改变，影响大湾区城市供水稳定和安全。全球变暖背景下，区域内年降水量变化不明显，春冬降水量增加、夏秋降水量减少，全年降水天数显著下降；虽然气温显著上升，但蒸发皿观测值却呈现显著下降趋势（Liu et al., 2010, 2016；Chen et al., 2011；周平等，2016）。在气候变化、河道外取水增加、水库调节、土地利用变化等共同影响下，珠江主要水文站的年径流量在 20 世纪 80 年代前呈现增加趋势、80 年代后呈现减少趋势（Chen et al., 2012；Zhang et al., 2012a；周平等，2016；Wu et al., 2019）。Chen 等（2012）分析 1956~2000 年的月径流量指出枯水期径流量明显增加，而周平等（2016）分析 1989~2011 年的资料认为枯水期径流量不显著下降。水库建设调度对东江径流量有重要影响。Tu 等（2015）指出东江内的新丰江、枫树坝和白盆珠水库调度对径流量年际波动减少的贡献率分别是 21%、10% 和 2%。枯水期的降水增加、潜在蒸散发下降和水库季节性调度是东江枯水期流量增加的原因（Wu J et al., 2018）。随着区域内城市社会经济迅速发展，需水量急剧增加，水资源供需矛盾越发突出，近年枯水事件威胁着城市的用水安全（涂新军等，2012）。由于气温上升、降水变率加大，2002~2005 年东江连续 4 年严重干旱、2007 年出现罕见的秋冬连旱、2009 年各大水库接近死库容，主要分水控制断面没有达到最小控制流量（林凯荣等，2011）。另外，枯水期干旱少雨，受上游来水偏少、河道下切和海平面上升等因素影响，珠江口咸潮活动增强，严重威胁澳门和珠海等地区的供水安全（Yuan et al., 2015；徐爽和侯贵兵，2017）。2009年8月以后珠江降水异常偏少，从而径流量减少，同时海平面上升，导致2009/2010年枯水期珠江口磨刀门水道发生咸潮，并且具有出现早、来势猛、影响大的显著特征（孔兰等，2011）。因此，随着气候变化条件下降水和气温特征的变化，需水量上升，对东江径流造成一定压力，同时水库建设调度对东江径流有重要作用，使枯水期东江径流量增加。

水资源变化对农业生产、生态环境等各方面产生重大影响。例如，2005~2006年发生在珠三角的历史罕见的咸潮入侵，不仅威胁广州、珠海、中山等地的用水安全，也严重影响早稻插秧，如广州番禺近1/3的稻田无法下插（全球水伙伴中国委员会，2016）。气候变化下，咸潮入侵增加和枯水期来水减少等情况均能导致水质恶化，从而影响生态环境系统（Chen et al., 2009）。水资源变化影响生态环境流量，使其难以满足生态用水需求，导致自然生态系统发生改变（Du et al., 2013；张建云和王国庆，2007）。

2. 脆弱性

1）暴雨洪涝

暴雨洪涝风险与洪涝灾害特征、社会经济暴露度、敏感性和适应力等因素有关（Yang L et al., 2013）。气候变化背景下，暴雨强度、历时及频率等特征发生变化。同时，粤港澳大湾区高度城市化，形成“雨岛效应”，城市降水量与郊区相比增加5%~11%，导致城市内涝和河道洪灾的特征也发生相应变化（万榆等，2016）。大湾区城市的社会经济快速发展，人口增加，使暴雨洪涝的暴露度增大，暴雨洪涝时的可能损失和伤亡将会增加。随着城市化进程加快，城市建筑密度与不透水面的面积均在增加，城市地表硬底化，植被覆盖率下降，调蓄能力下降，使得径流系数增大、洪峰增加，同时使得暴雨汇流时间缩短、洪峰提前；排水系统标准低、老化和堵塞等问题，使得城市内涝风险增大（陈洋波等，2017；顾西辉等，2015）。另外，外江洪水和潮水顶托也对大湾区城市内涝的发生造成影响。例如，外江水位较高时，会降低城市排水系统的排水功能，引起低洼地区内涝。土地利用改变、水库建设调度等人类活动也影响着河道洪水的特征。夏汉平（1999）指出，森林植被被严重破坏、珠江水土流失加剧、江河湖泊淤塞是珠江发生洪涝灾害的主要原因之一。因此，处于重要发展阶段的粤港澳大湾区水资源系统受到气候变化的影响，伴随着人类活动的干扰，其总体呈现多维性、多变性与不确定性，属于脆弱地区（Yang L et al., 2015）。

暴雨引发的洪水可以冲毁路基、路面及其他公路设施，易在低洼区形成积水（如行车隧道）并造成交通堵塞，其是影响公路交通的最主要的自然灾害。随着暴雨引起的江河水面上涨，水流情况随之改变，暴雨内涝也会对水上交通造成严重影响。粤港澳大湾区属于高密度城市群，特别是香港、广州和深圳等地区，密集的城市建筑导致地表径流下渗减少、径流系数增加，市区内的低洼区域容易造成积水集中，进而引发交通堵塞。暴雨内涝使得交通堵塞，给居民日常出行带来困难。洪水可能破坏电力设施，造成大范围的电力中断事故，因此会对城市的正常运转造成影响。2012~2016年的五年间广东因暴雨洪涝遭受的直接经济损失共 201.7 亿元，死亡人数 127 人，农作物受灾面积达 34.7 万 hm^2。香港和澳门也因暴雨，多年出现电力中断、人员受伤的事故（宋连春，2017）。暴雨内涝造成路面深积水，冲毁公共设施（如电杆、行道树），这些事件会使人们暴露在危险之中。

2）水资源安全

全球暖化改变区域水文循环，使得总降水量和降雨季节分布等规律发生变化，从而影响以降水补给为主的珠江水资源量。Li J 等（2016）指出，即使年降水量不变，日际波动增加也可改变实际蒸散发，从而影响水资源量。河川径流量及其变化受气候变化、土地利用改变、水利工程水量调节以及用水消耗等影响。随着社会经济发展，大湾区城市用水量增加，从而增加供需矛盾的风险。通过对 1956~2009 年实测径流量、天然径流和降水资料进行分析，涂新军等（2012）指出气候变化、水利工程水量调节、土地利用变化和用水消耗对东江径流分配分布特征的贡献率分别为 1.0%、–33.5%、–9.0% 和 4.5%。径流量对气候变化和人类活动的敏感度有一定季节特征。枯水期径流量变化受人为水资源调控的影响较大，因此枯水期对人类活动和气候变化的响应比丰水期大（Tu et al.，2012）。咸潮对珠海、澳门等珠江口城市的水安全具有重要影响，其发生对海平面上升具有一定敏感性。通过模拟实验，Yuan 等（2015）认为海平面上升 0.1m 即可导致珠江口咸潮入侵情况增加，上升 0.5m 咸潮入侵范围扩大明显。植被作为连接大气、水体、土壤的重要纽带，在水土保持、气候调节和稳定生态系统等方面具有重要作用。在未来气候变化及人类活动影响下，珠三角植被覆盖和植被生长状态发生变化，一方面对植物节流、蒸散发、下渗、产流等陆面水文过程造成影响，改变区域径流演变；另一方面对局部气温和降水规律也产生一定作用，从而对气候变化下水资源评估构成一定挑战（李天生和夏军，2018；王永锋和靖娟利，2018）。

15.2.3　台风、风暴潮与海平面上升

台风的直接致灾方式有风、浪、暴雨和风暴潮，这 4 种方式在台风由海面向陆地推进的过程中有着不同的主要影响和组合方式；在海上主要是风浪，在海岸带上是风、浪和风暴潮，在陆上主要是风和暴雨，每种灾害又可能衍生次一级灾害，形成台风灾害链（高建华等，1999）。对于粤港澳大湾区的台风影响，这里主要关注海岸带和陆地上的几种影响方式，其中暴雨洪涝的影响已经在 15.2.2 节讨论过，这里主要讨论由台风引起的风、浪和风暴潮对该地区的影响。风、浪和风暴潮的影响往往会叠加在气候变化和海平面上升的背景场上，海平面上升对珠江三角洲地区的影响也是本节讨论的重点。海平面上升是一种缓发型灾害，其间接效应导致洪涝、风暴潮、海岸侵蚀、咸潮、海水入侵和土壤盐渍化等灾害加剧，而长期累积效应则直接造成滩涂损失、低地淹没、生态环境破坏等（凌铁军等，2017）。

1. 台风对大湾区的影响

2016 年以来，在粤港澳大湾区造成较大影响的台风有 2016 年的“妮姐”、2017 年

的“天鸽”和2018年的“山竹”，这3个台风分别在深圳大鹏半岛、珠海金湾区和江门台山登陆，登陆时中心附近的最大风力都达到14级。2016年第4号台风“妮妲”对广东、湖南、广西、贵州和云南5省（自治区）均造成较大影响。2017年第13号台风“天鸽”，登陆时恰逢天文大潮，为珠海、香港、澳门等城市带来重大破坏。2018年第22号台风“山竹”，其致灾强度之大、受灾范围之广、影响时间之长历史罕见，12级以上风圈笼罩粤港澳大湾区，珠三角沿海有12个站点超历史实测最高潮位，13个站点超100年一遇，广东全省有超过46.33万棵园林树木因强风倒伏、折断，珠三角低洼区域海水倒灌致使约9.1万辆汽车受淹，广东全省直接经济损失144.22亿元（贺国庆，2019）。

此外，台风外围的下沉气流可能会导致珠三角地区出现高温热浪和污染物的高浓度积累（高信度）（廖志恒等，2015；王媛林等，2017；高晓荣等，2018；Chow et al.，2019）。受台风外围下沉气流的影响，各气溶胶成分的浓度均有明显增加，台风降水前的大风对各种气溶胶（含海盐、非海盐气溶胶）的清除作用非常显著，而台风降水期间$PM_{2.5}$中的海盐气溶胶浓度则可能呈现快速上升趋势（刘建等，2017）。台风外围可能在大湾区形成臭氧和气溶胶都高的“双高”污染情景，$PM_{2.5}$的增长主要是由细颗粒物散射引起的，而光化通量是造成双高的关键因素（Deng et al.，2019）。除上述普遍认知的灾害或不利影响外，也有研究指出台风可能存在一定的有利影响。以香港为例，台风对香港的有利影响至少包括以下3个方面：①打破干旱天气的水源供应；②对风能的贡献；③降温效应（Lam et al.，2012）。

1961~2018年，登陆我国的台风个数无明显线性趋势（第一卷第10章）。与全国情况略有不同的是，我国南海沿海各地区的台风频数、强度、路径和入射角的统计特征显示，珠三角地区的台风登陆频数在1949~2016年呈下降趋势（高信度）（殷成团等，2019）。基于香港天文台的一套热带气旋警告信号，可以评估台风对粤港澳大湾区影响的变化趋势。其中，信号8表示香港近海平面处正在或预料会普遍遭受烈风或暴风吹袭，持续风力达每小时63~117km，阵风更可能超过每小时180km且风势可能持续。该气旋警告信号的历史记录分析结果显示，1956~2014年，香港天文台悬挂8号以上信号的次数呈下降趋势（通过显著性检验）（Wang and Zhou，2017）。

2. 风暴潮的影响

珠三角地区是中国海岸带中风暴潮灾害最集中的区域之一，影响粤港澳大湾区的风暴潮主要是由热带气旋引发的台风风暴潮。广东沿海平均每年都要受5~6次台风袭击，发生较严重的潮灾1~2次；由于登陆方向、地形、天文潮等因素影响，台风风暴潮的时间（季节、昼夜等）变化特征不一定与台风完全吻合（凌铁军等，2017）。广东的台风风暴潮主要发生时间为7~9月，其中7月最多、9月次之，雷州半岛东岸偏多、偏强；风暴潮灾害则主要发生在7~10月，以7月最多，灾害频发区排名第一的为珠江口，灾害严重区排名第一的为汕头（董剑希等，2014）。由于接近珠江口的台风数量有所下降，在平均海平面上升的背景下，极端海平面事件的发生频率没有显著的趋势变化（中等信度）（Wang and Zhou，2017）。

台风风暴潮导致耕地淹没、农业产量受损。以 2010 年为例，评估不同风暴潮增水情景下珠三角地区耕地受灾空间分布特征及农业产量损失情况：低估计情况下风暴潮引起的耕地淹没面积占耕地总面积的 3.61%，高估计时该比重增加到 5.47%，其中广州、江门、珠海、汕尾、惠州、佛山等地市受风暴潮影响的情况较为严重；从耕地淹没造成的农业产量损失来看，蔬菜的损失产量普遍较高，其次是稻谷，花生受灾害影响较小，其中蔬菜损失最严重的是广州，稻谷损失最严重的是江门（康蕾等，2015a）。

3. 海平面上升的影响

海平面变化具有明显的区域差异，不同研究的估算结果也略有不同。多尺度特征研究指出，不同水域（验潮站）海平面变化的时间模态存在空间上的非均一性，这意味着局地生态环境、水动力和地貌动力过程，以及与人类活动相关的机制都可能推动海平面上升（Zhang and Ge，2013）。但从过去不同研究中能得到两个高信度的结论：其一是珠江口的海平面上升速率高于全球平均及中国沿海平均；其二是珠江口的海平面与全球、中国沿海平均一样，都存在近期加速上升的趋势（王国栋等，2014；何蕾等，2014；He et al.，2014；Wang L et al.，2016）。这也意味着，海平面上升对粤港澳大湾区的影响可能会大于全国多数沿海地区。其中，珠三角海平面上升速率高于全国沿海平均，这可能是由于南海海平面上升速率高于渤海、黄海和东海的海平面上升速率（第一卷第 5 章）。数值模拟研究认为，台风增强可能对粤港澳大湾区风暴潮的影响较大，而海平面上升则可能对珠江口的浪高影响更大（Yin et al.，2017）。

除了会加剧台风风暴潮危害外，海平面上升还可能造成粤港澳大湾区咸潮入侵和海岸侵蚀。咸潮入侵方面，2013 年 1~2 月，受珠江口沿海海平面明显偏高和上游来水偏少等影响，中山持续受到咸潮影响，累计影响水厂供水时间超过 20 天。2014 年 2 月，珠江口沿海海平面明显偏高，5 日珠江口发生严重咸潮入侵，最大上溯距离超过 60km，影响中山多个水厂取水（凌铁军等，2017）。海岸侵蚀方面，2002~2013 年，深圳金沙湾海滨浴场岸段侵蚀面积超过 1.4 万 m^2，约占浴场沙滩面积的 25%。2010~2014 年，深圳惠深沿海高速公路土洋收费站附近，283m 的岸段发生海岸侵蚀，最大侵蚀距离为 18.71m，平均侵蚀距离 9.47m（凌铁军等，2017）。海平面上升也对河口湿地和红树林等自然生态系统造成了影响（高如峰，2012；傅海峰等，2014）。海平面上升后，珠江口的盐度、层结和潮差都会随之增大，河流输入的停留时间变长，这将增加溶解物质的滞留时间，从而影响生物地球化学过程（Hong et al.，2020）。咸潮上溯也抑制了河道水体中铵盐的硝化作用，导致河段 DO 含量增加，珠江西四口门各入海河道上游优势植物群落已由喜淡水植物变为广适性植物（刘明清等，2013）。

4. 脆弱性

风暴潮的脆弱性评价是对受灾体在面对风暴潮灾害时的易损程度的评估。根据受灾人口、死亡人口、直接经济损失等指标构建风暴潮灾害的脆弱性指数，其可作为衡量沿海各省区面对风暴潮灾害相对脆弱性的指标（谭丽荣等，2011）。但该划分方法的指标界限有时并不容易确定，因为损失的大小往往与预报是否准确、抗灾措施是否及时得力有关，同时受灾面积与暴雨强度、范围、持续时间等也有很大关系，不一定全是风暴潮所致；因此，需要根据各城市岸段的实际情况做出科学合理的评估（游大伟等，2012a）。依据科学性、完备性、可操作性等原则，综合考虑风暴潮灾害实际对沿海地区农作物、海水养殖、房屋、海岸工程、作业船只等造成的影响，从灾害暴露性、敏感性和适应性 3 个层面的要素建立风暴潮脆弱性评价指标体系，评价沿海地区风暴潮灾害的脆弱性（袁顺等，2016）。

从粤港澳大湾区的地形来看，低洼地区主要分布在珠江口西岸和西北方向，包括中山、珠海以及广州的番禺、南沙等市（区）。风暴潮脆弱性评估显示，大湾区内位于珠江口中西部低洼地区的珠海、番禺和台山是风暴潮风险在全广东最高的市（区），而同在大湾区内的广州市区和佛山顺德由于离海岸带相对较远则被列为风暴潮风险最低的市（区）（Li K and Li G S，2013）。表 15-3 归纳了粤港澳大湾区 11 个城市应对洪灾的暴露性、敏感性、适应性和脆弱性在湾区内的评估（Yang L et al.，2015）。香港和中山是暴露性最高的大湾区城市，原因为香港主要被海洋和河口包围，而中山主要是地势低洼。其他珠江口中心城市如澳门、广州、深圳、珠海、东莞的暴露性都较高，而肇庆受海洋的影响最小，使得其暴露性最低。澳门和香港排在敏感性的前两位，而肇庆和惠州由于发展相对落后而导致敏感性也较高。适应性最高的是香港和澳门，其次为深圳、广州和珠海。结合暴露性、敏感性和适应性，得出大湾区城市脆弱性的分级排名，中山、东莞和澳门处在脆弱性的高级别，深圳和广州等城市处在脆弱性的中级别，香港和肇庆则处在脆弱性的低级别。

表 15-3 粤港澳大湾区 11 个城市应对洪灾的暴露性、敏感性、适应性和脆弱性在湾区内的评估

指标	香港	澳门	广州	深圳	珠海	东莞	惠州	佛山	中山	江门	肇庆
暴露性	最高	较高	较高	较高	较高	较高	低	中	最高	中	低
敏感性	最高	最高	较高	较高	中	低	较高	中	低	中	较高
适应性	最高	最高	较高	较高	较高	中	低	中	中	中	低
脆弱性	低	较高	中	中	中	较高	中	中	最高	中	低

15.2.4 区域空气污染与大气环境保护

气候变化可以影响大气污染物的类型比例、扩散、沉降，以及不同污染物间的相互作用。区域气候变化可以由大尺度气候变化或局地驱动因子引起，而区域气候变化则可能直接影响空气质量。例如，区域气候变化可能使得地面风速减弱，直接导致污染物在区域内积聚，从而影响区域空气质量。除直接影响外，区域气候变化还可能间接影响大气污染物的排放。由于气候和空气质量之间的相互作用很强，大气污染物排放也可通过反馈过程影响气候变化。

1. 气象条件与气候变化影响

1）气象条件与跨界污染物输送

气象条件对粤港澳大湾区年际和季节尺度大气污染（SO_2、PM_{10} 和 O_3）的影响评估表明，较高的大气污染物浓度主要发生在以下天气条件：较低的对流层中层温度梯度、较低的相对湿度、北风和东风异常（Tong et al.，2018a）。此外，不同污染物和不同高度的气象要素之间的相关性在不同季节也各不相同。总的而言，冬季地面污染物对气象要素变化的敏感性大于其他季节，O_3 对气象要素变化的敏感性与 SO_2 和 PM_{10} 的敏感性不同。此外，从地面向上直至对流层中部的气象要素对近地面空气质量有着重要影响，高层的气象要素与地面空气质量之间也有着重要而独特的联系。

由于粤港澳大湾区城市分布密集，跨界输送是该地区空气污染的重要贡献因素之一。例如，跨界空气污染输送是香港 2002~2013 年年均 PM_{10}、$PM_{2.5}$、SO_2 和 NO_2 的主要贡献因素之一（Luo et al.，2018）。区域跨界空气污染（大湾区内城市之间）和当地排放贡献在夏季对大湾区空气质量的影响最大，而跨区域空气污染输送（来自大湾区以外）在秋季和冬季贡献最大（Hou et al.，2019）。除季节变化外，区域跨界空气污染输送还显示出明显的空间变化。由于西南风的影响，冬季和秋季珠三角地区西部城市（即佛山、江门、中山和珠海）的区域传输空气污染占比较高，而东部城市（即惠州、深圳和香港）的区域传输空气污染占比较低。华东地区的空气污染能通过区域传输到大湾区，并对主要污染物有显著影响，而大湾区东部的人为排放则对香港西部的 O_3 污染有着显著贡献（Guo et al.，2009）。

2）气候变化的影响

气候变化对粤港澳大湾区的区域空气质量有着显著的影响。例如，香港的部分热浪事件与距离香港东北方向 1100km 左右处的热带气旋有关，与此同时，香港的地面污染物浓度增加主要是由风速较低和降水量较少引起的（Yim et al.，2019a）。1990~2010 年的热带气旋和空气质量数据分析显示，在一定区域范围内的热带气旋使平均的 O_3 浓度提高了 58%~82%、PM_{10} 和 SO_2 提高了 70%~100%（Lam et al.，2018）。热带气旋对跨界空气污染的影响研究表明，当热带气旋接近时，高空（≤ 900hPa）的北风增强导致跨界空气污染输送增加，香港地面污染物浓度增加（Luo et al.，2018）。同时，由于降水的减少和北风 / 东风的增加，污染物的寿命因此延长，从而加剧了污染物从中国内陆传输到珠三角地区。

研究评估了 2002~2016 年四次厄尔尼诺 – 南方涛动（ENSO）事件和 20 次热浪事件中，当地排放源和跨界空气污染输送对香港的颗粒物、SO_2 和 NO_2 的贡献（Yim et al.，2019b）。首先确定 2002~2016 年两个主要的厄尔尼诺事件：2015~2016 年超强厄尔尼诺事件（15~16VSEN）和 2009~2010 年强厄尔尼诺事件（09~10SEN），以及两个主要的拉尼娜事件：2007~2008 年强拉尼娜事件（07~08SLN）和 2010~2011 年中等强度拉尼娜事件（10~11MLN）。评估发现，两次厄尔尼诺事件期间的降水量增加、700hPa 以下的偏北风频率降低、风速总体变强，因而跨界空气污染输送对污染物的贡献显著并在持续减少。相比之下，两次拉尼娜事件期间的降水量减少、900hPa 以下的偏北风频率较高、地面风速较弱，其有利于远距离污染物传输并在本地积累，因而使得跨界空气污染输送成为环境颗粒物浓度增加的主要原因（Yim et al.，2019a）。

此外，粤港澳大湾区的城市化也可能通过改变区域气候而影响区域空气质量。在粤港澳大湾区，城市变暖使 O_3 浓度在白天减少了 1.3 ppb[①]，在夜间增加了 5.2 ppb（Li M et al.，2016）。O_3 的这种变化主要是风速变大且大气边界层高度增加而导致氮氧化物被稀释，氮氧化物的滴定效应（NO 与背景大气中的 O_3 反应生成 NO_2，从而降低 O_3 浓度的化学过程，因其具有 1 ∶ 1 的定量关系，故称为滴定效应）被抑制，从而使夜间 O_3 浓度增加，而通过减弱光化学产生过程可使得白天 O_3 减少。相关研究指出，城市化形成的气候变化令 O_3 增加，同时导致与 O_3 有关的过早死亡人数增加 39.6%（1100 人死亡），并由此提出了“精准环境管理”的新概念，其强调在制定城市环境政策时考虑特定的大气条件和城市大气污染物成分的重要性（Yim et al.，2019b）。

2. 大气污染对气候变化的反馈

基于耦合气候 – 空气质量模型，在云分解尺度上评估了粤港澳大湾区 2008~2012 年气溶胶的直接辐射强迫及其对深对流云的影响（Liu et al.，2018b）。评估显示，气溶胶通过增加大气稳定度来抑制深对流，从而减少地面蒸发。由于地面蒸发减少且向上运动减弱，对流层上层的相对湿度降低。云量的减少抵消了 20% 的气溶胶直接辐射强迫。较弱的垂直混合进一步使地面气溶胶浓度可增加至 2.90μg/m^3。评估结果表明，气溶胶直接辐射强迫对粤港澳大湾区的深对流和区域空气质量有着重大影响。另外，气溶胶对降水也有显著影响，在广东一场破纪录暴雨中气溶胶 – 云相互作用导致珠江口和沿岸地区的降水最高增加了 33.7mm（Liu et al.，2020）。

15.3 风　　险

15.3.1 高温热浪与热岛加剧风险

无论在何种温室气体浓度情景下，未来粤港澳大湾区及其所在的华南地区的极端高温热浪事件将明显增多增强（高信度）（Wang et al.，2015; Zhu et al.，2019）。在 SRES A2 情景下，华南地区高温热浪强度增加幅度虽较华东及华北地区小，但其增幅超过了 100%，热浪平均持续时间为 9.1 天，与 1961~1990 年相比增加超过了 30%（杨红龙等，2015）。在 RCP4.5 情景下，2041~2060 年、2061~2080 年和 2081~2100 年，广东和广西中部等地人口对高温的暴露度均超过 15.0×10^6 人 · 天，且范围逐渐扩大（张蕾等，2016）。与 1961~2010 年相比，在 RCP4.5 和 RCP8.5 情景下，2061~2100 年酷热事件将分别增加 185% 和 319%（He et al.，2018）。在 RCP2.6、RCP4.5 和 RCP8.5 情景下，与 1980~1999 年相比，21 世纪末（2090~2099 年）香港地区平均温度将分别升高 3.0℃、4.8℃和 6.8℃（Ginn et al.，2010），平均每年极热天数和炎热夜数将由 1980~1999 年的

① 1ppb=10^{-9}。

9 天及 16 夜分别增加至 2090~2099 年的 89 天及 137 夜（Lee et al.，2016）。体感温度也将显著增加（Cheung and Hart，2014；Li J et al.，2018；Tong et al.，2017），21 世纪香港每年极端“暖湿”天气（日最高湿球温度在 28.2℃或以上）日数和每年最长连续极端“暖湿”天气日数都会增加，增加幅度在 RCP8.5 情景下最为显著（Tong et al.，2017）。

如果考虑未来城市化及土地利用变化的协同影响，粤港澳大湾区内高温热浪风险还将增大（Wang et al.，2012；Chen et al.，2016）。IPCC 数据降尺度模拟预测，香港地区的气温将于 2039 年升高 0.67℃，而高密度城市核心区将升高近 2℃（Nichol et al.，2014）。预计在高浓度温室气体排放情景下，香港地区的热夜日数到 21 世纪中叶接近 3 个月，21 世纪末更增至约 5 个月。除城市化直接影响外，由于华南地区的高温热浪事件在年际尺度上易受前期冬季厄尔尼诺事件的影响并加强（Luo and Lau，2019b；Gao et al.，2020），全球变暖导致超强厄尔尼诺事件的发生风险增加（Cai et al.，2014），从而可能会进一步加剧华南地区极端热浪的发生。

未来不断增强的极端高温与热岛效应也加剧了大湾区内人群健康风险。与 1985~2014 年相比，到 2080 年间日疟原虫和恶性疟原虫疟疾两种疟疾发病率在 RCP4.5 情景将分别增加 34.3% 和 47.1%，而在 RCP8.5 情景下将分别增加 49.8% 与 79.6%，中华南地区的预估结果与全国基本一致（Hundessa et al.，2018）。与 1997~2012 年的平均值相比，华南地区 21 世纪 20 年代、50 年代、80 年代全年适于登革热传播的日数在 RCP4.5 情景下将分别增加 10 天、15 天和 20 天，RCP8.5 情景下将分别增加 15 天、25 天和 40 天；终年流行区面积在 RCP4.5 情景下将分别增加 3962km^2、5436km^2 和 8260km^2，RCP8.5 情景下分别增加 4535km^2、8780km^2 和 20680km^2（杜尧东等，2015）。与我国其他地区相比，华南地区人口密度大、城市化水平高，较大可能成为未来高温导致的人群归因死亡率增加幅度最高的地区之一（Li Y et al.，2018），归因死亡率在 RCP8.5 情景下由 21 世纪 10 年代的 1.6% 增加至 21 世纪 90 年代的 5.9%，而全国水平在 21 世纪 90 年代为 4.6%。

15.3.2 暴雨洪涝与水资源安全风险

随着全球变暖，粤港澳大湾区未来极端降水事件的频率与强度进一步发生改变。香港天文台对 21 世纪香港地区年降水量进行了预估，结果显示，在高浓度温室气体 RCP8.5 情景下，极端多雨的年数（年降水量大于 3168mm）达到 12 年，极端少雨年数（年降水量小于 1289mm）仅为 2 年，每年极端降雨日数从 1986~2005 年的 4.2 日增加至 2091~2100 年的 5.1 日，每年最高日雨量从 221mm 增至 273mm，虽然降雨日数呈减少趋势，但平均降雨强度在 21 世纪末达到 26.7mm/d[①]。Li 等（2013a，2013b）采用不同统计降尺度方法对 CMIP5 全球气候模式和地球系统模式输出进行降尺度，得出未来 21 世纪大湾区极端降水增强并变得更频繁，特别是在 RCP8.5 情景下，城市内涝风险将进一步增加。Ou 等（2013）指出，模拟输出会低估我国南方极端降水，其成为未来预估的不确定性来源之一，因此城市内涝风险也可能被低估。基于 CMIP5 全球气候模

① Hong Kong Observatory. 2014. Projections of Hong Kong Climate for the 21st Century.

式输出驱动的多个水文模型的河道径流量模拟指出，由于未来极端降水增强，珠江干流 5 年一遇、30 年一遇和 50 年一遇的河道洪水强度在 RCP8.5 和 RCP2.6 情景下均增强，而且不同模型间的输出具有较高的一致性（Li J et al.，2016）。Yan 等（2015）采用可变渗透能力（variable infiltration capacity，VIC）模型模拟珠江未来径流量，指出河道洪水风险增加比平均径流量增加更多。综上所述，未来大湾区城市暴雨强度和频率增加的机会很大，城市亟须加强应对和适应能力，从而有效控制未来洪涝灾害风险。

CMIP5 全球气候模式输出预估的粤港澳大湾区年总降水量的未来变化不大或轻微上升，气温和蒸散发普遍上升，但不同的全球气候模式间对年总降水量的未来预估差异较大（Sun et al.，2015；Yan et al.，2015；Li J et al.，2016；Wang et al.，2017）。由于珠江径流量主要是雨水补给，全球气候模式的降水输出是水资源量未来预估不确定性的主要来源（Li J et al.，2016）。因为区域年总降水变化不大且不确定性较高，陆面水文模型模拟预估的东江径流量未来变化不大或可能轻微上升，并且具有较高不确定性（Yan et al.，2015；Li J et al.，2016）。Yan 等（2015）推算 2079~2099 年珠江流域下游的径流量变化更大，枯水期径流量比 1979~1999 年进一步下降，RCP8.5 情景下的下降情况比 RCP4.5 更明显，而丰水期径流量增加。Wang Z 等（2018）指出，未来珠江流域干旱强度和历时增加，同时需水可能进一步增加，水资源供需矛盾进一步加剧。因此，大湾区未来的总降水和水资源量变化可能较少，但是相关未来预估具有较大不确定性，干旱风险增加的机会较大，如果未来的需水同时增加，水资源供需矛盾将加剧。

15.3.3 台风、风暴潮与海平面上升风险

约有 6.3% 的中国海岸处于台风灾害的高风险区，其主要集中在沿海的河流三角洲地区（Yin et al.，2013）。我国沿海处于台风高风险区的人口超过 5000 万人（Sajjad et al.，2020）。广东的海岸线是全国最长的，其海洋资源丰富且沿海城市社会经济发达，人口明显多于其他省市。粤港澳大湾区处于广东中部沿海，台风灾害风险评估显示，大湾区相比粤西和粤东沿海的风险较小，台风灾害风险最大的广东城市是粤西的湛江，最小的是大湾区内的东莞（尚志海和李晓雁，2015）。但台风灾害造成的经济损失风险则有所不同，大湾区内的广州、东莞、深圳、中山和珠海的风险较高，从珠江入海口地区向内地风险呈辐射状减弱（Yin et al.，2013）。这主要是由于粤港澳大湾区所处的地势较低，而且人口相对密集、经济高度发达。然而，由于发达地区与欠发达地区在自然条件、产业结构以及减灾投资的能力和动力方面都有较大差异（适应性的差异），总体而言，无论台风在何处登陆，台风对欠发达地区造成的直接经济损失都高于发达地区（隋广军和唐丹玲，2012）。

风暴潮风险评估主要是对未来风暴潮增水规模与频次的评估。粤港澳大湾区内验潮站的年最大水位记录指出，低洼地区的下部容易受到最严重的阶段水位增量的影响，对应 10 年、20 年和 50 年三个重现期，站点平均的极端水位增量分别为 0.35m（14.96%）、0.59m（21.23%）和 1.06m（29.96%），大多数站点的风险有增加趋势（Zhang et al.，2017）。选取 2050 年这一时间基点评估未来风暴潮脆弱性，发现广东沿海地区面

临百年一遇风暴潮灾害风险最高的市（区）都在粤港澳大湾区内，分别是珠海和中山，其中中山由低风险区上升为极高风险区，广州番禺（包括南沙）和台山（江门下辖县级市）由极高风险区下降为高风险区，珠海风暴潮风险始终处于极高水平（李阔和李国胜，2017）。中山由于地势比较平坦，河道纵横，当未来海平面上升时，很容易造成大范围的淹没，导致该市受到风暴潮的威胁直线上升，与此同时，其人口和经济高速发展，造成中山的风暴潮脆弱程度也不断增大，两者相互作用导致中山由低风险区发展为极高风险区（李阔和李国胜，2017）。

在 IPCC 未来排放情景下，对粤港澳大湾区登陆台风的强度和海平面上升的幅度进行了预估。在 RCP8.5 情景下，登陆台风的峰值强度（生命周期内最大的地面风速）在不久的将来（2015~2039 年）预计增加 3.1%，风暴潮在长远的将来（2075~2099 年）预计增加约 8.5%（Chen et al.，2020）。在 RCP4.5 和 RCP8.5 情景下，预计香港邻近海域的海平面在 2081~2100 年比 1986~2005 年分别高 0.67m（0.50~0.84m）和 0.84m（0.63~1.07m），比 IPCC 预测的全球平均值高出约 0.2m（He Y H et al.，2016）。香港邻近水域的海平面上升与全球平均值相比更高，主要是局部的垂直陆地位移（基于连续高精度 GPS 观测估算）引起的，而且该因子在两个 RCP 情景中的贡献率分别为 28% 和 23%（He Y H et al.，2016）。由于局地气候变暖趋势加剧且北风增强，澳门未来海平面上升将比全球平均水平高出约 20%，预计到 2060 年和 2100 年，澳门海平面将分别上升 0.22~0.51m 和 0.35~1.18m；在不同排放情景下有所差别，RCP8.5 情景下到 2100 年海平面将增加 0.65~1.18m，比 RCP2.6 高一倍（Wang L et al.，2016）。全球平均与珠三角海平面变化之间的关系估算指出，全球平均海平面增加 1.0m 将对应于珠三角增加 1.3m（不确定性为 1.25~1.46m）（Xia et al.，2015）。粤港澳大湾区邻近海域的海平面上升速率在未来很可能高于全球及中国沿海平均，比全球平均高出 20%~30%（中等信度）。

1991~2015 年，珠三角因大量填海工程而成为陆地面积显著增加的中国沿海地区之一（Xu and Gong，2018）。自 1995 年以来，珠三角地区的土地增长率已降至过去 145 年的 40%；随着沉积物（泥沙）供应量减少和海平面上升加快，珠三角在不远的将来很可能遭受土地损失和海岸淹没（Wu Z et al.，2018）。粤港澳大湾区是中国沿海最易受海平面上升影响的地区之一。在 RCP8.5 情景下，考虑地面沉降引起的相对海平面变化极值（0.20m）和月间变化极值（0.33m），预计到 2100 年珠三角海平面将上升 1.94m，潜在淹没面积为 $8.57\times10^3km^2$。海气耦合模式预测，到 2050 年珠三角被百年一遇极端海平面事件淹没的海岸面积为 $15.3\times10^3km^2$，到 2080 年这一面积将达到 $17.2\times10^3km^2$（Zuo et al.，2013）。如果没有任何对气候变化的适应性调整，海平面上升将显著增加粤港澳大湾区的洪水风险。例如，到 2050 年，海平面上升 0.25m，百年一遇的洪水将造成 50人死亡和 1.5 万人口迁移；到 2100 年，海平面上升 0.75m，百年一遇的洪水将造成 200 人死亡和 150 万人口迁移（Yu et al.，2018）。但上述评估所基于的证据量有限。

研究指出，海平面上升 1.0m 时，珠江口东四口门虎门、蕉门、洪奇沥和横门的咸潮入侵长度将分别增加约 21.37km、9.64km、9.75km 和 4.82km（刘忠辉和宏波，

2019）。预估海平面上升 0.12m 和 0.4m 时，由海滩淹没和海岸侵蚀造成的海岸滨线分别后退 11.83m 和 39.43m（覃超梅和于锡军，2012）。此外，研究也预估了未来海平面上升造成的沿海红树林和海草生态系统的破坏程度以及湿地生态系统的侵蚀损失程度。基于未来海平面上升及风暴潮增水情景，研究预估了珠三角地区耕地受灾范围的空间分布特征及产量损失变化情况。未来情景下，粤港澳大湾区被淹没农田的比例和农业生产的损失将逐渐增加，大湾区内的阳江、佛山和东莞被淹没的农田明显增加，而广州和珠海被淹没农田的增加速度相对缓慢（Kang et al., 2016）。在农业损失中，蔬菜将承受最大的生产损失，其次是大米和花生（康蕾等，2015b）。但海平面上升淹没范围的评估方法主要包括高程面积法、递减率及沉积速率法等，已有的研究大都用高程面积法而且不考虑堤围的保护作用，又或者采用了不适合珠三角的洪灾损失评估参数等，由此得出的结论可能放大了海平面上升的影响（游大伟等，2012b；冯伟忠等，2013）。

15.3.4 气候变化的大气污染风险

空气污染受天气和气候条件的影响强烈，因此其对气候变化很敏感。IPCC 预测，未来城市的空气质量将会持续恶化，并可能归因于反气旋天气条件的增加（IPCC, 2014）。已有研究评估了未来气候变化带来的大气污染风险。在近期未来（2030~2039 年）和远期未来（2090~2099 年），粤港澳大湾区多种空气污染物（O_3、PM_{10} 及 SO_2）在 RCP 4.5 和 RCP 8.5 排放情景下的变化指出，6~8 月的污染物会减少，但是其他季节的污染物水平都有所增加。尤其在远期 RCP8.5 情景下，预估的平均浓度变化更为显著。在不同的气象变量中，地面气温与上述 3 种污染物预估结果的变化关系最大。例如，在 RCP8.5 情景下，不同季节的地面气温对所有污染物的相对贡献在 56.9%~65.2% 变化。此外，其他关联的气象因子还包括垂直温度梯度以及温度与露点之间的差值，也会对污染物浓度产生正影响。研究还发现，12 月至次年 2 月及 3~5 月的高污染水平频率将会增加。污染事件发生比例预计将会增加 6.4%~9.6%。在未来，仅气候变化这一个因素就将对粤港澳大湾区的空气质量产生持续性的重大影响（Tong et al., 2018b）。

空气质量模式也评估了未来气候变化和排放变化共同造成的臭氧污染风险（Liu et al., 2013）。由气候变化引起的辐射和地面温度变化将导致 21 世纪初至 21 世纪 50 年代的异戊二烯和单萜排放量显著增加；而地面温度高于 40℃可能会抑制生物性排放事件的发生。但是，由于 10 月的地面温度预估结果并没有显示出如此高温水平，因此在未来条件下生物性污染物排放很有可能增加。由于污染物排放增加，异戊二烯浓度预计会增加 30~80ppt [①]。由于气候变化，预计下午的平均地面臭氧浓度将会增加 1.5ppb；而由于人为排放的变化，即使大湾区南部的臭氧会减少，但大湾区整体臭氧的平均浓度将会增加 6.1ppb。在气候变化和人为排放的综合效应下，大湾区下午的地面臭氧浓度将会增加 11.4ppb。目前的评估结果强调，尽管人为排放变化的影响较大，但气候变化对臭氧的影响仍然重要。

① $1ppt=10^{-12}$。

15.4 适应对策

15.4.1 高温热浪适应与城市热岛减缓对策

目前，粤港澳大湾区已采取了一系列措施，试图减缓并积极应对城市高温与热浪风险。例如，各地气象部门通过电视、广播、网络等多种途径及时发布高温预警，使城市人群特别是脆弱人群能够及时获得气象信息并采取措施进行自我健康防护（Lee et al., 2016）。香港天文台自 2000 年开始发布极热天气预警信号；广东自 2006 年实行了高温预警系统，提前告知居民采取保护措施应对高温热浪事件，如前往有空调的公共区域、减少户外活动等；深圳市气象局联合深圳市卫生健康委员会自 2017 年起发布深圳高温风险健康指数，来为深圳预测并合理应对高温热浪天气对市民造成的健康风险。

在城市规划中，应考虑并采取适应性策略以缓解城市热岛和高温热浪的影响。例如，香港特区政府通过绘制城市气候环境图来帮助市民进一步了解城市的热环境状况，为城市提供整体规划性策略，进而利用优化城市规划和设计来改善城市环境的热舒适度和通风环境。2014 年香港特区政府推出的《可持续发展建筑设计指南》指引通过街道布局的朝向将开敞空间连为一体，通过设立非建筑退让区来调节“屏风楼”效应，进而减缓热岛效应或温度升高，促使建筑物四周空气流通，从而改善香港的建筑热环境（Ren et al., 2011；任超等，2012）。香港房屋委员会在设计公共房屋时，通过提高建筑外墙的住宅热传输和自然通风，并推动绿色天台、垂直和社区绿化，来降低城市热岛效应。

香港和澳门地区都在积极推动可再生能源发电，以减缓气候变化影响（Song et al., 2017）。例如，香港特区政府正鼓励采用水冷空调系统、改善能源类型并减少耗电量（Wang Y et al., 2018）、增加城市树木面积、增强蒸腾作用进行有效降温（Ng et al., 2012；Tan et al., 2016；Kong et al., 2017）。另外，使用相变材料建造屋顶可能会有效降低建筑物温度 6.8℃（Yang Y K et al., 2017），与密集型绿色屋顶相比，粗放型绿色屋顶更经济、降温效果更好（Peng and Jim, 2015）。其他措施还包括，通过使用绿色屋顶和种植树木以提高城市的水资源利用率（Gaffin et al., 2010；Stone Jr et al., 2014），通过采用特殊反射材料以达到降温和减少能耗的目的（Yang et al., 2015b），以及提倡使用渗透性较强的地面铺装材料等。

虽然粤港澳大湾区内高温频发并呈加剧态势，但城乡居民对高温热浪的危害及风险认识仍然非常不足（许燕君等，2012），未来政府及有关部门应该增强相关知识的宣传，提高民众对极端高温热浪事件的认知和警觉性，以减少极端事件造成的损失。其他适应措施还包括：

（1）充分利用航空航天遥感、雷电监测等高科技手段，将人口分布、年龄、疾病史等承灾体信息与气象、环境等危险源信息集成到风险评估框架中，综合考虑城市热岛效应的影响，根据高时空动态分辨率的风险评估结果进行科学决策，在城市及社区尺度上及时提供有效信息并进行科学预警；开展高温热浪预防和应急响应系统建设，针对夏季高温热浪频发修订职业劳动防护标准等。

（2）进一步开展高温灾害人群的健康风险评价及人体健康的监测预警工作，建立极端天气 / 气候事件与人体健康的监测预警网络并实时进行监测评估，同时根据年龄、性别、疾病、职业及其他社会经济条件所决定的不同人群适应性的差异，更加有针对性地开展高温与健康预警系统研究，进而针对敏感区域和敏感人群制定针对性措施。

（3）进一步研究粤港澳大湾区内的建设用地扩张与城市热岛的协调发展关系。粤港澳三地应该统一规划，科学部署，注重城市绿化空间规划，加强对城市湿地、绿地与水体的保护，这对高温热浪的防御及减缓高温热浪的影响有重要意义。

（4）设置温室气体排放、城市扩张模式和人为热排放模式等不同情景，进行不同空间尺度上多种未来情景下高温灾害的脆弱性研究，并结合人群分布、危险性、暴露性综合评估未来高温灾害风险，从而为未来的风险防范提供多目标决策支持。

15.4.2 城市大气环境改善与流行病控制对策

尽管广州的空气污染水平较北京低，但空气污染物的毒性可能比北京高（Cao et al.，2012；Yang et al.，2016）。为了建立和发展环境可持续的粤港澳大湾区，需要以健康为导向进行空气质量控制和管理。上述在城市规划和设计中，通过优化城市通风环境除了有利于缓解城市热岛外，也有利于街谷污染物扩散，对于沿海城市尤其如此。但对大气环境的改善，需要在减排策略上付出更多努力。粤港澳大湾区应制定并实施多种污染物排放的综合控制政策，严格执行联防联控。对于交通污染源，截至 2017 年底，深圳已将其所有公交车升级至 100% 电力驱动；香港逐步淘汰了欧盟四期（包括四期）前的柴油商用车辆、补贴了更换催化转换器及氧气传感器的燃气出租车和轻型客车。对于工业等排放源，大湾区多数城市实施了燃煤发电的清洁生产改造、生产线和家具行业的挥发性有机化合物（VOCs）的管理、污染企业的整顿或关闭、控制烟尘排放的先进技术、低氮燃烧技术和烟气脱硝技术、城市燃煤电厂的低排放改造等。

前体物排放以非线性方式影响粤港澳大湾区的大气颗粒物和臭氧浓度（Hou et al.，2019），因而个别污染物控制策略对改善大气污染的效果低于综合策略，所以需要对多种排放物实施综合协同控制，以实现更高效的大气污染防控。为了最大限度地提高排放控制政策的整体效益，应为粤港澳大湾区制定和实施共同受益的排放控制政策。在制定排放控制政策时，应当重视共生效益评估的重要性，特别是需要制定合适的排放控制政策，以减少与空气质量相关的排放物种类和温室气体，从而最大限度地提高环境总体效益，以减缓空气污染和气候变化的双重问题（Gu et al.，2018）。不仅要优先考虑空气质量和温室气体的排放，还要综合考虑在改善空气质量、减缓气候变化和提高农作物生产等各个方面的最大效益。

在夏季的炎热天气，需要改善通风环境以缓解高温、提升热舒适感；在静稳的不利气象条件下，也需要更好地通风扩散以改善空气质量、降低人体暴露。在遭受台风吹袭时，强风对城市中高楼大厦的影响不容忽视。香港科研人员利用研发的“风及结构健康监测系统”，将光纤连接而成的多个监测器安装于建筑物的不同位置，进而将收集的数据用于了解台风对大厦幕墙的压力，评估大楼的安全性和舒适度（Li Q S et al.，

2017）。该系统目前已应用于香港国际金融中心及深圳平安国际金融中心等多栋高层建筑物，对提升建筑物安全、推动同类型高层建筑的抗风设计有重要贡献。

未来气候变化下，伊蚊适生区与登革热发病风险范围将会向西向北扩展，流行风险地区和风险人口数将大幅增加。为应对伊蚊与登革热流行传播问题，适应性措施包括：以预防为主，坚持蚊媒生物可持续控制策略与控制规划，开展多部门、多学科的联防联控；完善蚊媒密度监测网络，建立有效的登革热发病风险预测预警系统；提升医疗卫生机构发现和诊断登革热的能力，完善紧急医疗的储备体系；加强对周边国家病媒传播疾病流行的监控，掌握蚊媒疾病传播的输入情况；积极开展气候变化与蚊媒传染病防控的健康教育，提高公众自我防护意识与应对能力。自然、社会及控制技术等因素的变化对病媒生物控制带来挑战，为此防控过程需要坚持可持续控制的策略（刘起勇，2012）。该理念基于健康、经济及生态环境综合效应，开展及时有效的病媒生物监测，对病媒生物及相关疾病做出切实的风险评估和控制规划，将病媒生物长期控制在危害水平以下。应对蚊媒疾病的流行传播还需要发挥公众力量，通过积极开展蚊媒防控知识的宣传教育，提高大众自我防护意识并减少登革热传播对当地居民的影响，同时建议针对脆弱社区开展适应策略和措施研究，增强公共卫生部门的适应能力（Chen et al.，2016）。另外，蚊媒生物监测与蚊媒传染病预测预警是实现可持续精准控制的前提与基础。因此，需要综合新型监测技术、大数据与云平台等信息技术手段，进一步提升蚊媒生物监测与相关传染病预测预警的能力（刘起勇，2012，2018）。同时，粤港澳大湾区内人口密度大、人群流动性高、国际贸易往来密切，为蚊媒传染病的防控工作带来挑战，因此需要及时监控周边国家蚊媒传染病的发生情况与流行特征，密切掌握该传染病的输入情况，建立完善的病理溯源体系，将输入型风险降至最低（孟凤霞等，2015）。目前，我国气候变化与蚊媒传染病的基础研究相当薄弱，而该领域需要气象学、生物学、医学等多学科共同合作开展研究，应加强气候变化对蚊媒传染病影响的监测、防控和流行病学研究，强化人群脆弱性、地区易感性的科学研究证据，以更好地指导防控工作、适应未来气候变化。

15.4.3　洪涝灾害适应对策

我国沿海地区的战略地位十分重要，但同时面临着海平面上升、极端气候灾害频发等严峻挑战（徐一剑，2020）。在全球变暖和城市化进程不断加快的背景下，暴雨和台风风暴潮引发的洪涝灾害风险很可能仍会增加。沿海不同地区的脆弱性要素有所差异，完善洪涝防灾减灾机制的驱动力也是多样的；洪涝防治应综合考虑灾害本身和人为因素，需要在基于自然灾害规律的前提下，合理调整人类活动，通过风险规避、防御、减轻等方式积极应对，减少台风风暴潮灾害的影响，促进区域可持续发展（陈思宇等，2014）。同时利用生态系统对水文调节、洪水调蓄的调节作用，实现纳洪、行洪、排水等功能，从而减缓洪水流速、削减洪峰、缓解洪水风险（张丽和范建友，2016）。结合河口湿地生态系统保护和海滩养护等具有生态环境保护意义的河口及海岸工程建设来应对海平面上升（杨青和刘耕源，2018）。对暴雨、台风风暴潮及海平面上升引发的洪涝灾害的适应行为可分为工程性和非工程性两大类：工程性适应侧重防灾减灾工程（如海堤、水库）等能力建设；非工程性适应侧重减灾组织体系及运行机制建设（如分区分时的人员转移安置、灾害分级响应和纵横协调，以及多主体风险共担等）。综合运用各项工程和非工程性适应对策，有助于大大提升区域灾害风险防范和综合适应能力，从而有效减轻台风灾害链损失（王静爱等，2012）。

为适应气候变化增加的洪涝灾害风险，粤港澳大湾区工程性的防洪措施主要包括：提高防洪排涝系统设计标准，加强防洪排涝系统建设和管理，提升排水能力；加快建设海绵城市，合理利用城市自然水系，增加城市绿地和渗透性地表，从而加强城市绿色基础设施建设，通过下渗、滞蓄、净化、回用、分流等水文过程管理城市雨洪、缓减城市内涝的压力（吴志峰和象伟宁，2016；陈洋波等，2017）。以香港为例，市区干渠系统排水设计的重现期为200年一遇，达到国际顶级水平，并因地制宜建造多种设施以改善市区雨水排放能力，在市区上游建设雨水截流隧道、收集和排放上游径流入海，中游市区通过兴建的地下蓄洪池暂存暴雨期间上游排水系统的部分雨水、降低洪峰流量，下游个别位置进行排水改造并对很多河道进行“拉直、扩宽、挖深”（香港渠务署，2017）（图15-2）。同时按照海绵城市理念，在渠务设施中增加绿化元素、多孔透水陆面，规划河畔公园和蓄洪湖等设施，促进渗透、减少地面径流。香港水浸黑点由1995年的90多个显著减少到2019年的6个。

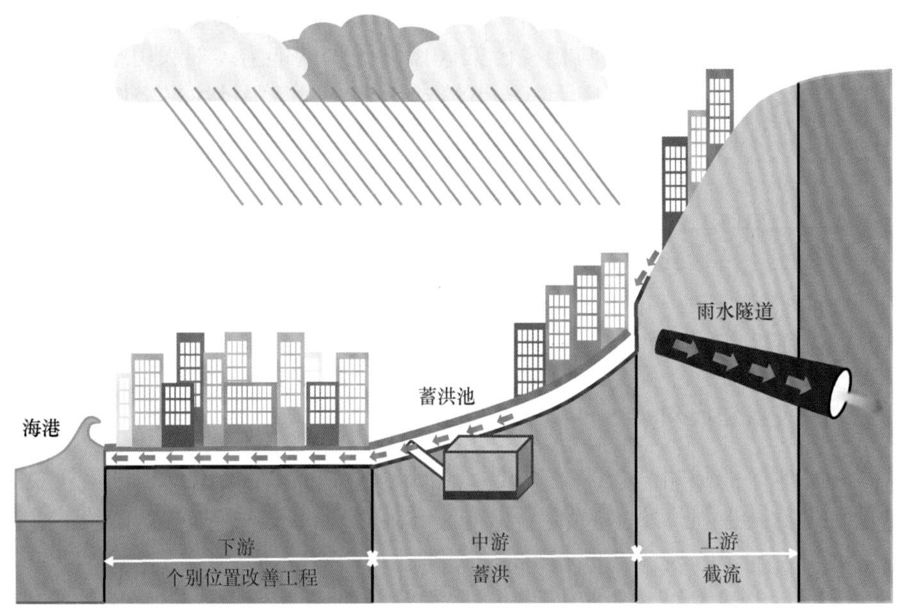

图15-2 香港市区上游、中游和下游防洪措施（香港渠务署，2017）

填海工程能降低附近海域的有效波高，因而对减少风暴潮灾害有积极的作用，但其影响的地理范围很小，几乎没有改变远离填海区的其他区域（Shen et al.，2018）。研究指出，珠江口黄茅海东岸部分堤围的防御标准仅达到20年一遇水位，需要加高海堤（游大伟等，2012a）。在规划未来海岸防御时需要考虑海平面上升、潮汐和台风风暴潮的相互作用（de Dominicis et al.，2020）。珠三角的海平面上升和风暴潮风险的经济影响与适应策略收益评估显示，风暴潮的破坏率和风暴潮的水位呈正相关，当堤防加高 1.43~12.67m 时，适应策略是收益的，在堤防加高 5.15m 时达到最佳收益，当平均海平面上升到 2100 年的预估水平，堤防设计为抵御 20 年一遇风暴潮时达到最大收益，堤防加高到能够抵御百年一遇风暴潮时，适应策略的收益最小（何蕾等，2019）。

应对洪涝灾害的非工程性措施主要包括：构建洪涝监测预警和调度系统，加强相关管理政策与法规建设等。粤港澳大湾区沿海地区面临着不同程度的洪涝灾害威胁，不同地市需要根据自身情况建立防灾抗灾救灾体系，以提高本身抵抗风暴潮灾害的能力，同时需要在更高层次上建立统一的风暴潮灾害风险管理系统。珠海金湾区政府应对 2017 年 8 月强台风“天鸽”袭击时采取的防灾策略为粤港澳大湾区乃至其他沿海城市应对强台风影响提供了经验（卢文刚等，2018a，2018b）。可持续洪水风险管理战略已经在大湾区城市中得到运用，其可以改善洪水风险评估实践，减轻风暴潮、海平面上升和洪涝灾害风险（Chan et al.，2013）。目前提出的粤港澳大湾区的洪涝灾害响应框架（图 15-3），可以识别洪涝事件不同阶段的脆弱环节和应对策略（Yang J et al.，2015）。通过制定综合气候应对战略，发布准确的早期预警和行动指引，共享与洪涝相关的信息并应用在线社交网络分析优势，可以减轻洪灾风险。

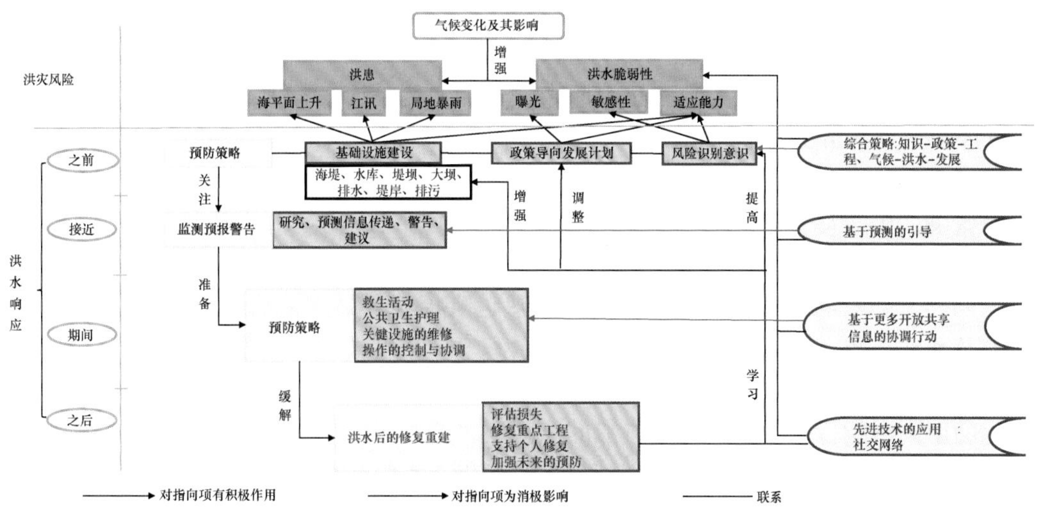

图 15-3　粤港澳大湾区洪涝灾害响应框架（Yang L et al.， 2015）

15.4.4　水资源安全适应对策

确保粤港澳大湾区城市的水资源安全的适应性对策包括：制定流域水资源分析和管理方案、协调区域内城市用水、优化水资源配置、提高社会经济和农业生产节水技术、提高节水意识、推广雨水回用技术、加强水利工程水量调度等。为缓解东江水资源供需矛盾、确保枯水期供水安全及河道内生态基本需水，2008 年广东开始实施东江流域水资源分配方案，协调广州、深圳、东莞等城市对东江水的开发利用，对香港跨境调水的用水配额也落实在方案中（涂新军等，2016；王雨，2017）。由于东江水量有限且需要供应大湾区东部超过 4000 万人口的用水，广东已着手调西江水到东江，以缓解东江水资源压力。为确保对香港的供水安全，目前在香港采用的“统包总额”东江水购入方式，按实际需求每年弹性输入东江水最多 8.2 亿 m^3，并考虑百年一遇的极旱情况，以确保 99% 供水可靠性（香港水务署，2018）。为应对未来水资源量变化和用水需求增加的挑战，香港水务署制定全面水资源管理策略，预测香港未来水资源需求及供应情况，实施多管齐下的供水结构，制定相关危机管理计划和干旱应变计划，对未来供水的可能挑战做好准备（香港水务署，2018）。咸潮对澳门、珠海等地枯水期水安全构成威胁，为保障供水安全，相关部门加大经费和科研投入，对咸潮发生规律和机理进行研究，构建咸潮监测和预警预报系统，研究压咸措施并取得一定成效。例如，有关部门从 2005 年开始组织实施枯水期珠江压咸补淡水量调度，使咸潮得到有效控制（徐爽和侯贵兵，2017）。

15.5 主要结论和认知差距

15.5.1 主要结论

受城市化与城市热岛影响，粤港澳大湾区内的高温热浪加剧趋势明显强于华南其他地区，珠三角地区热浪天数和热浪频数的增加幅度是广东其他地区的两倍。随着城市化不断发展且不透水面积增加，大湾区内的热岛强度呈增强趋势并可能持续增强。从空间上看，大湾区内存在多个热岛中心，主要分布在广州、佛山、中山、东莞、深圳等城市；从更大尺度上看，大湾区已形成一个相连的、大范围分布的半环状“U”形热岛群。大湾区的人口和建筑物密度高，高温热浪对社会经济、人群健康、城市环境影响剧烈。随着温度升高，大湾区内登革热、疟疾等传染病传播风险加剧，发病率、住院及死亡人数亦显著增加。未来在任何温室气体浓度情景下，粤港澳大湾区及其所在的华南地区的极端高温热浪事件将明显增多增强。如果考虑未来城市化及土地利用变化的协同影响，大湾区内高温热浪的风险还将增大，大湾区可能成为未来高温导致人群死亡率增加幅度最高的地区之一。气候变化与大气环境保护评估的重要结论之一是，在粤港澳大湾区推荐以人为本、健康为导向的空气质量管理。

气候变化导致大湾区内降水强度增加，降水天数减少，部分降水特征在 20 世纪 80 年代和 90 年代发生变化，未来极端降水很可能进一步增强并变得频繁，导致城市暴雨内涝风险增加。在气候变化背景下，大湾区的海平面上升速率在过去高于全球和全国沿海平均，并且这一情况在未来将会持续。台风风暴潮与海平面上升叠加，将会使未来大湾区的洪涝风险增大。与此同时，随着区域内城市社会经济迅速发展，需水量急剧增加，水资源供需矛盾越发突出，枯水事件威胁着城市的用水安全，但未来径流量变化不明显；干旱强度历时可能增加，伴随海平面上升，海水倒灌和咸潮入侵风险增加，水资源供需矛盾将进一步加剧。

15.5.2　认知差距

虽然粤港澳大湾区内高温天气频发并呈不断加剧的态势，但城乡居民对高温热浪的健康危害及风险认识仍然非常不足，民众对极端高温热浪事件还缺乏足够的认知与警觉性。大湾区涉及粤港澳三地政府，气象部门在高温预警预报方面的标准不一，政府在城市空间规划、城市绿地与水体保护等方面也存在较大差异，粤港澳三地还需要进行统一规划、科学部署、协同合作，制定有效的防御和减缓高温热浪的措施。在人群高温风险暴露方面，现有研究没有考虑大湾区内人口密度大、人群流动性高、人口动态变化、各城市人群结构各异等特征。

现阶段粤港澳大湾区的风暴潮监测预警系统已基本建立，但如何提高预警空间及时间精度，还需对风暴潮发生发展的机理展开进一步深入研究，建立适合本地区的高精度风暴潮数值预报模式（Wang et al., 2020b；Zheng et al., 2020）。地区风暴潮灾害应急预案中的各种措施还有待实践检验，在实践中不断完善各种实施细节，使之在面对不同规模风暴潮灾害时都能发挥巨大作用。风暴潮风险评估为沿海地区防御未来风暴潮灾害提供了有力工具，但对于“气候系统 – 热带气旋 – 风暴潮”之间关系的研究仍有待加强，脆弱性指标仍需细化，从而推动未来风暴潮风险精准化评估向前发展，更有效地支撑沿海地区风暴潮防灾减灾工作。

尽管近年来粤港澳大湾区空气质量有所改善，但现有工作主要集中在改善环境空气质量方面，而空气污染对人群健康的影响尚未完全清楚，以空气质量作为管理目标的工作也并未明确反映出保护人群健康的效益。观测和模拟结果均显示，粤港澳大湾区的大气颗粒物已有明显的减少趋势，但臭氧污染却有增加趋势。未来大湾区的空气质量管理应该加强控制臭氧污染。但由于其复杂成因，臭氧的防控难度可能远大于大气颗粒物的防控难度。在排放不变的情况下，未来气候变化可能导致气温升高和风速下降，这将进一步恶化大湾区的臭氧污染。需要强调和重视在大湾区实施更加严格的空气污染物排放控制政策，以减缓和改善未来的空气污染，建立可持续发展的大湾区，改善人居环境，提高人群健康水平。

■ 参考文献

艾卉，吴晓绚 . 2018. 广州市近 55 年暴雨的气候变化特征 . 广东气象，40（4）：20-23.

陈思宇，王志强，廖永丰 . 2014. 台风风暴潮灾害主要承灾体的成灾机制浅析——以 2013 年“天兔”台风风暴潮为例 . 中国减灾，（3）：44-46.

陈洋波，覃建明，董礼明，等 . 2017. 广州内涝形成原因与防治对策 . 中国防汛抗旱，27（5）：72-76.

戴声佩，李海亮，罗红霞，等 . 2014. 1960—2011 年华南地区界限温度 10℃ 积温时空变化分析 . 地理学报，69（5）：650-660.

董剑希，李涛，侯京明，等 . 2014. 广东省风暴潮时空分布特征及重点城市风暴潮风险研究 . 海洋学报，36（3）：83-93.

杜尧东，吴晓绚，王华 . 2015. 华南地区温度变化及其对登革热传播时间的影响 . 生态学杂志，34(11)：3174-3181.

冯珊珊，樊风雷 . 2018. 2006—2016 年粤港澳大湾区城市不透水面时空变化与驱动力分析 . 热带地理，38（4）：536-545.

冯伟忠，张娟，游大伟，等 . 2013. 被高估的“海平面上升对珠江口风暴潮灾害评估影响”的原因探析 . 热带地理，33（5）：640-645.

傅海峰，陶伊佳，王文卿 . 2014. 海平面上升对中国红树林影响的几个问题 . 生态学杂志，33（10）：2842-2848.

高建华，朱晓东，余有胜，等 . 1999. 我国沿海地区台风灾害影响研究 . 灾害学，（2）：74-78.

高如峰 . 2012. 海平面上升对我国沿海生态环境的影响 . 科技资讯，（25）：181-183.

高晓荣，王楠，王春林，等 . 2018. 广东四大区域污染过程历史案例库的建立分析 . 广东气象，40（1）：47-52，57.

顾西辉，张强，刘剑宇，等 . 2014. 变化环境下珠江流域洪水频率变化特征、成因及影响（1951—2010 年）. 湖泊科学，26（5）：661-670.

顾西辉，张强，王宗志 . 2015. 1951—2010 年珠江流域洪水极值序列平稳性特征研究 . 自然资源学报，30（5）：824-835.

郭秋萍，邹振东，李宏永，等 . 2015. 深圳市城中村的热环境特征与热岛强度分析 . 生态环境学报，（3）：427-435.

何蕾，李国胜，李阔，等 . 2014. 1959 年来珠江三角洲地区的海平面变化与趋势 . 地理研究，33（5）：988-1000.

何蕾，李国胜，李阔，等 . 2019. 珠江三角洲地区风暴潮灾害工程性适应的损益分析 . 地理研究，38(2)：427-436.

贺国庆 . 2019. 广东省 2018 年防汛防旱防风工作经验与启示 . 中国防汛抗旱，29（1）：101-103.

《华南区域气候变化评估报告》编写委员会 . 2013. 华南区域气候变化评估报告决策者摘要及执行摘要（2012）. 北京：气象出版社 .

康蕾，马丽，刘毅 . 2015a. 基于作物损失率的风暴潮增水灾害对农业产量影响评估——以珠江三角洲地区为例 . 灾害学，（4）：194-201.

康蕾，马丽，刘毅 . 2015b. 珠江三角洲地区未来海平面上升及风暴潮增水的耕地损失预测 . 地理学报，70（9）：1375-1389.

孔兰，陈晓宏，闻平，等 . 2011. 2009/2010 年枯水期珠江口磨刀门水道强咸潮分析 . 自然资源学报，26（11）：1858-1865.

李国胜，李阔 . 2013. 广东省中部沿海地区风暴潮灾害风险综合评估 . 西南大学学报（自然科学版），35（10）：1-9.

李阔，李国胜 . 2017. 气候变化影响下 2050 年广东沿海地区风暴潮风险评估 . 科技导报，35（5）：89-95.

李天生，夏军 . 2018. 基于 Budyko 理论分析珠江流域中上游地区气候与植被变化对径流的影响 . 地球科学进展，33（12）：1248-1258.

李子祥，岑智明，马冠尧 . 2016. 一山还有一山高：1889 年的世纪大暴雨 . 香港：香港天文台 .

廖志恒，孙家仁，范绍佳，等 . 2015. 2006~2012 年珠三角地区空气污染变化特征及影响因素 . 中国环境科学, 35（2）: 329-336.
林凯荣, 何艳虎, 雷旭, 等 . 2011. 东江流域 1959—2009 年气候变化及其对径流的影响 . 生态环境学报, 20（12）: 1783-1787.
凌铁军, 祖子清, 等 . 2017. 气候变化影响与风险: 气候变化对海岸带影响与风险研究 . 北京: 科学出版社 .
刘洪伟, 刘舒, 朱金良, 等 . 2014. 城市内涝症结探讨及政策建议 . 中国防汛抗旱, 24（2）: 39-41.
刘建, 吴兑, 范绍佳, 等 . 2017. 台风对沿海城市细粒子中海盐气溶胶的影响 . 环境科学学报, 37（9）: 3255-3261.
刘俊, 鞠永茂, 杨弘 . 2015. 气候变化背景下的城市暴雨内涝问题探析 . 气象科技进展, 5（2）: 63-65.
刘明清, 郭振仁, 陈清华, 等 . 2013. 珠江口咸潮上溯的环境影响研究 . 中国环境科学, 33（S1）: 79-86.
刘起勇 . 2012. 媒介生物控制面临的挑战与媒介生物可持续控制策略 // 中国卫生有害生物防制协会 . 中国卫生有害生物防制协会 2012 年年会论文汇编 . 北京: 中国卫生有害生物防制协会: 51-60.
刘起勇 . 2018. 病媒生物监测预警研究进展 . 疾病监测, 33（2）: 123-128.
刘苑婷, 胡梦珏, 曾韦霖, 等 . 2015. 广州市和兴宁市热浪对人群发病住院的短期效应研究 . 华南预防医学, 41（6）: 512-516.
刘忠辉, 宏波 . 2019. 海平面上升对珠江河口东四口门盐水入侵的影响 . 人民珠江, 40（5）: 43-49, 81.
卢文刚, 温超敏, 拜燕, 等 . 2018a. 粤港澳大湾区城市强台风应急管理的实践探索——以珠海市金湾区应对台风"天鸽"为例 . 发展改革理论与实践,（4）: 36-40.
卢文刚, 温超敏, 刘沛 . 2018b. 粤港澳大湾区城市灾害应急管理: 挑战及应对能力建设——以珠海市金湾区应对台风"天鸽"为例 . 行政科学论坛,（04）: 47-52, 60.
罗晓玲, 杜尧东, 郑璟 . 2016. 广东高温热浪致人体健康风险区划 . 气候变化研究进展, 12（2）: 139-146.
孟凤霞, 王义冠, 冯磊, 等 . 2015. 我国登革热疫情防控与媒介伊蚊的综合治理 . 中国媒介生物学及控制杂志, 26（1）: 4-10.
朴世龙, 张新平, 陈安平, 等 . 2019. 极端气候事件对陆地生态系统碳循环的影响 . 中国科学, 地球科学, 49（9）: 1321-1334.
覃超梅, 于锡军 . 2012. 海平面上升对广东沿海海岸侵蚀和生态系统的影响 . 广州环境科学, 27（1）: 25-27.
全球水伙伴中国委员会 . 2016. 气候变化下珠江三角洲水问题及其应对与治理措施 . https: //www. gwp.org/globalassets/global/gwp-china_files/wacdep/_3. pdf. [2020-03-31].
任超, 吴恩融, 冯志雄 . 2012. 城市环境气候图的发展及其应用现状 . 应用气象学报, 23（5）: 593-603.
尚志海, 李晓雁 . 2015. 广东省沿海地区台风灾害风险评价 . 岭南师范学院学报, 36（3）: 136-142.
宋连春 . 2017. 中国气象灾害年鉴 . 北京: 气象出版社 .
隋广军, 唐丹玲 . 2012. 台风灾害与地区经济差距: 粤省证据 . 改革, 6: 18-25.
谭丽荣, 陈珂, 王军, 等 . 2011. 近 20 年来沿海地区风暴潮灾害脆弱性评价 . 地理科学, 31（9）: 1111-1117.
唐恬, 金荣花, 彭相瑜, 等 . 2014. 2013 年夏季我国南方区域性高温天气的极端性分析 . 气象, 40（10）: 1207-1215.
涂新军, 陈晓宏, 张强, 等 . 2012. 东江径流年内分配特征及影响因素贡献分解 . 水科学进展, 23（4）:

493-501.

涂新军，陈晓宏，赵勇，等 . 2016. 变化环境下东江流域水文干旱特征及缺水响应 . 水科学进展，27(6)：810-821.

万榆，黄岳文，彭晓春 . 2016. 广州城市内涝原因分析与对策研究 . 广东水利水电，3：27-31.

王国栋，康建成，韩钦臣，等 . 2014. 近代全球及中国海平面变化研究述评 . 海洋科学，38（5）：114-120.

王静爱，雷永登，周洪建，等 . 2012. 中国东南沿海台风灾害链区域规律与适应对策研究 . 北京师范大学学报：社会科学版，2：130-138.

王永锋，靖娟利 . 2018. 珠江流域 NDVI 对气温和降水的响应特征 . 桂林理工大学学报，38（2）：276-282.

王雨 . 2017. 一国两制下的跨境水资源治理 . 热带地理，37（2）：154-162.

王媛林，王哲，陈学舜，等 . 2017. 珠三角秋季典型气象条件对空气污染过程的影响分析 . 环境科学学报，37（9）：3229-3239.

王志春，徐海秋，汪宇 . 2017. 珠三角城市集群化发展对热岛强度的影响 . 气象，43（12）：1554-1561.

吴志峰，象伟宁 . 2016. 从城市生态系统整体性，复杂性和多样性的视角透视城市内涝 . 生态学报，36（16）：4955-4957.

武夕琳，刘庆生，刘高焕，等 . 2019. 高温热浪风险评估研究综述 . 地球信息科学学报，21（7）：1029-1039.

夏汉平 . 1999. 论长江与珠江流域的水灾，水土流失及植被生态恢复工程 . 热带地理，19（2）：124-129.

香港环境局 . 2016. 香港生物多样性策略及行动计划 2016—2021. 香港：香港特别行政区政府 .

香港渠务署 . 2017. 可持续发展报告 2016—17. 香港：香港特别行政区政府 .

香港水务署 . 2018. 2016—2017 年报 . 香港：香港特别行政区政府 .

肖恒，陆桂华，吴志勇，等 . 2013. 珠江流域未来 30 年洪水对气候变化的响应 . 水利学报，44（12）：1409-1419.

谢盼，王仰麟，刘焱序，等 . 2015. 基于社会脆弱性的中国高温灾害人群健康风险评价 . 地理学报，70（7）：1041-1051.

谢振强 . 2006. 东江“05. 6”暴雨洪水综合分析 . 水利科技与经济，12（9）：614-617.

徐爽，侯贵兵 . 2017. 2015~ 2016 年珠江枯水期水量调度工作实践 . 中国防汛抗旱，（2）：29.

徐一剑 . 2020. 我国沿海城市应对气候变化的发展战略 . 气候变化研究进展，16(1)：88-98.

许燕君，刘涛，宋秀玲，等 . 2012. 广东省居民对热浪的健康风险认知及相关因素 . 中华预防医学杂志，46（7）：613-618.

杨红龙，潘婕，张镭 . 2015. SRESA2 情景下中国区域性高温热浪事件变化特征 . 气象与环境学报，31（1）：51-59.

杨坤，王显红，吕山，等 . 2006. 气候变暖对中国几种重要媒介传播疾病的影响 . 国际医学寄生虫病杂志，（4）：182-187，224.

杨青，刘耕源 . 2018. 湿地生态系统服务价值能值评估——以珠江三角洲城市群为例 . 环境科学学报，38（11）：4527-4538.

杨远东，王永红，蔡斯龙，等 . 2019. 1960—2017 年珠江流域下游径流年际与年内变化特征 . 水土保持通报，39（5）：23-31.

杨智威，陈颖彪，吴志峰，等 . 2018. 粤港澳大湾区建设用地扩张与城市热岛扩张耦合态势研究 . 地球信息科学学报，20（11）：1592-1603.

杨智威，陈颖彪，吴志峰，等 . 2019. 粤港澳大湾区城市热岛空间格局及影响因子多元建模 . 资源科学，41（6）：1154-1166.

易越涛 . 2005. 珠江“05 • 6”抗洪抢险掠影 . 人民珠江，（4）：F0002.

殷成团，张金善，熊梦婕，等 . 2019. 我国南海沿海台风及暴潮灾害趋势分析 . 热带海洋学报，（1）：35-42.

游大伟，聂宇华，蔡兵，等 . 2012a. 0814 号强台风（黑格比）引发的珠江口超高潮位与海平面上升关系分析 . 热带地理，32（3）：228-232.

游大伟，汤超莲，陈特固，等 . 2012b. 近百年广东沿海海平面变化趋势 . 热带地理，32（1）：1-5.

袁顺，赵昕，李琳琳 . 2016. 沿海地区风暴潮灾害的脆弱性组合评价及原因探析 . 海洋学报，38（2）：16-24.

张建云，王国庆 . 2007. 气候变化对水文水资源影响研究 . 北京：科学出版社 .

张蕾，黄大鹏，杨冰韵 . 2016. RCP4.5 情景下中国人口对高温暴露度预估研究 . 地理研究，35（12）：2238-2248.

张丽，范建友 . 2016. 珠江三角洲水生态调节功能分析及其价值评价 . 生态科学，35（6）：62-66.

张硕，刘勇洪，黄宏涛 . 2017. 珠三角城市群热岛时空分布及定量评估研究 . 生态环境学报，26（7）：1157-1166.

赵伟，高博，刘明，等 . 2019. 气象因素对香港地区臭氧污染的影响 . 环境科学，40（1）：55-66.

周平，陈刚，刘智勇，等 . 2016. 东江流域降水与径流演变趋势及周期特征分析 . 生态科学，35（2）：44-51.

Aflaki A，Mirnezhad M，Ghaffarianhoseini A，et al. 2017. Urban heat island mitigation strategies：a state-of-the-art review on Kuala Lumpur，Singapore and Hong Kong. Cities，62：131-145.

Ang B W，Wang H，Ma X. 2017. Climatic influence on electricity consumption：the case of Singapore and Hong Kong. Energy，127：534-543.

Cai W，Borlace S，Lengaigne M，et al. 2014. Increasing frequency of extreme El Niño events due to greenhouse warming. Nature Climate Change，4（2）：111-116.

Cao J J，Shen Z X，Chow J C，et al. 2012. Winter and summer $PM_{2.5}$ chemical compositions in fourteen Chinese cities. Journal of the Air & Waste Management Association，62（10）：1214-1226.

Chan E Y Y，Goggins W B，Kim J J，et al. 2012. A study of intracity variation of temperature-related mortality and socioeconomic status among the Chinese population in Hong Kong. Journal of Epidemiology and Community Health，66（4）：322-327.

Chan F K S，Adekola O，Mitchell G，et al. 2013. Towards sustainable flood risk management in the Chinese Coastal Megacities. A case study of practice in the Pearl River Delta. Irrigation and Drainage，62（4）：501-509.

Chan H S，Tong H W，Lee S M. 2016. Extreme Rainfall Projection for Hong Kong in the 21st Century Using CMIP5 models. Guangzhou：the 30th Guangdong-Hong Kong-Macau Seminar on Meteorological Science and Technology.

Chen B，Yang J，Luo L，et al. 2016. Who is vulnerable to dengue fever? A community survey of the 2014 outbreak in Guangzhou，China. International Journal of Environmental Research and Public Health，13

（7）：712.

Chen J，Wang Z，Tam C Y，et al. 2020. Impacts of climate change on tropical cyclones and induced storm surges in the Pearl River Delta region using pseudo-global warming method. Scientific Reports，10：1965.

Chen L，Frauenfeld O W. 2016. Impacts of urbanization on future climate in China. Climate Dynamics，47（1-2）：345-357.

Chen S，Fang L，Zhang L，et al. 2009. Remote sensing of turbidity in seawater intrusion reaches of Pearl River Estuary—a case study in Modaomen water way，China. Estuarine，Coastal and Shelf Science，82（1）：119-127.

Chen X，Jeong S J. 2018. Shifting the urban heat island clock in a megacity：a case study of Hong Kong. Environmental Research Letters，13：014014.

Chen Y D，Zhang Q，Chen X，et al. 2012. Multiscale variability of streamflow changes in the Pearl River basin，China. Stochastic Environmental Research and Risk Assessment，26（2）：235-246.

Chen Y D，Zhang Q，Lu X，et al. 2011. Precipitation variability（1956—2002）in the Dongjiang River（Zhujiang River basin，China）and associated large-scale circulation. Quaternary International，244（2）：130-137.

Cheung C S C，Hart M A. 2014. Climate change and thermal comfort in Hong Kong. International Journal of Biometeorology，58（2）：137-148.

Chow E C H，Wen M，Li L，et al. 2019. Assessment of the environmental and societal impacts of the category-3 typhoon Hato. Atmosphere，10：296.

de Dominicis M，Wolf J，Jevrejeva S，et al. 2020. Future interactions between sea level rise，tides，and storm surges in the world's larges urban area. Geophysical Research Letters，47：e2020GL087002.

Deng T，Wang T，Wang S，et al. 2019. Impact of typhoon periphery on high ozone and high aerosol pollution in the Pearl River Delta region. Science of the Total Environment，668：617-630.

Du Y D，Cheng X H，Wang X W，et al. 2013. A review of assessment and adaptation strategy to climate change impacts on the coastal areas in South China. Advances in Climate Change Research，4（4）：201-207.

Duan L，Zheng J，Li W，et al. 2017. Multivariate properties of extreme precipitation events in the Pearl River basin，China：Magnitude，frequency，timing，and related causes. Hydrological Processes，31(21)：3662-3671.

Fischer T，Gemmer M，Liu L，et al. 2012. Change-points in climate extremes in the Zhujiang River Basin，South China，1961—2007. Climatic Change，110（3-4）：783-799.

Gaffin S R，Rosenzweig C，Eichenbaum-Pikser J，et al. 2010. A Temperature and Seasonal Energy Analysis of Green，White，and Black Roofs. New York：Center for Climate Systems Research，Columbia University.

Gao T，Luo M，Lau N C，et al. 2020. Spatially distinct effects of two El Niño types on summer heat extremes in China. Geophysical Research Letters，47（6）：e2020GL086982.

Ginn W L，Lee T C，Chan K Y. 2010. Past and future changes in the climate of Hong Kong. Journal of Meteorological Research，24：163-175.

Goggins W B，Chan E Y Y，Ng E，et al. 2012. Effect modification of the association between short-term meteorological factors and mortality by urban heat islands in Hong Kong. PLoS One, 7（6）: e38551.

Gu Y, Wong T W, Law C K, et al. 2018. Impacts of sectoral emissions in China and the implications: air quality, public health, crop production, and economic costs. Environmental Research Letters, 13（8）: 084008.

Guo H, Jiang F, Cheng H R, et al. 2009. Concurrent observations of air pollutants at two sites in the Pearl River Delta and the implication of regional transport. Atmospheric Chemistry and Physics, 9（2）: 7343-7360.

He J R, Liu Y, Xia X Y, et al. 2016. Ambient temperature and the risk of preterm birth in Guangzhou, China（2001—2011）. Environmental Health Perspectives, 124（7）: 1100-1106.

He L, Cleverly J, Wang B, et al. 2018. Multi-model ensemble projections of future extreme heat stress on rice across southern China. Theoretical and Applied Climatology, 133（3-4）: 1107-1118.

He L, Li G S, Li K, et al. 2014. Estimation of regional sea level change in the Pearl River Delta from tide gauge and satellite altimetry data. Estuarine, Coastal and Shelf Science, 141: 69-77.

He Y H, Mok H Y, Lai E S T. 2016. Projection of sea-level change in the vicinity of Hong Kong in the 21st century. International Journal of Climatology, 36（9）: 3237-3244.

Ho H C, Lau K K L, Ren C, et al. 2017. Characterizing prolonged heat effects on mortality in a sub-tropical high-density city, Hong Kong. International Journal of Biometeorology, 61（11）: 1935-1944.

Hong B, Liu Z, Shen J, et al. 2020. Potential physical impacts of sea-level rise on the Pearl River Estuary, China. Journal of Marine Systems, 201: 103245.

Hou X, Chan C K, Dong G H, et al. 2019. Impacts of transboundary air pollution and local emissions on $PM_{2.5}$ pollution in the Pearl River Delta region of China and the public health, and the policy implications. Environmental Research Letters, 14（3）: 034005.

Hundessa S, Li S, Li L D, et al. 2018. Projecting environmental suitable areas for malaria transmission in China under climate change scenarios. Environmental Research, 162: 203-210.

IPCC. 2014. Summary for policymakers//Field C B, Barros V R, Dokken D J, et al. Climate Change 2014: Impacts, Adaptation, and Vulnerability. Part A: Global and Sectoral Aspects. Contribution of Working Group II to the Fifth Assessment Report of the Intergovernmental Panel on Climate Change. Cambridge: Cambridge University Press: 1-32.

Jiang S, Lee X, Wang J, et al. 2019. Amplified urban heat islands during heat wave periods. Journal of Geophysical Research: Atmospheres, 124（14）: 7797-7812.

Jovanović S, Savić S, Bojić M, et al. 2015. The impact of the mean daily air temperature change on electricity consumption. Energy, 88: 604-609.

Kang L, Ma L, Liu Y. 2016. Evaluation of farmland losses from sea level rise and storm surges in the Pearl River Delta region under global climate change. Journal of Geographical Sciences, 26（4）: 439-456.

Kong L, Lau K K L, Yuan C, et al. 2017. Regulation of outdoor thermal comfort by trees in Hong Kong. Sustainable Cities and Society, 31: 12-25.

Lam H, Kok M H, Shum K K Y. 2012. Benefits from typhoons-the Hong Kong perspective. Weather, 67（1）: 16-21.

Lam Y F, Cheung H M, Ying C C. 2018. Impact of tropical cyclone track change on regional air quality.

Science of the Total Environment, 610：1347-1355.

Lee K L, Chan Y H, Lee T C, et al. 2016. The development of the Hong Kong Heat Index for enhancing the heat stress information service of the Hong Kong Observatory. International Journal of Biometeorology, 60（7）：1029-1039.

Lee T C, Chan K Y, Ginn W L. 2011. Projection of extreme temperatures in Hong Kong in the 21st century. Journal of Meteorological Research, 25（1）：1-20.

Li D, Sun T, Liu M, et al. 2015. Contrasting responses of urban and rural surface energy budgets to heat waves explain synergies between urban heat islands and heat waves. Environmental Research Letters, 10（5）：054009.

Li J, Chen Y D, Gan T Y, et al. 2018. Elevated increases in human-perceived temperature under climate warming. Nature Climate Change, 8（1）：43-47.

Li J, Chen Y D, Zhang L, et al. 2016. Future changes in floods and water availability across China：linkage with changing climate and uncertainties. Journal of Hydrometeorology, 17（4）：1295-1314.

Li J, Zhang L, Shi X, et al. 2017. Response of long-term water availability to more extreme climate in the Pearl River Basin, China. International Journal of Climatology, 37（7）：3223-3237.

Li J, Zhang Q, Chen Y D, et al. 2013a. Changing spatiotemporal patterns of precipitation extremes in China during 2071-2100 based on Earth System Models. Journal of Geophysical Research：Atmospheres, 118（22）：12537-12555.

Li J, Zhang Q, Chen Y D, et al. 2013b. GCMs-based spatiotemporal evolution of climate extremes during the 21st century in China. Journal of Geophysical Research：Atmospheres, 118（19）：11017-11035.

Li K, Li G S. 2013. Risk assessment on storm surges in the coastal area of Guangdong Province. Natural Hazards, 68（2）：1129-1139.

Li M, Song Y, Mao Z, et al. 2016. Impacts of thermal circulations induced by urbanization on ozone formation in the Pearl River Delta region, China. Atmospheric Environment, 127：382-392.

Li Q S, Li X, He Y, et al. 2017. Observation of wind fields over different terrains and wind effects on a super-tall building during a severe typhoon and verification of wind tunnel predictions. Journal of Wind Engineering and Industrial Aerodynamics, 162：73-84.

Li Q S, Yi J. 2016.Monitoring of dynamic behaviour of super-tall buildings during typhoons. Structure and Infrastructure Engineering, 12（3）：289-311.

Li Q S, Zhi L H, Yi J, et al. 2014. Monitoring of typhoon effects on a super-tall building in Hong Kong. Structural Control and Health Monitoring, 21（6）：926-949.

Li Y, Ren T, Kinney P L, et al. 2018. Projecting future climate change impacts on heat-related mortality in large urban areas in China. Environmental Research, 163：171-185.

Lin K, Lian Y, Chen X, et al. 2014. Changes in runoff and eco-flow in the Dongjiang River of the Pearl River Basin, China. Frontiers of Earth Science, 8：547-557.

Lin L, Chan T O, Ge E, et al. 2020. Effects of urban land expansion on decreasing atmospheric moisture in Guangdong, South China. Urban Climate, 32：100626.

Liu B, Chen J, Lu W, et al. 2016. Spatiotemporal characteristics of precipitation changes in the Pearl River

Basin, China. Theoretical and Applied Climatology，123（3-4）：537-550.

Liu D，Chen X，Lian Y，et al. 2010. Impacts of climate change and human activities on surface runoff in the Dongjiang River basin of China. Hydrological Processes：An International Journal，24（11）：1487-1495.

Liu Q，Lam K S，Jiang F，et al. 2013. A numerical study of the impact of climate and emission changes on surface ozone over South China in autumn time in 2000—2050. Atmospheric Environment，76：227-237.

Liu Z，Ming Y，Zhao C，et al. 2018a. Contribution of local and remote anthropogenic aerosols to intensification of a record-breaking torrential rainfall event in Guangdong province. Atmospheric Chemistry and Physics，20（1）：223-241.

Liu Z，Ming Y，Zhao C，et al. 2020. Contribution of local and remote anthropogenic aerosols to a record-breaking torrential rainfall event in Guangdong province，China. Atmospheric Chemistry and Physics Discussions，20：223-241.

Liu Z，Yim S H L，Wang C，et al. 2018b. The impact of the aerosol direct radiative forcing on deep convection and air quality in the Pearl River Delta region. Geophysical Research Letters，45（9）：4410-4418.

Luo M，Hou X，Gu Y，et al. 2018. Trans-boundary air pollution in a city under various atmospheric conditions. Science of the Total Environment，618：132-141.

Luo M，Lau N C. 2017. Heat waves in southern China：synoptic behavior，long-term change，and urbanization effects. Journal of Climate，30（2）：703-720.

Luo M，Lau N C. 2019a. Amplifying effect of ENSO on heat waves in China. Climate Dynamics，52（5-6）：3277-3289.

Luo M，Lau N C. 2019b. Urban expansion and drying climate in an urban agglomeration of east China. Geophysical Research Letters，46（12）：6868-6877.

Ng E，Chen L，Wang Y，et al. 2012. A study on the cooling effects of greening in a high-density city：an experience from Hong Kong. Building and Environment，47：256-271.

Nichol J，Hang T P，Ng E. 2014. Temperature projection in a tropical city using remote sensing and dynamic modeling. Climate Dynamics，42（11-12）：2921-2929.

Ou T，Chen D，Linderholm H W，et al. 2013. Evaluation of global climate models in simulating extreme precipitation in China. Tellus A：Dynamic Meteorology and Oceanography，65（1）：19799.

Peng L，Liu J P，Wang Y，et al. 2018. Wind weakening in a dense high-rise city due to over nearly five decades of urbanization. Building and Environment，138：207-220.

Peng L L H，Jim C Y. 2015. Economic evaluation of green-roof environmental benefits in the context of climate change：the case of Hong Kong. Urban Forestry & Urban Greening，14（3）：554-561.

Qiu H，Sun S，Tang R，et al. 2016. Pneumonia hospitalization risk in the elderly attributable to cold and hot temperatures in Hong Kong，China. American Journal of Epidemiology，184（8）：570-578.

Ren C，Ng E Y，Katzschner L. 2011. Urban climatic map studies：a review. International Journal of Climatology，31（15）：2213-2233.

Sajjad M，Chan J C L，Kanwal S. 2020. Integrating spatial statistics tools for coastal risk management：a case-study of typhoon risk in mainland China. Ocean and Coastal Management，184：105018.

Shen Y，Jia H，Li C，et al. 2018. Numerical simulation of saltwater intrusion and storm surge effects of reclamation in Pearl River Estuary, China. Applied Ocean Research, 79：101-112.

Shi P, Tang L, Lin C, et al. 2015a. Modeling the effects of post-anthesis heat stress on rice phenology. Field Crops Research, 177：26-36.

Shi P, Tang L, Wang L, et al. 2015b. Post-Heading heat stress in Rice of South China during 1981—2010. PLoS One, 10（6）：e0130642.

Shou Y X, Gao W, Lu F. 2020. A statistical study of pre-summer hourly extreme rainfall over the Pearl River Delta metropolitan region during 2008—2017. International Journal of Climatology, 17：4242-4258.

Siu L W, Hart M A. 2013. Quantifying urban heat island intensity in Hong Kong SAR, China. Environmental Monitoring and Assessment, 185（5）：4383-4398.

Song Q, Li J, Duan H, et al. 2017. Towards to sustainable energy-efficient city：a case study of Macau. Renewable and Sustainable Energy Reviews, 75：504-514.

Stone Jr B, Vargo J, Liu P, et al. 2014. Avoided heat-related mortality through climate adaptation strategies in three US cities. PLoS One, 9（6）：e100852.

Sun Q, Miao C, Duan Q. 2015. Projected changes in temperature and precipitation in ten river basins over China in 21st century. International Journal of Climatology, 35（6）：1125-1141.

Sun S, Cao W, Mason T G, et al. 2019. Increased susceptibility to heat for respiratory hospitalizations in Hong Kong. Science of the Total Environment, 666：197-204.

Sun S, Tian L, Qiu H, et al. 2016. The influence of pre-existing health conditions on short-term mortality risks of temperature：evidence from a prospective Chinese elderly cohort in Hong Kong. Environmental Research, 148：7-14.

Tan J, Zheng Y, Tang X, et al. 2010. The urban heat island and its impact on heat waves and human health in Shanghai. International Journal of Biometeorology, 54（1）：75-84.

Tan Z, Lau K K L, Ng E. 2016. Urban tree design approaches for mitigating daytime urban heat island effects in a high-density urban environment. Energy and Buildings, 114：265-274.

To W M, Yu T W. 2016. Characterizing the urban temperature trend using seasonal unit root analysis：Hong Kong from 1970 to 2015. Advances in Atmospheric Sciences, 33（12）：1376-1385.

Tong C H M, Yim S H L, Rothenberg D, et al. 2018a. Assessing the impacts of seasonal and vertical atmospheric conditions on air quality over the Pearl River Delta region. Atmospheric Environment, 180：69-78.

Tong C H M, Yim S H L, Rothenberg D, et al. 2018b. Projecting the impacts of atmospheric conditions under climate change on air quality over the Pearl River Delta region. Atmospheric Environment, 193：79-87.

Tong H, Wong C, Lee S. 2017. Projection of wet-bulb temperature for Hong Kong in the 21st century using CMIP5 data. Hong Kong：the 31st Guangdong-Hong Kong-Macao Seminar on Meteorological Science and Technology and the 22nd Guangdong-Hong Kong-Macao Meeting on Cooperation in Meteorological Operations.

Tu X, Singh V P, Chen X, et al. 2015. Intra-annual distribution of streamflow and individual impacts of climate change and human activities in the Dongijang River basin, China. Water Resources Management,

29（8）：2677-2695.

Tu X，Zhang Q，Singh V P，et al. 2012. Space-time changes in hydrological processes in response to human activities and climatic change in the south China. Stochastic Environmental Research and Risk Assessment，26（6）：823-834.

Wang J，Feng J，Yan Z，et al. 2012. Nested high-resolution modeling of the impact of urbanization on regional climate in three vast urban agglomerations in China. Journal of Geophysical Research：Atmospheres，17（D21）：1-18.

Wang L，Huang G，Zhou W，et al. 2016. Historical change and future scenarios of sea level rise in Macau and adjacent waters. Advances in Atmospheric Sciences，33（4）：462-475.

Wang W，Zhou W. 2017. Statistical modeling and trend detection of extreme sea level records in the Pearl River Estuary. Advances in Atmospheric Sciences，34（3）：383-396.

Wang W，Zhou W，Li Y，et al. 2015. Statistical modeling and CMIP5 simulations of hot spell changes in China. Climate Dynamics，44（9-10）：2859-2872.

Wang W，Zhou W，Ng E Y Y，et al. 2016. Urban heat islands in Hong Kong：statistical modeling and trend detection. Natural Hazards，83（2）：885-907.

Wang X，Liao J，Zhang J，et al. 2014. A numeric study of regional climate change induced by urban expansion in the Pearl River Delta，China. Journal of Applied Meteorology and Climatology，53（2）：346-362.

Wang X，Yang T，Li X，et al. 2017. Spatio-temporal changes of precipitation and temperature over the Pearl River basin based on CMIP5 multi-model ensemble. Stochastic Environmental Research and Risk Assessment，31（5）：1077-1089.

Wang Y，Gao T，Jia N，et al. 2020b. Numerical study of the impacts of typhoon parameters on the strom surge based on Hato storm over the Pearl River Mouth，China. Regional Studies in Marine Science，34：101061.

Wang Y，Li Y，Di Sabatino S，et al. 2018. Effects of anthropogenic heat due to air-conditioning systems on an extreme high temperature event in Hong Kong. Environmental Research Letters，13（3）：034015.

Wang Y，Yim S H L，Yang Y，et al. 2020a. The effect of urbanization and climate change on the mosquito population in the Pearl River Delta Region of China. International Journal of Biometeorology，64（3）：501-512.

Wang Z，Zhong R，Lai C，et al. 2018. Climate change enhances the severity and variability of drought in the Pearl River Basin in South China in the 21st century. Agricultural and Forest Meteorology，249：149-162.

Wong M C，Mok H Y，Lee T C. 2011. Observed changes in extreme weather indices in Hong Kong. International Journal of Climatology，31（15）：2300-2311.

Wu C，Ji C，Shi B，et al. 2019. The impact of climate change and human activities on streamflow and sediment load in the Pearl River basin. International Journal of Sediment Research，34（4）：307-321.

Wu J，Liu Z，Yao H，et al. 2018. Impacts of reservoir operations on multi-scale correlations between hydrological drought and meteorological drought. Journal of Hydrology，563：726-736.

Wu Z，Milliman J D，Zhao D，et al. 2018. Geomorphologic changes in the lower Pearl River Delta，1850—2015，largely due to human activity. Geomorphology，314：42-54.

Wu Z Y，Lu G H，Liu Z Y，et al. 2013. Trends of extreme flood events in the Pearl River Basin during 1951—2010. Advances in Climate Change Research，4（2）：110-116.

Xia J，Yan Z，Zhou W，et al. 2015. Projection of the Zhujiang（Pearl）River Delta's potential submerged area due to sea level rise during the 21st century based on CMIP5 simulations. Acta Oceanologica Sinica，34（9）：78-84.

Xiang J，Hansen A，Liu Q，et al. 2017. Association between dengue fever incidence and meteorological factors in Guangzhou，China，2005—2014. Environmental Research，153：17-26.

Xie M，Zhu K，Wang T，et al. 2016. Changes in regional meteorology induced by anthropogenic heat and their impacts on air quality in South China. Atmospheric Chemistry & Physics，16（23）：1-28.

Xu K，Xu B，Ju J，et al. 2019. Projection and uncertainty of precipitation extremes in the CMIP5 multimodel ensembles over nine major basins in China. Atmospheric Research，226：122-137.

Xu L，Stige L C，Chan K S，et al. 2017. Climate variation drives dengue dynamics. Proceedings of the National Academy of Sciences of the United States of America，114（1）：113-118.

Xu N，Gong P. 2018. Significant coastline changes in China during 1991—2015 tracked by Landsat data. Science Bulletin，63：883-886.

Yan D，Werners S E，Ludwig F，et al. 2015. Hydrological response to climate change：the Pearl River，China under different RCP scenarios. Journal of Hydrology：Regional Studies，4：228-245.

Yang J，Liu H Z，Ou C Q，et al. 2013. Impact of heat wave in 2005 on mortality in Guangzhou，China. Biomedical and Environmental Sciences，26（8）：647-654.

Yang J，Ou C Q，Guo Y，et al. 2015a. The burden of ambient temperature on years of life lost in Guangzhou，China. Scientific Reports，5：12250.

Yang J，Wang Z H，Kaloush K E. 2015b. Environmental impacts of reflective materials：is high albedo a 'silver bullet' for mitigating urban heat island? Renewable and Sustainable Energy Reviews，47：830-843.

Yang L，Liu G，Lin Z，et al. 2016. Pro-inflammatory response and oxidative stress induced by specific components in ambient particulate matter in human bronchial epithelial cells. Environmental Toxicology，31（8）：923-936.

Yang L，Scheffran J，Qin H，et al. 2015. Climate-related flood risks and urban responses in the Pearl River Delta，China. Regional Environmental Change，15（2）：379-391.

Yang L，Zhang C，Wambui Ngaruiya G. 2013. Water supply risks and urban responses under a changing climate：a case study of Hong Kong. Pacific Geographies，39：9-15.

Yang S，Wu J，Ding C，et al. 2017. Epidemiological features of and changes in incidence of infectious diseases in China in the first decade after the SARS outbreak：an observational trend study. The Lancet Infectious Diseases，17（7）：716-725.

Yang Y K，Kang I S，Chung M H，et al. 2017. Effect of PCM cool roof system on the reduction in urban heat island phenomenon. Building and Environment，122：411-421.

Yi W，Chan A P C. 2015. Effects of temperature on mortality in Hong Kong：a time series analysis. International Journal of Biometeorology，59（7）：927-936.

Yi W, Chan A P C. 2017. Effects of heat stress on construction labor productivity in Hong Kong: a case study of rebar workers. International Journal of Environmental Research and Public Health, 14 (9): 1055.

Yim S H L, Hou X, Guo J, et al. 2019a. Contribution of local emissions and transboundary air pollution to air quality in Hong Kong during El Niño-Southern Oscillation and heatwaves. Atmospheric Research, 218: 50-58.

Yim S H L, Wang M, Gu Y, et al. 2019b. Effect of urbanization on ozone and resultant health effects in the Pearl River Delta region of China. Journal of Geophysical Research: Atmospheres, 124 (21): 11568-11579.

Yin J, Yin Z, Xu S. 2013. Composite risk assessment of typhoon-induced disaster for China's coastal area. Natural Hazards, 69 (3): 1423-1434.

Yin K, Xu S, Huang W, et al. 2017. Effects of sea level rise and typhoon intensity on storm surge and waves in Pearl River Estuary. Ocean Engineering, 136: 80-93.

Yu Q, Lau A K H, Tsang K T, et al. 2018. Human damage assessments of coastal flooding for Hong Kong and the Pearl River Delta due to climate change-related sea level rise in the twenty-first century. Natural Hazards, 92 (2): 1011-1038.

Yu R, Li J, Yuan W, et al. 2010. Changes in characteristics of late-summer precipitation over eastern China in the past 40 years revealed by hourly precipitation data. Journal of Climate, 23 (12): 3390-3396.

Yuan F, Tung Y K, Ren L. 2016. Projection of future streamflow changes of the Pearl River basin in China using two delta-change methods. Hydrology Research, 47 (1): 217-238.

Yuan R, Zhu J, Wang B. 2015. Impact of sea-level rise on saltwater intrusion in the Pearl River Estuary. Journal of Coastal Research, 31 (2): 477-487.

Zeng W, Lao X, Rutherford S, et al. 2014. The effect of heat waves on mortality and effect modifiers in four communities of Guangdong Province, China. Science of the Total Environment, 482: 214-221.

Zhang A, Xiao L, Min C, et al. 2019. Evaluation of latest GPM-Era high-resolution satellite precipitation products during the May 2017 Guangdong extreme rainfall event. Atmospheric Research, 216: 76-85.

Zhang N, Wang X, Chen Y, et al. 2016. Numerical simulations on influence of urban land cover expansion and anthropogenic heat release on urban meteorological environment in Pearl River Delta. Theoretical and Applied Climatology, 126 (3-4): 469-479.

Zhang Q, Gu X, Singh V P, et al. 2015. Flood frequency under the influence of trends in the Pearl River basin, China: changing patterns, causes and implications. Hydrological Processes, 29 (6): 1406-1417.

Zhang Q, Singh V P, Li K, et al. 2012a. Trend, periodicity and abrupt change in streamflow for the East River, the Pearl River basin. Hydrological Processes, 28 (2): 305-314.

Zhang Q, Singh V P, Li K, et al. 2014. Trend, periodicity and abrupt change in streamflow of the East River, the Pearl River basin. Hydrological Processes, 28 (2): 305-314.

Zhang Q, Singh V P, Peng J, et al. 2012b. Spatial-temporal changes of precipitation structure across the Pearl River basin, China. Journal of Hydrology, 440: 113-122.

Zhang S, Tao F, Zhang Z. 2016. Changes in extreme temperatures and their impacts on rice yields in southern China from 1981 to 2009. Field Crops Research, 189: 43-50.

Zhang W, Cao Y, Zhu Y, et al. 2017. Flood frequency analysis for alterations of extreme maximum water levels in the Pearl River Delta. Ocean Engineering，129：117-132.

Zhang Y，Ge E. 2013. Temporal scaling behavior of sea-level change in Hong Kong-multifractal temporally weighted detrended fluctuation analysis. Global and Planetary Change，100：362-370.

Zhao L，Oppenheimer M，Zhu Q，et al. 2018. Interactions between urban heat islands and heat waves. Environmental Research Letters，13（3）：034003.

Zhao Y，Zou X，Cao L，et al. 2014. Changes in precipitation extremes over the Pearl River Basin，southern China，during 1960—2012. Quaternary International，333：26-39.

Zheng P，Li M，Wang C，et al. 2020. Tide-surge interaction in the Pearl River Estuary：a case study of typhoon Hato. Frontiers in Marine Science，7：236.

Zhu J，Hu K，Lu X，et al. 2015. A review of geothermal energy resources，development，and applications in China：current status and prospects. Energy，93：466-483.

Zhu J，Huang G，Baetz B，et al. 2019. Climate warming will not decrease perceived low-temperature extremes in China. Climate Dynamics，52（9-10）：5641-5656.

Zhu Q，Liu T，Lin H，et al. 2014. The spatial distribution of health vulnerability to heat waves in Guangdong Province，China. Global Health Action，7（1）：25051.

Zuo J，Yang Y，Zhang J，et al. 2013. Prediction of China's submerged coastal areas by sea level rise due to climate change. Journal of Ocean University of China，12（3）：327-334.

第 16 章 台湾和福建

主要作者协调人：刘绍臣、崔胜辉
编　　　　审：朱永官
主 要 作 者：石龙宇、黄金良、徐礼来

执行摘要

台湾和福建两省的气候变化与生态环境息息相关，唇齿相依。由于特殊的地理位置和地形，台湾和福建两省的极端天气频发，分为春夏季梅雨及夏秋季台风，具体包括强风、暴雨、洪涝、风暴潮（受海平面上升而加剧）和干旱等灾害，给人们的生命、财产安全以及当地社会经济的发展造成严重的威胁。在全球变暖背景下，过去 50 年观测到的气象资料显示，我国华南地区平均单个台风降水强度显著增加，最强 10% 强降水大约增加 40%，与台湾地区观测结果一致，洪涝风险明显增加（高信度）。进一步的分析发现，华南地区旱季连续 15 天以上不降水日数随全球变暖明显增加，与中国东部各地观测结果一致，表明华南地区干旱的风险也随全球变暖增加（高信度）。台湾和福建对强风、暴雨、洪涝、风暴潮和干旱等灾害的脆弱度都很高（高信度），因此台湾和福建两省亟须提高对极端气候变化的适应能力。

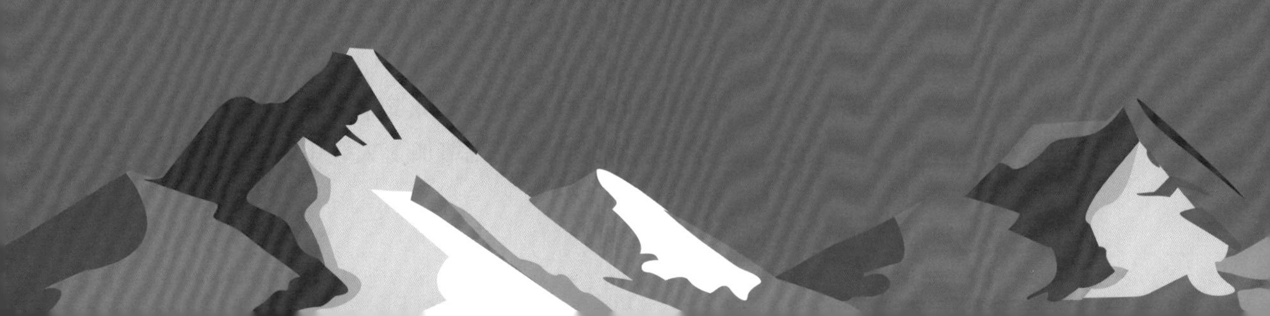

16.1 引　言

16.1.1 台湾和福建的自然状况

台湾和福建位于中国东南部，东临太平洋，福建东南隔台湾海峡与台湾相望。其地形地貌复杂，均呈现以山地、丘陵为主，少平原，山脉大多呈东北—西南走向的特点，海岸线漫长而曲折，沿岸港湾广布，岛屿众多。区域属于海洋性季风性气候，冬季温暖，夏季炎热，雨量充沛，夏秋多台风暴雨。受母岩、气候、地形、水文、生物等因子的作用，台湾和福建发育着深厚的土壤，共有 23 种土壤类型。区域内水系密布，河流众多，共 814 条，大多发源于本区，平均比降较大，径流量年内变化悬殊。水资源蕴藏量丰富，水资源总量为 1876.7 亿 m^3，人均水资源量为 3609m^3，约为全国人均水资源量的 1.6 倍。台湾和福建得天独厚的环境造就了丰富的生物资源。台湾和福建的动物种类繁多，森林资源优越，台湾和福建的森林覆盖率分别为 65.95%、58.53%，位居全国前列。

16.1.2 台湾和福建的社会经济发展状况

截至 2017 年底，台湾和福建常住人口 6268.1 万人，占全国人口的比重为 4.43%。与 2000 年第五次全国人口普查相比，17 年共增加 630.4 万人，增长 11.18%。台湾和福建生产总值平稳增长，由 2005 年 31853.78 亿元上升为 2017 年的 69298.47 亿元，12 年期间增长了 117.55%，产业构成上第二产业比重略有增加。

16.1.3 台湾和福建的气候变化

20 世纪 50 年代以来，台湾和福建年平均气温呈现缓步上升趋势，每年约上升 0.15℃。20 世纪 50~60 年代平均气温呈现较弱的负趋势，70 年代以后气温开始上升，80 年代上升趋势明显，而 90 年代以后气温的增加趋势进一步加强。该时段内两省年际降水量波动大，降水量无明显的变化趋势。年日照时数和四季日照时数有显著减少趋势。

台湾和福建的气候变化存在差异。在气温方面，两省夏季的增温趋势虽不明显，但福建在该季节有一半地区增温趋势为负趋势，台湾气温持续缓慢增加。在降水方面，两省存在时间和空间差异，台湾年降水趋于平均化，降水量北方地区呈现增加趋势，西南与东部却是减少的趋势；福建则旱涝表现较突出，降水量增加明显的区域为中南部沿海，减少最明显的是闽北及闽西地区。由于特殊的地理位置和地形，两省极端天气次数增加，分为春夏季梅雨及夏秋季的台风，具体包括强风、暴雨、洪涝、风暴潮（受海平面上升而加剧）和干旱等灾害，给人们的生命安全、财产安全以及当地社会经济的发展造成严重的威胁。

IPCC AR5（2013 年）指出，观测显示全球的极端降水事件自 1950 年来在大部分陆地区域很有可能是增加的，这可能是因为全球暖化增加了大气中的水汽进而增强了降水。许多研究运用长期观测资料发现强降雨增加，而中、小雨减少的现象（高信度）。这些研究分析的国家和地区包括美国、东南亚、欧洲、中国、日本及印度等（Karl and Knight，1998；Klein Tank and Können，2003；Liu et al.，2016）。Lau 和 Wu（2007）分析全球降水气候计划（Global Precipitation Climatology Project，GPCP）卫星数据和气候预测中心降水综合分析资料（Climate Prediction Center Merged Analysis of Precipitation，CMAP）发现，全球低纬度地区海洋（30° S~30° N）区域也有类似的变化。中、小雨是土壤保持湿润的主要水分来源，所以中、小雨的减少会增加干旱的风险；而强降雨的增加会增加水灾的风险。18 个 CMIP5 模式在 RCPs 情景下的模拟结果显示，21 世纪末全球升温 1.5~4℃。根据 Wang 等（2019）的推算，华南地区极端降水的变化将导致干旱的风险增加 100%~300%（中等信度），台风降水将会增加 20%~80%（中等信度）。因此，福建及台湾两省亟须提高对极端气候事件的适应能力。

16.2　影响和脆弱性

16.2.1　台风的影响和脆弱性

1. 台风降水的变化

台风是一种特殊的天气系统。在全球变化的背景下，一方面，暖化的大气在热力条件上会促进台风强度的增加（Emanuel，1987；Knutson and Tuleya，2004）；另一方面，气温升高可能改变大气环流的动力条件，进而影响台风的生成和发展。然而，由于关于台风的观测数据时间较短且一致性有所争议，目前对于台风强度的评估大多数是通过卫星遥感数据进行间接估算的，因此目前对于台风是否随暖化增强仍有争论。分析气候模型的结果发现，在暖化的情景下，台风会增强（Knutson and Tuleya，2004；Santer et al.，2006）。而在观测方面，Emanuel（2005）计算西北太平洋与北大西洋的热带气旋潜在破坏指数（potential destructiveness index，PDI）发现，台风与海洋表面温度的变化很一致，两者都随全球暖化呈现显著上升的趋势。有关研究认为，台风的强度受到年代际气温变化的影响很大，台风是否因暖化而增强还未能下定论。例如，Webster 等（2005）发现，从 1970 年之后，各海域的海表温度皆呈增加的趋势，而各海域的第四级与第五级飓风的数量和比例也随之增加。但 Chan（2006）指出，虽然 1970 年之后西北太平洋的 PDI 是呈现上升的趋势，但是若从 1960 年开始计算，此趋势便不存在。Lin 和 Chan（2015）发现，西北太平洋近 20 年来的台风强度呈现显著上升的趋势，但台风数量与生命期呈现显著下降的趋势，因此整体 PDI 也是呈现下降的趋势。

Liu 等（2009）运用年际变异法计算 1979~2007 年全球的降雨变化，发现台湾最强的 10% 降雨随全球温度升高约增加了 94%/K，而中、小雨有减少的趋势（图 16-1）。此结果与 Sun 等（2007）运用气候模式计算的定性结果虽然类似，即呈现强降雨增加而中、小雨减少的情形，且强降雨的增加皆有超过 Clausius-Clapeyron（C.-C.）方程式所估计的 7%/K，但是定量的结果显示，运用 GPCP 观测数据所计算的结果较气候模式平均约大了 10 倍，显示气候模式对于降雨的变化可能被严重低估。Shiu 等（2012）运用年际变异法计算 ERA-40 与 NCEP/NCAR 再分析资料的降雨变化，发现结果与 Liu 等（2009）运用 GPCP 观测数据计算的结果较接近。再分析资料中的降雨数据与气候模式类似，皆是由模式仿真的结果，但是再分析资料中的大气状态（如气压、温度、湿度、风场等）经过观测资料的同化，较接近真实的大气状况，所以更能反映出真实的结果。全球气候模式对于极端降雨变化的低估可能与分辨率太差有关，全球气候模式约 100km 的网格点无法解析小尺度的对流，所以倾向模拟较多却较弱的对流（Dai，2006）。

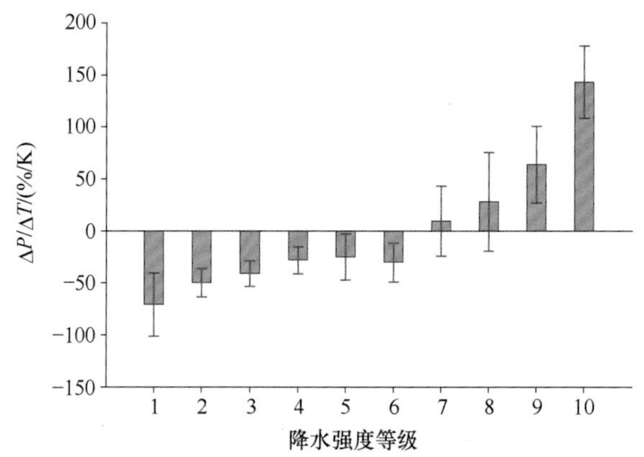

图 16-1 台湾降水强度随全球变暖的变化
降水强度分为 10 个等级，其随数字增大而增强

台湾位于台风活跃的区域，有很大部分的强降雨是由台风造成的，所以代表台风的强降雨也是随全球变暖增加。Wang 等（2019）分析了我国华南地区（包括台湾和福建）1967~2016 年降水强度的变化特征，发现全球变暖背景下，影响华南的台风个数及台风降水均呈下降趋势，且主要发生在 7~9 月。平均单个台风降水强度显著增加，最强 10% 强降水过去 50 年大约增加 40%，而小雨反而减少（图 16-2），这与 Liu 等（2009）的研究结果一致（高信度）。

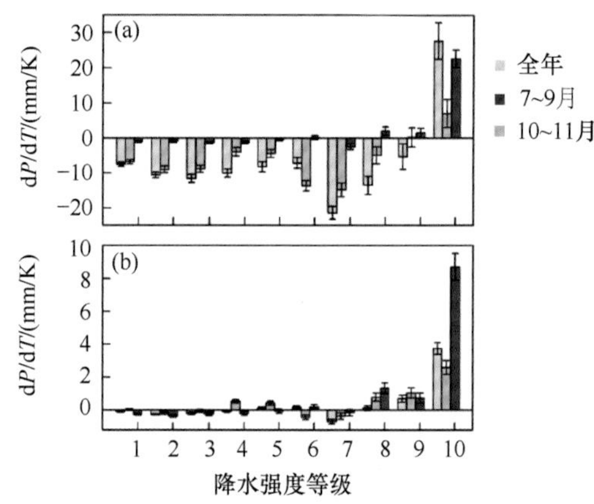

图 16-2 华南地区平均单个台风降水强度随全球温度的变化
（a）全年降水强度等级；（b）台风降水强度等级

2. 台风对台湾的影响和脆弱性

台湾位于欧亚大陆与太平洋之交汇区域，因所处地理位置及太平洋气象条件的特殊性，经常受台风影响，台风引致的极端天气事件对于台湾海岸影响非常关键。《台湾气候变迁科学报告》（许晃雄，2011）中指出，气候变迁导致 1990 年以后的台风个数和 1961~1989 年相比有增多的现象。影响台湾的台风不论轻台、中台或是强台，其次数都有增加趋势，尤其是强烈台风（强度 4 级、5 级）侵台的比例增加趋势最显著，热带气旋平均最大强度也在增强。台风发生次数及强度增加使台湾周边海域夏季波候改变以及增加了暴潮发生的次数及强度。

Tu 和 Chou（2013）将全年的降雨分为台风降雨和非台风降雨，在分析 1970~2010 年台湾降雨的变化时发现，不论是台风降雨还是非台风降雨的 99 百分位数强降雨皆增加，其中台风降雨增加的幅度比非台风降雨大。台湾地区台风特性的长期趋势结果显示，台风日数和每个台风的停留时间增加，而台风移动的速度减慢。因此，他们认为台风强降雨增加较多是因为台风移动速度减慢的关系。Chu 等（2014）分析过去 60 年台湾台风季（7~10 月）降雨特性的变化，发现连续干日数在增加而台风降雨和季风降雨的强度也在增强，他们认为降雨的增强不应只由全球暖化造成，台风移动速度减慢也是台湾降雨增强的原因之一。Wang 等（2015）为定量估计气候变迁对台湾地区台风的影响，运用云解析模式仿真 2008 年侵袭台湾的两个台风“蔷薇”和“森拉克”。他们将台风分别在 1950~1969 年和 1990~2009 年不同的气候背景进行模拟，发现两个台风模拟的结果很类似：沿台风路径计算“森拉克”台风的降雨增加了 5%~6%，“蔷薇”台风的降雨增加了 4%~7%；强降雨 20~50mm/h 及 50mm/h 以上则皆增加了 5%~25%，且越强的降雨增加越多，而小雨则是减少。

多发的台风常给台湾工农业生产和人民生活造成重大损失，由此引发的山洪等灾害主要发生在地势较为平坦的流域下游地区。以发生在 2009 年 8 月的“莫拉克”台风为例，其主要降雨区域位于嘉义、台南与高屏山区，降水量最高纪录为阿里山站，总累积雨量高达 3059.5mm；台风事件造成的淹水区域位于下游，主要包含台东、屏东、高雄、台南、嘉义、云林、彰化、台中及南投等，总计淹水面积 $40km^2$ 以上。这个极端强降雨台风造成台湾 673 人死亡，农业损失超过 195 亿元，总经济损达 2000 亿元（台湾省灾害防救科技中心，2016）。

3. 台风对福建的影响和脆弱性

台风对福建的影响存在明显的空间分异，图 16-3 县级尺度的台风影响频数显示，影响频数最高的是东部沿海地区，自东向西逐渐降低。受台风影响最为频繁的是厦门、莆田、福州；其次为宁德、福鼎和柘荣。

福建各区域台风暴雨阈值范围介于 39.0~47.5mm，差异显著。高阈值区域集中在闽东南地区，低阈值区域集中在闽东北地区。多年平均台风暴雨天数反映台风暴雨出现的频率，而日均台风暴雨降水量则反映台风暴雨的强度，它们的空间分布如图 16-4 所示。多年平均台风暴雨天数的高值区出现在闽北沿海地区，平均每年有 2.4 天出现台风暴雨；低值区出现在闽西北地区，平均每年只有 0.2 天出现台风暴雨。多年日均台风暴雨降水量的高值区同样位于闽北沿海地区，降水量可达 100mm 以上，而中部地区及西北内陆地区日均降水量在 50mm 以下。

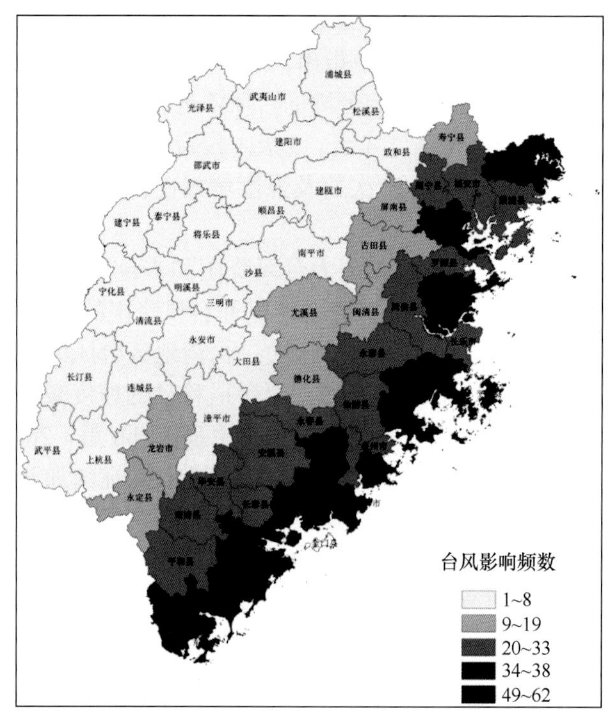

图 16-3　1950~2000 年福建台风影响频数空间分布图（叶金玉等，2014）

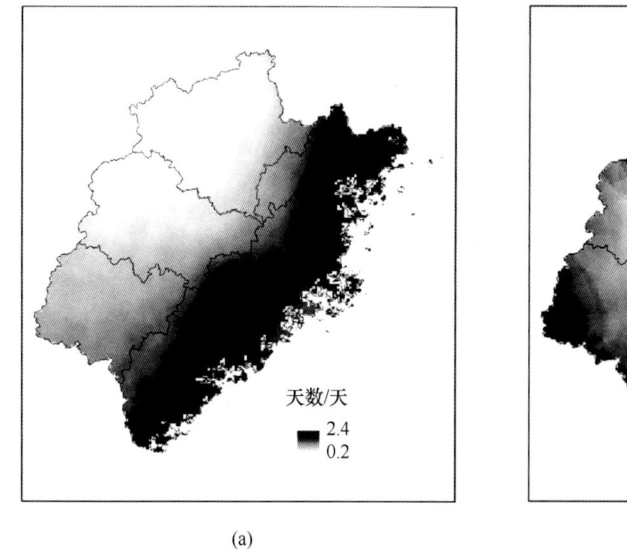

(a)

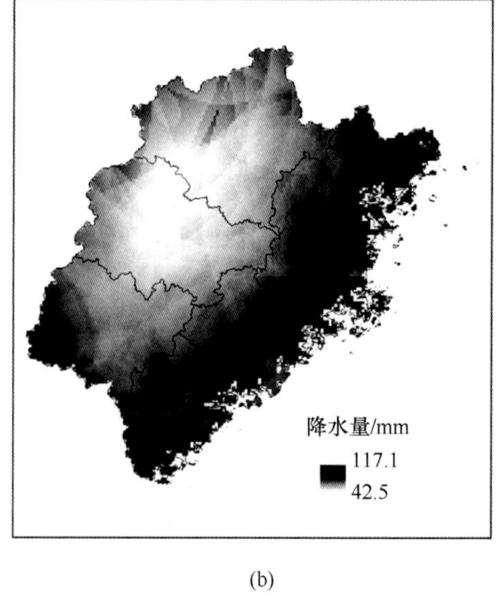

(b)

图 16-4　1960~2013 年福建多年平均台风暴雨天数（a）和日均台风暴雨降水量（b）的空间分布（何泽仕等，2019）

2000~2017 年，福建的台风共造成直接经济损失近 970 亿元，平均 53.72 亿元 / 年。2016 年由于超强台风“莫兰蒂”的影响，直接经济损失高达 169 亿元；2003 年的直接经济损失最小，为 4.68 亿元。

除了直接经济损失之外，台风还会造成人员伤亡和农作物受灾。例如，2016 年台风“尼伯特”于西太平洋洋面上生成后稳定向西偏北方向移动，并在登台湾岛后移速减慢，历时近 9h 进入台湾海峡，23h 后穿过台湾海峡于福建石狮登陆。由于台风移速的减慢，其带来的强降水天气时间增长，给福建沿海带来重大风雨灾害，全省因灾死亡 83 人，失踪 22 人，直接经济总损失 99.94 亿元（郭弘等，2019）。福建 2004~2013 年各区县台风灾害造成的累计直接经济损失、累计受灾人口、累计受灾农作物面积和累计死亡人口如图 16-5 所示。总体而言，台风对社会经济系统的影响由沿海区域向内陆递减，东部沿海地区是受灾严重的区域，特别是闽东北和闽南地区。宁德的台风受灾情况最为严重，其直接经济损失、受灾人口、受灾农作物面积和死亡人口都很突出。从死亡人口来看，宁德、福鼎受灾最为明显，10 年累计死亡人口达 240 人，主要是 2006 年 0608 号超强台风“桑美”所导致的，该台风共造成福鼎死亡人数高达 237 人（朱婧等，2017）。此外，漳州大部分市县的直接经济损失、受灾人口和受灾农作物面积也处于高值区，莆田在受灾人口、受灾农作物面积上也较严重。就内陆的县市而言，龙岩市辖区、德化等受灾较为严重，而受闽中戴云山地形作用，其他县市受灾情况均远低于东部沿海地区。

台风灾害的一个重要影响是造成树木的倒伏。例如，“莫兰蒂”的袭击就造成倒伏树 65 万株，在对厦门集美区集美街道的研究中发现，仅集美街道（面积为 3.6km^2，绿化覆盖率约 24.2%）就有倒伏树 1510 棵，倒伏树来源按由高到低依次为学校（50%）> 城市生活区（25%）> 道路（15%）> 公园（10%）。固碳释氧价值损失由高到低依次为城市生活区（57%）> 学校（25%）> 道路（11%）> 公园（7%）。倒伏树统计结果见表 16-1。

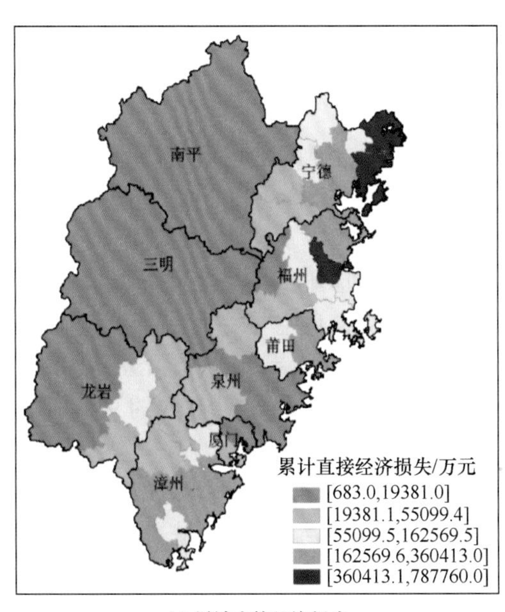

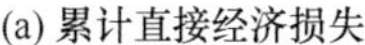
(a) 累计直接经济损失

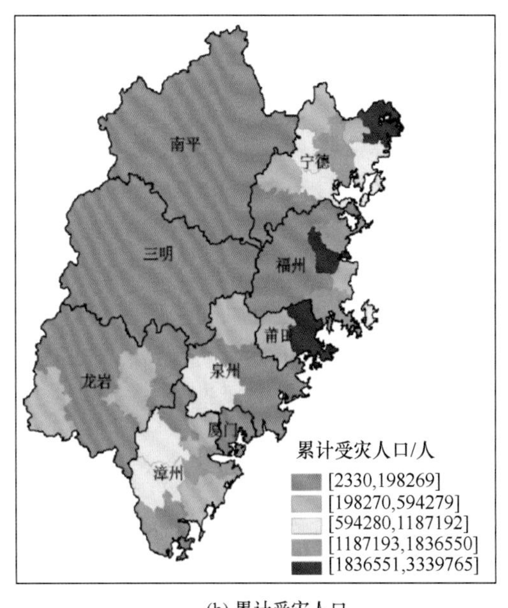

(b) 累计受灾人口

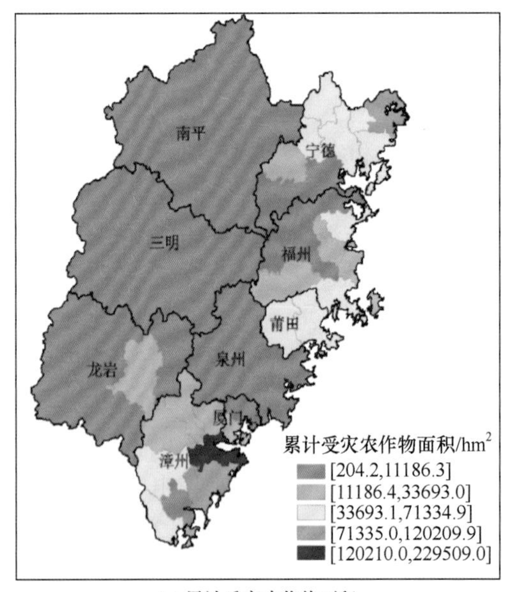

(c) 累计受灾农作物面积

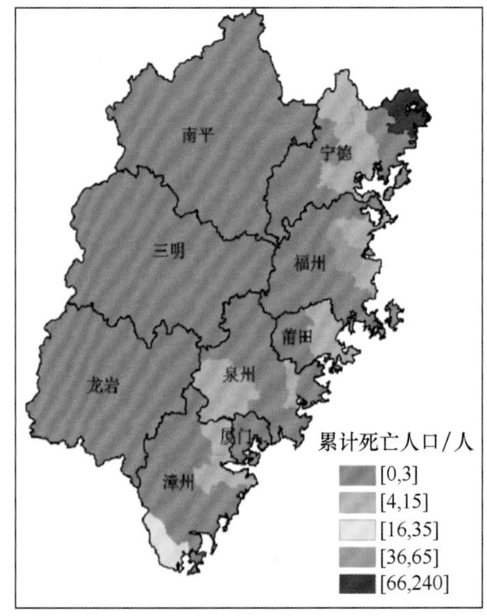

(d) 累计死亡人口

图 16-5　2004~2013 年福建累计台风灾情分布（朱婧等，2017）

表 16-1　倒伏树统计结果

倒伏树来源	倒伏树数量	倒伏树体积 /cm³	固碳价值 / 元	释氧价值 / 元	固碳释氧总值 / 元
道路	221	4969417500	954270.19	1039999.69	1994269.88
学校	760	15853256500	3044278.31	1741673.25	4785951.56
公园	146	3362257500	645649.53	703653.25	1349302.78
城市生活区	383	26957325000	5176576.81	5641628.98	10818205.79
合计	1510	51142256500	9820774.84	9126955.17	18947730.01

4. 小结

在全球变暖背景下，影响台湾和福建的台风个数及台风降水均呈下降趋势，且主要发生在 7~9 月。平均单个台风降水强度显著增加，最强 10% 强降水过去 50 年大约增加 40%，而小雨反而减少（高信度）。

未来气候变化情景下，台风的个数有减少的趋势，但有影响的台风个数呈增加趋势（高信度），而强台风的个数及台风降水均呈下降趋势，且主要发生在 7~9 月。未来台风带来的极端降雨呈增加趋势。2020~2039 年福建的致灾气旋频数将比 1986~2005 年上升 20% 左右，平均风速增加 20%，2040~2059 年比 1986~2005 年上升约 9%，风速增加 5% 左右（低信度）。

2000~2017 年福建台风灾害共造成近 970 亿元的直接经济损失，平均 53.72 亿元 / 年，台风对社会经济系统的影响由沿海区域向内陆递减，东部沿海地区是受灾严重的区域，特别是闽东北和闽南地区（高信度）。超强台风不仅造成了大量的人员伤亡和经济损失，也会对绿地系统造成巨大的破坏。无人机遥感的手段可以快速识别影响范围并定量评估其生态服务的价值损失，基于大数据的百度指数可以评估台风后的社会恢复力。

台湾和福建地处我国东南地区，是受到台风影响最大的地区之一。台湾的特殊地形，使得台风在过境台湾的时候，其结构往往都受到了一定程度的破坏，在台湾地势较高的地方形成了强降水，并在下游地势平坦较低的地带形成了淹水区。台湾岛对台风结构的破坏以及路径的影响进一步对福建降水产生了影响。

16.2.2　海平面上升和风暴潮的影响和脆弱性

1. 海平面上升的趋势

台湾海平面上升趋势 1994~2013 年平均为 3.4mm/a，较先前估计的要小，与 IPCC AR5 公布的 1993~2010 年全球平均海平面上升幅度（2.8~3.6mm/a）接近。目前仍持续对其余 13 处潮位站历史数据进行均一化校正，以取得更具代表性的海平面变化趋势。长期潮位观测数据显示，1961~2003 年海平面上升趋势平均为 2.4mm/a，较全球平均值（1.8mm/a）大。若仅考虑 1993~2003 年，海平面的上升趋势约为 5.7mm/a，也比全球平均（3.1mm/a）显著。卫星测高数据在同一时期也显示出与潮位数据分析相当一致的结果，台湾附近各地海平面的上升趋势约为 5.3mm/a（Tseng et al.，2010）。

1960~2013 年，福建沿海相对海平面上升速率 1.7~2.0mm/a（林选跃等，2014）。根据自然资源部海洋预警监测司发布的 2018 年《中国海平面公报》，自 2001 年以来福建沿海的海平面总体处于历史高位，2001~2010 年的平均海平面比 1991~2000 年的平均海平面高约 33mm，比 1998~1990 年的平均海平面高约 50mm。预计未来 30 年，福建沿海海平面将比 2017 年上升 70~140mm（自然资源部海洋预警监测司，2019）。海平面除年际性变化之外，还存在季节性波动。福建沿海在 9~10 月的海平面最高。2018 年，福建沿海 7 月、8 月和 12 月海平面较常年同期分别高 138mm、108mm 和 140mm，其中 12 月海平面为 1980 年以来同期最高；与 2017 年同期相比，8 月和 12 月海平面分别上升 108mm 和 127mm，10 月海平面下降 224mm，为近十年同期最低。

2. 海平面上升的影响和脆弱性

福建东部沿海海拔多在 5m 以下，如福州盆地海拔在 1m 以下的面积有 $40km^2$，1~3m 的有 $38km^2$。如果海平面上升 1m，这两部分地区都将受淹（张燕，2012）。海平面上升已导致晋江深沪湾、石狮伍堡等地近海农田被淹没，村庄被迫内迁。2010 年福建沿海海平面异常偏高，高于常年同期 174mm，台风“鲇鱼”在福建漳浦沿海登陆时引发的风暴潮增水与异常高海平面叠加，又恰逢天文大潮，造成了严重的风暴潮灾害，使 60 万人受灾，直接经济损失超过 26 亿元。1994 年与 2003 年枯水大潮时，闽江下游均出现了较明显的咸潮倒灌。2008 年 1 月和 2009 年 2~3 月再次发生了严重的咸潮倒灌，水源地 Cl 离子浓度大大超过国家集中式生活饮用水地表水源水质标准，影响到福州琅岐、长乐、仓山数十万居民的饮水（黄永福，2010）。根据《中国海洋生态环境状况公报》，福建宁德、福州、泉州和漳州等常年监测到不同程度的海水入侵现象，海水入侵范围一般距岸线2km左右，大部分地区为轻度入侵。漳浦旧镇镇梅宅村、霞美镇刘坂村距岸2~3km处为氯化物型盐渍化土和硫酸盐－氯化物型盐土。海平面上升导致波浪和潮汐能量增加、风暴潮作用增强，加剧海岸蚀退和岸滩下蚀，同时加大侵蚀海岸的修复难度。2018年宁德霞浦高罗海滨浴场岸段年最大侵蚀距离5.2m，年平均侵蚀距离1.7m，岸滩平均下蚀13.7cm，侵蚀程度较2017年加重。泉州崇武西沙湾海水浴场岸段年最大侵蚀距离0.72m，年平均侵蚀距离0.4m，岸滩平均下蚀3.85cm（自然资源部海洋预警监测司，2019）。

福建位于海平面上升的较高脆弱区还是低脆弱区存在不同的认识。张栋杨等（2018）认为，福建位于较高脆弱区，主要由于地区发展重心逐渐转移至沿海港口城市，福建人口大量涌入海岸带地区，加速了海岸资源的开发和基础设施建设，导致这些地区面对灾害的暴露性、敏感性更强。而焦嫚和张栋杨（2019）则认为，福建处于海平面上升的低脆弱区。

3. 风暴潮特征及其影响和脆弱性

1954~2017年福建省共计发生台风风暴潮过程313次，约5次/年。董剑希等（2016）对1954~2008年以来福建的台风风暴潮过程和时空分布特征进行了分析，发现风暴潮灾害主要发生在8月和9月，以9月居多。各级风暴潮中，增水为0.5~1m的风暴潮次数约占70%；风暴潮频发区和严重区为闽江口，风暴潮次数明显偏多、偏强；风暴潮灾害严重区则依次为闽江口和宁德区域；风暴潮发生次数总体呈现上升趋势，风暴潮灾害呈较明显的上升趋势。

风暴潮伴随台风而生，风、浪、潮、洪水是风暴潮致灾的主要因素，当台风增水与天文潮叠加，尤其是与天文大潮期的高潮叠加时，将对社会经济系统造成巨大的损失。福建风暴潮灾害与台风的路径又有很大关系。1996年7月27日~8月11日，福建连续遭受9607号和9608号台风正面袭击，全省沿岸出现最大增水为99~225cm的严重风暴潮，且过程最大增水峰恰恰叠加在天文大潮的高潮阶段，造成沿岸各港口高潮位连续3~4天接近或超过当地警戒水位，最高潮位普遍超过1949年以来的历史记录。2018年7月11日，台风“玛莉亚”在福建连江登陆，其间恰逢天文大潮，沿海最大风暴潮增水超过220cm，高海平面、天文大潮和风暴潮增水三者叠加，加剧了灾害影响，造成直接经济损失超过11亿元（自然资源部海洋预警监测司，2019）。

风暴潮是造成福建海洋灾害直接经济损失最主要的灾害，占全部损失的80%以上。风暴潮损失年际变化幅度较大，8月、9月损失占全年75%以上，福建沿海南北部地区受灾较严重，中部地区受灾较轻（谢欣等，2018）。福建台风风暴潮灾害具有发生频次高、影响范围广、灾害损失重的特点；此外，风暴潮影响期间，季节性高海平面、天文大潮和风暴潮增水三者叠加会增加风暴潮致灾程度（李程等，2019）。2008~2017年福建因风暴潮受灾人口为94万人/年，直接经济损失达到19亿元/年，排在沿海省份的前列（国家海洋局，2018）。

4. 小结

台湾和福建海平面均呈现上升的趋势：台湾海域 1961~2003 年海平面上升趋势平均为 2.4mm/a（高信度）；福建 1960~2013 年海平面上升速率为 1.7~2.0mm/a（高信度）。预计未来 30 年比 2017 年升高 70~140mm（中等信度）。海平面上升已经对福建造成了严重的影响，包括滨海土地的永久淹没、咸潮入侵、土壤盐渍化、海岸的加速侵蚀以及对旅游业的影响（高信度）。关于福建海平面上升的脆弱性目前还没有一致的结论（不确定）。

福建风暴潮发生的频率及其灾害影响总体呈现上升的趋势。闽江口和宁德是频发区和受影响最严重的区域（高信度），其风暴潮影响严重，2008~2017 年受灾人口为 94 万人 / 年，直接经济损失达到 19 亿元 / 年，排在沿海省份的前列（高信度）。

总体而言，目前对台湾和福建风暴潮与海平面上升的影响与脆弱性的研究较少。大多数研究集中于研究风暴潮与海平面上升的历史趋势，对未来气候变化下的变化趋势的预测不足。同时，风暴潮与海平面上升的影响的研究还处于定性阶段，尤其缺乏对社会 – 经济系统损失的综合且定量的评估。脆弱性评价的研究也不多见，社会 – 经济系统的脆弱性还不清楚。

就人口脆弱性指数而言，福建内陆地区经济条件较落后，防灾减灾意识较弱，总体脆弱性较高；沿海大部分地区经济较发达，医疗条件较好，房屋质量较高，接受教育程度较高，总体脆弱性较低（高信度）。

16.2.3　洪涝灾害的影响和脆弱性

1. 洪涝灾害的时空分布特征

台湾中部地势高峻陡峭，由此向东西两侧倾斜，逐渐转为较平缓的丘陵或台地。受此地形影响，台湾具有河流坡度大、河流上游集水区地质脆弱、表土冲蚀量显著等特征，河流的含沙量高，易造成河道及水库淤积，河道通洪容量降低。当河流上游（多为高降水量的山区）发生大降雨时，上游集水区的水流快速流向下游地势较平坦的地区，大量洪水不易宣泄，造成中下游溢堤或溃堤，易发生水灾（台湾省灾害防救科技中心，2016）。相关机构调查发现，台湾易淹水低洼地区总面积约 1150km^2，八成集中于县（市）管河流、区域排水、事业海堤等未完成改善的地区或地层下陷等地区，其中以宜兰、彰化、云林、嘉义、台南、高雄、屏东等沿海地区乡镇为甚。

台湾岛的特殊地形特征对台风的路径和停留时间都产生了一定的影响。当台风从南部过境时，台湾岛能在东风气流中心诱生出一对偶极涡，在台湾的西部产生低压中心，东部产生高压中心，这对偶极涡使得登陆的气旋发生反气旋式偏折（孟智勇等，1998）。台风过台湾岛及台湾海峡期间，引导气流和台风强度的减弱及台风结构的破坏可能是造成台风移动缓慢的主要原因，台风移动缓慢增加了台风过台以后在福建的停留时间，可能给福建带来更多的降水（郭弘等，2019）。

1960年以来福建总体上向涝的趋势发展，降水指数在20世纪60年代先升后降，至70年代中后期开始上升，80年代初发生短暂下降，此后持续上升，上升趋势一直持续到21世纪。根据旱涝特征差异，福建可划分为闽东南沿海、闽北、闽东与闽西四大区域（陈莹和陈兴伟，2011a）。1960~2011年各季节小雨、中雨降水量和降水时间呈现减少趋势，大雨、暴雨降水量和降水时间有增加趋势，极端降水概率增大；中部屏南—九仙山一线为小雨降水量和降水时间的高值区，东南沿海为暴雨的高值区（黄婕等，2015）。1960~2010年福建各站年极端降水频次、年极端降水总量、极端降水强度和年日最大降水量均呈线性增加趋势，且其变化趋势明显；极端降水事件在空间上存在明显的地域差异，其中南部沿海多年平均极端降水阈值大、年总降水量大，而中北部地区年极端降水频次较多（苏志重等，2016）。对于未来洪水的趋势，Liang等（2019）的研究表明，21世纪末福建的洪水在RCP2.6、RCP4.5和RCP8.5情景下都呈现增加的趋势。

福建洪涝灾害年际变化大：前汛期暴雨洪涝灾害主要集中在4~6月，这3个月暴雨洪涝灾害次数占非台风暴雨洪涝灾害总次数的70%以上；台风汛期暴雨洪涝灾害主要集中在7~9月，这3个月集中了台风暴雨洪涝灾害总次数的80%以上（陈香，2008），说明福建暴雨洪涝灾害群发性强，这主要受前汛期降水和台风汛期降水的环流特征所影响。洪涝灾害空间异质性较强，洪涝灾害危险性的高值区主要分布在闽南的漳州沿海，闽中的德化、永春、安溪、南安和闽西北的南平、邵武、武夷山等地，洪涝灾情高值区却集中分布在闽南的漳州沿海，闽中的泉州、莆田和福清沿海，闽东北的宁德沿海等；洪涝灾害危险性与灾情的空间分布并不吻合，说明洪涝灾害的影响还取决于承灾体的易损性和防灾能力。

2. 洪涝灾害的特征及其影响和脆弱性

福建地势西北高东南低，地形以山地和丘陵为主，其占90%以上。河流的中上游多呈扇状水系，便于水流集中，汇流速度快，而且上游山区降水量和降水强度大，雨季集中在5~9月，这样就加大了下游河段的洪峰流量。由于植被的破坏，水土混杂而下，造成福建河流下游洪峰量大，洪峰出现次数多，在国内同级河流甚至更大一级河流中均属少见。福建洪涝灾害具有频率高、强度大、时间集中、群发性强、连锁反应显著、灾情重、地区差异明显等特点。由于洪水自身的强度较大、社会–经济系统的敏感性强以及适应能力偏弱，福建总体的洪水脆弱性较强。综合暴露性、敏感性和适应能力3个方面的指标，福建位列全国各省暴雨导致的洪水脆弱性的前列（Xiong et al.，2019）。

根据福建气候影响评价资料，福建因洪涝灾害平均每年造成160人死亡、380万亩的农作物受灾和约43亿元的直接经济损失，已经严重影响福建经济的持续发展。福建洪涝灾害灾损度指数呈波动上升趋势（陈香，2007a）。

台湾省灾害防救科技中心（2016）探讨影响淹水灾害冲击风险的驱动因子，包含外在的气候驱动因子（危害度），以及环境、社会经济驱动因子（暴露、脆弱度）。首先，影响水灾的最主要的气候驱动因子为降水量（尤其是极端降雨）。台湾省灾害防救科技中心（2015）依据台湾省气象局自动雨量测站及传统测站的雨量观测数据，分析1992~2013 年全省各县市极端降雨事件前 15 名，发现这些事件多发生于夏、秋两季，且超过半数（52%）的天气形态是受到“热带气旋（台风）”的影响，其次为梅雨锋面（16%）。

而在影响水灾的环境、社会经济驱动因子方面，台湾省灾害防救科技中心（2016）针对潜在受影响地区的特性（自然环境、社会经济等），进行易受灾程度的评估分析。因台湾部分易淹水低洼地区位于地层下陷区域，故陈韵如等（2014）以“台湾各乡镇近十年地层下陷速率”作为环境脆弱度指标，制作地层下陷脆弱度地图，发现地层下陷脆弱度最高处位于彰化、云林及嘉义沿海乡镇，以及屏东部分沿海乡镇区域，其严重程度由沿海往山区递减。又因淹水灾害最主要冲击的其中一项为受影响人数，故陈韵如等（2014）使用人口密度指标以及人类发展指标，合并绘制社会经济脆弱度指标图，发现在桃园、南投、云林、嘉义、台南、高雄等县市的部分乡镇，因人口密度较高，其社会经济脆弱度也较高。

3. 小结

洪涝灾害是台湾和福建最主要的气象灾害之一。受季风和台风的共同影响，降水年内分成两个汛期，前汛期暴雨洪涝灾害主要集中在 4~6 月，台风汛期暴雨洪涝灾害主要集中在 7~9 月，暴雨洪涝灾害群发性强（高信度）。洪涝灾害空间异质性较强，从致灾因子危险性和灾情来看，漳州沿海是热点区域（高信度）。

影响台湾水灾的最主要的气候驱动因子为降水量（尤其是极端降雨），1992~2013 年全台极端降雨事件前 15 名多发生于夏、秋两季，且超过半数的天气形态是受到“热带气旋（台风）”的影响，其次为梅雨锋面（16%）。

1960 年以来福建总体上向涝的趋势发展，大雨、暴雨降水量和降水时间有增加趋势，极端降水概率增大，福建南部沿海多年平均极端降水阈值大（高信度）；福建未来洪灾呈现增加的趋势（低信度）。

福建洪涝灾害具有频率高、强度大、时间集中、群发性强、连锁反应显著、灾情重、地区差异明显等特点（高信度）。受自然和人为因素影响，福建总体的洪水脆弱性较强，位列全国前列（低信度）。

16.2.4　气候变化对水文水资源的影响

1. 气温和潜在蒸散量变化对水文水资源的影响

由于西北太平洋的副热带高压呈现增强趋势，台湾全岛的日最低气温有进一步升高的趋势。福建极端高温事件发生日数呈上升趋势，这种趋势自东南沿海向西北内陆逐渐增强，福建闽江流域的气温自 20 世纪 70 年代以来存在变暖的趋势，尤以暖冬最为显著；日照时数则随气候的变暖呈减少趋势，减幅最大的是夏季，其次是冬季，气温、降水和日照的变化趋势具有明显的区域性和季节性（张星等，2009；唐宝琪等，

2016）。

台湾和福建地区的气温和潜在蒸散量变化存在着一定的空间异质性。总体而言，台湾和福建的气温等变化存在着相似的规律，总体表现为内陆的山区地区比沿海的平原地区更为敏感，高纬度地区比低纬度地区更为敏感。福建气温及蒸散量在内陆的变化更为明显。相关研究指出，近年来，福建出现了变暖的趋势，低温天气呈现发生频率低、过程持续时间短、总体逐渐减少的特征，极端冷指数（冷持续指数、冷夜天数和冷昼天数）呈下降趋势，表明严寒天和极端低温事件明显减少，并且在福建内陆的西北和东北地区，极端暖指数在整个区域范围均呈显著上升趋势（陈丽娟等，2016; 吴幸毓等，2016）。台湾气温具有一定的空间异质性，但总体表现为山区的气温上升幅度大于平原地区，北部的气温上升幅度大于南部（Lin and Chan，2015）。

受到气候变化的影响，福建的气温以及潜在蒸散量呈增加趋势，水资源可获得量将因此受到影响。区域气温上升引起水循环加快，表现为气温弹性系数上升。福建闽江流域的气温弹性系数从 1980 年开始呈上升趋势（陈莹和陈兴伟，2011b）。在 RCP4.5 和 RCP8.5 情景下，我国东南部的地表太阳直接辐射呈现较大正趋势（贾东于等，2020）。地处东南沿海的台湾和福建的未来气温升高趋势更加明显，相关研究表明，在 RCP4.5 情景下，我国北方地区年均热浪日数大多低于 60 日，而福建部分地区的年均热浪日数已经超过 90 天（陈瑾等，2020）。

2. 降雨变化对水文水资源的影响

Liu 等（2015）发现连续 10 天以上不降水日数在中国东部有明显的增加（高信度），与帕默尔干旱指数（Palmer drought severity index，PDSI）≤ –3 相关性极佳，并且有因果关系（图 16-6）。1955~2011 年连续不降水日数增加了 33%，PDSI 在同一时期增加了 600%，此研究虽然包括了整个中国东部，但对台湾及福建两省的干旱问题有很大的警惕意义。

Wang 等（2019）也发现在全球暖化的环境下，华南地区全年最弱 10% 降水日数减少、不降水日数增加 [图 16-7（a）]，与 Liu 等（2015）的研究结果一致。Wang 等（2019）进一步研究发现，华南旱季连续 15 天以上不降水日数随全球变暖明显增加 [图 16-7（b）]，与中国东部各地观测结果一致，表明华南地区干旱的风险也随全球变暖增加（高信度）。

自 20 世纪 90 年代以来，福建的降水条件发生了较为明显的变化。相关研究表明，福建年极端降水频次、年极端降水总量和年日最大降水量的突变时间均在 1996 年，而极端降水强度的突变时间略晚，发生在 2002 年（陈丽娟等，2016；苏志重等，2016；张杰等，2017）。受到气候变化的影响，东南地区暴雨洪涝灾害在 20 世纪 80 年代有较大范围的突变性增加，东南地区各省在变暖后大灾和中灾的概率有所增加，出现小灾和微灾的概率有所变小，总体来看仍以中灾发生最为频繁，基本为不到 2 年一遇（温泉沛等，2017）。

福建降水变化趋势较为复杂，总体趋势为增加。基于历史数据的分析表明，福建不同短历时强降水年代际变化特征除历时 5~10min 强降水呈微弱下降趋势外，其他历时强降水年际变化特征均呈上升趋势；历时 5~10min 强降水在 20 世纪 80 年代末至 90 年代中期略有下降，2000 年至今有所上升，福建各短历时强降水均发生突变性增加，表明福建各短历时强降水进入一个相对增强的阶段（张星等，2009；杨丽慧等，2018）。降水对于福建的影响呈现出沿海到内地逐渐减弱的趋势。福建沿海地区不但暴雨频数多，且强度强；西部地区虽然暴雨频数相对较多，但强度相比沿海略弱；中部地区暴雨频数及极值均属全省最少的地区。各短历时暴雨频数和极值均表现为一定的增加趋势，对于大暴雨，6 h、24 h 历时的大暴雨高频区位于沿海，内陆较少（吴滨等，2015，2017）。

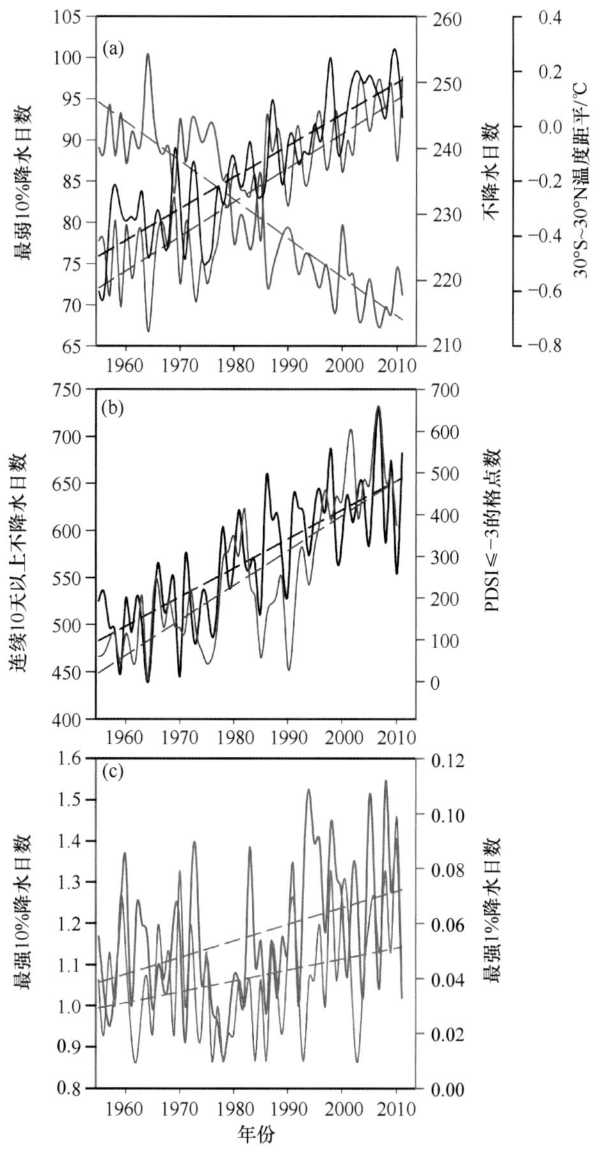

图 16-6　中国东部最弱 10% 降水日数、不降水日数与热带温度的时间序列（a）、连续 10 天以上不降水日数与 PDSI 的时间序列（b）、最强 10% 降水日数及最强 1% 降水日数的时间序列（c）

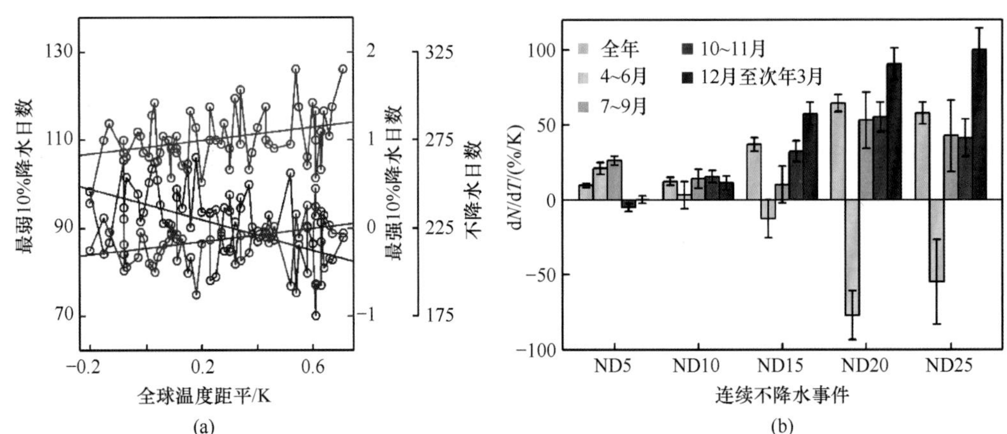

图 16-7 全年最弱 10% 降水日数（蓝色）、最强 10% 降水日数（红色）、不降水日数（紫色）随全球温度的变化（a），连续不降水日数随全球温度的变化（b）

不同季节以不同颜色表示，其中 ND15 代表全年连续 15 天以上不降水日数随全球温度的变化

受到福建降水分布的空间异质性的影响，福建沿海地区年降水量波动较大，偏内陆地区波动较小。以九龙江流域为例，九龙江流域从沿海到内陆降水波动不断降低，福建沿海地区的水资源变化受到降水变化的影响更大（吴滨等，2017）。

降水变化首先带来的是径流量的变化。近年来，台湾北部大部分地区的流量出现了一定程度的上升趋势，在春季，有 72.2% 的流量站的流量出现了上升趋势（Yeh et al., 2015）。标准化降水指数（SPI）能够较精确地识别流域性的特大洪水事件和主要旱灾，其对流域性特大洪水的监测和预报具有潜在应用价值。相关研究表明，在福建，短时间尺度标准化降水指数与径流存在高相关性，其中 2 个月时间尺度的标准化降水指数与径流的相关性最强，且短时间尺度上二者的相关性有季节差异，表现为春、夏季相关性高于秋、冬季；2 个月的时间尺度上，近年来台湾的标准化降水指数也呈现出下降的趋势，且标准化降水指数的变化趋势存在着一定的空间异质性（王跃峰等，2014；Shiau and Lin, 2016）。

由气候变化引起的年内水资源分布不均也有可能造成一定程度的季节性缺水。流域降水量和径流量在流域空间和年内分配上明显不均，使枯水季节生态环境用水量在局部河段无法得到满足，未来海峡两地的干旱期将更加干旱，雨季将更加湿润（王钦建，2011；张杰等，2017；Shih et al., 2017）。在台湾南部，受到气候变化的影响，其主要水源曾文水库上游流域在未来情景下，枯水期流量在 1 月和 2 月趋于减少，3 月和 4 月趋于增加（Yu et al., 2015）。

气候变化通过改变降水等条件，进而影响流域水文过程、输沙过程等。由于极端降水事件的增加，福建内陆地区的降雨侵蚀力略有所增加，福建西部地区降雨侵蚀力呈略微增加趋势，其在夏季呈现上升趋势，而在春、秋、冬 3 季呈现下降趋势（戴金梅等，2017），而沿海地区，由于受到洋流等因素的影响，其过程更为复杂。相关研究表明，受到气候变化影响，福建木兰溪河口及邻近海域温度、盐度及浊度等水文环境要素特征发生了一定的变化，在浙闽沿岸流和台湾暖流的共同作用下，其河口地区的输沙量发生了一定程度的变化（赵金鹏等，2018）。强降雨可产生大量泥沙，是土壤侵蚀的 7~10 倍，我国台湾北部的新店溪不稳定沙量将增加 28.81%（Wei et al.，2018）。受到降水强度增加的影响，台湾和福建两省流域输沙量急剧增加，但输沙量的变化对径流量变化的响应明显不成比例。基于历史数据统计表明，近年来，我国台湾平均日输沙量增加了 80%，16 条主要流域的径流量与输沙量分别增加了 6.5% 和 62%~94%（Lee et al.，2015; Lin et al.，2016）。相关研究表明，基于气候变化情景的模拟，到 21 世纪末，台湾的浊水河流域，极端降雨事件期间的平均峰值径流量将增加 20%，并且达到峰值所需时间将缩短 8h，受此影响浊水河的泥沙输出量将大量增加，其泥沙的增加量将达 33%，这将使河道进一步退化，影响下游的生态环境（Chao et al.，2018）。

3. 极端天气变化对水文水资源的影响

气候变化带来的极端事件 [如台风、厄尔尼诺 – 南方涛动（ENSO）] 对福建主要流域的径流的改变更加明显。ENSO 通过改变海陆水汽变化进而影响流域的水文条件，多变量 ENSO 指数（multivariate ENSO index，MEI）和南方涛动指数（southern oscillation index，SOI）是两个反映 ENSO 强度的重要指数。以九龙江流域为例，ENSO 与 2~9 月的径流变化有很强的相关关系。

ENSO 与全球、区域和地方尺度的河流径流量之间存在显著的关系。对福建九龙江流域 5 个水文站的 ENSO 与 1967~2008 年月平均径流量的关系研究发现，在厄尔尼诺暖期 24 个月的生命周期中，厄尔尼诺暖期的第一个春季（3~5 月）径流量较低，而暖期的第一个冬季（12 月至次年 2 月）和第二个春季径流量较高。在厄尔尼诺冷期，其在第一个冬季和第二个春季的径流量往往较低。

ENSO 不仅改变流域径流量，还会引起流域水文条件的周期性变化。以九龙江流域为例，九龙江流域的水文变化周期与 ENSO 循环存在一定相关性，其径流变化存在着两个主要的周期，分别是以一年为周期的径流变化及以 5 年左右为周期的径流变化。同时 MEI 指数和 SOI 指数的变化也具有周期性规律，存在着一个 5 年左右的冷暖变化周期和一个 13 年左右的 ENSO 事件发生周期。在 5 年尺度上，九龙江流域的径流变化与 MEI 指数的强度呈正相关关系、与 SOI 指数的强度呈负相关关系。而在 13 年的尺度上，九龙江流域的径流变化与 MEI 指数的强度呈负相关关系、与 SOI 指数的强度呈正相关关系。以 MEI 指数变化为例，在 5 年周期尺度上，当其小波能量较低时，九龙江流域的北溪和西溪的小波能量都出现了较低值，这说明一定程度的暖事件可以提高降水，进而引起径流的上升。而在 13 年周期尺度上，情况正好与之相反，当 MEI 指数的小波能量出现较高值时，九龙江流域北溪和西溪两条支流径流的小波能量却较低，这说明极端事件的发生，如厄尔尼诺现象会引起极端径流事件的发生，如径流量的下降。

ENSO 与热带气旋存在着一定的相关性。1960~2007 年，福建 66 个气象站 41% 的强降水日（降水 >100mm/d）是由热带气旋引发的，并且对于福建东部沿海气象站来说，在厄尔尼诺年期间，57% 的大雨是由热带气旋引发的。50% 以上的年暴雨日数可以用热带气旋来解释，在与浙江接壤的北部地区，这一比例达到 85%。在拉尼娜年，更多的热带气旋影响福建，表现为数量的增加，但在厄尔尼诺年，更多的热带气旋导致强降水，表现为降水强度的增加（Yin et al.，2010）。

ENSO 还可能通过影响降水强度，进而影响流域泥沙输出模式。相关研究指出，福建降雨侵蚀力与赤道太平洋中东部海洋表面温度（SST）距平值呈现极显著相关性。厄尔尼诺时期降雨侵蚀力较拉尼娜时期大，但均低于福建平均降雨侵蚀力，并且降雨侵蚀力与 SOI 指数和 MEI 指数存在极显著相关关系（陈世发和查轩，2017）。

4. 人类活动对台湾和福建水文水资源的影响

气候变化对台湾和福建水文水资源具有显著影响，而在人类活动的共同作用下，气候变化对水文水资源的影响更为复杂。气候变化倾向于增加中国各地的径流量，其在径流变化中占主导地位。近年来，人类活动对河流径流变化的影响趋于增加或增强，气候变化和人类活动对河流径流变化的贡献率分别为 53.5% 和 46.5%。近年来受到气候变化的影响，两岸地区径流量可能有所增加，不断增加的人为活动强度对径流变化的影响可能会在不同的时空尺度上增加水资源管理的不确定性（Liu et al.，2017；Ervinia et al.，2018；Lee and Yeh，2019）。

台湾和福建经济相对较为发达，人口密度大，人类活动剧烈，人类活动成为影响水资源的重要因子。在我国东南地区，人类活动的加剧与降水极值的变化显著相关，尤其在社会经济发达地区，在社会经济快速发展阶段，人类活动对极端降水的贡献要明显大于发展缓慢阶段（黄婕等，2016）。目前，对于台湾和福建地区人类活动的研究主要集中在以下几个方面：农业活动、地下水使用、水利工程建设、土地利用变化等对水资源的影响。

台湾和福建地处亚热带地区，其全年日照时数长，降水充沛，拥有良好的气候资源，农业发达，农业活动对水资源的需求不断增长。地处海峡西岸的福建，由于有闽江、九龙江等众多河流分布，其农业需要的水资源主要是河水。由于人类活动加剧对径流变化产生了重要的影响，1960~2006 年福建闽江流域径流对降水弹性系数的响应呈下降趋势（陈莹和陈兴伟，2011b）。气候变异性相对于人类活动对九龙江流域年径流的增加具有更为重要的作用，但近年来九龙江流域可利用的水资源量有减少的趋势，人类活动的作用更大（Zhang et al.，2015）。虽然目前九龙江等流域的水资源可以满足相关需求，但是在人类活动等干扰下可能会造成一定程度的水资源短缺（王钦建，2011；张杰等，2017）。台湾南部地区受到农业活动等影响，对于水资源的需求量大，有些地区甚至过度抽取地下水，造成严重的地面沉降，加上气候变化所造成的强降雨和暴雨，我国台湾城市内涝、洪水等问题变得更加复杂（Wang et al.，2018）。在我国台湾西南部地区，由于受到过度抽取地下水的影响，当洪水淹没深度大于 1.5 m 时，洪水面积增加了 21%，当进一步考虑气候变化因素后，严重沉陷地区的洪水将进一步增加 3.4%~21.5%（Wang et al.，2018）。

由于分布着众多河流，福建的水力资源丰富，水电梯级开发强度大，流域内广布的电站和水库对水资源产生了一定的影响（张玉珍等，2015；Lu et al.，2018）。闽江流域水利工程众多，水电站共计 515 个，其可能导致蒸发量增加，使径流深减少了

68.0mm。晋江流域在 20 世纪 80 年代以后，受山美水库的影响，石龙地区干旱特征周期发生变化，水文干旱对气象干旱响应的滞后时间春季、夏季、秋季平均延长 1 个月，冬季延长 3 个月左右（Wu et al., 2016）。台湾由于河流径流量较小且有限，因此蓄水工程建设较多。北部的兰阳河近 20 年来河流径流量增加了 32.50%，其中非气候因素引起的径流量变化是主要因素（Lee and Yeh, 2019）。

土地利用 / 覆盖变化包括城市化可反映人类活动的潜在影响，对水文水资源也带来显著影响。近年来，由于受城市化影响，我国东南沿海地区植被退化显著，在气候变化的背景下，其对水资源的影响更加复杂。南方地区植被对降水的响应存在 1~3 个月的响应时间，且随着滞后时间的延长，相关性逐渐增大（刘宪锋等，2015）。在我国台湾，相关研究表明，虽然气候变化比局部土地利用 / 覆盖变化对北部地区的流域水文变化更具相关性，但随着土地利用 / 覆盖变化的加剧，地下水位趋于下降，并且河流水位和地下水位都会受到一定的影响（Shih et al., 2017）。

5. 小结

台湾和福建共同面对着气候变化带来的风险和挑战。两省的学者都对气候变化对水资源的影响做了不少的研究，并达成一定的共识（表 16-2）。两岸的学者一致认为，在未来的一定时间内降水会出现增加的趋势，并且气温等也会有一定的增加。但对于气温变化所带来的影响，相对来说，研究得较少。例如，气温的变化带来的蒸散量的变化可能会对水资源造成一定的影响。同时两省学者也认为，在气候变化的背景下，人类活动会给水资源带来更大的影响，但是相关的定量化的评估较少，并且对于这个背景下水资源管理的研究较少。

表 16-2　气候变化背景下台湾和福建水资源管理面对的主要问题

主要问题	说明
降雨异常	1. 两省降水年内分布更加不均，表现为丰水期降水量增加，变得更加湿润，枯水期降水量减少，变得更加干旱（王钦建，2011；Yu et al., 2015；张杰等，2017；Shih et al., 2017）
	2. 两省降水量呈增加趋势，表现为沿海地区比内陆地区显著（王跃峰等，2014；吴滨等，2017；Shiau and Lin, 2016）
	3. 两省降雨强度的增加带来的水土流失的增加，引起流域输沙量增加，使河道发生退化（张星等，2009；戴金梅等，2017；Lee et al., 2015；Lin et al., 2016；Chao et al., 2018；Wei et al., 2018）
气温及蒸散量变化	1. 两省气温呈上升趋势，表现为内陆的山区地区比沿海的平原地区更为敏感，高纬度地区比低纬度地区更为敏感（张星等，2009；唐宝琪等，2016；陈丽娟等，2016；吴幸毓等, 2016）
	2. 引起农业灌溉用水需求增加，存在季节性缺水的风险（Lee and Huang, 2017）
设施的可持续性	1. 福建表现为过度建设大坝问题，过多的大坝建设导致蒸发量增加，使得流域径流深减少（Zhang et al., 2015；黄金良等，2014；刘宪锋等，2015）
	2. 台湾表现为地下水的过量开采，受到农业活动等影响，对于水资源的需求量大，有些地区甚至过度抽取地下水，造成严重的地面沉降，加上气候变化所造成的强降雨和暴雨，使我国台湾省城市内涝、洪水等问题变得更加复杂（Wang et al., 2018）
土地利用变化	土地利用变化会改变水文条件，引起流域基流的变化，以及地下水位的变化（Shih et al., 2017；Lee and Yeh, 2019）

对气候变化的研究台湾和福建也存在着一些局限性。例如，对于研究的手段，由于相对缺少历史数据，台湾学者更倾向于用气候模型对一些情景进行模拟。由于台湾的面积较小，使用大尺度气候模型对气候变化进行研究存在着一定的不确定性。对于流域水资源的研究目前主要倾向于气候变化对于流域的影响，而对流域本身的适应性研究较少，如流域的化学风化过程中的固碳作用是否能减缓气候变化的影响。另外，对于气候变化对水资源的影响，目前的研究大多数是定性分析，定量分析的案例较少。

16.3 风 险

16.3.1 台风的风险评估

台湾是我国遭受台风侵袭最多的省份之一。其台风源主要有两个：一是自太平洋经菲律宾群岛以东洋面向西北行进的台风，二是自南海中部北上偏向东北行进的台风。每年台风侵袭的时间最早始于 4 月下旬，最晚终于 11 月下旬，长达半年时间，尤其以 7~9 月最多。现今较暖湿的气候下，台风可能会带来更多的强降雨（中等信度），加上台湾特殊的地形与地貌，不仅使得风暴潮和洪涝发生的风险增大，还可能对风台路径有实质性的影响（陈俊等，2017）。

福建也是我国遭受台风侵袭最多的省份之一。陈香和李思琦（2010）基于自然灾害系统理论，从致灾因子危险性、孕灾环境稳定性、承灾体脆弱性以及灾后恢复性 4 个方面选取指标对福建各县域的台风风险按 3 个不同风险等级进行了评估。高风险区主要分布在宁德、福州、莆田、泉州、厦门、漳州的大部分沿海县市。该区域靠近台风源地，是台风致灾因子最强的地区，同时也是福建经济最发达、人口最密集的地区，该区域台风灾害脆弱性最大。中风险区主要分布在中部，主要包括宁德、福州的少数内陆县域以及龙岩、三明、南平的东南部县域。该区域与台风源地较近，地处山前盆地，人口密度较大，而且山地性河流汇流快，台风暴雨容易产生洪涝和城市内涝，是台风灾害防灾减灾工作的薄弱区域。低风险区主要分布在西北部，主要包括三明、南平的大部分县域。该区域地域辽阔，远离台风源，又有戴云山脉的阻挡，再加上人口密度较小，经济较为落后，因此灾害风险度较低。

朱婧等（2017）分别计算了台风致灾因子强度指数和人口脆弱性指数，并综合致灾因子强度指数与人口脆弱性指数评估了福建各县台风灾害综合风险指数。就人口脆弱性指数而言，漳州的平和、漳浦、云霄、诏安，泉州的安溪，南平的建瓯、政和为高脆弱性分布区，这些大部分为内陆地区，经济条件较落后，防灾减灾意识较弱，因此总体脆弱性较高。沿海大部分地区以及各市辖区总体脆弱性较低，福州、泉州经济较发达，医疗条件较好，房屋质量较高，接受教育程度较高等，故为低脆弱区。闽中及闽东北大部分地区为低脆弱区。就台风灾害综合风险而言，福建台风灾害风险从东部沿海向西呈递减趋势。高风险区分布在闽北宁德的福鼎、柘荣；闽东莆田市区、平潭；闽南漳州的平和、诏安。这些区域由于没有台湾岛屏障保护，并且人口脆弱性较高，在风险指数上为大值区，应成为福建台风灾害重点防御保护地区。次高风险区包括福州市区、泉州市区等。闽西北大多数地区为次低、低风险区。

16.3.2　风暴潮与海平面上升的风险

关于台湾和福建对风暴潮和海平面上升的风险的认知还存在很大的不足，仅有少数案例研究。Hallegatte 等（2013）评估了全球未来海平面上升情景下，全球主要城市的沿海洪水风险，研究表明，到 2050 年海平面上升 20cm 的情景下，厦门未来沿海洪水风险位列全球第 19 位，年平均损失将达到 7.29 亿美元 / 年，占 GDP 约为 0.29%；而海平面上升 40cm 情景下，年平均损失将上升到 7.93 亿美元 / 年，占 GDP 约为 0.31%。

Xu 等（2016）对厦门风暴潮与海平面上升叠加下的沿海洪水风险开展了综合评估。研究发现，在海平面上升和风暴潮同时发生的情景下（4.75~5.86m 极端水位），洪水淹没总面积为 11626.41~17117.25km^2，占厦门陆地面积的比例为 7.35%~10.94%，建成区和沿海湿地是淹没面积最广的土地利用类型（图 16-8）。海平面上升和风暴潮叠加下的沿海洪水风险将对厦门自然生态子系统、物理子系统以及社会 – 经济子系统造成严重的直接和间接影响，如 4.75~5.86m 极端水位情景下，生态系统服务价值的暴露值为 8.58 亿 ~11.34 亿元；城市物理系统（包括建筑结构、室内财产、道路和电力设施）的洪水直接损失达 47.44 亿 ~105.90 亿元，相当于 2012 年厦门 GDP 的 1.69%~3.76%；沿海洪水受灾人口数量为 442842~722297 人，占 2012 年厦门人口总数的 12.58%~20.52%；对工业和服务业的间接影响达到 25.37 亿 ~41.74 亿元，占 2012 年厦门产业增加值的 0.90%~1.50%。

相较于海平面上升，未来台风风暴潮的变化趋势预测的不确定性更大，尤其对于福建尺度的预测更是少见。目前还没有实证研究考虑了未来风暴潮变化对沿海洪水风险的影响。

以厦门为案例的研究表明，风暴潮与海平面上升的叠加将在很大程度上增加沿海洪水的风险，对自然生态子系统、物理子系统以及社会 – 经济子系统造成直接和间接的损失（高信度）；到 2050 年海平面上升 20cm 与 40cm 情景下，厦门未来沿海洪水风险年平均损失将分别约占 GDP 的 0.29% 与 0.31%（中等信度）。

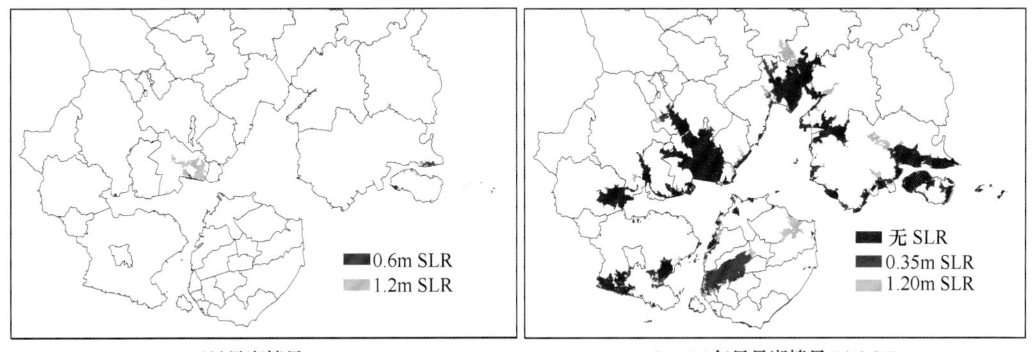

(a) 无风暴潮情景(No ST)　　(b) 1/50年风暴潮情景(1/50 ST)

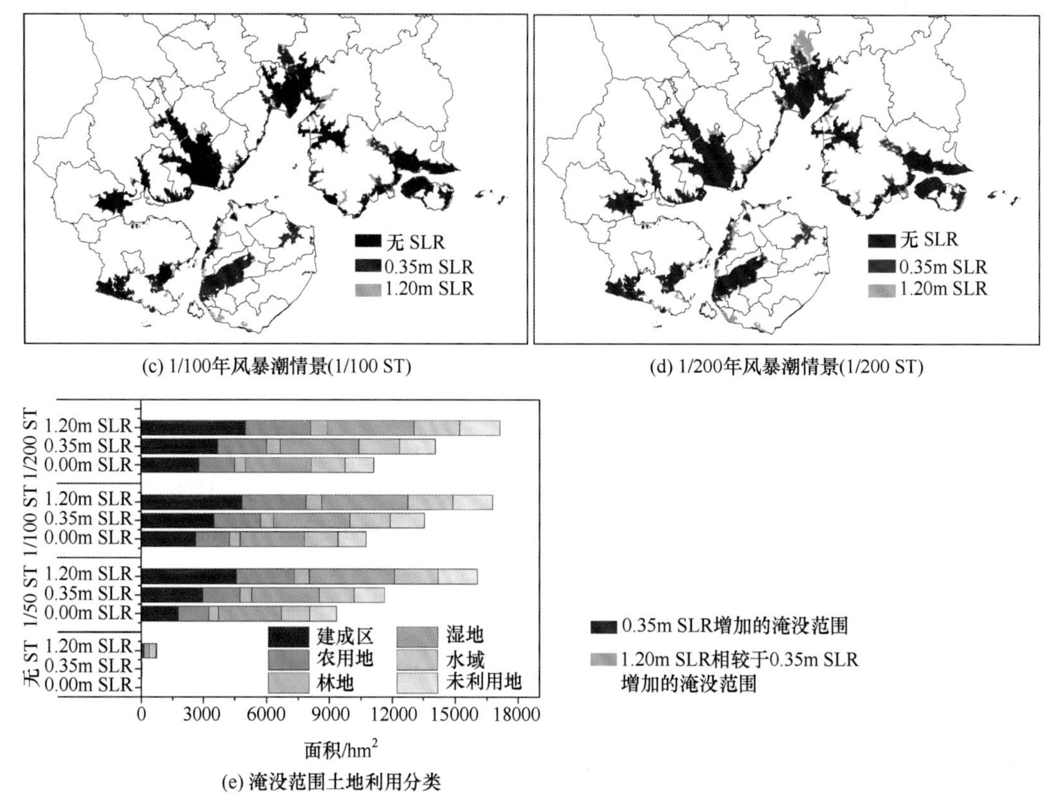

图 16-8 海平面上升及风暴潮风险范围及其土地利用状况（Xu et al.，2016）

SLR 指海平面上升

目前针对福建风暴潮与海平面上升的风险评估十分缺乏，福建哪些系统、哪些行业以及哪些部门在未来气候变化与城镇化背景下将承受多大的风险还不清楚，风险的动态变化与空间分布特征也不明确。

风暴潮所产生的异常水位常对台湾沿海造成重大灾害，风暴潮巨浪直接侵袭海岸，造成海岸侵蚀，并越过堤顶而导致海水倒灌及沿海区域的溢淹，对农作物造成损害、使鱼塭鱼苗流失等，再加上台湾地形狭长，中央山脉岭高棱峻，溪流短而坡度陡，每遇暴雨山洪即倾泻而下，下游海岸地区往往同时受到强降雨洪水与海水位顶托的影响，形成复合型灾害，屡屡造成重大海岸灾害损失，甚至危及民众生命财产安全，对台湾海洋环境的发展造成了极大的冲击。近年来，随着全球暖化效应及海洋气候变化的影响，全球海水位抬升以及台风频繁发生等问题已迫切攸关到台湾的生存环境。为减缓并适应气候变化可能对海岸空间的冲击与影响，必须同时注重灾害发生前的预警作业、灾害发生时的反应与灾后的救援作业。因此，提升海岸灾害预警能力是重要的适应策略之一。而准确地掌握近岸区域的实际海岸气象特性，才能使海岸气象信息进一步发挥功效，提升海平面上升、台风波浪与风暴潮，以及海岸灾害预测的准确度，增进海岸灾害预警系统效能，并且提高防灾救灾效率。

16.3.3　洪水风险评估

福建是山洪灾害高发区。根据赵刚等（2016）界定的中国山洪灾害危险区，全国 34 个省级区域中福建山洪高危险区面积比例排在前 5 位，高危险区占全省面积的 65%。王静静等（2010）对我国东南沿海地区的暴雨洪涝灾害风险区划和风险评价，结果表明福建大部分地区为高风险区。

岳琦等（2015）从致灾因子、孕灾环境和承灾体易损性 3 个方面选取多年降水均值、土壤类型、坡度、高程、最长汇流路径长度、最长汇流路径比降、糙率、稳定下渗率、人口密度、地均 GDP、土地利用状况和植被覆盖度 12 项指标，对闽江上游山洪灾害的风险进行了评估。研究发现，山洪灾害高风险区主要位于研究区东南侧、城镇周围，该地区人类活动相对剧烈，特点是降水量较多。低风险区主要位于研究区的西侧人口较为稀少的山区，特点是降水较少。刘晨（2010）运用 GIS 空间分析和建模技术，从致灾因子、孕灾环境、承灾体 3 个方面选取指标，系统评估了晋江流域的洪灾风险。主要研究结果表明，晋江流域洪灾综合风险从西北向东南逐渐增加，越往下游和入海口地区风险越高。高风险区和中高风险区占全流域的比例总和为 40.84%，其主要分布在鲤城区的全部、晋江的北部、南安的中部和西北部、安溪的东部和永春的东南部。时间尺度上，晋江流域 2000~2006 年洪灾风险等级的变化不明显。

通过层次分析法（AHP），将空间多指标分析及评价体系模型应用于流域历史洪水风险评估模型。基于 IPCC AR5 及前人的研究基础，对 1990~2015 年九龙江流域历史洪水风险评价模型从危险性、暴露性、承载体脆弱性评价及适应能力 4 个方面构建指标体系。如图 16-9 所示，从全流域来看，流域中下游地区的洪水风险明显要高于上游地区，其中漳州市区的洪水风险最高；从年份来看，1996~2000 年及 2006~2010 年，流域的洪水风险要高于其他年份，2011~2015 年九龙江流域的洪水风险最低。

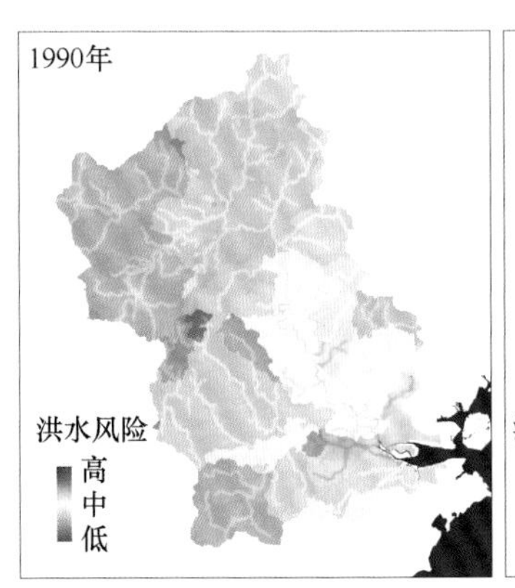

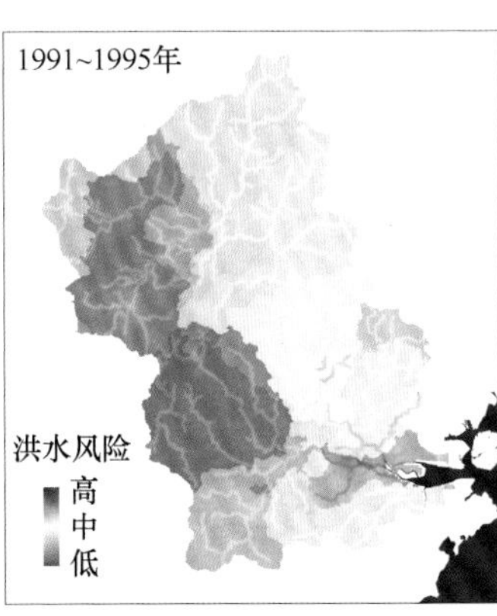

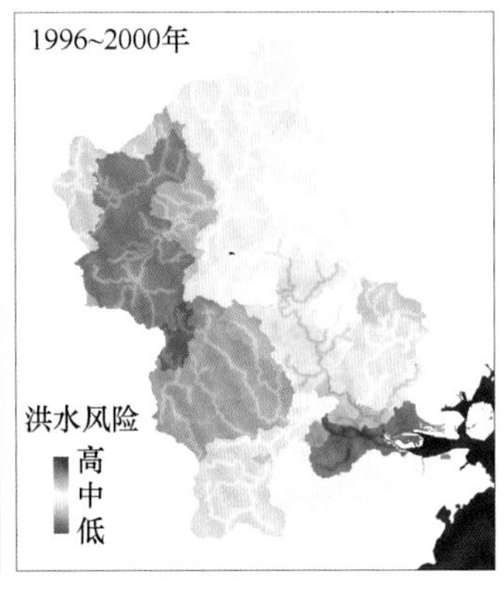

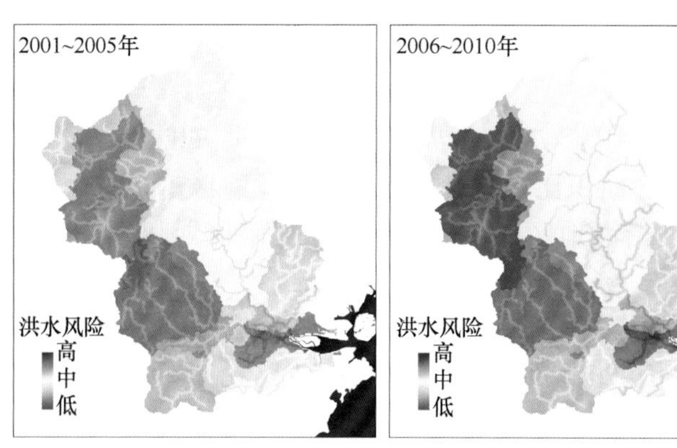

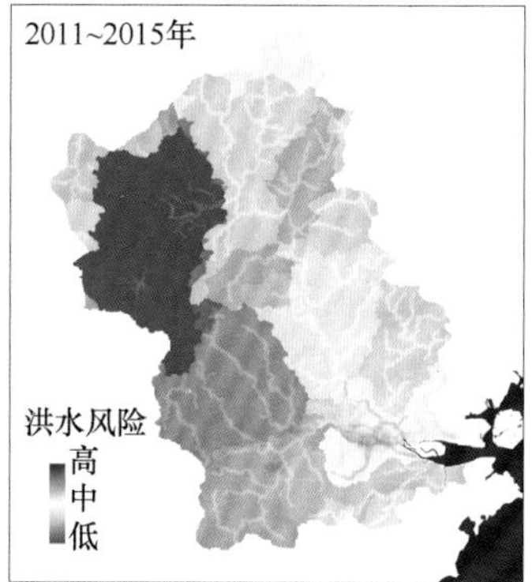

图 16-9　九龙江流域历史洪水风险综合值空间分布图

16.3.4　小结

福建和台湾是我国东南沿海遭受台风侵袭最多的省份。在现今较暖湿的气候下，台风可能会带来更多的强降雨，也会增大风暴潮和洪涝的风险（中等信度）。

风暴潮与海平面上升的叠加将在很大程度上增加沿海洪水的风险，造成自然生态子系统、物理子系统以及社会－经济子系统直接和间接的损失（高信度）；到 2050 年海平面上升 20cm 与 40cm 情景下，厦门未来沿海洪水风险年平均损失将分别约占 GDP 的 0.29% 与 0.31%（中等信度）。目前，针对福建风暴潮与海平面上升的风险评估十分缺乏，福建不同行业和部门在未来气候变化与城镇化背景下将承受多大的风险还不清楚，风险的动态变化与空间分布特征也不明确。

暴雨洪涝灾害风险区划表明，福建的大部分区域为高风险区；福建山洪灾害十分突出，位列全国 34 个省级区域前 5 位，高危险区占全省面积的 65%（中等信度）。

福建台风灾害的高风险区主要分布在宁德、福州、莆田、泉州、厦门、漳州的大部分沿海县市；中风险区主要分布在福建中部，包括宁德和福州的少数内陆县域以及龙岩、三明、南平的东南部县域；低风险区主要分布在福建西北部，包括三明、南平的大部分县域（高信度）。

16.4　适应对策

16.4.1　台湾和福建适应气候变化的现状

台湾是一个海岛，有多样的生态环境，不同的区域受到气候变化的威胁与影响不尽相同。台湾腹地狭小，资源缺乏，调适的能力欠佳；在后天上，也因为过去对生态研究的忽视，基础数据欠缺，统计整合系统不健全。这些先天与后天的不利因素，使得台湾地区对气候变化的响应表现出高度的脆弱性。整体而言，目前台湾在对应气候变化的生物多样性适应与减缓方面尚无完整而通盘的方案。减缓人为活动所造成气候变化的速度与幅度，找出适当的适应策略是当务之急。

福建认真落实国家应对气候变化工作部署，按照《国家应对气候变化规划》、《国家适应气候变化战略》和《城市适应气候变化行动方案》的要求，把提高适应气候变化能力作为生态省建设的重要工作来抓，取得了积极成效。

一是重视基础能力建设，使适应气候变化的能力有所增强。加强农田水利基础设施建设，使防洪抗旱能力不断提高。加快水土保持重点工程建设，“十二五”以来累计治理水土流失面积 873 万亩，“长汀经验”成为全国治理水土流失的典范。加强海洋防灾减灾重点工程建设，持续推进海洋防灾减灾“百千万”工程，使海洋防灾减灾能力不断加强。加快气象预报预警、防汛抗旱防台风现代化体系建设，把“智慧防汛”作为长远发展目标，进一步提升防汛预警预报、决策指挥、应急通信的信息化水平，使气象防灾减灾能力不断提升，气象预警信息公众覆盖率达到 90% 以上。注重引进先进科技，积极吸纳应用信息化、智能化新技术，极大地提升应对气候变化的硬实力。

二是完善体制机制，为适应气候变化提供了制度保障。福建成立了应对气候变化领导小组，加强对应对气候变化工作的领导。福建出台了一系列指导、推进气候变化适应工作的政策性文件规划，包括《福建省气象条例》《福建省应对气候变化规划（2014—2020 年）》《福建省气象灾害防御办法》《福建省防汛防台风应急预案》《福建省渔业防台风应急预案》《福建省防汛防台风应急抢险救援资金补偿管理办法》等地方性法规和制度，以使应对气候变化工作逐步走上科学化、规范化、法治化轨道。福建编写了《福建省防汛防台风抗旱典型案例教材》《福建省防汛指挥长培训教材》《中小学生防台风知识读本》《台风暴雨洪水和地质灾害公众防御指南》《福建省防汛应知应会手册》等书籍，有效提升了全社会防汛主体意识。

三是积极推进海绵城市建设。厦门是国家第一批海绵城市试点建设城市之一，通过三年多的海绵城市建设，逐步形成了“全市域推广，全流程管控，全社会参与”的海绵城市建设新格局。试点区域 1 处黑臭水体基本消除，7 处城市内涝问题基本得到解决，试点区域内总水域面积从 3.12km^2 扩大到 4.29km^2，雨水资源化年利用总量达 176.33 万 t。此外，按照从试点区探索出的经验与模式，指导完成了对试点区外过芸溪、埭头溪等流域的综合整治，消除了 18 号排洪沟、集美区日东公园等黑臭水体，结合海绵城市理念改造的老旧小区达到 151 个，“小雨不积水、大雨不内涝、水体不黑臭、热岛有缓解”的目标已基本实现，生态效益和社会效益不断显现，群众获得感、幸福感明显增强。

目前，台湾和福建气候变化的适应工作还存在不少问题。一是气候变化下洪涝、干旱、极端温度、风暴潮、海平面上升等极端天气事件呈增多趋势，时空分布、发生频率和强度出现新变化，对社会经济系统的不利影响加重，导致适应气候变化压力加大。二是基础能力不强，其制约着应对气候变化工作的顺利开展。目前，台湾和福建应对气候变化的工作尚处于起步阶段，人才队伍建设相对滞后，适应气候变化战略和政策研究能力有待提高，应对气候变化的科技支撑体系还不够完善，基础工作和能力建设亟须加强。

16.4.2 适应气候变化的策略

1. 气候变化基础研究的策略

台湾和福建地区气候变化的相关数据比较匮乏。受到两省多山的地形影响，两省现有的气象监测站点离散分布在区域内，不能反映降水量连续空间分布特征（王亚琼和卢毅敏，2017）。气候系统的认识有限，气候变化预测结果给出的只是一种可能的变化趋势和方向，加之水文循环过程的复杂性，气候变化的影响评价结果中尚包含有相当大的不确定性（夏军等，2015）。福建与台湾隔海相望，同属亚热带季风性气候区，两岸气候类似，天气相近，互为上下游，经常受到同一个天气系统的共同影响，诸如暴雨、台风、寒潮等灾害性天气过程。因此，台湾和福建地区应该进行深入的交流与广泛的合作。

近年来，福建与台湾的学术交流机会逐渐增多。两省围绕共同关心的气象防灾减灾问题，从理论研究和应用服务等层面进行广泛交流。闽台气象交流合作创下了业界诸多“首个”：首个面向台湾同胞发布台湾海峡天气预报、首个开展省级两岸联合气象观测试验、首个开展台湾海峡两岸灾害性天气预警信息交换、首个建立闽台科技界研究互访机制、首个建立台湾海峡两岸自然灾害防治交流合作机制等。

2. 转变适应气候变化的理念，更加注重“恢复力”的提升

当前以防灾减灾为主的适应对策主要面临两大问题：一是如何应对环境变化带来的不确定性；二是如何增强主动的适应能力，快速地从气候变化的不利影响中恢复过来，并确保社会经济系统功能的正常运转。“恢复力”（resilience）概念的提出使适应的理念开始由防灾减灾向韧性转变，为应对气候变化提供了新的思路。1973 年 Holling 创造性地将“resilience”引入生态系统的研究，国内学者通常将“resilience”译为“韧性”“弹性”“恢复力”等。恢复力是一个过程的体现，一般包括抵抗、吸收和恢复 3 个阶段（Ouyang et al., 2012）。恢复力强调自组织、自学习、自适应能力，因此可以应对环境变化给气候变化风险带来的不确定性（陈德亮等，2019）。同时，恢复力的概念强调系统能够承受一系列改变并且仍然保持结构和功能的稳定，因此不仅可以减少气候变化风险，还可以迅速地恢复和重建，确保社会经济系统功能在气候变化影响的各个阶段的正常运转（王祥荣等，2016; 翟国方等，2018）。国际上已经开始探索韧性城市的规划建设，如纽约的《适应性规划：一个更强大、更具恢复力的纽约》、伦敦的《管理风险和增强恢复力》。因此，面对环境变化带来的诸多不确定因素，福建应该转变传统以减灾防灾为主的适应理念，更加积极地将提升“恢复力”作为应对气候变化的主要思路。

例如，可以大力发展沿海绿色基础设施，开展岸线保育和生态修复，通过对沿海红树林、湿地、绿色开放空间的恢复和重构，增强抵抗、吸收、适应沿海洪水、台风灾害风险的能力；也可以充分发挥城市规划在提升气候适应能力和改善人居环境方面

的引领作用，通过土地利用的空间优化布局，增强城市应对沿海多重灾害的韧性。

3. 减缓气候变化导致的生态影响、保育自然资源与生态

台湾和福建的生态研究资料向来不多，能够用来作为气候变化研究和监测的资料更少，不论是陆域或海域生物多样性研究及基础环境资料搜集都是很重要的工作。落实基础生态调查，了解台湾和福建陆域的生物多样性、生物群聚的组成和结构及其对气候变化的可能反应，对于促进生态环境的保育将很有帮助。在过去，台湾主要的辅助研究机关为台湾省科学委员会，林务局与各公园管理处亦会因业务需要而有辅助计划。但是，这些研究大多欠缺整体性与持续性，不重视基础，对于气候变化下所需的评估数据内容亦缺乏规划。

目前，有关气候变化的生态影响预测分析大多采用生态模式与分析的方式进行，以未来环境的预测情景（资料大多源自对大气的研究）为基础，再利用生态系统各层面与环境间的关系，预测未来的可能改变趋势和结果。利用这些预测模式所产生的结果，多半显示出未来所面临问题的严重性。但是，受限于资料的解析度与准确性，仍有许多的不确定性。建议持续开发生物多样性适应气候变化所需的工具，如评估方法、经济效益评估及决策模式，以期能协助制定更好的减轻对策。

4. 减少沿岸地区的开发、增强海岸带适应能力

台湾多年来许多沿岸地区都已被开发为海埔地、工业区、港口、海堤及大量的消波块，到 2000 年为止，海堤的长度已占台湾海岸线的 50% 以上。这样的开发利用以大量硬件保护措施来构筑，大幅降低了沿岸环境对气候变化的调适能力。又加上西南沿海长期抽取地下水，进行水产养殖，造成沿岸地层下陷，其也常因海水倒灌，渗入低洼地区，造成盐化现象。台湾的重要湿地大部分位于沿海地区。因此，减少沿岸地区的开发应列为首要任务。

合理规划涉海开发活动，加快推进海岸带生态系统的保护和恢复，加强海岛生态保护，提高沿海地区抵御自然灾害和适应气候变化的能力。编制实施福建海岸带综合利用规划，加强对岸线资源配置的控制和管理，合理控制近岸海域资源的开发强度。建立海岸带综合协调机制，加强海岸带综合管理，提高沿海城市和重大工程设施的防护标准，增强海平面上升的基础防护能力。加快实施防风固沙林带更新改造工程，完善沿海防护林体系。开展海岸带及近海典型受损海洋生态系统修复，加强现有海岸森林保护，提高海洋灾害防御能力。加强河口区行洪排涝能力建设，抓好防洪、防潮工程建设，加固河堤、海堤，采取河流水库调节下泄水量、以淡压咸和生态保护建设等措施，防止海水倒灌和咸潮上溯。

5. 提高极端气候防御能力

加强极端天气气候事件的监测预警和灾害应急体系建设，努力减少灾害损失。加强灾害监测预警预报体系建设，提高台风、风暴潮、海浪、赤潮、暴雨洪涝、干旱、

高温热浪、低温冰冻等灾害预警预报能力。完善气候系统观测网，加强气象监测预警体系、城乡气象防灾服务工程、省气象防灾中心及高空探测站等项目建设，加快建立台湾海峡及毗邻海洋动力环境立体的实时监测网。完善气候灾害预警信息发布机制，加快建立省、市、县三级突发公共事件预警信息平台，及时发布灾害权威信息，提高对农业、林业、水资源、海洋、人体健康等的预测预报服务水平。

严格执行《福建省气象灾害应急预案》，完善灾害应急系统，全面提升应对极端气候灾害的综合保障能力。建立应急设备与物资储备制度，完善城镇和易灾频灾县、乡救灾物资储备库（点）、避险场所的设置，加强应急卫星通信设备、救灾专用车辆、抢险机械设备、医疗卫生防疫等救灾技术储备建设。建立政府统一领导、部门分工负责、灾害分级管理“纵向到底、横向到边”的省、市、县、乡、村五级灾害应急救助工作预案制度。加强救灾应急队伍建设，全面提高应急处置能力，有针对性地开展应急预案演练。加强灾害评估工作，提高灾后住房、基础设施、生态环境等方面的恢复重建能力。

16.4.3 小结

（1）目前台湾和福建适应气候变化还处于起步阶段，能力比较薄弱，未来应当转变适应气候变化的理念，更加注重“恢复力”的提升。具体应该从生态保育、海岸带开发、国土规划、基础设施、气候敏感产业、极端气候防御能力等方面重点开展气候变化的适应工作。

（2）针对台湾和福建适应气候变化的研究还十分欠缺，尤其是关于气候变化适应能力的定量评估、适应策略的效果评价与优化、适应与减缓以及与其他社会 - 经济目标之间的冲突与协同识别等实证研究并不多见。因此，本章主要基于政府报告与规划等资料开展定性的评述，缺乏定量的评估结果。

16.5 主要结论和认知差距

16.5.1 主要结论

台湾和福建两省的气候变化与生态环境息息相关，唇齿相依。由于特殊的地理位置和地形，两省的极端天气频发，分为春夏季梅雨及夏秋季台风，具体包括强风、暴雨、洪涝、风暴潮（受海平面上升而加剧）和干旱等灾害，其给人们的生命、财产安全以及当地社会经济的发展造成严重的威胁。在全球变暖背景下，过去 50 年观测到的气象资料显示，我国华南地区平均单个台风降水强度显著增加，最强 10% 强降水大约增加 40%，与台湾地区观测结果一致，洪涝风险明显增加（高信度）。进一步分析发现，华南地区旱季连续 15 天以上不降水日数随全球变暖明显增加，其与中国东部各地观测结果一致，表明华南地区干旱的风险也随全球变暖增加（高信度）。台湾和福建对强风、暴雨、洪涝、风暴潮（受海平面上升而加剧）和干旱等灾害的脆弱度都很高（高信度），因此两省急需提高对极端气候变化的适应能力。

在全球变暖背景下，影响华南地区的台风个数及台风降水均呈下降趋势，且主要发生在 7~9 月。平均单个台风降水强度显著增加，最强 10% 强降水过去 50 年大约增加 40%，而小雨反而减少（高信度）。过去 50 年，台风的个数有减少的趋势，但未来气候变化情景下有影响的台风个数呈增加趋势（高信度），而强台风的个数及台风降水均呈下降趋势，且主要发生在 7~9 月。平均单个台风降水强度显著增加，最强 10% 强降水过去 50 年大约增加 40%，而小雨反而减少，未来台风带来的极端降雨呈增加趋势。2020~2039 年福建的致灾气旋频数将比 1986~2005 年上升 20% 左右，平均风速增加 20%，2040~2059 年比 1986~2005 年上升约 9%，风速增加 5% 左右（低信度）。东部沿海地区是受灾严重的区域，特别是闽东北和闽南地区（高信度）。福建内陆地区，包括平和、漳浦、云霄、诏安、安溪、建瓯、政和为台风灾害高脆弱性分布区；而沿海大部分地区以及各市辖区总体脆弱性较低（高信度）。

暴雨洪涝灾害风险区划表明福建及台湾的大部分区域为高风险区；福建山洪灾害十分突出，位列全国 34 个省级区域前 5 位，高危险区占全省面积 65%（中等信度）；闽江上游山洪灾害的高风险区主要位于城镇密集的东南侧，低风险区主要位于人口较为稀少的西侧；晋江流域洪灾综合风险从西北向东南逐渐增加，越往下游地区风险越高；九龙江流域中下游地区的洪水风险明显大于上游地区，其中漳州市区的洪水风险最高（中等信度）。

台湾和福建两省海平面均呈现上升的趋势：台湾海域 1961~2003 年海平面上升趋势平均为 2.4mm/a（高信度）；福建 1960~2013 年海平面上升速率为 1.7~2.0mm/a（高信度），预计未来 30 年比 2017 年升高 70~140mm（中等信度）。海平面上升已经对福建造成了严重的影响，包括滨海土地的永久淹没、咸潮入侵、土壤盐渍化、海岸的加速侵蚀以及对旅游业的影响（高信度）。关于福建省海平面上升的脆弱性目前还没有一致的结论。

福建风暴潮发生的频率及其灾害影响总体呈现上升的趋势，闽江口和宁德是频发区和受影响最严重的区域（高信度）。风暴潮影响严重，2008~2017 年受灾人口为 94 万人 / 年，直接经济损失达到 19 亿元 / 年，排在沿海省份的前列（高信度）。总体而言，目前对台湾和福建两省风暴潮与海平面上升的影响与脆弱性的研究较少。就人口脆弱性指数而言，福建内陆地区经济条件较落后，防灾减灾意识较弱，总体脆弱性较高；沿海大部分地区经济较发达，医疗条件较好，房屋质量较高，接受教育程度较高，总体脆弱性较低（高信度）。

当前台湾和福建适应气候变化的研究和实践还处于起步阶段，能力比较薄弱，未来应当转变适应气候变化的理念，更加注重“恢复力”的提升。具体应该从生态保育、海岸带开发、国土规划、基础设施、气候敏感产业、极端气候防御能力等方面重点开展气候变化的适应工作。针对台湾和福建适应气候变化的研究还十分欠缺，尤其是关于气候变化适应能力的定量评估、适应策略的效果评价与优化、适应与减缓以及与其他社会 – 经济目标之间的冲突与协同识别等实证研究并不多见。因此，本章主要基于政府报告与规划等资料开展定性的评述，缺乏定量的评估结果。

16.5.2 认知差距

1. 气候变化对台湾和福建生态环境的影响

气候变化对台湾和福建两省的主要影响是极端气候变化引起的春夏季梅雨及夏秋季的台风，具体包括强风、暴雨、洪涝、风暴潮（受海平面上升而加剧）和干旱等灾害，其给人们的生命、财产安全以及当地社会经济的发展造成严重的威胁。可是极端天气受气候变化影响的机制非常复杂，其可预测性极低，尤其是区域性的极端天气的变化更难预测，不确定性高，为制定有效的适应政策（如防洪、防旱政策）增加了极大的困难度。

2. 台湾和福建生态环境的脆弱性

气象、水文、洪涝、干旱、生态环境基本资料的时空分布相对匮乏，气候变化的归因问题在定性与定量方面的不确定性很大；另外，水、旱灾的社会经济影响资料欠缺，造成评估困难，严重影响脆弱性和风险的评估。

3. 台湾和福建生态环境的适应

多年来，由于极端天气受气候变化影响的机制非常复杂，其可预测性极低，台湾及福建两省无从制定有效的适应政策，因此针对台湾和福建适应气候变化的研究还十分欠缺，尤其是对气候变化适应能力的定量评估。

参考文献

陈德亮，秦大河，效存德，等 . 2019. 气候恢复力及其在极端天气气候灾害管理中的应用 . 气候变化研究进展，15（2）：167-177.

陈瑾，李宁，黄承芳，等 . 2020. 综合湿度和湿度影响的中国未来热浪预估 . 地理科学进展，1：36-44.

陈俊，平凡，王秀春，等 . 2017. 台湾岛地形对“麦德姆”台风的影响 . 大气科学，41（5）：1037-1058.

陈丽娟，王壬，陈友飞 . 2016. 1060—2014 年福建省极端气候事件时空特征变化趋势 . 中国水土保持科学，（6）：107-113.

陈世发，查轩 . 2017. 福建省 1956—2013 年降雨侵蚀力与厄尔尼诺 – 南方涛动（ENSO）的关系 . 水土保持学报，（4）：38-43.

陈香 . 2007a. 福建省台风灾害风险评估与区划 . 生态学杂志，26（6）：961-966.

陈香 . 2007b. 福建省台风灾害时空变化分析 . 灾害学，22（4）：66-70.

陈香 . 2008. 福建暴雨洪涝灾害时空格局与减灾对策研究 . 山西师范大学学报（自然科学版），22（1）：104-108.

陈香，李思琦 . 2010. 福建省台风灾害风险区划研究 . 莆田学院学报，17（5）：96-100.

陈雪，苏布达，温姗姗，等 . 2018. 全球升温 1. 5℃与 2. 0℃情景下中国东南沿海致灾气旋的时空变化 . 热带气象学报，(5)：695-704.

陈莹，陈兴伟 . 2011a. 福建省近 50 年旱涝时空特征演变——基于标准化降水指数分析 . 自然灾害学报，20 (3)：57-63.

陈莹，陈兴伟 . 2011b. 基于弹性分析的闽江流域径流演变与气候变化关系 . 福建师范大学学报 (自然科学版)，(6)：101-105.

陈韵如，陈伟柏，林又青，等 . 2014. 气候变迁冲击下灾害风险地图 . 新北：台湾省灾害防救科技中心 .

戴金梅，查轩，黄少燕，等 . 2017. 1980~2013 年闽西地区降雨侵蚀力时空变化特征 . 中国水土保持科学，15(4)：1-17.

董剑希，李涛，侯京明 . 2016. 福建省风暴潮时空分布特征分析 . 海洋通报，35 (3)：331-339.

郭弘，林小红，刘爱鸣 . 2019. "尼伯特" 台风过台湾岛及台湾海峡耗时长的原因分析 . 海峡科学，11：9-85.

郭建平 . 2015. 气候变化对中国农业生产的影响研究进展 . 应用气象学报，26 (1)：1-11.

国家海洋局 . 2018. 2017 年中国海平面公报 . http://gc.mnr.gov.cn/201806/t20180619_ 1798298.html. [2019-10-12] .

何泽仕，郑巧雅，徐曹越，等 . 2019. 1960—2013 年福建省台风暴雨时空特征研究 . 人民珠江，40 (3)：1-8，18 .

黄婕，高路，陈兴伟，等 . 2016. 东南沿海前汛期降水极值变化特征及归因分析 . 地理学报，71 (1)：153-165.

黄婕，王跃峰，高路，等 . 2015. 1960—2011 年福建省不同等级降水时空变化特征 . 中国水土保持科学，13 (2)：17-23.

黄金良，张祯宇，邵建敏，等 . 2014. 九龙江径流 Flashiness 指数时空变化分析 . 水文，(3)：37-42.

黄永福 . 2010. 闽江下游咸潮变化趋势及对策研究 . 水利科技，(3)：1-3.

贾东于，李开明，杨丽薇，等 . 2020. CMIP5 气候模式对未来 30 年太阳辐变化的预估研究 . 太阳能学报，41 (3)：199-205.

贾宁，陶荣幸，石先武，等 . 2018. 风暴潮淹没范围确定方法与应用——以台风 "玛莉亚" 风暴潮为例 . 海洋开发与管理，35 (12)：10-12.

蒋卫国，李京，陈云浩，等 . 2008. 区域洪水灾害风险评估体系 (Ⅰ) ——原理与方法 . 自然灾害学报，17 (6)：53-59.

焦嫚，张栋杨 . 2019. 海平面上升情景下沿海地区发展脆弱性评价 . 首都师范大学学报：自然科学版，40 (4)：41-47.

李程，王慧，李响，等 . 2019. 近 10 年福建省风暴潮灾害特征分析及社会经济影响 . 海洋经济，9 (1)：43-46.

李萌，申双和，褚荣浩，等 . 2016. 近 30 年中国农业气候资源分布及其变化趋势分析 . 科学技术与工程，(21)：1-11.

李清胜，卢孟明 . 2012. 从气候观点探讨影响台湾台风的定义问题 . 气象学报，48：25-37.

林选跃，张世民，陈德文，等 . 2014. 福建沿海年平均海平面年际，年代际变化特征及预测 . 海洋预报，31 (5)：63-68.

刘晨 . 2010. 基于 GIS 的晋江流域洪灾风险评价研究 . 福州：福建师范大学 .

刘建辉，蔡锋，雷刚，等 . 2010. 福建软质海崖蚀退机理及过程分析——以平潭岛东北海岸为例 . 海洋环境科学，29（4）：525-530.

刘宪锋，朱秀芳，潘耀忠，等 . 2015. 1982—2012 年中国植被覆盖时空变化特征 . 生态学报，35（16）：5331-5342.

孟智勇，徐祥德，陈联寿 . 1998. 台湾岛地形诱生次级环流系统对热带气旋异常运动的影响机制 . 大气科学，22（2）：156-168.

牛海燕，刘敏，陆敏，等 . 2011. 中国沿海地区近 20 年台风灾害风险评价 . 地理科学，31（6）：764-768.

秦一芳，林双毅，高雅玲，等 . 2017. 台风对城市道路行道树的影响和对策——以福建省厦门市"莫兰蒂"台风为例 . 中国农学通报，33（34）：135-140.

苏志重，石顺吉，张伟，等 . 2016. 1960—2010 年福建省极端降水事件变化趋势分析 . 暴雨灾害，35（2）：166-172.

台湾省灾害防救科技中心 . 2015. 台湾极端降雨事件：1992—2013 年重要事件汇整 . 新北：台湾省灾害防救科技中心 .

台湾省灾害防救科技中心 . 2016. 台湾气候变化灾害影响风险评估报告 . 新北：台湾省灾害防救科技中心 .

汤剑雄，徐礼来，李彦旻，等 . 2018. 基于无人机遥感的台风对城市树木生态系统服务的损失评估 . 自然灾害学报，27（3）：153-161.

唐宝琪，延军平，曹永旺 . 2016. 福建省极端温度事件对气候变暖的响应 . 中国农业大学学报，21（9）：123-132.

王静静，刘敏，权瑞松，等 . 2010. 中国东南沿海地区暴雨洪涝风险分区及评价 . 华北水利水电学院学报，31（1）：14-16.

王钦建 . 2011. 九龙江流域生态环境需水量计算 . 环境科学与管理，（5）：152-155.

王祥荣，谢玉静，李瑛 . 2016. 气候变化与中国韧性城市发展对策研究 . 北京：科学出版社 .

王亚琼，卢毅敏 . 2017. 基于地理因子的福建省年降水空间估算模型研究 . 长江科学院院报，34（1）：11-16.

王跃峰，陈兴伟，陈莹 . 2014. 基于多时间尺度 SPI 的闽江流域干湿变化与洪旱事件识别 . 山地学报，（1）：52-57.

魏应植，吴陈锋，孙旭光 . 2006. 福建台风灾害特征及其防御对策研究 . 海洋科学，30（10）：7-14.

温泉沛，周月华，霍治国，等 . 2017. 气候变暖背景下东南地区暴雨洪涝灾害风险变化 // 第 34 届中国气象学会年会论文集 . 郑州：中国气象学会：445-449.

吴滨，李玲，杨丽慧，等 . 2017. 福建省不同短历时暴雨变化特征及天气背景分析 . 自然灾害学报，（26）：207-216.

吴滨，文明章，李玲，等 . 2015. 福建省不同短历时暴雨时空分布特 . 暴雨灾害，34（2）：153-159.

吴文菁，汤剑雄，丁晟平，等 . 2018. 基于大数据平台的城市灾害社会恢复力指标初探——以"莫兰蒂"台风为例 . 城市建筑，35：35-37.

吴幸毓，林毅，陈文键，等 . 2016. 福建霜冻时空分布特征及环流背景分析 . 大气科学学报，（4）：501-

509.
伍荣生 . 1999. 现代天气学原理 . 北京：高等教育出版社 .
夏军，石卫，雒新萍，等 . 2015. 气候变化下水资源脆弱性的适应性管理新认识 . 水科学进展，(2)：279-285.
谢欣，陶爱峰，张尧，等 . 2018. 福建省典型海洋灾害时空分布特性研究 . 海洋湖沼通报，4：21-30.
徐佳音 . 2014. 基于多模型的区域气候变化预测方法比较研究 . 环境科学与管理，(3)：64-69.
许晃雄 . 2011. 台湾气候变迁科学报告 . 台北：台湾省科学委员会自然科学发展处 .
闫世程，张富仓，吴悠，等 . 2017. 滴灌夏玉米土壤水分与蒸散量 simdualkc 模型估算 . 农业工程学报，(16)：159-167.
杨丽慧，吴滨，白龙，等 . 2018. 福建省短历时强降水气候变化特征分析 // 第 35 届中国气象学会年会 S1 灾害天气监测、分析与预报论文集 . 合肥：中国气象学会：1933-1940.
杨秀芹，王国杰，叶金印，等 . 2015. 基于 CLEAM 模型的淮河流域地表蒸散量时空变化特征 . 农业工程学报，(31)：133-139.
叶金玉，林广发，张明锋 . 2014. 福建省台风灾害链空间特征分析 . 福建师范大学学报（自然科学版），30(2)：99-106.
袁方超，张文舟，杨金湘，等 . 2016. 福建近海海平面变化研究 . 应用海洋学学报，35(1)：20-32.
岳琦，张林波，刘成程，等 . 2015. 基于 GIS 的福建闽江上游山洪灾害风险区划 . 环境工程技术学报，5(4)：293-298.
翟国方，邹亮，马东辉，等 . 2018. 城市如何韧性 . 城市规划，42(2)：42-46，77.
张栋杨，黄健元，焦嫚 . 2018. 海平面上升对沿海地区发展脆弱性影响评价 . 广东海洋大学学报，38(4)：63-69.
张杰，张正栋，万露文，等 . 2017. 气候变化和人类活动对汀江径流量的变化贡献 . 华南师范大学学报，(6)：84-91.
张星，陈惠，林秀芳 . 2009. 近 45 年闽江流域气候变化分析 . 水土保持研究，(1)：107-110.
张燕 . 2008. 气候变暖对福建省旅游业的影响 . 哈尔滨商业大学学报：社会科学版，(4)：113-116.
张燕 . 2012. 海平面上升对福建的影响及对策 . 宝鸡文理学院学报（自然科学版），32(2)：65-69.
张玉珍，曹文志，陈锦，等 . 2015. 九龙江流域湖库化河段水环境容量研究 . 福建师范大学学报（自然科学版），(31)：85-89.
赵刚，庞博，徐宗学，等 . 2016. 中国山洪灾害危险性评价 . 水利学报，47(9)：1133-1142.
赵金鹏，范代读，涂俊彪，等 . 2018. 木兰溪河口及邻近海域春季水文环境特征及悬沙输移机制分析 . 海洋地质与第四纪地质，(1)：32-40.
周伟东，汪小钦 . 2019. 基于 SWAT 模型的气候变化下水文响应分析——以福建省长汀县朱溪小流域为例 . 亚热带水土保持，(2)：1-6.
朱婧，陆逸，李国平，等 . 2017. 基于县级分辨率的福建省台风灾害风险评估 . 灾害学，32(3)：204-209.
自然资源部海洋预警监测司 . 2019. 2018 中国海洋灾害公报 . http://gi.mnr.gov.cn/201905/P020190510558818640482. pdf. [2019-12-31].
Adler R F，Gu G，Wang J J，et al. 2008. Relationships between global precipitation and surface temperature

on interannual and longer timescales（1979—2006）. Journal of Geophysical Research：Atmospheres，113：1-15.

Chadwick R，Boutle I，Martin G. 2013. Spatial patterns of precipitation change in CMIP5：why the rich do not get richer in the tropics. Journal of Climate，26（11）：3803-3822.

Chan J C L. 2006. Comments on "Changes in tropical cyclone number，duration，and intensity in a warming environment". Science，311：1713.

Chan J C L. 2008. Decadal variations of intense typhoon occurrence in the western North Pacific. Proceedings of the Royal Society A：Mathematical，Physical and Engineering Sciences，464（2089）：249-272.

Chang C P，Lei Y H，Sui C H，et al. 2012. Tropical cyclone and extreme rainfall trends in East Asian summer monsoon since mid-20th century. Geophysical Research Letters，39（18）：1-6.

Chang C P，Yang Y T，Kuo H C. 2013. Large increasing trend of tropical cyclone rainfall in Taiwan and the roles of terrain. Journal of Climate，26（12）：4138-4147.

Chao Y C，Chen C W，Li H C，et al. 2018. Riverbed migrations in western Taiwan under climate change. Water，（10）：1631.

Chen J M，Chen H S. 2011. Interdecadal variability of summer rainfall in Taiwan associated with tropical cyclones and monsoon. Journal of Climate，24：5786-5798.

Chen J M，Li T，Shih C F. 2010. Tropical cyclone and monsoon-induced rainfall variability in Taiwan. Journal of Climate，23：4107-4120.

Chen S T，Kuo C C，Yu P S. 2019. Historical trends and variability of meteorological droughts in Taiwan. International Association of Scientific Hydrology Bulletin，54（3）：430-441.

Chu P S，Chen D J，Lin P L. 2014. Trends in precipitation extremes during the typhoon season in Taiwan over the last 60 years. Atmospheric Science Letters，15（1）：37-43.

Chu P S，Kim J H，Chen Y R. 2012. Have steering flows in the western North Pacific and the South China Sea changed over the last 50 years? Geophysical Research Letters，39：L10704.

Cubasch U，et al. 2001. Climate Change 2001：the Scientific Basis（Contribution of Working Group I to the Third Assessment Report of the Intergovernmental Panel on Climate Change）. Cambridge，UK：Cambridge University Press.

Dai A. 2006. Recent climatology，variability，and trends in global surface humidity. Journal of Climate，19：3589-3606.

Dai A，Trenberth K E. 2004. The diurnal cycle and its depiction in the community climate system model. Journal of Climate，17：930-951.

Dee D P，Uppala S M，Simmons A J，et al. 2011. The ERA-Interim reanalysis：configuration and performance of the data assimilation system. Quarterly Journal of the Royal Meteorological Society,137（656）：553-597.

Emanuel K A. 1987. The dependence of hurricane intensity on climate. Nature，326：483-485.

Emanuel K A. 2005. Increasing destructiveness of tropical cyclones over the past 30 years. Nature，436：686-688.

Ervinia A，Huang J L，Zhang Z Y. 2018. Assessing the specific impacts of climate variability and human activities on annual runoff dynamics in a Southeast China coastal watershed. Water，9：92-108.

Fan J L，Wu L F，Zhang F C，et al. 2016. Climate change effects on reference crop evapotranspiration across different climatic zones of China during 1956—2015. Journal of Hydrology，(542)：923-937.

Fan Z X，Thomas A. 2018. Decadal changes of reference crop evapotranspiration attribution：spatial and temporal variability over China 1960—2011. Journal of Hydrology，(560)：461-470.

Fujibe F，Yamazaki N，Katsuyama M，et al. 2005. The increasing trend of intense precipitation in Japan based on four-hourly data for a hundred years. SOLA，1：41-44.

Garner A J，Mann M E，Emanuel K A，et al. 2017. Impact of climate change on New York City's coastal flood hazard：increasing flood heights from the preindustrial to 2300 CE. Proceedings of the National Academy of Sciences of the United States of America，114 (45)：11861-11866.

Goswami B N，Venugopal V，Sengupta D，et al. 2006. Increasing trend of extreme rain events over India in a warming environment. Science，314：1442-1445.

Groisman P Y，Knight R W，Easterling D R，et al. 2005. Trends in intense precipitation in the climate record. Journal of Climate，18：1326-1350.

Hallegatte S，Green C，Nicholls R J，et al. 2013. Future flood losses in major coastal cities. Nature Climate Change，3 (9)：802-806.

Held I M，Soden B J. 2006. Robust responses of the hydrological cycle to global warming. Journal of Climate，19：5686-5699.

Hung C W. 2013. A 300-year typhoon record in Taiwan and the relationship with solar activity. Terrestrial Atmospheric and Oceanic Sciences，24 (4II)：737-743.

IPCC. 2007. Climate Change 2007：the Physical Science Basis. Contribution of Working Group I to the Fourth Assessment Report of the Intergovernmental Panel on Climate Change. Cambridge：Cambridge University Press.

IPCC. 2013. Climate Change 2013：the Physical Science Basis. Contribution of Working Group I to the Fifth Assessment Report of the Intergovernmental Panel on Climate Change. Cambridge：Cambridge University Press.

Karl T R，Knight R W. 1998. Secular trends of precipitation amount，frequency，and intensity in the United States. Bulletin of the American Meteorological Society，79 (2)：231-241.

Klein Tank A M G，Können G P. 2003. Trends in indices of daily temp-erature and precipitation extremes in Europe，1946—99. Journal of Climate，16：3665-3680.

Knutson T R，tuleya R E. 2004. Impact of CO_2-induced warming on simu-lated hurricane intensity and precipitation：sensitivity to the choice of climate model and convective parameterization. Journal of Climate，17：3477-3495.

Lau K M，Wu H T. 2007. Detecting trends in tropical rainfall characteristics，1979—2003. International Journal of Climatology，27 (8)：979-988.

Lee C H，Yeh H F. 2019. Impact of climate change and human activities on streamflow variations based on the Budyko framework. Water，11 (10)：2001.

Lee J L，Huang W C. 2017. Climate change impact assessment on Zhoshui River water supply in Taiwan.

Terrestrial, Atmospheric & Oceanic Science,（28）：463-478.

Lee T Y, Huang J C, Lee J Y, et al. 2015. Magnified sediment export of small mountainous rivers in Taiwan：chain reactions from increased rainfall intensity under global warming. PLoS One, 10（9）：e0138283.

Liang Y, Wang Y, Zhao Y, et al. 2019. Analysis and projection of flood hazards over China. Water, 11(5)：1022

Lin B S, Thomas K, Chen C K, et al. 2016. Evaluation of soil erosion risk for watershed management in Shenmu Watershed, central Taiwan using USLE model parameters. Paddy and Water Environment,（14）：19-43.

Lin C Y, Chua Y J, Sheng Y F, et al. 2015. Altitudinal and latitudinal dependence of future warming in Taiwan simulated by WRF nested with ECHAM5/MPIOM. International Journal of Climatology,（35）：1800-1809.

Lin I I, Chan J C L. 2015. Recent decrease in typhoon destructive potential and global warming implications. Nature Communications, 6：7182.

Lin K T, Yeh H F. 2017. Baseflow recession characterization and groundwater storage trends in northern Taiwan. Hydrology Research,（6）：1745-1756.

Lin M H, Tseng K J, Tung C P, et al. 2017. Assessing water resources vulnerability and resilience of southern Taiwan to climate change. Terrestrial Atmospheric and Oceanic Sciences,（28）：67-81.

Lin N, Kopp R E, Horton B P, et al. 2016. Hurricane Sandy's flood frequency increasing from year 1800 to 2100. Proceedings of the National Academy of Sciences of the United States of America, 113（43）：12071-12075.

Liu B, Xu M, Henderson M, et al. 2005. Observed trends of precipitation amount, frequency, and intensity in China, 1960—2000. Journal of Geophysical Research Atmospheres, 110（D8）：D08103.

Liu J Y, Zhang Q, Singh V P, et al. 2017. Contribution of multiple climatic variable and human activities to streamflow changes cross China. Journal of Hydrology,（545）：145-162.

Liu R, Liu S C, Cicerone R J, et al. 2015. Trends of extreme precipitation in eastern China and their possible causes. Advances in Atmospheric Sciences, 32：1027-1037.

Liu R, Liu S C, Shiu C J, et al. 2016. Trends of regional precipitation and their control mechanisms during 1979—2013. Advances in Atmospheric Sciences, 33（2）：164-174.

Liu S C, Fu C B, Shiu C J, et al. 2009. Temperature dependence of global precipitation extremes. Geophysical Research Letters, 36：L17702.

Lu W W, Lei H M, Yang D W, et al. 2018. Quantifying in the impacts of small dam construction on hydrological alterations in the Jiulong River basin of Southeast China. Journal of Hydrology,（567）：382-392.

Ouyang M, Duenas-Osorio L, Min X. 2012. A three-stage resilience analysis framework for urban infrastructure systems. Structural Safety, 36：23-31.

Russell R, Guerry A D, Balvanera P, et al. 2013. Humans and nature：how knowing and experiencing nature affect well-being. Annual Review of Environment and Resources, 38：473-502.

Santer B D，Wigley T M L，Gleckler P J，et al. 2006. Forced and unforced ocean temperature changes in Atlantic and Pacific tropical cyclogenesis regions. Proceedings of the National Academy of Sciences of the United States of America，103（38）：13905-13910.

Shiau J T，Lin J W. 2016. Clustering quantile regression-based drought trends in Taiwan. Water Resource Management，（30）：1053-1069.

Shih D，Wu R，Tsai C. 2017. Assessing hydrological impacts of a watershed in the context of climate and land cover changes. DOI：10. 20944/preprints201701. 0061. v1.

Shiu C J，Liu S C，Fu C，et al. 2012. How much do precipitation extremes change in a warming climate? Geophysical Research Letters，39（17）：17707.

Su S H，Kuo H C，Hsu L H，et al. 2012. Temporal and spatial characteristics of typhoon extreme rainfall in Taiwan. Journal of the Meteorological Society of Japan，90（5）：721-736.

Sun Y，Solomon S，Dai A G，et al. 2007. How often will it rain? Journal of Climate，20：4801-4818.

Trenberth K E. 1999. Conceptual framework for changes of extremes of the hydrological cycle with climate change. Climatic Change，42：327-339.

Trenberth K E，Dai A，Rasmussen R M，et al. 2003. The changing character of precipitation. Bulletin of the American Meteorological Society，84：1205-1217.

Tseng Y H，Breaker L C，Chang E T Y. 2010. Sea level variations in the regional seas around Taiwan. Journal of Oceanography，66（1）：27-39.

Tu J Y，Chou C. 2013. Changes in precipitation frequency and intensity in the vicinity of Taiwan：typhoon vs. non-typhoon events. Environmental Research Letters，8：014023.

Tu J Y，Chou C，Chu P S. 2009. The abrupt shift of typhoon activity in the vicinity of taiwan and its association with Western North Pacific-East Asian climate change. Journal of Climate，22（13）：3617-3628.

Vousdoukas M I，Mentaschi L，Voukouvalas E，et al. 2017. Extreme sea levels on the rise along Europe's coasts. Earth's Future，5（3）：304-323.

Wang C C，Lin B X，Chen C T，et al. 2015. Quantifying the effects of long-term climate change on tropical cyclone rainfall using a cloud-resolving model：examples of two landfall typhoons in Taiwan. Journal of Climate，28：66-85.

Wang H W，Lin C W，Yang C Y，et al. 2018. Assessment of land subsidence and climate change impacts on inundation hazard in southwestern Taiwan. Irrigation and Drainage，67（S1）：26-37.

Wang X，Liu S C，Liu R，et al. 2019. Observed changes in precipitation extremes and effects of tropical cyclones in South China during 1955—2013. International Journal of Climatology，39（5）：2677-2684.

Webster P J，Holland G J，Curry J A，et al. 2005. Changes in tropical cyclone number，duration，and intensity in a warming environment. Science，309：1844-1846.

Wei S C，Li H C，Shih H J，et al. 2018. Potential impact of climate change and extreme events on slope land hazard—a case study of Xindian watershed in Taiwan. Natural Hazards and Earth System Science，（12）：3283-3296.

Wentz F J，Ricciardulli L，Hilburn K，et al. 2007. How much more rain will global warming bring?

Science, 317: 233-235.

Willett K M, Williams C N, Dunn R J H, et al. 2013. HadISDH: an updateable land surface specific humidity product for climate monitoring. Climate of the Past, 9 (2): 657-677.

Wu J F, Chen X W, Gao L, et al. 2016. Response of hydrological drought to meteorological drought under the influence of large reservoir. Advances in Meteorology, 2016: 2197142.

Xiong J N, Li J, Cheng W M, et al. 2019. A GIS-based support vector machine model for flash flood vulnerability assessment and mapping in China. ISPRS International Journal of Geo-Information, 8 (7): 297.

Xu L L, He Y R, Huang W, et al. 2016. A multi-dimensional integrated approach to assess flood risks on a coastal city, induced by sea-level rise and storm tides. Environmental Research Letters, 11 (1): 014001.

Xu L L, Wang X M, Liu J H, et al. 2019. Identifying the trade-offs between climate change mitigation and adaptation in urban land use planning: an empirical study in a coastal city. Environment International, 133: 105162.

Yeh C F, Wang J G, Yeh H F, et al. 2015. Spatial and temporal streamflow trends in Northern Taiwan. Water, (12): 634-651.

Yin Y Z, Gemmer M, Luo Y, et al. 2010. Tropical cyclone and heavy rainfall in Fujian Province, China. Quaternary International, (226): 122-128.

Yu P S, Yang T C, Kuo C M, et al. 2015. Climate change impacts on streamflow drought: a case study in Tseng-Wen reservoir catchment in southern Taiwan. Climate, (3): 42-62.

Zhang Q, Sun P, Singh V P, et al. 2012. Spatial-temporal precipitation changes (1956—2000) and their implication for agriculture in China. Global and Planetary Change, (82-83): 86-95.

Zhang Z Y, Huang J L, Huang Y L, et al. 2015. Streamflow variability response to climate change and cascade dams development in a coastal China watershed. Estuarine, Coastal and Shelf Science, (166): 209-217.

第 17 章　西北干旱区

主要作者协调人：张　强、陈亚宁
编　　　　　审：王澄海
主　要　作　者：李耀辉、王劲松、姚玉璧、王玉洁

▪ 执行摘要

全球气候变暖对西北干旱区冰冻圈影响显著（高信度），引起冰川萎缩、雪线上升、冰雪消融加速，导致山区固态水储量减少，河西走廊西部河流的径流量增加。自 1961 年以来，天山约 97.2% 的冰川退缩，冰川面积和质量分别减少了 18% ± 6% 和 27% ± 15%；雪线整体上升，速率达 276m/10a；祁连山冰川面积减少 20.88%，其中 509 条冰川消失，海拔 4000m 以下山区冰川已完全消失，海拔 4500m 以下冰川损失率均大于 50%。21 世纪以来，祁连山植被覆盖呈现整体增加、局部减少的趋势。祁连山西部及其中东部区域的边缘植被改善；祁连山中北部河谷及青海湖周边植被退化。自 20 世纪 60 年代以来，塔里木盆地荒漠和人工绿洲面积扩大，荒漠 – 绿洲过渡带面积减小，物种多样性减少，生态功能下降。西北干旱区荒漠生态脆弱性总体很可能处于中 – 重度脆弱状态；绿洲的生态风险程度总体呈降低趋势。20 世纪 50 年代以来，西北干旱区有限生长习性作物生育期缩短，无限生长习性作物生育期延长；喜温和越冬作物适宜种植区向高纬度与高海拔地区推进。未来气候变化可能会进一步增大西北干旱区旱作农业的稳产风险（中等信度）。应对西北干旱区气候变化的影响时，需要重点开展森林、草原、湿地、冰川、冻土的保护和修复，依靠现代科学技术提升核心竞争力。

17.1 引　言

西北干旱区包括新疆全境、甘肃中北部、河西走廊、青海北部、陕北北部、宁夏中北部和内蒙古中西部地区的干旱、极干旱和半干旱区，土地面积约占中国总土地面积的25%（图 17-1）。该区域地处欧亚大陆腹地，与俄罗斯、蒙古、哈萨克斯坦、吉尔吉斯斯坦、塔吉克斯坦、阿富汗、巴基斯坦等国相邻。其境内有高山、平原、盆地，地形高度差较大；有沙漠、绿洲、戈壁，地貌特征多样化。由于特殊的地理位置和地形地貌特征，西北干旱区陆面水、热过程的区域特征十分突出，土壤“湿层”较深，地表可利用能量以感热输送为主，易形成沙尘暴或尘卷风等对流天气（张强等，2012a）。

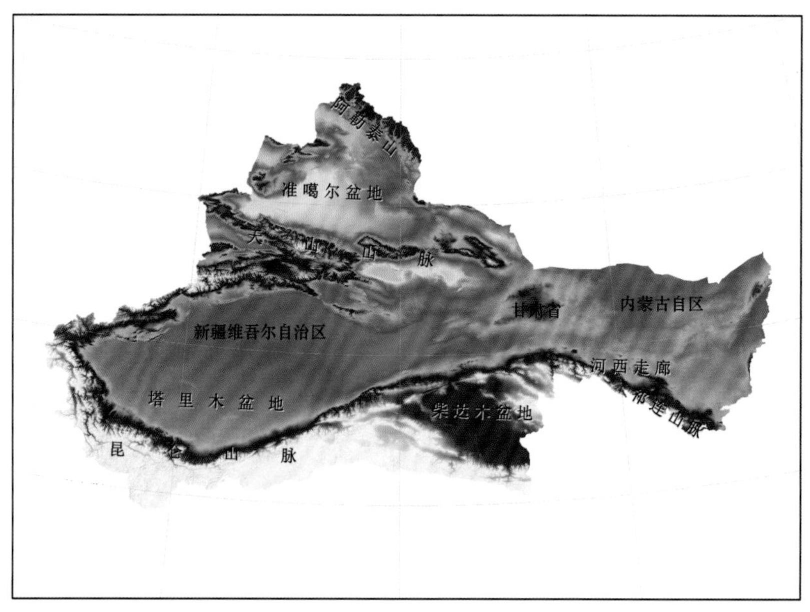

图 17-1　中国西北干旱区范围图

自 20 世纪 60 年代至今，西北干旱区气候主要表现为暖湿化的特征。由于水汽来源匮乏，局地水汽循环对降水的贡献较大。1960~2010 年，年降水量呈增加趋势，变化速率为 6.1mm/10a（Li et al.，2016）。山区降水增加最多，但东部、沙漠腹地及周边地区降水有下降趋势。1961~2010 年平均气温增加速率为 0.37℃/10a，冬季增温最明显，达 0.51℃/10a，夏季增暖缓慢；增温趋势最大区域主要在伊犁河谷、塔城等地区，而天山中部及沙漠周边地区增暖趋势不明显（姚俊强等，2013）。干旱区是全球升温最明显的区域，与工业化前相比，当未来全球气温平均升温 2℃时，干旱半干旱区升温将达 3.2~4℃（Huang et al.，2017）。基于 1.5℃增温，西北干旱区是中国地表温度增幅最大的区域（翟盘茂等，2017）。在不同增温情景下，干旱区降水量增加明显，蒸发出现弱的增加趋势，但降水转化率和降水再循环率将可能会减弱，干旱区湿润化的趋势并不明显（李若麟，2017）。

水资源是制约西北干旱区社会经济发展和生态安全的主要因素。近年来，随着区域经济社会的快速发展，生产、生活和生态需水量持续增加，水资源短缺与需求日益增长的矛盾日益突出（白晓，2017）。西北干旱区植被覆盖度较低，生态系统极其脆弱，其是我国主要荒漠区，也是生态环境最敏感的区域。长期以来人类对西北干旱区的开发利用导致生态系统被严重破坏。湿地面积减小、天然绿洲退化、土地沙化加重（Zhu et al.，2016），生态环境仍处在不断恶化的过程中（杨彬如，2017）。西北干旱区降水稀少、水源匮乏、地表大面积裸露、自然环境脆弱的先天性生态背景，决定了干旱生态系统一旦被破坏，无论采取生物措施还是工程措施，其逆转恢复重建的难度都相当巨大。

近几十年来，气候的持续变暖对西北干旱区冰冻圈影响显著。西北干旱区天山、祁连山等以冰川、积雪为主体的"固体水库"正在加速消融和萎缩，其对该区域水资源和生态环境产生重大影响。本章综合国内外对西北干旱区气候和生态环境的研究成果，总结了气候变化对西北干旱区水资源、农业、自然生态系统造成的影响；评估了在气候变化影响下西北干旱区生态环境的脆弱性和风险；给出了西北干旱区适应气候变化的对策。

17.2　影　　响

17.2.1　对水资源的影响

1. 对冰冻圈水资源的影响

全球气候变暖对西北干旱区冰冻圈有显著影响。西北干旱区的河流几乎全部发源于山区，由高山区的冰川和积雪融水、中山带的森林降水及低山带的基岩裂隙水汇流而成（陈亚宁，2014）。其中，山区冰川及其融水对西北干旱区水资源有着重要影响，对维系西北干旱区脆弱的生态平衡及社会经济可持续发展具有重要意义。

1）对天山冰川、积雪的影响

天山深处欧亚大陆腹地，东西长约 2500km，其中在新疆境内约 1500km，天山作为"中亚水塔"，是新疆河流的主要发源地。天山山区共有冰川 18117 条，面积达 14231.52km^2。1979~2011 年，天山升温幅度达 0.36~0.42℃/10a，明显高于全球和北半球同期平均增温速率（Chen et al.，2016a；Hu et al.，2014）。1961~2012 年，天山地区约有 97.52% 的冰川表现为退缩状态，总的冰川面积和质量分别减少了 18% ± 6% 和 27% ± 15%（Farinotti et al.，2015），并且仍处于持续退缩态势（Petrakov et al.，2016；Hagg et al.，2013）。随着全球气候变暖，自 20 世纪 70 年代以来，天山山区冰川退缩速率呈明显加速趋势，尤其以天山外围、人口密集的相对较低海拔区冰川对气候的变化较为敏感，其退缩速率为 0.38~0.76%/a（Petrakov et al.，2016）。天山各地区冰川退缩趋势存在不一致性，其中，1960~2000 年东天山冰川退缩速率为 0.05~0.31%/a（Sorg et al.，2012）；西天山冰川退缩速率达 0.4%/a（Chen et al.，2016a）；北天山卡拉塔尔（Karatal）河流域冰川退缩速率更是高达 0.81%/a（Kaldybayev et al.，2016）。1960~2000

年，西天山地区冰川退缩率最大，达 20%，其次中天山和北天山地区递减速率为 15% 和 13%，天山东部博格达峰地区冰川递减速率为 3.1%；而 2000 年以来，西天山和中天山地区冰川递减速率明显减缓，分别达 8.1% 和 10.1%，而北天山和天山东部博格达峰地区冰川递减速率增大，分别达 13.8% 和 7.45%（图 17-2）（Chen et al., 2016b）。天山山区几乎所有海拔范围内的冰川面积都呈减少趋势，只是分布在相对较低海拔区域的冰川退缩更为明显。相对于大型冰川，小型冰川（<1km^2）退缩更为显著（邢武成等，2017；何毅等，2013）。按照目前趋势估算，未来 20~40 年天山北麓诸河流域上游的小型冰川将趋于消失，而整个天山地区约 98% 的冰川为小型冰川，因此，未来天山冰川的加速消融也在所难免（Chen et al., 2016b）。

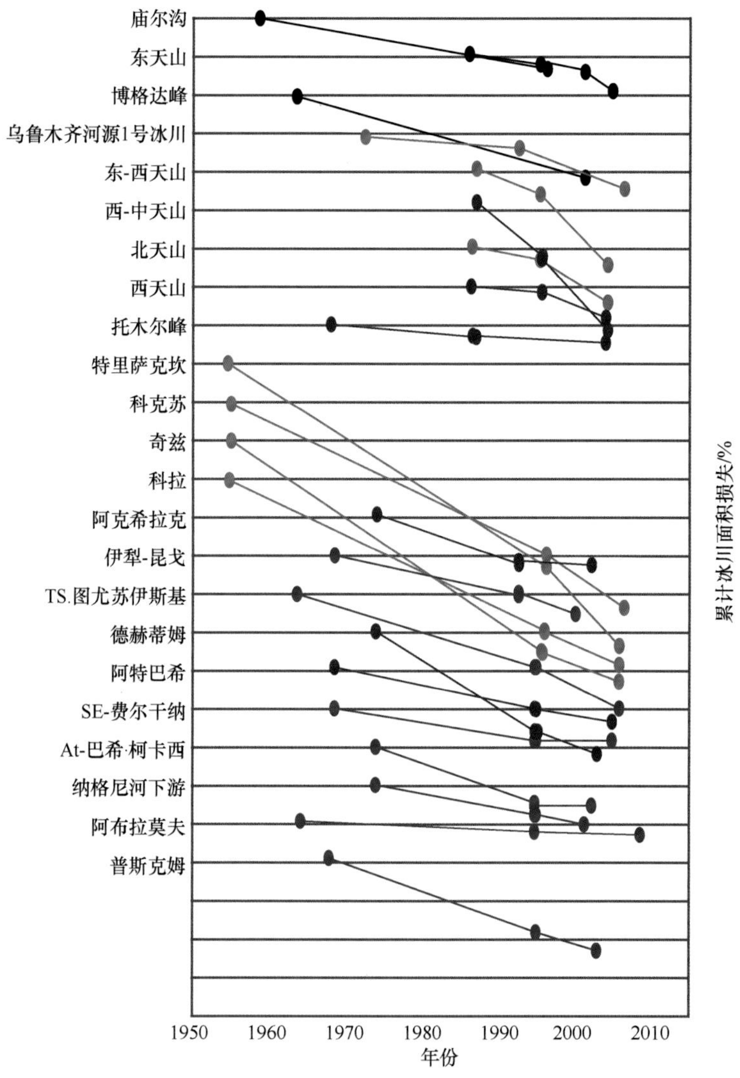

图 17-2　天山地区冰川退缩变化（Chen et al., 2016a）

不同的颜色代表天山不同的区域，蓝色代表西天山，红色代表中天山，绿色代表北天山，黑色代表东天山；图中线代表 10% 的单位，图中第一次测量相当于 100% 冰川面积

气候变暖背景下，2001~2015 年，天山山区雪线整体呈波动上升趋势，速率达 276m/10a，其中以天山南坡最为明显，速率达 311m/10a，而天山北坡，速率为 144m/10a（李帅等，2017）。同时，天山山区积雪覆盖面积和雪深呈现减少、下降趋势，但不同区域的变化趋势并不一致（Li et al.，2019；邓海军和陈亚宁，2018；Chen et al.，2016a）。就不同季节来看，秋季积雪范围微弱增加，春季变化不大，而冬夏季明显减少（秦艳等，2018）。天山地区雪深整体呈现下降趋势，但南天山和东天山的积雪深度呈现增加趋势。不同时间尺度下雪深变化趋势的差异表明，雪深增加的时间尺度不是百年尺度的，而是年代际的。在空间尺度上，西天山和北天山的雪深较深，而南天山和东天山的雪深较浅。1979~2016 年，天山高海拔地区和费尔干纳河谷的积雪持续日数在缩短，伊犁河谷、楚河流域和阿克苏河流域上游积雪持续日数在增加；最大雪深在天山的中部呈现上升趋势，在西部和东部呈现下降趋势（Yang et al.，2019）。天山山区的降雪率从 1960~1998 年的 11%~24% 降低到 2000 年以来的 9%~21%（陈亚宁等，2017），降雪率的减少在 1500~2500m 的中海拔地区最为显著。

2）对祁连山冰川、积雪的影响

祁连山冰川融水是河西走廊灌溉区的重要水资源。2005~2010 年祁连山共有冰川 2684 条，面积 1597.81 ± 70.30km^2，冰储量约 84.48km^3，占中国冰川总面积的 3.09%，在 14 个山系（高原）中居第 9 位。其中，甘肃境内冰川共 1492 条，面积 760.96km^2，冰储量 37.94km^3；青海境内冰川共 1192 条，面积 836.85km^2，冰储量 46.54km^3。从冰川面积看，祁连山冰川数量以面积 <1km^2 的冰川为主，面积以介于 1~5km^2 的冰川为主（图 17-3）。其中，面积 <1km^2 的冰川共 2299 条，占祁连山冰川总数量的 85.66%；随着冰川面积增加，冰川数量迅速减少，面积≥ 20km^2 的冰川仅有 1 条，即老虎沟 12 号冰川（张其兵等，2017；孙美平等，2015）。

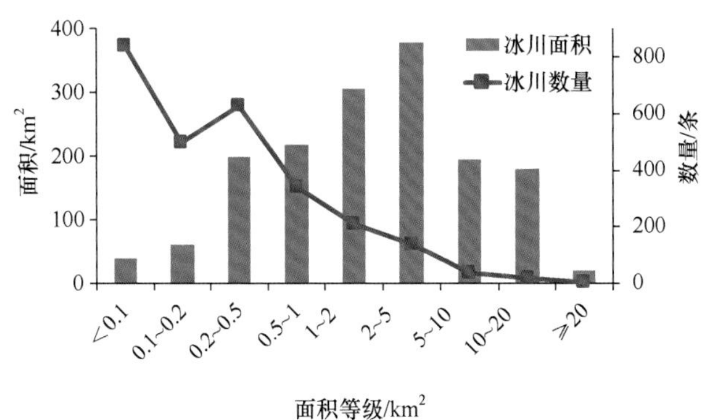

图 17-3　祁连山不同面积等级冰川数量与面积（孙美平等，2015）

祁连山区冰川处于物质亏损状态，普遍退缩减薄（图 17-4）。祁连山冰川总体上表现为萎缩状态，冰川面积和储量减少幅度呈山地南坡大于北部、东侧大于西侧的特征。1956~2010 年，祁连山冰川面积共减少 420.81km^2。其中，509 条冰川消失，面积为 55.12km^2；122 条冰川分离为 262 条，面积由 241.35km^2 减少为 193.90km^2。其中，海拔 4000m 以下山区冰川已完全消失，海拔 4500m 以下冰川损失率均大于 50%，随着海拔上升，冰川面积变化百分比逐渐下降，海拔 5500m 以上区域冰川面积基本没有变化（张其兵等，2017；孙美平等，2015）。

从 1956~2010 年祁连山各流域冰川面积变化速率看（图 17-4），疏勒河流域冰川面积减少最多，为 24.5km²/10a；其次是北大河流域和黑河流域，分别为 21.7km²/10a 和 17.0 km²/10a。哈尔腾河流域冰川面积减少速率为 9.7km²/10a，低于上述 3 个流域。冰川面积年变化速率最低的流域为巴音郭勒河流域，仅为 0.2km²/10a。

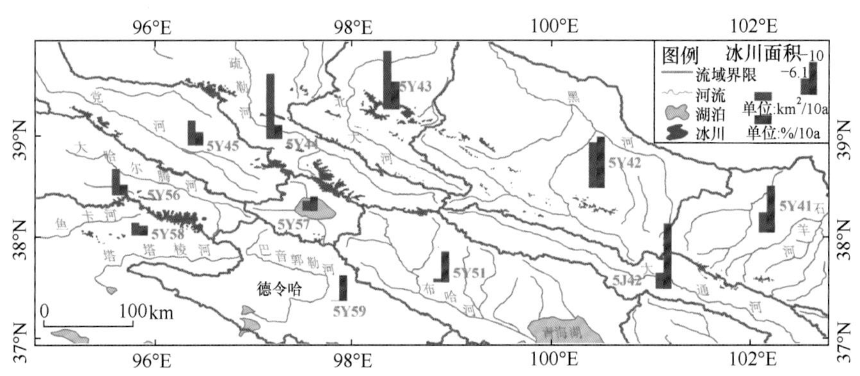

图 17-4 1956~2010 年祁连山各流域冰川面积变化速率（孙美平等，2015）

−6.1km²/10a、−10%/10a 均代表冰川面积变化速率。5J42，大通河；5Y41，石羊河；5Y42，黑河；5Y43，北大河；5Y44，疏勒河；5Y45，党河；5Y51，布哈河－青海湖；5Y56，哈尔腾河；5Y57，哈拉湖；5Y58，鱼卡河－塔塔棱河；5Y59，巴音郭勒河

冰川的生存、发育及规模变化均取决于气候变化，其具有周期波动特征，并受区域性气候的约束。在长时间尺度和较大空间范围上，冰川受气温的影响最显著；降水量一般只对时空尺度较小的冰川进退有明显影响。20 世纪 60 年代以来，祁连山区气温呈显著上升趋势，升幅基本在 0.5℃/10a 左右，90 年代中期以后气温上升最为明显，变幅最大超过 1℃/10a；年降水量呈增加趋势，但降水主要集中在夏季（即冰川消融期），降水量的增加远不能比拟气温升高给冰川物质平衡带来的影响，从而导致冰川面积普遍减少。

积雪既是祁连山区最活跃的环境影响因子，又是最敏感的气候变化响应因子。从祁连山区积雪的空间分布来说，地形是影响祁连山区积雪覆盖的重要因素，祁连山区积雪主要分布在 3000~4000m 以及 4000~5000m，2000~3000m 以及 5000m 以上区域积雪覆盖较少。祁连山区不同坡向积雪覆盖面积差异较大，其中迎风坡（西坡、西北坡、北坡及东北坡）积雪覆盖较大，远远大于东坡、东南坡、南坡及西南坡。从时间变化来看，2001~2017 年祁连山积雪范围年际波动幅度较大（图 17-5），整体呈现减少趋势，年均减小 0.02km²；每个积雪年中存在两个波峰（11 月及 1 月），7 月积雪最少。夏冬季节积雪范围减少趋势大于春季，秋季呈略增加趋势。祁连山区积雪范围同气温呈负相关，同降水量呈正相关，与风速呈显著负相关（梁鹏斌等，2019）。2000~2012 年暖季气温和 6~8 月降水量是影响祁连山雪线变化的重要因素，其中暖季气温升高是引起雪线升高的主导因素（赵军等，2015）。

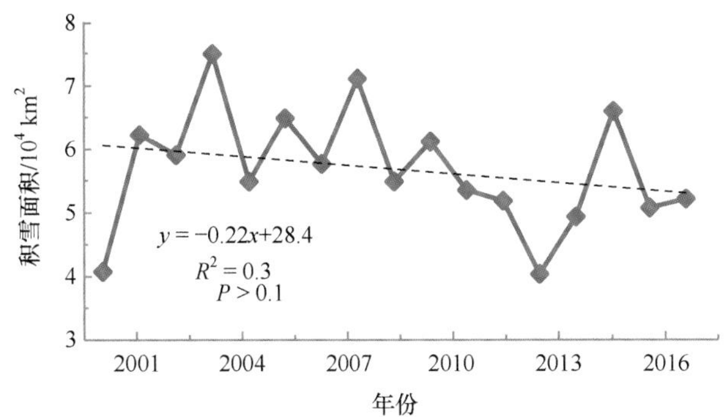

图 17-5　2001~2017 年祁连山积雪范围年际变化（梁鹏斌等，2019）

2. 对西北干旱区内陆湖泊水资源的影响

西北干旱区湖泊主要分为山区湖泊和平原区湖泊两大类。山区湖泊变化受人类活动影响较小，主要受气候变化影响，1971~2015 年湖泊面积有扩大趋势（Liu et al., 2018）。平原区湖泊大多为河流尾闾湖泊，河流上游水资源开发和气候变化对平原区湖泊的影响极为深刻。

博斯腾湖是我国最大的内陆淡水湖，也是最具代表性的干旱区内陆湖泊。1958~2015 年，博斯腾湖水位呈逐渐降低的趋势，湖泊水位降低了近 4.2m，相当于损失库容约 40 亿 m^3。湖泊入湖水量变化趋势正好与湖泊水位一致，即湖泊水位随着入湖水量的增加而增加。开都河上游山区来水量增加，但近些年来，开都河出山口至博斯腾湖区间的耗水量不断增大，导致入湖水量减少。在 2000 年前，开都河至博斯腾湖的区间平均水量损失 24.64%，但 2000~2015 年，区间耗水提高到 40.66%，由年平均损耗水 $10.1 \times 10^8 m^3$ 提高到 $16.0 \times 10^8 m^3$。人类活动对博斯腾湖入湖水量的影响呈增大趋势。1973~1999 年，人类活动的影响强度变化在 62%~67.7%；而进入 21 世纪后，人类活动的影响强度达到 80.8%。对于博斯腾湖的出湖水量，2000 年之前出湖水量相对较少，年平均出湖水量为 $11.01 \times 10^8 m^3$；但 2000 年后，博斯腾湖出湖水量大幅度增加，尤其是 2001~2004 年的 4 年间，年均出湖水量达 $25.26 \times 10^8 m^3$，较 2000 年增加 2 倍多；2005~2009 年出湖水量有所减少（Zhou et al., 2015；Li et al., 2014）。2010 年出湖水量又有所增加，达到 $17.8 \times 10^8 m^3$，2013 年和 2014 年出湖流量进一步降至 $9.5 \times 10^8 m^3$。博斯腾湖水位也由 2002 年的 1049.39m 降至 2015 年的 1044.85m。2017 年以来，由于山区降水量增多，河流来水量增加，加之实施了“三条红线”管理措施，目前，博斯腾湖水位升至 1048.20m（2019 年 10 月），水质也得到一定程度的改善。

博斯腾湖主要由开都河、黄水沟、清水河等补给，这些河流均发源于天山南坡，其中开都河多年平均径流量为 $35.05 \times 10^8 m^3$，约占流域地表水资源量的 85%（陈亚宁等，2013），黄水沟多年平均径流量为 $2.94 \times 10^8 m^3$，二者约占整个流域地表水资源量的 90%。气候变化加速了开都河源流区的冰川消融，冰川面积从 1979 年的 $484.31 km^2$ 减少到 2009 年的 $413.72 km^2$，减少了 14.58%。开都河径流过程与区域气候变化关系十分密切（Bai et al., 2015; Xu et al., 2014）。1960~2010 年，开都河和黄水沟年径流均表现出显著增加趋势，二者年径流分别在 1966 年和 1994 年发生了由低到高的突变（陈亚宁等，2013）。开都河在分界点前、后的平均径流量分别为 $32.37 \times 10^8 m^3$、$41.47 \times 10^8 m^3$。黄水沟在分界点前、后的平均径流量分别为 $2.5 \times 10^8 m^3$、$3.83 \times 10^8 m^3$。对降水量和潜在蒸散量做突变点分析显示，降水量和潜在蒸散量的突变点分别为 1991 和 1994 年（表 17-1）。降水量、潜在蒸散量和径流量的突变点发生年份均在 20 世纪 90 年代前期，说明三者在 20 世纪 90 年代前期发生了变化。由气候变化引起的径流量的变化可以解释 90.5% 的年径流量的增加，而人类活动导致 9.5% 的年径流量发生变化。在人类活动影响期，气候变化和人类活动对径流的影响是不同的。可以断定的是，径流的变化主要是由气候变化引起的，人类活动的草场保育措施也促进了径流增加（Chen et al., 2013）。

表 17-1 开都河流域降水量、潜在蒸散量和径流量趋势分析 (Chen et al., 2013)

因素	平均值 /（mm/a）	增加率 /（mm/10a）	Mann-kendall 检验		突变点检验	
			Z	显著性水平	突变点发生年份	显著性水平
降水量	333.9	10.5	2.07	0.05	1991	0.01
潜在蒸散量	733.5	–2.4	–0.67	—	1994	0.01
径流量	186.4	8.4	2.84	0.01	1993，1995	0.01

开都河上游出山口径流及人类活动会影响入湖径流量，1960~2010 年，开都河存在两次径流突变，分别在 1973 年和 1987 年，即自 1973 年起人类活动对入湖径流的影响程度显著变化，因此将 1960~1973 年作为基准期，假设在 1973 年之前人类影响较小，自然条件下入湖径流量以 $0.21 \times 10^8 m^3/a$ 的速度增长，高于实测值 $0.13 \times 10^8 m^3/a$ 的增长速度。入湖径流的模拟结果与大山口径流量、焉耆盆地的年均气温、降水量的相关系数分别为 0.90、0.50 和 0.23，表明开都河上游大山口来水量是影响下游入湖径流量的主要因素。特别是近些年来，气候变暖使得上游来水量对入湖径流量的影响增加。

3. 对西北干旱区内陆河水资源的影响

西北干旱区的河流除额尔齐斯河流入北冰洋外，几乎所有河流都是内陆河，它们都发源于山区，最终消失于沙漠或汇集于洼地形成尾闾湖。这里重点评估气候变化对塔里木河和河西走廊诸河流水资源的影响。

1）对塔里木河水资源的影响

塔里木河是中国最大的内陆河。塔里木河（含国外产流区）流域面积 $102.0 \times 10^4 km^2$，包括和田河、叶尔羌河、喀什噶尔河、阿克苏河、渭干河、迪那河、开都河－孔雀河（以下简称开孔河）、克里雅河、车尔臣河九大水系和塔里木河干流，其是九大源流、144 条水系的总称。塔里木河流域气候干旱，蒸发强烈，流域年降水总量 $1141.0 \times 10^8 m^3$，地表水资源总量 $347.0 \times 10^8 m^3$，产流系数为 0.322，是世界最干旱的区域之一（邓铭江，2016）。塔里木河流域为典型的温带大陆性气候，植被覆盖度较低，生态环境脆弱，是气候变化的敏感地带（罗敏等，2017）。在全球气候变暖背景下，塔里木河流域呈现气温变暖、降水递增的趋势（Wang and Qin，2017；Wang Y et al.，2013）。1961~2014 年，塔里木河流域实际蒸散发总体呈显著增加趋势（10.6mm/10a）（Jian et al.，2018）。塔里木河流域三源流（阿克苏河、叶尔羌河、和田河）径流在 1959~2016 年内显著增加，三源流径流在 20 世纪 90 年代存在显著增加趋势，增加强度在 1993 年前后从强到弱依次为阿克苏河、叶尔羌河、和田河，进入 2000 年后从强到弱依次为和田河、叶尔羌河、阿克苏河（周海鹰等，2018）。

气候变化对山区水循环要素的改变加剧了内陆河流域的水文波动性、水资源的不确定性和水系统的不稳定性（Fan et al.，2013）。2009 年和 2010 年塔里木河上游三源流汇入干流（阿拉尔水文站）的水量分别为 $14.02\times10^8m^3$ 和 $72\times10^8m^3$，2009 年和 2010 年分别是塔里木河流域有水文记录以来径流量最少和最多的年份，两个年代径流量的比值相差 5 倍多（陈亚宁等，2014）。塔里木河流域水资源承载力呈动态变化趋势，和田河流域水资源承载度变化不大，虽略有好转，但经济社会的发展规模一直处于水资源承载能力的临界状态；开孔河流域、叶尔羌河流域水资源承载度变化比较明显，经济社会的发展规模逐渐控制在水资源承载能力的范围之内；阿克苏河流域水资源承载度变化最为明显，但经济社会的发展规模仍然超出水资源承载能力的范围（左其亭和张修宇，2015）。塔里木河流域主要由冰川融雪和降水补给，虽然降水量和冰川融水的增加在不久的将来保持了充足径流，但从长远来看，该地区水资源仍面临严重问题（Zhang and Zuo，2017；陈亚宁，2014）。

在全球气候变暖背景下，以山区降水和冰雪融水补给为基础的水资源系统更为脆弱，人类活动在强烈地改变着流域的自然水循环过程。源流中地表径流的增加趋势可归因于温度和降水变化的综合影响。但是，干流地表径流量的减少趋势以及观测到的时空分布格局的变化主要是由于人类活动的不利影响。日益加剧的灌溉用水量以及相关的大型水利工程建设是造成干流径流减少的主要原因（Xu et al.，2013）。气候变化是 2000~2015 年源流量增加的主要决定因素，而在干流中，人类活动在流量减少中起主导作用（Yang et al.，2018）。相较于受人类影响相对较少的 1960~1972 年，1973~1986 年人类活动的贡献率增加到 120.68%~144.6%，而在 1987~2015 年贡献率增加至 140.38%~228.68%（Xue et al.，2017）。在阿克苏河流域，到 2099 年冰川面积将下降 32%~90%，预计在 21 世纪的前几十年，冰川融化将进一步增加或保持在较高水平，但随后由于冰川范围的减少，径流也将减少（Duethmann et al.，2016）。由于气候变化，径流量将呈下降趋势，但冬季径流有增加趋势。源流的降水和径流变化的年内分布不一致可以通过增加气温引起的融雪径流来解释（Liu et al.，2013）。在塔里木河流域不同河流的水资源构成上，不同河流由于其形成环境的差异，冰雪融水在水资源构成中的份额也存在差异。发源于天山南坡的阿克苏河的冰雪融水的比例约为 59.3%，而发源于喀喇昆仑山的叶尔羌河约为 54.0%，发源于昆仑山北坡的和田河约为 59.5%（李帅等，2017）。塔里木河流域的阿克苏河、叶尔羌河、和田河等河流的冰川融水补给份额较大（50% 左右），可能在未来一段时期，地表水资源量仍将处在高位状态波动。

2）对河西走廊诸河流水资源的影响

河西走廊深处内陆，是典型的资源性缺水地区，也是气候变化极度敏感区（王玉洁和秦大河，2017；陈亚宁等，2014；孟秀敬等，2012）。1961~2016 年河西走廊三大内陆河流域从东到西气候变暖的幅度逐步减小，年降水量增幅从东到西逐步增加。石羊河流域、黑河流域、疏勒河流域增暖速率分别为 0.45℃/10a、0.36℃/10a 和 0.19℃/10a，年降水量增加速率分别为 1.6mm/10a、4.0mm/10a 和 8.1mm/10a（王玉洁，2017）。受气候变化和人类活动影响，水资源已成为该地区经济社会发展的关键制约因素，地域上呈现东部河流年径流量变化不明显，而西部河流年径流量增加（高信度）（Qin et al.，2016；邓振镛等，2013），径流增多的主要原因是气候变暖导致的冰雪消融加速和降水明显增多（高信度）（Han et al.，2016；Zhang Y et al.，2015）。

（1）对石羊河水资源的影响。

1961~2015 年石羊河出山口九条岭的径流没有明显变化趋势，但存在年代际变化（图 17-6）：20 世纪 60 年代和 21 世纪相对丰水，70 年代和 90 年代相对枯水（李育鸿

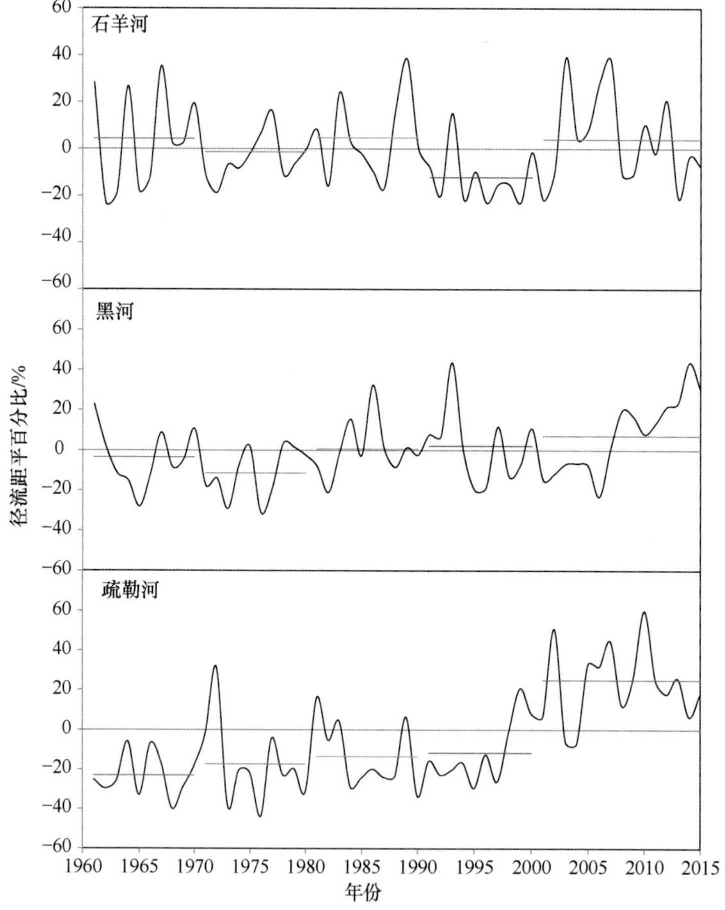

图 17-6 1961~2015 年河西走廊内陆河出山口年平均径流量变化
石羊河：九条岭；黑河：莺落峡；疏勒河：昌马堡（王玉洁，2017）

等，2017）。从季节变化看，春季和秋季径流分别以 $0.1\times10^8m^3/10a$ 和 $0.8\times10^8m^3/10a$ 的速率下降，但夏季径流呈现增加趋势（Li et al., 2013）。随着流域上、中游人口持续增加、经济社会快速发展，下游红崖山水库入库径流量以 $0.0625\times10^8m^3/10a$ 的速率减少（金彦兆等，2018）。80 年代以来，石羊河流域下游径流量的变化是气候变化与土地利用变化共同作用的结果，气候变化贡献率为 4.1%，而土地利用变化的贡献率为 88.8%（中等信度）（周俊菊等，2015；Chen et al., 2013）。

在未来全球温升 1.5℃背景下，相对于 1976~2005 年，石羊河流域的升温幅度为 1.42℃（0.95~1.65℃），年降水量增加 8%（–9%~50%）；在全球温升 2℃背景下，升温幅度为 2.09℃（1.68~2.54℃），年降水量增加 9%（–3%~51%）（表 17-2）。在全球温升 1.5℃背景下，预估石羊河流域年径流量集合平均减少约 8%（–27%~12%），月径流量也呈减少趋势（图 17-7）；在温升 2℃背景下，年径流量集合平均基本不变（–18%~28%），多数月份径流量略增加，尤其是 1~3 月（中等信度）（Wang et al., 2020）。

表 17-2　全球温升 1.5℃和 2℃背景下河西走廊内陆河流域年平均气温和年降水量变化
（Wang et al., 2020）

流域	全球温升 /℃	年平均气温					
		变化 /℃			不确定性		
		平均	最大	最小	全部	全球模式（GCMs）	排放情景（RCPs）
石羊河	1.5	1.42	1.65	0.95	0.21	0.19	0.06
	2	2.09	2.54	1.68	0.25	0.23	0.28
黑河	1.5	1.45	1.72	1.11	0.20	0.17	0.07
	2	2.15	2.65	1.61	0.29	0.27	0.24
疏勒河	1.5	1.54	1.85	1.24	0.21	0.18	0.07
	2	2.36	2.80	1.80	0.32	0.31	0.19
流域	全球温升 /℃	年降水量					
		变化 /%			不确定性		
		平均	最大	最小	全部	全球模式（GCMs）	排放情景（RCPs）
石羊河	1.5	8	50	–9	13.1	5.9	5.8
	2	9	51	–3	13.1	6.5	6.3
黑河	1.5	10	51	–2	12.3	6.9	4.7
	2	11	53	0	13.1	7.9	4.5
疏勒河	1.5	15	59	3	13.3	10.3	3.9
	2	17	61	2	15.3	13.4	2.9

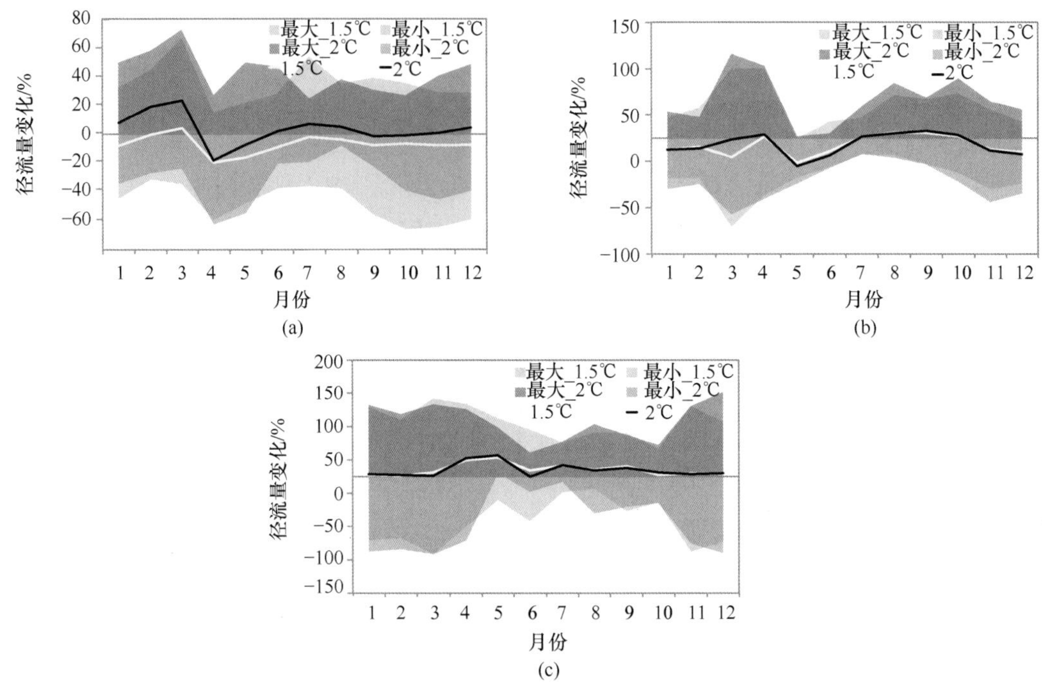

图 17-7 全球温升 1.5℃和 2℃背景下石羊河（a）、黑河（b）和疏勒河（c）平均月径流量、最大和最小月径流量模拟（基准期为 1976~2005 年）（Wang et al.， 2020）

（2）对黑河水资源的影响。

1961~2015 年黑河出山口莺落峡年平均径流以 $0.6 \times 10^8 m^3/10a$ 的速率增加，21 世纪相对丰水（王玉洁，2017），其中，秋季径流量增加最快（Li et al.，2013）。进入 21 世纪后，年内最大径流月份由 7 月推后至 8 月，年内分配趋于均衡，黑河上游径流量增大，气候变化和人类活动的贡献率分别为 59.7% 和 40.3%，二者对中游径流量变化的贡献率分别为 25.2% 和 74.8%（中等信度）（何旭强等，2012）。由于黑河中游经济社会发展，莺落峡至高崖区间的水资源消耗量逐年增多，导致黑河中游高崖水文站的径流量上升趋势不明显（中等信度）（程建忠等，2017）。黑河上游出山口来水量增加是山区主产流区降水量及祁连山高海拔区融冰融雪量增加叠加的结果（高信度）（Chen et al.，2016b）。

未来气候变化将增加平水期和枯水期流量，但不会明显改变丰水期流量，枯水和丰水的频率会增加，流量变率降低（Zhang A J et al.，2015）。未来在全球温升 1.5℃和 2℃背景下，预估黑河流域年径流量集合平均分别减少约 3% 和 4%，径流减少月的减少幅度大于径流增加月的增加幅度（图 17-7）（中等信度）（Wang et al.，2020）。

（3）对疏勒河水资源的影响。

1961~2015 年疏勒河出山口昌马堡年平均径流增加最为显著，增加速率为 $1.0m^3/10a$，21 世纪以来的 15 年增加尤其明显（图 17-6）（王玉洁，2017）。20 世纪 90 年代中期后，随着山区气温的大幅上升与降水量的显著增加，径流呈持续增加趋势（蓝永超等，2012），春季和夏季径流变化主要受降水和冰雪融水的控制（高信度）（徐浩杰等，2014）。疏勒河出山口径流对河源处高海拔山区气候变化的响应更为敏感，降水是出山口径流变化的主控因素，但气温升高导致冰雪融化加快是近年来出山口径流增长较快的重要原因（高信度）。20 世纪 90 年代后期以来气温等对径流影响的比重超过 60%，而降水为 30% 左右（杨春利等，2017）。疏勒河流域中下游双塔堡和潘家庄年径流量也呈增加趋势，但幅度小于上游（高信度）（李培都等，2018）。

未来在全球温升 1.5℃背景下，相对于 1976~2005 年，疏勒河流域增温幅度为 1.54℃（1.24~1.85℃），年降水量增加 15%（3%~59%）；在全球温升 2℃背景下，疏勒河流域增温幅度达到 2.36℃（1.80~2.80℃），年降水量增加 17%（2%~61%）。未来在全球温升 1.5℃和 2℃背景下，预估疏勒河流域年径流量集合平均分别增加 10%（–14%~22%）和 11%（–17%~29%），月径流也呈增加趋势（图 17-7）（中等信度）（Wang et al.，2020）。

未来气温、降水量和径流量的预估存在一定的不确定性。无论是 1.5℃还是 2℃温升，三大内陆河流域年降水量预估的不确定性都大于年平均气温预估的不确定性；由于径流量预估主要是在降水量预估的基础上使用水文模型进行的，因此相比气温和降水量的预估，径流量预估的不确定性更大。

17.2.2　对农业的影响

20 世纪 50 年代以来，西北区域气温显著上升，有限生长习性作物生育期缩短，无限生长习性作物生育期延长；作物蒸腾速率上升、生长关键阶段光合速率下降；喜温和越冬作物适宜种植区域由低纬向高纬、由低海拔向高海拔地区推进。气象灾害的频率增加，强度增大，对作物的危害加重，使作物病虫害增加。

1. 对旱作农业的影响

西北干旱区旱作农业主要位于无法灌溉，且降水和热量条件又能基本维持作物生长的山坡旱地及缓坡丘陵区。

1）对作物生育期及产量的影响

主要粮食冬小麦播种期每 10 年推后 2~3 天，返青期每 10 年提前 4~5 天，开花期和成熟期每 10 年提前 5~6 天，越冬期每 10 年缩短 5~6 天，全生育期每 10 年缩短 7~8 天。主要粮食作物玉米播种期提前 2 天左右，营养生育期提前 4~5 天，生殖生育期提前 6~7 天，全生育期缩短 6 天左右。油料作物冬油菜播种期推迟 7~13 天，冬季停止生育期推迟 16~24 天，返青后生育期提前 8~12 天，全生育期缩短 17~32 天（张强等，2015）。

主要经济作物棉花播种期提前 5~12 天，开花期提前 4~12 天，停止生育期推迟 6~9 天，生殖生育期延长 6~12 天，全生育期延长 14~18 天。马铃薯花序形成期每 10 年提前 8~9 天，开花期每 10 年提前 4~5 天，花序形成至可收期和全生育期均为每 10 年延长 9~10 天（姚玉璧等，2017，2016）。

增温虽然可以加快作物营养生长速度，但也会抑制部分作物生殖生长，导致有限生长习性的作物（小麦、玉米和油菜等）营养生长阶段缩短，部分生殖生长阶段延长，全生育期缩短。而秋季增温明显推迟了无限生长习性作物的停止生育期，但会加快营养生长的速度，导致无限生长习性的作物（棉花、马铃薯等）营养生长阶段缩短，生殖生长阶段延长，全生育期延长。冬、春小麦气候产量下降，棉花、玉米、油菜气候产量增加，马铃薯气候产量波动增大（姚玉璧等，2018；张秀云等，2017；张强等，2015）。

2）对作物生理生化过程的影响

气候变化导致的增温使作物蒸腾速率上升、生长关键阶段光合速率下降、光化学效率降低、产量形成受阻。

气温升高降低了农作物光合酶的活性，破坏了叶绿体结构并引起气孔关闭，从而影响光合作用。高温导致农作物呼吸强度增强，消耗明显增多，而使净光合积累减少。增温使春小麦最大光能转换效率下降，但不同时期表现不一样，孕穗期较迟钝，开花期和灌浆期比较敏感，特别在增温 3℃时，其极显著低于对照。在孕穗期、开花期、灌浆期，实际光化学效率随着温度的升高而降低，高温限制了春小麦的光化学效率。春小麦超氧化物歧化酶（SOD）、过氧化氢酶（CAT）、过氧化物酶（POD）和抗坏血酸过氧化物酶（APX）的活性随温度升高而提高，增温使春小麦抗氧化能力有一定的提高。

增温使春小麦三叶期穗的分化和形成受到抑制，孕穗期干物质的累积受到抑制，穗粒数、千粒重、产量减小，增温越高，其减小越明显。增温 1.0~2.5℃，春小麦穗粒数减少 1~5 粒，千粒重减少 1.3~8.8g；增温 2.0~2.5℃，春小麦穗粒数减少 5 粒，千粒重减少 6.5~8.8g。

CO_2 浓度增加有利于作物株高和叶面积指数增加。当大气中 CO_2 浓度增加 250μL/L 后，春小麦自抽穗期以后，株高显著增高，LAI 显著增大（$P \leq 0.05$）。CO_2 浓度增加有利于春小麦植株长高和 LAI 增大（张强等，2015）。

3）对作物品质及微量元素含量的影响

气候暖干化对春小麦的光合作用和干物质积累过程均产生显著的抑制效应。温度升高导致春小麦淀粉含量下降、蛋白质含量上升。当生育期平均每升高 1℃时，春小麦淀粉含量下降 1.6%，蛋白质含量升高 0.8%（张凯等，2015，2016；王鹤龄等，2015；肖国举等，2015）。

气候变暖对特色林果品质产生影响。1980 年以来，陇东南花牛苹果含糖量逐渐上升、含酸量及硬度下降，果品总体品质呈下降趋势。2000~2015 年苹果品质与 20 世纪 80 年代相比含糖量增加 0.5%，上升速度为 0.019 kg/（$cm^2 \cdot a$）（R=0.018，P<0.01）；含酸量下降 0.4%，下降速度为 0.0015 kg/（$cm^2 \cdot a$）（R=0.216，P<0.01），硬度下降 1.3 kg/cm^2，下降速度为 0.05kg/（$cm^2 \cdot a$）（R=0.507，P<0.01）。其中，硬度的降低最为明显，硬度不足，口感绵软，不耐储运，不利于苹果产业发展（姚小英等，2017）。

温度升高显著影响了春小麦籽粒中痕量元素镉、铜、铁和锌的富集水平，且富集水平具有显著的品种差异性。小麦籽粒中锌和铁的浓度随温度升高表现为先增后降的变化趋势，而镉和铜的浓度随温度升高表现为下降趋势。气候变暖将改变小麦籽粒中营养和非营养元素的含量，从而可能影响小麦的品质以及食品安全。预计到 2050 年西北半干旱地区春小麦籽粒中镉、铁将分别超越限量标准值 490% 和 27%，而铜的含量将会在安全要求的范围之内（中等信度）。增温使马铃薯块茎中镉、铅、铁、锌和铜的浓度下降，使叶片中铜、锌和铁浓度提高，镉和铅浓度下降（姚玉璧等，2018）。

4）对作物种植制度及种植区域的影响

气候变暖对西北作物种植制度也产生了影响。西北喜温和越冬作物适宜种植区域由低纬向高纬推进了 100~200km，由低海拔向高海拔地区推进 100~300m；影响区域作物种植制度由“一年一熟”转变为“一年两熟”，部分区域转变为“一年多熟”；农作物复种指数明显增加，复种面积提高 4~5 倍，多熟制区域明显北扩，多熟制区域的海拔上升了 200~300m（吴乾慧等，2017；张强等，2015）。

气候变暖使西北农作物、果树、中药材种植区域向北、向高海拔地区推进；春小麦适宜种植区、不可种植区缩小；冬小麦适宜种植区、可种植区急剧扩大；玉米最适宜种植区扩大、不适宜种植区变化不大；马铃薯最适宜种植区、不适宜种植区减小，次适宜种植区、可种植区扩大；棉花适宜种植区扩大；苹果、桃树、大樱桃、酿酒葡萄等适宜种植区扩大。以春小麦为主的传统干旱气候区种植结构向以玉米、棉花和冬小麦为主转变，半干旱气候区种植结构向以冬小麦、马铃薯和冬油菜为主转变（张秀云等，2017）。

5）对农业气象灾害的影响

气候变暖导致农业气象灾害的强度、频率和时空特征发生变化，干旱、高温、干热风、霜冻等气象灾害的频率增加，强度增大，危害加重，作物病虫害增加。

受气候变暖影响，西北干旱频率、强度、受灾面积增加，旱灾损失加重。春、秋季干旱发生的频次增加，夏季干旱发生的频次下降，春、秋旱多于夏旱，特重旱多出现在春季。西北地区≥ 30℃以上的高温天数逐年增加，1996 年以来增加明显，高温灾害加剧（张强等，2017）。

西北初霜冻日略有推迟，结束日提前，无霜期逐年延长，物候同步改变，且霜冻频率虽减小，但强度却增加，灾害损失亦有加重趋势。初霜冻日最早出现于青海高原西南部，向北逐次推迟，最晚出现于东南部的陕西。终霜冻日最早结束于西北区东南部，最晚结束于青海高原西南部。西北无霜期从东向西南逐渐缩短。≤ –10℃、≤ –20℃的低温天数减少，低温对作物、果树越冬及设施农业的危害减轻（姚玉璧等，2018）。

甘肃 6~7 月干热风次数逐年增加，1961~1975 年为相对较多时期，1976~1989 年为相对较少时期，1990~2006 年为迅速增多时期。宁夏灌区、柴达木盆地干热风对气候变暖的响应也有类似结果。干热风次数与同期平均温度指标、蒸发量呈显著正相关（张强等，2017）。

马铃薯晚疫病历年发病面积比例呈显著上升趋势，其线性倾向率为 0.355%/10a。发病面积比例与生长季相对湿度、降水量、气温等呈正相关，与日照时数、平均风速呈负相关（姚玉璧等，2018）。

冬季气温升高有利于虫蛹安全越冬且越冬界限北移，春季气温回升导致棉铃虫羽化早，繁育和危害时间提前，危害期延长。棉铃虫发育起点温度约 10℃，完成 1 个世代约需积温 560℃，≥ 10℃积温增高使棉铃虫发生代数增加。气候变暖有利于红蜘蛛的发生和蔓延。例如，在甘肃武威，1991 年前无红蜘蛛危害发生；1991~1998 年红蜘蛛危害面积平均只有 0.1 万 hm^2，危害较轻；1999 年红蜘蛛开始大暴发，1999~2006 年平均危害面积 2.9 万 hm^2，危害日趋严重（姚玉璧等，2018）。

随着温度升高，春小麦蚜虫呈先增后减趋势，而春小麦条锈病发病率呈上升趋势。蚜虫数量与温度增加呈二次抛物线形关系，其临界温度是增温 1.3℃；春小麦条锈病的发病率与温度增加呈指数曲线关系，温度平均升高 1℃，春小麦条锈病发病率上升 10.5%（中等信度）（赵鸿等，2016；张强等，2014）。

2. 对绿洲农业的影响

绿洲作为干旱区一类主要的生态系统，是人类活动对自然生态系统干扰和破坏程度较大的区域。塔里木盆地边缘绿洲的现代气候变化趋势为波动式暖湿发展，南北缘绿洲有缓慢向暖湿转化的迹象，其对极端干燥的塔里木盆地边缘绿洲生态环境的改善和农业生产有积极的影响（谢姆斯叶 · 艾尼瓦尔等，2013）。气候变暖提高了叶尔羌河平原绿洲的农业气候资源优势，使棉花播种期提前、秋霜期推迟、总生育期延长，单位面积产量提高，其在一定程度上有利于农业生产（张雪琪等，2018）。绿洲农业的发展制约着绿洲经济，然而绿洲城市经济系统的脆弱性随着城市规模和等级的提高而降低；经济系统的恢复力对脆弱性的贡献度较高，努力提高绿洲城市经济综合发展水平，加快产业结构升级是提高绿洲城市经济可持续发展的有效途径（高超等，2012a）。

气候变化使西北干旱区绿洲农业的作物种植适宜区发生了变化。黑河流域气候变暖、增湿使农业生产潜力增大，但水、热不同季，时空差异大，使易受春旱和春末夏初干旱威胁的高耗水、喜温凉气候的春小麦、水稻等作物产量增长趋势变缓，生育进程加快，发育期缩短。近 10 年比 20 世纪 80 年代春小麦发育期平均缩短了 4 天，适宜种植区面积减小，春小麦品质下降；玉米、棉花适宜种植区面积扩大，种植海拔上限提升；玉米中晚熟品种种植适宜区上限高度已由海拔 1500m 提升到海拔 1800m 左右，作物发育期延长了 13 天，产量提高（马红勇等，2015）。

气候变暖使西北干旱区主要作物生育期有效积温增加，生育期延长，熟性、布局和种植制度改变，宜种区种植海拔升高，多熟制北移，夏粮面积缩小，秋粮面积增大。弱冬性、中晚熟品种逐步取代强冬性、中早熟品种，其有利于提高光温利用率，增加产量。暖湿型气候增加了绿洲灌区作物的气候生产力，水分和肥力条件是决定因素。以提高有限降水利用率和利用效率、改善和提升土壤质量及肥力为核心，选育强抗逆、弱冬性、中晚熟、高水分利用效率的作物新品种，建立适温、适水的种植结构和种植制度（杨封科等，2016）。前茬小麦 25cm 秸秆覆盖免耕还田是绿洲灌区优化后作玉米产量性能指标及获得高产的可行栽培措施（郭瑶等，2017）。

1978~2010 年，气候变化使民勤绿洲农作物种植总面积呈现出“减少—增加—减少”的波动变化特征，具体时段分别为 1978~1993 年、1993~2007 年和 2007~2010 年，并在波动中呈微弱增加趋势；粮食作物播种面积整体呈减少趋势；经济作物种植面积呈现出快速增加趋势。主要农作物种植结构发生了较大变化，种植面积所占比重在波动中呈增加趋势的有玉米、棉花、油料、瓜类、水果和蔬菜，其中，增幅较大的有棉花、油料和蔬菜，小麦种植面积快速减少（周俊菊等，2016）。1960~2010 年新疆绿洲农田持续扩张，棉花和小麦种植面积占全疆总农作物种植面积的比例分别呈增加和减少趋势，玉米种植比例基本保持不变，说明形成了经济作物（棉花）逐渐代替粮食作物（小麦和玉米）的种植格局（吕娜娜，2017）。在黑河中游绿洲灌溉区内植被覆盖区域占 40.3%，其中，农田 34.9%，树木 5.3%，草地仅有 0.1%；而在农田区域中玉米为大宗作物，分类成数占 96.1%，从用水效率考虑，适当扩大小麦种植规模更有利于提高中游农业用水效率（郑璐倩和谈明洪，2016；王志慧和刘良云，2013）。

未来气候变化对绿洲农业发展将产生有利和不利的影响。夏季降水增多会增加径流量，冬季降雪会增加冰川储水量，抑制冰川后退；植被覆盖增加，固定和半固定沙丘面积有可能扩大；温度增高，有效积温增加，使得作物产量增加；无霜期延长，复种指数将会提高；冬季低温程度低，通过减少室外越冬作物的覆盖作业强度，降低温室大棚燃料消耗量。CO_2 能使作物组织内碳水化合物增加，氮的比例降低，从而导致粮食品质下降；对 CO_2 增加十分敏感的 C3 杂草，对 C4 作物构成威胁；沙尘暴、暴风雪等极端灾害性天气的增加，对设施农业、大田生产造成的损失会增加（王明亮和徐猛，2015）。

气候变化对绿洲生态系统的地理分布、物候期、潜在植被分布、种群、空间格局等造成不同的影响。1960~2010 年黑河下游绿洲气温可能有明显的增温趋势，胡杨生长期开始日有明显提早趋势，生长天数呈明显延长趋势，叶黄开始日可能呈微推迟趋势，其在一定程度上响应了气候季节变化特征（赵敏丽等，2012）。黑河下游绿洲柽柳、胡杨与苦豆子（*Sophora alopecuroides*）分布受水资源约束明显，均为距离河流越近，分布密度越大、单位面积生物量越大（张华等，2014）。石羊河流域绿洲平均植被覆盖度较低，2000~2015 年，植被呈现改善趋势的面积可能远远大于退化的面积，盆地绿洲区植被覆盖度增加趋势最明显。流域植被总体恢复较好，但高海拔地区、城市和民勤绿洲的周边地区植被可能有不同程度的退化。地面温度的变化是影响石羊河流域植被覆盖度空间格局变化的主要气候制约因素（李丽丽等，2018）。气候变暖增湿有利于农业生产发展、黑河流域绿洲农业生产潜力增大，但水、热不同季，使易受春旱和春末夏初干旱威胁的高耗水、喜温凉气候的春小麦、水稻等作物产量增长趋势变缓，生育进程加快，发育期缩短，小麦适宜种植区面积减小，品质下降；玉米、棉花适宜种植区面积扩大，种植海拔上限提升，作物发育期延长，产量增加（马红勇等，2015）。新疆塔里木盆地荒漠绿洲过渡带胡杨、多枝柽柳和甘草（*Glycyrrhiza uralensis* ）具有较大的重要值和生态位宽度，其对其他生态位较窄的物种具有资源竞争和扩张优势，生态适应能力强对群落结构和环境变化极为可能起决定性作用。生态过渡带植物的种间生态位重叠普遍较高，尤其是草本植物间更明显，此分配格局反映出荒漠植物长期适应旱化生境而发生趋同适应，生态位分化程度低，种间资源竞争激烈（韩路等，2016）。

17.2.3　对自然生态系统的影响

1. 气候变化对西北干旱区生态环境的影响

全球气候变暖引起的西北干旱区降水时空不均匀性差异变大，极端干旱事件的频率和强度显著增加，造成该地区出现水资源不确定性增加、植被退化、土地荒漠化、生态系统脆弱等一系列影响区域可持续发展的突出问题（高信度）（张强等，2015；Tian et al., 2012）。气候变化对西北生态环境的影响不容忽视（图 17-8）。

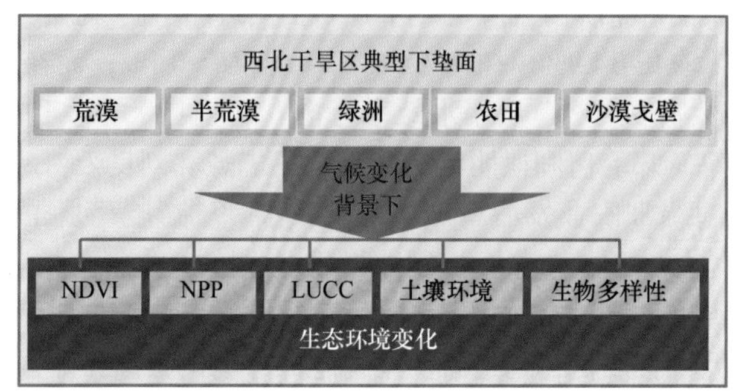

图 17-8 气候变化对西北干旱区生态环境多因子的影响结构图

LUCC 指土地利用与土地覆盖变化

1999~2010 年西北地区植被总体变化趋势良好，其中 NDVI 显著上升区域主要分布在昆仑山、塔里木河流域、准噶尔盆地、祁连山和宁夏，以及陕南地区和青海南部等地区（占西北地区 43.25%）。虽然西北地区属于干旱气候区，潜在蒸发量大于降水量，但是在河流密集区域，加上人类引水灌溉，自然植被和农业植被都呈增长趋势；植被覆盖度下降区域仅占整个区域的 14.34%。植被显著下降地区主要位于新疆北部地区的天山、与蒙古接壤的阿尔泰山、新疆昆仑山、兰州以及陕西西南的部分地区（王青霞等，2014）。植被覆盖度下降的主要原因是气候干旱、沙漠化加剧以及城市化发展。整体来看，西北地区大部分 NDVI 生长期改善较好，只有新疆北部地区植被改善相对较弱。近期，Wang 等（2019）评估了三北防护林计划区域中植被覆盖度的变化，发现该地区西部和中部（即西北地区）的植被覆盖度明显增加。综合上述研究，自然和人为因素的共同影响，使得西北干旱区植被覆盖度增大（高信度）。西北干旱区植被生长与气温和降水关系密切，与气温相关区域明显大于与降水相关区域（王青霞等，2014；韦振锋等，2014）。

1）对山区生态环境的影响

气候变化对山区植被变化产生了直接影响。例如，祁连山区地处河西走廊北缘，水热条件差异大，东部湿度大、降水多，西部气候干燥、降水少，具有典型的大陆性气候特征。祁连山是内陆河流石羊河、黑河和疏勒河的发源地和径流形成区，各河多发源于高山冰川，以冰川融水补给为主。该地区植被随着海拔的升高出现垂直分布，自下而上依次为荒漠带、山地草原带、山地森林草原带、高山灌丛草甸带、高山亚冰雪稀疏植被带，对应的土壤类型有灰钙土、山地栗钙土、山地灰褐土、高山灌丛草甸土、高山寒漠土，是西北地区重要的生态区，也是河西走廊经济社会发展的重要生态屏障，在生物多样性维持、气候调节等方面发挥着巨大作用（张禹舜等，2016；武正丽等，2014；刘晶等，2012）。

植被状况的变化是反映区域性生态环境状况的重要指标之一，多年植被覆盖的变化则反映植被生态环境随时间的变化规律。祁连山植被覆盖呈东多西少的分布格局；

2000~2015 年生长季各月植被覆盖度均呈增加趋势，5 月增加幅度最大。NDVI 增加的区域面积大于减少的区域面积。祁连山植被增加区域的面积为 52787km^2，占祁连山总面积的 26.6%，主要集中在祁连山西部、青海南山地区和祁连山中东部区域的边缘。植被减少区域的面积为 25933km^2，占祁连山总面积的 13.1%，主要集中在祁连山中北部河流河谷及青海湖周边，包括疏勒南山部分地区、托勒南山东部、托莱山、大通山和冷龙岭。降水增加是祁连山植被覆盖增加的主要原因。局部地区由于水电开发强度较大、大规模无序采探矿、过度放牧等活动，造成地表植被被破坏、植被覆盖度减小、水土流失加剧等生态系统遭受破坏等问题（蒋友严等，2017）。

气候变化必然引起植被群落结构、组成和生物量的改变，进而影响自然植被生产力。作为气候变化脆弱区和敏感区，祁连山对全球气候变化响应表现出显著的超前性。随着气候变暖，祁连山草地生态环境发生了巨大变化，尤其是冰雪消融、草原退化、种群数量减少、水土流失、荒漠化加剧以及极端天气现象频现，使得祁连山生态环境保护与综合治理问题日益凸显。祁连山草地属于自然状态，地上部分生长季为 5~9 月，其余时段基本为休眠状态，退耕还林还草以及禁牧休牧轮牧等一系列政策的实施，对天然草地植被的生长评价具有重要意义。

2003 年以来，祁连山植被 NPP 空间分布差异大，东部地区平均 NPP 值年累积最大，大多在 200~400g C/（$m^2 \cdot a$），部分地区可在 500g C/（$m^2 \cdot a$）之上；中部地区值在 100~400g C/（$m^2 \cdot a$）；西部地区值大多在 0~100g C /（$m^2 \cdot a$），高山冰雪覆盖区域和荒漠区生物量最小。整体来说，祁连山地区 2003~2013 年植被 NPP 的空间变化呈缓慢增加趋势。祁连山生长季雨热同期适宜植被生长，且植被增加幅度最大的为 6 月、7 月，8 月次之。全年来看，植被 NPP 夏季的贡献率最高，约占全年 NPP 总量的 86.39%，夏季也是 NPP 变化率最大的季节；春季、秋季及冬季植被 NPP 变化率在减小。

祁连山不同植被类型对气温和降水的响应程度不同；高山植被、针叶林及栽培植被对气温的响应程度要明显大于降水；草甸、草原和荒漠植被对降水的响应程度要明显大于气温；沼泽植被和其他植被类型对气候的响应不太明显（张禹舜等，2016；武正丽等，2014）。

祁连山 NPP 对气温和降水都有一定的滞后响应，且最大响应滞后期呈现出西段、中段与东段各异的分布特征（徐浩杰等，2012）。与降水相比，祁连山 NPP 对气温滞后响应的时间整体较短，这是因为降水通过土壤渗透、植物根系吸收，再反映到 NPP 上的过程较为缓慢。相比较而言，乌鞘岭和野牛沟 NPP 对气温滞后响应的持续时间较长，大柴旦、刚察、托勒也表现出这一特征，这与海拔有一定的关系，因为海拔越高的地区对热量的需求越多，前期气温对后期植被生长有较大影响。祁连山各地 NPP 对降水滞后响应的持续时间从东到西呈现出延长趋势，这是因为从东向西随着纬度升高气温有所降低，海拔越高的地区气温越低，而较低的气温抑制了地表蒸发，导致土壤水分存续时间较长，进而造成 NPP 对降水滞后的响应时间也较长（孙力炜，2013）。

天山山地地处中亚腹地，横亘新疆中部，连接中亚的哈萨克斯坦、吉尔吉斯斯坦和塔吉克斯坦，是亚洲中部最著名的山地。天山地区的山地基带草地类型从山地蒿类荒漠开始，随海拔升高，自下而上依次形成了山地荒漠草地、山地草原化荒漠草地、山地荒漠草原草地、山地草原草地、山地草甸草原草地、山地高寒高原草地和高寒草甸草地。

天山荒漠区 NDVI 分布呈北部大南部小的特征（图 17-9）。NDVI 高值区主要位于天山山区中段。温度、降水与 NDVI 的相关性很好，其中温度与 NDVI 呈负相关，降水与 NDVI 呈正相关。降水是影响天山山区植被长势的主要因子。5 月草原的 NDVI 增加最大，6 月草甸草原与草原的 NDVI 增加最大，7 月荒漠的 NDVI 增加最大（图 17-10）。8 月荒漠、荒漠草原、高寒草甸的 NDVI 表现为增加，草原化荒漠、草原、草甸草原表现为减少，其中草甸草原减少得最多。9 月各草地类型的 NDVI 较上月都有所减少，其中草原减少得最多。虽然各类型草场在各月 NDVI 总体变化趋势差别不大，但就每个月的增加量来说却有很大差异。荒漠草原、草甸草原、高寒草原的温度、降水与 NDVI 呈显著正相关，其中降水对 NDVI 的影响大于温度；而荒漠、草原化荒漠、草原、高寒草甸的温度、降水与 NDVI 的相关性较弱（张静，2016；赵玲，2012）。

图 17-9　天山荒漠区 NDVI 分布（赵玲，2012）

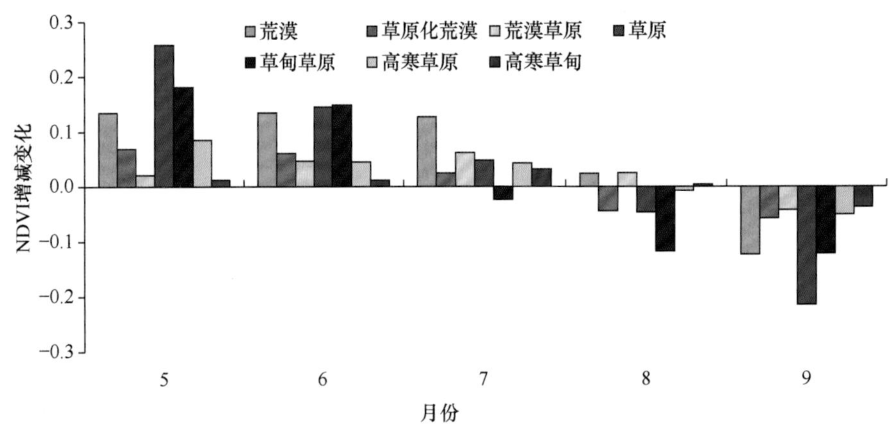

图 17-10　天山荒漠区 5~9 月不同草地类型 NDVI 增减变化（赵玲，2012）

2）对平原区生态环境的影响

气候变化对西北地区平原区生态环境的影响十分突出。例如，新疆塔里木盆地是我国最大的内陆盆地，同时也是我国最大的荒漠区。20 世纪 60 年代以来，受全球变暖和人类活动的影响，人工绿洲面积扩大，但荒漠面积也在扩大，荒漠－绿洲过渡带面积减少（Wang H et al.，2013）。1998 年以前，塔里木盆地的植被覆盖度和 NDVI 呈缓慢增加趋势，而至此之后，出现明显的下降趋势。全球变暖导致蒸发加剧，土壤水分散失加大，同时耕地面积的扩大挤占了荒漠 – 绿洲过渡带的生态空间，导致荒漠 – 绿洲过渡带萎缩，物种多样性减少，生态功能下降。

新疆哈密大南湖地区为典型干旱 – 半干旱地区中的荒漠区，该地区植被总体分布较为稀疏且不均匀，植物主要有红柳、梭梭、芦苇和骆驼刺等，主要生长于盐渍土、盐碱土和地势相对较低的干河谷及沟谷中，大片戈壁滩中几乎没有植被或仅有零星草本植物。1992~2014 年，大南湖一带植被覆盖度呈增加趋势，与哈密地区及全球气温变化趋势具有一致性，气温升高在一定程度上促进了该地区荒漠植被的发育。大南湖荒漠区植被覆盖度与日照百分率及潜在蒸散量呈正相关，与降水或湿润指数不相关或呈弱的负相关，反映了荒漠植物主要靠汲取地下水生存、对地面降水不敏感的特点。该地区东北部植被覆盖度较高、西南部植被覆盖度较低，且地形较低处植被较多，这也与不同地段地下水补给情况不同有关（张宇婷等，2018）。

3）对半荒漠区生态环境的影响

半荒漠区又称半沙漠区，是草原至荒漠的过渡地带，是我国生态环境极为脆弱的主要区域之一。在半干旱气候条件下，半荒漠区因有草原植物成分，所以也称荒漠草原区。我国半荒漠区主要分布在新疆中部、西北中东部部分地区及内蒙古中东部。

北半球荒漠草原过渡带植被物候变化受气候变化影响显著，且空间差异明显：在中高纬度地区，气温是限制植被活动的关键因子，温度升高可以促进生长季开始期的提前，而降水增加则会妨碍植被生长；在较低纬度地区，水分是影响植被活动的关键因素，高温造成的水分亏缺会导致植被生长季缩短（候静等，2017）。2000~2010 年，内蒙古中部半荒漠区的降水呈减少趋势，温度呈微弱增加趋势，植被活动的年际波动性较大，整体呈退化趋势；降水量是影响 NDVI 年际波动的主要因素（郝伟罡等，2014）。1982~2013 年，新疆准噶尔地区半荒漠地带的温度呈上升趋势，使得该地区蒸发量增大，降水量变化不明显，干旱趋势加剧，植被长势变弱；但人类活动对该区域植被长势变化影响不明显（刁鸣军和夏朝宗，2016）。民勤地区地处沙漠边缘，属西北干旱区典型的沙化半荒漠区，民勤典型草本植物马蔺（*Iris lactea* var. *chinensis*）的平均生长季长度约为 201.7 天，并呈现出逐年不显著的增加趋势；马蔺整个生长季的延长可能受气温和降水的综合作用，其物候期的开始时间对物候期开始之前 3 周到 3 个月之间的积温有着显著的响应，而对于长时间尺度的积温则响应不显著，其部分物候期的开始时间对于中短时间尺度的累积降雨有着较显著的响应，但是对于长时间尺度的累积降雨则所有物候期都响应较弱（韩福贵等，2013）。

短花针茅（*Stipa breviflora*）荒漠草原群落植物在不同放牧强度下物种空间分布与幂函数法则能很好地吻合，不同物种空间异质性具有特异性；随着放牧强度的增加，提高群落空间异质性的物种分别由无芒隐子草（*Cleistogenes songorica*）、冷蒿（*Artemisia frigida*）、短花针茅、银灰旋花（*Convolvulus ammannii*）等多个物种逐渐转变为以无芒隐子草、短花针茅为主的少数物种；物种空间异质性大于群落空间异质性的物种数逐渐减少（黄琛等，2014）。杨柴（*Hedysarum mongolicum* Turez）、沙柳

（*Salix cheilophila*）和油蒿（*Artemisia ordosica*）是荒漠与半荒漠地区植物群落的优势种或主要伴生种，具有极强的抗旱性，也是我国西北干旱、半干旱地区防风固沙常采用的植物。典型沙生灌木的 NPP 由高到低分别为沙柳、油蒿、杨柴；在水分为主要限制因子的半干旱荒漠地区，3 种沙生灌木在干旱胁迫条件下，通过调节自身 NPP 的分配状况，达到维持自身生长发育的目的（赵灿等，2014）。

2. 气候变化对土壤环境的影响

西北地区土壤环境复杂，在不同下垫面条件下土壤热力学性质差异很大，造成土壤温度和湿度的变化不同，从而影响土壤性质及土壤微生物环境（李时越等，2018）。黄土高原土壤 pH、土壤容重从南到北随着纬度的增加呈增加趋势，森林植被最低，荒漠植被最高，而土壤速效钾、铵态氮、硝态氮从南到北随着纬度的增加呈降低趋势，森林植被最高，荒漠植被和沙区植被较低（曾全超等，2015）。速效磷随纬度的变化规律并不明显，各个植被之间差异较小。土壤有机碳与全氮均随着纬度增加逐渐降低，土壤碳氮变化具有一致性（张向茹等，2013）。这主要是因为土壤碳氮主要来源于植物残体，研究区地跨森林植被带、森林草原植被带、草原植被带、沙区植被带以及荒漠植被带，生物量以及地表植物枯落物从南到北随着纬度增加逐渐降低。地表植被的种类与土壤的养分之间具有相互促进的作用，植被的生长有利于土壤养分的累积，土壤养分的累积反过来又促进植被的生长。土壤碳氮含量随纬度变化差异大，变异系数分别高达 87.05% 和 76.39%，而土壤全磷、速效磷含量变异较小，变异系数分别为 38.99% 和 22.33%。气候主要通过降雨和淋溶作用来影响土壤的磷含量。土壤母质是土壤全磷含量的主要来源。从南向北土壤母质由黄土向砂黄土转变，而砂黄土的全磷含量较少。土壤速效养分除速效磷外，其他含量均随着纬度的增加而下降，变异性大，这可能与水热条件有关（Jiao et al.，2013）。

3. 气候变化对生物多样性的影响

生物多样性是生物及其与环境形成的生态复合体以及与此相关的各种生态过程的总和。区域生物多样性的时空演化除受物种本身固有的生物学特性决定外，还受地质事件、气候历史等多种环境要素的影响（刘杰等，2017），其涉及突变、遗传漂变和自然选择，是物种形成、灭绝和迁移的耦合过程。生物多样性包括生态系统多样性、物种多样性和遗传多样性 3 个基本层次。目前更多的研究者将目光聚集在生物多样性热点区域，对荒漠区的相关研究相对滞后（刘艳磊等，2018；白元等，2012）。

对中国西北荒漠区 195 个植物群落样方进行调查表明，西北荒漠区共记录植物 363 种，分属 38 科 153 属，植物物种丰富度存在显著的经纬度分布格局，随着经度或纬度的升高呈现出先下降后增加的变化趋势；水分、能量及空间变量均对植物物种丰富度有着显著的独立作用；水分、能量与空间变量解释了植物物种丰富度 65.36% 的变异，三者的共同解释率高达 48.08%，且水分与能量一起解释的变异更多（王健铭等，2017）。西北荒漠区的植物物种丰富度格局由生态位分化与中性过程以及其他未知因素共同控制，其中生态位分化的贡献可能更大。西北荒漠区植物物种多样性呈现由中间向东西两侧逐渐减少的趋势。植物物种数分布情况与近 30 年的平均温度呈负相关，与海拔呈正相关，与降水量、经纬度等因素的相关关系不显著（刘艳磊等，2018）。典型干旱荒漠区的塔里木河下游荒漠群落物种多样性与植被样地地上生物量之间呈显著正线性关系（$P<0.05$），生产力随多样性的增加而增加（白玉锋等，2017）。

以甘肃为例，近年来，人口的快速增长和经济的发展对资源和生态环境造成了巨大压力，致使许多动、植物严重濒危，生态系统不断恶化，其成为甘肃当前严重的环境问题之一。生物多样性变化主要表现在：生物群落的结构和种类组成发生改变，质量不断下降；由于采伐过度和毁林开荒，甘肃的天然林面积大幅度下降，目前许多林区已无林可采，并使栖息于其中的许多野生动、植物的生境受到破坏，甚至发生了局域灭绝；草地“三化”（沙化、碱化、退化）面积日趋扩大。过度放牧、滥挖药材致使草场严重退化和沙化；经济动植物种群数量急剧减少，濒危物种数量增加；由于滥捕乱挖，许多物种种群数量急剧下降、资源枯竭，如大鲵（*Andrias davidianus*）、马麝（*Moschus chrysogaster*）、猎隼（*Falco cherrug*）、兰科植物（Orchidaceae）、冬虫夏草（*Ophiocordyceps sinensis*）、甘草（*Glycyrrhiza uralensis*）、锁阳（*Cynomorium songaricum*）等；湿地生态系统面积锐减，生物多样性急剧减少。另外，一些抗逆性强的农家品种资源的遗传多样性也在逐渐丧失。造成甘肃生物多样性减少的原因是多方面的，有人为因素，也有自然因素。其中，自然因素主要有气候持续变暖、干旱少雨（赵峥，2013）。

17.3　脆弱性及其风险

17.3.1　山地生态系统

祁连山、天山、阿尔泰山等都是西北干旱区山地的典型代表。祁连山区植被覆盖度从东向西递减，东部地区覆盖度最大，主要植被类型为森林、温性草原和典型草原，中部地区植被覆盖度次之，主要是高寒灌丛和蒿草高寒草甸，西部地区植被覆盖度较小，主要植被类型为高寒荒漠和高寒草原，最西部主要是裸地、沙漠、碎石、湖泊和冰川区，植被覆盖度最小（蒋友严等，2017；陈京华，2016）。中天山和北天山西部植被覆盖度较大，且主要植被类型为农田、森林和草原，南天山和北天山东部植被覆盖度较小，主要植被类型为荒漠、灌丛和草原（陈秀妍，2018）。天山植被覆盖度呈现北部大、南部小，西部大、东部小的分布特征（冯志敏等，2015）。阿尔泰山是新疆森林植被资源和生物多样性最为集中和分布较广的区域，发育着我国干旱地区独具特色的山地森林，植被类型主要由山地针叶林和温带落叶阔叶林组成（郑拴丽等，2016）。

人为因素对山地生态系统也有重要影响。大规模开矿和水电资源开发导致地下冻土层退化、地表植被破坏、环境污染、水土流失、生态系统遭到破坏。超载过牧造成草地严重退化，同时过牧也创造了鼠类侵入的条件，加重了退化程度（王涛等，2017）。在气候变化和人类活动的共同作用下，祁连山区植被整体改善，局部退化（蒋友严等，2017；陈京华，2016；武正丽等，2015）。相对于2000年，2015年祁连山区植被覆盖度增加的区域面积占总面积的14.38%，植被显著增加的区域面积占祁连山总面积的9.54%（蒋友严等，2017），增加的区域主要集中在祁连山中西部的高山和亚高山森林草地，而植被覆盖度减少的区域主要集中在祁连山中北部河谷及青海湖周边，包括疏勒南山部分、托来南山东部、托来山、大通山和冷龙岭等地区（蒋友严等，2017；陈京华，2016）。2000年以来，南天山和北天山东部植被覆盖度低值区域植被也有所改善，而中天山和北天山西部植被覆盖度高值区域植被退化，植被改善的区域比例大于退化的比例，但改善的程度远小于退化的程度，天山山区植被覆盖度总体呈现出减小趋势（陈秀妍，2018；冯志敏等，2015），在各类草地中，荒漠草地、荒漠草原草地、草原草地覆盖度增加极显著，草原化荒漠草地覆盖度增加显著，高寒草原草地增加不显著，草甸草原草地覆盖度变化不大，而高寒草甸草地覆盖度呈现出减小趋势，但减小不显著（赵玲，2012）。阿勒泰山区1982~2013年植被发生退化的区域占30.38%，明显大于改善的区域，退化区域主要集中在包括喀纳斯湖附近山区等西北部地区，而昆仑山山区退化区域占33.69%，多集中在山区北缘，改善区域为19.83%，分布于西南部阿尔金山高海拔区域（马勇刚等，2018）。

选择海拔、坡向、植被覆盖度、年平均降水量、年平均温度、森林覆盖率、水域占地面积比例、人口密度、土地垦殖系数等12个指标，对祁连山东段景观生态脆弱性和风险评价的结果显示（表17-3），祁连山东段景观脆弱性明显低于中下游绿洲和荒漠区，但相比于2000年，2014年祁连山东段景观破碎度、分离度明显升高，部分低度脆弱区和较低度脆弱区变为中度脆弱区，生态风险有向较低和中等生态风险变化的趋势（魏晓旭，2016）。脆弱性升高的区域主要在肃南，该区域部分景观类型是以冰川及永久性积雪为主的水域，脆弱性较高，导致出现较低或中度生态风险区（张学斌等，2014）。针对不同景观类型，综合考虑景观要素的分离度、分维数倒数、破碎度以及景观要素的沙化敏感性指数构建的景观类型脆弱性评价结果显示，在森林、灌木、草地、冰雪带、水域和裸地6种景观要素中水域景观脆弱度指数最高，森林景观次之，裸地和草地景观脆弱度指数较低。森林景观的脆弱度指数变化不大，灌木、冰雪带和裸地的脆弱度指数减少，草地和水域脆弱度指数增加。人类活动所引起的景观破碎化是祁连山东段景观格局和景观脆弱性变化的决定性因素（刘晶等，2012）。

表17-3 祁连山东段景观生态脆弱性和风险评价

评价指标（权重）	脆弱性和风险评价结果	评价结果可能性
敏感度（0.5）	低到中度脆弱	可能
生态弹性（0.3）		
生态压力（0.2）		
分离度（0.2219）	低到中等风险	可能
分维数倒数（0.12）		
破碎度（0.2174）		
沙化敏感性指数（0.222）		

祁连山西段疏勒河流域生态风险评价结果显示，山区的生态风险同样也低于其北部的绿洲和荒漠区（表 17-4）。疏勒河流域北部为高风险区域，此区域大多是荒漠、戈壁和其他未利用地，生态环境极其恶劣。较低风险区分布在南部祁连山区以及河流中下游的冲积平原，主要分布在阿克塞、肃北境内，此区内的景观大多为草地和沼泽地。低风险区分布在东南部祁连山区，即肃北和玉门的交界处，此区内的景观以水域、林地和草地为主。这一风险评价综合考虑了景观干扰度指数、景观脆弱度指数和景观损失度指数三方面的影响，其中景观干扰度指数是景观破碎度、景观分离度和景观分维数三者的加权和，各自权重分别为 0.5、0.3 和 0.2。各种景观类型的脆弱度指数如下：城镇工矿用地 0.0227，林地 0.0454，草地 0.0682，耕地 0.0909，沼泽和水域 0.1136，戈壁、沙地、盐碱地和其他未利用地 0.1364。景观损失度指数由景观干扰度指数和景观脆弱度指数综合反映（潘竞虎和刘晓，2016）。

表 17-4　祁连山西段疏勒河流域生态风险评价

评价指标	风险评价结果	评价结果可能性
景观干扰度指数	低到较低风险	可能
景观脆弱度指数		
景观损失度指数		

17.3.2　荒漠生态系统

在气候变化的背景下，荒漠生态系统是受到严重的干扰并被确定为具有相当大变化和不确定性的最具响应性的生态系统（Zheng and Wang，2013）。中国西北干旱区分布着特有的荒漠生态系统，其是中国陆地生态系统的重要组成部分，是中国西北地区的代表性生态系统，蕴藏着大量珍稀物种和珍贵的野生动植物基因资源，具有不同于其他生态系统的独特结构和功能（程磊磊等，2013），是最为典型的脆弱生态区之一。其抵御外界环境干扰的功能要弱于其他生态系统（马真臻等，2015；周琪等，2014），主要表现为土壤退化、土地沙漠化、盐渍化严重、水资源匮乏等。在全球气候变化和人类活动的双重胁迫下，荒漠生态区的脆弱生态系统发生了深刻变化（郭兵等，2018）。

荒漠生态系统是一种在降水稀少、蒸发强烈的干旱气候环境中形成的稀疏植被群落的生态系统类型，其广泛分布于整个生态圈，是陆地生态系统的重要子系统。西北干旱荒漠生态区以贺兰山为界，东西降水量差异显著，西部主要包括准噶尔盆地温带荒漠区、天山山地草原、针叶林区、塔里木盆地暖温带荒漠区、阿尔泰山山地草原、针叶林区，东部则主要包括阿拉善温带荒漠区、吐哈盆地温带草原荒漠区、河西走廊暖温带荒漠区。该区多介于干旱区绿洲—沙漠过渡脆弱带之间，气候干旱，降水稀少，蒸散发剧烈，植物类型单一。由于该区生态系统结构单一，因此其生态系统十分脆弱，土地盐渍化、沙漠化面积分布广泛，农业干旱脆弱性极高（王莺等，2019），加上该地区植被稀少，土壤质地松散，风力侵蚀状况较为严重，其生态系统破坏后恢复困难

（郭兵等，2018）。

干旱荒漠生态区的生态脆弱性空间分布格局呈现自东向西递减的趋势，西部局部地区呈现“E”形格局。该分布格局主要受西北内陆地区大气环流以及三山夹两盆的特殊地貌影响；区域的季风影响、水汽来源、蒸发量等多种因素使西起塔里木盆地西缘、东至巴丹吉林沙漠和腾格里沙漠的广大荒漠区成为中国最干旱、生态脆弱性最大的地带。2000 年、2005 年、2010 年、2013 年，西北干旱荒漠生态区生态脆弱性呈现减小趋势，但总体上处于稳定状态，西部、东部以及东南部地区生态脆弱性降低，生态环境略有改善（图 17-11）。

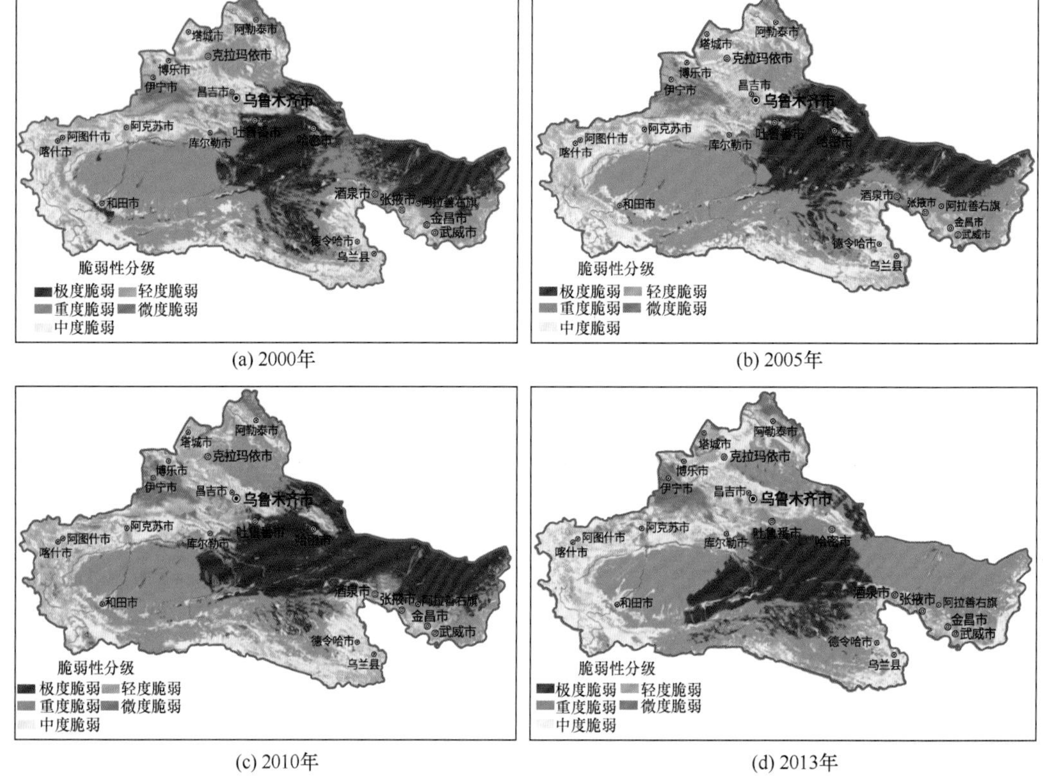

(a) 2000年

(b) 2005年

(c) 2010年

(d) 2013年

图 17-11 西北干旱荒漠生态区生态脆弱性（郭兵等，2018）

借助动态植被模型集成生物圈模拟器（integrated biosphere simulator, IBIS）模型模拟过去 50 年（1961~2010 年）气候变化下中国潜在植被 NPP 的动态变化，结果表明，内蒙古西部的阿拉善地区、甘肃河西走廊、新疆塔里木盆地、青海柴达木盆地等温带半灌木、灌木荒漠区域，由于植被稀疏、生态系统结构单一，容易受到气候变化的影响，潜在植被 NPP 脆弱性等级最高，呈现较高的脆弱性，明显高于东部季风区（苑全治等，2016）。未来气候变化情景下，中国西部地区生态系统脆弱程度呈下降趋势，但仍远高于中国东部地区（赵东升和吴绍洪，2013）。

新疆不同荒漠地区存在显著差异：2000~2010 年，新疆中部和北部地区的总初级生产力（GPP）和 NPP 都有所下降，北部的盆地和南部的塔里木盆地附近地区的 GPP 和 NPP 均有所增加（Fang et al.，2013），而 2000 年以来，塔里木盆地的 NPP 和 NDVI 均表现出下降趋势。

新疆古尔班通古特荒漠区在大气稳定条件 90% 通量贡献区最远可以达到 686.4m，通量贡献函数最大点位置在 162.5m；大气稳定时各风向的通量贡献区范围在生长末期均达到最大，生长初期和中期的源区变化受到各风向风速和植被下垫面的影响而有差异；大气不稳定时不同生长时期各风向通量贡献区没有固定变化规律（周琪等，2014）。

甘肃河西荒漠地区生态脆弱性评估表明，有一半以上属于生态环境重度及以上脆弱区，脆弱性表现为以下规律：一是流域上游地区的生态脆弱性小于中、下游地区，呈现出从上游到下游递增的规律。二是牧区的生态脆弱性低于农区，呈现出从牧区到农区逐步递增的规律（马乐军等，2014）。在石羊河流域，极度脆弱区域为荒漠区，高度脆弱区域大部分分布在荒漠和绿洲的交界地带，中度和轻度脆弱区域为绿洲区域（蒋友严等，2017）。从水资源、农业经济、社会和防旱抗旱能力几方面综合评价得出：该区农业干旱脆弱性明显高于全国其他地区（王莺等，2019）。

西北干旱荒漠生态区的生态脆弱性总体很可能处于中 – 重度脆弱状态（表 17-5）。

表 17-5　西北干旱荒漠生态区的生态脆弱性的可能性

子系统名称	脆弱性	可能性
阿拉善温带荒漠区	极度脆弱	很可能
准噶尔盆地温带荒漠区	重度脆弱	可能
塔里木盆地暖温带荒漠区	重度脆弱	可能
吐哈盆地温带草原荒漠区	中度脆弱	可能
河西走廊暖温带荒漠区	极度脆弱	很可能

17.3.3　绿洲生态系统

干旱区绿洲是以荒漠为基质，以水分条件发育并沿水系交错分布的各种盐生、沼泽草甸植被、乔灌木林组成的荒漠植被体系，再叠加人工生态体系构成的复杂生态系统。绿洲生态系统主要包括绿洲农田生态系统、绿洲聚落生态系统、低平地草生态系统和平原河岸生态系统（图 17-12）。其主要的植被群落有花花柴（*Karelinia caspia*）群系、骆驼刺（*Alhagi sparsifolia*）群系、芦苇（*Phragmites australis*）群系、铃铛刺（*Halimodendron halodendron*）群系、苏枸杞（*Lycium ruthenicum* Murr.）群系、库尔勒沙拐枣（*Calligonum kuerlense*）群系、盐穗木（*Halostachys caspica*）群系、多枝柽柳（*Tamarix ramosissima*）群系、胡杨（*Populus euphratica*）群系和白麻（*Apocynum pictum*）群系。绿洲作为一个特殊的复杂生态系统，其形成与演变受到自然条件因素和人为因素共同作用。自然条件因素中水资源条件决定着绿洲形成的部位和规模，其是绿洲形成的主导因子。

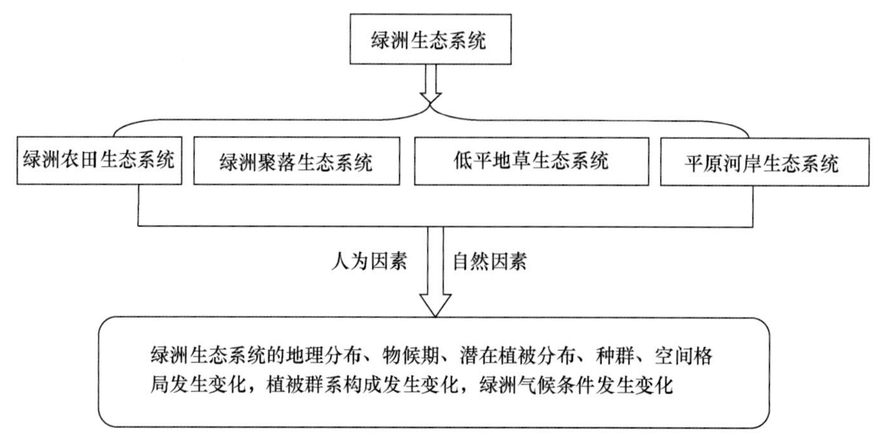

图 17-12 绿洲生态系统分类及演变

气候变化对干旱区绿洲造成了不同影响，不同气候因子贡献率不同。阿勒泰绿洲地区夏季极端强降水阈值呈西部、南部小，北部、东部大的规律。1960~2013 年强降水日数、量级、强度，除吉木乃略有下降以外，其余各县（市）均呈增长趋势，尤其是北部、东部地区（博尔楠等，2016）。叶尔羌河平原绿洲气温呈增加趋势，并且冬季的增温率较大，降水呈增加趋势，日照时数呈减少趋势。气候变暖对农业生产条件影响明显，可能使得播种期提前，产量增加（张雪琪等，2018）。1959~2009 年黑河流域增温趋势明显，中、上游地区增温趋势极为显著，其上游地区倾向率最大。热量条件好转，≥ 0℃积温全流域均呈增加趋势。降水趋势中游地区变化平缓，中、上游地区秋、冬两季明显增加。气候变暖增湿有利于农业生产发展、农业生产潜力增大（马红勇等，2015；Wang et al., 2014）。格尔木河中下游绿洲变迁中草地变化对绿洲退缩的贡献率最大，林地、耕地和建设用地变化对绿洲扩张的贡献率可能逐渐增大；绿洲重心迁移明显，迁移方向为南偏东—东南—西南—东南（王林林和刘普幸，2016）。

人类活动给绿洲生态系统造成严重的影响，使得植被群系构成发生变化。1976~2016 年，天山北麓绿洲农田面积增加了 11 倍，裸碱地可能减少了 70%；地表覆被类型发生了剧烈变化，泉水溢出带消失，水库干涸，灌丛大幅减少，土壤盐碱化发育进程中断，新生草地在裸碱地上形成，1976 年的草地中可能有 41.43% 在 2016 年后转变成农田，而裸碱地则可能有 23.86% 转变成农田，另外，可能有 59.38% 转变成草地（张芳等，2017）。塔里木河下游地区的天然绿洲随着时间的推移，天然绿洲在不同程度上为人类所利用和改造，随着社会经济的发展和人类生产活动的影响形成了大规模的人工绿洲。下游绿洲生态系统的脆弱性增加，由于自然和人类因素的影响，塔里木河下游绿洲从兴盛、废弃古城、古绿洲到近代以天然绿洲向人工绿洲转化、缩小、后退（吐尔逊·哈斯木等，2012）。

随着人类活动干扰强度日益增大，绿洲生态系统的脆弱性正逐渐转变成现实的环境灾害。吐鲁番绿洲很可能 80% 以上的区域已达到中度脆弱级别，近 1/6 的区域为重度脆弱区，在分布上呈现从东向西明显增加的特点。生态脆弱性表现出显著的土地利用效应，随着脆弱度等级的增加，荒漠化面积所占比例大幅度提高（裴欢等，2013）。

渭干河－库车河三角洲绿洲的生态环境以不脆弱、轻度脆弱和高度脆弱为主，不同区域生态脆弱性程度各有差异，但脆弱性特征明显，地形起伏度和坡度是影响生态环境脆弱的基本因素，而植被覆盖度和土壤盐渍化却是主导因素，对生态环境脆弱程度影响显著（王雪梅和席瑞，2016）。

新疆绿洲城市规模越大，生态环境脆弱性越大；在不同发展类型的城市中以工业、石油开采业为主导产业的城市脆弱性较大，以商贸、旅游和农畜牧业加工为主导产业的城市脆弱性较小；从空间分布来看，生态环境系统脆弱性呈现出东疆 > 北疆 > 南疆的特征；绿洲城市生态环境系统对环境污染、能源和水资源消耗量等扰动具有较高的敏感性，这一特征对绿洲城市生态环境系统脆弱性的影响更为显著（高超等，2012a）。渭干河－库车河三角洲绿洲以耕地为主要景观类型的区域，1989~2013 年绿洲的耕地、盐碱地面积增加明显，其余景观类型的面积均有所减少，其中草地面积减少最多。

绿洲的生态风险程度总体上呈降低的趋势，低及较低风险区域集中分布在以耕地为主的绿洲区域，而较高及高风险区域主要分布在未利用地、沙地、裸岩、少部分盐碱地等景观类型单一又无法进行人类活动的区域（康璇和王雪梅，2017）。

17.3.4　旱作农业生态系统

西北旱作农业单纯依靠天然降水作为农业生产水源。目前其主要存在的问题是水资源供给严重不足，亩均水资源量仅为世界平均水平的 67%，且农业水资源时空分布严重不均，农业种植结构不合理，再加上节水设施和技术落后，水资源利用率低，旱地自然降水利用率只有 40%~50%，这就使得已经十分紧缺的水资源可利用程度下降，进一步加剧了水资源的紧缺程度（程录平等，2015）。

旱作农业脆弱性突出，播种面积和产量方面也有很大的变异性。这些变异是由降水条件异常所引起的。另外，雨养农业区比较贫困。根据国际标准判断，变异系数为 5%~8% 时，对其产量波动一般来说不必担心，当变异系数达到 20% 时（这种情况一般在旱作区），产量波动传递到市场会造成价格波动，应当予以重视（程录平等，2015）。当市场粮食短缺时，这种波动更要引起注意。这些直接或间接地影响着当地雨养农业脆弱性。

气候变化使得西北旱作春小麦最优生育期普遍延长 10 天以上，使得该区域可种植生育期更长的晚熟品种，适宜种植面积在新疆和内蒙古北部有所增加；冬小麦适宜种植区在甘肃和新疆部分地区得到扩展，小麦单产潜力可能提高 10% 以上（王鹤龄等，2017；田展和梁卓然，2012）。气候变化使西北地区旱作玉米潜在产量的变异系数高达 0.83，单产的提升空间可能达到 11909 kg/hm^2（王鹤龄等，2017；赵锦，2015）。若增温 2℃左右，旱作豌豆生育期可能将缩短 3~17 天，产量将减少 6.3%~17.5%；春小麦－马铃薯轮作系统作物生育期可能将缩短 11~42 天，产量将减少 3.2%~9.4%（张强等，2012b）。未来气候变化可能会增大西北干旱区旱作农业的稳产风险。

17.4 适应对策

17.4.1 山地生态系统

山地生态系统作为气候变化的敏感地带，气温和降水的改变必然会使山地生态系统发生改变，气候变暖将对植被群落的结构、组成及生物量，生态系统的空间格局以及生物多样性等带来影响。因此，在科学评估气候变化对生态系统影响的基础上，制定合理有效的适应和减缓措施是区域可持续发展长远之计。西北干旱区山地生态系统应对气候变化的适应对策包括以下几个方面。

（1）加强空中云水资源的开发利用。西北山区云水资源充足，祁连山区空中水汽密度要远比其周围地区大，其是干旱背景下的一个显著“湿岛”，天山、阿尔泰山和昆仑山区的空中水资源是新疆地表水和地下水的主要补给源。在全球气候变暖背景下，中国西北部分地区云水路径总体呈现上升趋势（宋松涛等，2013），近年来祁连山区云总光学厚度和总云水路径还呈上升趋势，云水资源有所增加（张强等，2015）。因此，合理开发和利用空中水资源可以在一定程度上直接减轻水资源短缺对当地经济、社会发展和生态环境建设的制约。同时，冰川融雪对生态系统具有重要的哺育作用，开发云水资源，开展人工增雨，可以补充山区冰雪储量，增大降雨面积，并有效增加河流径流，补充地下水资源，其是改善西北干旱区生态环境的重要途径。

（2）减少人为干扰，确定生态红线。西北山区森林抗干扰能力弱，易受破坏。发源于山区的河流被人类截流灌溉农田，导致河流水源不足，面积萎缩，造成水域景观的破碎度不断增加。同时，天然粗放式放牧方式、林地采伐等也对景观退化有直接影响。因此，未来应综合分析评估区域内土地利用、水文、水资源、植被、生物多样性、社会经济等基础地理数据，评估区域林业、牧业及水资源等的生态承载力，在此基础上确定区域内水资源涵养、生物多样性维护、水土保持等生态功能重要区域，划定生态红线（王涛等，2017）。

（3）建立完善的林业生态补偿制度。生态补偿机制是以保护生态环境、促进人与自然和谐为目的，根据生态系统服务价值、生态保护成本、发展机会成本，调整生态环境保护和建设相关各方之间利益关系的一种制度安排。建立流域生态补偿机制，实施中央及下游受益区对流域上游地区的补偿机制，可以理顺流域上下游间的生态关系和利益关系，加快上游地区经济社会发展并有效保护流域上游的生态环境，从而促进全流域的社会经济可持续发展。因此，建立健全管理制度，全面处理生态、经济和社会三大效益之间的关系，制定生态环境保护和治理规划，建立完善的林业生态补偿制度，实行公益林生态效益补偿制度，是保护西北山区生态、实现全流域可持续发展的有效途径（王瑛等，2017；兰丽萍等，2012）。

（4）加强生态修复技术应用示范。因地制宜、科学制定生态保护与修复解决方案，重点加强对森林、草原、湿地、冰川、冻土的保护和修复。继续实施退耕地造林、退牧还草等措施，减少水土流失，提高水源涵养能力。同时利用地质地貌工程保护修复、生态植被恢复、土壤基质修复技术，因地制宜进行治理修复（王涛等，2017）。

（5）实施生态移民。气候移民是人们应对气候变化压力的重要机制之一。为了缓解人口对资料和环境的压力，对西北山区尤其是自然保护区因植被破坏严重的生态极度脆弱区实行积极的生态移民政策（兰丽萍等，2012），生态移民一方面可以减轻人类对原本脆弱的生态环境的继续破坏，使生态系统得以恢复和重建，另一方面可以减小自然保护区的人口压力，使自然景观、自然生态和生物多样性得到有效保护（陈绍军和曹志杰，2012）。

（6）加强生态综合监测。建立天地一体化的监测体系，完善生态、地质、水文、气候及生物多样性监测网络，完善林业资源监测、生物多样性保护、森林病虫害监测和防治，自然灾害测报、信息交流网路以及科技队伍政策建设等体系，开展生态系统脆弱区和敏感区的监测，建立生态监测预警网络，对山地生态系统实施长期、规范、系统的监测。

（7）加强生态系统演变机理和驱动机制研究。结合区域实际情况，分析系统结构和功能变化的根本驱动因素，定量研究关键要素阈值和边界条件，揭示系统演变、突变和转型的内在过程，建立综合指标评价体系，开展区域长时序脆弱性动态评价，促使脆弱性评价系统化、标准化、规范化，使之更好地服务于区域研究和发展，为有关部门提供指导和参考（杨飞等，2019）。

17.4.2　荒漠生态系统

荒漠是地球表面生态环境最为脆弱的地区，如果利用不合理，很容易导致土地沙化、土壤盐渍化等一系列的生态问题。当前，全球面临着荒漠化扩展的严峻挑战。进入 21 世纪以来，尽管我国荒漠化和沙化土地面积持续减少，但荒漠化和沙化状况依然严重，防治形势依然严峻：沙区面积大，治理任务艰巨；沙区生态脆弱，保护与巩固任务繁重；导致荒漠化的人为因素依然存在；农业用水和生态用水矛盾凸显（卢琦，2019）。要坚持生态优先，突出生态保护，坚持优化布局，强化生态修复，划定生态红线，明确生态空间的功能定位、目标任务和管理措施。具体而言，可以采取如下几方面对策。

（1）保护和修复荒漠生态系统，坚持科学防治、综合防治、依法防治的方针，统筹规划全国防沙治沙工作，加大《中华人民共和国防沙治沙法》的宣传和执法力度，全面落实防沙治沙目标责任制，启动实施沙化土地封禁保护区建设，建设重点地区防沙治沙工程和全国防沙治沙综合示范区，恢复林草植被，构建以林为主、林草结合的防风固沙体系（沈国舫等，2015）。

（2）根据生态系统完整性的保护需求，设立生态红线来维护国家生态安全和可持续发展。在自然生态服务功能、自然资源利用等方面，需要实行严格保护的空间边界与管理限值，划定国家生态红线。在重点生态功能区、生态环境敏感区和脆弱区等区域划定生态红线，确保生态功能不降低、面积不减少、性质不改变；严格自然生态空间征占用管理，有效遏制生态系统退化的趋势（沈国舫等，2015）。

（3）在有效保护原生的荒漠生态系统的基础上，设立包括地面实况监测、遥感监测、卫星云图和环境监测的综合监测体系。发挥政府主导作用，注重顶层设计，规划设计出一系列国家级和区域重大治理工程，保证我国荒漠化和沙化治理有序有效开展（王守华等，2017）。

（4）按照先保护—重研究—再发展的思路推进荒漠生态系统的治理。首先，保护好天然林，构筑防风固沙林（草）网体系。实施梯次性生态网络建设工程。在北部风沙沿线，以治理风沙、防风固沙为核心，促进天然沙生植被的恢复，控制沙漠边缘沙化扩大的趋势；在牧区实施退耕还林还草生态建设，采取综合措施固沙、治沙，恢复林草植被，控制牧区的荒漠化蔓延趋势；在荒漠绿洲外围边缘地带，搞好防护林体系建设，增强荒漠生态系统的稳定性。其次，荒漠草地严禁滥垦、滥牧、严重超载过牧，根据水、土、气、温等自然资源的不同组合及草地类型和草地产草量，确定不同的畜种畜群结构和载畜量，分地区、季节安排牧业生产。最后，发展沙产业。在沙区地下水位高的地带，合理开发，变无效蒸发为有效利用。综合开发利用沙漠戈壁，逐步形成有地区特色的以沙产业开发为主要内容的生态重建模式（马乐军等，2014）。对我国可利用沙区广袤的土地、充足的光照、强劲的风力进行能源开发，发展可再生能源，如风能、光能、生物质能等，还可以利用沙生灌木开发生物质能源，如颗粒燃料、生物柴油、汽油、酒精等（卢琦，2019）。

（5）增强依法治沙意识，要善于运用法律手段和法治方式依法治沙，杜绝因执法不力、执法不严给土地荒漠化生态治理带来的危害；建立前瞻性和超前防沙治沙意识，树立长远规划、长期治理思想，坚持几十年如一日长期不懈地治理下去，走出重治理轻管护的怪圈；建立国家防治荒漠化领导小组，把环境成本纳入经济核算体系，不断加大荒漠化生态治理资金投入，将生态建设作为政绩考核指标进行考核；严格控制环境的人口容量，将退耕与“退人”结合起来。从根本上解决退耕后反复的问题和“靠山吃山”、继续破坏植被的问题，给大自然以喘息之机；提高沙地治理工程质量，强化沙地治理项目区的封禁保护，发展多种所有制经济治沙模式，加大科技支撑投入力度，培植壮大沙产业，共同保护、恢复与重建荒漠生态系统（王守华等，2017）。

17.4.3 绿洲生态系统

西北干旱区绿洲生态系统应对气候变化的适应对策包括以下几个方面。

（1）严格控制人工绿洲面积，提高土地生产力。绿洲的稳定并不仅仅依靠绿洲本身维持，绿洲外围的自然植被对维持绿洲长久生存具有极其重要的作用。过多地扩大人工绿洲的面积就会影响外围自然植被的生长，对整个绿洲的稳定与持续发展有许多不利影响（封玲等，2012）。

（2）优化农业产业结构，发展高效绿洲生态农业种植模式。面对绿洲产业结构层次低、农业结构不合理的现状，绿洲现代农业发展要在整体调整第一、第二、第三产业结构的背景下，优化农业内部结构和农产品品种结构，发展多元化产业。多元化产业意味着农林牧渔业共同发展，就等同于植被的多样化，而植被的多样化意味着生态承载力提高、绿洲的稳定性增强；其还可促进水资源的交叉和重复利用，提高水资源利用率。正确处理好种植业、林业、牧业之间的关系，在继续发展种植业，使其与全市经济发展相适应的基础上，加快畜牧业发展，充分利用较为丰富的山地、草地、光热等自然资源发展林业和草业，遵循种植业和林牧业之间协同共生的内在规律性，集约高效利用农业资源，构建农牧结合、农林结合、农林牧耦合体系；深化种植业、畜牧业内部结构，提升农产品质量；推进农产品精深加工业，延长农业产业链和价值链，实现农业增产增效和农民增收（封玲等，2012）。

（3）加快特色农业建设，优化农业经济结构。充分利用绿洲生态系统日照充足、太阳辐射强烈、昼夜温差大的自然优势条件。加快开发区域特色农业产业；进一步优化农业经济结构，压缩一般性粮食作物面积，适当增加经济作物播种面积；加大草畜产业扶持力度，提升草畜产业在农业经济中的比重，从而完善产业经济结构，促进农业经济的高效、合理发展（王丹霞，2013）。

（4）依靠科技提升核心竞争力，逐步提高农业现代化水平。科技是绿洲现代农业发展的源泉和动力，科技水平支撑绿洲农业经济的可持续发展。要创新科研体制机制，制定一系列关于经费、税收、政策等方面的优惠政策，营造优化的环境，吸引科研机构及其他合作方以项目的形式取得发展。通过政府主导，打造绿洲现代农业研究与开发平台，探索适合干旱绿洲区域现代农业发展的科技创新体系，用现代科学技术来弥补资源的稀缺性与不足，提升绿洲现代农业核心竞争力，以支撑绿洲现代农业发展（孙国军等，2015）。

（5）构建现代农业物流体系。现代农业物流就是运用现代高科技和信息技术，从农业生产资料的组织到农产品的生产、加工、储运、分销等全过程进行控制和科学管理的一系列计划、运行、控制的过程。国外现代农业发展证明，现代农业物流能够提高农产品的市场反应速度，缩短生产周期，节约交易成本，降低库存数量，提高服务水平，提升产品质量，增加产品销售利润，充分满足客户和社会的需求（孙国军等，2015）。

（6）发展节水生态农业，建立绿洲多元化复合种植结构。水是制约绿洲农业可持续发展的重要因素，水资源利用方式和水平决定着绿洲的规模和承载力。在新的形势下，如何实现水资源的持续利用，协调生态平衡与经济发展的关系，是实现流域农业可持续发展的关键。农业是用水大户，其节水潜力较大，因此，通过农业节水技术的推广，可节约大量水资源用于生态用水，并可减少盐渍化和沙漠化的危害。通过节水灌溉，把节约的水资源用于牧草、防护林及生态用水等，从根本上改变传统的农业结构，以实现良好的社会、经济及生态效益（刘歆，2014）。

（7）发展绿洲及扇缘带舍饲畜牧业，延长生态产业链。畜牧业的生产方式与经营观念必须彻底改变，其根本出路在于尽快实现天然草场放牧向农区舍饲养畜的集约高效舍饲畜牧业战略性转移，通过大力发展现代舍饲畜牧业，促进绿洲及扇缘带舍饲畜牧业的建立及产业化发展，使畜牧业成为区域经济发展的重要支柱产业。延长生态产业链，建立配套服务体系。在扩大畜牧业生产规模的过程中，不能仅向区外调运初级畜产品，要重视畜产品的深加工，实现就地增值，还要建立配套的良种繁育基地、育肥基地、兽医、防疫、机耕、病虫害防治等设施及与畜牧业发展相关的运输业、食品加工业、金融业、信息业、咨询业等相关服务体系（孙国军等，2015）。

17.4.4 旱作农业生态系统

未来 50 年，西北气候可能继续变暖，其直接影响西北旱作区农业发展，必将对粮食、食品提出新的挑战。西北旱作区农业应对气候变暖的综合技术对策如下。

（1）气候变暖改变了作物生理生态习性，应调整作物耕作方式。气候变暖使西北作物生理生态习性发生了变化，要适应变化后的气候资源。春播作物需提前播种，秋播作物需推迟播种；喜凉作物要避开高温时段。采取地膜覆盖，耙耱镇压、中耕培土等措施减缓土壤水分蒸发。实施土壤水肥动态监测，根据不同的土壤肥力和含水量调整灌溉量，提高水分利用效率。

（2）应对冬季增温趋势，稳定"冬小麦北移"种植。冬小麦种植区北移，促进了西北地区作物耕作制改革和种植业结构调整，实现了"一年两熟"或"一年多熟"。21 世纪以来，西北旱作农业区实施了冬小麦北移策略，加强了越冬保苗、提前灌头水、氮肥施用时间后移、采用机播且提早施肥等技术，同时开展种植结构调整，推广间作套种，冬小麦套种玉米，提高复种指数，复种蔬菜、青贮玉米、油葵等种植模式，使冬小麦产量单产比春小麦增产 54.3%，同时，其对减少春季沙尘、改善生态环境也起到了积极作用。

（3）田间能量输入增加，积极推行"多熟种植"。气候变暖提高了西北区域农田热量资源，农业生产≥ 0℃的界限积温提高，品种布局明显扩大，部分高海拔山区不仅能种植生育期短的早熟品种，也可以种植中晚熟品种；提高了复种指数，从过去的一年一季，提高到一年两季，有些地区还推动了间套作的发展。气候资源容量提高。西北喜温作物及林果药材适宜种植纬度北移。预计 2030~2050 年，一年一熟制可向北推移 200~300km，一年两熟和一年三熟制的北界也将向北推移 500km 左右（高信度）（陈晓光等，2013）。

（4）适应暖干化气候环境，选育高耐旱新品种。全球气候变化要求提高作物对生态环境的适应性。加强作物抗旱育种研究，培育与气候变化相适应的作物新品种，有计划地培育和选用抗旱、抗高温、抗病虫害等抗逆品种。西北干旱区具有开展小麦、水稻、玉米、马铃薯等作物新品种选育和超高产栽培的优势，其必将对提升粮食生产能力发挥重要作用。

（5）改进农田土壤管理方式，保证农田生态系统正常运行。气候变暖使西北农田耕作层土壤环境酶活性呈下降趋势，土壤有机养分分解速度加速，土壤盐碱化程度呈加重趋势，土壤水分蒸发量呈增加趋势。因此，要改进土壤耕作方式、科学蓄水保墒、减少土壤水分蒸发；改进传统施肥方式，实施水肥高效利用，提高肥效和作物对营养元素的利用效率；保持灌溉农田的水盐平衡，维持农田生态环境用水安全运行（姚玉璧等，2018；张秀云等，2017）。

（6）发展干旱区域水肥高效利用节水农业技术。西北大部分地区依靠大气降水难以缓解水资源短缺的问题，自然降水仍然是未来限制农业生产最重要的因素。大力开发利用空中云水资源，发展大田集水、地膜覆盖、抗旱剂、抗旱品种、集水补充灌溉等一系列旱作节水农业技术是应对全球气候变化的有效措施。

17.5　主要结论和认知差距

17.5.1　主要结论

（1）气候变暖引起了西北干旱区冰川萎缩、雪线上升、冰雪消融加速，导致山区固态水储量减少，河西走廊西部河流的径流量增加。

高山区冰川及其融水对西北干旱区水资源有着重要影响。气候变暖引起了西北干旱区冰川萎缩、雪线上升、山区水储量减少，极端气候水文事件加剧，水文变化波动性增强（高信度）。其中，天山山区几乎所有海拔范围内的冰川面积都呈减少趋势，分布在相对较低海拔区域的冰川退缩更为明显。小型冰川（$<1km^2$）的退缩显著大于大型冰川。按照目前趋势估算，未来 20~40 年内天山北麓诸河流域上游的小型冰川将趋于消失（中等信度），而整个天山地区约 98% 的冰川为小型冰川，未来天山冰川的加速消融也在所难免。天山山区雪线整体呈波动上升趋势，速率达 276m/10a。祁连山冰川总体上表现为萎缩状态，冰川面积和储量减少幅度呈山地南坡大于北坡、东侧大于西侧的特征。祁连山积雪范围年际波动幅度较大，整体呈现减少趋势，年均减小 $0.02km^2$。博斯腾湖水位由 2002 年的 1049.39m 降至 2015 年的 1044.85m。2007 年以来，由于山区降水量增多，河流来水量增加，加之实施了“三条红线”管理措施，目前，博斯腾湖水位升至 1048.20m（2019 年 10 月）。塔里木河流域主要由冰川融雪和降水补给，虽然降水量的增加和冰川融化的增加在不久的将来保持了原始地区的充足径流，但从长远来看，该地区的水资源仍面临严重的问题。气候变暖导致的冰雪消融加速和降水明显增多，河西走廊西部河流年径流量增加。

（2）21 世纪以来，祁连山地区植被覆盖呈现整体增加、局部减少的趋势。

祁连山地区气温和降水均对植被生长有着一定的影响，同时气候变化及海拔对祁连山生态分布的影响也非常明显。祁连山整体上植被活动对降水和气温的响应存在一定的滞后性。祁连山西部一些地区植被改善，一方面受该地区气温升高、降水增加的影响，另一方面与该区域成立国家级自然保护区后实施封山育林、人类活动较少、植被得到改善有关。祁连山中北部河谷及青海湖周边植被退化，一方面与区域内降水量减少有关，另一方面与这些地区海拔相对较低，受人类活动影响较大，过度放牧及农田开垦也使得土地出现荒漠化、植被退化，生态系统遭受破坏有关。祁连山区西段疏勒河流域北部为生态高风险区域，此区域大多是荒漠、戈壁和其他未利用地。

（3）西北干旱荒漠生态区的生态脆弱性总体很可能处于中 – 重度脆弱状态。

新疆塔里木盆地是我国最大的内陆盆地，同时也是我国最大的荒漠区。自 20 世纪 60 年代以来，受全球变暖和人类活动的影响，该区域人工绿洲面积和荒漠面积扩大，荒漠 – 绿洲过渡带面积减少。1998 年以前，塔里木盆地的植被覆盖度呈缓慢增加趋势，而至此之后，出现明显的下降趋势。全球变暖导致蒸发加剧，土壤水分蒸散加大，同时耕地面积的扩大挤占了荒漠 – 绿洲过渡带的生态空间，导致荒漠 – 绿洲过渡带萎缩，物种多样性减少，生态功能下降，生态脆弱性增大。

（4）西北干旱区绿洲生态风险程度总体呈降低趋势。

气候变暖增湿有利于绿洲农业发展，增大农业生产潜力。人类活动给绿洲生态系统造成严重的影响，使得植被群系构成发生变化。1976~2016 年，天山北麓绿洲农田面积增加了 11 倍，裸碱地可能减少 70%；塔里木河下游绿洲从兴盛、废弃古城、古绿洲到近代以天然绿洲向人工绿洲转化、缩小、后退。随着人类活动干扰强度日益增大，绿洲生态系统的脆弱性正逐渐转变成现实的环境灾害。绿洲城市规模越大，荒漠化面积所占比例越高，生态环境脆弱性越大。低及较低风险区域集中分布在以耕地为主的绿洲区域。

（5）气候变化对西北干旱区不同作物生育期和产量的影响不同。

20 世纪 50 年代以来，西北干旱区气温显著上升，有限生长习性的作物生育期缩短，无限生长习性的作物生育期延长；作物蒸腾速率上升、生长关键阶段光合速率下降；喜温和越冬作物适宜种植区域由低纬向高纬、由低海拔向高海拔地区推进。气象灾害的频率增加，强度增大，对作物的危害加重，使作物病虫害增加。若增温 2℃左右，旱作豌豆生育期可能将缩短 3~17 天，产量将减少 6.3%~17.5%；春小麦 – 马铃薯轮作系统作物生育期可能将缩短 11~42 天，产量将减少 3.2%~9.4%。冬、春小麦气候产量下降，棉花、玉米、油菜气候产量增加，马铃薯气候产量波动增大。未来气候变化可能会增大西北干旱区旱作农业的稳产风险（中等信度）。

（6）应对西北干旱区气候变化的影响，要坚持人与自然和谐共生，加强生态文明建设。

重点开展森林、草原、湿地、冰川、冻土的保护和修复。继续实施退耕地造林、退牧还草等措施，提高水源涵养能力。同时利用地质地貌工程保护修复、生态植被恢复、土壤基质修复技术，因地制宜进行治理修复。建立天地一体化的生态监测体系，建立完善的林业生态补偿制度，严格控制人工绿洲面积、提高土地生产力、优化农业产业结构、发展高效绿洲生态农业种植模式，加快特色农业建设，优化农业经济结构，改进农田生态系统，依靠现代科学技术提升核心竞争力。

17.5.2 认知差距

（1）未来气候变化及其对径流量影响的预估存在一定的不确定性。由于径流量预估主要是在降水量预估的基础上使用水文模型进行的，因此相比气温和降水量的预估，径流量预估的不确定性较大。

（2）目前获得的气候变化对西北干旱区水文及生态系统影响的脆弱性及风险评估，干旱区生态系统风险的影响机理、风险表达、评估方法的数据和参数的完整性等均存在明显不足，应加强风险形成规律的揭示及其评估方法的优化等基础性研究，揭示西北干旱区致灾因子、承灾体、孕灾环境的相互作用关系，提出物理内涵清晰的风险数学模型，结合多源资料的融合，从而获得更为科学合理的脆弱性和风险评估。

（3）气候变化对西北干旱生态环境演变的影响、脆弱性及风险是气候变化、人类活动及其环境演变等多种因素共同作用的结果，其变化过程有动态性和非线性特征，有待于进一步深化对其过程特征的认识。

（4）由于对西北人类活动及其环境演变的作用机理认识不足，对人类活动等社会经济属性的数据信息掌握不全面，加之西北干旱区生态环境极其敏感，因此对其科学认识和评估尚有待于进一步深化。

▪ 参考文献

白晓 . 2017. 祁连山区土壤水分遥感估算及时空变异特征 . 兰州：兰州大学 .

白玉锋，徐海量，张沛，等 . 2017. 塔里木河下游荒漠植物多样性、地上生物量与地下水埋深的关系 . 中国沙漠，37（4）：724-732.

白元，徐海量，张鹏，等 . 2012. 塔里木河下游荒漠植物群落物种多样性及其结构特征分析 . 生态与农业环境学报，28（5）：486-492.

博尔楠，恰里哈尔，阿依敏，等 . 2016. 近 54a 阿勒泰地区夏季极端降水气候特征 . 沙漠与绿洲气象，10（4）：39-46.

常跟应，李国敬，颉耀文，等 . 2013. 近 60 年来甘肃省民乐县农业绿洲扩张的人文驱动机制 . 兰州大学学报（自科版），49（2）：221-225.

陈京华 . 2016. 祁连山植被 NDVI 变化特征及其对气候变化的响应 . 兰州：西北师范大学 .

陈绍军，曹志杰 . 2012. 气候移民的概念与类型探析 . 中国人口 · 资源与环境，22（6）：164-169.

陈晓光，张存杰，孙兰东，等 . 2013. 西北区域气候变化影响评估报告 . 北京：中国科学技术出版社 .

陈秀妍 . 2018. 2000—2016 年中亚天山植被动态变化及其驱动因素研究 . 北京：中国科学院大学 .

陈亚宁 . 2014. 中国西北干旱区水资源研究 . 北京：科学出版社 .

陈亚宁 . 2015. 气候变化对西北干旱区水循环影响机理与水资源安全研究 . 中国基础科学，17（2）：15-21.

陈亚宁，杜强，陈跃滨，等 . 2013. 博斯腾湖流域水资源可持续利用研究 . 北京：科学出版社 .

陈亚宁，李稚，范煜婷，等 . 2014. 西北干旱区气候变化对水文水资源影响研究进展 . 地理学报，69（9）：1295-1304.

陈亚宁，李稚，方功焕，等 . 2017. 气候变化对中亚天山山区水资源影响研究 . 地理学报，72（1）：18-26.

程建忠，陆志翔，邹松兵，等 . 2017. 黑河干流上中游径流变化及其原因分析 . 冰川冻土，39（1）：123-129.

程磊磊，郭浩，卢琦 . 2013. 荒漠生态系统服务价值评估研究进展 . 中国沙漠，33（1）：281-287.

程录平，王立刚，王迎春，等 . 2015. 西北旱区雨养农业可持续发展研究 //2015 年中国农业资源与区划学会学术年会论文集 . 西宁：中国农业资源与规划学会：409-416.

邓海军，陈亚宁 . 2018. 中亚天山山区冰雪变化及其对区域水资源的影响 . 地理学报，72（1）：18-26.

邓铭江 . 2016. 南疆未来发展的思考——塔里木河流域水问题与水战略研究 . 干旱区地理，39(1)：1-11.

邓振镛，张强，王润元，等 . 2013. 河西内陆河径流对气候变化的响应及其流域适应性水资源管理研究 . 冰川冻土，35（5）：1267-1275.

刁鸣军，夏朝宗 . 2016. 1982~2013 年准噶尔盆地植被长势变化分析 . 林业资源管理，（5）：39-46.

封玲，汪希成，赖先齐 . 2012. 干旱区绿洲农业结构调整与生态重建——以新疆玛纳斯河流域为例 . 农村经济，（8）：48-51.

冯志敏，赵玲，安沙舟，等 . 2015. 基于 MODIS 的天山山区草地类型植被指数变化特征及其与气候因子的关系．沙漠与绿洲气象，9（2）：57-62.
高超，金风君，雷军，等．2012a. 干旱区绿洲城市经济系统脆弱性评价研究．经济地理，32（8）：43-49.
高超，雷军，金风君，等．2012b. 新疆绿洲城市生态环境系统脆弱性分析．中国沙漠，32（4）：1148-1153.
郭兵，孔维华，姜琳．2018. 西北干旱荒漠生态区脆弱性动态监测及驱动因子定量分析．自然资源学报，33（3）：412-424.
郭瑶，柴强，殷文，等．2017. 绿洲灌区小麦免耕秸秆还田对后作玉米产量性能指标的影响．中国生态农业学报，25（1）：69-77.
韩福贵，徐先英，王理德，等．2013. 民勤荒漠区典型草本植物马蔺的物候特征及其对气候变化的响应．生态学报，33（13）：4156-4164.
韩路，王家强，王海珍，等．2016. 塔里木荒漠绿洲过渡带主要种群生态位与空间格局分析．植物科学学报，34（3）：352-360.
郝伟罡，李锦荣，郭建英，等．2014. 荒漠草原植被动态变化及其水热的响应关系．水资源保护，30(5)：56-59.
何旭强，张勃，孙力炜，等．2012. 气候变化和人类活动对黑河上中游径流量变化的贡献率．生态学杂志，31（11）：2884-2890.
何毅，杨太保，田洪阵，等．2013. 近23年来北天山冰川面积变化对气候的响应．干旱区资源与环境，27（3）：53-60.
候静，杜灵通，刘可，等．2017. 1982~2012年北半球荒漠草原过渡带植被物候特征及其与气候因子的关系．气候变化研究进展，13（5）：473-482.
黄琛，张宇，王静，等．2014. 不同放牧强度下短花针茅荒漠草原植被的空间异质性．植物生态学报，38（11）：1184-1193.
蒋友严，杜文涛，黄进，等．2017. 2000~2015年祁连山植被变化分析．冰川冻土，39（5）：1130-1136.
金彦兆，孙栋元，胡想全，等．2018. 石羊河流域红崖山水库站径流变化特征及应对措施．水利规划与设计，180（10）：41-43.
康璇，王雪梅．2017. 基于景观格局的新疆渭干河－库车河三角洲绿洲的生态风险评价．西北农林科技大学学报（自然科学版），45（8）：139-156.
兰丽萍，安晓英，吴生斌．2012. 祁连山自然保护区生态体系保护对策．中国林业，10：33.
蓝永超，胡兴林，肖生春，等．2012. 近50年疏勒河流域山区的气候变化及其对出山径流的影响．高原气象，31(6)：1636-1644.
李丽丽，王大为，韩涛．2018. 2000~2015年石羊河流域植被覆盖度及其对气候变化的响应．中国沙漠，38（5）：212-222.
李培都，司建华，冯起，等．2018. 疏勒河年径流量变化特征分析及模拟．水资源保护，34（2）：52-60.
李若麟．2017. 北半球干旱区降水转化和再循环特征及其在全球变暖背景下的变化．兰州：兰州大学．
李时越，杨凯，王澄海．2018. 陆面模式CLM4.5在青藏高原土壤冻融期的偏差特征及其原因．冰川冻土：40（2）：322-334.
李帅，侯小刚，郑照军，等．2017. 基于2001~2015年遥感数据的天山山区雪线监测及分析．水科学进展，28（3）：364-372.
李育鸿，李计生，孙超，等．2017. 甘肃河西石羊河流域出山径流分析及来水预测．冰川冻土，39（3）：

651-659.
梁鹏斌，李忠勤，张慧 . 2019. 2001~2017 年祁连山积雪面积时空变化特征 . 干旱区地理，42（1）：56-66.
刘杰，罗亚皇，李德铢，等 . 2017. 青藏高原及毗邻区植物多样性演化与维持机制：进展及展望 . 生物多样性，25（2）：163-174.
刘晶，刘学录，侯莉敏 . 2012. 祁连山东段山地景观格局变化及其生态脆弱性分析 . 干旱区地理，35（5）：795-805.
刘歆 . 2014. 新疆绿洲生态系统农业经济可持续发展对策研究 . 科技致富向导，（9）：23.
刘艳磊，董文攀，徐超，等 . 2018. 中国西北荒漠区植物物种多样性研究 // 中国植物学会八十五周年学术年会论文摘要汇编（1993—2018）. 昆明：云南省科学技术学会：107.
卢琦 . 2019. 治理“地球肝癌”的“中国式秘方” . 中国科学报，2019-01-22（008）.
罗敏，古丽 · 加帕尔，郭浩，等 . 2017. 2000~2013 年塔里木河流域生长季 NDVI 时空变化特征及其影响因素分析 . 自然资源学报，（1）：52-65.
吕娜娜 . 2017. 近 50 年基于农作物种植结构的新疆绿洲农田蒸散发时空变化分析 . 乌鲁木齐：新疆大学 .
马红勇，庞成，白青华，等 . 2015. 气候暖湿变化对黑河流域绿洲农业生产的影响 . 干旱地区农业研究，33（1）：225-232.
马乐军，张丛，郭明华，等 . 2014. 甘肃河西地区生态脆弱性评价及生态重建研究 . 甘肃农业，（8）：103-106.
马勇刚，黄粤，陈曦 . 2018. 质变和量变两种维度下新疆山区土地覆盖变化分析 . 山地学报，36（1）：34-42.
马真臻，王忠静，艳玲，等 . 2015. 中国西北干旱区自然保护区生态脆弱性评价——以甘肃西湖、苏干湖自然保护区为例 . 中国沙漠，35（1）：253-259.
孟秀敬，张士锋，张永勇 . 2012. 河西走廊 57 年来气温和降水时空变化特征 . 地理学报，67（11）：1482-1492.
潘竟虎，刘晓 . 2016. 疏勒河流域景观生态风险评价与生态安全格局优化构建 . 生态学杂志，35（3）：791-799.
裴欢，房世峰，覃志豪，等 . 2013. 干旱区绿洲生态脆弱性评价方法及应用研究——以吐鲁番绿洲为例 . 武汉大学学报 · 信息科学版，38（5）：528-532.
秦艳，丁建丽，赵求东，等 . 2018. 2001~2015 年天山山区积雪时空变化及其与温度和降水的关系 . 冰川冻土，40（2）：249-60.
沈国舫，李世东，吴斌，等 . 2015. 我国生态保护和建设若干战略问题研究 . 中国工程科学，17（8）：23-29.
宋松涛，张武，陈艳，等 . 2013. 中国西北地区近 20 年云水路径时空分布特征 . 兰州大学学报（自然科学版），49（6）：787-793.
孙国军，康艳丽，刘焕波，等 . 2015. 张掖绿洲农业生态安全评价与对策研究 . 新疆师范大学学报（自然科学版），34（2）：8-12.
孙力炜 . 2013. 祁连山区植被净第一性生产力的时空分布特征及气候变化和人类活动的影响 . 兰州：西北师范大学 .

孙美平，刘时银，姚晓军，等 . 2015. 近 50 年来祁连山冰川变化——基于中国第一、二次冰川编目数据 . 地理学报，70（9）：1402-1414.

田展，梁卓然 . 2012. 近 50 年气候变化对中国小麦生产潜力的影响分析 . 中国农学通报，29（9）：61-69.

吐尔逊 · 哈斯木，阿迪力 · 吐尔干，杨家军，等 . 2012. 塔里木河下游绿洲演变及其原因分析 . 新疆农业科学，49（5）：961-967.

王丹霞 . 2013. 张掖市绿洲现代农业发展的思路与对策 . 经济师，(3)：216-217.

王鹤龄，张强，王润元，等 . 2015. 增温和降水变化对西北半干旱区春小麦产量和品质的影响 . 应用生态学报，26（1）：67-75.

王鹤龄，张强，王润元，等 . 2017. 气候变化对甘肃省农业气候资源和主要作物栽培格局的影响 . 生态学报，37（18）：6099-6110.

王健铭，王文娟，李景文，等 . 2017. 中国西北荒漠区植物物种丰富度分布格局及其环境解释 . 生物多样性：25（11）：1192-1201.

王林林，刘普幸 . 2016. 近 38 年来格尔木河中下游绿洲时空演变及其与人类活动的关系 . 土壤，48(3)：597-605.

王明亮，徐猛 . 2015. 新疆兵团绿洲农业应对气候变化的形势与科技需求分析 . 中国人口 · 资源与环境，25（增刊）：584-587.

王青霞，吕世华，鲍艳，等 . 2014. 青藏高原不同时间尺度植被变化特征及其与气候因子的关系分析 . 高原气象，33（2）：301-312.

王守华，王业伟，王业锦，等 . 2017. 浅析中国土地荒漠化生态治理现状、存在问题及对策 // 中国治沙暨沙业学会，中国林业教育学会 .《联合国防治荒漠化公约》第十三次缔约大会“防沙治沙与精准扶贫”边会论文集 . 北京：中国治沙暨沙业学会：4-12.

王涛，高峰，王宝，等 . 2017. 祁连山生态保护与修复的现状问题与建议 . 冰川冻土，39（2）：229-234.

王雪梅，席瑞 . 2016. 基于 GIS 的渭干河流域生态环境脆弱性评价 . 生态科学，35（4）：166-172.

王瑛，邓学峰，胡家睿，等 . 2017. 我国生态保护中存在的问题探讨及建议——以祁连山国家自然保护区为例 . 环境与发展，29（3）：270-272.

王莺，赵文，张强 . 2019. 中国北方地区农业干旱脆弱性评价 . 中国沙漠，39（4）：149-158.

王玉洁 . 2017. 中国西北干旱区气候变化及典型流域影响适应研究 . 南京：南京大学 .

王玉洁，秦大河 . 2017. 气候变化及人类活动对西北干旱区水资源影响研究综述 . 气候变化研究进展，13(5)：483-493.

王志慧，刘良云 . 2013. 黑河中游绿洲灌溉区土地覆盖与种植结构空间格局遥感监测 . 地球科学进展，28（8）：948-956.

韦振锋，王德光，张翀，等 . 2014. 1999~2010 年中国西北地区植被覆盖对气候变化和人类活动的响应 . 中国沙漠，34（6）：1665-1670.

魏晓旭 . 2016. 基于 GIS 和 RS 的石羊河流域景观生态风险研究 . 兰州：西北师范大学 .

吴乾慧，张勃，马彬，等 . 2017. 气候变暖对黄土高原冬小麦种植区的影响 . 生态环境学报，26（3）：429-436.

武正丽，贾文雄，刘亚荣，等 . 2014. 近 10a 来祁连山植被覆盖变化研究 . 干旱区研究：31（1）：80-87.

武正丽，贾文雄，赵珍，等 . 2015. 2000~2012 年祁连山植被覆盖变化及其与气候因子的相关性 . 干旱区地理，38（6）：1241-1252.

肖国举，仇正跻，张峰举，等. 2015. 增温对西北半干旱区马铃薯产量和品质的影响. 生态学报，35(3)：830-836.

谢姆斯叶·艾尼瓦尔，塔西甫拉提·特依拜，买买提·沙吾提，等. 2013. 近 50 年来塔里木盆地南、北缘干湿状况变化趋势分析. 干旱区资源与环境，27（3）：40-46.

邢武成，李忠勤，张慧，等. 2017. 1959 年来中国天山冰川资源时空变化. 地理学报，72（9）：1594-1605.

徐浩杰，杨太保，曾彪. 2012. 2000~2010 年祁连山植被 MODIS NDVI 的时空变化及影响因素. 干旱区资源与环境，26（11）：87-91.

徐浩杰，杨太保，张晓晓. 2014. 近 50 年来疏勒河上游气候变化及其对地表径流的影响. 水土保持通报，34(4)：39-45.

杨彬如. 2017. 生态文明视角下西北干旱区农业可持续发展研究 // 2017 中国环境科学学会科学与技术年会论文集（第三卷）. 北京：中国环境科学学会：780-786.

杨春利，蓝永超，王宁练，等. 2017. 1958~2015 年疏勒河上游出山径流变化及其气候因素分析. 地理科学，37（12）：1894-1899.

杨飞，马超，方华军. 2019. 脆弱性研究进展：从理论研究到综合实践. 生态学报，39（2）：441-453.

杨封科，何宝林，高世铭. 2016. 气候变化对甘肃省粮食生产的影响研究进展. 应用生态学报，26（3）：930-938.

姚俊强，杨青，陈亚宁，等. 2013. 西北干旱区气候变化及其对生态环境影响. 生态学杂志，32（5）：1283-1291.

姚小英，马杰，李瞳，等. 2017. 陇东南“花牛”苹果果实生长动态及其与热量条件的关系. 中国农业气象，38（12）：32-38.

姚玉璧，雷俊，牛海洋，等. 2016. 气候变暖对半干旱区马铃薯产量的影响. 生态环境学报，25（8）：1264-1270.

姚玉璧，杨金虎，肖国举，等. 2017. 气候变暖对马铃薯生长发育及产量影响研究进展与展望. 生态环境学报，26（3）：538-546.

姚玉璧，杨金虎，肖国举，等. 2018. 气候变暖对西北雨养农业及农业生态影响研究进展. 生态学杂志，37（7）：2170-2179.

苑全治，吴绍洪，戴尔阜，等. 2016. 过去 50 年气候变化下中国潜在植被 NPP 的脆弱性评价. 地理学报，71（5）：797-806.

曾全超，李鑫，董扬红，等. 2015. 陕北黄土高原土壤性质及其生态化学计量的纬度变化特征. 自然资源学报，30（5）：870-879.

翟盘茂，余荣，周佰铨，等. 2017. 1.5℃增暖对全球和区域影响的研究进展. 气候变化研究进展，13（5）：465-472.

张芳，熊黑钢，冯娟，等. 2017. 基于遥感的新疆人工绿洲扩张中植被净初级生产力动态变化. 农业工程学报，33（12）：194-200.

张华，张兰，赵传燕，等. 2014. 黑河下游绿洲植被优势种生物量空间分布及蒸腾耗水估算. 地理科学，34（7）：877-881.

张静．2016. 准噶尔盆地表生生态环境演化及驱动力分析．西安：长安大学．

张凯，王润元，王鹤龄，等．2015. 田间增温对半干旱区春小麦生长发育和产量的影响．应用生态学报，26（9）：2681-2688.

张凯，王润元，王鹤龄，等．2016. 模拟增温对半干旱雨养区春小麦物质生产与分配的影响．农业工程学报，32（16）：223-232.

张其兵，康世昌，王晶．2017. 2000~2014 年祁连山西段老虎沟 12 号冰川高程变化．冰川冻土，39（4）：733-740.

张强，陈丽华，王润元，等．2012b. 气候变化与西北地区粮食和食品安全．干旱气象，30（4）：509-513.

张强，韩兰英，张立阳，等．2014. 论气候变暖背景下干旱和干旱灾害风险特征与管理策略．地球科学进展，29：80-91.

张强，姚玉璧，李耀辉，等．2015. 中国西北地区干旱气象灾害监测预警与减灾技术研究进展及其展望．地球科学进展，30（2）：196-213

张强，尹宪志，王胜，等．2017. 走进干旱世界．北京：气象出版社．

张强，曾剑，张立阳．2012a. 夏季风盛行期中国北方典型区域陆面水、热过程特征研究．中国科学：地球科学，42（9）：1385-1393.

张向茹，马露莎，陈亚南，等．2013. 黄土高原不同纬度下刺槐林土壤生态化学计量学特征研究．土壤学报，50（4）：818-825.

张秀云，姚玉璧，杨金虎，等．2017. 中国西北气候变暖及其对农业的影响对策．生态环境学报，26(9)：1514-1520.

张学斌，石培基，罗君，等．2014. 基于景观格局的干旱内陆河流域生态风险分析——以石羊河流域为例．自然资源学报，29（3）：410-419.

张雪琪，满苏尔 · 沙比提，马国飞．2018. 叶河平原绿洲气候变化及其对农业生产的影响．西北大学学报：自然科学版，48（2）：299-305.

张禹舜，贾文雄，刘亚荣，等．2016. 近 11 a 来祁连山净初级生产力对气候因子的响应．干旱区地理，39（1）：77-85.

张宇婷，张振飞，张志．2018. 新疆大南湖荒漠区 1992~2014 年间植被覆盖度遥感研究．国土资源遥感，30（1）：187-195.

赵灿，张宇清，秦树高，等．2014. 三种典型沙生灌木 NPP 及其分配格局．北京林业大学学报，36（5）：62-67.

赵东升，吴绍洪．2013. 气候变化情景下中国自然生态系统脆弱性研究．地理学报，68（5）：603-610.

赵鸿，王润元，尚艳，等．2016. 粮食作物对高温干旱胁迫的响应及其阈值研究进展与展望．干旱气象，34（1）：1-12.

赵锦．2015. 气候变化背景下我国玉米产量潜力及提升空间研究．北京：中国农业大学．

赵军，黄永生，师银芳，李龙．2015. 2000~2012 年祁连山中段雪线与气候变化关系．山地学报，33(6)：683-689.

赵玲．2012. 天山山区气候变化及其对草地植被的影响．乌鲁木齐：新疆农业大学．

赵敏丽，刘普幸，朱小娟，等．2012. 黑河下游绿洲胡杨物候期对 1960~2010 年气温变暖的响应．西北植物学报，32（10）：2108-2115.

赵峥 . 2013. 甘肃省生态系统胁迫评估及生态恢复研究 . 兰州：西北师范大学 .

郑璐倩，谈明洪 . 2016. 黑河中游地区作物用水效率比较及种植结构调整方向研究 . 地球信息科学学报，18（7）：977-986.

郑拴丽，许文强，杨辽，等 . 2016. 新疆阿尔泰山森林生态系统碳密度与碳储量估算 . 自然资源学报，31（9）：1553-1563.

周海鹰，沈明希，陈杰，等 . 2018. 塔里木河流域 60 a 来天然径流变化趋势分析 . 干旱区地理，41（2）：4-12.

周俊菊，雷莉，石培基，等 . 2015. 石羊河流域河流径流对气候与土地利用变化的响应 . 生态学报，35（11）：3788-3796.

周俊菊，石培基，雷莉，等 . 2016. 民勤绿洲种植业结构调整及其对农作物需水量的影响 . 自然资源学报，31（5）：822-832.

周琪，李平衡，王权，等 . 2014. 西北干旱区荒漠生态系统通量贡献区模型研究 . 中国沙漠，34（1）：98-107.

左其亭，张修宇 . 2015. 气候变化下水资源动态承载力研究 . 水利学报，46（4）：387-395.

Bai L，Chen Z S，Xu J H，et al. 2015. Multi-scale response of runoff to climate fluctuation in the headwater region of Kaidu River in Xinjiang of China. Theoretical and Applied Climatology，125（3-4）：703-712.

Chen Y N，Li B F，Li Z，et al. 2016a. Water resource formation and conversion and water security in arid region of Northwest China. Journal of Geographical Sciences，26（7）：939-952.

Chen Y N，Li W H，Deng H J，et al. 2016b. Changes in Central Asia's Water Tower：past，present and future. Scientific Reports，6：35458.

Chen Z S，Chen Y N，Li B F. 2013. Quantifying the effects of climate variability and human activities on runoff for Kaidu River Basin in arid region of northwest China. Theoretical and Applied Climatology，111：537-545.

Duethmann D，Menz C，Jiang T，et al. 2016. Projections for headwater catchments of the Tarim River reveal glacier retreat and decreasing surface water availability but uncertainties are large. Environmental Research Letters，11（5）：054024.

Fan Y T，Chen Y N，Liu Y，et al. 2013. Variation of baseflows in the headstreams of the Tarim River Basin during 1960—2007. Journal of Hydrology，487（2）：98-108.

Fang S，Yan J，Che M，et al. 2013. Climate change and the ecological responses in Xinjiang，China：model simulations and data analyses. Quaternary International，311：108-116.

Farinotti D，Longuevergne L，Moholdt G，et al. 2015. Substantial glacier mass loss in the Tien Shan over the past 50 years. Nature Geoscience，8（9）：716-722.

Hagg W，Mayer C，Lambrecht A，et al. 2013. Glacier changes in the Big Naryn basin，Central Tian Shan. Global and Planetary Change，110：40-50.

Han X，Xue H，Zhao C，et al. 2016. The roles of convective and stratiform precipitation in the observed precipitation trends in Northwest China during 1961~2000. Atmospheric Research，169：139-146.

Hu Z Y，Zhang C，Hu Q，et al. 2014. Temperature changes in Central Asia from 1979 to 2011 based on multiple datasets. Journal of Climate，27（3）：1143-1167.

Huang J P, Yu H P, Dai A G, et al. 2017. Drylands face potential threat under 2℃ global warming target. Nature Climate Change, 7: 417-422.

Jian D N, Li X C, Sun H M, et al. 2018. Estimation of actual evapotranspiration by the complementary theory-based advection-aridity model in the Tarim River Basin, China. Journal of Hydrometeorology, 19 (2): 289-303.

Jiao F, Wen Z M, An S S, et al. 2013. Successional changes in soil stoichiometry after land abandonment in Loess Plateau, China. Ecological Engineering, 58: 249-254.

Jin J, Wang Q. 2016. Assessing ecological vulnerability in western China based on Time-Integrated NDVI data. Journal of Arid Land, 8 (4): 533-545.

Kaldybayev A, Chen Y N, Vilesov E. 2016. Glacier change in the Karatal river basin, Zhetysu (Dzhungar) Alatau, Kazakhstan. Annals of Glaciology, 57 (71): 11-19.

Li Q, Yang G T, Zhang F, et al. 2019. Snow depth reconstruction over last century: trend and distribution in the Tianshan Mountains, China. Global and Planetary Change, 173: 73-82.

Li R L, Wang C H, Wu D. 2016. Changes in precipitation recycling over arid regions in the Northern Hemisphere. Theoretical and Applied Climatology, 131: 489-502.

Li W H, Fu A H, Zhou H H, et al. 2014. Analysis of trends and changes in the water environment of an inland river basin in an arid area. Water Environment Research, 86 (2): 104-110.

Li Z, Chen Y, Li W, et al. 2013. Plausible impact of climate change on water resources in the arid region of Northwest China. Fresenius Environmental Bulletin, 22 (9A): 2789-2797.

Liu Y T, Yang J, Chen Y N, et al. 2018. The temporal and spatial variations in lake surface areas in Xinjiang, China. Water, 10 (4): 431-452.

Liu Z F, Xu Z X, Fu G B, et al. 2013. Assessing the hydrological impacts of climate change in the headwater catchment of the Tarim River basin, China. Hydrology Research, 44 (5): 834-849.

Petrakov D, Shpuntova A, Aleinikov A, et al. 2016. Accelerated glacier shrinkage in the Ak-Shyirak massif, Inner Tien Shan, during 2003—2013. Science of the Total Environment, 562: 364-378.

Qin J, Liu Y, Chang Y, et al. 2016. Regional runoff variation and its response to climate change and human activities in Northwest China. Environmental Earth Sciences, 75 (20): 1366.

Sorg A, Bolch T, Stoffel M, et al. 2012. Climate change impacts on glaciers and runoff in Tien Shan (Central Asia). Nature Climate Change, 2 (10): 725-731.

Sun M P, Liu S Y, Yao X J, et al. 2018. Glacier changes in the Qilian Mountains in the past half-century: based on the revised First and Second Chinese Glacier Inventory. Journal of Geographical Sciences, 28 (2): 206-220.

Tian H, Wen J, Wang C H, et al. 2012. Effect of pixel scale on evapotranspiration estimation by remote sensing over oasis areas in north-western China. Environmental Earth Sciences, 67 (8): 2301-2313.

Wan L, Xia J, Bu H M, et al. 2014. Sensitivity and vulnerability of water resources in the arid Shiyang River Basin of Northwest China. Journal of Arid Land, 6 (6): 656-667.

Wang C H, Yang K, Li Y L, et al. 2017. Impacts of spatiotemporal anomalies of Tibetan Plateau snow cover on summer precipitation in East China. Journal of Climate, 30: 885-903.

Wang F, Pan X, Gerlein-Safdi C, et al. 2019. Vegetation restoration in Northern China: a contrasted picture. Land Degradation and Development, 31 (6): 669-676.

Wang H, Chen Y, Li W, et al. 2013. Runoff responses to climate change in arid region of northwestern China during 1960~2010. Chinese Geographical Science, 23 (3): 286-300.

Wang Y, Roderick M L, Shen Y, et al. 2014. Attribution of satellite-observed vegetation trends in a hyper-arid region of the Heihe River basin, Western China. Hydrology and Earth System Sciences, 18 (9): 3499-3509.

Wang Y, Shen Y, Chen Y, et al. 2013. Vegetation dynamics and their response to hydroclimatic factors in the Tarim River Basin, China. Ecohydrology, 6 (6): 927-936.

Wang Y J, Qin D H. 2017. Influence of climate change and human activity on water resources in arid region of Northwest China: an overview. Advances in Climate Change Research, 8 (4): 268-278.

Wang Y J, Wang Y, Xu H M. 2020. Impacts of 1.5℃ and 2.0℃ global warming on the runoff of three inland rivers in the Hexi Corridor, Northwest China. Journal of Meteorological Research, 34 (5): 1082-1095.

Xu C C, Chen Y N, Chen Y P, et al. 2013. Responses of surface runoff to climate change and human activities in the arid region of Central Asia: a case study in the Tarim River Basin, China. Environmental Management, 51(4): 926-938.

Xu J H, Chen Y N, Li W H, et al. 2014. Integrating wavelet analysis and BPANN to simulate the annual runoff with regional climate change: a case study of Yarkand River, Northwest China. Water Resources Management, 28: 2523-2537.

Xue L, Yang F, Yang C, et al. 2017. Identification of potential impacts of climate change and anthropogenic activities on streamflow alterations in the Tarim River Basin, China. Scientific Reports, 7 (1): 8254.

Yang F, Xue L Q, Wei G H, et al. 2018. Study on the dominant causes of streamflow alteration and effects of the current water diversion in the Tarim River Basin, China. Hydrological Processes, 32(22): 3391-3401.

Yang T, Li Q, Ahmad D S, et al. 2019. Changes in Snow Phenology from 1979 to 2016 over the Tianshan Mountains, Central Asia. Remote Sensing, 11 (5): 499.

Zhang A J, Liu W B, Yin Z L, et al. 2016. How will climate change affect the water availability in the Heihe River basin, Northwest China? Journal of Hydrometeorology, 17(5): 1517-1542.

Zhang A J, Zheng C M, Wang S, et al. 2015. Analysis of streamflow variations in the Heihe River Basin of Northwest China: trends, abrupt changes, driving factors and ecological influences. Journal of Hydrology: Regional Studies, 3: 106-124.

Zhang X Y, Zuo Q T. 2017. Analysis of series variational characteristics and causes of Tarim River Basin runoff under the changing environment. Applied Ecology and Environmental Research, 15(3): 823-836.

Zhang Y, Fu G, Sun B, et al. 2015. Simulation and classification of the impacts of projected climate change on flow regimes in the arid Hexi Corridor of Northwest China. Journal of Geophysical Research Atmospheres, 120(15): 7429-7453.

Zheng C, Wang Q. 2013. Spatiotemporal variations of reference evapotranspiration in recent five decades in the arid land of Northwestern China. Hydrological Process, 28 (25): 6124-6134.

Zhou H H, Chen Y N, Perry L, et al. 2015. Implications of climate change for water management of an arid inland lake in northwest China. Lake and Reservoir Management, 31: 202-213.

Zhu Z C, Piao S L, Myneni R B, et al. 2016. Greening of the Earth and its drivers. Nature Climate Change, 6（8）: 791-795.

第18章 黄土高原

主要作者协调人：刘国彬、李占斌
编　　　　审：傅伯杰
主　要　作　者：杨艳芬、党小虎、王国梁、张晓萍

▪ 执行摘要

黄土高原是我国水土流失最为严重、生态环境最为脆弱的地区之一。1961~2014 年，该区年降水量呈波动中下降的趋势，速率为 –7.9~–7.5mm/10 a，但未达显著性水平；年均温在波动中显著上升，速率为 0.31℃ /10 a。在气候变化和国家政策的共同影响下，该区生态环境和社会经济状况发生了以下变化：①耕地面积先增加后减少，草地面积减少，林地和居民地面积增加，植被覆盖度显著上升。②水力侵蚀面积持续减少。与 1952~1979 年相比，2000 年后黄土高原产流量减少了约 50%，产沙量锐减了约 85%。③目前该区水资源的植被承载力已接近阈值，该区植被承载力在未来气候条件下的阈值范围为 383~528g C/（m^2·a）。④气候变化增加了社会经济和粮食生产的脆弱性（高信度），加剧了苹果花期霜冻灾害的风险（高信度），并使苹果产业分布边界出现西移（高信度）和北扩（中等信度）的趋势。新时期黄土高原农业发展要以高效旱作农业为突破口，多渠道提高农民生计，水土流失治理要为国家生态文明建设和乡村振兴服务。

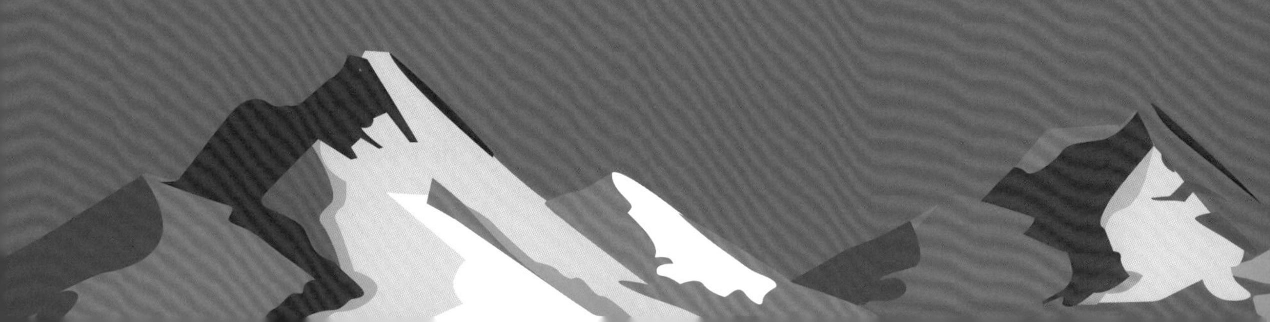

18.1 引　　言

黄土高原地区指黄河上中游主要被黄土所覆盖的地区，其位于32°N ~41°N，107°E~114°E（国家发展和改革委员会，2010）。黄土高原西起日月山，东至太行山，南靠秦岭，北抵阴山，面积62.4万km^2（张有实和张天曾，1991），涉及山西、内蒙古、河南、陕西、甘肃、宁夏、青海共7个省（自治区）341个县（市）（国家发展和改革委员会，2010）。黄土高原是我国乃至世界上水土流失最严重和生态环境最脆弱的地区之一，也是我国水土保持和生态建设的重点区域。《全国生态保护与建设规划（2013—2020年）》将“黄土高原－川滇生态屏障”纳为我国以“两屏三带一区多点”为骨架的国家生态安全屏障。同时，该区也是我国干旱半干旱区农牧业发展的典型区域和我国最重要的能源与化工基地。

在全球变化背景下，1901~2014年，黄土高原的年降水量年际变化趋势不显著，其中1920~1950年为降水量偏少年代，1961~1970年为降水量偏多年代，1991~2000年为降水量偏少年代（任婧宇等，2018；晏利斌，2015）。1961~2014年，黄土高原年降水量整体呈非显著下降趋势，速率为–7.9~–7.5mm/10a，2000年之前持续下降，2000年之后有所回升（肖蓓等，2017；晏利斌，2015）。黄土高原不同气候区降水特征存在明显差异。半湿润区年降水量显著下降，速率为–13.9mm/10a；半干旱区、干旱区和寒旱区的降水变化趋势不明显（肖蓓等，2017）。从气温的长期变化趋势来看，1901~1919年为气温偏低期；1920~1940年为近百年中的温暖期，平均温度上升了0.6~0.7℃；20世纪50~70年代前期，气温有所下降；70年代后期，气温呈现持续上升的趋势；80年代，气温升高，进入气温偏高期，达到显著趋势的区域集中在西部以外地区，其变暖速率由西南向东北逐渐变大；1990年开始气温进一步升高（任婧宇等，2018），气温发生突变，此后变暖加速，进入气温偏暖期（顾朝军等，2017；晏利斌，2015）。1961~2014年，黄土高原的年均温在波动中显著上升，速率为0.31℃/10a，区域气候对全球变化有显著响应（任婧宇等，2018；晏利斌，2015）。黄土高原北部年均气温增率较大，南部年均气温增率较小（晏利斌，2015）。

在气候变化背景下，黄土高原的生态环境和社会经济也发生了相应的变化。其中，生态环境演变主要表现为农、林、草用地面积数量结构的改变（刘国彬等，2017），植被覆盖度的增加（Yang et al.，2020；赵明伟等，2019；刘国彬等，2017；李钰溦等，2015），植被净初级生产力的增加及植物物候变化（谢宝妮等，2015，2014），土壤碳库变化（Deng et al.，2014），区域水土流失面积减少，产流、产沙数量显著减少（刘宝元等，2019a，2013），同期，社会经济演变主要表现为农业产业比重变化，作物的种植格局显著改变（李阔和许吟隆，2017；杨封科等，2015；杨晓光等，2010），苹果产业分布边界的西移北扩（张聪颖等，2018；刘天军和范英，2012），气候变化加重环境压力的脆弱性，从而对生计安全形成巨大挑战（李芬等，2011；鲍超和方创琳，2008）。气候变化为黄土高原农业发展和生态环境改善提供了历史机遇，但也带来了一定风险。极端降水事件增加对水保措施产生巨大危害，带来极大的水土流失风险（刘宝元等，2019b；Zhang et al.，2018）。在极端干旱事件频率增强的条件下，土壤干层现象加剧，植被存在退化风险，从而影响生态系统的可持续性。气候变化加剧农业灾害风险（Chen et al.，2018；Wu et al.，2014；刘彦随等，2010），使产量波动和减产的风险极高（程琨等，2011）。面对气候变化和生态环境演变，在新的历史时期，有必要提出相应的措施以应对气候变化带来的影响。发展高效旱作农业，多渠道改善农民生计，以促进农业可持续发展（萨茹拉等，2018；石育中等，2017；李如春和陈绍军，2013；贾洪雷等，2007；韩思明，2002）；合理确定植被类型、树种草种覆盖度、种植密度、群落搭配和植被建设方向，结合工程措施，以促进植被恢复的可持续发展（张文辉和刘国彬，2009；孙宝胜等，2005；周晓红和赵景波，2005；程积民等，2000；侯庆春等，1999）；将水土保持与区域系统治理有机结合，统筹规划，综合治理，突出植被和工程措施的融合，加强基础理论研究和技术研发，以进一步控制水土流失（余新晓和贾国栋，2019；高海东等，2017；刘震，2009；刘国彬等，2008）。

本次评估重点关注气候变化背景下黄土高原土地利用和植被覆盖动态变化、植被生产力和土壤碳库变化、产业发展、农民生计变化以及水土流失变化。同时，关注气候变化和生态环境演变为水土流失、植被恢复、农业带来的风险，并从农业和植被恢复的可持续发展、水土流失调控的角度提出适应对策，以期加快山水林田湖草系统治理速度，向实现美丽黄土高原目标方向挺进。

18.2　影响和脆弱性

18.2.1　土地利用和植被覆盖变化

自 1980 年以来，黄土高原各土地利用类型调整幅度较大，尤其自 1999 年退耕还林（草）工程实施以来，黄土高原植被覆盖度明显提升，尤其在 2000 年后显著提升。植被覆盖度在时间和空间上的表现与土地利用结构变化特征一致。其变化特征可以 2000 年为分界点分为两个时段。

2000 年之前，其主要变化特征是耕地面积增加，林地面积缓慢增加，草地面积减少，植被覆盖度缓慢增加；2000 年之后，各土地利用类型面积发生了较大变化，总体趋势为耕地、草地、水体、未利用地面积减少，林地和灌丛、居民建设用地等面积增加，而以耕地面积下降、林地面积明显增加为主要特征，同时植被覆盖度显著增加，表明随着耕地面积下降，林草地由低覆盖度转变为中高覆盖度的比例在增加。空间上则以退耕面积较大的黄土高原丘陵沟壑区土地利用变化相对剧烈，其次则是城市市辖区及其周边地区，城市化和工业化进程对建设用地的需求，导致居民点及工矿用地增长。

土地利用信息的解译受数据源及分类系统的很大影响。有的数据来源于 Landsat TM 遥感影像，采用人机交互解译、野外调查验证和纠正，有的数据来源于自然资源部（原国土资源部）。信息源及土地利用分类系统的差异，对同一地物类型判别标准的不同，导致结果不同（赵宏飞等，2018；刘国彬等，2017；周书贵等，2016；汤青等，2010），但各土地利用类型面积及其占比在趋势上基本保持一致。下面的土地利用动态分析采用了 Landsat TM 影像解译结果。

1. 土地利用动态变化

由于 1975~1980 年、1986~1997 年土地利用格局变化轻微，近 40 年来黄土高原土地利用空间分布采用了 1980 年、1995 年、2000 年、2015 年数据，如图 18-1 所示，数量变化则分别参考 1975~1980 年、1986~1997 年、2000 年、2015 年的数据，如图 18-2 所示。文字叙述分别采用 1980 年、1990 年、2000 年、2015 年来指征相应 1975~1980 年、1986~1997 年、2000 年、2015 年等不同时期。数据来源于刘国彬等（2017），并修改和完善了 2015 年信息，其数据来源信息见表 18-1。

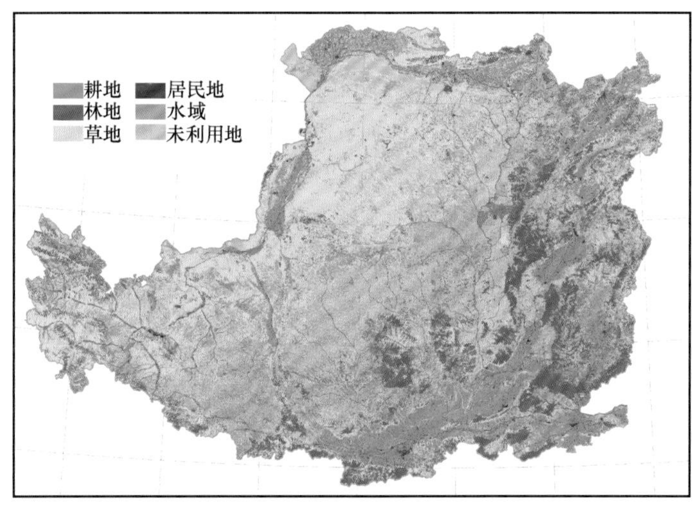

(a) 1980年

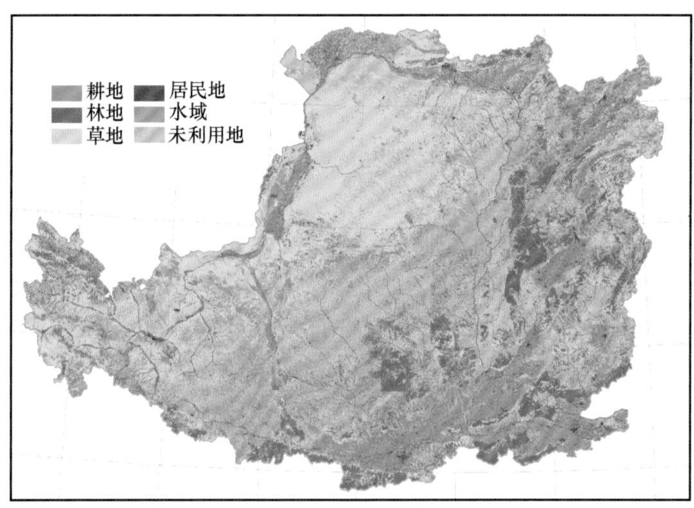

(b) 1995年

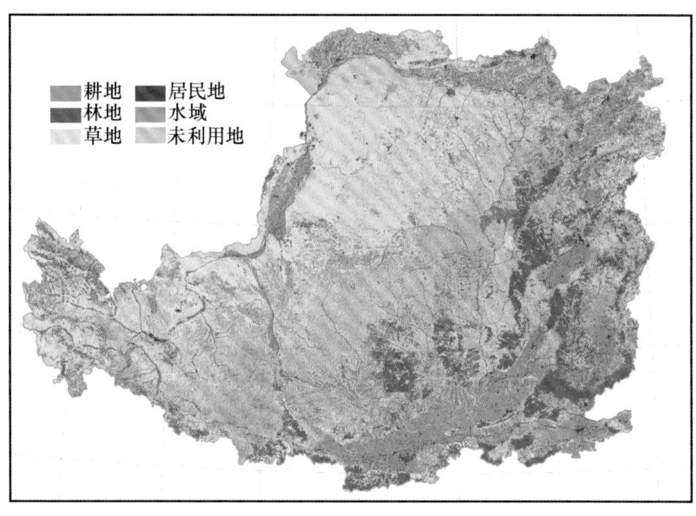

(c) 2000年

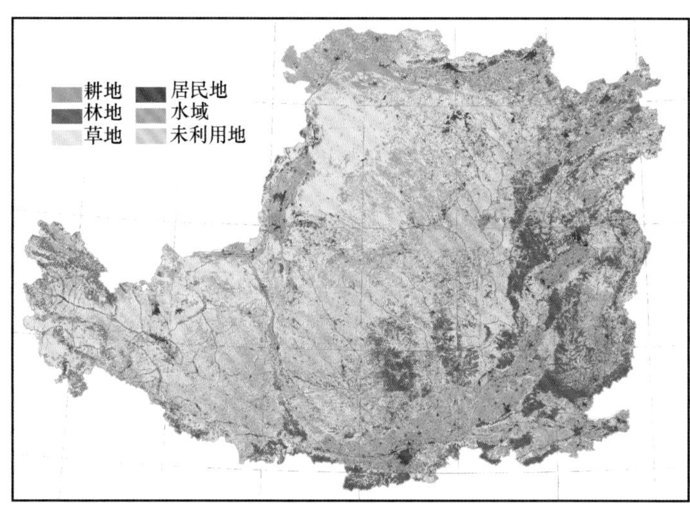

(d) 2015年

图 18-1 黄土高原土地利用空间变化图（1980 年、1995 年、2000 年、2015 年）

近 40 年来，黄土高原土地利用空间变化如图 18-1 所示，数量变化如图 18-2 所示，变化特征如下。

1）耕地先增加后减少

耕地面积由 20 世纪 80 年代的 17.96 万 km^2 增加到 90 年代的 19.67 万 km^2，2000 年达 20.64 万 km^2，到 2015 年减少至 18.97 万 km^2。前面两时段耕地面积占全区面积的比例分别为 28.8%、31.5%，2000 年时增加至的 33.1%，2015 年减少到 30.4%。

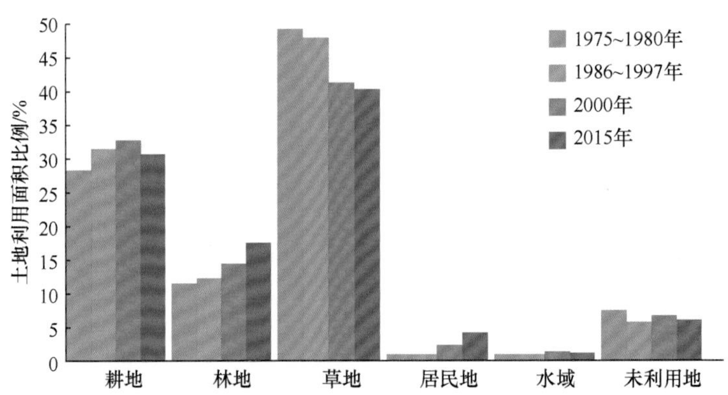

图 18-2　黄土高原近 40 年来土地利用数量变化图

表 18-1　黄土高原土地利用数据来源信息

时间	数据基础	分辨率 / 比例尺	数据来源
1975 年	Landsat MSS	栅格式 /80m	中国科学院水利部水土保持研究所机助分类结果；耕地、林地、草地、居民地、水域、未利用地 6 类
1997 年	Landsat TM	栅格式 /30m	同上
1986 年	Landsat TM	1 ∶ 50 万	中国科学院地理科学与资源研究所，人工目视解译；8 个 1 级分类，29 个 2 级分类
1980 年、1995 年、2000 年	Landsat TM	1 ∶ 10 万	中国科学院地理科学与资源研究所（973 项目贡献数据）；人工目视解译，分类系统同上
2010 年	Landsat TM	1 ∶ 10 万	中国科学院遥感与数字地球研究所（中国科学院科技服务网络计划项目共享）；机助分类后矢量化
2015 年	Landsat 8	栅格式 /30m	中国科学院地理科学与资源研究所；人工目视解译，分类系统同上

注：引自刘国彬等（2017），数据有更新。

2）林地先缓慢增加后快速增加

林地面积由 20 世纪 80 年代的 7.38 万 km^2 增加到 90 年代的 7.72 万 km^2，2000 年增至 9.25 万 km^2，2015 年增至 10.84 万 km^2。各时段林地面积占全区面积的比例分别从 11.8% 增加至 12.4%、14.8%，然后 2015 年快速增至 17.4%。

3）草地呈逐时段减少趋势

草地面积由 20 世纪 80 年代的 31.15 万 km^2 减少至 90 年代的 30.22 万 km^2，2000 年减少至 25.99 万 km^2，2015 年减少至 25.09 万 km^2。各时段草地面积占全区面积的比例分别为 49.9%、48.4%、41.7% 和 40.2%。

4）居民地增加，未利用地减少

居民地和建设用地持续增加区域主要位于城市市辖区及其周边地区。

黄土高原丘陵沟壑区是水土流失重点治理区，也是土地利用变化最显著的区域。选择位于典型丘陵沟壑区的吴起、延安、离石、绥德 4 个地区分析近 40 年来土地利用结构变化（图 18-3）表明，4 个地区境内的耕地大致表现出先略微增加，然后减少或急剧减少的特征，如吴起耕地面积占县域面积比例由 20 世纪 80 年代的 36.7% 增至

90 年代的 41.4%，2000 年为 39.0%，然后急剧减少到 2015 年的 23.8%。4 个地区境内的林地均表现为先缓慢增加，后迅速增加的趋势，如吴起林地面积比例由 1.3% 增至 14.1%，延安林地面积比例由 15% 增至 35.4%，离石林地面积比例由 27% 增至 47.5%，绥德林地面积比例由 7% 增至 14.8%。草地的变化有增加（如绥德）、稳定（如吴起）和减少（如延安、离石）等不同情形。

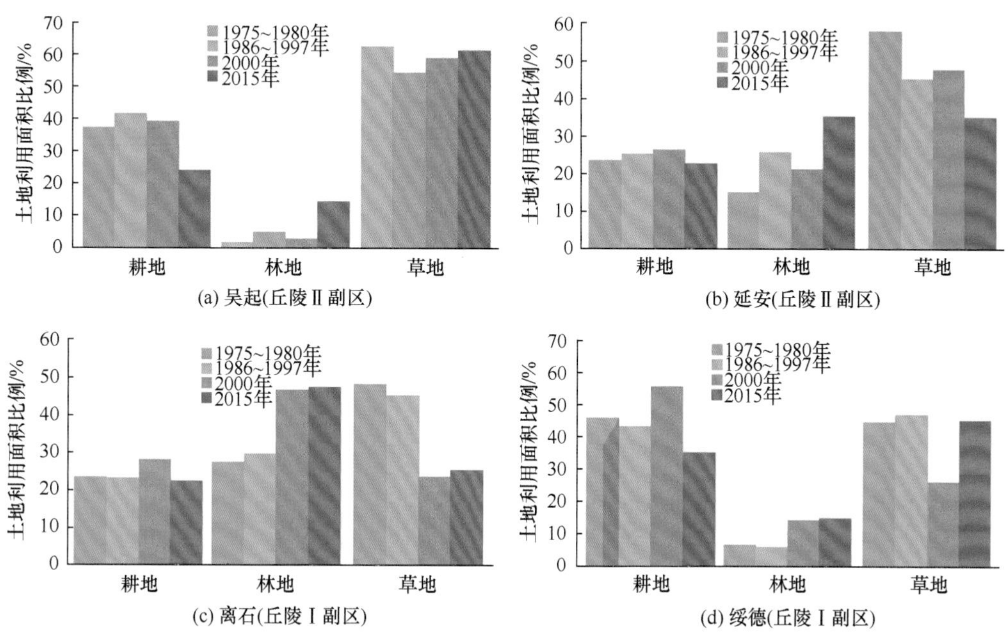

图 18-3　黄土高原 4 个地区境内的土地利用结构变化 [引自刘国彬等（2017），数据有更新]

按流域统计，延河、泾河和渭河流域为 1980~2015 年耕地减少最明显的区域，耕地面积分别从 3257km^2、26070km^2 和 23113km^2 减少至 3062km^2、25187km^2 和 22351 km^2，减少的面积分别为 194km^2、883km^2 和 762km^2，减少幅度分别为 5.9%、3.4% 和 3.3%。无定河和延河流域为 1980~2015 年林地增加最明显的区域，面积分别从 1588 km^2 和 840km^2 增加至 2107km^2 和 1063km^2，增加的面积分别为 519km^2 和 223km^2，增加幅度分别为 32.7% 和 26.5%。所有流域建设用地均有明显的增加，增加幅度均超过 50%。其他类型用地面积变化不明显（赵宏飞等，2018）。

2. 植被覆盖动态变化

采用像元二分法，由 MODIS-NDVI 反演的植被覆盖度表明，黄土高原 1982~2000 年多年平均植被覆盖度为 36%，2001~2012 年多年平均植被覆盖度为 41%（高健健等，2016；郭敏杰等，2014）。2000~2015 年，黄土高原区域内年植被覆盖度平均增长速率为 0.2%~1.4%（李钰溦等，2015；赵明伟等，2019）。

分析 NDVI 值的变化表明，1982~2013 年，其均值由 0.30 上升到 0.45，增加了 50.0%（图 18-4）。NDVI 值增加主要发生在春、夏两季，占全年总增量的 60% 以上（图 18-5）。

从空间格局特征看，中部丘陵区和土石山区 NDVI 值明显增加，NDVI 均值由 0.21 增加到 0.48，增加了 128.6%（图 18-4）（刘国彬等，2017）。

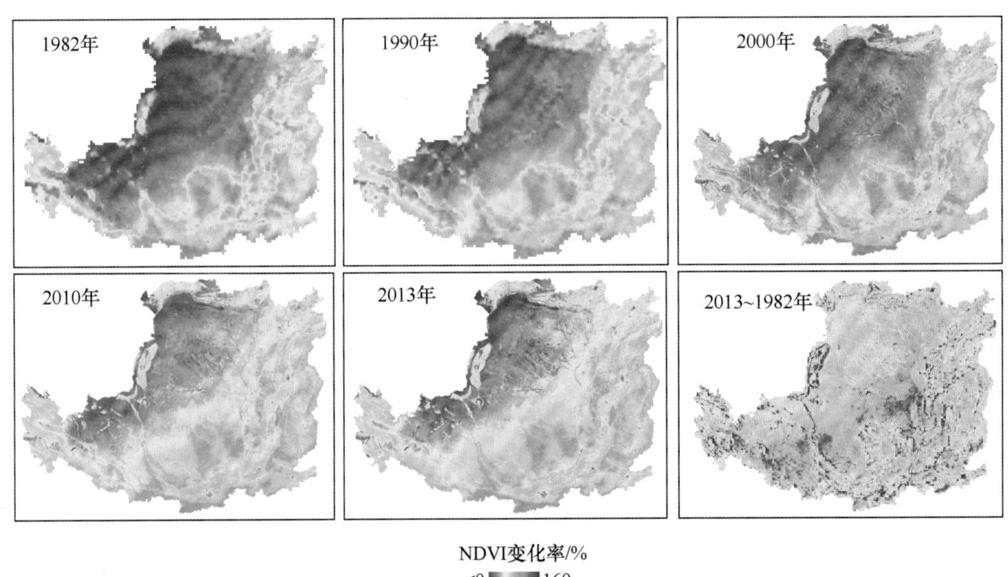

图 18-4 黄土高原归一化植被指数时空变化（1982~2013 年）（引自刘国彬等，2017）
2013~1982 年图表示 NDVI 变化百分比空间分布

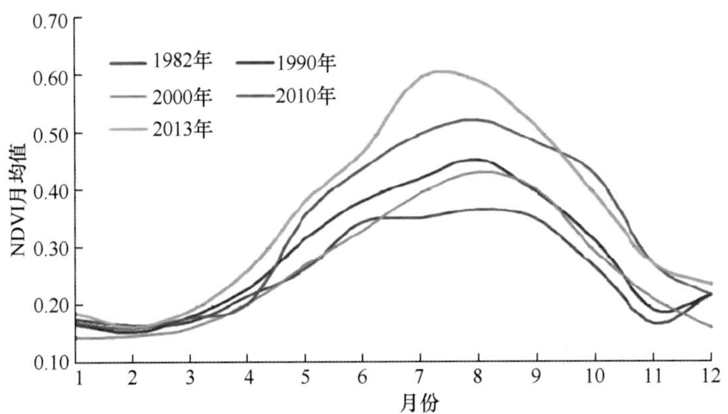

图 18-5 黄土高原 1982~2013 年各月 NDVI 均值变化（刘国彬等，2017）

自 2000 年以来，黄土高原年平均 NDVI 变化的区域特征如下：

（1）按省区，陕西北部地区增幅最大，为 0.47%；青海增幅最小，为 0.16%；山西、宁夏、甘肃、内蒙古分别增加 0.38%、0.33%、0.31%、0.23%。

（2）从黄河主要支流看，延河流域增幅最大，为 1.14%；无定河次之，为 0.59%；渭河干流增幅最小，仅为 0.43%。

（3）从黄土高原土壤侵蚀类型区看，水力侵蚀区植被覆盖度增长速率较快，风力侵蚀区则较缓。

由于枯草、枯枝、枯干、凋落物等非光合植被在碳储存、CO_2 交换、植被生产力和地表能量平衡等生态系统物质和能量流动中不可低估的作用，对非光合植被覆盖度的估算成为一种趋势。用 NDVI 和纤维素吸收指数（cellulose absorption index，CAI）分别估算光合植被指数和非光合植被指数，构建像元三分模型，从混合像元中线性分离出光合植被（photosynthetic vegetation，PV）覆盖度、非光合植被（non-photosynthetic vegetation，NPV）覆盖度和裸土（bare soil，BS）3 种成分，结果表明，黄土高原总植被覆盖度（包括光合植被覆盖度和非光合植被覆盖度）由 2001 年的 56% 增至 2017 年的 76.8%，如图 18-6 所示（Yang et al.，2020）。黄土高原总植被覆盖度的增加是光合植被覆盖度的增加、裸土和非光合植被覆盖度的下降导致的，如图 18-7 所示。

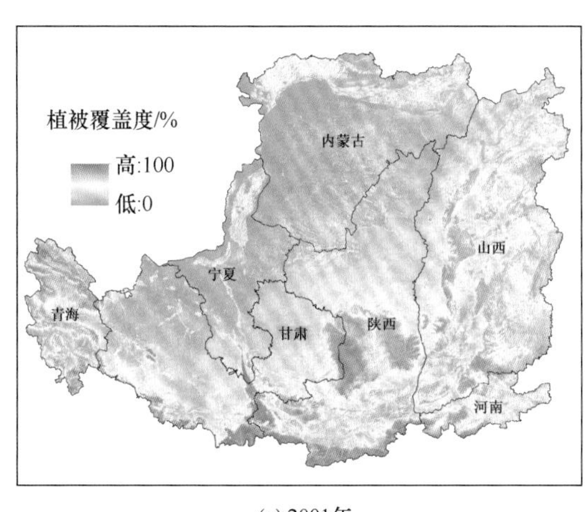

(a) 2001年

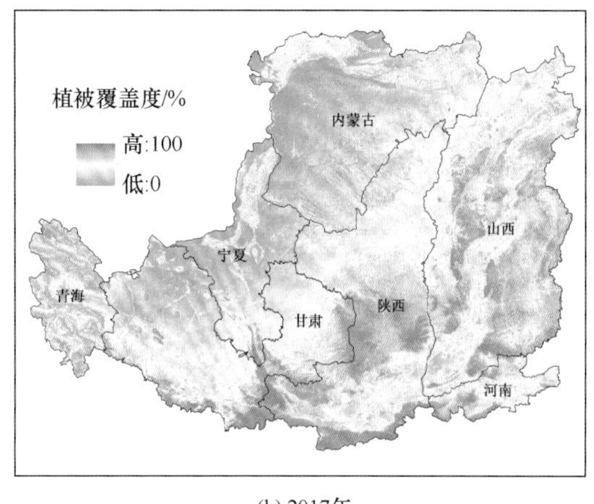

(b) 2017年

图 18-6　2001 年、2017 年黄土高原总植被覆盖度（PV+NPV）的变化与分布（Yang et al.， 2020）

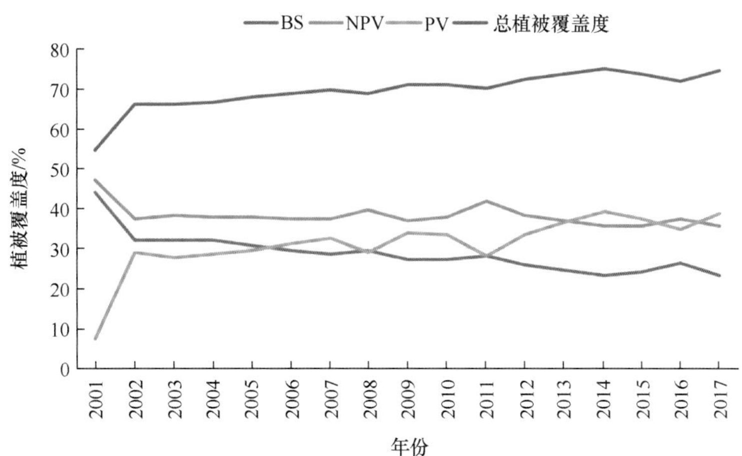

图 18-7　2001~2017 年黄土高原总植被覆盖度及其 3 种组分的变化趋势（Yang et al.， 2020）

18.2.2　水土流失变化时空分异

黄土高原土地利用和土地覆被下垫面的变化最突出和最明显的影响是削弱了土壤

侵蚀，减少了水土流失和河川径流量，大幅度降低了河道泥沙输移量。

1. 水力侵蚀状况

据2011~2012年第一次全国水利普查结果（2013年公布），黄土高原土壤流失面积共26.41万km^2，其中水力侵蚀面积21.69万km^2，占土壤流失总面积的82.1%，占黄土高原全区的34.8%，风力侵蚀面积4.72万km^2，占土壤流失总面积的17.9%，占全区的7.6%。水力侵蚀面积中，32.4%的面积位于山西，其次为陕西和甘肃黄土高原主体境内，比例分别为23.3%、18.9%，内蒙古黄土高原境内占了8.7%，青海和宁夏黄土高原境内分别为7.2%、6.4%，河南黄土高原境内为3.2%。而风力侵蚀面积的80.5%在内蒙古黄土高原主体境内，12.3%在宁夏，陕西、甘肃、山西黄土高原境内占比分别为4.0%、3.0%、0.2%，见表18-2（刘宝元等，2013）。

表18-2 2011年7省（自治区）黄土高原境内土壤流失面积（单位：万km^2）

侵蚀类型		山西	内蒙古	河南	陕西	甘肃	青海	宁夏	全区
水力侵蚀	轻度	2.66	1.53	0.24	3.18	1.53	0.48	0.68	10.30
	中度	2.42	0.26	0.24	0.15	1.26	0.45	0.43	5.21
	强烈	1.40	0.06	0.15	1.28	0.84	0.22	0.21	4.16
	极强烈	0.43	0.02	0.05	0.36	0.35	0.40	0.05	1.66
	剧烈	0.11	0.01	0.02	0.08	0.11	0.01	0.02	0.36
	水蚀总面积	7.02	1.88	0.70	5.05	4.09	1.56	1.39	21.69
风力侵蚀	轻度	0.01	1.46		0.07	0.12		0.26	
	中度		0.56		0.02	0.02		0.04	
	强烈		0.69		0.07			0.05	
	极强烈		0.84		0.03			0.21	
	剧烈		0.25					0.02	
	风蚀总面积	0.01	3.80		0.19	0.14		0.58	4.72
土壤流失面积		7.03	5.68	0.70	5.24	4.23	1.56	1.97	26.41

资料来源：根据刘宝元等（2013）中的数据整理。

据2018年全国水土流失动态监测结果（中华人民共和国水利部，2018），水土流失面积21.37万km^2，按黄土高原土地总面积62.4万km^2计算，其约占土地总面积的34.2%。其中，水力侵蚀面积16.29万km^2，风力侵蚀面积5.08万km^2。较第一次全国水利普查结果，2018年黄土高原地区水力侵蚀面积和风力侵蚀面积均表现为降低趋势。

2. 水力侵蚀动态

20世纪末，水利部采用1995~1996年Landsat TM影像，依据《土壤侵蚀分类分级标准》(SL 190—2007)，进行了第二次全国土壤侵蚀遥感调查，简称第二次遥感调查。其调查结果于2002年予以公布。采用第二次全国土壤侵蚀遥感调查结果和第一次全国水利普查结果（2011~2012 年，2013 年公布），进行生态环境恢复背景下的水力侵蚀动态变化说明。

黄土高原 20 世纪 90 年代中期水力侵蚀面积 33.41 万 km^2，占黄土高原总面积的比例为 53.5%。2011~2012 年水力侵蚀面积 21.69 万 km^2，占比为 34.8%。1995~2011 年，水力侵蚀面积减少了 11.72 万 km^2，水力侵蚀面积比例降低了 18.7%。减少的总水蚀面积中，中度水蚀面积减少程度最大，为 45.6%，其次为极强水蚀面积，减少了 21.6%，强度和剧烈水蚀面积分别减少了 17.0%、14.9%（刘宝元等，2013）, 如图 18-8 所示。

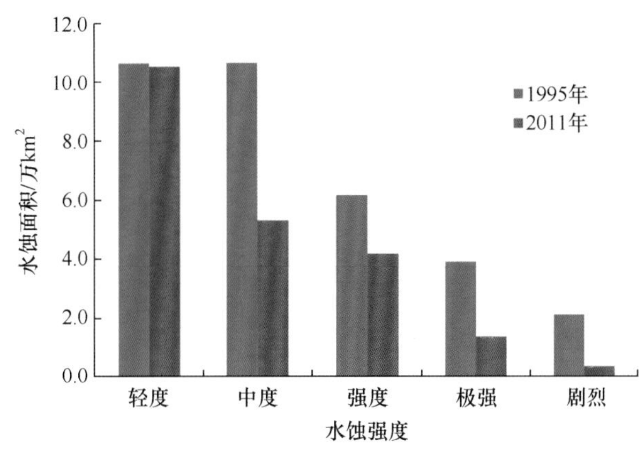

图 18-8　黄土高原区 1995 年、2011 年不同强度水蚀面积变化

[根据刘宝元等（2013）中数据整理]

黄土高原区减少的总水蚀面积中，甘肃黄土高原区减少面积占比最大，为 39.5%，其次为陕西、山西，分别为 23.4%、19.3%，三省份减少水力侵蚀面积占比之和为 82.2%。黄土高原内蒙古境内减少面积占比 7.9%，宁夏境内减少占比 5.9%，青海和河南境内减少面积占比分别为 2.3%、1.7%，见表 18-3。

表 18-3　黄土高原区内各省（自治区）不同水蚀强度级别面积变化动态（单位：万 km^2）

区域	轻度	中度	强度	极强	剧烈	小计
山西	–0.34	–1.13	0.25	–0.37	–0.67	–2.26
内蒙古	0.50	–0.67	–0.39	–0.30	–0.07	–0.93
河南	–0.42	0.02	0.13	0.05	0.02	–0.20
陕西	0.72	–1.59	0.10	–0.83	–1.14	–2.74
甘肃	–0.03	–1.74	–2.01	–0.96	0.11	–4.63
青海	–0.22	0.13	–0.02	–0.14	–0.02	–0.27
宁夏	–0.32	–0.36	–0.06	0.03	0.02	–0.69
全区	–0.11	–5.34	–2.00	–2.52	–1.75	–11.72

注：正值表示面积增加，负值表示面积减少。

资料来源：根据刘宝元等（2013）中数据整理。

20 世纪 90 年代中期后的 15 年间，黄土高原主要产沙流域中，窟野河流域水土流失面积减少了 0.10 万 km^2，减少幅度 24.3%。皇甫川流域水土流失面积减少了 0.09 万 km^2，减少幅度 40.6%。无定河流域水土流失面积减少了 0.30 万 km^2，减少幅度 21.1%。延河流域水土流失面积减少了 0.21 万 km^2，减少幅度 31.5%。北洛河流域水土流失面积减少了 0.72 万 km^2，减少幅度 40.0%。泾河流域水土流失面积减少了 1.71 万 km^2，减少幅度 49.5%。渭河流域水土流失面积减少了 1.85 万 km^2，减少幅度 50.6%。汾河流域水土流失面积减少了 0.45 万 km^2，减少幅度为 11.3%（穆兴民等，2019）。

据《中国水土保持公报》（2018 年），黄土高原区域 2011~2018 年水土流失变化情况见表 18-4。2011~2018 年的 8 年间，随着持续退耕还林（草）工程的实施，植被覆盖度的增加，水土流失面积减少 2.15 万 km^2，减幅 9.1%。黄河中游多沙粗沙区、甘青宁黄土丘陵区的水土流失面积分别减少 1.12 万 km^2、0.47 万 km^2，减幅分别为 9.2%、11.8%。

表 18-4 黄土高原区及重点治理区 2011~2018 年水土流失变化情况

区域	年份	水土流失面积 / 万 km^2			
		轻度	中度	强烈及以上	合计
黄土高原	2011	11.58	4.70	7.25	23.53
	2018	12.01	5.66	3.71	21.38
	变化	0.43	0.96	–3.54	–2.15
黄河中游多沙粗沙区	2011	5.47	2.06	4.64	12.17
	2018	5.39	3.41	2.25	11.05
	变化	–0.08	1.35	–2.39	–1.12
甘青宁黄土丘陵区	2011	1.68	1.20	1.10	3.98
	2018	1.74	1.00	0.77	3.51
	变化	0.06	–0.20	–0.33	–0.47

注：正值表示面积增加，负值表示面积减少。

资料来源：根据刘宝元等（2013）与《中国水土保持公报》（2018 年）数据整理。

3. 河川径流和输沙量变化

黄河及其主要支流的水沙变化显示出下垫面人类活动的阶段特征。对黄河流域及黄土高原境内支流及不同区间的河川径流与输沙变化趋势、变化数量及演变特征的研究工作非常多，然而其结论基本一致，即黄土高原不同流域、不同区间近 60 年来的产流、产沙量均呈现极显著降低态势。分别以干流龙门站、渭河华县站、汾河河津站、北洛河洑头站 4 站之和（1951~2015 年）和干流头道拐站（1952~2015 年）的水文数据系列作为黄河上中游、黄河上游来水、来沙数据分析基础，将 1952~1979 年作为水沙变化的参照年系列，分析黄土高原不同年代产流、产沙量的变化特征（刘宝元等，2019a），结果见表 18-5。

表 18-5　黄土高原产流、产沙量年代间对比

年份	产流量		产沙量	
	年均 / 亿 m^3	减少比例 /%	年均 / 亿 t	减少比例 /%
1952~1979	171.5	—	15.0	—
1980~1989	131.7	23.2	7.0	53.3
1990~1999	96.8	43.6	8.2	45.3
2000~2009	78.4	54.3	3.0	80.0
2010~2015	87.3	49.1	1.3	91.3

资料来源：根据刘宝元等（2019a）数据整理。

1952~1979 年黄土高原年均产流量为 171.5 亿 m^3，年均产沙量为 15.0 亿 t。自 20 世纪 70 年代以来，黄土高原产流量持续减少，1980~1989 年年均产流量为 131.7 亿 m^3，减少了 23.2%。1990~1999 年减少显著，年均产流量 96.8 亿 m^3，减少了 43.6%。2000~2009 年年均产流量 78.4 亿 m^3，减少幅度 54.3%。但 2010~2015 年产流量有所上升，甚至超过 21 世纪初期 10 年年均水平，年均 87.3 亿 m^3。

20 世纪 70 年代以来，黄土高原产沙量持续锐减。1980~1989 年和 1990~1999 年黄土高原年均产沙量分别为 7.0 亿 t 和 8.2 亿 t，较参照系列减少了 45.3%~53.3%，2000~2009 年年均产沙量进一步迅速减少为 3.0 亿 t，减少幅度 80.0%。2010 年后尽管产流量超过 21 世纪初期 10 年平均水平，但年均产沙量仍然持续减少至 1.3 亿 t，减少幅度达 91.3%。

黄河主要支流不同时段产流、产沙量的变化对黄土高原相应时段产流、产沙总减少量的贡献见表 18-6 和表 18-7。从表 18-6 可知，10 条主要支流不同时段产流减少量对黄土高原相应时段产流总减少量的贡献均在 60%~70%（57.9%~69.3%），而其中渭河、汾河、窟野河、无定河、泾河等较大支流贡献了 87%~94%（86.7%~93.7%）的产流变化量。同时，从表 18-7 可知，10 条主要支流不同时段对黄土高原产沙量减少的贡献在 61%~69%（61.0%~68.7%），其中约 72.3%~82.1% 的贡献来源于渭河、泾河、无定河、窟野河和北洛河。这个结果与 1980 年以来黄土丘陵区土地利用结构变化较大，以及陕北延安和榆林等丘陵沟壑地区植被覆盖度显著增加的研究结果相吻合。

表 18-6　黄河主要支流不同时段产流减少量对黄土高原相应时段产流总减少量的贡献（单位：%）

主要支流及控制水文站	1980~1989 年	1990~1999 年	2000~2009 年	2010~2015 年
皇甫川（皇甫站）	1.4	1.2	1.6	1.8
窟野河（温家川站）	5.4	3.8	6.1	5.7
秃尾河（高家川站）	2.7	1.7	2.1	2.5
无定河（白家川站）	11.2	7.3	7.8	7.4
清涧河（延川站）	0.9	–0.1	0.5	0.8
延河（甘谷驿站）	0.5	0.3	0.9	0.8
北洛河（洑头站）	0.8	1.2	2.0	1.8

续表

主要支流及控制水文站	1980~1989 年	1990~1999 年	2000~2009 年	2010~2015 年
泾河（张家山站）	3.2	2.2	6.1	4.7
渭河（咸阳站）	13.2	37.8	29.9	22.1
汾河（河津站）	20.8	13.2	12.3	10.3
合计	60.1	68.6	69.3	57.9

资料来源：根据刘宝元等（2019a）数据整理。

表 18-7 黄河主要支流不同时段产沙减少量对黄土高原相应时段产沙总减少量的贡献（单位：%）

主要支流及控制水文站	1980~1989 年	1990~1999 年	2000~2009 年	2010~2015 年
皇甫川（皇甫站）	2.2	5.1	4.2	4.2
窟野河（温家川站）	7.5	9.1	10.1	9.2
秃尾河（高家川站）	2.1	2.0	2.0	1.9
无定河（白家川站）	14.7	12.7	11.2	11.6
清涧河（延川站）	3.9	1.3	2.3	3.1
延河（甘谷驿站）	3.1	2.0	3.3	3.7
北洛河（洑头站）	5.6	0.5	5.1	6.1
泾河（张家山站）	11.1	5.0	13.3	14.9
渭河（咸阳站）	10.7	18.4	11.7	11.4
汾河（河津站）	4.0	4.9	3.0	2.6
合计	64.9	61.0	66.2	68.7

资料来源：根据刘宝元等（2019a）数据整理。

4. 气候和生态工程对黄河中游河川径流和输沙量变化的影响

一般认为，导致黄河中游河川径流和输沙量变化的重要因素有两个：一是全球气候变化背景下降水量的减少和气温的显著增加，二是生态工程等引起的下垫面变化。这里的生态工程泛指气候因素之外对流域水循环有重要影响的人类活动方式，包括政策引导下多项水土保持措施的实施，下垫面植被覆盖增加、微地形改造、梯田水库坝地修建，另外还有工农业发展的需水需沙要求等。水文法、水保法是普遍采用的估算不同因素贡献率的方法。

气候和生态工程对黄河中游主要支流年径流量变化的影响程度，不同流域研究结果有较大差异，但其平均比例为 3 ∶ 7（Gao et al.，2015）。对流域年输沙量的研究认为，生态工程等活动对输沙减少量的影响程度要大于对径流减少量的影响程度。相比于 1956~1975 年的参照系列，黄河中游各支流 2007~2014 年年均减产沙中，非降雨因素的贡献占到 90%~92%（刘晓燕等，2016），表明对于流域产流、产沙量的减少，生态工程等人类活动方式始终起着决定性作用。

随着数据的丰富，可以细化各项下垫面人类活动方式对水沙量变化的贡献程度。对比 1956~1975 年系列，2007~2014 年，黄河流域潼关站以上非降雨因素造成的总减沙量为 16.2 亿 ~17.8 亿 t，约占理论产沙量的 88%；在非降雨因素造成的减沙量中，林草恢复、修建梯田影响程度占比分别为 56.2%、40.3%，淤地坝削洪减冲和小型水保设施减沙作用占 3.5%（刘晓燕等，2016）。将 1919~1959 年作为基准期，2000~2012 年黄河流域潼关站以上年均径流量减少了 217.7 亿 m^3，其中降雨、下垫面变化、能源开发等对减流量的贡献分别为 2.1%、76.7% 和 21.2%，在下垫面变化各因素中，梯田、林草地（包括封禁）、坝地、经济社会用水、地表水、地下水超采等对减流量的贡献分别为 5.0%、9.8%、3.3%、37.8%、11.7% 和 9.1%。2000~2012 年黄河流域潼关站以上年均产沙量减少了 13.7 亿 t，其中降雨、下垫面变化、河道采砂等对减沙量的贡献分别为 22.1%、71.5% 和 6.4%，在下垫面变化各因素中，梯田、林草地、坝地、水库河道等对减沙量的贡献分别为 11.9%、23.0%、22.0% 和 14.6%（刘国彬等，2017）。

黄河潼关站 20 世纪 70 年代年均输沙量近 16 亿 t，而 2000 年后剧减为 3 亿 t。归因分析法认为，坝库、梯田等工程措施是 70~90 年代黄土高原产沙减少的主要原因，其影响程度达到 54%。2000 年以后，随着退耕还林还草工程的实施，植被措施成为土壤保持的主要贡献者，其影响程度达到 57%。

通过构建降雨 - 产流 - 产沙过程概念模型，从产流能力（年均产流量与年均降水量比值，即径流系数）和产沙能力（年均输沙量与年均产沙量比值，即含沙量）角度进一步分析表明，输沙减少量的 58% 是降雨产流过程中的径流系数降低引起的，其次是含沙量降低（30%）的影响和降水变化（12%）的影响（Wang et al., 2016）。

将坡面林草措施和梯田工程措施作为降低产流能力的主要作用因素，沟道坝库工程作为降低产沙能力的主要作用因素，上述方法所获结论相互印证，论证了径流作为侵蚀产沙主要驱动力的本质，也进一步证明林草恢复等坡面措施是减少侵蚀、降低输沙的根本措施。

1980 年以来，随着土地利用结构变化和植被覆盖度显著增加，黄土高原水土流失面积减小，水土流失强度降低。从生态恢复角度，水资源量和泥沙量的减少程度是否存在上限，从社会进步和经济发展角度，其对水资源的需求量会发生什么改变，黄土高原不同地区，资源禀赋存在差异，主导产业不同，空间上如何分配，亟须考虑和探讨。

18.2.3 植被生产力和土壤碳库变化特征

全球气候变化背景下，黄土高原人类活动影响下垫面土地利用类型，使土地覆盖度显著增加。气候和人类活动的双重影响会改变地表生物量、物候、流域水分循环过程和数量配比，而其影响程度也会因下垫面特征的不同而不同。

1. 对土壤碳库的影响

黄土高原土地利用变化和退耕还林（草）工程的实施促进了生态系统的恢复，影响了土壤碳循环和碳储量。而土壤碳循环和碳储量的改变又进一步影响了植被生产力与生态系统的结构和功能。

黄土高原退耕还林（草）具有较大的碳汇功能和固碳潜力，退耕年限是影响土壤固碳量的主要因子。黄土高原地区退耕还林（草）工程的固碳潜力为 0.59Tg/a，平均固碳速率为 0.29Mg/（$hm^2 \cdot a$），如图 18-9 所示。在影响土壤固碳量的主要因素中，退耕年限是主要因子，年均气温和初始土壤碳储量对土壤固碳量有明显影响，见表 18-8。在退耕还林、灌木、退耕还草中，退耕还草的固碳速率较高。因此，土地利用变化是影响土壤碳储量的重要驱动因素，退耕还林（草）工程对黄土高原地区土壤碳汇的增加起着重要作用（Deng et al.，2014）。

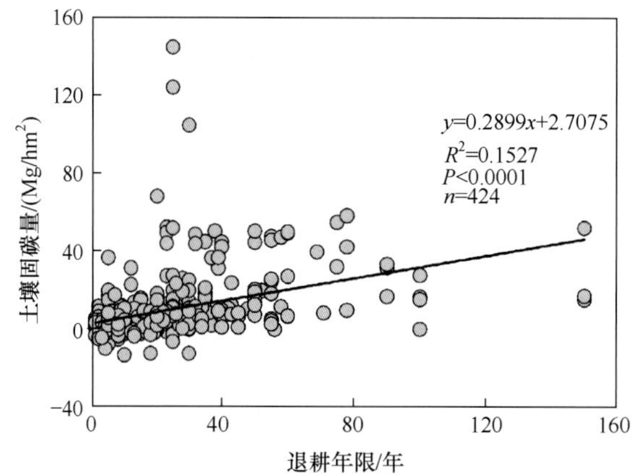

图 18-9 土壤固碳量与退耕年限之间的回归 [引自 Deng 等（2014）并进行编辑]

表 18-8 土壤固碳量与年均气温、年均降雨和退耕前初始碳储量间的 Pearson 相关系数

项目	退耕年限 / 年	年均气温 /℃	年均降雨 /mm	初始碳储量 /（Mg/hm^2）
土壤固碳量 /（Mg/hm^2）	0.391** （424）	−0.233** （424）	0.017 （424）	0.159* （256）
初始固碳量 /（Mg/hm^2）		−0.438** （256）	0.210** （256）	

** 表示在 0.01 水平上相关性显著（双尾）（$P<0.01$）；* 表示在 0.05 水平上相关性显著（双尾）（$P<0.05$）；括号内的数值为样本数量。

资料来源：引自 Deng 等（2014）并进行编辑。

2. 对黄土高原植被 NPP 的影响

黄土高原 2000~2010 年植被 NPP 显著提高。MODIS 传感器获得的 MOD17A3 数据表明，黄土高原植被总 NPP 从 2000 年的 119 Tg（以 C 计）增加到 2010 年的 144 Tg（以 C 计），年增速 4.57g/m^2（$P<0.05$）（以 C 计）。黄土高原约 91% 的区域 NPP 呈增加趋势，37% 的区域增加趋势显著，其主要分布在陕西、青海大部分地区、甘肃南部及宁南山区（谢宝妮等，2014），如图 18-10 所示。

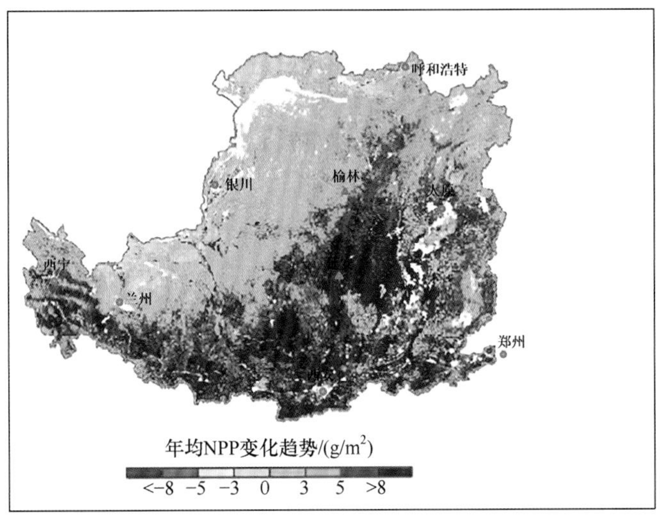

(a) NPP变化趋势

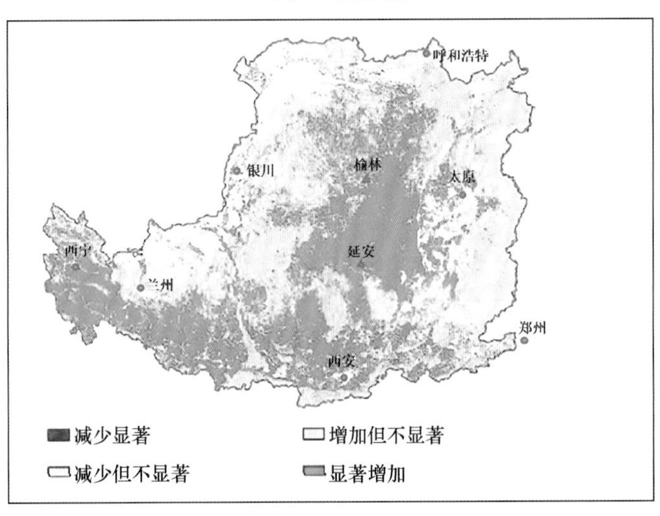

(b) NPP变化趋势显著性

图 18-10 2000~2010 年黄土高原年均 NPP 动态变化（谢宝妮等，2014）

整个黄土高原近 11 年间 NPP 变化受自然和人为因素共同影响，其中退耕还林还草累计面积、PDSI、耕地面积和人口数量是影响 NPP 变化的主要因素。退耕还林还草累计面积占四者总贡献率的 43%，PDSI 占 40%，耕地面积和人口数量分别占 13% 和 4%。

对于区域而言，由退耕还林还草工程引起的土地利用覆被变化是退耕区（陕北、甘肃东南部等）NPP 增加的主要因素，而近年来干旱情况的缓解（PDSI 呈上升趋势）则是青海、内蒙古等地 NPP 增加的主要因素。

3. 气候变化对植被物候的影响

采用 AVHRR 传感器获取的 1982~2011 年陆地长期数据记录（land long term data

record，LTDR）V4 NDVI 数据分析黄土高原植被物候的时空变化，并用偏相关分析方法对物候与气温和降雨的关系进行量化分析，结果表明，黄土高原近 30 年间春季物候提前显著，提前了约 16 天（0.54d/a，$P<0.001$），主要集中在北部草地和灌木植被；秋季物候推迟显著，推迟了约 22 天（0.74d/a，$P<0.001$），主要分布在甘肃、陕北、内蒙古和山西北部等地，生长季延长约 39 天（谢宝妮等，2015），如图 18-11 所示。

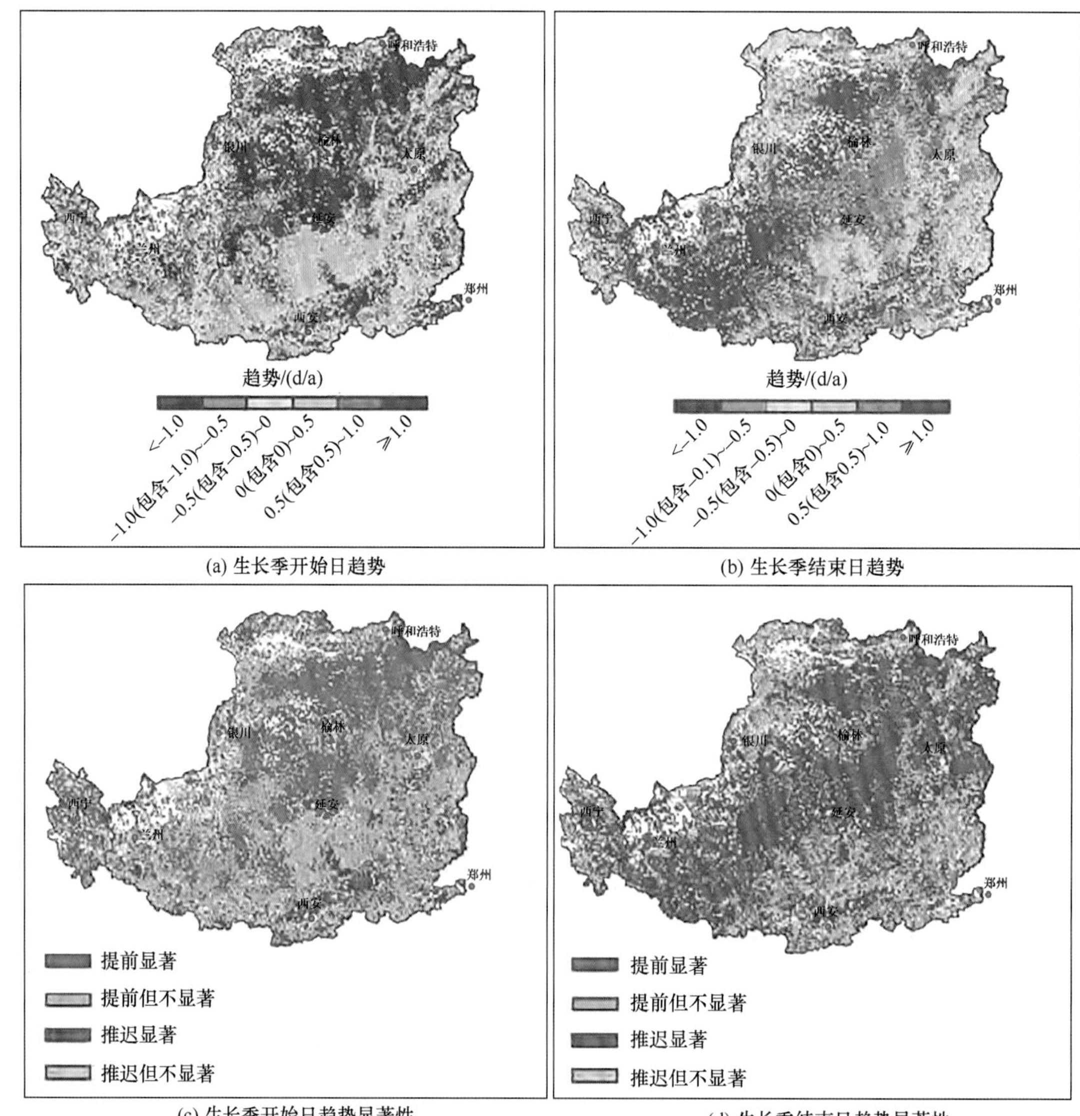

(a) 生长季开始日趋势　(b) 生长季结束日趋势

(c) 生长季开始日趋势显著性　(d) 生长季结束日趋势显著性

图 18-11　1982~2011 年黄土高原物候期动态变化（谢宝妮等，2015）

不同植被的春秋物候稍有差异，稀疏灌木林春季物候提前趋势最多（1.31d/a），常绿针叶林最小（0.19d/a）；秋季物候推迟最多的为乔木园地（1.18d/a），最少的为水田（0.17d/a）。

黄土高原植被物候主要受气温影响，降雨的变化也会对物候产生一定影响。冬季和前一年秋季气温上升是春季物候提前的主要驱动因子；夏季和秋季降雨则对秋季物候休眠期延迟起着重要作用。春季植被返青期提前可减少黄土高原风力侵蚀，秋季植被枯黄期推迟可减少水力侵蚀，它们对黄土高原生态系统发展具有重要意义。

4. 黄土高原植被恢复阈值

黄土高原地处内陆，降水量偏少。植被的生长和覆盖度的增加，大大增强了降雨截流和蒸散发量，减少了地表产流量，导致区域水资源量减少。随着工农业发展和经济水平提高，从水资源承载力角度保持植被生产力的同时，还需保证区域用水安全，需要基于水资源量的多少对植被恢复程度进行判断。

从“固碳量”概念出发，采用 2000~2010 年 MODIS 估算黄土高原区域 NPP 增幅，量化分析固碳、径流、蒸散发等生态效应，从当前植被恢复程度和居民对水的需求方面分析可知，黄土高原 NPP 最大阈值为 400 ± 5g C/（m^2 · a），而目前黄土高原地区 NPP 已经接近这个阈值。同时本书预测了未来气候变化条件下，该承载力阈值在 383~528g C/（m^2 · a）波动（Feng et al., 2016），如图 18-12 所示。

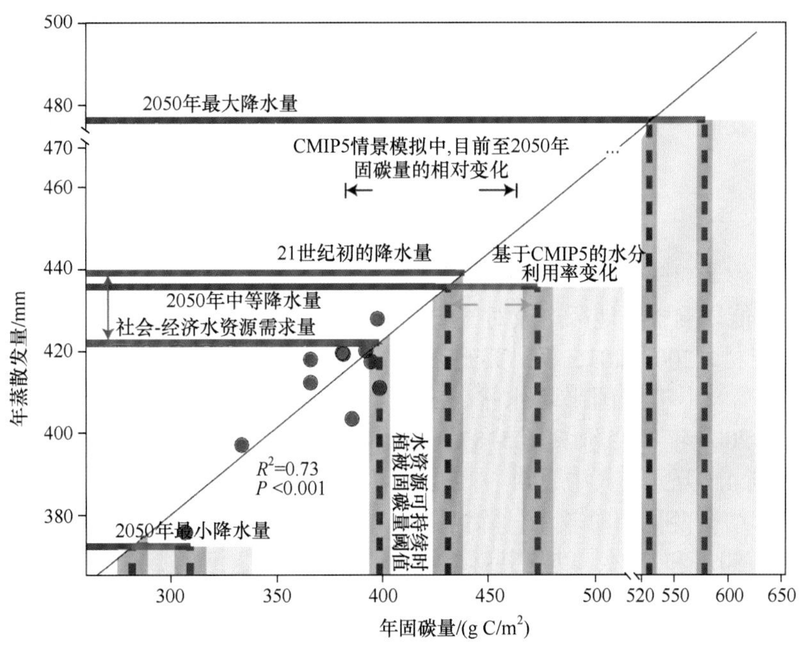

图 18-12 自然 – 社会 – 经济水资源可持续利用耦合框架下的黄土高原 NPP 阈值 [引自 Feng 等（2016）并进行编辑]

对黄土高原进行地貌分区，建立不同地貌区内气象条件和植被的响应曲线，基于“生境相似性”原则，估计黄土高原植被恢复潜力（高海东等，2017），结果表明，2013 年黄土高原平均植被覆盖度为 60.22%，而黄土高原平均植被恢复潜力为 69.75%，如图 18-13 所示。目前植被覆盖度接近潜力值，整个黄土高原植被覆盖度有大约 10% 的提升空间。

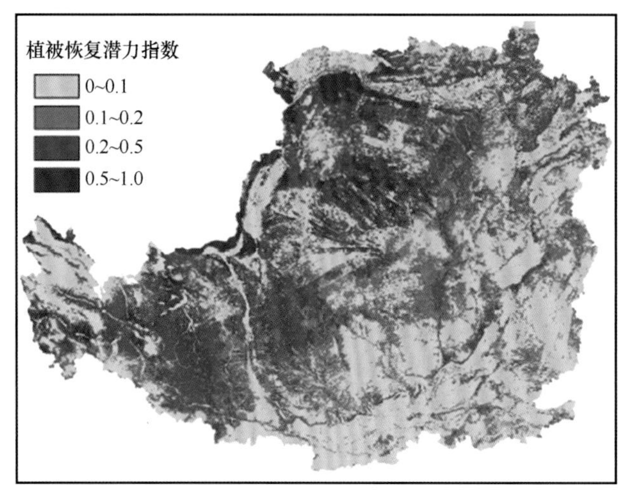

图 18-13 黄土高原植被恢复潜力指数（现状植被覆盖度与植被恢复潜力值的比值）（高海东等，2017）

从植被恢复“固碳量”和水资源承载能力出发，黄土高原地区植被恢复程度存在“阈值”。黄土高原地区从东南至西北，存在气候、植被、地形、土壤等的差异，如何指导不同地区土地利用结构合理调整，植被结构合理规划，生态功能达到平衡并持续高质量发展，是亟须考虑的问题。

18.2.4 产业发展

1. 种植业

黄土高原农业对气候变化较为敏感、脆弱性高（林而达和王京华，1994），农业产业比重变化可能影响整个地区产业对气候变化的敏感性和脆弱性。

据统计资料，2000~2015 年，黄土高原（不含河南）人口总体上有所增加，但年均增幅（0.75%）小于全国平均水平，2015 年总人口 1.09 亿人。同期黄土高原生产总值（GDP，2000 年不变价）从 5187.3 亿元增加到 42587.3 亿元（表 18-9），人均从 5638 元增加到 4.3 万元。其中，第一产业产值比重减小（表 18-10），但各省（自治区）农业产业内部结构变化相对较小，除内蒙古和青海这类畜牧业发展较好的区域种植业份额分别不足 50% 和 60%，以及宁夏 2000 年和 2005 年、河南 2005 年接近 60% 以外，其余各省（自治区）2000~2015 年间种植业所占农业产值比重均在 60% 以上，其中甘肃省高达 70% 以上（表 18-11）。过高的种植业占比增加了农业对气候变化暴露风险、敏感性和脆弱性的概率（谢立勇等，2014）。

表 18-9 黄土高原地区各省（自治区）GDP （单位：亿元）

年份	陕西	甘肃	山西	宁夏	内蒙古	青海	河南	总和
2000	1252.4	632.1	1845.7	156.3	577.6	157.2	566.0	5187.3
2005	3148.1	1190.4	4230.5	523.8	2149.6	341.5	1395.4	12979.3
2010	8799.1	2482.1	9200.8	1361.5	7178.1	860.9	3137.7	33020.2
2015	10712.1	2994.0	10960.7	2111.8	8931.7	1106.9	5770.1	42587.3

资料来源：2000~2015 年 7 省（自治区）县级统计年鉴。

表 18-10　黄土高原地区各省（自治区）农业产值及占 GDP 比例

年份	陕西		甘肃		山西		宁夏		内蒙古		青海		河南		黄土高原	
	产值 / 亿元	占比 /%	产值 / 亿元	占比 /%	产值 / 亿元	占比 /%	产值 / 亿元	占比 /%	产值 / 亿元	占比 /%	产值 / 亿元	占比 /%	产值 / 亿元	占比 /%	产值 / 亿元	占比 /%
2000	334.7	26.7	161.9	25.6	322.3	17.5	58.8	37.7	72.1	12.5	20.4	13.0	107.6	19.0	1077.8	20.8
2005	530.3	16.8	262.0	22.0	449.5	10.6	131.6	25.1	140.6	6.5	37.4	11.0	221.2	15.9	1772.6	13.7
2010	1124	12.8	466.8	18.8	990.9	10.8	279.2	20.5	253.9	3.5	69.3	8.1	384.7	12.3	3568.8	10.8
2015	1285.5	12.0	574.9	19.2	1107	10.1	356.9	16.9	571.6	6.4	91.873	8.3	657.8	11.4	4645.6	10.9

资料来源：2000~2015 年 7 省（自治区）县级统计年鉴。

表 18-11　黄土高原地区各省（自治区）种植业产值及占农业产值比例

年份	陕西		甘肃		山西		宁夏		内蒙古		青海		河南		黄土高原	
	产值 / 亿元	占比 /%	产值 / 亿元	占比 /%	产值 / 亿元	占比 /%	产值 / 亿元	占比 /%	产值 / 亿元	占比 /%	产值 / 亿元	占比 /%	产值 / 亿元	占比 /%	产值 / 亿元	占比 /%
2000	243.2	72.7	123.7	76.4	218.3	67.7	34.5	58.6	33.5	46.5	10.3	50.4	71.8	66.7	735.3	68.2
2005	367.8	69.4	189.3	72.2	281.7	62.7	76.8	58.4	52.1	37.0	18.3	48.9	129.2	58.4	1115.2	62.9
2010	808.8	71.9	370.4	79.3	669.0	67.5	184.3	66.0	87.1	34.3	39.4	56.8	236.7	61.5	2395.7	67.1
2015	865.1	67.3	449.0	78.1	747.2	67.5	252.0	70.6	142.9	25.0	52.8	57.5	415.7	63.2	2924.7	63.0

资料来源：2000~2015 年 7 省（自治区）县级统计年鉴。

自 1980 年以来中国农业的重心正在向北方转移，黄土高原作物的种植格局变化显著（高信度）。相比 1980 年前，1981~2007 年山西、陕西、内蒙古、宁夏、甘肃和青海冬小麦的种植北界不同程度地北移西扩（杨晓光等，2010）；西北地区东部冬小麦种植北界已向北扩展了 50~100km，向西延伸明显，种植分布也从海拔 1800~1900 m 上升到 2000~2100m；农牧交错带的春小麦种植面积缩小，部分地区种植界限南移；气候暖干化是其主要影响因素（李阔和许吟隆，2017）。暖干化使得甘肃干旱半干旱区南移约 50km，主要作物生育期有效积温增加，生长期延长，熟性、布局和种植制度改变，宜种区和种植海拔增加，多熟制北移（杨封科等，2015；房世波等，2011；杨晓光等，2010；杨小利等，2009）。

2. 苹果产业

气候变化对苹果产业分布边界产生了重大影响，首先出现西移（高信度）北扩（证据一般，中等信度）的趋势，具体表现为：一是苹果生产布局可能由四大区域（环渤海湾、黄土高原、黄河故道、西南冷凉高地）向两大区域（环渤海湾和黄土高原）集中；二是 2 个优势产区之间出现“西移”趋势（张聪颖等，2018；刘天军和范英，2012），即面积和产量在环渤海湾下降，而在黄土高原增加。其次，黄土高原内部呈现出明显的“北扩”趋势（刘天军和范英，2012）。2009 年两大优势主产区的苹果种植面积和产量分别为 177.5 万 hm^2 和 2860.50 万 t，分别占全国种植面积和产量的 86.63% 和 90.29%。另外，1988~2009 年环渤海湾区种植面积以年均 1.53% 的速率下降，占全国苹果种植面积的比重由 53.3% 下降到 30.6%。而黄土高原区苹果种植面积以年均 3.38% 的速率增长，占全国苹果种植面积的比重从 33% 增长到 56%，从规模和产量看，黄土高原已经成为中国苹果产业的核心区域。而陕西是黄土高原的主要苹果生产省，2009 年总产量 805.17 万 t，占 2 个优势产区产量的 28%，位居全国第一。

同时暖干化和极端气候事件频率增高加剧了黄土高原苹果花期霜冻灾害的风险（高信度）。一方面，暖干化使得黄土高原陕北米脂和宁夏红寺堡水果花期提前，而春季气温波动给果树花期带来了巨大的冻害风险（Burnham et al.，2016）。陕西苹果花期冻害的重度风险区集中在陕北的西部、渭北及关中西部局部高海拔地区，中度风险区集中在陕北的西北部和渭北北部地区（屈振江等，2013）。另一方面，20 世纪 90 年代以来，高温日数增加使果树受高温影响的概率增大（李星敏等，2011），增温导致陕西咸阳和洛川的苹果花期提前（彭颖姝等，2018），花期提前使得低温对花的冻害风险增加。

18.2.5 农民生计

气候变化对人类系统的不利影响主要通过脆弱性和暴露度来体现（Rudd et al.，2018；萨茹拉等，2018；Burnham et al.，2016；Li et al.，2016）。社会经济发展过程的不均衡和非气候因子的复杂性，导致了脆弱性和暴露度的巨大差异，形成了不同的气候变化风险。一些极端气候事件（热浪、干旱、洪水、热带气旋和野火等）的影响表明，一些生态系统和人类系统对气候变率表现出明显的脆弱性和暴露度。气候灾害加剧了其他威胁，其经常会对生计带来不利影响。21 世纪气候变化影响可能减缓经济增长，削弱粮食安全（姜彤等，2014），尤其是降水波动可能潜在地加重雨养农业区贫困的不利影响以及对其他形式环境压力的脆弱性，从而对生计安全构成巨大挑战（李芬等，2011；鲍超和方创琳，2008）。黄土高原低收入水平、高恩格尔系数和对高风险旱地农业的依赖可能是生计脆弱性的主要因素，因为这些因素刻画了该地区大多数农民的生活状况，显示了他们对当前气候波动以及未来气候变化的脆弱性。农村人口比城市人口更加脆弱，农村人口承受较高的贫困水平、低的人口发展和更有限的市场条件、公共设施和公共服务。女性家长家庭、缺地家庭以及贫困家庭比其他家庭更加脆弱，因为他们无法保障生计资源获取和其他生计替代途径（Li et al.，2013）。

18.3 风　　险

1980 年以来，黄土高原土地利用结构有了较大改变，植被覆盖度显著增加。虽然降水量呈现减少趋势，但极端降雨和极端干旱事件发生频率在增加。极端降水事件的增加，将对梯田坝地等水土保持措施的正常实施产生一定威胁，增加土壤侵蚀和水土流失的风险。极端干旱事件的发生严重威胁到人工建造植被生态系统的稳定性和工农业生产的正常运行。

18.3.1　极端暴雨下的土壤侵蚀和水土流失

极端降水事件中高强度的降雨强度和极大的降水量对各类水土保持措施会产生巨大危害，从而产生极大的水土流失风险（高信度）。

例如，2017 年 7 月 25 日 20 时至 26 日 8 时，黄河中游山西、陕西两省区中北部地区降大到暴雨，其中无定河普降暴雨到大暴雨，暴雨中心位于子洲、米脂、绥德 3 县境内。50mm 以上降水量面积占大理河流域面积的 97%；100mm 以上降水量面积占大理河流域面积的 66%。大理河岔巴沟曹坪以上（187km^2）平均降水量为 177.8mm。特大暴雨产生了极大的土壤侵蚀量，从而造成了严重的水土流失（刘宝元等，2019b）。

对岔巴沟流域的调查表明，极端暴雨条件下，坡耕地细沟、切沟数量剧增，梯田损毁，道路被冲垮，沟道淤地坝垮塌，坝地被淹埋。据调查，裸露坡耕地细沟侵蚀模数高达 27288t/km^2，分别是作物坡耕地的 1.7 倍，撂荒 1 年坡耕地的 9.7 倍，有截水沟坡耕地的 13.1 倍。各调查小流域中，新增切沟密度 49 条 /km^2，总侵蚀量 3621m^3，单位面积新增切沟侵蚀体积均值 1127.0m^3/km^2。极端暴雨条件下梯田发生表层结皮脱落、田埂滑塌崩塌、田埂被冲毁、田面陷穴穿洞等损毁。新机修梯田平均侵蚀模数 19200t/km^2，老梯田平均侵蚀模数 34000t/km^2，隔坡梯田平均侵蚀模数达 121100t/km^2。流域中梯田平均侵蚀模数超过 30000t/km^2。大型机动车土路平均侵蚀模数 55370t/km^2、农用车土路 44758t/km^2、人行土路 8255t/km^2。流域中道路平均侵蚀模数为 29165t/km^2。

对水文站洪水事件的研究表明，近 50 年来黄土高原土地利用变化和地表植被的改善作用大幅度减少了年径流量和输沙量。但是这种效益是通过减少≤ 5 年重现期的大概率洪水事件地表径流量和产沙量，进而改变其水沙关系来获取效益的，对于≥ 10 年重现期的小概率洪水事件，无论从产流量、产沙量及其水沙关系上都不足以改变其水沙行为，表 18-12 以吴旗水文站（3408km^2）1963~2011 年洪水事件进行的分析（Zhang et al.，2018）表明，黄土高原近 40 年来土地利用和土地覆被变化削弱侵蚀减少水土流失的作用在极端降水事件中存在局限性。

表 18-12　不同重现期洪水发生次数及相应的地表产流量和产沙量变化

项目	重现期 / 年	1963~1979 年		1980~2002 年		2003~2011 年	
		总量	比例 /%	总量	比例 /%	总量	比例 /%
洪水 / 次	1~5	179	96.8	150	97.4	32	100
	10~100	6	3.2	4	2.6	—	—
年均地表产流量 /mm	1~5	16.49	79.7	8.91	69.3	2.9	100
	10~100	4.21	20.3	3.94	30.7	—	—
年均产沙量 /（t/hm^2）	1~5	10896.76	79.2	6004.87	66.9	1485.11	100
	10~100	2868.81	20.8	2973.87	33.1	—	—

资料来源：数据引自 Zhang 等（2018）并进行编辑。

近 40 年来，黄土高原植被覆盖度显著增加，植被恢复与水土保持措施对水土流失的治理程度逐步提高，极端现象在水土流失过程造成的灾害性土壤侵蚀现象逐渐凸显，亟须考虑极端暴雨侵蚀的过程与机理、侵蚀性降雨指标、有效治理度、不同治理措施的数量和空间配置等问题。

18.3.2 黄土高原植被恢复下的土壤干层

黄土高原土壤干层是区域水文、气候、土壤、地形条件下土壤水分循环的一个综合结果，是土壤对植被过度消耗深层土壤水分、强烈蒸散发、长期水分供给不足等过程的一种响应。在极端干旱事件频率增强条件下，土壤干层现象会加剧，植被存在退化风险（中等信度），会影响到生态系统的可持续性。

土壤干层主要是由自然因素决定的，不论是人工林还是自然林，厚层黄土上的中龄林一般都有干层发育，在干层发育弱的地区可以造林，在干层发育强的地区则不适宜造林，人为因素与自然因素的发展变化和两者的共同作用都促进了土壤的干化（赵景波和李瑜琴，2005；王力等，2004）。当前，黄土高原地区土壤干层分布广泛，且具有明显的空间变异性和分布格局。土壤干层的平均厚度为 160 cm，在剖面上的起始形成深度平均为 270cm。区域尺度上土壤干层厚度的变异程度属于强变异（CV = 110%），土地利用对土壤干层具有极显著（$P<0.001$）的影响。不同土地利用下土壤干层厚度的大小顺序为：农地 < 草地 < 林地；而干层起始形成深度则为：农地 > 林地 > 草地。土壤干层空间分布图 18-14 表明，在黄土高原西部（即宁夏盐池→陕西定边→宁夏固原→甘肃静宁、甘谷沿线以西）和中部地区，特别是陕西和山西交界的沿黄地区，土壤干层厚度较厚；而在黄土高原沿黄灌区（如宁夏、内蒙古灌区）、内陆灌区、汾河灌区、南部关中平原等地，土壤干层厚度较薄（王云强等，2016）。

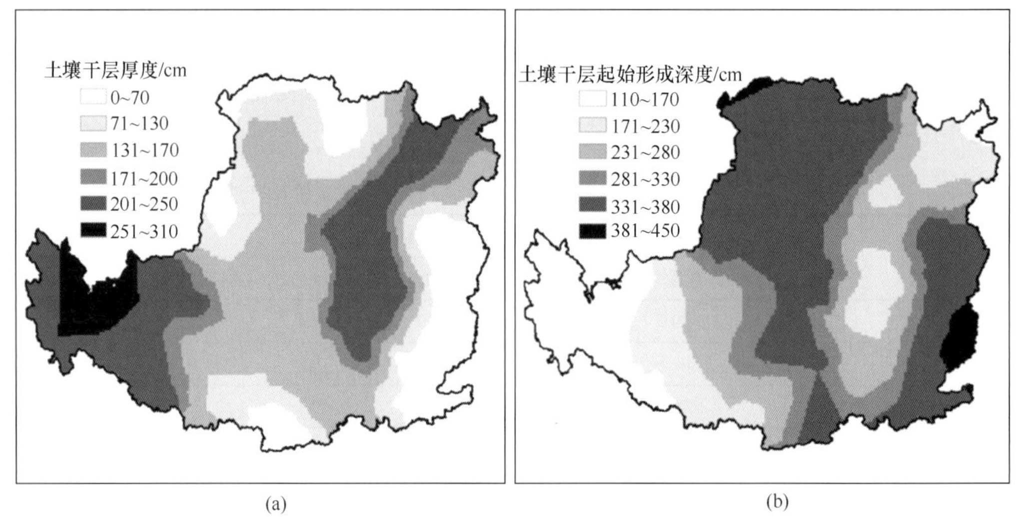

图 18-14 黄土高原地区土壤干层厚度（a）及其起始形成深度（b）的空间分布（王云强等，2016）

18.3.3 农业风险

粮食安全一直以来是国内农业争论的焦点问题，尤其是退耕还林政策加剧了人们对粮食安全的担忧，黄土高原属于生态脆弱区和重点退耕区，尽管其不是国内粮食生产重点区域，但是长期以来亿万农民对雨养农业的依赖和长期的自给意识，使这里的农民十分看重农业和粮食生产。在这种背景下，黄土高原农业的气候变化风险，尤其是暖干化背景下的旱地农业系统作物减产风险剧增，使苹果生产同样面临极端气候频率、霜冻和热害增加的风险（高信度）。

黄土高原是典型的雨养农业区，气候变化加剧农业灾害风险（Chen et al., 2018; Wu et al., 2014; 刘彦随等，2010），其对21世纪初期中国粮食生产的影响总体上是消极的，以单产下降或产量波动最普遍（吴绍洪等，2016；钱凤魁等，2014；程琨等，2011；Tao et al., 2008；张强等，2008）；不考虑技术进步，气候变化可能造成中国粮食自给率下降，粮食安全风险增加（吴绍洪等，2016；Ye et al., 2013）。暖干化加速及与之相关的降水变化影响中国农业和粮食生产，21世纪中国面临的一个最严峻的挑战是保障粮食供给持续满足人口需求，满足这种需求需要技术和制度创新，以增加粮食生产，推动对气候变化的适应（Wu et al., 2014）。但是相比耕地面积、人口增长、社会经济和技术发展途径，气候变化下粮食安全的风险是适度可控的（Ye et al., 2013）。

气候变化对黄土高原地区粮食生产的消极影响是显著的，产量波动和减产的风险是极高的（程琨等，2011）。1961~2010年黄土高原粮食产量响应降水量的变异系数呈现从东南的12%到西北的66%的较大变幅，其增加了减产风险，其中平凉、庆阳、榆林、延安、运城、临汾和三门峡等12个地方的产量下降了120~720kg/(hm^2 · 10a)（He et al., 2014）。1981~2006年黄土高原的粮食生产损失平均为10.9%，主要粮食作物玉米、小麦和豆类产量对生长期温度增长的负响应最显著、损失最大（Xiong et al., 2014）。以干旱为主的气象灾害频率的增加使马铃薯种植的脆弱性和风险显著增加（杨封科等，2015；姚玉璧等，2013），部分地区的适种区面积减少（王鹤龄等，2017）。黄土高原气候暖干化增加粮食减产风险可能与降水减少及高干旱敏感性作物面积过大有关（Jiang et al., 2012），暖干型气候降低了雨养农业区10%~20%的气候产量（杨封科等，2015；张强等，2008）。

18.4 适应对策

总体来看，未来黄土高原气候及生态环境演变的总趋势表现为：①在气候方面，有暖干化发展趋势，部分地区极端降雨频率增加。②在生态环境方面，土地利用结构将进一步调整，其中坡耕地面积将呈下降趋势，林地和草地面积呈增加趋势。退化植被将进一步恢复，植被覆盖度呈增加趋势。水土流失面积和土壤侵蚀强度呈降低趋势。③在社会经济方面，农村人口下降，城镇人口增加，农村产业和农民生计非农化倾向明显。随着社会发展水平不断提高，人均收入增加，人民对“三生”（生产、生活和生态）空间改善的要求越来越高。

在新时期，国家对生态环境治理提出了更高要求。2007年10月，党的十七大报告将建设“生态文明”作为全面建设小康社会的新要求。2016年10月，财政部、国土资源部、环境保护部联合印发了《关于推进山水林田湖生态保护修复工作的通知》，对各地开展山水林田湖生态保护修复提出了明确要求。2017年10月，党的十九大报告中提出了“乡村振兴战略”。因此，黄土高原气候和生态环境演变的适应要从国家需求和当地人民的需求出发，针对黄土高原农业和生态环境可持续发展的潜力和脆弱性提出相应对策。

18.4.1 农业可持续发展对策

黄土高原是我国水土流失严重、生态环境脆弱的地区，又是我国生态安全屏障的重要组成部分，其主体功能是生态建设。同时，我国农业战略格局的“七区二十三带”建设中，又将位于黄土高原的汾渭平原划入重点农业区，该区的主要目标是建设小麦产业带和玉米产业带。因此，黄土高原农业发展在国家的战略定位为：①仍以水土保持、防治荒漠化、改善生态环境为新历史时期的主要战略任务；②在生态环境改善的基础上努力实现粮食自给，区内调剂。西北部实行农牧结合，重点发展畜牧业，东南部将农果、特产相结合，重点发展干鲜果及特产。因此，农业发展不仅是黄土高原乡村振兴的基础，也是开展山水林田湖草生态保护修复的核心内容。其拟通过系统分析黄土高原的光热水气等资源的潜力，从农业技术方面提出发展高效旱作农业的适应对策。同时通过分析该区社会、经济的变化，从管理方面提出生态移民和多渠道提高农民生计的适应对策。

1. 发展高效旱作农业

黄土高原地区光热资源比较丰富，对农业生产有利。但降水偏少是限制农业生产的主要因子（赵艳霞等，2003；韩思明，2002）。首先，该区光照资源相对丰富，从东南往西北呈递增趋势。其中，东南部太阳年辐射总量为$5.0 \times 10^9 J/m^2$，年日照时数为2200~2600h。西北部太阳年辐射总量为$6.3 \times 10^9 J/m^2$，年日照时数为2200~2800天。其次，该区无霜期总体上从东南往西北呈递减趋势。其中，东南部无霜期为190~220天，西北部为110~130天，汾渭河谷区为210~230天。此外，该区年均温度和积温从东向西递减。最东部年平均气温为12~15℃，年生长季积温为3000℃，最西部年平均气温为6~10℃，年生长季积温为1700℃。在降水方面，该区大部分地区的年降水量为350~600mm。但潜在蒸散发却高达700~1000mm。所以在东南部半湿润气候区水分亏缺为350mm左右，而在其他半干旱气候区亏缺量高达350~650mm（赵艳霞等，2003）。总体上，该区光热资源丰富和雨热同季对农业生产有利。此外，由于该区海拔较高，因此日较差较大。其中，南部日较差略小于12℃，北部和西部可达14℃以上。与我国东部平原相同地区相比，年积温高出0.5~2.5℃。这种气候特点不仅有利于作物光合同化物的积累形成高产，还有利于作物品质的提高。

降水相对稀少和生态环境脆弱导致该区农业具有一定的脆弱性。黄土高原东南部、中部和西北部分别属于暖温带半湿润区、暖温带半干旱区和中温带半干旱区。全区，尤其中部和西北部地区降水量少且不稳定。该区地表水少，地下水匮乏，发展农业主要依靠天然降水，是中国典型的雨养农业区。此外，该区处于我国生态脆弱带，其抵抗外来扰动的能力较低，是全国水土流失的重点地区。因此，该区农业发展的关键是防治水土流失和实施雨水高效利用。

对此，发展高效旱作农业是该区农业发展的必由之路。需要从以下几个方面提高该区旱作农业的可持续性：①提高雨水资源的收集和利用效率。韩思明（2002）认为，水土流失和无效蒸发是造成旱地作物产量低而不稳的根本原因。提高雨水利用效率首先是通过平整土地、修水平梯田和坝地等措施建立高产稳产基本农田，降低雨水流失；其次是利用自然或人工营造集水面，如路面、山洼、坡沟、村庄、庭院等，通过集水工程系统，将降水径流有效地聚集和储存起来，使其成为可调控的雨水资源，在干旱时期进行有限补灌。②通过耕作技术提高雨水入渗和降低无效蒸发。很多研究认为，充分利用黄土高原耕层深、结构疏松、入渗速度快、蓄水能力强等特点，通过深松耕技术、秸秆全程覆盖技术、秋耕起垄顶凌覆膜技术、下铺秸秆上覆地膜技术和微型聚水两元覆盖（地膜覆盖）技术等提高水分入渗和降低蒸发，从而增加农田水分含量（贾洪雷等，2007；韩思明，2002）；同时，培肥地力和利用抗旱保水材料（如聚丙烯酸钾、聚丙烯酰胺、腐殖酸和膨润土等）也能提高雨水入渗和降低蒸发（田露等，2013；贾洪雷等，2007；山仑，1981）。③调整结构，合理轮作，优化栽培模式。由于不同种类或不同品种的作物在抗旱、耐旱性方面差异很大，故水分利用效率和水分生产潜力也有明显差别。因此，不同地区在合理安排作物种植时要注意调整作物结构，并进行合理轮作。一些研究发现，黄土高原部分地区实行玉米和苜蓿、小麦和杂粮轮作能显著缓解旱情（杜延军等，2005；韩思明，2002）。此外，旱地作物集雨沟播栽培技术和垄膜集雨膜栽培技术也能提高作物生育期降水利用率（贾洪雷等，2007）。④气候变化背景下旱作农业的适应性管理。邓浩亮等（2015）预测认为，未来30年黄土高原光热资源将继续增加，将影响黄土高原作物种植空间异质性的平衡，致使越冬作物种植北界向北扩展，多熟制向北推移。因此，在未来气候暖干化趋势下，作物物候将发生改变，播期和收获期提前，整个生育期缩短。为了适应这种变化趋势，首先要充分考虑区域气候和热量资源对作物种植格局的影响，并进行长远的规划部署和调整。在暖干化背景下苹果等果树花期普遍提前（高信度），尤其需要掌握气候变化规律以及植物生理反应的作用机制，来应对气温波动带来的可能灾害。其次，应加强作物品种抗逆性和品种改良对气候变化的适应性研究，为未来优良品种选育提供科学依据和技术储备。例如，为了适应气候变化对旱地农业影响。甘肃天水的玉米及马铃薯种植面积有所增加，小麦播种面积有所下降，这是农民适应暖干化气候特点而自觉调整了作物种植结构（杨小利等，2009）。这种适应性调整在黄土高原地区比较普遍，甘肃中部半干旱地区，因干旱灾害频率显著增高，耐旱作物糜、谷、马铃薯、胡麻、豆类等作物的种植面积迅速扩大（房世波等，2011）。利用生物分子技术手段对果树品种进行基因改良（彭颖姝等，2018），强化果树对气候波动的适应。另外，黄土高原一些地区的农户在农业技术推广部门的帮助下，采用一些技术措施如合理肥料、杀虫剂和灌溉（Chen et al.，2018; Li et al.，2016），以及选育耐旱作物育种和改变种植制度（杨封科等，

2015；He et al.，2014）来减缓该地区气候暖干化导致的作物产量损失，规避气候变化带来的风险。

从区域层面，黄土高原旱作农业对气候变化风险的适应措施应当专注于山水林田湖草综合治理，在农业生产层面应当调整农业生产结构，加强农田基础设施（尤其是节水灌溉设施）建设，强化农业灾害的预测预警、农业技术创新与推广等（谢立勇等，2014）。但是，未来气候变化还存在许多不确定性，要继续加强气候学、作物栽培学、遗传育种学、农业灾害学、物候学等学科集成，建立长期有效的农业生产和高效、科学的农田管理机制，以应对未来全球气候变化给黄土高原农业生态系统提出的挑战。

2. 优化生态移民政策和其他制度设计，多渠道改善农民生计

气候变化敏感地区农民的生计适应需要政府的制度设计和政策支持，推动生计多样化，改善非农就业环境，政策性异地安置要减少对农村社会最脆弱群体的影响。农户对气候变化的生计适应受外部环境、农户自身等诸多因素及其相互作用的影响，包括政策环境（Hageback et al.，2005）以及城镇化过程（汤青等，2013），这些外部因素与农户自身的一些因素结合，如适应能力的个人认知与评价（Burnham et al.，2016）、气候变化认知能力（Li et al.，2013；Ostwald and Chen，2006；Hageback et al.，2005），以及农民受教育程度、风险偏好程度、上网频率等因素（李根丽和魏凤，2017）影响农户的生计资本（Li et al.，2017，2016；苏芳和尚海洋，2012）及生计多样性（Tian and Lemos，2018；汤青等，2013）。生计资本相互组合可能加强农民对干旱的适应能力，减少农户生计气候风险（Li et al.，2017；冯金龙和淮建军，2015；苏芳和尚海洋，2012）。1980~2000 年的证据显示，陕北延安农民在 20 年中通过生计多样化、越来越少依赖旱地农业减少了他们对气候变化的脆弱性。他们通常以自主调整种植 / 养殖结构、种植养殖并举、外出务工或移民等方式来适应气候变化对农牧民生计带来的种种影响（萨茹拉等，2018；王露等，2017；赵文启等，2015；刘华民等，2012），并且农户类型、生计方式、土地利用、灌溉设施和政策扶持的差异产生不同的适应模式和效果（石育中等，2017）。

另外，由于政府政策和改革对农户生计选择比气候变化有更强的影响力（Hageback et al.，2005），制度在塑造和推动牧民的生计适应策略中扮演着重要角色，可以强化也可以妨碍农民的气候变化适应能力（Wang et al.，2013），因此气候变化敏感地区农民的生计适应离不开制度设计和政策支持（李如春和陈绍军，2013）。生态移民作为一种适应气候变化的政策性设计，过去的 30 年中以政府行为推动，但对生态移民的认识同样有争议（严登才和施国庆，2017），如宁夏将南部山区气候变化敏感区的农民进行异地安置，大部分贫困人口实现脱贫（陈绍军等，2013；李如春和陈绍军，2013）。但来自山西吉县的证据表明，异地安置对安置家庭的金融资本和自然资本产生不利影响，因为安置家庭可能是农村社会最脆弱的群体（Rogers and Xue，2015）。另外，也有异地安置家庭到了新的地方却没有新的就业渠道，各种矛盾开始增加，许多原有的生活习惯与迁入地的生活产生冲突等（谢元媛，2010）。

18.4.2　植被恢复的可持续性管理对策

近 60 年来，尤其自 1999 年退耕还林（草）以来，黄土高原退化植被不断恢复，表现出良好的恢复潜力（张文辉和刘国彬，2009；董雨亭和黄成志，2004）。但植被恢复中也出现了一些值得关注的问题，可能对该区植被的稳定性和可持续性产生潜在影响。例如，很多研究发现，黄土高原人工林建设初期对适地适树问题重视不够，出现大量低效林（侯庆春等，1999），并导致人工林草的植物多样性相对较低和严重的土壤干层问题（王力等，2004；王国梁等，2003）。很多研究发现，黄土高原一些地区的植被建设已经超出了该区的水资源承载力。例如，Feng 等（2016）通过耦合地面观测、遥感和生态系统模型等多种研究手段，对黄土高原水资源植被承载力的阈值进行研究后发现，目前黄土高原植被恢复已接近植被承载力阈值。在未来气候变化条件下，该承载力阈值在 383~528g C/（$m^2 \cdot a$）浮动。要保持植被可持续发展，植被建设必须考虑区域水资源的植被承载力。吴普特等（2017）也认为，退耕还林（草）工程实施以来，黄土高原植被覆盖状况明显好转，但蒸散耗水量急剧增加，2000~2014 年增加了 134 亿 m^3，年均增加约 9 亿 m^3，水资源供需矛盾进一步加剧。大规模植被建设开始后，黄土高原年均蒸散耗水总量为 2282 亿 m^3，而年均雨水资源化潜力为 1807 亿 m^3，约为蒸散量的 79%。可见，尽管黄土高原植被得到了很好恢复，但植被的可持续发展仍存在很多风险。在植被建设方面要针对上述主要问题，提出新时期植被恢复的可持续管理对策。

对此，很多学者提出从以下几个方面对该区植被进行调控：①不同植被带乔、灌、草配置要遵循植被地带分布规律，充分考虑当地水分条件和草畜平衡，合理确定植被建设方向（侯庆春等，1999）。黄土高原植被水平分布自东南向西北大致可分为森林、森林草原、草原 3 个植被带。在植被恢复和建设中，必须根据植被地带性规律来指导树种草种的选择、群落组成搭配、景观配置等实践，才能取得较好的效果（张文辉和刘国彬，2009；张金屯，2004）。②根据黄土高原未来环境（温度和降雨等）的变化选择合适的树种，适当减少人工林种植密度；配合一定的工程措施，增加雨水的蓄积和入渗（周晓红和赵景波，2005）。③在土壤水资源平衡利用的原则下，确定植被类型、盖度和种植密度，通过调整树冠、适度疏枝、合理平茬等措施来调节植被生产力和林草地水分消耗（孙宝胜等，2005；高路博等，2011）。④采用工程整地措施与灌草立体配置模式，发展集流灌草植被，调蓄土壤水分，促进灌草植被的可持续性恢复（程积民等，2000）。

18.4.3　水土流失变化调控对策

通过 60 多年的持续治理，黄土高原地区水土流失防治取得了显著成效。但该区生态环境依然脆弱，造成水土流失的因素依然存在（刘国彬等，2008；余新晓，2012）。例如，人工植被结构单一及生态服务功能有待提高（张文辉和刘国彬，2009）；农业用地比例过高有待调整（余新晓，2012）；水土保持工程体系建设有待完善；生产建设项目的水土保持监测精度和自动化程度较低（郝咪娜等，2017）。此外，极端降雨事件和生产建设项目引起的水土流失已经逐渐成为影响水土流失的重要因素（王涛等，

2015）。

为了加快黄土高原水土流失治理，很多科研和管理人员对此做了积极探索，并提出了很多对策：①水土流失防治要为国家生态建设和乡村振兴目标服务。刘震（2009）对中华人民共和国成立60年来水土保持成就和经验总结后认为，尽管我们已探索出一条适合我国国情的水土流失防治之路，但在新时期水土保持工作要为生态文明和乡村振兴做出更大的贡献。余新晓和贾国栋（2019）也认为，统筹山水林田湖草系统治理是我国水土保持和生态建设的重要内容。今后水土保持工作不仅要注重水土保持，而且要将水土保持与区域系统治理中的山体保护、地下水监测、水体污染和土壤污染等内容有机结合。②根据山水田林湖草生命共同体的设计要求，进行统筹规划、综合治理。黄土高原面积大，不同地区的水土流失特点不同。因此，全区水土流失治理要统一规划，因地制宜，分区施策，因害设防，将生物措施、工程措施和耕作措施有机结合。既要解决生态问题，又要合理调整土地利用结构，提高土地生产力水平，发展特色产业，促进山水田林湖草的协同发展，并做好与该区主体功能区规划、土地利用总体规划、有关生态建设专项规划和政策的衔接（刘震，2009；刘国彬等，2008）。③重视极端降雨造成的水土流失，突出植被和工程措施的融合。针对黄土高原极端降雨引起的水土流失问题，要完善小流域到一级支流再到黄河干流三级输沙通道，保障排沙畅通。持续推进退耕还林（草）和坡改梯工程，加强坡耕地治理。加强梯田管护和生产建设项目监管，管控建设项目弃土等（王涛等，2015；高海东等，2017）。④加强基础理论研究和技术研发（预报预警、系统监测）。其一是发展适合黄土高原的土壤侵蚀预报模型，开发水土保持生态环境效应评价预报模型，扩展土壤侵蚀模型的服务功能，将模型引入农业非点源污染物的运移机理与预报研究（刘震，2009）；其二是注重新技术运用，如应用空间技术和信息技术，推动水土保持的数字化研究，开展全球尺度的土壤侵蚀与全球变化关系、数字水土保持与数字地球研究（刘国彬等，2008）。

18.5 主要结论和认知差距

18.5.1 主要结论

黄土高原是我国水土流失和生态环境最为脆弱的地区。1961~2014年，黄土高原年降水量整体呈波动中下降的趋势，速率为–7.9~–7.5mm/10a。其中，半湿润区年降水量显著下降，速率为–1.39mm/a。西部和北部的半干旱区、干旱区和寒旱区降水变化趋势不明显。同期，黄土高原年均温显著上升，速率为0.31℃/10a。其中，北部增率较大，南部增率较小。在气候变化和国家政策的共同影响下，黄土高原生态环境和社会经济状况发生了显著变化，主要表现为：①以2000年为时间节点，耕地面积先增加后减少，林地面积先缓慢增加后快速增加，草地面积呈逐时段减少趋势，居民地面积增加，未利用地减少。②黄土高原整体上植被覆盖度明显增加，尤其黄土丘陵沟壑区显著增加。③黄土高原水土流失面积自第二次全国遥感调查以来减少了约13万km^2。④黄土高原

1952~1979年产流量为171.5亿m^3，产沙量15.0亿t。1952~2015年产流量显著减少，产沙量持续锐减。⑤黄土高原地区退耕还林（草）工程的固碳潜力为0.59Tg/a，平均固碳速率为0.29Mg/（$hm^2 \cdot a$）。⑥黄土高原植被NPP的最大阈值为400 ± 5g C/（$m^2 \cdot a$）。在未来气候变化条件下，该阈值在383~528g C/（$m^2 \cdot a$）波动。⑦黄土高原暖干化趋势和极端气候事件频率增加极大地增加了社会经济和粮食生产的脆弱性。⑧气候变化对黄土高原苹果产业分布边界产生了重大影响，苹果种植出现西移北扩的趋势。黄土高原已经成为中国苹果产业的核心区域。针对气候、生态环境和社会经济的变化，新时期黄土高原农业发展要以高效旱作农业为突破口，多渠道提高农民生计。生态建设要以植被的可持续性管理为目标，水土流失治理要为国家生态建设和乡村振兴服务。

18.5.2　认知差距

1961~2014年气候变化表明，黄土高原气候总体上呈暖干化变化趋势，但不同区域的变化趋势有明显差异。值得注意的是，近60年的气候数据在一定程度上反映了该区气候变化的趋势，但结论具有一定的不确定性，还需要更长的时间序列进行分析和验证。此外，关于黄土高原植被净初级生产力的阈值问题，目前仅有少量论文对此进行了探索。由于黄土高原面积广阔，不同区域在植被、气候、地形和土壤类型等方面差异很大，尚需更多研究对该问题进行系统深入的研究。

参考文献

鲍超，方创琳．2008. 干旱区水资源开发利用对生态环境影响的研究进展与展望．地理科学进展，27（3）：38-46.

陈绍军，史明宇，蔡萌生．2013. 气候变化与人口迁移关联性实证研究——以宁夏中部干旱地区为例．水利经济，31（2）：55-62.

程积民，杜峰，万惠娥．2000. 黄土高原半干旱区集流灌草立体配置与水分调控．草地学报，8（3）：210-219.

程琨，潘根兴，邹建文，等．2011. 1949—2006年间中国粮食生产的气候变化影响风险评价．南京农业大学学报，34（3）：83-88.

邓浩亮，周宏，张恒嘉，等．2015. 气候变化下黄土高原耕作系统演变与适应性管理．中国农业气象，364：393-405.

董雨亭，黄成志．2004. 黄土高原水土保持生态修复潜力及对策探讨．水土保持应用技术，5：25-28.

杜延军，柳建平，梁红梅．2005. 半干旱区生态农业与生态环境可持续发展对策研究．兰州大学学报（社会科学版），33（5）：112-118.

房世波，韩国军，张新时，等．2011. 气候变化对农业生产的影响及其适应．气象科技进展，1（2）：15-19.

冯金龙，淮建军．2015. 农户可持续生计框架在气候脆弱性分析中有限性的实证研究．时代金融，11：333-334.

高海东，庞国伟，李占斌，等 . 2017. 黄土高原植被恢复潜力研究 . 地理学报，5：863-873.
高健健，穆兴民，孙文义 . 2016. 1981—2012 年黄土高原植被覆盖度时空变化特征 . 中国水土保持，7：52-56.
高路博，毕华兴，云雷，等 . 2011. 黄土半干旱区林草复合优化配置与结构调控研究进展 . 水土保持研究，18：260-266.
顾朝军，穆兴民，高鹏，等 . 2017. 1961—2014 年黄土高原地区降水和气温时间变化特征研究 . 干旱区资源与环境，31（3）：136-143.
郭敏杰，张亭亭，张建军，等 . 2014. 1982—2006 年黄土高原地区植被覆盖度对气候变化的响应 . 水土保持研究，21（5）：35-40.
韩思明 . 2002. 黄土高原旱作农田降水资源高效利用的技术途径 . 干旱地区农业研究，20：1-9.
郝咪娜，戚德辉，宋立旺 . 2017. 我国生产建设项目水土保持监测技术及存在问题与对策探讨 . 亚热带水土保持，29：62-65.
侯庆春，韩蕊莲，韩仕峰 . 1999. 黄土高原人工林草地“土壤干层”问题初探 . 中国水土保持，5：11-14.
贾洪雷，马成林，刘昭辰，等 . 2007. 北方旱作农业区蓄水保墒耕作模式研究 . 农业机械学报，38（12）：190-194，207.
姜彤，李修仓，巢清尘，等 . 2014. 气候变化 2014：影响、适应和脆弱性的主要结论和新认知 . 气候变化研究进展，10（3）：157-166.
李芬，于文金，张建新，等 . 2011. 干旱灾害评估研究进展 . 地理科学进展，30（7）：891-898.
李根丽，魏凤 . 2017. 农户的气候变化适应性行为及其影响因素——基于陕西、甘肃两省 597 份农户调查数据的分析 . 湖南农业大学学报（社会科学版），18（4）：16-23.
李阔，许吟隆 . 2017. 适应气候变化的中国农业种植结构调整研究 . 中国农业科技导报，19（1）：8-17.
李如春，陈绍军 . 2013. 气候变化对宁夏生态脆弱地区农牧民生计的影响及适应策略 . 西北人口，34（6）：49-55.
李星敏，柏秦凤，朱琳 . 2011. 气候变化对陕西苹果生长适宜性影响 . 应用气象学报，22（2）：241-248.
李钰溦，贾坤，魏香琴，等 . 2015. 中国北方地区植被覆盖度遥感估算及其变化分析 . 国土资源遥感，27（2）：112-117.
林而达，王京华 . 1994. 我国农业对全球变暖的敏感性和脆弱性 . 农村生态环境学报，10（1）：1-5.
刘宝元，郭索彦，李智广，等 . 2013. 中国水力侵蚀抽样调查 . 中国水土保持，10：26-34.
刘宝元，唐克丽，焦菊英，等 . 2019a. 黄河水沙时空图谱（第二版）. 北京：科学出版社 .
刘宝元，姚文艺，刘国彬，等 . 2019b. 黄土高原“7. 26”特大暴雨洪水与水土保持效益综合考察报告 . 北京：科学出版社 .
刘国彬，李敏，上官周平，等 . 2008. 西北黄土区水土流失现状与综合治理对策 . 中国水土保持科学，6：16-21.
刘国彬，上官周平，姚文艺，等 . 2017. 黄土高原生态工程的生态成效 . 中国科学院院刊，32（1）：11-19.
刘华民，王立新，杨劼，等 . 2012. 气候变化对农牧民生计影响及适应性研究——以鄂尔多斯市乌审旗为例 . 资源科学，34（2）：248-255.
刘天军，范英 . 2012. 中国苹果主产区生产布局变迁及影响因素分析 . 农业经济问题，（10）：36-42.
刘晓燕，等 . 2016. 黄河近年水沙锐减成因 . 北京：科学出版社 .

刘彦随，刘玉，郭丽英．2010. 气候变化对中国农业生产的影响及应对策略．中国生态农业学报，18（4）：905-910.

刘震．2009. 水土保持 60 年：成就 · 经验 · 发展对策．中国水土保持科学，7：1-6.

穆兴民，赵广举，高鹏，等．2019. 黄土高原水沙变化新格局．北京：科学出版社．

彭颖姝，高捍东，苑兆和．2018. 全球气候变化对温带果树的影响．中国农业科技导报，20（7）：1-10.

钱凤魁，王文涛，刘燕华．2014. 农业领域应对气候变化的适应措施与对策．中国人口 · 资源与环境，24（5）：19-24.

屈振江，刘瑞芳，郭兆夏，等．2013. 陕西省苹果花期冻害风险评估及预测技术研究．自然灾害学报，22（1）：219-225.

任婧宇，彭守璋，曹扬，等．2018. 1901—2014 年黄土高原区域气候变化时空分布特征．自然资源学报，33（4）：621-633.

萨茹拉，丁勇，侯向阳．2018. 北方草原区气候变化影响与适应．中国草地学报，40（2）：109-115.

山仑．1981. 黄土高原水土流失区旱作农业的增产途径．宁夏农林科技，1：33-41.

石育中，王俊，王子侨，等．2017. 农户尺度的黄土高原乡村干旱脆弱性及适应机理．地理科学进展，36（10）：1281-1293.

苏芳，尚海洋．2012. 农户生计资本对其风险应对策略的影响——以黑河流域张掖市为例．中国农村经济，8：79-88.

孙宝胜，杨开宝，拓文俊．2005. 黄土高原丘陵沟壑区土壤水资源平衡利用与生态植被可持续发展．西北农业学报，14：92-96.

孙颖，秦大河，刘洪滨．2012. IPCC 第五次评估报告不确定性处理方法的介绍．气候变化研究进展，8（2）：150-153.

汤青，徐勇，李扬．2013. 黄土高原农户可持续生计评估及未来生计策略——基于陕西延安市和宁夏固原市 1076 户农户调查．地理科学进展，32（2）：161-169.

汤青，徐勇，刘毅．2010. 黄土高原地区土地利用动态变化的空间差异分析．干旱区资源与环境，24（8）：15-21.

田露，刘景辉，郭晓霞，等．2013. 抗旱保水材料在内蒙古黄土高原旱作区的蓄水保墒增产效应研究．节水灌溉，2：21-25.

王国梁，刘国彬，刘芳，等．2003. 黄土沟壑区植被恢复过程中植物群落组成及结构的变化．生态学报，23：2550-2557.

王鹤龄，张强，王润元，等．2017. 气候变化对甘肃省农业气候资源和主要作物栽培格局的影响．生态学报，37（18）：6099-6110.

王力，邵明安，张青峰．2004. 陕北黄土高原土壤干层的分布和分异特征．应用生态学报，15：436-442.

王露，史兴民，孙立凡．2017. 陕北黄土丘陵沟壑区农户气候变化的适应行为及影响因素分析．气候变化研究进展，13（1）：61-68.

王涛，杨强，于冬雪．2015. 陕北黄土高原地区极端气温事件变化特征．中国农学通报，31：239-243.

王云强，邵明安，胡伟，等．2016. 黄土高原关键带土壤水分空间分异特征．地球与环境，44（4）：391-397.

吴普特，赵西宁，张宝庆，等．2017. 黄土高原雨水资源化潜力及其对生态恢复的支撑作用．水力发电学报, 8：3-13.

吴绍洪, 罗勇, 王浩, 等 . 2016. 中国气候变化影响与适应：态势和展望 . 科学通报, 61（10）：1042-1054.

肖蓓, 崔步礼, 李东昇, 等 . 2017. 黄土高原不同气候区降水时空变化特征 . 中国水土保持科学, 15(1)：51-61.

谢宝妮, 秦占飞, 王洋, 等 . 2014. 黄土高原植被净初级生产力时空变化及其影响因素 . 农业工程学报, 30（11）：244-253.

谢宝妮, 秦占飞, 王洋, 等 . 2015. 基于遥感的黄土高原植被物候监测及其对气候变化的响应 . 农业工程学报, 31（15）：153-160.

谢立勇, 李悦, 钱凤魁, 等 . 2014. 粮食生产系统对气候变化的响应：敏感性与脆弱性 . 中国人口 · 资源与环境, 24（5）：25-30.

谢元媛 . 2010. 生态移民政策与地方政府实践：以敖鲁古雅鄂温克生态移民为例 . 北京：北京大学出版社 .

信忠保, 许炯心, 余新晓 . 2009. 近 50 年黄土高原水土流失的时空变化 . 生态学报, 29：1129-1139.

严登才, 施国庆 . 2017. 人口迁移与适应气候变化：西方争议与中国实践 . 成都理工大学学报（社会科学版）, 25（1）：69-76.

晏利斌 . 2015. 1961—2014 年黄土高原气温和降水变化趋势 . 地球环境学报, 6（5）：276-282.

杨封科, 何宝林, 高世铭 . 2015. 气候变化对甘肃省粮食生产的影响研究进展 . 应用生态学报, 26（3）：930-938.

杨小利, 姚小英, 蒲金涌, 等 . 2009. 天水市干旱气候变化特征及粮食作物结构调整 . 气候变化研究进展, 5（3）：179-184.

杨晓光, 刘志娟, 陈阜 . 2010. 全球气候变暖对中国种植制度可能影响Ⅰ. 气候变暖对中国种植制度北界和粮食产量可能影响的分析 . 中国农业科学, 43（2）：329-336.

姚玉璧, 王润元, 赵鸿, 等 . 2013. 甘肃黄土高原不同海拔气候变化对马铃薯生育脆弱性的影响 . 干旱地区农业研究, 31（2）：52-58.

余新晓 . 2012. 小流域综合治理的几个理论问题探讨 . 中国水土保持科学, 10：22-29

余新晓, 贾国栋 . 2019. 统筹山水林田湖草系统治理带动水土保持新发展 . 中国水土保持, 1：5-8.

张聪颖, 畅倩, 霍学喜 . 2018. 中国苹果生产区域变迁分析 . 经济地理, 38（8）：141-151.

张金屯 . 2004. 黄土高原植被恢复与建设的理论和技术问题 . 水土保持学报, 18：120-124.

张强, 邓振镛, 赵映东 . 2008. 全球气候变化对我国西北地区农业的影响 . 生态学报, 28（3）：1210-1218.

张文辉, 刘国彬 . 2009. 黄土高原植被恢复与建设策略 . 中国水土保持, 1：24-27.

张有实, 张天曾 .1991. 黄土高原地区综合治理与开发——宏观战略与总体方案, 黄土高原地区综合治理开发考察系列研究 . 北京：中国科学技术出版社 .

赵宏飞, 何洪鸣, 白春昱, 等 . 2018. 黄土高原土地利用变化特征及其环境效应 . 中国土地科学, 32(7)：49-57.

赵景波, 李瑜琴 . 2005. 陕西黄土高原土壤干层对植树造林的影响 . 中国沙漠, 3：370-373.

赵明伟, 王妮, 施慧慧, 等 . 2019. 2001—2015 年间我国陆地植被覆盖度时空变化及驱动力分析 . 干旱区地理, 42（3）：324-331.

赵文启，罗明良，郭玲霞．2015. 陕北农户对气候变化的感知研究——以陕北靖边南部和延安北部乡村为例．中国农学通报，31（25）：277-283.

赵艳霞，王馥棠，刘文泉．2003. 黄土高原的气候生态环境、气候变化与农业气候生产潜力．干旱地区农业研究，21：142-147.

中华人民共和国水利部．2018. 中国水土保持公报．北京：中华人民共和国水利部．

周书贵，邵全琴，曹巍．2016. 近 20 年黄土高原土地利用 / 覆被变化特征分析．地球信息科学学报，18（2）：190-199.

周晓红，赵景波．2005. 黄土高原气候变化与植被恢复．干旱区研究，22：116-119.

Burnham M，Ma Z，Zhang B. 2016. Making sense of climate change：hybrid epistemologies，socio-natural assemblages，and smallholder knowledge. Area，48：18-26.

Chen H L，Liang Z Y，Liu Y，et al. 2018. Effects of drought and flood on crop production in China across 1949—2015：spatial heterogeneity analysis with Bayesian hierarchical modeling. Natural Hazards，92：525-541.

Deng L，Shangguan Z，Sweeney S. 2014. "Grain for Green" driven land use change and carbon sequestration on the Loess Plateau，China. Science Report，4：7039.

Feng X，Fu B，Piao S，et al. 2016. Revegetation in China's Loess Plateau is approaching sustainable water resource limits. Nature Climate Change，6：1019-1022.

Gao Z，Zhang L，Zhang X，et al. 2015. Long-term streamflow trends in the middle reaches of the Yellow River Basin：detecting drivers of change. Hydrological Processes，30（9）：1315-1329.

Hageback J，Sundberg J，Ostwald M，et al. 2005. Climate variability and land-use change in Danangou Watershed，China-examples of small-scale farmers' adaptation. Climate Change，72（1-2）：189-212.

He L，Cleverly J，Chen C，et al. 2014. Diverse responses of winter wheat yield and water use to climate change and variability on the semiarid Loess Plateau in China. Agronomy Journal，106：1169-1178.

Jiang G，Yu F，Zhao Y. 2012. An analysis of vulnerability to agricultural drought in China using the expand grey relation analysis method. Procedia Engineering，28：670-676.

Li M P，Huo X X，Peng C H，et al. 2017. Complementary livelihood capital as a means to enhance adaptive capacity：a case of the Loess Plateau，China. Global Environmental Change，47：143-152.

Li X L，Philp J，Cremades R，et al. 2016. Agricultural vulnerability over the Chinese Loess Plateau in response to climate change：exposure，sensitivity，and adaptive capacity. Ambio，45：350-360.

Li Y，Conway D，Wu Y，et al. 2013. Rural livelihoods and climate variability in Ningxia，Northwest China. Climatic Change，119：891-904.

Ostwald M，Chen D L. 2006. Land-use change：impacts of climate variations and policies among small-scale farmers in the Loess Plateau，China. Land Use Policy，23（4）：361-371.

Rogers S，Xue T. 2015. Resettlement and climate change vulnerability：evidence from rural China. Global Environmental Change，35：62-69.

Rudd M A，Moore A F P，Rochberg D，et al. 2018. Environmentalmanagement climate research priorities for policy-makers，practitioners，and scientists in Georgia，USA. Environmental Management，62：190-209.

Tao F L，Yokozawa M，Liu J Y，et al. 2008. Climate-crop yield relationships at provincial scales in China and the impacts of recent climate trends. Climate Research , 38：83-94.

Tian Q，Lemos M C. 2018. Household livelihood differentiation and vulnerability to climate hazards in rural China. World Development，108：321-331.

Wang J，Daniel G B，Agrawal A. 2013. Climate adaptation，local institutions，and rural livelihoods：a comparative study of herder communities in Mongolia and Inner Mongolia，China. Global Environmental Change，23：1673-1683.

Wang Q，Fan X，Qin Z， et al.2012. Change trends of temperature and precipitation in the Loess Plateau Region of China，1961—2010. Global and Planetary Change， 92-93：138-147.

Wang S，Fu B J，Piao S L， et al. 2016. Reduced sediment transport in the Yellow River due to anthropogenic changes. Nature Geoscience，9： 38-41.

Wu W B，Verburg P H，Tang H J. 2014. Climate change and the food production system：impacts and adaptation in China. Regional Environmental Change， 14：1-5.

Xiong W，Holman I P，You L Z，et al. 2014. Impacts of observed growing-season warming trends since 1980 on crop yields in China. Regional Environmental Change，14：7-16.

Yang X，Zhang X，Lv D， et al. 2020. Remote sensing estimation of the soil erosion cover-management factor over China's Loess Plateau. Land Degradation and Development， 31（15）： 1942-1955.

Ye L，Xiong W，Li Z，et al. 2013. Climate change impact on China food security in 2050. Agronomy for Sustainable Development，33：363-374.

Yin R，Yin G. 2010.China's primary programs of terrestrial ecosystem restoration：initiation，implementation，and challenges. Environmental Management，45：429-441.

Zhang X，Lin P，Chen H， et al. 2018. Understanding land use/cover change impacts on runoff and sediment load at flood events on the Loess Plateau，China. Hydrological Processes，32（4）：576-589.

第19章 青藏高原

主要作者协调人：朱立平、张宪洲
编　　　　审：陈发虎
主　要　作　者：阳　坤、王小丹、王宁练、赵东升

■ 执行摘要

青藏高原气候变化的突出特征是变暖和变湿。气候变化使青藏高原的区域水资源及其分配形式发生改变，主要表现为冰川退缩、湖泊扩张与河流径流明显增加。气候变化使青藏高原的生态条件总体趋好，高寒草原面积增加，草地植被生长期延长、NPP 呈增加态势。气候变化对青藏高原影响的风险体现在部分地表环境条件恶化和地质与气象灾害频次趋于活跃。地表环境恶化的表现主要是冻土退化和部分河谷地区风沙源增加。在气候变暖和人类活动加强的背景下，青藏高原自然灾害将趋于活跃，潜在灾害风险进一步增加。青藏高原未来气候变化仍以变暖和变湿为主要特征，应针对青藏高原气候环境变化的特点，加强监测与评估，优化生态安全屏障建设的技术措施与政策保障。

19.1 引　　言

青藏高原是地球上形成历史最短、海拔最高、面积最大的高原，它西起帕米尔高原和兴都库什山脉，东到横断山脉，北起昆仑山和祁连山，南至喜马拉雅山脉。青藏高原主体海拔超过4000m，具有气候寒冷和辐射强烈的特征。这里地形险峻、冰雪广布、湖泊众多，分布着高山、峡谷、丘陵、冰川、冻土、湖盆、戈壁、沙漠等一系列地貌类型。由于水分和热量在水平和垂直方向的分异，其自然景观上发育了亚高山森林、高寒草甸、高寒灌丛草甸、高寒草原、高寒荒漠和高寒座垫植被等。青藏高原巨大地形屏障和强烈气候变化的双重作用对生物的演化具有极其重要的影响，为物种的起源、分化及全球扩散创造了条件，影响了动植物的演替，使其成为全球山地物种形成、分化与集散的重要中心之一。青藏高原是亚洲的冰川作用中心和湖泊分布最为集中的地区，是长江、黄河、澜沧江－湄公河、怒江－萨尔温江、雅鲁藏布江－布拉马普特拉河、恒河、印度河等亚洲大江大河的发源地，为这些大江大河流域的人类生存提供了不可或缺的水资源，因而被称为"亚洲水塔"。青藏高原在气候系统稳定、水资源供应、生物多样性保护、碳收支平衡等方面具有重要的生态安全屏障作用，是亚洲生态安全屏障和环境变化的调控器。

在全球气候变暖背景下，青藏高原地区变暖幅度是同期全球平均值的2倍。西风环流和印度季风的相互作用，使青藏高原地表水循环格局正在发生重大变化。西风区水循环加剧导致青藏高原北部冰川相对稳定与湖泊扩张，季风区降水减弱导致青藏高原南部冰川强烈退缩和湖泊萎缩，江河源区径流补给机理和水文过程呈现区域性的独特变化。其为全球中低纬度地区最重要的冰雪融水补给区，气候变暖导致冰雪提前消融和加速消融，深刻地影响了区域水循环过程，使得降水、冰川、湖泊和径流变化的空间差异进一步加剧，严重影响了其作为"亚洲水塔"对水资源的调节作用，对社会和经济发展及人类生存环境造成了重大影响。随着增温的加剧和人类活动加强，青藏高原地区的生态系统空间格局发生了明显变化，植被生长对全球变暖的响应正在减弱，生物多样性丧失，湿地面积减小，部分地区荒漠化程度加剧。冻土退化引起地表不稳定性增强，降水增加和冰湖扩张导致冰川泥石流发生概率增加，出现了冰川跃动引起的冰崩及次生滑坡等灾害。因此，青藏高原是气候变化影响下环境变化不确定性最大的地区，进行青藏高原区域尺度的气候变化影响、脆弱性以及对策评估，对解决和应对青藏高原地区气候变化带来的生态环境影响，保障这一地区资源环境的可持续利用和经济社会发展具有重要的科学意义。

科学地评估青藏高原地区的气候变化影响、脆弱性，并提出建设性的对策，需要通过科学数据判断存在的问题，通过科学知识提出解决的方向。因此，评估工作主要基于大量公开发表的科学论文和权威机构发布的咨询报告和社会经济数据进行。评估工作引用2012年以来发表的最新文献和相关机构正式发布的数据。报告的结论均基于对数据的科学分析，不做延伸。

根据青藏高原的环境特点和气候变化影响的突出表现，本次评估重点关注区域水循环、生态系统和灾害影响，并着重从圈层影响的角度阐述各个要素的变化与联系。区域水循环评估内容涉及了气候变暖引起的大气降水空间格局变化，冰川、冻土和积雪等固态水体赋存形式与湖泊、河流等液态地表水体变化。生态系统评估内容阐述了生态过渡带、物候、植被生产力与湿地等对气候变化敏感的关键区域、生态要素或类型的变化，并分析了与生态系统生产力相关的农牧业对气候变化的响应。灾害风险关注对气候变暖响应明显的冻土退化，与暖湿过程具有密切联系的河谷风沙、山地滑坡与泥石流发生频率和幅度，以及一些新型的复合地质灾害，如冰湖溃决和冰川跃动引起的滑坡等，同时，分析了青藏高原地区生态环境脆弱性的格局以及在未来气候变化情景下的变化趋势。最后，结合气候变化带来的影响以及未来气候发展趋势，提出科学对策建议。

19.2　影响和脆弱性

19.2.1　气候变化对陆地水资源及分配形式的影响

1. 最近 20 余年青藏高原暖湿化发展态势与空间差异

青藏高原在 2010~2018 年的升温现象仍在持续（高信度）。该地区年平均升温率没有降低，但空间差异不明显，不存在 1998 年之后的全球升温停滞现象（Duan and Xiao，2015）。2010~2018 年，气温变化不仅仍然为 1960~2018 年平均气温的正距平，而且保持了与 2000~2010 年气温距平相似的上升趋势 [图 19-1（a）]（中国气象局气候变化中心，2019）。

青藏高原的降水在 2010~2018 年持续增加（中等信度）。2010~2018 年期间只有 1 年的降水量低于青藏高原 1960~2018 年降水量平均值，特别是 2016~2018 年降水量均远超平均值，达到 1961 年以来的最高值 [图 19-1（b）]（中国气象局气候变化中心，2019）。青藏高原水循环总体加剧（Zhang D et al.，2013；Gao et al.，2014），但区域差异显著。受西风影响的青藏高原中部和北部降水普遍增加，在湖泊扩张迅速的内流区，降水自 20 世纪 90 年代中期以来增加 21% ± 7%（Yang K et al.，2018）；受季风影响的青藏高原南部和东部降水减少（Yang et al.，2011；Yao et al.，2012a），呈现波动性下降（Lei et al.，2018）。

伴随着全球变暖，青藏高原大气水汽含量总体增加（中等信度）。1998 年以后的大气可降水量明显高于之前的可降水量（Lu et al.，2015）。增加的水汽主要来自南亚的季风水汽，区域水循环加剧也具有明显影响（Zhang C et al.，2019）。与降水具有明显的区域变化不同，青藏高原的蒸发普遍增加（Yang et al.，2014；Liu et al.，2018），主要流域的蒸发均呈现上升趋势（Li et al.，2014）。

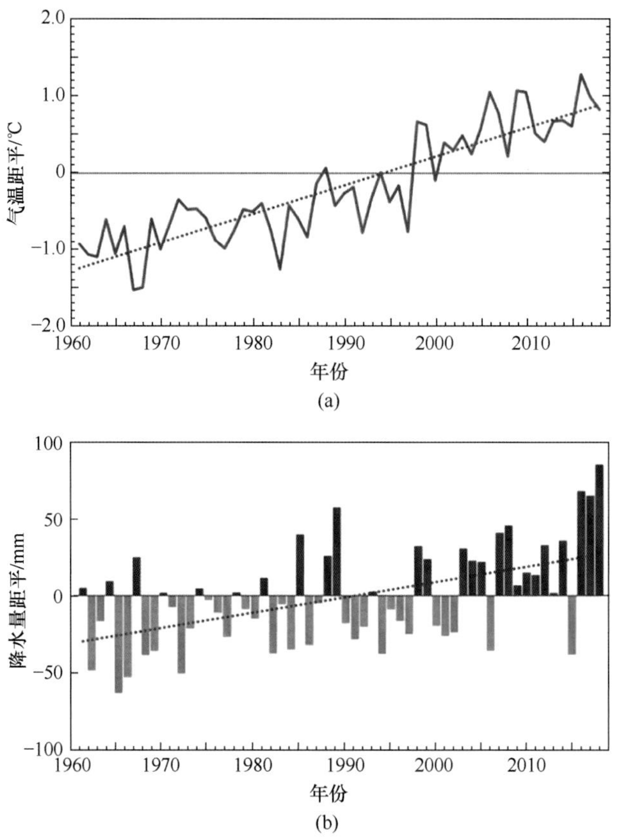

图 19-1 青藏高原 1961~2018 年平均气温（a）和降水量（b）距平的变化

2. 气候变化对冰冻圈水体要素变化的影响

1）对冰川变化的影响

20 世纪 90 年代以来青藏高原冰川不断退缩，退缩幅度在 2000 年以后不断加剧，但存在着明显的区域差异（高信度）。卫星遥感显示，除喀喇昆仑山地区少量冰川稳定或前进外，其他地区的冰川处于不断后退之中（Bolch et al.，2012；Scherler et al.，2011）。在青藏高原实际观测的 82 条冰川中（主要为中国境内），55 条冰川处于退缩状态，27 条冰川处于稳定或前进状态。藏东南地区冰川退缩速率最大，其次为念青唐古拉山和喜马拉雅山；在东帕米尔高原、喀喇昆仑山及西昆仑山地区有一定数量的冰川处于稳定或前进状态（Yao et al.，2012a）（图 19-2）。内流区（即羌塘高原）的冰川退缩速率较低，在西北部退缩最慢（Ye et al.，2017；Wei et al.，2017）。因此，在全球气候变化的大背景下，季风影响下的喜马拉雅山与藏东南地区和西风控制下的帕米尔－喀喇昆仑山地区冰川存在不同变化模态（表 19-1）（Brun et al.，2017）。

表 19-1 利用 2000 年和 2016 年两期 Aster DEM 获得的青藏高原冰川厚度与 ICESat 获得结果的对比（改自 Brun et al., 2017）

区域	冰川面积 / km^2	Aster MB（2000~2016 年）/（m w.e. /a）	基于 ICESat 空间采样的 Aster MB（2000~2016 年）/（m w.e. /a）	ICESat MB（2003~2008 年）/（m w.e. /a）
不丹	2291	−0.42 ± 0.2	−0.3	−0.76 ± 0.2
尼泊尔东部	4776	−0.33 ± 0.2	−0.33	−0.31 ± 0.14
尼泊尔西部	4806	−0.34 ± 0.09	−0.27	−0.37 ± 0.15
念青唐古拉山脉	6378	−0.62 ± 0.23	−0.51	−1.14 ± 0.58
青藏高原腹地	13102	−0.14 ± 0.07	−0.12	−0.06 ± 0.06
兴都库什山脉	5147	−0.12 ± 0.07	−0.14	−0.42 ± 0.18
昆仑山脉	9912	+0.14 ± 0.08	+0.17	+0.18 ± 0.14
喀喇昆仑山脉	17734	−0.03 ± 0.07	−0.06	−0.09 ± 0.12
帕米尔地区	7167	−0.08 ± 0.07	−0.05	−0.41 ± 0.24
帕米尔 – 阿尔泰山系	1915	−0.04 ± 0.07	+0.00	−0.59 ± 0.27
天山山脉	10802	−0.28 ± 0.2	−0.2	−0.37 ± 0.15

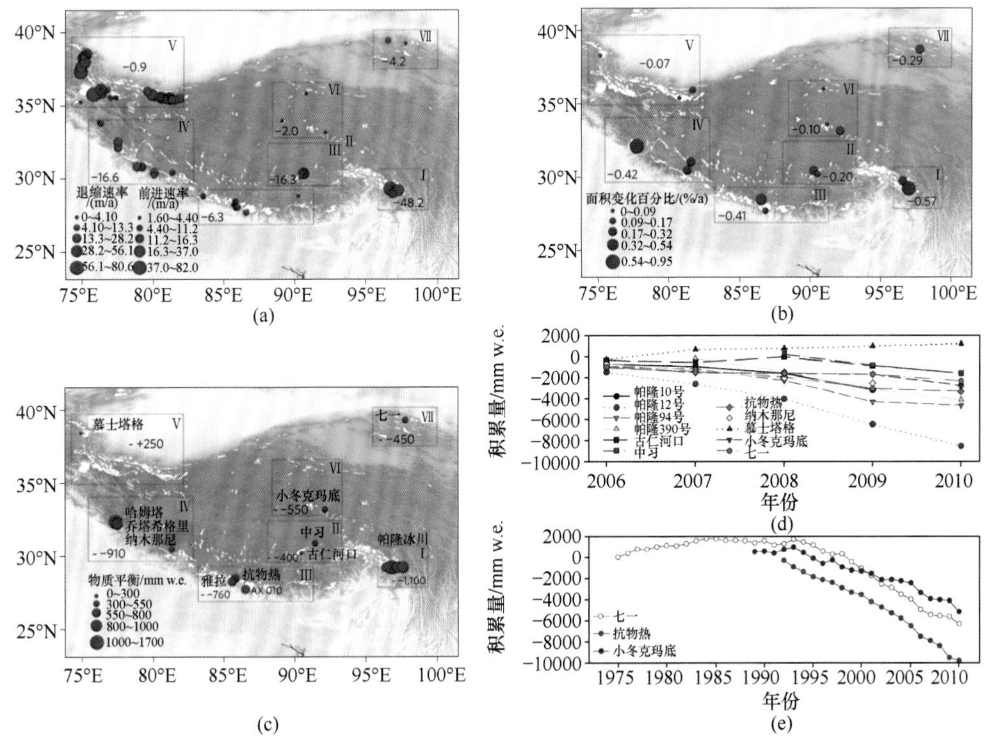

图 19-2 青藏高原冰川变化的三模态（Yao et al., 2012a）

（a）冰川长度变化模态；（b）冰川面积变化模态；（c）冰川物质损失模态；（d）和（e）冰川物质损失变化的时间特征

2）对积雪变化的影响

近60年来，青藏高原的积雪呈现先增加后减少的变化趋势（中等信度）。1960~1990年青藏高原的积雪日数和雪水当量均呈增加趋势，积雪日数增加了13天，雪水当量增加了1.5mm；1990年以来出现减少趋势，1990~2004年积雪日数减少了20天，雪水当量减少了1.2mm（徐丽娇等，2010；Ma and Qin，2012）。2000年以来，积雪覆盖率继续微弱下降，年际振荡明显（中国气象局气候变化中心，2019）。

积雪日数和积雪深度变化存在季节差异。过去60年，冬春季节积雪日数和积雪深度先增加后减少，总体上是很弱的负趋势，但夏季和秋季减少明显（–3.5 ± 1.2d/10a）（Xu et al.，2017）。2000年以后，青藏高原西北与东南地区积雪日数变化趋势截然相反，西北部积雪日数增加，而东南部减少（Tang et al.，2013；Zhong et al.，2018）；积雪日数和雪水当量在高海拔地区下降更为明显（Huang et al.，2017）。

3）对冻土变化的影响

青藏高原多年冻土区温度升高明显（高信度）。随着气候变暖，青藏高原表层土壤冻融循环变化显著。冻土从偏冷向偏暖状态变化，偏冷冻土类型向高海拔移动（Ran et al.，2018）。青藏公路沿线（昆仑山垭口至两道河段）多年冻土区10个活动层观测场监测结果显示，1981~2018年，观测区平均气温呈显著升高趋势，升温速率达0.68℃/10a；活动层厚度总体上依然呈明显增厚趋势，平均每10年增厚19.5cm，1998~2018年，活动层厚度平均每10年增加了约28cm，表现出增厚加快的特点。2018年平均活动层厚度比2017年增大了近5cm，达到245cm，为1981年以来的最大值（中国气象局气候变化中心，2019）。与此相对应，2004~2018年活动层底部温度呈现出明显的升温趋势，平均每10年升高0.49℃，2018年活动层底部温度达到–0.90℃，为2004年有观测记录以来的最高值。目前多年冻土深层显著升温已是青藏高原地区普遍发生的现象，且这一态势仍在持续加剧。不同地理位置表现出的升温趋势具有显著空间差异，钻孔地温监测表明，2005~2017年不同观测场20m地温均呈现出明显的线性上升趋势，升温速率为0.02~0.26℃/10a。

3. 气候变化对湖泊面积和水量变化的影响

20世纪60~90年代中期，青藏高原湖泊数量和面积呈现了减少的趋势，但在1995~2015年呈现快速增加趋势（高信度）。青藏高原湖泊总面积超过4.7万km^2，占全国湖泊总面积的50%以上，其中大于1km^2的湖泊有1200个左右。20世纪60年代至2015年，青藏高原大于1km^2湖泊数量增加16%，新出现湖泊42个（Zhang G Q et al.，2019），青藏高原湖泊总面积由40126 ± 1022km^2增加至47366 ± 486km^2，增幅达18%（Zhang et al.，2014），其中内流区湖泊扩张幅度最为显著，总面积增大27.3%。湖泊的扩张大致分为3种类型（Yang et al.，2017）：①21世纪初之前缓慢扩张，之后加速扩张，如色林错，其面积在过去的40多年由1679km^2增加到2389km^2，增加了42.3%，超过纳木错，成为西藏第一大湖。②20世纪90年代之前湖泊萎缩，之后快速扩张，如多数青藏高原中部的湖泊。③21世纪初之前湖泊萎缩，之后快速扩张。

随着湖泊面积变化，湖泊水位和水量出现相应变化 [图 19-3（a）]。例如，青海湖水位 2004 年前呈下降趋势；2005 年开始止跌回升，转入上升期，14 年间累计上升 2.54m，已接近 20 世纪 70 年代初期的高水位（中国气象局气候变化中心，2019）。2003~2009 年，青藏高原 74 个大湖水位平均上升率为 0.21m/a。其中，62 个湖泊水位上升，平均上升率为 0.26m/a（0.01~0.80m/a），主要分布在中北部；12 个湖泊水位下降，平均下降率为 0.06m/a（–0.40~–0.02m/a），主要分布在南部的雅鲁藏布江流域（Zhang et al.，2011）。根据估算的 1976~1990 年、1990~2000 年、2000~2005 年和 2005~2013 年 4 个时段内 317 个主要湖泊的水量变化 [图 19-3（b）] 可知，青藏高原湖泊水量 1976~1990 年共减少了 23.69Gt，1990~2013 年增加了 140.80Gt。增加的湖泊水量主要集中在青藏高原的中部和北部。在高原南部，湖泊收缩，水位下降，湖泊水量减少（Qiao et al.，2019；Zhang G Q et al.，2013）。

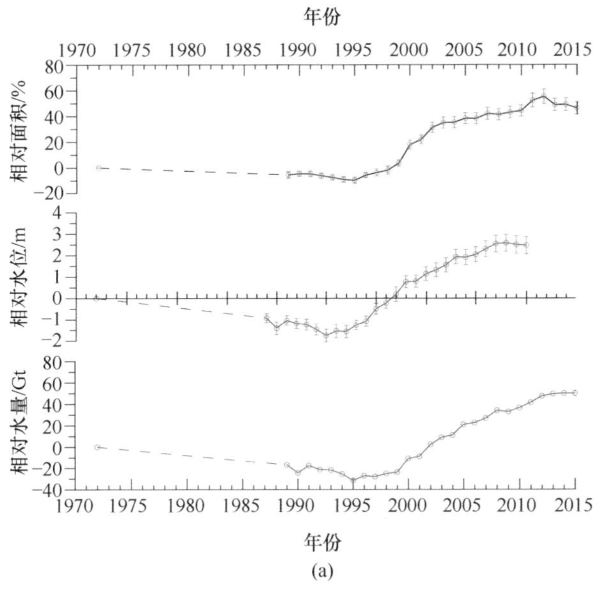

(a)

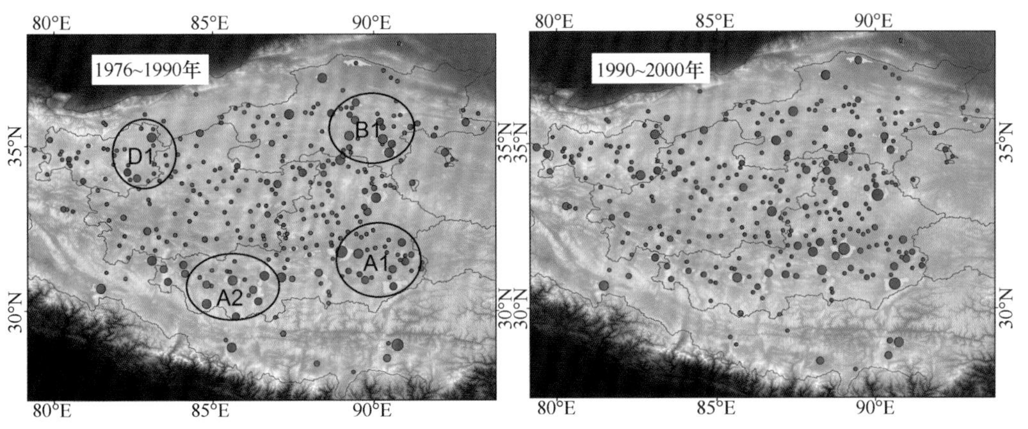

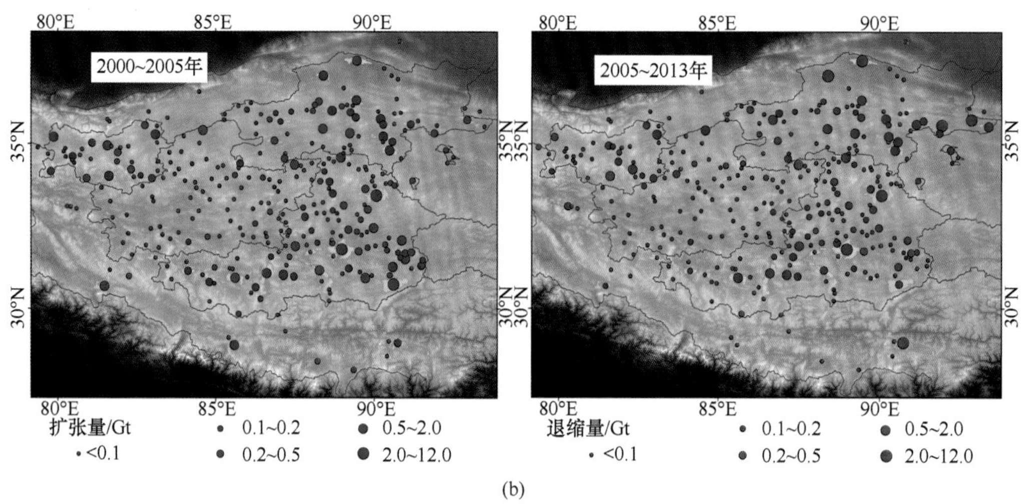

图 19-3 1970~2015 年青藏高原湖泊面积、水位与水量的相对变化（a）（Zhang et al.， 2017a）；不同区域 1976~2013 年不同时期的湖泊水量变化情况（b）（Qiao et al.， 2019）

青藏高原多数湖泊水量的变化主要受降水影响（高信度）。20 世纪 90 年代中期之前，多数湖泊相对稳定或略有收缩，此后多数湖泊面积显著增加，但存在一些区域差异（Lei et al., 2014），中部湖泊的扩张在 2006 年前后出现停滞，而在青藏高原北部湖泊仍在加速扩张（Crétaux et al., 2011；Song et al., 2015），但从 2016 年开始，湖泊扩张再次加剧。湖泊的面积变化与区域降水年代际变化相当一致，表明降水是影响湖泊水量变化的主要因素（Lei et al., 2013；Zhou et al., 2015；Zhang et al., 2017b）。内流区湖泊水量变化与重力场变化（7.00Gt/a）相当，也表明湖泊水量的增加主要来自降水而不是局地的冰川消融。尽管如此，不排除冰川融化是一些湖泊增长的主要原因，如纳木错和令戈错。青藏高原区域的气候暖湿化可能与北半球大尺度环流（包括陆海热差异、赤道太平洋东西向海温梯度和大西洋海温多年代际振荡）变化有关（Lei et al., 2014）。

4. 气候变化对大江大河源区的补给过程影响

受降水影响，青藏高原的河流径流变化具有明显的时空分异（高信度）。20 世纪 80 年代至 21 世纪初，青藏高原东北部径流具有下降趋势（Cuo et al., 2014；Liu et al., 2018）。2003~2014 年，青藏高原相对干旱流域（长江、黄河、澜沧江上游）径流增加，其中，黄河源区（唐乃亥水文站以上流域）的径流变化趋势与长江源区类似，但径流增加出现得更早，而湿润流域（怒江上游、雅砻江）径流减少，这与降水的空间变化基本一致（Yang et al., 2014；Wang et al., 2017）。

青藏高原东南部诸河地表水资源 1961~2018 年线性变化趋势为 –3.7%/10a，但近年来多有所回升（中国气象局气候变化中心，2019）。其中，长江源区直门达水文站径流量 1990~2004 年呈递减趋势，2004 年后径流量呈增加趋势（张永勇等，2012；李林等，2012）。澜沧江源区昌都水文站径流量在 1961~2007 年整体呈现减少趋势，尤其是夏秋季径流量存在明显的减少（刘光生等，2012），但2003~2014年径流量增大（Wang et al.，2017）。怒江道街坝站径流量在20世纪80年代末期以前总体呈减少趋势，之后则呈增加趋势（姚治君等，2012）。嘉玉桥水文站径流量则有微弱下降趋势（Wang et al.，2017）。雅鲁藏布江流域奴下水文站径流量在1956~2000年总体上呈减少趋势。进入2000年以后，径流量逐渐回升，21世纪初径流量距平值增加了12.05%（钱晓燕等，2010）。降水是各大流域径流量演化的主要驱动因子，但冰川萎缩也在一定程度上影响径流量的变化。

青藏高原西部印度河上游流域在1970~2013年径流量表现为轻微增加趋势［约$4m^3/(s \cdot a)$，不显著］。发源于喀喇昆仑山的叶尔羌河在20世纪下半叶年径流量显著增加，而和田河的径流量表现为保持稳定或略微降低的趋势。

19.2.2 气候变化对生态系统变化态势的影响

1. 气候变化对植被物候的影响

过去30年青藏高原植被物候总体呈现出返青期提前，从而导致生长季延长（高信度）。植被物候是气候条件季节和年际变化最直观和最敏感的综合指示器，其发生时间反映了陆地生态系统短期变化的特征。科学界对1982~1999年青藏高原植被返青期提前形成普遍共识（Zhang et al.，2013b；Shen et al.，2013），但对2000年以来的返青期变化仍存在较大争议——青藏高原西南部地区返青期推迟，而东北部地区返青期持续提前（Shen et al.，2015a）。返青期变化呈现显著区域差异可能与西风模态和印度季风模态的降水空间分布相关。植被枯黄期年际变化相对较小或无显著变化（Chen M L et al.，2014；Cong et al.，2017a），仅在青藏高原东部地区有少许推迟。因此，受生长季返青期提前影响，过去几十年间青藏高原高寒植被生长季显著延长。

植被物候变化对温度的响应具有非一致性和不对称性，其温度敏感性可量化物候对温度变化的响应程度，大部分植物物候的温度敏感性在高海拔、低纬度地区较高（孟凡栋等，2017）。但不同季节的温度变化对植被物候的影响也不同，春季气温降低常常造成返青期推迟（Shen et al.，2015b）。昼夜温差的增加会导致植被落叶期提前，而温差降低则使得落叶期推迟，利用平均温度解释秋季物候变化的机制存在不足（Wu et al.，2018）。

降水对青藏高原干旱地区植被生长产生的影响尤其明显。降水量与返青的时间呈负相关关系，降水增加，返青期提前。植被生长季对干旱的响应也存在差异，干旱和湿润地区植被在短时间尺度对干旱做出响应，半干旱和半湿润地区的植被在长时间尺度上对干旱做出响应（Vicente-Serrano et al.，2013）。不同季节降水对不同植被类型生长季变化的影响程度也不同，冬季降水增加导致青藏高原植被返青期提前（Shen et al.，2015a），在越干旱的地区，提前作用越强，表现为返青期对冬季降水的年际变化越敏感。然而，气候变化能够改变高寒植物物候进程，也会给其带来生存风险（徐满厚和薛娴，2013）。

2. 气候变化对生态过渡带边界变化的影响

在气候变化背景下，青藏高原生态过渡带边界呈现向更高海拔扩张的态势（高信度）。生态过渡带边界（林线、灌木线、草线）既受到气候因子的控制，也受到非气候因子的影响（Liu and Yin，2013；沈维等，2017；Guo et al.，2018）。一方面，变暖速率以及生长季降水量均存在区域差异，青藏高原生态过渡带边界的变化幅度具有显著的空间异质性；另一方面，受诸多非气候因素（地形、干扰、植被交互作用等）的影响，即使在同一地区，不同类型的生态过渡带边界的变化幅度也存在差异（王根绪等，2017）。

气候变暖驱动青藏高原林线向更高海拔爬升 0~80m。基于纬度或经度梯度上的样地研究证实，青藏高原各地区的林线上升幅度具有明显的空间差异性（Liang et al.，2016；Sigdel et al.，2018）。青藏高原灌木线的扩张幅度有限，20 世纪爬升幅度仅为 0~5m。青藏高原分布着全球海拔最高的草线（6000m 以上）（Li et al.，2013；Zhao et al.，2016），气候变暖对青藏高原不同地区草线爬升幅度的影响具有很大差异（表 19-2）。

表 19-2 青藏高原不同区域林线、灌木线和草线在不同时间尺度的变化幅度

过渡带类型	区域	植被类型	时间尺度	变化幅度	资料来源
林线	祁连山北部	青海云杉	最近 100 年	52~80m	Liang et al.，2016
	祁连山中南部			13~54m	
	祁连山南部	祁连圆柏		变化不显著	Gou et al.，2012
	玉树和昌都	川西云杉		0~25m	Lyu et al.，2016
	林芝	急尖长苞冷杉		0~2m	Wang Y et al.，2016
	横断山区	长苞冷杉		19~28m	Liang et al.，2016
	贡嘎山	峨眉冷杉		0~16.3m	冉飞等，2014
	喜马拉雅山南坡中段	糙皮桦		0~51.5m	Sigdel et al.，2018
		喜马拉雅冷杉		0~31.7m	
灌木线	西藏纳木错	香柏	过去 100 年	0~1m	Wang et al.，2015
	当雄			0~5m	Lu et al.，2018
	南木林			0~1m	
	青海	NDVI 数据	2000~2015 年	海拔升高	代子俊等，2018
草线	海拔 4500~5500m	40 个小样方及 NDVI 数据	1995~2010 年	海拔爬升有限	Huang et al.，2018
	西藏西南部	NDVI 数据		140~180m	Dolezal et al.，2016

3. 气候变化对湿地及其生物多样性变化影响

气候变暖导致的蒸发增强使青藏高原湿地在 2000 年以前持续退化，此后，湿地面积总体上得到恢复（中等信度）。青藏高原湿地分为湖泊湿地、河流湿地、沼泽湿地和人工湿地四大类（邢宇，2015）。青藏高原人工湿地面积较少，以湖泊湿地、沼泽湿地

和河流湿地为主。青藏高原湖泊湿地、沼泽湿地和河流湿地主要分布在青海湖及其北部祁连山前、柴达木盆地北部、三江源区、若尔盖地区以及羌塘高原南部和东部地区等（张宪洲等，2015）。1970~2000年，青藏高原湿地面积以每年0.15%的速率减少，总面积减少了2804.63km^2，呈现出持续退化状态；2000年后，湿地萎缩态势减缓，面积呈现出一定程度上的增加（姜琦刚等，2012）。高寒湿地面积变化集中反映了全球变暖蒸发增强与降水增加之间的平衡。青藏高原湿地面积2000年以后得到恢复的原因在于，一是降水和冰川融水等持续增加，维持了湿地的水分平衡；二是实施了大量天然湿地保护工程（王小丹等，2017；黄麟等，2018）。其中，西藏地区的湿地恢复更为显著，但仍未恢复至1978年的水平（赵志龙等，2014；邢宇，2015；Xue et al.，2018）。

蒸发增强与降水增加平衡下的高寒湿地各类型变化差异显著。水分是高寒湿地存在与否、形态变化等的决定性因素，不管是湖泊湿地还是沼泽湿地在过去几十年的变化均反映了水分平衡的变化。对湖泊湿地2000~2013年的遥感监测研究发现，羌塘高原内流区湿地总体扩张，其主要由降水增加驱动（Zhang et al.，2017b；Qiao et al.，2019）；而青藏高原西北部由于处于极度干旱、寒冷且降水少的气候条件下，因此冰川融水是湖泊湿地水量变化的主要原因（Qiao et al.，2019）。沼泽湿地总体呈现出类似的先降低后恢复的过程，但个别地区如若尔盖和三江源沼泽湿地仍呈现出蒸干萎缩现象（郎芹等，2021；赵志龙等，2014）。

高寒湿地介于水陆之间的特征，使其植被对气候暖湿化响应敏感（Jin et al.，2015；Wei et al.，2017）。气候暖湿化下的高寒湿地总体碳吸收能力增强，但高寒湿地温室气体释放也呈现增加趋势。由于湿地土壤具有较高的碳储量，气候变暖下的冻土融化和有机碳分解导致大量CH_4和CO_2释放（Mu et al.，2017；Yang B et al.，2018），在湿地面积有所恢复的情况下，青藏高原高寒湿地CH_4排放增强，对气候变暖形成正反馈（Wei and Wang，2016）。

高寒湿地物种丰富，气候变化对高寒湿地生物多样性产生重要影响。2010年开展的西藏第二次湿地资源调查成果《中国西藏高原湿地》中记录了西藏湿地高等植物591种，隶属65科205属（刘务林等，2013）。青海湿地植物有428种，分属于39科146属。青藏高原湿地在特殊的生境中形成了众多特有物种，据不完全统计，湿地系统中青藏高原特有种占20%左右，湿地动物有鸟类73种、鱼类55种、哺乳类14种以及两栖类9种，其中列为国家重点保护的珍稀物种约为21种。气候变化条件下，湿地物种多样性变化较为显著，以西藏拉鲁湿地为例，伴随湿地退化，植物物种增加了32种13科，动物物种减少了12科20种（张宪洲等，2015）。

4. 气候变化对高寒草地及其生产力变化的影响

青藏高原草地生态系统结构整体稳定，格局变化率低于0.13%，植被覆盖度微弱上升（高信度）。西藏和青海三江源是高寒草地的主要分布区域，草地（包括高寒草原和高寒草甸）总面积约为1.525×10^6km^2，占青藏高原土地总面积的59.28%。遥感分类数据显示，2000~2014年，高寒草原面积变化率低于0.13%，高寒草甸面积变化率低于0.02%（王小丹等，2017），西藏66.5%面积的草地的植被覆盖度小幅度上升（王小丹等，2017），三江源地区植被覆盖度增长区域占全区总面积的 79.18%（邵全琴等，2017）。2005~2012 年，青海三江源地区草地总面积增加 123.70km^2，占区域总面积的 0.03%（邵全琴等，2017）。

青藏高原变暖变湿使得草地植被 NPP 呈明显增加态势，但在最近 10 年增加态势变缓（高信度）。青藏高原气候变暖变湿对植被生产力变化产生明显影响（Ganjurjav et al.，2016；Cong et al.，2017a）。过去几十年的定位和遥感研究表明，高寒草甸植被对温度的敏感性大于降水，海北、三江源和川西北等典型高寒草甸分布区的增温实验显示，植物群落在短期增温后生物多样性指数有所下降，建群种生物量增加，伴生种生物量下降或不变（Wang et al.，2012；Dorji et al.，2018）；而高寒草原对温度和降水都具有敏感性，降水增加在很大程度上更能刺激高寒草原植物的生长发育。总体而言，气候变暖对青藏高原草地生态系统的影响是正面的，但这种影响仍存在时间和空间上的不平衡性（Shen et al.，2016；Peng et al.，2015），尤其是降水在时间和空间上的变化对干旱和半干旱地区植被产生较大影响（张宪洲等，2015），在干旱的年份叠加人类放牧活动等会导致这些区域的植被产生严重退化，如西藏西北部的荒漠草原及三江源“黑土滩”等。

1982~2012 年，青藏高原高寒草地植被 NPP 总量增加了 8.1%~20%，增加的面积达 32% 以上，平均 NPP 增加的区域面积是减少的 5 倍以上（张宪洲等，2015；Gao et al.，2013，2016；Zhang et al.，2014；Chen B X et al.，2014）。尤其是 20 世纪 80 年代至 21 世纪初的 20 年间，青藏高原 NPP 增加存在严重的区域不平衡，显著增长的区域主要分布在青藏高原的中东部，而气候暖干化西部地区的草地生产力呈减少趋势。在空间上，青藏高原高寒草地生产力分布表现为由东南向西北逐渐递减的趋势，该分布特征与青藏高原水热梯度变化保持较好的一致性（张镱锂等，2013）。

高寒草地发挥着重要的生态安全屏障功能。2008~2014 年，西藏范围内高寒草地的碳固定总量呈现轻微上升趋势，植被和土壤的碳固定总量增加了 1650 万 t，增加比例为 2.56%；2008 年以前，西藏的多年平均土壤风蚀量为 20.04 亿 t/a，2008~2014 年减至 9.04 亿 t/a（王小丹等，2017；黄麟等，2018）。

19.2.3 气候变化对农牧业发展的影响

1. 气候变化对农作物种植格局和产量影响

气候变化下青藏高原水热资源格局和分布发生改变，变暖变湿使得农作物种植面积扩大，并有利于作物产量增加（中等信度）。气候变化扩大了作物的种植范围。青藏高原 95% 的农作物生长在海拔 3314m 以下，99.98% 生长在海拔 4000m 以下（Guedes et al.，2016）。20 世纪 70 年代中期到 2000 年，青藏高原地区农作物一熟耕地面积从 19110km^2 扩展到 19980km^2，从拉萨河和尼洋河的下游河谷地区上升到上游河谷地区，种植海拔上限从 5001m 上升到 5032m；两熟耕地面积从 9km^2 逐渐增大到 2015km^2，从拉萨河和雅鲁藏布江的最下游地区扩展到最上游地区，种植海拔上限从 3608m 上升到 3813m（Zhang et al.，2013a）。冬小麦适种范围明显增加，分布海拔上限升高了约 130 m；春青稞种植上限升高了 550m；玉米分布上限上升到 3840m（陈德亮等，2015；李阔和许吟隆，2017）。气候变暖不仅增加了小麦和青稞等作物适宜种植的区域，也使得谷子等高积温需求作物的再次引进成为可能（Guedes et al.，2016）。气候变化使青藏高原地区农业种植耕地面积总量呈增加趋势（李士成等，2015），到 2010 年超过 113 hm^2；但由于人口增加，人均耕地面积呈下降趋势，到 2010 年人均耕地面积为 0.09 hm^2（杨春艳等，2015）。

在青藏高原地区，温度增加对冷凉地区作物的生长和产量增加较为有利。青藏高原温度升高将延长小麦生育期、增加干物质产量和籽粒产量（韩国军等，2011）。三江源地区因气候变化引起的生产力波动与温度的相关性为 0.905，与降水的相关性为 0.536（郭佩佩等，2013）。过去 50 年来，青藏农作物≥ 0℃的生长季平均每 10 年延长 4~9 天；≥ 10℃的生长季平均每 10 年延长 4 天（陈德亮等，2015）。青藏高原地区春末夏初降水减少是延迟春季生育期、缩短整个生育期的主要原因之一，而气候变化导致该区降水总体上呈增加趋势，其对于青藏高原农作物生育期延长是趋好因素。从整体而言，生长季前的增温和更多的降水会导致青藏高原作物返青期和开花期在一定程度上提前（Shen et al.，2015b）。

不同月份的温度变化对农作物生育期产生不同的影响效果。研究发现，1980~2015 年，青海春青稞播种期以 2.65d/10a 的趋势显著推迟，但分蘖和抽穗期分别以 4.78 d/10a 和 2.3 d/10a 的趋势显著提前（严应存等，2018）。普遍来说，春季增温较大幅度地延长了作物的生长季，但缩短了生育期。夏季 7~8 月增温会提前秋季生育期，而 9 月增温则会延迟秋季生育期（Yu et al.，2010）。

2. 气候变化对畜牧业生产条件的影响

青藏高原气候变暖变湿使得草地生产力增加，其对畜牧业发展具有一定的积极影响（中等信度）。研究表明，家畜数量与草地生产力呈极显著正相关（花立民，2012），反映了家畜数量与一定气候条件的适应性，而牲畜存栏量过高会打破这种适应性（Chen Y et al.，2014）。2000~2015 年，青藏高原（西藏和青海三江源区 16 县）平均年末牲畜存栏量为 5702.8 万头羊单位（SHU），平均放牧强度为 0.60 SHU/hm^2，平均放牧强度空间差异明显。西藏东部地区的各县放牧强度要明显大于西部地区，尤其是那曲及其周围的几个县市，放牧强度普遍大于 1.5 SHU/hm^2。三江源地区东部各县普遍在 0.9 SHU/hm^2 以上，而西部三县的放牧强度均小于 0.3 SHU/hm^2。整体上，青藏高原放牧强度表现为由北到南、从西向东逐渐增加的趋势（李文娟等，2012），具体表现为西藏高原中东部地区 > 西藏高原西部地区 > 青海大部分区域，其体现了对气候格局制约下的草地植被生产力空间分布的适应。然而，过度放牧可以导致草地植被生物量不可逆地减少，因而造成草地退化（Fan et al.，2013；Zhao et al.，2017）。即使在气候变暖变湿、草地植被生产力有所增强的条件下，较高的放牧强度也会对部分地区草地生态系统产生较大的负面作用，并超过气候变化的影响，从而导致草地退化或者沙化（Wu et al.，2012）。2000~2006 年，由于气候条件相对较差，放牧压力较高，藏北高原草地地上生物量减少，草地呈退化趋势。2007~2014 年，气候条件趋好，加之青藏高原地区开展的一系列生态保护工程建设与实施的退牧还草和生态补偿政策，使得放牧压力下降，从而在一定程度上恢复了草地生产力（张镱锂等，2013；苏淑兰等，2014；王涛等，2016）。

19.2.4 青藏高原生态环境脆弱性及变化趋势

青藏高原是我国面积最大的生态脆弱区，具有海拔高、气温低、降水少、生态系统结构简单、抗干扰能力弱和易受全球环境变化影响的特点，表现出较强的脆弱性（图 19-4）。青藏高原 80% 以上的面积在海拔 4000m 以上，其气温显著低于同纬度地区；青藏高原腹地由于深处内陆，降水量多在 200mm 以下，干旱特征明显；土壤发育历史短，普遍具有粗骨性强、抗蚀能力弱的特点；植被以高寒草甸、草原为主，结构单一；低温缺水更使得草地生产力低、更新缓慢（于伯华和吕昌河，2011）。这些因素决定了青藏高原高寒生态系统的较差本底质量，从而使其对外部干扰响应敏感，很容易出现退化现象。

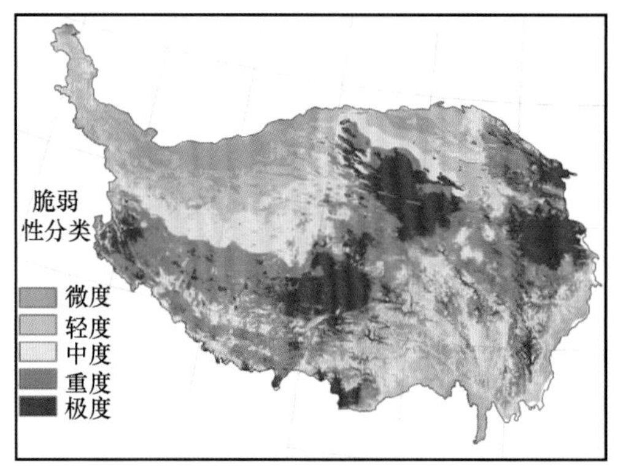

图 19-4 青藏高原生态系统脆弱性分区（于伯华和吕昌河，2011）

青藏高原的生态系统脆弱性以重度和极度为主，二者面积约为 $127.23 \times 10^4 km^2$，占全区面积的 49.46%，集中分布于黄河源区、柴达木盆地和阿里 – 那曲的带状区域。黄河源区气候寒冷干燥，年平均气温为 –4~0℃，风蚀作用强，降水量少而变化率大，年降水量为 220~350mm，土壤以高山草甸土为主，土层薄、质地粗、保水性能差。柴达木盆地降水稀少，年降水量多在 50~100mm，大部分地区植被稀疏，多为荒漠草原景观；盆地风蚀作用较强，植被破坏后很容易发生沙化，且恢复困难。阿里 – 那曲的带状区域属于青藏高原腹地，降水稀少，加之海拔高，气温低，形成以荒漠、草原为主的自然景观，植被指数多在 0.1~0.4，盖度较低。

青藏高原中度脆弱性面积为 $65.16 \times 10^4 km^2$，占区域总面积的 25.33%，分布于藏北高原的中北部和青藏高原中东部的河源区。藏北高原中北部属于高原寒带季风干旱气候，植被以荒漠为主，植被指数为 0.1~0.2。人类活动对区域生态环境尚未产生明显的影响，大部分地区依然保持着原始状态。但该区生态系统结构简单，易受人类活动和气候变化等因素的影响，极易产生退化，且恢复困难。青藏高原中东部地区高山深谷相间，植被从林地到灌丛，再到草地均有分布，自然环境和社会经济条件在水平和垂直方向上变异均比较大。该区域的生态环境整治不仅仅要关注脆弱生态环境的整体状况，更要关注单一脆弱因子对生态环境治理的抑制作用。

微度、轻度脆弱区主要分布在雅鲁藏布江大拐弯处、青藏高原东南缘海拔 3000m 以下区域、祁连山南坡西北段和昆仑山北坡与塔里木盆地南缘的山麓 / 山坡地带。雅鲁藏布江大拐弯处纬度较低，≥ 0℃积温通常在 4000℃左右；受西南季风影响，降水量可达 600mm 以上；植被以森林为主，覆盖度高，植被指数为 0.7~0.9。青藏高原东南部受来自印度洋的湿热空气影响，≥ 0℃积温通常在 3000℃以上，降水量为 300~600mm；植被在河谷低地以森林为主，高海拔处以草地为主，具备垂直地带性特征。祁连山南坡西北段降水量为 350~700mm，干燥度为 3~5，植被以森林和草原为主。在昆仑山北坡和塔里木盆地南缘，≥ 0℃积温常在 4000℃左右；植被盖度差异较大，既有无植被区，也有植被指数 0.6 以上的林地，与区域荒漠绿洲的自然景观相一致。

未来气候变化背景下，青藏高原生态系统脆弱性格局基本保持不变（中等信度）。与 1990 年相比，1991~2020 年青藏高原生态基准（无受损）面积有所增加，且藏东南地区表现最为明显。2021~2050 年，青藏高原地区整体生态脆弱程度有所减轻，具体表现为生态基准区和轻度脆弱区面积增加，中度脆弱区和重度脆弱区面积有所减少，极度脆弱区面积减少幅度较大，脆弱区面积减少在喜马拉雅山北翼和藏东南地区较为明显。2051~2080 年，青藏高原地区脆弱程性进一步减轻，重度脆弱区和极度脆弱区比例大幅下降，相比 1990 年基准年水平分别下降 35% 和 41%，在青藏高原西部，许多轻度、中度脆弱区已经转为生态基准区（赵东升和吴绍洪，2013）。

19.3 风 险

受气候变暖影响，过去 50 余年期间青藏高原极端气温（极端高温、极端低温）和极端降水事件发生频率呈现不同程度的上升趋势（吴国雄等，2013；杜军等，2013，崔鹏等，2014），且在未来的 100 年内，青藏高原的气温和降水将呈现持续增加的基本趋势。气候变化使青藏高原多年冻土区上限温度逐渐升高，冻土活动层增厚，冻土不稳定性增强，出现了一系列极端天气事件，极大地增加了滑坡、泥石流、冰湖溃决的发生频率。受此影响，青藏高原地区地质灾害风险进一步增加。

19.3.1 气候变化引起的地表过程变化及主要风险

1. 冻土退化给道路工程建设带来的风险

冻土退化显著地加大了青藏公路、青藏铁路路基的不均匀下沉速率，对道路安全运行造成极大的威胁（高信度）。以青藏高原为主体的多年冻土区面积为 $175.39 \times 10^4 km^2$，占中国国土面积的 18.3%，其是地球上分布最广泛的高海拔多年冻土区（马巍等，2012）。由气候变化引起的气温升高和降雨增加是青藏高原地区多年冻土退化、冻土温度升高、活动层厚度增大、地下冰融化的主要原因（程国栋等，2019）。

青藏公路海拔在 4000m 以上，全长 2100km，穿越多年冻土地带 750km。由于工程结构体具有保温作用，黑色路面利于热量的吸收，道路路基热融下沉一直是青藏公路沿线多年冻土地区面临的巨大挑战和急需解决的难题（图 19-5）（彭惠等，2015；汪双杰等，2015）。在气候变化影响下，青藏公路沿线多年冻土检测场活动层厚度处于持续增加过程，活动层厚度平均增大了 67cm，增加率为 2.1~16.6cm/a，平均增加率为 7.5cm/a。当年平均地温高于 –1.5℃时，路基变形速率达到了 4~10cm/a，年平均地温低于 –1.5℃时，路基变形速率小于 4cm/a。此外，高含冰量的多年冻土发生融化常导致较大程度的路基沉降（吴青柏和牛富俊，2013）。

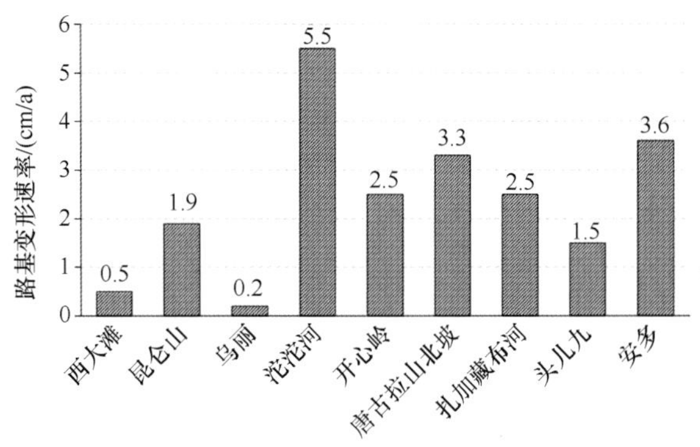

图 19-5 不同地区青藏公路路基变形速率（彭惠等，2015）

青藏铁路沿线穿越多年冻土区 546.44km，其中高温冻土区长度 274.26km，低温冻土区长度 170.5km，融区长度 101.68km（表 19-3）。受气候变暖影响，多年冻土区出现了冻土上限下降、地下水位降低、地表荒漠化加剧、热稳定性下降等现象，对铁路运输效率和安全运行产生了一定的干扰（张中琼和吴青柏，2012）。其中，路基沉降较大的区段主要分布在楚玛尔河附近的高温高含冰量多年冻土区、北麓河盆地和沱沱河等大河融区与多年冻土区过渡地段、唐古拉山区岛状多年冻土分布地带以及局部斜坡地段受水影响严重的高路基地段等（孟超等，2018）。

表 19-3 青藏铁路沿线冻土分区（刘慧，2011）

冻土分布特点	总长度 /km	多年冻土厚度 /m	分布区域
高温极不稳定区	199.75	0~25	楚玛尔河、北麓河、沱沱河、通天河、布曲河谷等融区的边缘地带
高温不稳定区	74.51	25~60	楚玛尔河、北麓河、沱沱河、通天河平原及山间盆地
低温基本稳定区	110.75	60~120	低山、丘陵、高山的下部
低温稳定区	59.75	120	昆仑山、唐古拉山等中上部
融区	101.68	—	昆仑山地区、楚玛尔河地区、可可西里地区、北麓河地区等

2. 河谷风沙活动给生态环境和生产建设带来的风险

青藏高原典型河谷频繁的风沙活动给当地生态环境与生产建设带来很多不利影响（高信度）。青藏高原河谷地区风沙活动频繁，发育有不少风沙堆积地貌，尤以雅鲁藏布江中上游宽谷河段最为普遍和典型（Shen et al.，2012）。河谷风沙活动的风险主要表现在以下三个方面。第一，污染大气环境。青藏高原大气悬浮颗粒物为首要污染物，且空气污染程度较重时段均与风沙天气有关。例如，2015 年拉萨 PM_{10} 和 $PM_{2.5}$ 质量浓度最高分别达到 223μg/m^3 和 102μg/m^3，对当地大气环境质量产生较为严重的影响（杨和辰等，2017）。第二，危害农牧业生产和水利设施。河谷地区为青藏高原经济最集中、繁荣的地区。调查发现，采集于调查区的农田沙土和沙壤土原生样品，在风速分别达到一定值时便发生土壤风蚀起沙现象，表层耕作土的细颗粒物质和营养元素被大量吹蚀；大面积草地因沙埋而退化后，草地建群种发生明显变化，产草量也大幅降低；农田灌溉系统冬春季节渠道积沙严重，很多明渠部分每年需要清沙，部分渠道不得不采取投资较大的地下渠方式，其影响水利设施正常的灌溉功能（常春平和原立峰，2010）。第三，造成能见度大幅降低，严重威胁交通安全。沙尘、扬沙、浮尘等风沙天气导致拉萨贡嘎国际机场、日喀则和平机场飞机停飞、返航，甚至机场关闭的情况时有发生。另外，风沙活动引起沙粒高速跃移，直接对青藏铁路路基和铁轨形成磨蚀，加剧钢轨的磨耗和锈蚀，降低铁路使用年限；而且沙粒沉积在铁路路基和道床上，形成沙埋，威胁行车安全（张克存等，2010）。

青藏高原地区河谷风沙活动受气候变化影响显著。温度和风速变化直接影响河谷风沙活动（Hu et al.，2015；Wang X et al.，2016；Dong et al.，2017；Li et al.，2019）。首先，温度升高能够产生更多的风沙物质源。一方面，温度升高导致冰川融化、空气湿度增加、岩石的物理风化作用增强；冰川融水增加使得河水径流量增大、地表侵蚀能力增强和径流泥沙含量增多；温度增加使多年冻土转变为季节性冻土，季节性冻土逐渐消融后释放大量松散碎屑物质，其在融冻作用下形成冻土泥流，这些碎屑物质最终带入河流湖泊中，当干季时水位下降，堆积的大量细颗粒物质为河谷风沙活动提供了充足的物质来源（安志山等，2014）。另一方面，温度升高也意味着更多的蒸散发（Wang et al.，2005），加之一些河谷中降水量有所减少，从而导致当地植被停止生长或死亡，高寒沙地范围加速扩张，为河谷风沙活动提供了大量沙源（Shen et al.，2012；Hu et al.，2015）。其次，风速增加能够为河谷风沙活动提供源源不断的驱动力（You et al.，2014）。青藏高原耸立于西风环流带中，受到大陆性气候的影响，全年只有干湿季之分，而漫长的冬半年干季（11 月至次年 4 月）主要受高空西风带的控制，盛行长期固定的偏西风（Dong et al.，2017）。由于大多数河谷走向与风向基本平行，在河谷两岸地形的作用下，冬季的河谷风速可能更强。近年来，青藏高原气候变暖变湿，加之人工在河谷沙地的植被种植，使得河谷裸地面积减少，对河谷风沙活动有一定的抑制作用，但气温上升引起风沙物质源不断增加，其依然加大着河谷风沙活动的灾害风险（Hu et al.，2015；Zhang et al.，2018）。

19.3.2　气候暖湿化带来的山地灾害风险

1. 青藏高原山地灾害风险分区

青藏高原边缘地区地形条件具有巨大高差，气候变化所引起的降雨增加，使之成为滑坡、泥石流等山地灾害最为发育的地区（崔鹏等，2017）。青藏高原地区半数以上的面积（50.81%）都为山地灾害高度与中度风险区。山地灾害高度风险区主要位于青藏高原西部和南部边缘地区，面积占 20.55%。其中，藏东南、川西地区和青海东部地区，尤其是雅鲁藏布江中游地区、三江源地区、横断山脉地区和湟水河流域是青藏高原滑坡、泥石流高度风险区的主要分布区域。中度风险区主要位于青藏高原中南部、中西部以及东北部地区，面积占 30.26%，包括西藏南部、青海北部以及四川西北部地区。青藏高原中部与中北部等地区主要为山地灾害低度风险区和微度风险区，面积占 49.19%，其中，低度风险区主要位于青藏高原中部地区，面积占 37.64%，包括西藏中北部与青海北部以及四川西北部地区；微度风险区主要位于青藏高原北部与西北部，面积占 11.55%，包括西藏北部与新疆南部地区（崔鹏等，2015）。

2. 气候变暖造成的雨热同期导致青藏高原泥石流风险增加

在青藏高原升温背景下，雨热同期的条件组合有利于大规模滑坡、泥石流和溃决洪水的形成，并增大其衍生为灾害链造成重大损失的风险（高信度）。1961~2015 年，青藏高原绝大部分地区年降水量均呈现出增加的趋势（冀钦等，2018）。西藏东南部地区夏季气温升高，降雨增多，呈雨热同期。青藏高原年降水量、年最大日降水量和一年中日降水量≥ 10mm 的天数分别以 6.59mm/10a、0.33mm/10a、0.26d/10a 的速率显著增加。此外，青藏高原年平均气温在 1960~2015 年以 0.23~0.29℃/10a 的速率递增（吴成启和唐登勇，2017；马转转等，2019）。

古乡沟泥石流在 1953 年首次发生后，其后又发生 50 余次，造成 318 国道多次断道，并造成车辆被掩埋。在青藏高原山区公路、铁路、水电、矿山和城镇建设中，大量的边坡开挖、弃渣、堆填等工程活动往往引起边坡失稳，在气候变暖、极端降水事件增多等气候条件的影响下，其常形成大量的滑坡和泥石流（崔鹏等，2015）。

3. 冰雪消融加剧，冰湖溃决风险增大

在全球变暖背景下，青藏高原大部分高山区的冰川面积和体积有明显的减少（辛惠娟等，2013；张其兵等，2016；段克勤等，2017）。例如，西藏阿里地区狮泉河上游的大、小昂龙冰川在 2014~2016 年分别以每年 72mm w. e. 和 219mm w. e. 的速率减薄，小昂龙冰川在两年内平均每年退缩 11.5 m（陈艳辉等，2019）。1999~2015 年，由于年均气温的上升和年降水量的减少，念青唐古拉山冰川呈现出退缩的趋势，冰川总面积减少了 56.32km^2（安国英等，2019）。

青藏高原大多数冰川于 6~8 月开始出现季节性的消融产流，其间形成强烈的冰面和冰下径流，在短时间内径流量猛增，增大冰湖溃决的风险。在气候变暖和人类活动加强的背景下，青藏高原山地灾害将趋于活跃，特别是冰湖溃决灾害增多，冰川泥石流趋于活跃，特大灾害频率增加，潜在灾害风险进一步增加（高信度）（孙美平等，2014；陈德亮等，2015）。

19.3.3 气候变化下的新型复合型地质灾害（如冰崩）风险

在青藏高原地区，冰崩等新型复合型地质灾害事件严重威胁“第三极”的生态安全（中等信度）（Immerzeel et al., 2010；胡文涛等, 2018）。冰崩是冰川的部分冰体失去稳定性后，冰川冰体突然断裂，断开的冰体发生长距离快速前进的现象。随着近几十年全球气候日益变暖，气候变化可能是引发青藏高原发生冰崩灾害的深层原因（Kääb et al., 2018）。气候变暖一方面使得冰川退缩，冰川末端后退至陡峭的斜坡上，从而极易导致山谷冰川和冰斗冰川逐渐成为悬冰川，进而直接改变冰川内部应力结构，增加坡面冰体的断裂和滑动概率（Cossart et al., 2008），但这种冰崩的产生一般滞后于气候变化，而且滞后时间较长，可达数千年；另一方面会使冷冰川向温冰川转变，冰川底部地温增加，出现液化层，使得冰川底部易于滑动，同时冰川表面形成更多的裂隙，使之连接能力降低，有利于冰体断裂滑动形成冰崩，这种冰崩灾害滞后于气候变化的时间相对较短，仅在数十年左右。气候变湿则会增加冰川的物质积累，使得冰川运动速度加快（陈虹举等, 2017）。在全球气候变暖尤其是厄尔尼诺现象的背景下，变湿可能正是冰川运动加剧和冰崩灾害的触发因素。

青藏高原地区的冰崩灾害主要集中在青藏高原西部的昆仑山、帕米尔高原和兴都库什地区（沈永平等, 2013）。尽管这些地区冰川退缩幅度较小，但近年来积雪增加，气温明显升高，冰川活动逐渐活跃，再加之这些地区的高山坡度较大，气候变化引发冰体更易脆裂和断裂，冰崩的可能性和危险性随之增加。冰崩带来的风险常常以复合的灾害形式出现。一方面，崩塌的冰川本身已经足够对沿途和下游地区造成严重的危害，包括直接冲毁村庄和草场，掩埋群众和牲畜，冰崩体冲入下游的河流、湖泊或水库等水体，在水体中形成涌浪。2016 年 7 月 17 日和 9 月 21 日，青藏高原西部的阿里地区日土县东汝乡阿汝村阿汝错湖区冰川群的 53 号和 50 号冰川分别爆发了冰崩，估算 53 号冰川崩塌体积超过 $0.68 \times 10^8 m^3$，造成阿汝村 9 名藏族群众和数百头牲畜被埋，50 号冰川冰崩体积超过 $0.83 \times 10^8 m^3$（Kääb et al., 2018），崩塌的冰体冲入下游的阿汝错中发生“湖啸”现象，浪高达到 20m，如此大规模的冰川崩塌事件连续发生在一直以来冰川活动较为稳定的青藏高原西北部地区，实为罕见（Qiu, 2016, 2017）。另一方面，冰崩引发后续一系列的次生灾害过程（Allen et al., 2009），包括冰崩将大量冰碛物带到冰川末端，和冰崩体本身一起堵塞下游河道，形成堰塞湖（Schaub et al., 2016），诱发泥石流等自然灾害（Schenider et al., 2013）。冰崩过程还会导致冰川水资源的快速损失，从而影响青藏高原地区的水循环过程（Yao et al., 2012b；姚檀栋等, 2017a）。对 2007~2017 年青藏高原地区的冰崩灾害态势进行归纳和分析，在气候变化情景下，青藏高原地区冰崩灾害发生次数趋频，规模不断扩大，受灾人数也不断增加，其对当地的生产生活和自然环境带来的破坏日益加剧（表 19-4）（胡文涛等, 2018）。

表 19-4 2007~2017 年青藏高原地区冰崩灾害发生记录（胡文涛等，2018）

地点	时间	规模与损失
克什米尔（巴控）地区锡亚琴（Siachen）冰川	2012 年 4 月	Siachen 冰川崩塌，造成 138 名巴基斯坦士兵死亡
中国青海阿尼玛卿雪山	2004 年 2 月	阿尼玛卿雪山在 2004 ～ 2016 年爆发了三次冰崩灾害，在下游形成堰塞湖
	2007 年 10 月	
	2016 年 10 月	
中国西藏阿汝错湖区冰川群 53 号和 50 号冰川	2016 年 7 月	该冰崩造成 9 人死亡，掩埋了数十平方千米的草场
	2016 年 9 月	

19.4 适应对策

19.4.1 青藏高原升温发展态势及区域和全球比较

全球变暖背景下，青藏高原气候变化及其对全球气候变化的反馈是气候变化领域的一个热点问题。行业间影响模型比较项目（The Inter-Sectoral Impact Model Intercomparison Project，ISIMIP）的研究成果已经作为模拟过去和预测未来全球变化对地表和人类社会影响的主要依据之一（彭书时等，2018）。ISIMIP2b 选择了 CMIP5 中的 4 个模式（GFDL-ESM2M、HadGEM2-ES、IPSL-CM5ALR、MIROC5）作为“评估全球变暖 1.5℃对人类社会影响”的科学基础，并基于面向 ISIMIP 进行融合与偏差校正的 ERA-Interim 数据集对模式中的降水、气温、风速等变量都做了偏差校正（Frieler et al.，2017）。

根据 IPCC AR5，将 1986~2005 年作为当前气候状态（IPCC，2013）。相对于 1986~2005 年的参考时段，青藏高原 2006~2100 年的气温变化如图 19-6 所示。在 RCP4.5 情景下，青藏高原年均气温尽管有一定的年际波动，但在 21 世纪总体上表现为持续上升趋势（中等信度）。各模式在 21 世纪末的变暖多在 1~4℃，年均地表气温的线性趋势为 0.15~0.37℃/10a；20 世纪 90 年代平均增温 3.2℃，该结果介于 RCP2.6 的增温 1.8℃和 RCP8.5 的增温 4.1℃（Sun and Ao，2013）之间。与全国相比，利用 RCP4.5 情景下的 11 个 CMIP5 模式预估，21 世纪中国年均地表气温变化趋势为 0.24℃/10a，末期升温 2.5℃（Xu C H and Xu Y，2012），表明青藏高原增暖要稍大于中国的平均幅度。与全球相比，青藏高原年均地表温度增加更快。2006~2100 年，全球平均各模式年均地表气温的线性趋势为 0.10~0.33℃/10a，线性增温趋势比青藏高原低 0.04℃/10a；全球尺度上，各模式在 21 世纪末的变暖多在 1.0~3.6℃，20 世纪 90 年代平均增温 2.42℃，比青藏高原低 0.78℃。

相对于 1986~2005 年的参考时段，青藏高原年均地表气温变化的空间分布型在 21 世纪早期（2016~2035 年）、中期（2046~2065 年）和末期（2081~2100 年）基本相同（图 19-7）（胡芩等，2015）。早期、中期和末期多模式集合平均的年均增温分别为 1.23℃、2.52℃和 3.25℃，均通过了 95% 信度水平的 t 检验，具有较高的可靠性。增温高值区主要位于青藏高原中部和喜马拉雅山脉西部，低值区位于柴达木盆地、青藏高原东部和东南部海拔较低地区。地表气温增幅均与海拔呈正相关，这与近年来观测到的青藏高原增温存在海拔依赖现象相一致（Liu et al., 2009；Qin et al., 2009）。

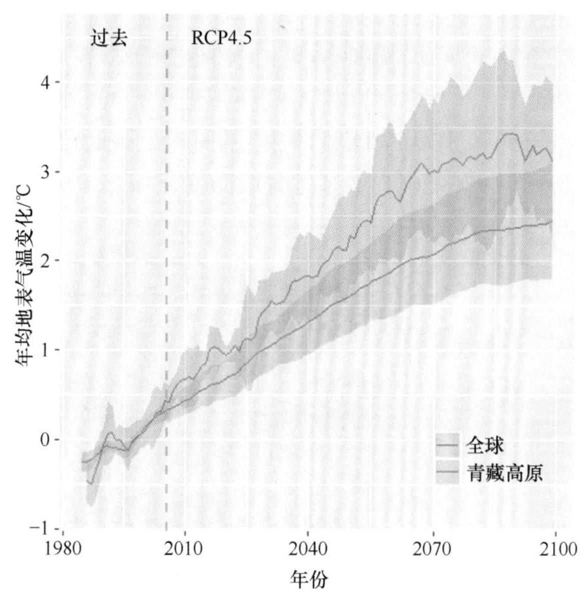

图 19-6　相对于 1986~2005 年参考时段，青藏高原与全球的多模式平均年均地表气温变化

阴影区为正负一个标准差范围

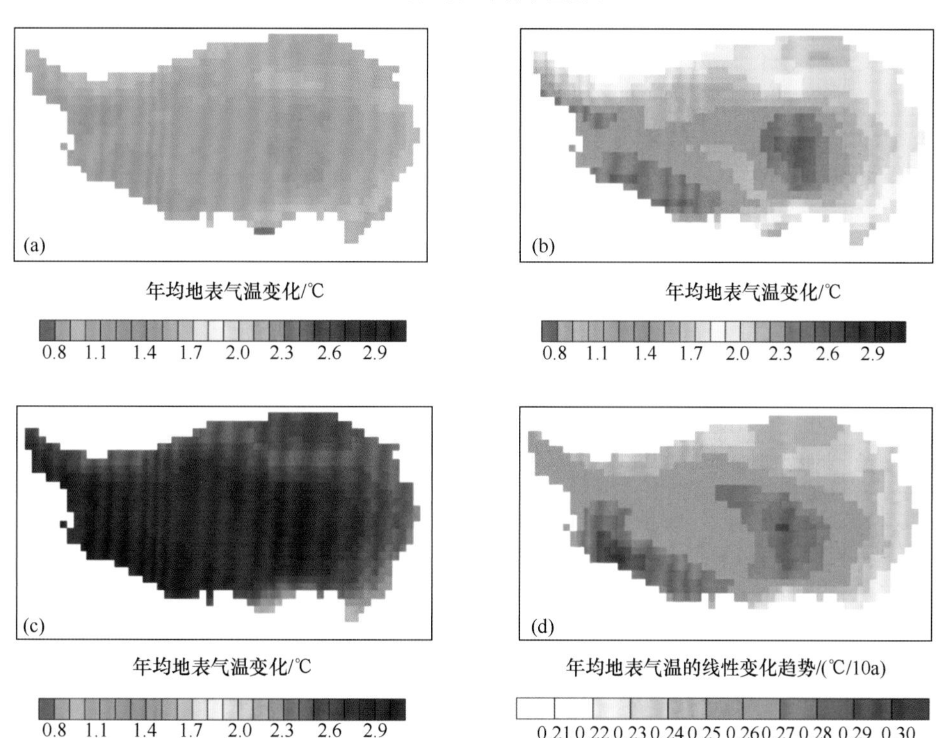

图 19-7　相对于 1986~2005 年的参考时段，青藏高原 2016~2035 年（a）、2046~2065 年（b）、2081~2100 年（c）年均地表气温变化和 2006~2100 年（d）年均地表气温的线性变化趋势

19.4.2 温升 2℃情景下青藏高原地区水循环要素变化

根据各模式等权重集合平均模拟结果，RCP4.5 情景下，相对于 1850~1900 年，2040 年全球温升将达到 2℃，考虑不同模型间模拟结果差异，取 2040 年前后各 5 年共 11 年的区间（2035~2045 年）作为全球温升 2℃的时段。该时段内，青藏高原气温、降雨、蒸散发和降雪相对于 1986~2005 年参考时段的变化如图 19-8 所示。

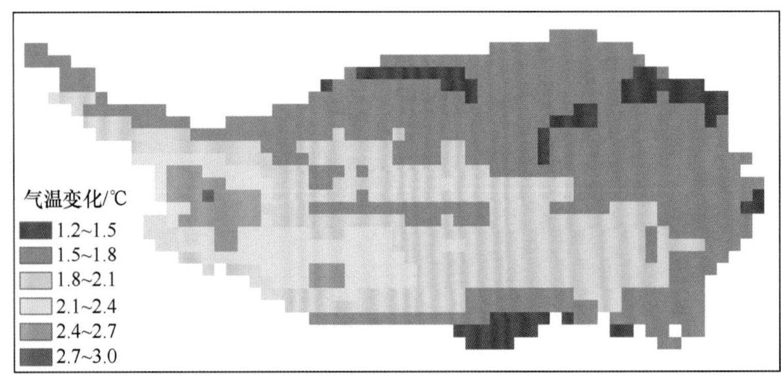

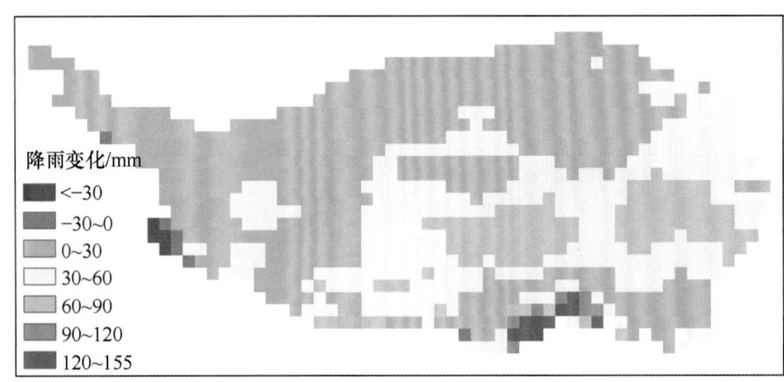

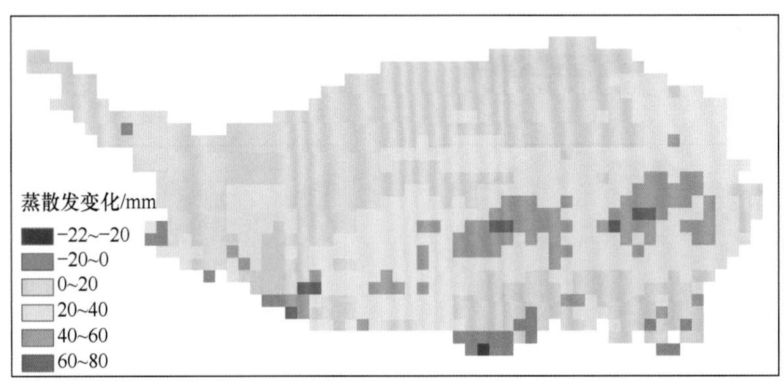

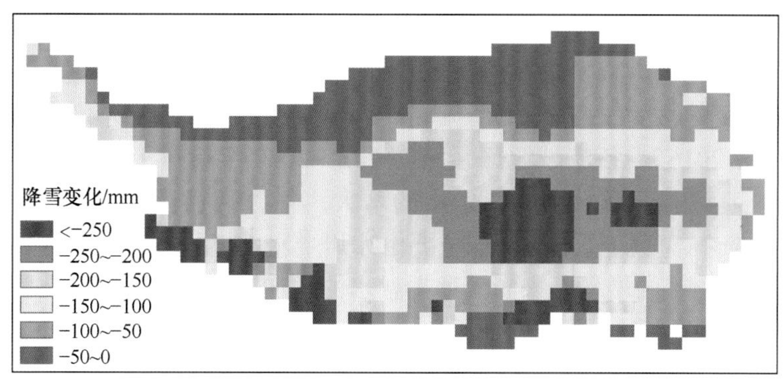

图 19-8 相对于 1986~2005 年的参考时段，全球温升 2℃时青藏高原地表年平均气温、降雨、蒸散发和降雪变化

全球温升 2℃时，青藏高原降雨普遍呈增加趋势（低信度）。相对于 1986~2005 年的参考时段，青藏高原地区年平均降雨增加 31.13mm（表 19-5），其中，藏南雅鲁藏布江下游地区增加量最大，达 120~155mm；其次是藏北高原东部及青藏高原东部 33° N 左右地区；年平均降雨只在阿里高原西缘等少数地区有所减少。青藏高原降雪则普遍呈减小趋势（低信度）。与降雨和蒸散发的变化相比，降雪的变化更为显著，相对于参考时段，整个区域年平均降雪减少 121.80mm；青藏高原中东部的黄河源地区、喜马拉雅山脉西部以及藏南雅鲁藏布江下游地区年平均降雪减少最大，减小量超过 250mm。降雪的减少与模拟的青藏高原增温密切相关。各模式等权重集合平均的模拟结果显示，青藏高原年平均气温将在 2031 年左右超过 0℃，当全球增温 2℃时，青藏高原年平均气温达到 0.35 ± 0.11℃。温度的不断增加将导致更多的降雪转变为降雨。青藏高原年蒸散发变化普遍呈增加趋势（低信度）。相对参考时段，全区年平均蒸散发增加 17.47mm，其中，在青藏高原中东部增加量最大，为 40~80mm；青藏高原北部大部分地区年蒸散发变化较小，增加 0~20mm；全区仅在喜马拉雅山南缘部分地区年蒸散发有所减低。

表 19-5 相对于 1986~2005 年的参考时段，全球温升 2℃时青藏高原不同季节及全年的降雨、蒸散发和降雪变化

时段	降雨 /mm	蒸散发 /mm	降雪 /mm
春季	3.62（−1.01，6.37）	4.39（2.47，6.97）	−44.04（−49.02，−38.22）
夏季	19.60（6.03，26.10）	6.65（2.95，12.28）	−35.82（−69.62，−18.40）
秋季	4.42（0.83，8.37）	5.05（3.11，6.84）	−31.12（−43.01，−22.51）
冬季	−0.31（−3.14，1.21）	2.24（0.25，3.03）	−19.53（−20.38，−18.21）
全年	31.13（15.86，41.70）	17.47（8.90，21.84）	−121.80（−174.02，−84.96）

注：数值分别为多模式模拟结果的平均值，括号中为最小值和最大值。

全球温升 2℃时，青藏高原降雨、蒸散发及降雪的季节变化见表 19-5。降雨的增加主要集中在夏季，占年降雨增量的 63.0%，冬季略有减少；蒸散发全年均有增加，且在各季节的变化相对均衡，夏季增加量最大，冬季最小；降雪全年均有所减少，且春季减少最多，达全年平均降雪减少的 1/3，其次为夏季，冬季降雪减少最少。

发源于青藏高原的大江大河径流在未来可能会增加（中等信度）（Lutz et al., 2014；Su et al., 2016）。各流域源区径流在 2021~2050 年相对于基准期将基本维持稳定或微弱增加，而由于降水和冰川融水的增大，各源区径流在 2051~2080 年将增加 2.7%~22.4%。未来印度河径流的增加主要由冰川融水的增加所致，雅鲁藏布江上游未来的径流有超过 50% 的增量是来源于冰川融水的增加，而长江、黄河、澜沧江、怒江源区未来径流的增大主要由降水增加所致。

19.4.3 青藏高原应对气候变化的适应对策

1. 加强基础科学研究，增强气候与生态环境变化监测能力

加强气候变化对青藏高原生态屏障作用影响及区域生态安全调控的基础研究。研究青藏高原生态安全屏障的结构、功能及其空间分异特征，分析区域生态安全屏障功能变化幅度与调控机制；研究气候变化引起的区域灾害风险类型、强度及其时空格局与过程，揭示青藏高原特殊地表过程变化及其对生态屏障功能的影响；探索青藏高原土地利用和土地覆被变化及其对区域生态安全屏障功能的影响；研究过去、现在和未来气候条件下青藏高原生态屏障功能效应变化的时空格局，揭示青藏高原区域生态功能变化与国家生态安全的关系，评估青藏高原生态安全屏障功能发展态势，研究区域生态建设和生态系统管理途径和对策。

全面部署“气候与生态屏障功能变化监测系统”的建设。构建集监测、评价和预警为一体的青藏高原气候与生态安全屏障功能变化监测系统。依托青藏高原及周围区域的国家级生态系统野外科学观测研究站和中科院等部门的大气环境、特殊环境（如高山冰川、冻土等）与灾害监测研究等野外观测站，按不同的生态功能区构建监测网络，整合监测资源条件，提高生态与环境监测水平，强化对气候变化下的水、土壤、大气、生物等过程的监测，将地面监测与遥感监测有机结合，适时准确地获取冰川、湖泊、冻土、草地、森林、湿地、荒漠等地表过程和大气质量的动态信息，构建青藏高原气候变化与生态监测数据库以及气候、生态与环境信息综合分析查询系统，及时对气候变化下的青藏高原生态安全屏障功能变化进行综合分析，对青藏高原生态与环境变化趋势及其影响进行预警，提出应对方案，为政府制定宏观政策和战略措施、合理利用资源、改善生态与环境提供决策依据。

2. 发展生态保护与建设关键技术，提升生态屏障功能的综合作用

对青藏高原冰川退缩、冻土退化、湖泊扩张、草地质量和湿地功能下降等引起的生态问题进行深入研究，注重气候变化带来的系统性和综合性的生态问题，在提出切实保障和改善青藏高原生态安全的技术体系的前提下，研发因地制宜的保护与建设关键技术，并开展示范与应用。其主要包括：①针对青藏高原国家生态安全屏障区域类

型及其功能定位，选择主要生态系统和关键区域，构建生态屏障功能监测与评价的指标体系，筛选关键指标因子并确定其变化阈值，及时掌握生态安全屏障功能变化动态过程。②集成生态系统保护与修复的现有技术，结合生态环境治理具体措施，开发生态安全屏障保护与建设的综合技术体系与模式，加强技术试验与示范，注重技术实施效果的监测与管理，建立技术反馈机制，及时调整技术应用模式，确保实施预期。③加强对背景资料、监测资料、指标体系、技术模式、实施效果等信息的集成分析，形成生态安全屏障保护与建设管理系统，实时掌握生态功能区环境变化过程，筛选有效技术模式，分析技术实施效果，及时调整技术进度，实现技术的推广应用，确保生态安全的稳定与提高。④综合评估生态安全保护与建设效果，针对国家重大生态与环境保护措施（如西藏生态安全屏障保护与建设工程、青藏高原区域生态建设与环境保护规划等），科学与客观地评价其实施效果，研究其对青藏高原国家生态安全屏障功能保护的作用，分析重大生态与环境保护工程对青藏高原区域生态与环境质量和社会经济发展的影响，尤其是对提升青藏高原应对气候变化能力的作用，研究并提出气候变化下生态建设与保护工程优化方案，提升国家生态安全屏障的总体功能。

3. 利用气候变暖变湿的特点，调整区域农牧业结构和发展模式

青藏高原的气候变暖和降水总体增加，有利于农作物生育期的延长。由于青藏高原的农业以河谷农业为主，农作物生长的海拔条件变化对作物类型和种植范围具有较大影响。气候变暖扩大了作物的种植范围，不仅增加了小麦和青稞等区域作物的适宜种植区域，也可以引进谷子等高积温需求的作物种类。种植范围增加使得农业耕地面积总量增长。因此，根据青藏高原地区的农业生产与经济发展实际，可以利用气候变暖的有利时机，调整农作物的种植面积、种植方式和引进新的适应品种。

青藏高原气候暖湿化使得草地植被生产力明显增加。一方面，草地生物量能够提高单位草场的放牧强度，减缓过度放牧的压力；另一方面，夏季草场草地生物量过剩和利用气候暖湿化条件在河谷地区发展饲草产业，能够降低饲草产品的成本，减小饲草季节供给不均对牲畜存栏的影响。青藏高原在畜牧业发展中应实施“以草定畜”的方法，加强草场的区域轮牧或季节休牧，发挥农牧结合优势种植牧草，保持和改善草地健康程度，促进健康和可持续的畜牧业发展。

4. 加强对生态与环境保护及综合治理的宣传教育

利用校园教育、各种传统媒体和新媒体平台，加强对生态和环境科学知识的传播，将生态与环境科学知识的教育贯穿到小学、中学和大学的全过程。加强对农牧民的科学知识传播，使其从朴素地对环境的敬畏性保护意识变为自觉地开展环境保护的理念和行动。加强灾害风险的防范教育，提高民众的灾害风险意识，不断强化游客的环境保护意识，将旅游业对环境的扰动降低到最低程度。从建设全国生态文明高地的发展大局出发，把生态和环境保护放在青藏高原建设和发展的突出位置，加强对青藏高原生态安全屏障功能的科普与环境保护道德教育，提高全球民众对青藏高原生态环境变

化的认识和关注，促进各级政府部门和社会公众给予生态环境保护更多的认同与参与。最终使各级政府、企业、民众参与到生态管理、清洁生产和绿色消费的全球生态文明建设进程之中。

19.5 主要结论和认知差距

19.5.1 主要结论

青藏高原气候变化的突出特征是变暖和变湿。最近 50 年来，青藏高原地区的变暖幅度是同期全球平均值的 2 倍（高信度），降水也出现显著的改变和空间差异，北部呈明显增加趋势，南部呈减小趋势（中等信度）。青藏高原气候变化对区域水循环和生态系统产生了显著的影响，并在特定地貌条件下，具有一系列正在不断发生和潜在的灾害风险。

气候变化使青藏高原的区域水资源及其分配形式发生改变。冰川、湖泊、河流是青藏高原地表水体的重要组成部分。20 世纪以来的增温使冰川整体后退，以喜马拉雅山和藏东南地区冰川后退最为显著，但喀喇昆仑山和西昆仑山地区的冰川较为稳定（高信度）。青藏高原的湖泊在 20 世纪 90 年代以前呈退缩趋势，之后由于降水和冰川融水增加，湖泊普遍扩张，经历了 2000~2005 年的加剧扩张后，目前增速变缓，但存在显著的南北差异：北部湖泊水位显著上升，南部的雅鲁藏布江流域湖泊水位出现下降（高信度）；青藏高原河流径流量在 20 世纪 80 年代到 21 世纪初整体呈现减少趋势，之后，一些河流径流转为增加（中等信度）。

气候变化使青藏高原的生态系统总体趋好。青藏高原寒带、亚寒带东界西移、南界北移，温带区扩大；高寒草原面积增加，返青期提前，枯黄期推后，生长期延长，NPP 总体增加（高信度），但青藏高原西部地区变暖变干，NPP 呈减少态势；高寒草甸和沼泽草甸显著萎缩，湿地总体呈退化态势，但在 2000 年以后湿地退化幅度明显减缓；青藏高原农田适种范围自 20 世纪 70 年代中期以来呈扩大趋势，复种指数增加，冬小麦适种海拔上限约升高了 130m，春青稞适种上限升高了 550m，拓展了农牧业结构调整空间（中等信度），过去 50 年来，≥ 0℃和≥ 10℃农作物生育期平均每 10 年分别延长 4~9 天和 4 天。

气候变化对青藏高原影响的风险体现在部分地表环境条件的恶化和地质与气象灾害趋于活跃。地表环境恶化的风险主要来自多年冻土退化和部分河谷地区的风沙源增加（高信度），气温上升使得青藏高原多年冻土活动层以每年 7.5cm 的速率增厚，其上限温度也以每 10 年约 0.3℃的幅度升高，多年冻土不稳定性加剧给区域工程建设带来更大的不确定性风险；气温上升和蒸发加强，使得部分河谷地区的地表碎屑裸露区扩大，风沙源增加，威胁着青藏高原以河谷地区为主要发展区域的环境质量。地质和气象灾害风险表现为滑坡、泥石流、堰塞湖溃决、雪灾、森林火灾等，气候变暖使得冰湖溃决灾害增多，冰川泥石流趋于活跃，在人类活动与工程建设加强的背景下，发生特大灾害和造成巨大灾损的频率和概率都在增大。

青藏高原 2021~2050 年和 2051~2100 年气候仍以变暖和变湿为主要特征。在此气候变化态势下，冰川以后退为主，积雪则继续减少，湖泊不断缓慢扩张，河流径流量呈现不同程度的增加；森林和灌丛将向西北扩张，高寒草甸分布区可能被灌丛挤占，植被 NPP 将增大；种植作物适种范围将向高纬度和高海拔地区扩展，复种指数进一步提高；冻土面积将进一步缩小，活动层厚度将进一步增厚。青藏高原应对气候与生态环境变化的未来发展应进一步加强气候变化的区域特征监测和定量评估，利用暖湿趋势下生态系统条件改善的机遇，加大生态保护工程的建设力度，减缓青藏高原地表环境的恶化态势，预警气候变化的灾害风险，并科学制定长远环境变化影响下的应对战略和中近期环境变化影响下的应对措施。

19.5.2 认知差距

青藏高原具有较强的气候变暖幅度是一个公认的事实，但由于降水观测资料的空间不均和缺乏对部分地区的覆盖，加之卫星反演结果的较大误差，因此对降水的时空变化分析仍存在较大的不确定性。尽管对冰川、冻土、湖泊、河流等地表多种相态水体的时空变化有了较为深入的研究，但对青藏高原整体和区域水循环的机制以及不同相态水体间的转化数量仍不能有定量的结论。生态系统过渡带、物候、生物量等对气候变化具有敏感响应，但要对响应的机制进行深入研究，才能回答这些要素的变化具有明显区域差异的原因。对青藏高原气候变化的脆弱性和灾害风险研究，目前主要还在定性阶段，而开展准确评判的定量研究，无疑对精准地采取各种对策，最大限度地减少气候变化带来的负面影响具有重要意义。

▪ 参考文献

安国英，韩磊，黄树春 . 2019. 念青唐古拉山现代冰川 1999—2015 年期间动态变化遥感研究 . 现代地质，33（1）：176-186.

安志山，张克存，屈建军，等 . 2014. 青藏铁路沿线风沙灾害特点及成因分析 . 水土保持研究，21（2）：285-289.

常春平，原立峰 . 2010. 拉萨河下游河谷区风沙灾害现状、成因及发展趋势探讨 . 水土保持研究，17（1）：122-126.

陈德亮，徐柏青，姚檀栋，等 . 2015. 青藏高原环境变化科学评估——过去、现在与未来 . 科学通报，60（32）：3025-3035.

陈虹举，杨建平，谭春萍 . 2017. 中国冰川变化对气候变化的响应程度研究 . 冰川冻土，39（1）：16-23.

陈艳辉，田立德，宗继彪，等 . 2019. 西藏阿里地区大、小昂龙冰川变化观测研究 . 冰川冻土，41（1）：1-10.

程国栋，赵林，李韧，等 . 2019. 青藏高原多年冻土特征、变化及影响 . 科学通报，64（27）：2783-2795.

崔鹏，陈容，向灵芝，等 . 2014. 气候变暖背景下青藏高原山地灾害及其风险分析 . 气候变化研究进展，10（2）：103-109.

崔鹏，胡凯衡，陈华勇，等 . 2018. 丝绸之路经济带自然灾害与重大工程风险 . 科学通报，63（11）：989-997.

崔鹏，贾洋，苏凤环，等 . 2017. 青藏高原自然灾害发育现状与未来关注的科学问题 . 中国科学院院刊，32（9）：985-992.

崔鹏，苏凤环，邹强，等 . 2015. 青藏高原山地灾害和气象灾害风险评估与减灾对策 . 科学通报，60（32）：3067-3077.

代子俊，赵霞，李冠稳，等 . 2018. 2000—2015 年青海省植被覆盖的时空变化特征 . 西北农林科技大学学报（自然科学版），46（7）：54-65.

杜军，路红亚，建军 . 2013. 1961—2010 年西藏极端气温事件的时空变化 . 地理学报，68（9）：1269-1280.

段克勤，姚檀栋，石培宏，等 . 2017. 青藏高原东部冰川平衡线高度的模拟及预测 . 中国科学：地球科学，（1）：108-117.

郭佩佩，杨东，王慧，等 . 2013. 1960—2011 年三江源地区气候变化及其对气候生产力的影响 . 生态学杂志，32（10）：2806-2814.

韩国军，王玉兰，房世波 . 2011. 近 50 年青藏高原气候变化及其对农牧业的影响 . 资源科学，33（10）：1969-1975.

胡芩，姜大膀，范广洲 . 2015. 青藏高原未来气候变化预估：CMIP5 模式结果 . 大气科学，39（2）：260-270.

胡文涛，姚檀栋，余武生，等 . 2018. 高亚洲地区冰崩灾害的研究进展 . 冰川冻土，40（6）：1141-1152.

花立民 . 2012. 玛曲草原植被 NDVI 与气候和载畜量变化的关系分析 . 草业学报，21（4）：224-235.

黄麟，曹巍，徐新良，等 . 2018. 西藏生态安全屏障保护与建设工程的宏观生态效应 . 自然资源学报，33（3）：398-411.

冀钦，杨建平，陈虹举 . 2018. 1961—2015 年青藏高原降水量变化综合分析 . 冰川冻土，40（6）：1090-1099.

姜琦刚，李远华，邢宇，等 . 2012. 青藏高原湿地遥感调查及生态地质环境效应研究 . 北京：地质出版社 .

郎芹，牛振国，洪孝琪，等 . 2021. 青藏高原湿地遥感监测与变化分析 . 武汉大学学报（信息科学版），46（2）：230-237.

李阔，许吟隆 . 2017. 适应气候变化的中国农业种植结构调整研究 . 中国农业科技导报，19（1）：8-17.

李林，戴升，申红艳，等 . 2012. 长江源区地表水资源对气候变化的响应及趋势预测 . 地理学报，67(7)：941-950.

李士成，张镱锂，何凡能 . 2015. 过去百年青海和西藏耕地空间格局重建及其时空变化 . 地理科学进展，34（2）：197-206.

李文娟，九次力，谭忠厚，等 . 2012. 青海省草地生产力及草畜平衡状况研究 . 资源科学，34（2）：367-372.

刘光生，王根绪，张伟 . 2012. 三江源区气候及水文变化特征研究 . 长江流域资源与环境，21（3）：302-309.

刘慧 . 2011. 青藏铁路冻土路基变形规律研究 . 成都：西南交通大学 .

刘务林，朱雪林，等 . 2013. 中国西藏高原湿地 . 北京：中国林业出版社 .

马巍，牛富俊，穆彦虎. 2012. 青藏高原重大冻土工程的基础研究. 地球科学进展，27（11）：1185-1191.

马转转，张明军，王圣杰，等. 2019. 1960—2015年青藏高寒区与西北干旱区升温特征及差异. 高原气象，38（1）：42-54.

孟超，韩龙武，赵相卿，等. 2018. 气温持续升高对青藏铁路运输安全的影响研究. 中国安全科学学报，28（2）：1-5.

孟凡栋，斯确多吉，崔树娟，等. 2017. 青藏高原植物物候的变化及其影响. 自然杂志，39（3）：184-190.

彭惠，马巍，穆彦虎，等. 2015. 青藏公路普通填土路基长期变形特征与路基病害调查分析. 岩土力学，36（7）：2049-2056.

彭书时，朴世龙，于家烁，等. 2018. 地理系统模型研究进展. 地理科学进展，37（1）：109-120.

钱晓燕，袁鹏，邵骏，等. 2010. 雅鲁藏布江河川径流变化的季节性规律研究. 水资源与水工程学报，21（1）：29-33.

冉飞，梁一鸣，杨燕. 2014. 贡嘎山雅家埂峨眉冷杉林线种群的时空动态. 生态学报，34（23）：6872-6878.

邵全琴，樊江文，刘纪远，等. 2017. 基于目标的三江源生态保护和建设一期工程生态成效评估及政策建议. 中国科学院院刊，32（1）：35-44.

沈维，张林，罗天祥. 2017. 高山林线变化的更新受限机制研究进展. 生态学报，37（9）：2858-2868.

沈永平，苏宏超，王国亚，等. 2013. 新疆冰川、积雪对气候变化的响应（II）：灾害效应. 冰川冻土，35（6）：1355-1370.

苏淑兰，李洋，王立亚，等. 2014. 围封与放牧对青藏高原草地生物量与功能群结构的影响. 西北植物学报，34（8）：1652-1657.

孙美平，刘时银，姚晓军，等. 2014. 2013年西藏嘉黎县"7. 5"冰湖溃决洪水成因及潜在危害. 冰川冻土，36（1）：158-165.

汪双杰，王佐，袁堃，等. 2015. 青藏公路多年冻土地区公路工程地质研究回顾与展望. 中国公路学报，28（12）：1-8.

王根绪，刘国华，沈泽昊，等. 2017. 山地景观生态学研究进展. 生态学报，37（12）：3967-3981.

王涛，沈渭寿，林乃峰，等. 2016. 西藏草地生长季产草量动态变化及可持续发展策略. 自然资源学报，31（5）：864-874.

王小丹，程根伟，赵涛，等. 2017. 西藏生态安全屏障保护与建设成效评估. 中国科学院院刊，32（1）：29-34.

吴成启，唐登勇. 2017. 近50年来全球变暖背景下青藏高原气温变化特征. 水土保持研究，24（6）：262-272.

吴国雄，段安民，张雪芹，等. 2013. 青藏高原极端天气气候变化及其环境效应. 自然杂志，35（3）：167-171.

吴青柏，牛富俊. 2013. 青藏高原多年冻土变化与工程稳定性. 科学通报，58（2）：115-130.

辛惠娟，何元庆，张涛，等. 2013. 青藏高原东南缘丽江玉龙雪山气候变化特征及其对冰川变化的影响. 地球科学进展，28（11）：1257-1268.

邢宇 . 2015. 青藏高原 32 年湿地对气候变化的空间响应 . 国土资源遥感，27（3）：99-107.

徐丽娇，李栋梁，胡泽勇 . 2010. 青藏高原积雪日数与高原季风的关系 . 高原气象，29（5）：1093-1101.

徐满厚，薛娴 . 2013. 气候变暖对高寒地区植物生长与物候影响分析 . 干旱区资源与环境，27（3）：137-141.

严应存，赵全宁，王喆，等 . 2018. 青海省门源县 1980—2015 年青稞物候期变化趋势及其驱动因素 . 生态学报，38（4）：1264-1271.

杨春艳，沈渭寿，王涛 . 2015. 近 30 年西藏耕地面积时空变化特征 . 农业工程学报，31（1）：264-271.

杨和辰，张丹，楚宝临，等 . 2017. 青藏高原典型城市拉萨市大气颗粒物污染源成分谱建立研究与特征分析 . 中国环境监测，33（6）：46-54.

姚檀栋，陈发虎，崔鹏，等 . 2017a. 从青藏高原到第三极和泛第三极 . 中国科学院院刊，32（9）：924-931.

姚檀栋，朴世龙，沈妙根，等 . 2017b. 印度季风与西风相互作用在现代青藏高原产生连锁式环境效应 . 中国科学院院刊，32（9）：976-984.

姚治君，段瑞，刘兆飞 . 2012. 怒江流域降水与气温变化及其对跨境径流的影响分析 . 资源科学，34（2）：202-210.

于伯华，吕昌河 . 2011. 青藏高原高寒区生态脆弱性评价 . 地理研究，30（12）：2289-2296.

张克存，牛清河，屈建军，等 . 2010. 青藏铁路沱沱河路段风沙危害特征及其动力环境分析 . 中国沙漠，30（5）：1006-1011.

张其兵，康世昌，张国帅 . 2016. 念青唐古拉山脉西段雪线高度变化遥感观测 . 地理科学，36（12）：174-181.

张宪洲，杨永平，朴世龙，等 . 2015. 青藏高原生态变化 . 科学通报，60（32）：3048-3056.

张镱锂，祁威，周才平，等 . 2013. 青藏高原高寒草地净初级生产力（NPP）时空分异 . 地理学报，68（9）：1197-1211.

张永勇，张士锋，翟晓燕，等 . 2012. 三江源区径流演变及其对气候变化的响应 . 地理学报，67（1）：71-82.

张中琼，吴青柏 . 2012. 青藏高原多年冻土热融灾害发展预测 . 吉林大学学报（地球科学版），42（2）：454-461.

赵东升，吴绍洪 . 2013. 气候变化情景下中国自然生态系统脆弱性研究 . 地理学报，68（5）：602-610.

赵志龙，张镱锂，刘林山，等 . 2014. 青藏高原湿地研究进展 . 地理科学进展，33（9）：1218-1230.

中国气象局气候变化中心 . 2019. 中国气候变化蓝皮书（2019）. 北京：中国气象局气候变化中心 .

Allen S，Schneider D，Owens I. 2009. First approaches towards modelling glacial hazards in the Mount Cook region of New Zealand's Southern Alps. Natural Hazards and Earth System Sciences，9（2）：481-499.

Bolch T，Kulkarni A，Kääb A，et al. 2012. The state and fate of Himalayan glaciers. Science，336（6079）：310-313.

Brun F，Berthier E，Wagnon P，et al. 2017. A spatially resolved estimate of High Mountain Asia glacier mass balances from 2000 to 2016. Nature Geoscience，10：668-673.

Chen B X，Zhang X Z，Tao J，et al. 2014. The impact of climate change and anthropogenic activities on alpine grassland over the Qinghai-Tibet Plateau. Agricultural and Forest Meteorology，189：11-18.

Chen M L, Chen B Z, Innes J L, et al. 2014. Spatial and temporal variations in the end date of the vegetation growing season throughout the Qinghai-Tibetan Plateau from 1982 to 2011. Agricultural and Forest Meteorology, 189: 81-90.

Chen Y, Jiang J F, Chang Q S, et al. 2014. Cold acclimation induces freezing tolerance via antioxidative enzymes, proline metabolism and gene expression changes in two chrysanthemum species. Molecular Biology Reports, 41 (2): 815-822.

Cong N, Shen M G, Piao S L. 2017a. Spatial variations in responses of vegetation autumn phenology to climate change on the Tibetan Plateau. Journal of Plant Ecology, 10 (5): 744-752.

Cong N, Shen M G, Piao S L, et al. 2017b. Little change in heat requirement for vegetation green-up on the Tibetan Plateau over the warming period of 1998—2012. Agricultural and Forest Meteorology, 232: 650-658.

Cossart E, Braucher R, Fort M, et al. 2008. Slope instability in relation to glacial debuttressing in alpine areas (Upper Durance catchment, southeastern France): evidence from field data and ^{10}Be cosmic ray exposure ages. Geomorphology, 95 (1-2): 3-26.

Crétaux J F, Jelinski W, Calmant S, et al. 2011. SOLS: a lake database to monitor in the near real time water level and storage variations from remote sensing data. Advance of Space Research, 47: 1497-1507.

Cuo L, Zhang Y, Zhu F, et al. 2014. Characteristics and changes of streamflow on the Tibetan Plateau: a review. Journal of Hydrology: Regional Studies, 2: 49-68.

Dolezal J J, Dvorsky M, Kopecky M, et al. 2016. Vegetation dynamics at the upper elevational limit of vascular plants in Himalaya. Scientific Reports, 6: 24881.

Dong Z, Hu G, Qian G, et al. 2017. High-Altitude aeolian research on the Tibetan Plateau. Reviews of Geophysics, 55 (4): 864-901.

Dorji T, Hopping K A, Wang S P, et al. 2018. Grazing and spring snow counteract the effects of warming on an alpine plant community in Tibet through effects on the dominant species. Agricultural and Forest Meteorology, 263: 188-197.

Duan A, Xiao Z. 2015. Does the climate warming hiatus exist over the Tibetan Plateau? Scientific Reports, 5: 13711.

Fan Y J, Hou X Y, Shi H X, et al. 2013. Effects of grazing and fencing on carbon and nitrogen reserves in plants and soils of alpine meadow in the three headwater resource regions. Russian Journal of Ecology, 44 (1): 80-88.

Frieler K, Lange S, Piontek F, et al. 2017. Assessing the impacts of 1.5℃ global warming: simulation protocol of the Inter-Sectoral Impact Model Intercomparison Project (ISIMIP2b). Geoscientific Model Development, 10(12): 4321-4345.

Ganjurjav H, Gao Q Z, Gornish E S, et al. 2016. Differential response of alpine steppe and alpine meadow to climate warming in the central Qinghai-Tibetan Plateau. Agricultural and Forest Meteorology, 223: 233-240.

Gao Q, Guo Y, Xu H, et al. 2016. Climate change and its impacts on vegetation distribution and net primary productivity of the alpine ecosystem in the Qinghai-Tibetan Plateau. Science of the Total Environment, 554: 34-41.

Gao Q, Wan Y, Li Y, et al. 2013. Effects of topography and human activity on the net primary productivity (NPP) of alpine grassland in northern Tibet from 1981 to 2004. International Journal of Remote Sensing, 34 (6): 2057-2069.

Gao Y, Cuo L, Zhan Y. 2014. Changes in moisture flux over the Tibetan Plateau during 1979—2011 and possible mechanisms. Journal of Climate, 27 (5): 1876-1893.

Gou X, Zhang F, Deng Y, et al. 2012. Patterns and dynamics of tree-line responses to climate change in the eastern Qilian Mountains, northwestern China. Dendrochronologia, 30 (2): 121-126.

Guedes J D, Bocinsky R K, Manning S. 2016. 5500 years of changing crop niches on the Tibetan Plateau. Current Anthropology, 57 (4): 517-522.

Guo M, Zhang Y, Wang X, et al. 2018. The responses of dominant tree species to climate warming at the treeline on the eastern edge of the Tibetan Plateau. Forest Ecology and Management, 425: 21-26.

Hu G, Dong Z, Lu J, et al. 2015. The developmental trend and influencing factors of aeolian desertification in the Zoige Basin, eastern Qinghai-Tibet Plateau. Aeolian Research, 19: 275-281.

Huang N, He J, Chen L, et al. 2018. No upward shift of alpine grassland distribution on the Qinghai-Tibetan Plateau despite rapid climate warming from 2000 to 2014. Science of the Total Environment, 625: 1361-1368.

Huang X, Deng J, Wang W, et al. 2017. Impact of climate and elevation on snow cover using integrated remote sensing snow products in Tibetan Plateau. Remote Sensing of Environment, 190: 274-288.

Immerzeel W, van Beek L, Bierkens M. 2010. Climate change will affect the Asian water towers. Science, 328 (5984): 1382-1385.

IPCC. 2013. Summary for policymakers//Stocker T F, Qin D, Plattner G K, et al. Climate Change 2013: The Physical Science Basis. Contribution of Working Group I to the Fifth Assessment Report of the Intergovernmental Panel on Climate Change. Cambridge, United Kingdom and New York, NY, USA: Cambridge University Press: 1-27.

Jin Z, Zhuang Q, He J S, et al. 2015. Net exchanges of methane and carbon dioxide on the Qinghai-Tibetan Plateau from 1979 to 2100. Environmental Research Letters, 10 (8): 085007.

Kääb A, Leinss S, Adrien G A, et al. 2018. Massive collapse of two glaciers in western Tibet in 2016 after surge-like instability. Nature Geoscience, 11: 114-120.

Lei Y, Yang K, Wang B, et al. 2014. Response of inland lake dynamics over the Tibetan Plateau to climate change. Climatic Change, 125: 281-290.

Lei Y, Yao T, Bird B W, et al. 2013. Coherent lake growth on the central Tibetan Plateau since the 1970s: characterization and attribution. Journal of Hydrology, 483: 61-67.

Lei Y, Yao T, Yang K, et al. 2018. An integrated investigation of lake storage and water level changes in the Paiku Co basin, central Himalayas. Journal of hydrology, 562: 599-608.

Li J, Wang Y, Zhang L, Han L, Hu G. 2019. Aeolian desertification in China's northeastern Tibetan Plateau: understanding the present through the past. Catena, 172: 764-769.

Li R, Luo T, Tang Y, et al. 2013. The altitudinal distribution center of a widespread cushion species is related to an optimum combination of temperature and precipitation in the central Tibetan Plateau. Journal of Arid Environments, 88: 70-77.

Li X, Wang L, Chen D, et al. 2014. Seasonal evapotranspiration changes (1983—2006) of four large basins on the Tibetan Plateau. Journal of Geophysical Research: Atmospheres, 119 (23): 13-79.

Liang E, Wang Y, Piao S, et al. 2016. Species interactions slow warming-induced upward shifts of treelines on the Tibetan Plateau. Proceedings of the National Academy of Sciences of the United States of America, 113 (16): 4380-4385

Liu H, Yin Y. 2013. Response of forest distribution to past climate change: an insight into future predictions. Chinese Science Bulletin, 58 (35): 4426-4436.

Liu W, Sun F, Li Y, et al. 2018. Investigating water budget dynamics in 18 river basins across the Tibetan Plateau through multiple datasets. Hydrology and Earth System Sciences, 22 (1): 351-371.

Liu X D, Cheng Z G, Yan L B, et al. 2009. Elevation dependency of recent and future minimum surface air temperature trends in the Tibetan Plateau and its surroundings. Global and Planetary Change, 68 (3): 164-174.

Lu N, Trenberth K E, Qin J, et al. 2015. Detecting long-term trends in precipitable water over the Tibetan Plateau by synthesis of station and MODIS observations. Journal of Climate, 28 (4): 1707-1722.

Lu X, Liang E, Wang Y, et al. 2018. Past the climate optimum: recruitment is declining at the world's highest juniper shrublines on the Tibetan Plateau. Ecology, 100 (1): eo1497.

Lutz A F, Immerzeel W W, Shrestha A B, et al. 2014. Consistent increase in High Asia's runoff due to increasing glacier melt and precipitation. Nature Climate Change, 4: 587-592.

Lyu L, Zhang Q, Deng X, et al. 2016. Fine-scale distribution of treeline trees and the nurse plant facilitation on the eastern Tibetan Plateau. Ecological Indicators, 66: 251-258.

Ma L J, Qin D H. 2012. Temporal-spatial characteristics of observed key parameters of snow cover in China during 1957—2009. Science of Cold and Arid Regions, 4: 384-393.

Mu C C, Abbott B W, Zhao Q, et al. 2017. Permafrost collapse shifts alpine tundra to a carbon source but reduces N_2O and CH_4 release on the northern Qinghai-Tibetan Plateau. Geophysical Research Letters, 44 (17): 8945-8952.

Peng F, You Q G, Xue X, et al. 2015. Evapotranspiration and its source components change under experimental warming in alpine meadow ecosystem on the Qinghai-Tibet plateau. Ecological Engineering, 84: 653-659.

Qiao B J, Zhu L P, Yang R M. 2019. Temporal-spatial differences in lake water storage changes and their links to climate change throughout the Tibetan Plateau. Remote Sensing of Environment, 222: 232-243.

Qin J, Yang K, Liang S L, et al. 2009. The altitudinal dependence of recent rapid warming over the Tibetan Plateau. Climatic Change, 97 (1-2): 321-327.

Qiu J. 2016. Giant deadly ice slide baffles researchers. Nature, 10: 20471.

Qiu J. 2017. Ice on the run. Science, 358 (6367): 1120-1123.

Ran Y, Li X, Cheng G. 2018. Climate warming over the past half century has led to thermal degradation of permafrost on the Qinghai-Tibet Plateau. Cryosphere, 12 (2): 595-608.

Schaub Y, Huggel C, Cochachin A. 2016. Ice-avalanche scenario elaboration and uncertainty propagation in numerical simulation of rock-/ice-avalanche-induced impact waves at Mount Hualcan and Lake 513, Peru.

Landslides, 13（6）: 1445-1459.

Schenider J, Gruber F, Mergili M. 2013. Impact of large landslides, mitigation measures. Italy Journal of Engineering Geological Environment, 6: 73-84.

Scherler D, Bookhagen B, Strecker M R. 2011. Spatially variable response of Himalayan glaciers to climate change affected by debris cover. Nature Geoscience, 4（3）: 156-159.

Shen M G, Piao S L, Chen X Q, et al. 2016. Strong impacts of daily minimum temperature on the green-up date and summer greenness of the Tibetan Plateau. Global Change Biology, 22（9）: 3057-3066.

Shen M G, Piao S L, Cong N, et al. 2015a. Precipitation impacts on vegetation spring phenology on the Tibetan Plateau. Global Change Biology, 21（10）: 3647-3656.

Shen M G, Piao S L, Dorji T, et al. 2015b. Plant phenological responses to climate change on the Tibetan Plateau: research status and challenges. National Science Review, 2: 454-467.

Shen M G, Sun Z Z, Wang S P, et al. 2013. No evidence of continuously advanced green-up dates in the Tibetan Plateau over the last decade. Proceedings of the National Academy of Sciences of the United States of America, 110（26）: E2329.

Shen W, Li H, Sun M, et al. 2012. Dynamics of aeolian sandy land in the Yarlung Zangbo River basin of Tibet, China from 1975 to 2008. Global and Planetary Change, 86: 37-44.

Sigdel S R, Wang Y, Camarero J J, et al. 2018. Moisture-mediated responsiveness of treeline shifts to global warming in the Himalayas. Global Change Biology, 24（11）: 5549-5559.

Song C, Ye Q, Sheng Y, et al. 2015. Combined ICESat and CryoSat-2 altimetry for accessing water level dynamics of Tibetan Lakes over 2003—2014. Water, 7: 4685-4700.

Su F, Zhang L, Ou T, et al. 2016. Hydrological response to future climate changes for the major upstream river basins in the Tibetan plateau. Global and Planetary Change, 136: 82-95.

Sun J Q, Ao J. 2013. Changes in precipitation and extreme precipitation in a warming environment in China. Chinese Science Bulletin, 58（12）: 1395-1401.

Tang Z, Wang J, Li H, et al. 2013. Spatiotemporal changes of snow cover over the Tibetan plateau based on cloud-removed moderate resolution imaging spectroradiometer fractional snow cover product from 2001 to 2011. Journal of Applied Remote Sensing, 7（1）: 073582.

Tian L, Yao T, Gao Y, et al. 2017. Two glaciers collapse in western Tibet. Journal of Glaciology, 63（237）: 194-197.

Vicente-Serrano S M, Gouveia C, Camarero J J, et al. 2013. Response of vegetation to drought time-scales across global land biomes. Proceedings of the National Academy of Sciences of the United States of America, 110（1）: 52-57.

Wang S P, Duan J C, Xu G P, et al. 2012. Effects of warming and grazing on soil N availability, species composition, and ANPP in an alpine meadow. Ecology, 93（11）: 2365-2376.

Wang X, Chen F H, Dong Z, et al. 2005. Evolution of the southern Mu US desert in north China over the past 50 years: an analysis using proxies of human activity and climate parameters. Land Degradation & Development, 16: 351-366.

Wang X, Lang L, Yan P, et al. 2016. Aeolian processes and their effect on sandy desertification of the

Qinghai-Tibet Plateau: a wind tunnel experiment. Soil and Tillage Research, 158: 67-75.

Wang Y, Liang E, Ellison A M, et al. 2015. Facilitation stabilizes moisture-controlled alpine juniper shrublines in the central Tibetan Plateau. Global and Planetary Change, 132 (20-30): 20-30.

Wang Y, Pederson N, Ellison A M, et al. 2016. Increased stem density and competition may diminish the positive effects of warming at alpine treeline. Ecology, 97 (7): 1668-1679.

Wang Y, Zhang Y, Chiew F H, et al. 2017. Contrasting runoff trends between dry and wet parts of eastern Tibetan Plateau. Scientific Reports, 7 (1): 15458.

Wei D, Wang X D. 2016. CH_4 exchanges of the natural ecosystems in China during the past three decades: the role of wetland extent and its dynamics. Journal of Geophysical Research, 121 (9): 2445-2463.

Wei D, Zhang X and Wang X. 2017. Strengthening hydrological regulation of China's wetland greenness under a warmer climate. Journal of Geophysical Research: Biogeosciences, 122 (12): 3206-3217.

Wei J, Liu S, Guo W, et al. 2014. Surface-area changes of glaciers in the Tibetan Plateau interior area since the 1970s using recent Landsat images and historical maps. Annals of Glaciology, 55 (66): 213-222.

Wu C Y, Wang X Y, Wang H J, et al. 2018. Contrasting responses of autumn-leaf senescence to daytime and night-time warming. Nature Climate Change, 8 (12): 1092-1096.

Wu J S, Zhang X Z, Shen Z X, et al. 2012. Species richness and diversity of alpine grasslands on the Northern Tibetan Plateau: effects of grazing exclusion and growing season precipitation. Journal of Resources and Ecology, 3 (3): 236-242.

Wu T, Zhao L, Li R, et al. 2013. Recent ground surface warming and its effects on permafrost on the central Qinghai-Tibet Plateau. International Journal of Climatology, 33 (4): 920-930.

Xu C H, Xu Y. 2012. The projection of temperature and precipitation over China under RCP scenarios using a CMIP5 multi-model ensemble. Atmospheric and Oceanic Science Letters, 5 (6): 527-533.

Xu W, Ma L, Ma M, et al. 2017. Spatial-temporal variability of snow cover and depth in the Qinghai-Tibetan Plateau. Journal of Climate, 30 (4): 1521-1533.

Xue Z S, Lyu X G, Chen Z K, et al. 2018. Spatial and temporal changes of wetlands on the qinghai-tibetan plateau from the 1970s to 2010s. Chinese Geographical Sciences, 28 (6): 935-945.

Yang B, Peng Y F, Olefeld D, et al. 2018. Changes in methane flux along a permafrost thaw sequence on the Tibetan Plateau. Environmental Science Technology, 52 (3): 1244-1252.

Yang K, Lu H, Yue S, et al. 2018. Quantifying recent precipitation change and predicting lake expansion in the Inner Tibetan Plateau. Climatic Change, 147 (1-2): 149-163.

Yang K, Wu H, Qin J, et al. 2014. Recent climate changes over the Tibetan Plateau and their impacts on energy and water cycle: a review. Global and Planetary Change, 112: 79-91.

Yang K, Ye B, Zhou D, et al. 2011. Response of hydrological cycle to recent climate changes in the Tibetan Plateau. Climatic Change, 109 (3-4): 517-534.

Yang R M, Zhu L P, Wang J B. et al. 2017. Spatiotemporal variations in volume of closed lakes on the Tibetan Plateau and their climatic responses from 1976 to 2013. Climatic Change, 140: 621-633.

Yao T, Thompson L, Mosbrugger V, et al. 2012b. Third Pole Environment (TPE). Environmental Development, 3: 52-64.

Yao T, Thompson L, Yang W, et al. 2012a. Different glacier status with atmospheric circulations in Tibetan Plateau and surroundings. Nature Climate Change, 2（9）: 663-667.

Ye Q, Zong J, Tian L, et al. 2017. Glacier changes on the Tibetan Plateau derived from Landsat imagery: mid-1970s-2000-13. Journal of Glaciology, 63（238）: 273-287.

You Q L, Fraedrich K, Min J Z, et al. 2014. Observed surface wind speed in the Tibetan Plateau since 1980 and its physical causes. International Journal of Climatology, 34（6）: 1873-1882.

Yu H Y, Luedeling E, Xu J C. 2010. Winter and spring warming result in delayed spring phenology on the Tibetan Plateau. Proceedings of the National Academy of Sciences of the United States of America, 107（51）: 22151-22156.

Zhang C, Tang Q, Chen D, et al. 2019. Moisture source changes contributed to different precipitation changes over the northern and southern Tibetan Plateau. Journal of Hydrometeorology, 20: 217-229.

Zhang C L, Li Q, Shen Y P, et al. 2018. Monitoring of aeolian desertification on the Qinghai-Tibet Plateau from the 1970s to 2015 using Landsat images. Science of the Total Environment, 619: 1648-1659.

Zhang D, Huang J, Guan X, et al. 2013. Long-term trends of precipitable water and precipitation over the Tibetan Plateau derived from satellite and surface measurements. Journal of Quantitative Spectroscopy and Radiative Transfer, 122: 64-71.

Zhang G L, Dong J W, Zhou C P, et al. 2013a. Increasing cropping intensity in response to climate warming in Tibetan Plateau, China. Field Crops Research, 142（142）: 36-46.

Zhang G L, Zhang Y J, Dong J W, et al. 2013b. Green-up dates in the Tibetan Plateau have continuously advanced from 1982 to 2011. Proceedings of the National Academy of Sciences of the United States of America, 110（11）: 4309-4314.

Zhang G Q, Xie H J, Kang S C, et al. 2011. Monitoring lake level changes on the Tibetan Plateau using ICESat altimetry data（2003—2009）. Remote Sensing of Environment, 115（7）: 1733-1742.

Zhang G Q, Yao T D, Chen W F, et al. 2019. Regional differences of lake evolution across China during 1960s—2015 and its natural and anthropogenic causes. Remote Sensing of Environment, 221: 386-404.

Zhang G Q, Yao T D, Piao S L, et al. 2017b. Extensive and drastically different alpine lake changes on Asia's high plateaus during the past four decades. Geophysical Research Letters, 44: 252-260.

Zhang G Q, Yao T D, Shum C K, et al. 2017a. Lake volume and groundwater storage variations in Tibetan Plateau's endorheic basin. Geophysical Research Letters, 44（11）: 5550-5560.

Zhang G Q, Yao T D, Xie H J, et al. 2013. Increased mass over the Tibetan Plateau: from lakes or glaciers? Geophysical Research Letters, 40（10）: 2125-2130.

Zhang G Q, Yao T D, Xie H J, et al. 2014. Lakes'state and abundance across the Tibetan Plateau. Chinese Science Bulletin, 59（24）: 3010-3021.

Zhao G, Shi P, Wu J, et al. 2017. Foliar nutrient resorption patterns of four functional plants along a precipitation gradient on the Tibetan Changtang Plateau. Ecology & Evolution, 7（18）: 7201.

Zhao J, Luo T, Li R, et al. 2016. Grazing effect on growing season ecosystem respiration and its temperature sensitivity in alpine grasslands along a large altitudinal gradient on the central Tibetan Plateau. Agricultural and Forest Meteorology, 218-219: 114-121.

Zhong Z, Li X, Xu X, et al. 2018. Spatial-temporal variations analysis of snow cover in China from 1992—2010. Chinese Science Bulletin, 63 (25): 2641-2654.

Zhou J, Wang L, Zhang Y, et al. 2015. Exploring the water storage changes in the largest lake (Selin Co) over the Tibetan Plateau during 2003—2012 from a basin-wide hydrological modeling. Water Resource Research, 51: 8060-8086.

第20章 云贵高原

主要作者协调人：何大明、刘国华
编　　　　审：邓　伟
主 要 作 者：田立德、曹建华、杨庆媛

执行摘要

云贵高原位于我国西南地区，毗邻东南亚，自然资源丰富，其中生物资源、水能资源和矿产资源等均位居全国前列，同时也是众多少数民族的重要聚居地。受气候变化影响，区域气象灾害、地质灾害、森林火灾等自然灾害呈现增多趋势。以上变化显著增大了云贵高原水资源安全保障、水土保持和石漠化治理的压力，从而使得区域生态保护与经济社会可持续发展面临诸多挑战。其中，气温持续偏高和降水减少是造成迁飞害虫入侵后暴发成灾的重要因素，不仅加大了该地区生物多样性保护的难度，也严重威胁西南地区热带和亚热带水果生产。未来，需要采取多种措施协同应对气候变化的生态风险，重点防范、因灾返贫风险，巩固已取得的显著脱贫成效。

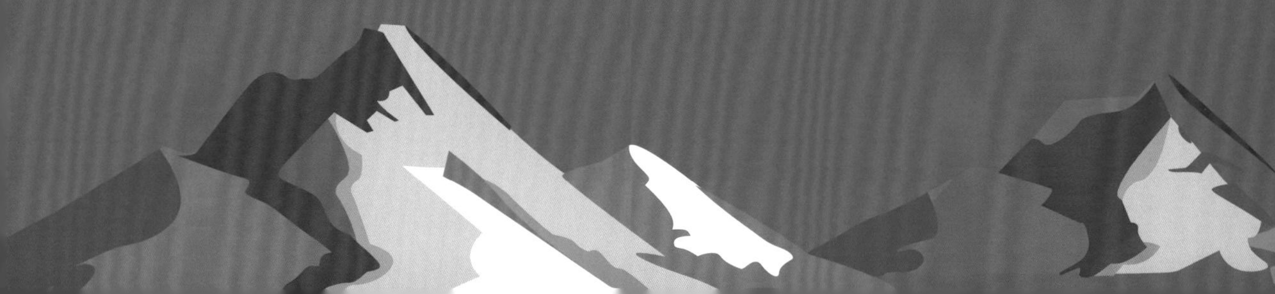

20.1 引　　言

云贵高原作为一个独特的地理单元，其综合性研究极少，研究基础薄弱。为了便于数据收集，本章将云贵高原研究的主体界定在云南、贵州、广西和重庆行政边界内（图 20-1）。该区域以亚热带季风气候为主，属印度季风与东亚季风交汇区，干湿季分明。自 1996 年以来，区域升温明显，降水量年际波动和空间差异显著。云贵高原南部的广西年降水量最大，雨季来临最早；中部的贵州，雨季持续时间最长；西部的云南，年降水日数和降水量最少，干湿季差异最大。

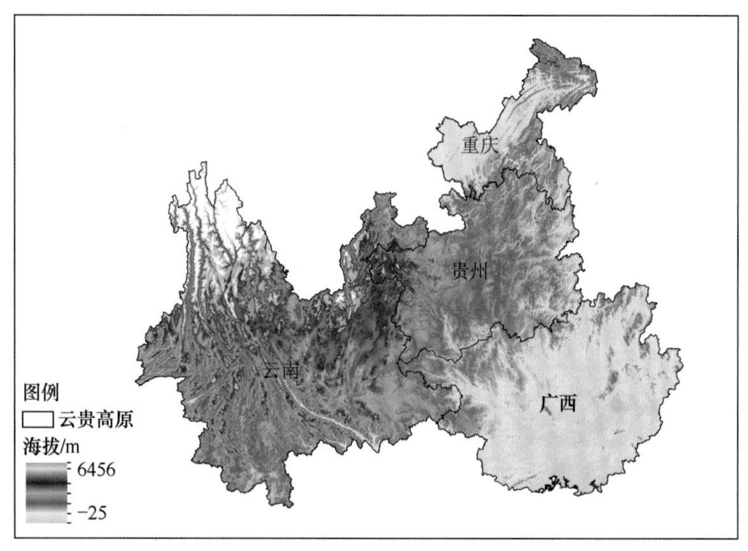

图 20-1　云贵高原区位图

受气候变化影响，该地区极端天气呈现增多的趋势，与此相关的气象灾害、地质灾害、森林火灾等自然灾害风险增加。区域内地形起伏多变，岩溶地貌典型，碳酸盐岩广布，地表水和地下水转化频繁、分布复杂，特别地，地下水易受到地表水污染的影响。区域土壤侵蚀受降水影响强烈，水土流失和石漠化问题较为突出。

复杂多样的地理环境赋予云贵高原丰富的生物多样性，囊括了除海洋和沙漠外的所有生态系统类型，其中仅云南境内的脊椎动物、高等植物、大型真菌和地衣等就超全国已知物种总数的一半；该地区特有物种多，生物遗传资源丰富，是重要的生物起源地和生物多样性中心。云贵高原地区气候变化易使该地区珍稀保护物种生境退化和破碎化，生物多样性安全风险突出；该地区也是我国与东南亚主要国际河流的集中分布区和有害生物进入我国的重要通道，其跨境生态安全风险也极为突出。此外，受特殊地理位置和气候驱动条件影响，云贵高原地区的经济发展水平长期滞后。气候变化影响下频发的地质灾害易激化人地矛盾，加重水土流失、石漠化等生态环境问题。

综上所述，云贵高原是我国重要的生物多样性宝库和大河流域上游生态安全屏障，岩溶地貌发育，季风驱动强烈，多民族聚集，社会经济可持续发展滞后。受日趋强劲的气候变化和人类活动影响，其水文气象灾害发生频率与影响程度，供水安全和饮水安全保障程度，水土流失与石漠化，外来物种入侵与生物多样性损失，跨境水安全与生态安全维护等诸多的生态环境问题，极易在不同程度上受到气候变化的影响。

20.2　影响和脆弱性

20.2.1　区域自然灾害发生频度和影响程度增加

在全球气候变暖趋势下，不断加强的水汽循环加剧了云贵高原地区的水文气象灾害频发程度，主要表现在干旱和洪水发生的频度和严重程度都有所增加，其给当地水资源管理带来了巨大挑战。从自然灾害发生的时间趋势上看，属于干旱和严重干旱的各区域，平均干旱强度和干旱持续时间均呈上升趋势，而极端干旱的干旱强度和持续时间却表现为下降趋势。从灾害发生的季节分布来看，春季干旱和严重干旱灾害的发生均呈现向严重干旱趋势发展，尤其是春季和夏季的极端干旱事件非常严重。对于地表水存储困难的岩溶地区，连续降水的减少将进一步导致干旱频发（Xu et al., 2015）。

与此同时，云贵高原气温整体呈变暖趋势 [图 20-2（a）]。20 世纪 80 年代前气温变化较为平稳，此后逐渐上升（Yu et al., 2013）。极端高温事件发生频率及持续时间都显著大于低温事件，最低气温的增温幅度则较最高气温高。80 年代以后，季节与年际尺度最高气温和最低气温均表现出更显著的增温趋势，各季节中冬季最高及最低气温增温幅度均为最大。1984~2018 年出现了 4 次明显的干湿变化。其中，1984~1992 年和 2003~2013 年是两个干旱期，可能与南亚季风减弱有关[①]。而 1993~2002 年和 2014~2018 年是两个湿润期 [图 20-2（b）]。从空间变化来看，云贵高原气候转暖幅度最大的区域位于云南，广西和贵州次之，重庆升幅最弱（图 20-3）。云南极端高温事件高发区域为滇西南及滇中地区，而极端低温事件高发区域则为滇西北与滇东北地区（杨晓静等，2016）。

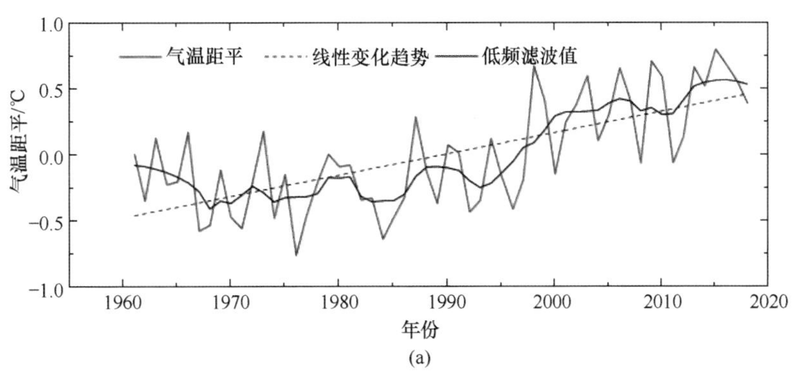

(a)

① 中国气象局气候变化中心 . 2019. 中国气候变化蓝皮书（2019）.

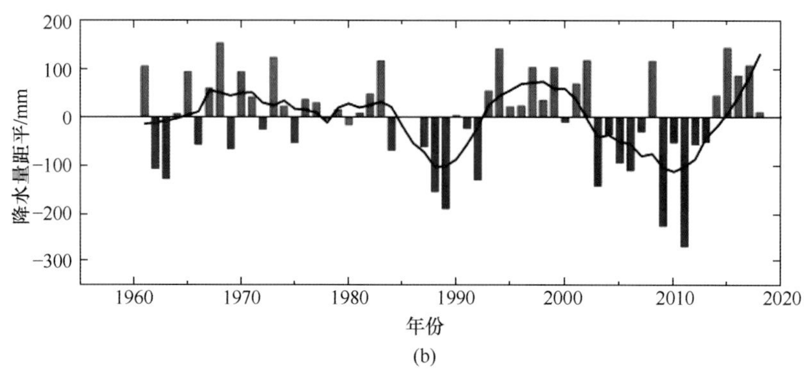

图 20-2　云贵高原地区年平均气温与降水量距平变化趋势

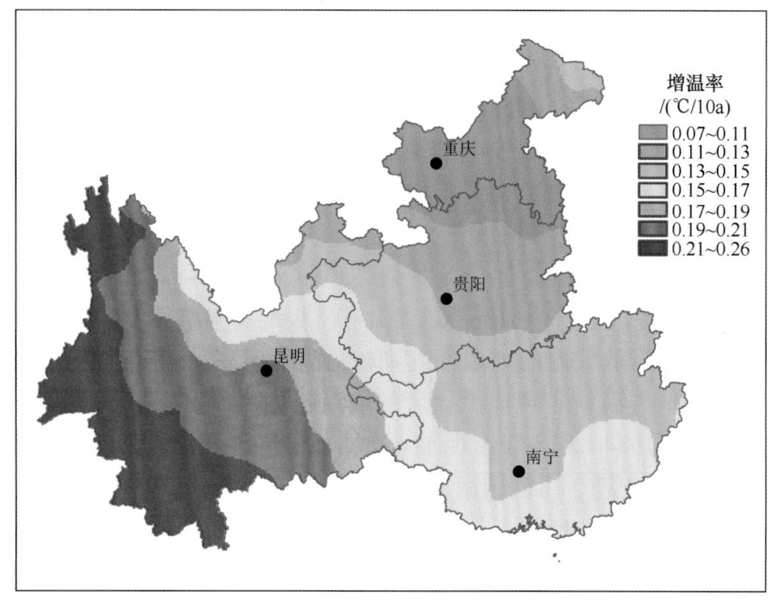

图 20-3　云贵高原地区 10 年气温变化率空间分布

云贵高原的云南、贵州两省均属严重干旱和极端干旱集中区（Wang et al., 2017）。云南干旱灾害相对突出的是其西北部和中部地区，北部和东部地区旱情持续时间较其他地区长，南部地区未来出现干旱的概率较大（Ma et al., 2017）。尽管云贵高原地区遭受严重干旱和极端干旱的区域面积呈下降趋势（Jia et al., 2018），但连续干旱日显著增加，尤其是广西西部、贵州南部和重庆东部。21 世纪以来，该区域极端干旱频率维持在较高水平，且逐渐由区域东西部向中南部转移（Liu et al., 2015）。伴随着气温升高，区域风速降低，区域蒸散发也在减少（Liu T et al., 2016）。在过去的几十年中，云贵高原所在的我国西南地区的干旱程度在季节与年际尺度上均呈加剧趋势，“冬—春—夏—秋”连续干旱在 2000 年以来更加频繁。在空间变化上，云南东部地区干旱程度最为明显；在时间变化上，区域干湿变化存在 2~8 年周期，而该周期正好与 ENSO 事件相对应（Wang Z et al., 2018）。

除造成干旱灾害加剧之外，气候变化还带来了更频繁的强降水事件，进而更容易在云贵高原引起洪涝灾害，并诱发地质灾害。通过量化灾害风险评价的主要变量（包括降水强度、持续时长、影响空间范围）发现，降水越集中、极端降水越严重就越容易诱发洪涝灾害（Liu and Xu，2016）。天气过程也可直接导致强降水事件发生，如西南低涡会导致暴雨发生（Cheng et al.，2016；Ni et al.，2017），同时其也是诱发泥石流灾害的重要原因。相关研究证明，贵州山体滑坡发生的频度和日降水量大于50mm的天数存在显著的相关关系（Yue et al.，2018）。原因在于连续降水可导致土壤含水量和孔隙水压力发生改变，从而提高自然灾害的发生概率。此外，社会经济发展加速了山区交通基础设施建设的发展，也极大地提高了滑坡和泥石流的风险水平，增加了水资源的脆弱性（Sidle et al.，2014）。

气候是影响森林火灾发生的关键因子，林火必须在一定的气象条件下发生。全球气候变化导致的全球增温、干旱、极端高温、夏季降水减少等，使得中低纬度夏季森林火灾频繁发生，火灾次数、面积及强度增加。随着全球气候的变暖，极端气象事件发生的强度和频率增加，给森林生态系统带来很大影响。气候变化引起了森林植被和可燃物类型与载量的变化，从而改变了林火行为，导致林火发生概率增大（田丹等，2017）。气候变化引起的气温升高、干旱期延长、空气湿度下降会导致火险期的提前和延长、林火频率和过火面积的增加及林火强度的增大（赵凤君等，2009）。以云南大理为例，其森林覆盖率约为58%，冬春季气温高、降水少、风力大，极易发生森林火灾。由于森林面积大，大理森林火灾发生次数多，灾害损失严重。据2001~2010年大理的森林火灾次数与对应的气象数据统计分析表明，大理森林火灾次数与气温和风速呈正相关，但与相对湿度呈负相关（周明昆等，2012）。

降水对地质灾害的影响主要体现在降水集中阶段，该阶段也是地质灾害多发阶段，极易引发滑坡和泥石流（吕刚，2016）。气候变化带来的暴雨日数异常增加与气温快速变化成为特大泥石流灾害发生的诱因（苏鹏程等，2012）。以云贵高原西部的云南为例，其泥石流发生次数与降水量的月际变化密切相关。云南降雨主要集中在5~10月，5~10月泥石流灾害发生的次数明显高于其他月份；其中大雨、暴雨等强降雨天气多发的7~8月集中了泥石流灾害总数的57.3%。这反映出云南泥石流发生次数与其划分干湿季的时间呈正相关性（孔艳等，2018）。云贵高原中部的贵州，年降水量为1100~1300mm，但降雨季节分配不均，80%的雨水都集中在雨季；气候变暖导致极端降水事件趋多、趋强，山地灾害风险增加。

气候变化对云贵高原区水汽循环的改变导致更频繁的旱涝灾害，从而影响区域水资源再分配、石漠化趋势和碳平衡，最终对该地区社会、经济和环境产生重大影响（Lian et al.，2015）。例如，水土流失严重、地表植被差的云贵高原西侧石山地区的土壤水含量的变化反映出显著的干旱趋势（Ma et al.，2017；Zhang et al.，2015）。此外，受限于岩溶地区复杂的水文地质条件，目前较低的地下水资源开发利用率导致应对水文气象灾害的能力脆弱，反映出气候变化造成水安全风险较高。

云贵高原西南部的广西纬度更低，地形起伏多变，气候变化影响的区域差异显著：

区内年均气温 16~23℃，年降水量介于 1000~2800mm，年降水量的 75% 集中在 5~9 月，区域内泥石流灾害的发生与区域降雨作用及降雨的强度密切相关（杨向敏和全湘兰，2018）。

云贵高原东北部的重庆区内泥石流的发生频率高，往往还伴随着滑坡、崩塌等地质灾害，该地区也属于泥石流灾害的重灾区，其给当地经济发展造成了严重不利影响。其泥石流灾害的发生一般是在一次降雨的高峰期，或是在连续降雨之后（王明秋，2014）。

20.2.2 区域水文循环不确定性增加

云贵高原降水呈现显著季节变化，主要集中于 5~10 月的季风期，而 11 月到次年 4 月雨量很少，这种季节变化特征与大尺度的大气环流过程有关，其中 4~10 月降水量占全年降水量的 85%~95%。云南的春季干旱与印度季风爆发有关，其直接影响云南 5 月的降水量。而季风爆发期降水量的变化则与热力状况有关，孟加拉湾热力状况为正距平，孟加拉湾热低压与青藏高原冷高压梯度增大，有利于印度洋水汽向云南输送，从而使得云南 5 月降水量偏大（Cao et al.，2017）。从影响云贵高原降水的水汽来源来看，来自青藏高原、印度半岛、孟加拉湾和阿拉伯海的偏远水源对云贵高原地区强降水事件的水分贡献较大。而强降水事件的水汽来源在很大程度上取决于外部输入的水分，尤其是来自西南季风和源自青藏高原的水汽，而非当地产生的水汽（Chen and Xu，2016）。

全球气候变化加剧了水文循环，直接影响降水、蒸发和径流，造成水资源在时空尺度上重新分布（Liu et al.，2013）。以 2009 年秋季到 2010 年春季西南地区的严重干旱为例，热带西太平洋和热带印度洋处于升温状态，使热带西太平洋上空形成反气旋异常环流，云贵高原出现长时间的西北气流和下沉运动异常，使源于孟加拉湾的水汽难以到达云贵高原，造成降水长期偏少。此外，中高纬度地区环流异常对此次干旱也存在重要影响（黄荣辉等，2012）。在不断变化的气温、降水以及持续增强的温室效应的联合作用下，全球变暖可能对水文循环产生更加显著的影响，其中最大的变暖发生在四川盆地（Bannister et al.，2017）。在降水量方面，云南年降水量总体呈显著下降趋势。除春季外，其他季节均有下降趋势（Chen et al.，2015），而极端降水占总降水量的比例却有所增加（Li et al.，2015）。2000 年前后，云贵高原所在的西南地区干季（11 月至次年 4 月）降水发生了年代际尺度的转折，降水量显著减少的地区主要集中于云南大部及其周边。根据石笋样品氧同位素研究提供的更长时间范围的证据（Tan et al.，2017），恢复了云南 1760 年以来季风降水的变化过程，也发现其降水有长期下降趋势，2009~2012 年为此期间的最干时期。一方面，热带印度洋 – 太平洋持续升温；另一方面，受气溶胶制冷效应等因素影响，印度大陆温度上升幅度不明显，海陆热力差降低，限制了来自孟加拉湾的水汽输送，最终可能使得西南地区的降水长期减少。因此，在全球变暖背景下，需要注意云南降水减少未来可能的发展趋势。

受气候变化影响，云贵高原河流水文过程发生了改变。例如，发源于云贵高原西部的元江 – 红河的径流年际变化受气候影响剧烈，具有较为明显的丰枯特征；

1956~2013 年，河流年径流量呈降低趋势，尤以其西源李仙江的出境径流（李仙江站）减少趋势显著；降水量减少是该流域径流量减少的主要原因（李雪等，2016）。随着人口增长及社会经济发展，未来中国、越南及老挝对元江 – 红河流域水资源的竞争利用将会加强。其中，越南的水资源对外依赖度比较高，其对气候变化影响下的跨境水文变化将越来越重视，如何合理利用跨境水资源以应对跨境水安全风险，将是 3 个流域国家共同面临的问题（李雪等，2016）。

20.2.3　岩溶区水污染和石漠化加剧

云贵高原岩溶山地较集中分布在云南、贵州、广西的毗邻地带，总面积近 17 万 km^2。其中，地下岩溶基岩（主要为白云石和石灰岩）的多孔性、裂缝性和可溶性形成了以岩溶管网为主体的地下排水系统。作为世界最大的连续岩溶地区之一，岩溶地下水是我国西南地区的重要水资源，受降水影响显著（Song et al.，2017），约有 170 万人严重依赖于岩溶地下水。

云贵高原岩溶地区水循环方式复杂，地表水与地下水交换频繁，人类活动（特别是开矿）对岩溶地区地下水污染的影响是近些年关注的热点。稳定同位素方法常常被用来示踪地下水的来源以及地下水滞留时间（Li et al.，2018；Zhao M et al.，2018）。地下水的水文地球化学特征主要受碳酸盐矿物和石膏岩的溶解和离子交换的影响，但自然蒸发和人类活动等其他因素也可能对其起作用（Yuan et al.，2018）。同位素与其他化学成分分析的方法，可用于研究岩溶地区城市化对地下水质的影响。GRACE 卫星数据可以用于估算云贵高原岩溶地区地下水的季节变化，发现岩溶地区的贵州干旱时地下水流失快，但降水对地下水补给也快（Huang et al.，2019）。

在全球气候变化背景下，自然因素与人类活动加剧了岩溶地区生态系统脆弱性与敏感性。不同于常见的由降水量贫乏造成的干旱，西南岩溶地区年平均降水量高达 1000~1800mm，但旱情远比同纬度非岩溶区严重，这与该区域岩溶地质环境密切相关。岩溶发育形成的溶缝、溶洞等成为地表水快速下渗的通道，地表水快速漏失至地下，区域水资源主要储存于岩溶地下空间，导致地表水资源短缺、地下水资源开发利用难度大。目前，该地区地下水开发利用程度不高的水资源问题成为岩溶地区发展的重要限制因素（张军以等，2014）。人类活动导致的植被退化、石漠化等环境问题已对岩溶地区水文水循环过程造成了严重影响，也不断加剧了该地区干旱与内涝、石漠化和岩溶塌陷等环境地质问题频发，影响了生态环境保育和区域可持续发展。

岩石风化、人类活动、水文动力过程共同影响岩溶地下水质及其季节变化。地表和地下水系统的连通性、大面积含水层的高渗透率以及发达的地下管道系统使受污染的水可以在岩溶地区迅速扩散（Buckerfield et al.，2019）。贵州喀斯特地区长期以来经济发展较为缓慢，农村人口较多，基础设施薄弱，农村环境污染在很长一段时间都没有得到改善，水污染问题呈现越来越严重的趋势。导致贵州喀斯特地区农村水污染的主要原因有：大量施用农药、化肥造成的农业面源污染；畜禽养殖业污染；生活污水及废弃物造成的污染等。研究发现，贵州植被较差地区的氮损失同样较严重（田丹等，2017），从水体中氮同位素的变化范围发现，土壤氮主要来源于有机物的硝化作用（Li，2013），硝化作用与化肥施用导致地下水中硝酸盐浓度升高（Wu et al., 2017）。作为区域重要的经济活动，采矿和冶炼相关产业是环境污染的最大重金属来源之一，大量铅、锌、镉等相关元素被释放到环境中，影响水资源、土壤、蔬菜和农作物（Zhang et al., 2012），由此导致的地表水与地下水污染严重危害当地及流域下游地区居民身体健康，如酸性矿山废水、地下水中砷浓度的不断升高等（Zhu et al., 2016）。

在云贵高原温暖湿润区，土壤侵蚀的动力是水流，而岩溶区为双层水文地质结构：①岩溶表层带系统，地表疏松且多溶隙、裂隙，降雨垂直入渗，当降雨强度和持续时间大于一定阈值后，才能产生地表径流，使坡面土壤流失发生，换言之，小雨时土壤侵蚀表现形式是随岩溶表层带缓慢蠕动；②地下管道和地下河系统，据 1 ∶ 5 万水系图统计，贵州长度超过 10km 的河流有 984 条，其中岩溶区地表河网密度为 0.45km/km^2（白云岩区 0.58km/km^2、石灰岩区 0.40km/km^2），非岩溶区为 0.63km/km^2，岩溶区为非岩溶区的 71%，岩溶区有大量的水资源存在于地下，调查数据显示，贵州枯水季节流量大于 20 L/s 的地下河有 1130 条（夏日元等，2017）。在地表的洼地底部经常发育落水洞和竖井，地表的汇流挟带土壤通过落水洞和竖井直接灌入地下河。

云贵高原岩溶石山区土壤侵蚀过程受降水影响尤为强烈，其主要存在 3 个关键过程：土壤随着垂直水流沿着岩溶表层带向下蠕动（土壤漏失）、土壤随坡面流由上向下流失（土壤流失）、地表土壤随水流通过落水洞和竖井灌入地下河（图 20-4）。而有数据显示，当降水量达到 50~60 mm/d 时，才产生地表径流。换言之，小雨和中雨时，主要发生土壤的垂直漏失，大雨和暴雨时发生坡面土壤流失。如果以侵蚀性次降水量、降雨历时和平均雨强为划分指标，可将贵州降雨类型划分为 3 种类型：①降雨类型表现为大雨量、长历时、小雨强、低频率；②降雨类型表现为小雨量、短历时、大雨强、高频率；③降雨类型为中雨量、中历时、中雨强、高频率。第二种降雨类型侵蚀性降雨占 29.58%，但产流量占到 48.23%，产沙量占 52.44%（杜波等，2016），即短时集中大雨、暴雨是岩溶区水土流失的主要诱因。

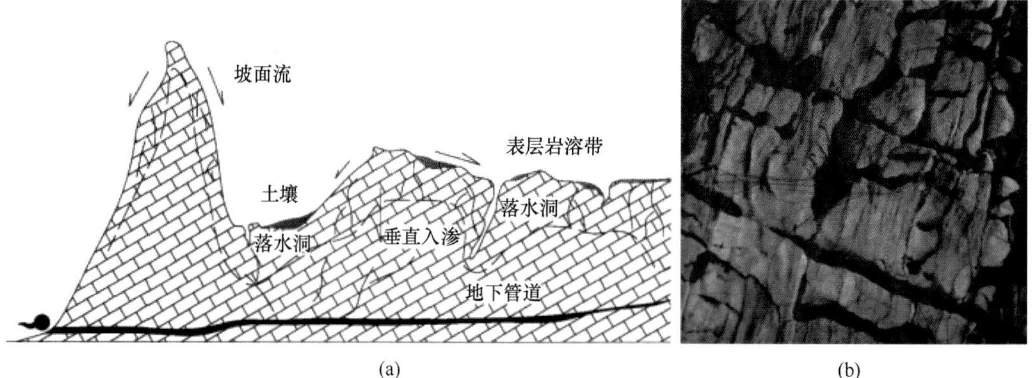

图 20-4 岩溶石山区土壤侵蚀分坡面流失、裂隙漏失、落水洞灌入（a）；岩溶表层带漏失土壤与岩石溶蚀裂隙相融合（b）

依据水利部《岩溶地区水土流失综合治理技术标准》（SL 461—2009）中碳酸盐

岩风化自然成土量 10~80 t/（$km^2\cdot a$）的事实，确定岩溶区土壤侵蚀允许量为 50 t/（$km^2\cdot a$），分别相当于黄土区、红土区、黑土区的 1/20、1/10、1/4（图 20-5）。贵州岩溶区大部分河流的多年平均输沙模数均处于 56~215 t/（$km^2\cdot a$）。广西左江流域面积 26823km^2、干流长度 317km，岩溶分布面积占 65%；右江流域面积 32770km^2、干流长度 377km，岩溶分布面积占 20%；左江年平均输沙模数 [112 t/（$km^2\cdot a$）] 为右江的 [195 t/（$km^2\cdot a$）] 的 57.44%，在左江与右江汇合形成郁江时，左江清、右江浑。云贵高原岩溶区河流的输沙模数大于碳酸盐岩风化自然成土量，甚至是后者的 2~4 倍，土壤资源总量长期处于负增长状态，岩溶石山区地形破碎、坡度大，土壤 – 岩石间缺乏母质层，土壤原地覆盖难度很大。

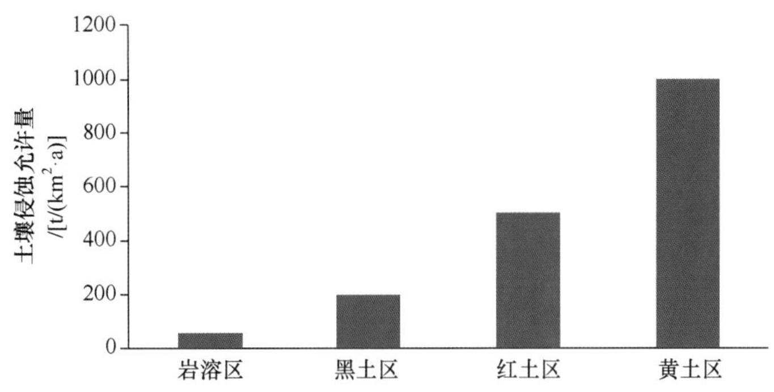

图 20-5　岩溶区土壤侵蚀允许量与黑土区、红土区、黄土区的对比

近 30 年以来，贵州石漠化面积处于持续增长阶段。1989 年前，水土流失面积增加，石漠化面积扩张；1989 年后，随森林面积的增加，水土流失面积得到遏制，但石漠化面积却持续增加。这意味着岩溶石漠化区已有相当一部分地区无土可流，其土层已非常浅薄，处于流失殆尽的边缘（曹建华等，2011）。由此可见，石漠化是土壤侵蚀长期作用的结果，是土壤侵蚀发展到一定程度的产物，二者在时间上存在先后关系，在成因上存在因果关系（图 20-6）。评价岩溶区水土流失和石漠化的生态危害，需要从两者的内在关系综合考虑，不能仅依据其中一个指标。

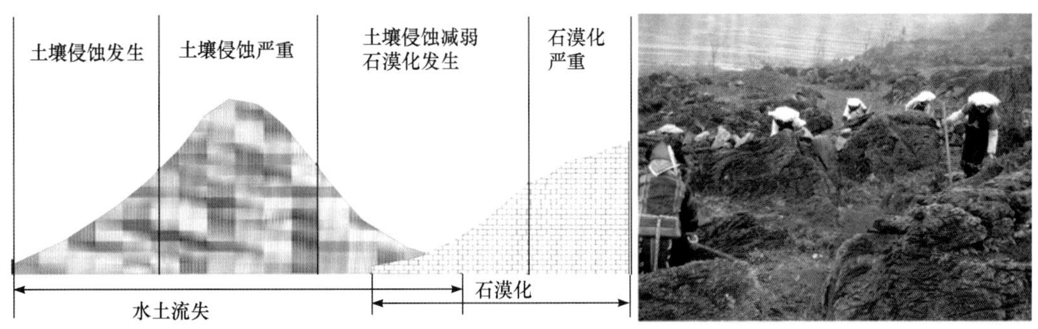

图 20-6　水土流失与石漠化土地发生演变的示意图

石漠化的生态恢复或修复难度大。云贵高原几乎年年面临季节性干旱，为了适应水分供应不足的特殊生境，岩溶植被缩小叶面积、加厚角质层、减少气孔数来降低蒸

腾，进而提高水分利用效率；增加地下生物量、提高根冠比率、形成发达根系、增大根系与岩石的接触面，进而扩大水分和养分吸收面积与固着能力。此外，在水分过低和光照过强时，岩溶植物会出现"光合午休"的现象。岩溶地下含水空间以溶蚀裂隙（孔隙）为主，岩溶管道和地下河起主要传输作用，如贵州普定后寨地下河流域的溶蚀裂隙占储水空间的70%以上。因此，干旱季节时深根系植物可从岩石裂隙、溶蚀裂隙中汲取水分。岩溶石山区富钙镁、偏碱性的土壤环境不仅制约了土壤养分赋存的形态和供给量，而且要求所在地区植物需具备嗜钙、喜钙、耐钙的特性。土壤养分对植物群落空间格局的解释能力可达32.82%，比地形因子高10.28%。限制性的生存要素导致亚热带地区的贵州茂兰原始森林区地上生物量低于同纬度非岩溶森林区，仅相当于温带针阔混交林的地上生物量；富钙镁、偏碱性的岩溶环境导致岩溶植物群落为有别于地带性的隐域性植被（Cao et al., 2015）。

因此，在全球气候变化背景下，当地表植被破坏、土壤侵蚀殆尽、石漠化发生后，支撑地表植被自然恢复的条件就变得更为恶劣。存在于土壤中的种子库不仅出芽率、出苗率低下，而且存在随土壤侵蚀而流失的风险，进而导致岩溶石山区植被自然恢复过程明显滞后于同纬度的非岩溶区（Jiang et al., 2014）。例如，广西森林遭受20世纪60~80年代几次大规模砍伐后，在80年代中后期封山育林，恢复至今的数据显示，岩溶区灌丛覆盖率平均为14.81%，森林覆盖率平均为12.13%；非岩溶区灌丛群落覆盖率仅1.92%，森林覆盖率平均为31.32%。

20.2.4 生物多样性降低

1. 区域生物多样性现状

云贵高原四省（自治区、直辖市）的生物多样性都极为丰富，尤以云南最为突出，广西次之。根据《中国生物物种名录》（2019版）记载，该区生物多样性物种组成见表20-1。

表20-1 2019年云贵高原生物多样性物种组成 （单位：种）

省（自治区、直辖市）	动物	真菌	植物	原生动物	其他
云南	9356	1441	19271	114	68
贵州	3456	483	7931	47	21
广西	4802	482	9186	98	132
重庆	1273	215	2179	1	28

云南：云南生物多样性丰富，尤其动物和植物资源极为丰富，动物和植物物种数量分别达到9356种和19271种。此外，脊椎动物土著种2242种，占全国脊椎动物的51.4%。国家一级和二级重点保护野生动物60种和182种，合计242种，占全国国家级重点保护野生动物的57.1%，占省内脊椎动物的10.65%。国家一级和二级重点保护野生维管植物45种和106种，合计151种，占全国国家级重点保护野生维管植物的

41%（刘冬梅等，2017）。云南是重要的物种起源和分化中心之一，物种特有现象十分突出。此外，云南是中国被子植物特有属的高频率区，超过其他省（自治区、直辖市）。云南具有 180 个中国特有属，占中国特有属的 74.1%，其中 34 个属为云南及横断山区特有。

贵州：贵州动物物种数量为 3456 种、植物为 7931 种。贵州已知维管植物（包括蕨类与种子植物）共有 250 科 1551 属 5691 种（含亚种和变种）。贵州是中国植物种类较丰富的省份之一。木本植物有 103 科 433 属 1599 种（变种），属数占全国木本植物 959 属的 45.15%；蕨类植物共 147 属，约占全国蕨类 222 属的 66.2%；种数占全国 2600 种的 31.1%。被子植物中富含古老的类群和特有种，如珙桐、鹅掌楸、连香树、水青树、香果树等。裸子植物中的贵州苏铁、青岩油杉、梵净山冷杉为贵州特有的珍稀孑遗植物。境内高等植物共 6930 种，受国家一级与二级保护的植物分别有 13 种和 63 种（王瑞和安裕伦，2014；曾辉等，2013）。国家一级、国家二级和省级重点保护野生动物分别有 15 种、72 种和 13 种。兽类物种丰富度仅次于云南和四川，物种密度仅次于台湾和海南，爬行类则仅次于广西和云南（容丽和杨龙，2004）。

广西：广西动物物种数量为 4802 种，植物 9186 种。陆栖脊椎野生动物 1149 种（含亚种），约占全国总数的 43%。其中，国家重点保护的珍稀种 149 种，约占全国的 45%；国家一级保护动物 24 种，占 27%。发现野生植物 288 科 1717 属 8562 种，其数量在各省（自治区、直辖市）中居第 3 位，有国家一级重点保护植物 37 种，珍贵植物主要有金花茶、银杉、桫椤、擎天树等。

重庆：重庆有动物 1273 种，植物 2179 种。根据《重庆维管植物检索表》显示，重庆全市在册记录的植物资源多达 244 科 1521 属 5954 种，包括珍稀濒危野生植物珙桐、楠木、红豆杉、南方红豆杉、黑桫椤、金毛狗等。与之对等的重庆野生动物资源也十分丰富，且重点保护野生濒危动物种类较多，如红隼、苍鹰、短耳鸮、黑叶猴、云豹、林麝等（黄世友等，2018）。

2. 不同物种受影响情况

云贵高原地区拥有丰富的生物多样性资源，受气候变化影响生物多样性易受损，其中其受外来物种入侵影响严重。

昆虫：云贵高原及其所在的西南地区是我国遭受昆虫入侵最严重的区域，近十年来红火蚁（*Solenopsis invicta*）、斑翅果蝇（*Drosophila suzukii*）、草地贪夜蛾（*Spodoptera frugiperda*）、木瓜秀粉蚧（*Paracoccus marginatus*）等数十种外来有害昆虫在该区域入侵、定殖（Hu et al., 2013；Ahmed et al., 2015；Wan and Yang, 2016；Giorgini et al., 2019）。此外，来自缅甸的桔小实蝇（*Bactrocera dorsalis*）在云南西部的瑞丽、潞江坝、六库和保山地区数量增长较大（陈鹏，2008）。番石榴实蝇（*Bactrocera correcta*）同样危害严重，其入侵路线是从南亚传入云南西部，或从泰国及老挝中部传入云南南部及中东部。于永浩等（2016）的调查结果表明，广西受来自越南的潜在危险性有害生物风险加剧，高风险入侵物种包括辣椒实蝇（*Bactrocera latifrons*）、木薯绵粉蚧（*Phenacoccus manihoti*）、扶桑绵粉蚧（*Phenacoccus* *solenopsis*）、稻水象甲（*Lissorhoptrus oryzophilus*）等。

迁飞害虫是以气流为主要驱动力、以较大规模的种群集团实现长距离和跨区域迁移的农林有害昆虫的统称。与本书提到的其他入侵性有害昆虫逐步占领新生境的过程不同，迁飞害虫的时空动态特征更加快速，具有季节特异性，因此，其种群时空动态对气候环境变化的响应也更为迅速（Early et al.，2018；Wang et al.，2015）。云贵高原与中南半岛东北部和我国华南地区毗邻，是白背飞虱（*Sogatella furcifera*）、褐飞虱（*Nilaparvata lugens*）、粘虫（*Mythimna separate*）、稻纵卷叶螟（*Cnaphalocrocis medinalis*）等多种迁飞害虫的越冬区（Feng et al.，2018; Hu et al.，2012，2015）。这些害虫在春季气温回升后随寄主作物（如水稻、玉米、甘蔗等）种植区的扩大而逐步向北迁飞，沿途造成危害（Hu et al.，2017；Wu，2019）。迁飞害虫在不同年份间的发生规模和危害强度往往与当年的气候 / 天气系统特征有一定关联，如云南 2007 年的稻飞虱重特大暴发就被认为与局地气候因素有关（桂富荣等，2008）。

鱼类：生物入侵显著威胁到云贵高原土著鱼类多样性。根据对滇池的入侵鱼类 [似鱎（*Toxabramis swinhonis*）、间下鱵鱼（*Hyporhamphus intermedius*）、红鳍原鲌（*Cultrichthys erythropterus*）、子陵吻鰕鯱鱼（*Rhinogobius giurinus*）、麦穗鱼（*Pseudorasbora parva*）等] 所进行的调查发现，在滇池北岸富营养化程度较高区域，似鱎、间下鱵鱼以及红鳍原鲌等种类的种群较大，而在滇池中部以及南部富营养化程度较轻的区域，鱼类则以子陵吻鰕鯱鱼和麦穗鱼为主（Ye et al., 2015）。泥鳅（*Misgurnus anguillicaudatus*）和大鳞副泥鳅（*Paramisgurnus dabryanus*）入侵，导致香格里拉碧塔海的土著鱼类——中甸叶须鱼（*Ptychobarbus chunglienensis*）种群密度、基因多样性下降 (Jiang et al., 2016)。洱海的土著鱼类——洱海鲤（*Cyprinus barbatus*）和大理裂腹鱼（*Schizothorax taliensis*）等也由于小型外来鱼类（麦穗鱼、子陵吻鰕鯱鱼等）的入侵，种群数量急剧下降 (Tang et al., 2013)。从 20 世纪 50 年代到 2010 年的 60 年以来，滇池、洱海、抚仙湖的土著鱼类分别已经消失了 84.0%、58.8%、41.7%，而现存于其中的鱼类和外来鱼类分别占 87.5%、70.8%、65.0% (Wang et al.，2013)。

植物：云贵高原陆生生物入侵中，植物入侵现象较为突出。例如，薇甘菊（*Mikania micrantha*）攀援危害高大乔木，覆盖橡胶、茶叶、甘蔗等经济林地，其是世界上最具危害性的杂草之一，自 20 世纪 80 年代其由东南亚传入中国云南德宏，每年以 10~20km 的速度扩散（李正洪等，2013），目前集中于中缅边境的 85 个乡镇地区（Zhang L Y et al.，2019）；肿柄菊（*Tithonia diversifolia*）常沿路域系统扩散，其由于短期危害性不明显，容易被忽视，目前在云南 24ºN 以南区域（如中老磨憨口岸、中缅打洛口岸等地区）广泛分布，并在很多地域形成单优种群，大量挤压了本地物种生境。其他入侵植物，如紫茎泽兰（*Eupatorium adenophorum*）、飞机草（*Eupatorium odoratum*）、马缨丹（*Lantana camara*）等均已在云南、广西地区广泛分布（马金双，2014），与这些种类在周边国家亚热带和热带地区的分布与扩散具有明显关联。

综上所述，云贵高原生物多样性丰富。然而，气候变化耦合人类生产活动加剧了珍稀物种的生境破碎化，如在过去两千年，气候变化和人类活动共同导致了滇金丝猴生境范围的缩小（Zhao X M et al.，2018）。在气候变化条件下，人类放牧以及采集林下产品等活动会使滇金丝猴适宜生境减少，2000~2050 年，预计会使滇金丝猴适宜生境减少 8%~22.4%（Zhao et al., 2019）。外来植物入侵对本地生态系统及其生物多样性构成严重的威胁，而气候变化和人类生产活动共同影响着植物入侵。尤其是享有“植物王国”和“动物王国”美誉的云南，其因为独特的气候和地理环境，发育了丰富的植物区系，为野生动物提供了种类繁多的栖息地，属于生物多样性热点地区，同时也面临着极大的植物入侵风险（李丽鹤，2017）。人类活动以及气候变化带来的干扰削弱了该区域的生态系统功能，使物种丧失以及生物多样性衰减十分严重（郭怀成等，2013；Wang et al., 2012）。例如，2010 年的特大干旱导致云南 23 种国家重点保护植物总计约 10 万株死亡，部分野生动物受到威胁，森林火灾多次发生，生物多样性受到了极大的威胁（李俊梅和李娟，2013）。此外，云贵高原地区水体生态系统结构和功能也发生明显改变，水体生物多样性逐渐减少，其中尤以硅藻类对极端干旱事件的响应最为敏感。

作为影响生物多样性模式的重要生态过程，极端干旱事件导致的环境异质性与生态位分化，使得硅藻生物多样性产生相应变化（Forrester and Bauhus, 2016；McClain et al., 2016）。浴仙湖硅藻群落 α 多样性随时间呈现增加的特征，可能反映了湖泊栖息地结构的变化与水体环境异质性的增加（Laird et al., 2010；Zhang et al., 2010）。湖泊底栖硅藻与浮游藻类相比具有较高的物种多样性（Cantonati et al., 2009），而湖滨浅水区则拥有多样的生境（如沙质、泥质、水生植物等）和复杂的环境特征，且光照条件多样、营养盐较高（Punning and Puusepp, 2007）。云南西北部小型深水湖泊的硅藻群落多样性的长期变化受水位的波动影响较小（邹亚菲等，2015），反映了水文波动可能导致不同水深的中小型湖泊中硅藻群落多样性呈现出差异的响应模式。类似地，随着滇池富营养化的持续与系统生产力的上升，种间竞争压力的增强、水体透明度的降低、水生植被覆盖度的减少等过程直接导致沉积物硅藻群落 β 多样性指数持续降低（陈小林等，2015）。因此，云南湖泊硅藻群落在环境压力持续的背景下呈现了群落结构异质性的长期降低，反映了气候变化持续、人类活动增强等背景下该生物多样性热点地区面临着多样性保护的严峻挑战。在气候变化趋势下，湖泊生态系统可能出现突变，从而导致生态系统服务功能严重受损并且难以恢复。

20.2.5 山区持续减贫压力大

贫困最初被认为是一种特殊的经济现象，用于描述个人或家庭收入无法满足其基本生活水平和需要时的状态（Liu R S et al., 2016）。但随着社会经济发展和人类意识水平的不断提升，人们开始认识到贫困与地理区位、资源环境、发展机会等息息相关（周扬等，2018；Alkire and Foster, 2011；Liu et al., 2017）。2020 年全面脱贫之前，在中国 14 个集中连片的特困地区中，有 9 个位于中西部地区，尤其是云贵高原集中了武陵山区、乌蒙山区、滇桂黔石漠化区、滇西边境山区等连片特困地区。云贵高原岩溶地貌分布广泛，地质灾害频发，人地矛盾突出，当地居民为了生存，不得不掠夺式地开发自然资源，加重了水土流失、石漠化等生态环境问题，区域发展举步维艰（郭兵等，2017）。

受特殊地理环境和区位条件的制约，云贵高原岩溶地区社会经济发展长期滞后。一方面，云贵高原岩溶地区经济发展缓慢。以云南、贵州和广西三省（自治区）为例，2015 年，三省（自治区）的人均 GDP 分别比全国人均 GDP（50028 元）低 42.42%、40.34%、29.66%，其农村居民经济状况与全国平均水平存在较大差距，农村居民人均可支配收入排名长期处于全国末列（图 20-7）。近年来，随着精准扶贫政策的实施以及产业政策的有效推动，2019 年云南、贵州、广西三省人均 GDP 较 2015 年增长近 46%，农村人均可支配收入增长近 45%，社会经济发展态势有所好转，但仍位于全国末列。

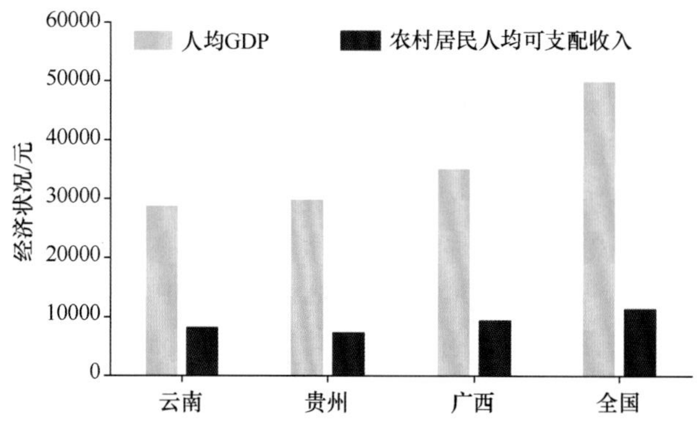

图 20-7　2015 年云南、贵州、广西的基本经济状况

另一方面，云贵高原地区空间发展极不均衡。历史上，贵州横跨武陵山区、乌蒙山区、滇黔桂石漠化区三大连片特困地区，曾是全国贫困人口最多、贫困面积最大、贫困程度最深的地区（钟良晋，2017）。云南少数民族居多，且多沿袭传统粗放的生产生活方式，这里曾是云贵高原少数民族贫困现象最显著的地区。截至 2020 年 11 月，虽然国家乡村振兴局确定的所有贫困县已全部实现脱贫摘帽，但由于地理空间的复杂性和区域发展的不均衡性，区域返贫风险较大。因此，准确把握云贵高原喀斯特地区贫困的演变规律，识别气候变化背景下的返贫机理，构建适应气候变化的长效减贫机制，是新时期推动区域均衡发展、促进乡村振兴的重要内容。

20.3　风　　险

20.3.1　山地灾害风险

气候变化对地质灾害有着重要影响，其直接影响来自降水和温度变化。气温上升会导致大气层含水量增多、冰川冻土退化、海平面上升、蒸发作用增强；降水变化会导致降雨频率变化、降雨（雪）周期变化、降雨（雪）强度改变。降水和气温的变化是相辅相成、互相影响的。西南岩溶山区重庆气温自 20 世纪 80 年代末期进入快速增长期，引起极端气候事件发生频率增大。极端天气频发会导致地表斜坡的稳定性产生变化，影响岩土体的稳定性。当坡体超负荷承载着外界作用，达到临界状态时，就会导致不同类型的滑坡等地质灾害发生（高杨等，2017）。1997~2011 年，重庆就发生了 9 起强度较大的极端气候事件，引发了较为严重的地质灾害（黄明奎和马璐，2017）。未来，气候变化的不稳定性将会为西南岩溶山区带来更大的环境地质风险。

人类活动，如过度采矿活动，增加了地质灾害发生的风险。采矿作业，以及采矿废弃物堆积区生态环境恶化，其同时也是地质灾害的高发地区。另外，石油、天然气的开采业造成生态系统自然承载力下降，诱发地质灾害，如导致地面变形，诱发地震、岩溶塌陷等灾害（朱大运和熊康宁，2018）。

20.3.2　生物入侵风险

气候变化是加速生物入侵进程的重要驱动因素（Sorte et al., 2013; 吴昊和丁建清，2014）。一方面，气温升高、大气组成变化等环境扰动加剧了对生态环境的干扰水平，为外来生物扩散和入侵提供了有利途径，使得生物入侵风险进一步增加（Winder et al., 2011）；另一方面，在全球气候变化影响下，入侵物种往往表现出比本土物种更为强烈的适应机制，通过生境及生态位的扩张、改变自身的环境适应能力、改变与天敌及环境本土生物的互作关系等减少入侵环境中生物和非生物因素的制约，从而削弱入侵区本土生物群落的抵抗性，加速入侵进程（吴昊和丁建清，2014）。

1. 昆虫

基于物种分布模型对气候变化影响下我国主要入侵植物的分布及扩张趋势进行了分析（Wan and Yang, 2016），发现低纬度地区是外来植物入侵定殖的高风险区域。同时，受气候变化的影响，入侵物种将呈现出明显的由低海拔向高海拔扩张的趋势。实蝇类、粉蚧类和象甲类是东南亚入侵我国热带作物地区的重要有害生物（刘海军和胡学难，2015）。因此，云贵低纬高原也是气候变化背景下我国生物入侵的敏感区域。

伴随气温升高，东南亚的有害生物向高纬度、高海拔地区的入侵扩张成为我国西南地区生物入侵的主要趋势（Wan F H et al., 2017）。Liu 等（2013）通过对入侵性番石榴实蝇的持续监测发现，伴随气温升高，其分布区北界已由 25° N 扩张到 28° N，并从低海拔向高海拔逐步取代桔小实蝇成为我国西南地区的主要实蝇类害虫，其给当地的热带、亚热带水果生产构成了新的严重威胁。气候变化在对入侵生物本身产生直接影响的同时，也可以通过改变群落多样性与可入侵性的关系，进一步增加入侵风险（Cleland et al., 2011）。

根据现有研究，结合国外邻近区域的迁飞害虫研究，可以发现气候环境变化对迁飞害虫的影响主要包括以下方面。

第一，越冬分布区扩张和越冬种群规模增加。受地貌特征和冬季气候条件影响，云贵高原冬季气温较其西部的纵向岭谷区低，因此迁飞害虫在云贵高原的越冬范围相对狭窄、越冬种群数量较少（Hu et al., 2015）。研究发现，在气温升高 1~3℃的模式下，甜菜夜蛾的越冬分布北界和高限均增高（Zheng et al., 2015）。还有研究表明，

1989~2008 年相对频繁的“凉夏热秋”气候组合是造成长江中下游稻飞虱连年猖獗的原因（Hu et al., 2011）。云贵高原多山，迁飞害虫越冬分布区在水平和垂直方向上均有较大的扩张空间，这将直接导致其越冬面积增加，越冬虫口数量增加，进而造成春夏季其暴发规模增大，危害加剧，非常规迁入和暴发的概率增加。迁飞害虫依赖气流进行远距离迁移，其种群的迁飞方向、迁飞距离、降落区域和迁飞地点均受运载气流的影响。云贵高原地处太平洋季风和印度洋季风的交汇区，大尺度气候变化导致的季风和局地气流变化是造成迁飞害虫非常规迁入的主要驱动力。已有研究证实，我国和越南东部海域的台风多次造成稻飞虱大量迁入我国（王翠花等，2009）。此外，迁入种群在当地的繁殖和暴发同样与气候条件密不可分，一定程度的气温持续偏高和降水减少都是造成迁飞害虫入侵后持续暴发成灾的重要因素（Maqsood et al., 2016）。

第二，新入侵物种的迁入与定殖风险增加。迁飞害虫对气候环境变化的响应十分迅速，因此特定区域内的迁飞害虫物种构成也具有较高的可变性。现有物种在气候与环境发生变化后可能失去原有的危害能力，乃至其分布区收缩（Ramirez-Cabral et al., 2017）。同时，先前未分布于该区域的迁飞害虫又会因气候变化入侵新的生境种。2018 年，中国农业科学院研究团队发文就草地贪夜蛾（*Spodoptera frugiperda*）入侵我国做出预警（郭井菲等，2018），当年年底云南南部、西南部沿边区域已被该种侵入（杨学礼等，2019），截至 2019 年 3 月种群东抵红河流域（李亚红等，2019）。该案例鲜活地反映了气候环境变化下迁飞害虫危害此起彼伏，其对区域生态安全带来新的挑战。

2. 鱼类

人类活动导致的水环境变化以及外来鱼类入侵是威胁云贵高原鱼类群落的主要因素。外来鱼类已经进入大部分河流湖泊水体中，甚至在一些水体中外来种成为优势种，显著地改变了这些水体中鱼类的群落结构和多样性。云贵高原的 15 个主要湖泊在过去几十年中发生了普遍的大规模生物入侵，土著鱼类的多样性急剧降低，大部分湖泊鱼类群落由几种常见外来鱼类（麦穗鱼、鲤、棒花鱼等）占据，导致云贵高原湖泊鱼类群落出现同质化现象（Ding et al., 2017）。随着时间推移，其同质化效应会导致鱼类种群的多样性下降（Jiang et al., 2019）。而在梯级开发河流，大坝引起的水域环境变化可能促进鱼类在局部河段的入侵，如澜沧江流域在近 30 年来新增了 22 种外来鱼类（Zhang et al., 2018）。由于外来鱼类的局域入侵（如尼罗罗非鱼只能入侵澜沧江下游河段），以及水电开发后被大坝隔开的各河段特有土著鱼类的丧失，各河段鱼类群落的相似性降低，流域鱼类群落发生了异质化的现象（Zhang et al., 2020）。然而，这种异质化是局部河段特有种丧失和外来鱼类局部入侵导致的，因而是负面的。鱼类生物入侵对鱼类群落的影响具有时滞效应，在各种因素的综合影响下，未来生物入侵对鱼类群落的影响可能加剧（Ding et al., 2017）。此外，污染物在鱼体内的富集和遗传多样性降低等，未来可能会危及鱼类种群健康和鱼类多样性，但仍需要更多的基础研究来证实。

3. 植物

通常认为气候变化对于入侵物种更加有利（Hellmann et al., 2008）。未来，易入侵等级的区域面积将会由当前的 12.82km^2 增加至 21 世纪 80 年代的 21.3km^2，中心点将由当前位置向西南方向移动 61km（王翀等，2014）；因此，气候变暖可能导致入侵物种发育速度加快，繁殖代数增加。鉴于气候变化对不同入侵植物物种影响的复杂性，需要针对性地对其进行监测，从中观和宏观尺度给予判识。同时，由于云南、广西地区的高速公路、铁路、水电站等基础设施建设正处于高速发展时期，其将为生物入侵提供潜在的通道与生境条件，需要综合考虑不同因素的作用程度与关联效应。

20.3.3　跨境生态安全风险

生态安全涉及国土安全、环境安全、生物安全、水安全、食物安全、人类安全和社会安全等多方面。跨境生态安全更涉及国家之间或国际区域之间的共同安全，在全球变化的背景下其变得更为复杂。全球变化影响包括气候变化（全球变暖）和人类活动影响。不同国家在适应全球变化和解决与此相关的跨境生态安全问题时，在资金、技术和知识领域都存在差距，从而导致跨境生态安全问题的妥善解决仍然存在较大挑战。

跨境水安全与跨境生态密切关联。20 世纪 90 年代以来，随着我国与东南亚地缘政治经济合作的快速发展，云贵高原相关的跨境资源环境问题日益凸显。例如，与国际河流大规模水电梯级开发相关的跨境水安全和生态问题均引起了国内外的广泛关注，均影响到国内的工程建设及与周边国家的合作关系。在岩溶发育地区，跨境地下含水层水文地质环境的复杂性和研究基础的薄弱性，对气候变化影响下其潜在跨境水安全及生态安全风险的判断依然是一个艰巨的挑战。气候变化导致水循环的变化，进而影响了水资源的时空分配格局，增加了水资源管理的不确定性。例如，在中国境内红河流域，通过对 23 个气象站点 1960~2007 年的逐日降水数据分析表明，极端降水频次和强度表现出从东南向西北递减的特征，48 年来红河流域极端降水的强度和频率增加，特别从 20 世纪 90 年代中期开始趋势更为明显，且不同极端降水指数趋势变化具有空间差异性（李运刚等，2012）。这些极端变化不仅增加了国际河流的汛期管理难度，同时也可能引发一系列非常规的跨境生态问题。

国际河流区跨境交通运输体系（公路、铁路、航道、油气运输管道等）建设带动流域国家间土地利用的变化，驱动跨境生态系统的快速变化，导致跨境生态安全问题日益突出。以云南沿边境地区为例，从 20 世纪 70 年代末至 2004 年的 30 多年间，林地面积减少居各地类的首位，变化比例达 9.7%；而面积净增的地类中，耕地居首，为 5.7%，土地利用 / 覆盖变化的主要方向是林地向裸地和农田转化，最终缩减跨境区域生物活动的栖息地（刘美玲等，2006）。遥感技术分析表明，1980~2010 年，中国、老挝、缅甸交界地区橡胶林地面积已由 7.05 万 hm^2 增至 60.14 万 hm^2，增长了 7.53 倍，呈现出由集中至分散、由边境向国外的空间分布格局与地域扩展特征（封志明等，2013）。并且随着中国与湄公河流域下游国家更为紧密的经济关系，在“替代种植”合作的影响下，缅甸和老挝的橡胶种植强度还将增加（刘洪江等，2010；周惠荣和夏阳，2012；刘晓娜等，2014）。农业生态活动的增加可能导致生态系统的退化。沿边境地区自身发展需要与频繁的经贸活动也将改变土地利用类型，引发人地矛盾。一方面跨境公路、铁路、航道等国际通道以及口岸、机场建设将影响周围生态环境；另一方面，在具有水热条件优势的地区，如云南南部的热带边境区域，农林业发展可能受到市场需求和政策影响的促进，进而加大边境林业开发。

20.3.4 加剧区域返贫风险

近 55 年，云贵高原气候变化明显，气温显著增加，年降水量微弱下降，其中春、冬季降水增加，而夏、秋季降水减少（谷富，2018）。气候变化引起云贵高原岩溶地区自然地理环境特征发生变化，从而影响农业生产发展和财富积累，并通过间接影响地区人文环境，增加返贫风险。

气候变化影响下，岩溶地区石漠化的加剧导致土壤保水能力和渗透性能下降，造成生态系统退化（朱大运和熊康宁，2018）。石漠化造成地表成土过程缓慢，土壤厚度不够，在降水作用下表层肥土流失，影响农产品产量。中国典型岩溶地区土层平均厚度仅 30~50cm，而多数农作物只有当土层厚度为 50~60cm 时，才能形成较高的生产力（宋贤威等，2016）。以贵州和河南为例，2014 年贵州产粮 1138.5 万 t，河南产粮 5772.3 万 t，剔除耕地面积差异，河南耕地亩均产量约为贵州的 2.9 倍（王永厅，2018）。粮食低产导致农民不断开垦荒地、变林为耕，长此以往，经济效益非但没有提高，反而导致土壤石漠化、水土流失更加严重（田江，2017）。

气候变化对水文循环的改变导致极端事件发生频率和强度明显增加（郑双怡，2017）。云贵高原岩溶农业生态系统对气候变化反应最为敏感，容易受到自然灾害侵袭，造成严重损失。据统计，1950~2000 年，云南年均 50 个县（市）发生洪涝灾害，受灾面积达 748.5 万 hm^2，死亡人数达 400 余人（邵侃和商兆奎，2015）。20 世纪 80~90 年代贵州共出现 8 次大中旱年份，2010 年全省 88 个县（市、区）共有 85 个县（市、区）不同程度地遭受旱灾（颜茵，2011）。1999~2012 年，重庆年平均农作物干旱受灾面积 5169.8km^2，成灾面积 2682.5km^2，绝收面积 653.40km^2（赵伟等，2016）。岩溶地区频发的地质灾害还影响农民财富积累。2010~2017 年，云南、广西、贵州发生地质灾害次数分别为 3891 起、4264 起、1803 起，造成直接经济损失分别为 30.5 亿元、4 亿元、9 亿元。灾害事故或疾病增加了农村居民家庭医疗负担，容易造成因病致贫问题。（仇雨临和张忠朝，2016）。因此，应对气候变化影响的主要对策也应包括对山区低收入人口进行健康救助及帮扶，以免灾难性事故或疾病造成贫困（Mateusz et al.，2015）。

总的来说，暖干化是云贵高原近年来气候变化的主要趋势，未来区域由气候变化造成的风险主要偏重缺水、旱灾及其他次生灾害，如火灾、病虫害等。虽然目前云贵高原地区脱贫效果显著，但从区域未来面临的风险类型来看，经济基础薄弱的农民仍是主要受害群体，容易产生因灾致贫、因灾返贫问题。积极采取措施防范风险是巩固脱贫效果的坚实保障。

20.4　适应对策

20.4.1　岩溶区自然灾害防治

在气候暖干化的背景下，西南岩溶山区极端天气频发，如重旱和特旱日数增多与强降水记录频数增加等，并伴生次生灾害，如滑坡、崩塌、泥石流、岩溶塌陷、地裂缝等（苑涛和贾亚男，2011）。针对雨季山区地质灾害易发的情况，需要大力提高对气候系统的监测能力，首先应对现有的气象灾害监测网进行补充和调整，加强气候变化的监测能力，如加强气象探测和模拟、卫星遥感和无人机航空遥感技术在灾害监测中的应用。其次，应贯彻执行国务院新颁布的《地质灾害防治条例》及相应的法律、法规，控制不合理的人为工程活动，如开山采石、采砂，切坡修路建房、建厂以及不合理的规划选址等。依照《地质灾害防治条例》建立地质灾害速报制度，实行建设用地地质灾害危险性评估制度；建立汛期地质灾害防灾预案、险情巡查、汛期值班和汛后总结等制度。另外，开展地质灾害防治知识宣传、普及教育，培训地质灾害防治技术人员和管理人员，提高全民防治地质灾害的意识和知识水平（陈璠，2014）。同时，还需建立灾害预警制度，为加强对气象灾害、地质灾害等自然灾害的监测预报，建立以防灾减灾、功能齐全的灾害监测体系。综合岩溶山区地质灾害形成时间、孕灾环境、承灾体的特征，以及减灾技术和救灾方式等要素，建立监测预警机制网络，在地质灾害发生时统一调度指挥（熊康宁和池永宽，2015）。依据《国家民用空间基础设施中长期发展规划（2015—2025 年）》，中国已基本建成“环境与灾害监测预报小卫星星座”“风云”“海洋”“资源”等卫星系列，遥感卫星的加速发展推动着中国灾害遥感逐渐完善。2007 年中国正式加入《空间与重大灾害国际宪章》以来，该机制已成为历次重特大灾害应急阶段免费获取国际遥感卫星数据资源的重要途径（范一大等，2016）。

20.4.2　岩溶石区石漠化综合治理

1. 水土流失治理

最新全国水利普查结果表明，西南山区水土流失面积达 36.12×10^4km^2，占全国水土流失总面积的 27.93%，并且该地区侵蚀程度为强烈及以上的面积占比高出全国平均值 5 个百分点（中华人民共和国水利部和中华人民共和国国家统计局，2013），表明西南山区不仅水土流失面积大，而且侵蚀程度严重。并且，西南山区地势陡峭，坡耕地面积大。广西右江右岸龙须河流域岩溶石山区面积 2097km^2，占流域总面积的 65%，其中岩溶石山区 >8°和 >25°的坡地面积分别占岩溶石山区面积的 91% 和 59%（蒋忠诚，2018）。气候变化引起强降水频发，致使西南岩溶石山区水土流失加剧，增加水土流失治理的难度，尤其是增加了坡耕地保水固土的难度。保持现有土壤资源有两个基本途径：其一是保持土壤的原位性和覆盖率；其二是加速碳酸盐岩的溶蚀速率，提高碳酸盐岩的风化成土速率，使成土速率大于流失速率。不同岩溶石山类型区需要因地制宜，根据当地地质－气候类型，提出相应的水土保持对策。

云贵高原岩溶断陷盆地区：周边山区栽种根系发达的水土保持灌藤植物来阻控土壤漏失；斜坡地带以“生物篱＋挡土墙（拦沙坝）”相结合，防止土壤流失和漏失；坝区（尤其是坝区与斜坡交错带）经常有地下河经过，落水洞、竖井发育，应采取工程措施和生物措施，遏制地表土壤颗粒进入地下。

云贵高原向广西盆地倾斜峰丛洼地区：该地区地形破碎、崎岖不平，土壤主要覆盖在洼地中，山峰上部主要为石旮旯土。因此，石峰中上部重度石漠化区可封山育林配合人工造林，选择耐旱、耐瘠薄的灌木，加速碳酸盐岩的溶蚀和成土速率；石峰中下部的中度石漠化区可砌墙保土，培育经济林，在提高成土速率、减少土壤流失的同时，增加经济效益；石峰下部及山麓的轻度石漠化区域，可通过去石还田和坡改梯，种植高产粮食、经济作物。

贵州高原珠江、长江分水岭地带：该区域是中国西南岩溶分布的中心，区内降雨年内分布相对均匀，适合立体农业发展。因此，水土保持对策重点关注地形和河流溯源侵蚀裂谷区域，关键技术是“生物篱＋工程技术”相结合，尤其是生物篱技术。构建生物篱的物种选择，经济灌木是较好的对象。因为灌木尤其是豆科灌木在岩溶区具有生长优势，萌发力强，且耐旱耐瘠薄，其发达的根系能固土并遏制水土流失；灌木多为C4植物，具有较强生命力和活跃的新陈代谢速率，既可以生产更多侵蚀性有机物质和CO_2，加速碳酸盐岩溶蚀和成土过程，又可以作为畜牧业优质饲料来源。

2. *石漠化治理*

气候变化加剧西南岩溶区石漠化程度。云南曲靖等喀斯特地区的持续干旱气候影响使石漠化面积扩展了6.8%，从而使其生态治理成果遭受严重破坏。对此，我国积极采取措施，落实相关政策和技术扶持，大力治理石漠化严重地区生态环境。2005年以来，我国岩溶石山区的石漠化防治理论和技术研究已取显著成效。我国岩溶石山区石漠化调查研究和综合治理起步于《中华人民共和国国民经济和社会发展第十个五年计划纲要》（以下简称“十五”）。2007年国家启动石漠化综合治理工程，先后突破岩溶生态环境脆弱性的地质属性剖析、石漠化类型和等级划分、适生植物筛选、人工诱导栽培和地下水探测开发利用等技术，构建多种因地制宜石漠化治理和生态产业模式，助力岩溶水生地区生态环境改善和乡村振兴。从遥感监测和石漠化工程监测数据看，岩溶石山区的石漠化面积在2000年前后达到最大，“十五”以来，“封山育林”、“退耕还林”、“岩溶开发利用”及“石漠化综合治理”等生态工程的实施，解决了农村能源问题，使得石漠化面积逐年减少，将过去人类不恰当的活动转变为正向促进生态修复的活动。根据2012年、2018年《中国石漠化状况公报》，2011年底，岩溶区石漠化土地1200.2万hm^2，与2005年相比，石漠化面积减少96.0万hm^2，年均缩减率为1.27%；2016年底，岩溶区石漠化面积1007万hm^2，与2011年相比，石漠化面积减少193.2万hm^2，年均缩减率为3.45%。相关研究显示，20世纪90年代，石漠化土地面积年均增加 1.86%。国家石漠化综合治理过程成效明显。

保护水源涵养林，研发水质改善技术，解决喀斯特地区人畜饮水安全问题。以集水区或小流域为基本单元，以岩溶水资源开发为龙头，发挥“土壤水库”“生物水库”“工程水库”的巨大蓄水抗旱潜力，利用高标准、规范化的水土保持措施与节水农业技术，建立布局合理的水资源调控体系。岩溶地下水探测、开发技术体系推广，为地下水资源时空调蓄、高效利用提供水资源保障。结合国家科技计划和中国地质调查局岩溶水文地质调查，查明 3000 多条地下河的空间分布，研发系列开发技术，如岩溶表层泉调蓄、地下河开发、地表地下联合水库构建、勘探成井等，解决岩溶区 1500 万人畜饮水困难问题，成功应对 2010 年发生在岩溶石漠化区百年一遇特大旱灾的应急找水行动。例如，贵州省独山县新寨乡奋发洞地下河堵坝成功，形成地表 – 地下联合水库，其水位提高 26 m，其中地下水库容达 22 万 m^3，引流自流灌溉 100 hm^2，解决了当地供水及灌溉问题。

喀斯特退化生态系统植被恢复技术：采用封育结合、封造结合的技术方法，根据不同立地类型和自然条件，构建先锋植物类群，并选用速生树种的种子直播或育苗后移植造林，绿化荒地。例如，西南生态安全屏障（一期）工程筛选出适合广西岩溶地区的速生树种（香椿）。

喀斯特表层水资源有效利用开发技术：在封山育林的基础上，增加植被覆盖率，改善表层岩溶水的调蓄功能；根据岩溶裂隙的发育规律，对表层水路进行查询、清理和归并，形成水量较大的岩溶泉，并修建高位蓄水池，或者利用农户屋顶收集降雨，与屋前屋后修建水池或水窖并且水管相连，以备干旱季节使用。修建提水工程开发裂隙水，把水池水窖通过水管串联形成池管联系的微型水利系统，保障人畜饮水、旱坡地林灌草和作物丰产配水及配套节水灌溉。此外，开发节水灌溉系统，解决人畜饮水安全问题。

3. 地下水污染治理

若从整体上和根本上治理与预防地下水污染问题，则应当有计划地设立水资源保护区，采取有效措施加以保护，在水源地及其流域范围内设立一级、二级和准卫生防护带。将重要地表和地下水源地开采地段周围 500 m 范围设立为一级卫生防护带，其外围一定范围设立为二级卫生防护带，边缘补给区设立为准卫生防护带（陈璠等，2014）。

在一、二级水资源保护区内，严禁建设对水资源造成污染的工业项目，对已建的污染企业，污水必须达标方能排放或对污染进行搬迁；对其他水资源保护区进行新建、扩建、改建可能对水资源造成污染的项目，必须进行环境影响评价。例如，广西河池开展了煤矿和煤化工分布区水污染调查工作，对企业实施污染排放整改，对原炼锌区乡镇进行重点防控，争取了国家重金属污染防治资金，启动了废渣污染治理及生态修复工作（曾馥平等，2016）。

20.4.3 保护生物多样性的应对措施

适应气候变化是生物多样性各要素在生物个体、种群、群落和生态系统等尺度，应对气候变化影响对过程、行为和措施及活动等的调整，包括自然适应和人为适应两方面。植物对气候变化的适应将取决于与气候变化相关基因的变异、自然选择方向和强度（Rull and Vegas-vilarrubia，2006）。例如，云贵高原泸沽湖藻类在近两百年来先后经历了3次规模大小不等的物种组合改变，1990年以前云贵高原地方性物种硅藻一直为优势种，但在1995年后该物种基本消失（陈传红，2012），而藻类生产力持续增长，浮游植物群落中丝状蓝藻比重有增大趋势；硅藻群落物种多样性指数下降，硅藻物种个体趋向小型化；滇金丝猴目前分布范围将缩小，新适宜及总适宜范围将扩大，且空间分布格局将发生改变，目前分布区东北和南部适宜范围将缩小，西部和西北及东南部适宜范围将扩大（吴建国和吕佳佳，2009）。

人为适应主要依靠人为活动干预来帮助生物适应气候变化，包括对气候变化适应，体现在种质基因保存、物种异地保护、自然保护区规划设计、生态系统适应性管理、生态恢复和气候灾害防御等（吴建国和吕佳佳，2009）。例如，在全面调查物种和生态系统本底的基础上，制定科学合理的保护规划，如建立自然保护区，限制或禁止开发某些特殊区域或实施生态补偿；开展针对性的科学研究，制定适宜的生态保护方案（Ren et al.，2016；许海洋等，2018）；对濒临灭绝的生物进行人工繁殖等。最后还应提高思想意识，建立健全应对机制；科学规划，建立良好的生态环境保护系统；采取综合治理措施，降低气候变化对云南生态环境的影响，有效应对和减缓气候变化对云贵高原地区生态环境、经济社会发展和人民生活造成的影响等（李俊梅和李娟，2013）。为保护西南岩溶区生物多样性，政府部门颁布了一系列地方性法规和保护条例，并采取了相应的保护措施，促进了该地区生物多样性保护。

云南于2018年制定《云南省生物多样性保护条例》，其成为我国第一部专门用于保护生物多样性的法规，云南也成为我国第一个制定生物多样性保护地方性法规的省份（陈悦，2019）。《云南生物多样性保护战略与行动计划（2012—2030年）》划定了云南生物多样性保护的6个优先区域，提出了九大优先保护领域和34项保护行动。此外，云南还发布了生物多样性保护《丽江宣言》《腾冲纲领》《西双版纳约定》等重要文件（刘冬梅等，2017）。通过政策的实施，云南目前已初步建成以自然保护区为主体的生物多样性就地保护体系。截至2012年底，云南已建立各类自然保护区159个，其中国家级和省级保护区分别有20个和38个，总面积约283万hm^2，占全省陆地面积的7.2%。并且，超过90%的国家重点保护植物和约80%的国家重点保护动物被列为主要保护对象，并在自然保护区得到有效保护。此外，云南还建成了风景名胜区66个、国家公园13个、国家湿地公园12个、森林公园41个、世界自然与文化遗产地5处。

贵州尝试通过抓替代生计，促进生物多样性保护。例如，赤水桫椤国家级自然保护区采取一系列生态保护措施，来确保当地生态多样性安全。首先，通过建物种保存繁育基地，促进物种保护。通过学习人工养蛙技术，以及在保护区实验区建立棘胸蛙物种保存繁育基地，促进了对野生棘胸蛙的保护以及社区增收创收。其次，种植优质杨梅，发展社区经济，缓解生态压力。农业生产、薪柴砍伐对社区周边的生物多样性保护压力非常大，其一直是保护区管理较为困难的区域。通过相关政府部门的指导，其成功引种优质杨梅，并在该社区种植杨梅 200 亩，通过几年的精心管理，目前杨梅已进入盛果期，现在每年户均杨梅直接收入达到 2 万元。最后，推动传统养殖、恢复生态环境保护。赤水桫椤国家级自然保护区山高林茂，水热充沛，常年花开不断。保护区原住居民有着传统的养蜂习俗，但因管理技术落后，养殖规模不大，产量不高，经济效益不明显。保护区通过加强专业技术人员的学习，以及加强技术指导、建立示范基地等措施，促进了该地传统养蜂业的发展[①]。

重庆通过采取相关措施来促进该市生物多样性保护。首先，通过整合各方资源，统一规划行动，包括参与式制定重庆生物多样性保护策略及行动计划；优化国土空间，确保生物多样性保护用地；构建自然保护区监管新框架，改善监管能力；开展湿地保护行动；探索控制外来入侵物种的新方法。其次，开展监测评估，搭建交流平台，如开展物种资源调查和评估；建立共享信息平台；建立生态质量监测评估体系；还通过完善机制体制，搭建政策框架，包括开展和规范生物多样性影响环评；将生物多样性保护纳入干部考核；推进立法，深化保护；通过创新方法，吸引公众参与，包括在保护区组织观鸟活动；鼓励保护本地物种资源；积蓄大学生等生物多样性保护后备力量等；同时通过发掘优势资源，保护生物多样性，如改造传统种植模式，提高生计替代的可持续性；示范中蜂养殖，增进兰花繁育，抵制意蜂入侵等，将提高生计与生物多样性保护相结合（重庆市环境保护局，2010）。

广西环境保护厅印发了《广西壮族自治区生物多样性保护战略与行动计划（2013—2030 年）》，划定了 8 个生物多样性保护优先区，39 个生物多样性保护优先项目表，以及在生物多样性保护的八大领域实施 24 个优先行动，同时确立了优先保护重点，包括优先保护野生动植物、优先保护自然生态系统、优先保护遗传资源与传统知识、优先防治外来入侵物种等一系列措施与规划，为该地区的生物多样性保护提供了指导。

为应对生物入侵，气候变化背景下入侵昆虫的防控适应方面应着重于开展常规监控和预警，尤其是在边境地区，与东南亚国家合作，加强对相关有害入侵物种种群动态的监控和了解，这将有利于对我国境内外有害物种入侵主动防控工作的开展。对于逐步定殖扩张的昆虫而言，与原产地国家 / 地区或境外邻国开展信息互通、协助境外已发生该虫害的国家 / 地区开展除治工作，共同构建高效的防控平台。对于快速迁飞和扩张的昆虫，应加强研发能够区别境外不同性质虫源的测报方法（Hu et al., 2019）。同时，加深对该区域气候变化下各类主要入侵性害虫的适生区与气候变化的相应研究，亦是先期抓住其可能入侵通道、发现有效阻截地带的重要科学手段。而基于长期历史监测数据和环境、气候要素的模型模拟，则是明确同类害虫入侵规律和路径的有效方法。

---

① 贵州省生态环境厅 . 2015. 抓替代生计促生物多样性保护 .

20.4.4 区域跨境生态安全调控

1. 水生生态系统安全调控

我国陆疆漫长，国际河流众多，跨境生态问题复杂多样，而云贵高原则是我国国际河流集中区。跨境生态安全不仅是国家地缘安全和周边稳定的主要组成部分，也是最为敏感的环节。21 世纪以来，中国与周边国家建立了全面战略协作伙伴关系和紧密的发展伙伴关系，维护了陆疆环境的繁荣稳定与健康发展。随着中国与周边国家地缘政治经济合作的加强，跨境生态安全成为国家生态安全的重要组成部分。例如，在中国西南国际河流区，水电建设和国际航运开发对水资源分配、水文情势变化、水生生物资源保护的跨境影响（张军民，2008；姜蓓蕾等，2011），气候变化下的跨境洪水灾害（胡桂胜等，2012；李运刚等，2012），由境外向境内扩散的动、植物入侵危害（徐成东和陆树刚，2006；李咏梅等，2013），边境地带森林病虫害与火灾预防（杨振发，2004；何庆明，2009），跨境自然保护区的联合构建与协调管理等（蒋晓唐，2007；王伟等，2014）。非传统安全问题的兴起，促使区域层次日益成为国家间安全合作的主要平台（朱陆民和龙荣，2012）。跨境涉及政治边界，环境变化又具有复杂性与不确定性，使得跨境问题有时也被当作跨境风险（Lidskog et al., 2010）。因此，从多尺度深入开展跨境生态安全研究，在现有多重国际区域合作中，加强跨境生态安全维护与国际合作，从多方面构建综合调控机制，是当前减少跨境冲突、保障陆疆环境健康稳定的重要和必要举措。

水生生态系统安全调控包括跨境水量与水质监控、水体生物调控、突发事件处理等。从跨境水资源的安全调控来看，双边与多边协议以及国际水法，无论从政治上还是生态上都是一种重要的约束机制。许多跨境流域已经形成了区域性的水资源共享与分配协定，但涉及生态系统功能的部分仍需更加全面与深入的研究。在规划研究上，通过采用博弈理论、多目标线性规划模型等方法，以最大净收益为目标，以水量平衡与最大、最小消耗为约束条件，结合流域开发情景进行模拟。除水量外，水质也是跨境水问题的重要关注点。以中国西南澜沧江流域为例，其水质变化及其跨境影响，特别在梯级电站修建后，成为湄公河流域国家及许多国际组织极为关注的一个热点。研究表明，澜沧江流域水质的变化取决于点源、非点源污染排入干流的废水和污染物（李丽娟等，2002）。水体生物同样存在跨境生态安全问题，目前最受关注的是水体生境和重要鱼类资源。国际河流在进行大型水电开发时，都会投入大量资金进行鱼类增殖站的建设，并研究鱼类人工驯养繁殖技术。例如，2003 年西双版纳成功驯养繁育出叉尾鲇、丝尾鳠等品种，并具备了规模化生产能力，为澜沧江－湄公河流域渔业资源的增殖放流奠定了基础。在过去十年中，我国对梯级开发河流鱼类群落的恢复和调控有了新探索。我国在 2012 年首次为保护流域鱼类资源而拆除了一座支流电站——澜沧江支流基独河电站，并对拆坝后鱼类群落和河流环境进行了连续 4 年监测，发现支流电站拆除对以鲤形目（Cypriniformes）鱼类为主的鱼类群落产生了正面影响，拆坝后基独河的鱼类的种群丰富度、种群密度以及物种多样性都呈现快速增长，对澜沧江梯级开发河段鱼类的保护效果明显（Ding et al., 2019）。

受全球气候变化影响，西南国际河流区在1960~2012年强降水事件的强度增强，大雨以上量级的降水量占年降水量的百分比显著增加，洪涝灾害的风险增加（Li et al., 2015）。因此，针对西南边境跨境水调控还包括对突发气象灾害事件，如洪水的联合处理。为此，中国与越南针对元江－红河建立了国际报汛、水文资料交换以及应急事件处置的合作机制，有效减少了上游洪水对下游的不利影响，争取了联合应对的时间。跨境河流中，有相当数量是作为国家间的界河，因此其整治工程也是维护陆疆跨境生态安全的重要方面，主要包括河道疏浚和堤岸建设等方面。目前，在中越峒桂河、北仑河、红河，中缅瑞丽江、片马口岸等已建有界河整治的相关国土安全工程，可大幅减少国土纠纷，维护沿边境地区的环境稳定。

2. 陆地生态系统安全调控

陆地生态系统安全调控包括重要生态功能区或生态廊道、森林火灾调控等。西南地区植被类型以自然地带性植被为主，但是由于人工林的营建或其他经营活动对原有植被的改造，形成整体替代或不同斑块镶嵌式的格局（李增加等，2008；封志明等，2013）。对地带性原生森林生态系统的占用和改造，可能导致生境多样性的丧失。大面积营造人工林与政策引导、市场调节以及国际合作等存在密切关联，从维护区域陆生生态系统结构与功能完整性出发，应对涉及重要生态功能区或生态廊道等的盲目和无序扩张加以调控。

除此之外，边境地区陆生植被的另一重要安全问题是森林火害防控。在中缅1997km的国界中，林业用地边界为301km（何庆明，2009）。沿边地带的西双版纳、文山等八地（州、市）的25个县（市）中，有国家一级火险县19个（何大明等，2009）。以云南腾冲为例，中华人民共和国成立以来境外林火侵入造成的重大森林火灾共12起，总的森林受害面积5759km^2，损失林木194万m^3。在远离聚落的边境地区分布着以国防林为主的国家重点生态公益林，且针叶树种占有林地总面积的50.6%，林内可燃物积累为森林火灾的发生创造了条件；而境外一侧100km范围内的森林，由于多年无序采伐，林地转化为以竹类、草本为主的迹地，火灾风险飙升（何怡，2010）。每年源于境外的跨境森林火灾，不仅导致森林资源的直接损失，也威胁界碑/界桩的安全，造成国界线分辨困难，不利于维护中国与邻国和睦相处；森林火灾也为一些有害物种的跨境迁移/生物入侵提供了便利条件（何大明等，2009）。例如，边境活动受限和地形复杂等因素的影响，使林火入侵防控难度很大。一方面需要加强消防基础设施和实时监控系统建设，另一方面需大力开发生物防护屏障技术，而最为关键的是加强国际合作，以及地方政府和民间合作。例如，中国勐腊与老挝六县自1992年签订《中华人民共和国勐腊县与老挝人民民主主义共和国北部3省6县边境森林防火联防协议》以来，仅发生一起边境森林火灾，有效保护了两国的边境森林资源，也促进了双方睦邻友好关系（姚明刚等，2004）。

3. 跨境生态保护网络规划与建设

国内外诸多生态保护组织与中国中央政府已经在跨境地区确定了一系列生物多样性优先保护区域（He et al.，2014）。全球 25 个生物多样性热点地区中，有 4 个（包括 Mountains of Central Asia，Mountains of Southwest China，Himalaya 和 Indo-Burma） 分布于中国西部、西南至南部边境地区（Myers et al.，2000）。14 个分布于中国及其周边的“全球 200”优先保护区中（Olson and Dinerstein，2002），有 11 个不同比例地覆盖着国际河流区域（He et al.，2014）。中国于 2010 年经国务院第 126 次常务会议审议通过并发布实施的《中国生物多样性保护战略与行动计划》（2011—2030 年）确定了 32 个内陆陆地及水域生物多样性保护优先区域，有 11 个分布于跨境地区，其中东北地区 5 个、西北地区 2 个、西南地区 4 个。要实现对这些优先保护区域内自然资源的可持续管理，有效保护其生物多样性，实现 21 世纪生态环境建设的宏伟目标，需与相邻各国开展紧密合作，特别是尽快建立起完善的跨境保护区体系（王伟等，2014）。鉴于当前在这些区域开展的相关生态学研究还很有限，将来应着重加强生物多样性调查与编目及动态监测，并构建代表性生态系统类型和关键动植物种的空间分布数据库，从而为跨境保护区网络建设提供科学支撑。

20.4.5 区域可持续发展

云贵高原岩溶地区的社会经济发展不能单一靠政府支持，而是要寻找一种以减少脆弱性为导向的发展方式。在政府提供支持的基础上，根据当地具体环境发展内生动力，形成“外助内应”的协调发展局面（苟关玉，2017）。

拓展产业链，优化产业结构，激发内生动力。受特殊的地质地貌和气候条件的影响，云贵高原在常规农业生产上表现出劣势，为提高农业发展水平，增加农业产出，应因地制宜发展岩溶特色农业，促进农民增收（Goh et al.，2014）。例如，利用丰富的地下水资源，发展冷水养殖（段明等，2019）；利用森林、草地资源，发展林下养殖、种植以及特色畜牧业（傅籍锋和盛茂银，2018）；利用地形地貌和气候条件，发展特色高原农业、丘陵农业、盆地农业；利用污染和损坏相对较小的土地，发展无公害农业、有机农业等生态特色农业。此外，云贵高原大多数地区教育水平较为低下，且许多农民对教育缺乏重视，教育投入不足，易形成低文化程度的代际传递。为此，提高地区自我发展能力，通过发展教育，积累人力资源和资本，促进区域发展，应从以下几个方面入手：一是加强农业生产技术和农村劳动力技能培训。二是培养和增强农村人口的创新创业能力，改变农民传统单一的生计方式。三是不断提高教育教学质量，培养区域发展所需的高层次劳动力和创新人才（苟关玉，2017）。总之，云贵高原地区社会经济发展需因地制宜，积极推动产业结构转型升级，发展特色农业，促进农民生计多样化。

加强农田水利基础设施建设，全力破解云贵高原地区“因水不稳、因水不兴、因水致贫”难题。加快推进山区农田水利设施建设，大力推进各地区山间小平原农田水利化，因地制宜建设小水池、小水窖、小泵站、小塘坝、小水渠等小水利工程，解决区域资源性缺水和工程性缺水难题（郭应军等，2019）。加强土地整治，解决耕地细碎化问题。综合推进田、水、路、林、村整治，不断优化农业生产条件，全面提升耕地质量和耕地生产能力（熊康宁和池永宽，2015；刘愿理等，2019）。同时，积极培育过渡性经营性林地，通过技术手段和人工培肥将其转换为耕地，从而增加耕地集中连片程度，提高农业机械化水平。此外，受气候变化的影响，地表水热环境发生改变，这给岩溶石漠化治理带来新的挑战（Hou et al.，2016）。生物措施作为石漠化治理手段中最为行之有效的方法之一，应当结合气象资料，根据地区气象变化特点，选择适宜生长的耐贫瘠岩生性灌草，提高植被成活率，从而增加植被覆盖度，防止石漠化程度加剧（朱大运和熊康宁，2018）。还可有针对性地根据不同石漠化特征类型，合理布设治理方向，形成不同的综合治理模式，如生态经果林、果 / 草 – 养殖 – 沼气、经果林 + 特色作物种植 + 传统农业、立体生态农业、生态畜牧模式、林药结合模式、生态旅游模式（赵玉瑶，2019）等。另外，应加大对云贵高原地区的生态建设投入与支持，实行退耕还林还草、封山育林、天然林资源保护、水土流失治理和流域综合治理等重点生态工程，加强生态环境建设和保护（王超超，2016），进而系统推进山水林田湖草生态保护修复与重点生态工程建设。

在健全体制机制的基础上，积极应对气候变化带来的灾害风险。首先，需完善农村社保体系，提高农民保险意识。目前，云贵高原地区的社会保障体系建设相对较为落后，且农民的保险意识较弱，亟须参考国际经验，针对气候变化和气象灾害设计更具针对性的保障政策，完善大病保险制度机制，做好农民重特大疾病救助，减轻农户因灾因病返贫的概率。不断探索适宜的农业保险模式，完善农业保险的相关法治建设，加大政府对农业保险的补贴（郑军和付琦玥，2018）。其次，健全生态补偿机制，促进区域可持续发展。岩溶地区传统农业产出低，出于对经济效益的追求，农民加大土地利用强度，导致土壤侵蚀和石漠化现象日益严重。应停止在坡地耕作，建立生态补偿机制，对停止耕作的农民发放补助资金以维持生活水平，并以灵活的机制促使农民生产生活方式转变，建立可持续发展的产业（李世杰等，2016）。

在生态脆弱性评估和自然灾害隐患点普查的基础上，有计划、分阶段地实施避灾移民计划（陈勇等，2013）。把极易受灾的农户分批次转移到水土资源富裕、产业覆盖面广、配套设施齐全的中小城镇中来（牟秀燕，2015）。

总的来说，云贵高原地区坚持通过分类施策的方式有效实现了减贫脱贫。目前云贵高原所有贫困县均已成功摘帽，但已脱贫人口的稳定脱贫任务仍然艰巨，应继续保持政策稳定性、连续性，加大对脱贫人口的稳固帮扶力度，切实巩固脱贫成果，坚决防止返贫反弹。

20.5 主要结论

在我国四大高原中，云贵高地形最为破碎，岩溶地貌广布，贫困面大，受印度季风和东亚季风交互影响，其水文气象灾害发生频率与影响程度，供水安全和饮水安全保障程度，水土流失与石漠化，山区社会经济发展与生态文明建设，外来物种入侵与生物多样性保育等，极易在不同程度上受到气候变化的影响。通过对云贵高原气候与生态环境变化影响、脆弱性与适应分析，得到如下主要结论。

1. 近半个世纪以来，云贵高原气候变化明显

云贵高原气温整体上升，近年来更呈现暖干化的主要趋势；极端天气呈现增多的趋势，大雨以上量级的降水量占年降水量的百分比显著增加，极端干旱频率维持在较高水平且逐渐由云贵高原东西部向中南部转移；年降水量微弱下降，连续降水减少，其中春、冬季降水增加，而夏、秋季降水减少。例如，近 50 年来红河流域极端降水的强度和频率增加且表现出从东南向西北递减的特征，该趋势从 20 世纪 90 年代中期开始更为明显。

2. 气候变化对云贵高原生态环境和社会经济影响突出

云贵高原水汽循环不断被加强，加剧了干旱、洪水、泥石流、滑坡、石漠化、森林火灾和外来生物入侵等灾害发生的频度和危害程度，极大地影响了区域生态安全和社会经济可持续发展。

区域水循环不确定性增加，影响了水资源的时空分配格局，河川年径流因降水量减小而呈降低趋势，增大了水资源安全保障、水土保持和石漠化治理的压力，山区脱贫难度加大、返贫风险增加。在国际河流区，水文情势（水位、流量、径流）多变，导致跨境水安全风险和水争端增加。

日益突出的极端干旱事件，导致环境异质性与生态位分化，加剧了珍稀物种的生境破碎化，区域森林火灾和生物多样性受损等生态风险日益凸显。例如，2010 年的特大干旱，导致云南 23 种国家重点保护植物总计约 10 万株死亡，部分野生动物受到威胁，生物多样性受到了极大的威胁。

伴随气温持续升高，东南亚的有害生物向我国境内高纬度、高海拔地区入侵，使云贵高原成为我国低纬度地区外来生物入侵定殖的高风险区。例如，入侵性番石榴实蝇的分布区北界已由 25° N 扩张到 28° N，正从低海拔向高海拔逐步取代桔小实蝇成为我国西南地区的主要的实蝇类害虫，给当地的热带、亚热带水果生产带来了新的严重威胁。

3. 需要多尺度应对气候变化的安全风险

大力提高气候系统变化及影响的监测和预警能力。对现有的气象灾害监测网进行

补充和调整，建立灾害监测体系和预警制度；重点开展国际河流（干流和单独出境支流）跨境水情变化、沿边地带生物跨境入侵（包括境外特定区域入侵种群动态）、边境森林火灾 / 虫灾等的监控和预警。

制定更具针对性的适应气候变化的区域可持续发展政策。加强农田水利基础设施建设，建立布局合理的水资源调控体系；保护水源涵养林，发挥“土壤水库”“生物水库”“工程水库”的巨大蓄水抗旱潜力；研发岩溶表层水资源有效利用开发技术和水质改善技术，解决喀斯特地区人畜饮水安全问题，保障旱坡地林灌草和作物丰产配水及配套节水灌溉；积极推动产业结构调整和人力资源积累，发展特色农业，促进农民生计多样化。

在现有多重国际区域合作中，加强跨境生态安全维护与国际合作，从多方面构建综合调控机制；开展跨境生态保护网络规划与建设，尽快建立完善的跨境保护区体系，保障陆疆环境健康；开展跨境气象水文灾害的预测预报，减少跨境水安全冲突，维护绿色“一带一路”倡议持续发展。

▪ 参考文献

曹建华，鲁胜力，杨德生 . 2011. 西南岩溶去水土流失过程及防治对策 . 中国水土保持科学，9（2）：52-56.

陈传红 . 2012. 近 200 年泸沽湖藻类沉积记录及其对气候变化的响应 . 武汉：华中师范大学 .

陈璠，陈进，程星 . 2014. 贵州省贵阳市环境地质问题及防治对策 . 贵州师范大学学报 (自然科学版)，2：116-120.

陈鹏 . 2008. 云南西部桔小实蝇种群时空动态及防控策略 . 昆明：云南大学 .

陈小林，陈光杰，卢慧斌，等 . 2015. 抚仙湖和滇池硅藻生物多样性与生产力关系的时间格局 . 生物多样性，23（1）：89-100.

陈勇，谭燕，茆长宝 . 2013. 山地自然灾害、风险管理与避灾扶贫移民搬迁 . 灾害学，28（2）：136-142.

陈悦 . 2019.《云南省生物多样性保护条例》的意义和价值 . 社会主义论坛，1：50-51.

重庆市环境保护局 . 2010. 重庆生物多样性保护的实践 . 环境保护，（11）：59-62.

董旭辉，羊向东，王荣 . 2006. 长江中下游地区湖泊富营养化的硅藻指示性属种 . 中国环境科学，26（5）：570-574.

杜波，唐丽霞，潘佑静，等 . 2016. 贵州喀斯特地区侵蚀性次降雨产流产沙特征研究 . 西南林业大学学报，36（5）：111-117.

段明，张朝硕，肖海金，等 . 2019. 贫困山区生态渔业扶贫模式的实践与思考——从湖北恩施到贵州六盘水 . 中国科学院院刊，3（1）：114-120.

范一大，吴玮，王薇，等 . 2016. 中国灾害遥感研究进展 . 遥感学报，5：1170-1184.

封志明，刘晓娜，姜鲁光，等 . 2013. 中老缅交界地区橡胶种植的时空格局及其地形因素分析 . 地理学报，68（10）：1432-1446.

冯明刚 . 2005. 玉溪市星云湖环境现状及可持续发展研究 . 昆明：昆明理工大学 .

冯彦，何大明，包浩生 . 2000. 澜沧江—湄公河水资源公平合理分配模式分析 . 自然资源学报，15（3）：

241-245.

付蔷，邓中坚，李旭 . 2015. 云南洱海大型底栖动物生物多样性调查研究 . 辽宁林业科技，6：9-12.

傅籍锋，盛茂银 . 2018. 喀斯特石漠化治理木本油料衍生生态产业发展研究 . 生态经济，34（5）：99-105.

傅开道，何大明，李少娟 . 2006. 澜沧江干流水电开发的下游泥沙响应 . 科学通报，51（增刊 1）：100-105.

高杨，李滨，冯振，等 . 2017. 全球气候变化与地质灾害响应分析 . 地质力学学报，23（1）：65-77.

高正文 . 2018. 开创地方立法先河，保护我国生物多样性宝库《云南省生物多样性保护条例》解析 . 环境保护，46（23）：12-15.

谷富 . 2018. 云贵高原近 55 年气候变化特征及其对树木径向生长的影响 . 兰州：兰州大学 .

贵州省林业厅 . 2000. 贵州野生珍贵植物资源 . 北京：中国林业出版社 .

桂富荣，李亚红，韩忠良 . 2008. 云南省稻飞虱发生原因及其治理对策 . 中国植保导刊，28（9）：15-17.

郭兵，姜琳，罗巍，等 . 2017. 极端气候胁迫下西南喀斯特山区生态系统脆弱性遥感评价 . 生态学报，21：206-218.

郭怀成，王心宇，伊璇 . 2013. 基于滇池水生态系统演替的富营养化控制策略 . 地理研究，32（6）：998-1006.

郭井菲，赵建周，何康来，等 . 2018. 警惕危险性害虫草地贪夜蛾入侵中国 . 植物保护，44（6）：1-10.

郭应军，熊康宁，安裕伦，等 . 2019. 中国西南石漠化地区农村能源消费结构研究 . 农业工程学报，35（3）：226-234.

何承刚，冯彦，杨燕平 . 2008. 西双版纳林地景观演变过程及其驱动力分析 . 云南地理环境研究，20（5）：12-17.

何大明，冯彦，甘淑，等 . 2006. 澜沧江干流水电开发的跨境水文效应 . 科学通报，51（增刊 1）：14-20.

何大明，刘昌明，冯彦，等 . 2014. 中国国际河流研究进展及展望 . 地理学报，69（9）：1284-1294.

何大明，柳江，胡金明 . 2009. 纵向岭谷区跨境生态安全与综合调控体系 . 北京：科学出版社 .

何庆明 . 2009. 高黎贡山中缅边境林区防火通道建设的必要性 . 林业建设，（6）：30-33.

何怡 . 2010. 腾冲县中缅边境地区森林防火体系建设对策 . 林业调查规划，35（1）：84-87.

胡桂胜，陈宁生，Khanal N，等 . 2012. 科西河跨境流域水旱灾害与防治 . 地球科学进展，27（8）：908-915.

胡葵，陈光杰，黄林培，等 . 2017. 浴仙湖沉积物记录的云南极端干旱事件与生态响应评价 . 水生生物学报，41（3）：724-734.

黄明奎，马璐 . 2017. 重庆市地质灾害气候性诱发机理分析 . 重庆交通大学学报（自然科学版），36（11）：66-70.

黄荣辉，刘永，王林，等 . 2012. 2009 年秋至 2010 年春我国西南地区严重干旱的成因分析 . 大气科学，36（3）：443-457.

黄世友，谢英赞，马立辉，等 . 2018. 重庆国家公园建设优势及发展对策 . 安徽农业科学，46（3）：84-87.

姜蓓蕾，耿雷华，沈福新，等 . 2011. 跨界河流安全的内涵浅析 . 水利科技与经济，17（12）：25-27.

蒋晓唐 . 2007. 跨境生物多样性保护与生态安全维护的模式研究：纵向岭谷区案例 . 昆明：云南大学 .

蒋忠诚，罗为群，邓艳，等. 2018. 广西岩溶区的水土流失特点及其防治. 广西科学，25（5）：449-455.

孔艳，王保云，杨昆，等 . 2018. 云南省泥石流灾害时空分布规律及典型区域孕灾特点分析 . 云南师范大学学报（自然科学版），38（6）：55-63.

李博，马克平 . 2010. 生物入侵：中国学者面临的转化生态学机遇与挑战 . 生物多样性，18（6）：529-532.

李俊梅, 李娟 . 2013. 应对全球气候变化云南可持续发展对策研究 . 云南地理环境研究, 25（1）: 77-83.
李丽鹤 . 2017. 气候变化与人类活动对入侵植物潜在分布的影响及风险区识别 . 南京：南京师范大学 .
李丽娟, 李海滨, 王娟 . 2002. 澜沧江水文与水环境特征及其时空分异 . 地理科学, 22（1）: 49-56.
李世杰, 吕文强, 周传艳, 等 . 2016. 西南喀斯特山区生态补偿机制初探——以贵州北盘江板贵乡为例 . 中南林业科技大学学报, 36（7）: 89-96.
李雪, 李运刚, 何娇楠, 等 . 2016. 1956—2013 年元江 – 红河流域径流变化及其影响因素分析 . 资源科学, 38（6）: 1149-1159.
李亚红, 姜玉英, 刘杰, 等 . 2019. 云南省草地贪夜蛾发生特点及防控措施 . 长江蔬菜,（15）: 53-56.
李咏梅, 罗嵘, 王德海, 等 . 2013. 云南面临多种有害生物入侵的巨大风险和压力 . 植物检疫, 27（4）: 94-96.
李运刚, 何大明, 胡金明, 等 . 2012. 红河流域 1960~2007 年极端降水事件的时空变化特征 . 自然资源学报, 27（11）: 1908-1917.
李增加, 马友鑫, 李红梅, 等 . 2008. 西双版纳土地利用 / 覆盖变化与地形的关系 . 植物生态学报, 32（5）: 1091-1103.
李正洪, 谷芸, 郭芯瑜, 等 . 2013. 外来杂草薇甘菊在云南德宏州的危害及防控措施 . 杂草科学, 31（1）: 69-70.
刘冬梅, 施济普, 李俊生, 等 . 2017. 西南生态安全屏障战略视阈下云南生物多样性保护对策 . 环境与可持续发展, 6: 26-29.
刘海军, 胡学难 . 2015. 中国关注东盟农产品检疫疫情及有害生物 . 广州：广东科技出版社 .
刘洪江, 兰恒星, 张军, 等 . 2010. 老挝北部罂粟替代种植高分辨率遥感调查评价与分析 . 资源科学, 32（7）: 1425-1432.
刘建宏, 叶辉 . 2005. 云南元江干热河谷桔小实蝇种群动态及其影响因子分析 . 昆虫学报, 48（5）: 706-711.
刘俊, 陈红 . 2000. 星云湖水生生态系统变迁及富营养化的变化分析 . 云南环境科学, 19（2）: 42-44.
刘美玲, 齐清文, 邹秀萍, 等 . 2006. 基于 RS 对云南边境地区土地覆盖现状及变化研究 . 国土资源遥感, 87（1）: 75-78.
刘晓娜, 封志明, 姜鲁光, 等 . 2014. 西双版纳土地利用 / 土地覆被变化时空格局分析 . 资源科学, 36（2）: 233-244.
刘雪金 . 2016. 气候变化对外来入侵植物互花米草潜在分布区的影响 . 南京：南京师范大学 .
刘园园, 陈光杰, 施海彬, 等 . 2016. 星云湖硅藻群落响应近现代人类活动与气候变化的过程 . 生态学报, 36（10）: 3063-3073.
刘愿理, 廖和平, 巫芯宇, 等 . 2019. 西南喀斯特地区耕地破碎与贫困的空间耦合关系研究 . 西南大学学报（自然科学版）, 41（1）: 10-20.
吕刚 . 2016. 贵州重大地质灾害及影响因素分析 . 贵州地质, 33（2）: 108-112.
吕佳佳 . 2009. 气候变化对我国主要珍稀濒危物种分布影响及其适应对策研究 . 北京：中国环境科学研究院 .
吕兴菊, 朱江, 孟良 . 2010. 洱海水华蓝藻多样性初步研究 . 环境科学导刊, 29（3）: 32-35.
马金双 . 2014. 中国外来入侵植物调研报告（下卷）. 北京：高等教育出版社 .
马丽娟, 余东, 徐成东, 等 . 2015. 云南蕨类植物多样性分布格局及区系分化 . 西部林业科学, 44（4）: 12-17.
牟秀燕 . 2015. 贵州喀斯特生态脆弱与贫困耦合机理研究 . 商, 1: 94.

仇雨临，张忠朝 . 2016. 贵州少数民族地区医疗保障反贫困研究 . 国家行政学院学报，3：69-75.

容丽，杨龙 . 2004. 贵州的生物多样性与喀斯特环境 . 贵州师范大学学报（自然科学版），22（4）：1-6.

邵侃，商兆奎 . 2015. 历史时期西南民族地区自然灾害的时空分布和发展态势 . 云南社会科学，2：97-101.

施利民，段晓艳，刘春燕，等 . 2016. 云南洱海浮游生物多样性特征 . 西部林业科学，45（4）：46-53.

石龙宇，李杜，陈蕾，等 . 2012. 跨界自然保护区——实现生物多样性保护的新手段 . 生态学报，32（21）：6892-6900.

宋贤威，高扬，温学发，等 . 2016. 中国喀斯特关键带岩石风化碳汇评估及其生态服务功能 . 地理学报，71（11）：1926-1938.

苏鹏程，韦方强，谢涛 . 2012. 云南贡山 8. 18 特大泥石流成因及其对矿产资源开发的危害 . 资源科学，34（7）：1248-1256.

孙燕，周忠实，王瑞，等 . 2017. 气候变化预计会减少东亚地区豚草的生物防治效果 . 生物多样性，25（12）：1285-1294.

汤丹丹，吴毅，刘文耀，等 . 2018. 云南哀牢山地区森林附生维管束植物多样性及区系特征 . 植物科学学报，36（5）：658-666.

田丹，杨李，李干蓉，等 . 2017. 贵州喀斯特地区农村水污染问题及水体的植物净化 . 中国资源综合利用，35（6）：32-38.

田江 . 2017. 贵州省农村经济效益与生态效益分析 . 中国农业资源与区划，38（2）：146-151.

万方浩，郭建英，张峰，等 . 2009. 中国生物入侵研究 . 北京：科学出版社 .

王超超 . 2016. 西南地区县域贫困村空间分布格局及致贫机制研究 . 重庆：重庆师范大学 .

王翀，林慧龙，何兰，等 . 2014. 紫茎泽兰潜在分布对气候变化响应的研究 . 草业学报，23（4）：20-30.

王翠花，翟保平，包云轩 . 2009. “海棠”台风气流场对褐飞虱北迁路径的影响 . 应用生态学报，20（10）：2506-2512.

王明秋 . 2014. 重庆地区泥石流灾害特征及其成因机制分析 . 科技创新与应用，35：122.

王瑞，安裕伦 . 2014. 贵州省生物多样性及生境敏感性研究 . 贵州师范大学学报（自然科学版），32（3）：28-33.

王伟，田瑜，常明，等 . 2014. 跨界保护区网络构建研究进展 . 生态学报，34（6）：1391- 1400.

王永厅 . 2018. 西南喀斯特地区贫困成因及对策分析——以贵州为例 . 贵州师范大学学报（社会科学版），2：93-98.

吴昊，丁建清 . 2014. 入侵生态学最新研究动态 . 科学通报 . 59（6）：438-448.

吴建国，吕佳佳 . 2009. 气候变化对滇金丝猴分布的潜在影响 . 气象与环境学报，25（6）：1-10.

夏日元，蒋忠诚，邹胜章，等 . 2017. 岩溶地区水文地质环境地质综合调查工程进展 . 中国地质调查，4（1）：1-10.

熊康宁，池永宽 . 2015. 中国南方喀斯特生态系统面临的问题及对策 . 生态经济，31（1）：23-30.

徐成东，陆树刚 . 2006. 云南的外来入侵植物 . 广西植物，26（3）：227-234.

许海洋，刘立斌，郭银明，等 . 2018. 我国西南地区喀斯特森林树木年轮对气候变化的响应 . 地球与环境，46（1）：23-32.

荀关玉 . 2017. 云南乌蒙山片区农业产业化扶贫绩效探析 . 中国农业资源与区划，38（1）：193-198.

颜茵 . 2011. 喀斯特山区脱贫道路的选择——以贵州为例 . 调研世界，2：37-40.

杨茂灵，王龙，高瑞，等 . 2013. 南盘江流域季节性干旱时空分布特征研究 . 人民长江，44（11）：5-8.
杨向敏，全湘兰 . 2018. 广西泥石流灾害分布特征和形成机理分析 . 南方国土资源，4：24-28.
杨晓静，徐宗学，左德鹏，等 . 2016. 云南省 1958—2013 年极端气温时空变化特征分析 . 长江流域资源与环境，25（3）：523-536.
杨学礼，刘永昌，罗茗钟，等 . 2019. 云南省江城县首次发现迁入我国西南地区的草地贪夜蛾 . 云南农业，1：72.
杨远庆 . 2003. 贵州野生植物资源的多样性及园林应用评价 . 中国园林，8：75-77.
杨振发 . 2004. 澜沧江 – 湄公河次区域生物多样性保护的法律合作机制 . 云南环境科学，23（3）：32-35.
姚明刚，曾慧勤 . 2004. 中老两国联防共降森林火魔——记勐腊县与老挝携手联防边境森林火灾的事迹 . 云南林业，25（3）：10-11.
于立雪，李锦鑫 . 2011. 东北边境口岸土地资源合理利用与功能分区探究：以黑龙江省东宁县为例 . 延边大学学报：社会科学版，44（1）：36-42.
于永浩，高旭渊，曾宪儒，等 . 2016. 广西及越南农业外来有害生物入侵现状 . 生物安全学报，25（3）：171-180.
苑涛，贾亚男 . 2011. 中国西南岩溶生态系统脆弱性研究进展 . 中国农学通报，32：175-180.
曾馥平，张浩，段瑞 . 2016. 重大需求促创新 协同发展解贫困——广西壮族自治区环江县扶贫工作的实践与思考 . 中国科学院院刊，3：351-356.
曾辉，张光辉，蒲应春 . 2013. 贵州省生物多样性概况及其保护 . 林业实用技术，9：124-126.
张凡，吴克华，苏维词，等 . 2011. 贵州省生物多样性重要性空间分异特征 . 安徽农业科学，39（19）：11728-11732.
张军民 . 2008. 伊犁河流域综合开发的国际合作 . 经济地理，28（2）：247-249.
张军以，王腊春，苏维词，等 . 2014. 岩溶地区人类活动的水文效应研究现状及展望 . 地理科学进展，8：1125-1135.
赵凤君，王明玉，舒立福，等 . 2009. 气候变化对林火动态的影响研究进展 . 气候变化研究进展，5（1）：50-55.
赵伟，张宇，张智红 . 2016. 1981—2010 年重庆地区季节性干旱时空变化特征分析 . 水土保持研究，23（3）：192-198.
赵亚辉，Fenolio D B，张媛媛 . 2015. 洞穴鱼类——神秘地下世界的定居者 . 生物学通报，50（9）：7-10.
赵玉瑶 . 2019. 广西喀斯特地区扶贫开发 . 农村经济与科技，30（2）：199-202.
郑军，付琦玥 . 2018. 农业保险反贫困的“四重维度”：中法比较及启示 . 电子科技大学学报（社科版），20（5）：58-68.
郑双怡 . 2017. 西南喀斯特地区农户气象灾害致贫的影响因素分析 . 西南民族大学学报（人文社科版），38（3）：40-45.
郑文秀，王荣，张恩楼，等 . 2018. 近 200a 来云南阳宗海摇蚊群落多样性及稳定性变化 . 湖泊科学，30（3）：847-856.
中华人民共和国水利部，中华人民共和国国家统计局 . 2013. 第一次全国水利普查公报 . 北京：中国水利水电出版社 .
钟良晋 . 2017. 贵州省生态脆弱对地区贫困的影响——基于 GIS 技术的空间计量分析 . 贵州商业高等专科

学校学报，30（3）：16-22.

周惠荣，夏阳 . 2012. 云南省德宏州境外替代种植现状及发展对策 . 中南林业调查规划，31（1）：21-24.

周江 . 2019. 贵州南部及西南部典型洞穴鱼类物种多样性研究 . 贵州师范大学学报（自然科学版），37（2）：1-15.

周明昆，王永平，高月忠 . 2012. 气象因子对云南大理森林火灾的影响 . 四川林业科技，33（6）：96-99.

周燕玲，王玉玲 . 2019. 黔西南州易地扶贫搬迁后续发展研究 . 理论与当代，1：36-38.

周扬，郭远智，刘彦随 . 2018. 中国县域贫困综合测度及 2020 年后减贫瞄准 . 地理学报，73（8）：1478-1493.

朱大运，熊康宁 . 2018. 气候因子对我国喀斯特石漠化治理影响研究综述 . 江苏农业科学，46（7）：19-23.

朱华，闫丽春 . 2009. 云南哀牢山种子植物 . 昆明：云南科技出版社 .

朱菊英 . 2012. 红河州境内南盘江枯季径流变化规律分析 . 人民珠江，33（2）：11-13.

朱陆民，龙荣 . 2012. 试论非传统安全合作对东盟国家间关系的推动作用 . 东南亚纵横，(2)：48-54.

邹亚菲，严瑶，张佼杨，等 . 2015. 云龙天池湖泊水深与硅藻生物多样性的关系 . 第四纪研究，35（4）：988-996.

Bronmark C，Hansson L A. 2013. 湖泊与池塘生物学 . 韩博平，吴庆龙，林秋奇，等译 . 北京：高等教育出版社 .

Nopparat B. 2014. 世界主要分布区番石榴果实蝇种群遗传结构研究 . 北京：中国农业大学 .

Ahmed M Z，He R R，Wu M T，et al. 2015. First report of the papaya mealybug，*Paracoccus marginatus*（Hemiptera：Pseudococcidae），in China and genetic record for its recent invasion in Asia and Africa. Florida Entomologist，98（4）：1157-1162.

Alkire S，Foster J. 2011. Counting and multidimensional poverty measurement. Journal of Public Economics，95（7/8）：476-487.

Bannister D，Herzog M，Graf H F，et al. 2017.An assessment of recent and future temperature change over the Sichuan Basin，China，using CMIP5 climate models. Journal of Climate，30：6701-6722.

Baumgartner L J，Boys C A，Barlow C，et al. 2017. Lower Mekong Fish Passage Conference：applying innovation to secure fisheries productivity. Ecological Management & Restoration，18：8-12.

Bhaduri A，Manna U，Barbier E，et al. 2011. Climate change and cooperation in transboundary water sharing：an application of stochastic stackelberg differential games in Volta River Basin. Natural Resource Modeling，24（4）：409-444.

Buckerfield S J，Waldron S，Quilliam R S，et al. 2019. How can we improve understanding of faecal indicator dynamics in Karst Systems under changing climatic，population，and land use stressors? Research Opportunities in SW China. Science of the Total Environment，646：438-447.

Cantonati M，Scola S，Angeli N，et al. 2009. Environmental controls of epilithic diatom depth-distribution in an oligotrophic lake characterized by marked water-level fluctuations. European Journal of Phycology，44（1）：15-29.

Cao J，Zhang W K，Tao Y. 2017. Thermal configuration of the Bay of Bengal-Tibetan Plateau region and the may precipitation anomaly in Yunnan. Journal of Climate，30：9303-9319.

Cao J H，Huang F，Yang H，et al. 2015. Advancement of Karst Ecosystem in Southwest China，

Contemporary Ecology Research in China. Beijing：Higher Education Press，Springer.

Chen B，Xu X D. 2016. Spatiotemporal structure of the moisture sources feeding heavy precipitation events over the Sichuan Basin. International Journal of Climatology，36：3446-3457.

Chen F，Chen H，Yang Y. 2015. Annual and seasonal changes in means and extreme events of precipitation and their connection to elevation over Yunnan Province，China. Quaternary International，374：46-61.

Chen W，Yue X，He S. 2017. Genetic differentiation of the Schizothorax species complex（Cyprinidae）in the Nujiang River（upper Salween）. Scientific Reports，7：5944.

Cheng X，Li Y，Xu L. 2016. An analysis of an extreme rainstorm caused by the interaction of the Tibetan Plateau vortex and the Southwest China vortex from an intensive observation. Meteorology and Atmospheric Physics，128：373-399.

Cleland E E，Clark C M，Collins S L，et al. 2011. Patterns of trait convergence and divergence among native and exotic species in herbaceous plant communities are not modified by nitrogen enrichment. Journal of Ecology，99（6）：1327-1338.

Deng S，Chen T，Yang N，et al. 2018.Spatial and temporal distribution of rainfall and drought characteristics across the Pearl River basin. Science of the Total Environment，619-620：28-41.

Ding C，Jiang X，Wang L，et al. 2019. Fish assemblage responses to a low-head dam removal in the Lancang River. Chinese Geographical Science，29：26-36.

Ding C，Jiang X，Xie Z，et al. 2017.Seventy-five years of biodiversity decline of fish assemblages in Chinese isolated plateau lakes：widespread introductions and extirpations of narrow endemics lead to regional loss of dissimilarity. Diversity and Distributions，23：171-184.

Dodson S I，Arnott S E，Cottingham K L. 2000. The relationship in lake communities between primary productivity and species richness. Ecology，81（10）：2662-2679.

Early R，González-Moreno P，Murphy S T，et al. 2018. Forecasting the global extent of invasion of the cereal pest *Spodoptera frugiperda*，the fall armyworm. Neobiota，40：25-50.

Feng H Q，Zhao X C，Wu X F，et al. 2018.Autumn migration of *Mythimna separata*（Lepidoptera：Noctuidae）over the Bohai Sea in Northern China. Environmental Entomology，37：774-781.

Ferguson J W，Healey M，Dugan P，et al. 2011. Potential effects of dams on migratory fish in the Mekong River：lessons from salmon in the Fraser and Columbia Rivers. Environmental Management，47：141-159.

Fletcher D H，Gillingham P K，Britton J R，et al. 2016. Predicting global invasion risks：a management tool to prevent future introductions. Scientific Reports，6：26316.

Forrester D I，Bauhus J. 2016. A review of processes behind diversity-productivity relationships in forests. Current Forestry Reports，2（1）：45-61.

Ganoulis J，Aureli A，Fried J. 2011.Transboundary water resources management：a multidisciplinary approach. Weinheim，Germany：Wiley-VCH Verlag and Co KGaA.

Giorgini M，Wang X G，Wang Y，et al. 2019. Exploration for native parasitoids of *Drosophila suzukii* in China reveals a diversity of parasitoid species and narrow host range of the dominant parasitoid. Journal of Pest Science，92：509-522.

Goh C C，Luo X，Zhu N. 2014. Income growth，inequality and poverty reduction：a case study of eight provinces in China. Social Science Electronic Publishing，20（3）：485-496.

He D，Wu R，Feng Y，et al. 2014. China's transboundary waters：new paradigms for water and ecological security through applied ecology. Journal of Applied Ecology，51：1159-1168.

Hellmann J J，Byers J E，Bierwagen B G，et al. 2008. Five potential consequences of climate change for invasive species. Conservation Biology，22：534-543.

Hildrew A G，Townsend C R，Hasham A. 1985. The predatory Chironomidae of an iron-rich stream：feeding ecology and food web structure. Ecological Entomology，10：403-413.

Hoagland K D，Peterson C G. 1990. Effects of light and wave disturbance on vertical zonation of attached microalgae in a large reservoir. Journal of Phycology，26（3）：450-457.

Hou W J，Gao J B，Peng T，et al. 2016. Review of ecosystem vulnerability studies in the karst region of Southwest China based on a structure-function-habitat framework. Progress in Geography，35（3）：320-330.

Hu G，Cheng X N，Qi G J，et al. 2011. Rice planting systems，global warming and outbreaks of *Nilaparvata lugens*（Stål）. Bulletin of Entomological Research，101：187-199.

Hu G，Lu M H，Tuan H A，et al. 2017. Population dynamics of rice planthoppers，*Nilaparvata lugens* and *Sogatella furcifera*（Hemiptera，Delphacidae）in Central Vietnam and its effects on their spring migration to China. Bulletin of Entomological Research，107（3）：369-381.

Hu G X，Xiang C L，Liu E D. 2013. Invasion status and risk assessment for *Salvia tiliifolia*，a recently recognised introduction to China. Weed Research，53（5）：355-361.

Hu S J，Dong L M，Wang W X，et al. 2019. Identifying immigrating *Sogatella furcifera*（Hemiptera：Delphacidae）using field cages：a case study in the Yuanjiang（Red River）Valley of Yunnan，China. Journal of Insect Science，19（1）：1-9.

Hu S J，Fu D Y，Liu X J，et al. 2012. Diversity of planthoppers associated with the winter rice agroecosystems in southern Yunnan，China. Journal of Insect Science，12：29.

Hu S J，Liu X F，Fu D Y，et al. 2015. Projecting distribution of the overwintering population of *Sogatella furcifera*（Hemiptera：Delphacidae），in Yunnan，China with analysis on key influencing climatic factors. Journal of Insect Science，15（1）：148.

Huang W，Mynnet A. 2010. Effects of changes in Lugu Lake water quality on *Schizothorax yunnansis* ecological habitat based on habitat model//Kim T H，Fang W C，Hulme P E.Climate Change and Biological Invasions：Evidence，Expectations，and Response Options. Biological Reviews，92（3）：1297-1313.

Huang Z，Yeh P J F，Pan Y，et al. 2019. Detection of large-scale groundwater storage variability over the karstic regions in Southwest China. Journal of Hydrology，569：409-422.

Jia Y，Zhang B，Ma B. 2018. Daily SPEI reveals long-term change in drought characteristics in Southwest China. Chinese Geographical Science，28：680-693.

Jiang W S，Qin T，Wang W Y，et al. 2016.What is the destiny of a threatened fish，*Ptychobarbus chungtienensis*，now that non-native weatherfishes have been introduced into Bita Lake，Shangri-La? Zoological Research，37：275-280.

Jiang X，Ding C，Brosse S，et al. 2019. Local rise of phylogenetic diversity due to invasions and extirpations leads to a regional phylogenetic homogenization of fish fauna from Chinese isolated plateau lakes. Ecological Indicators，101：388-398.

Jiang Z C，Lian Y Q，Qin X Q. 2014. Rocky desertification in Southwest China：impacts，causes，and restoration. Earth Science Reviews，132：1-12.

Laird K R，Kingsbury M V，Cumming B F. 2010. Diatom habitats，species diversity and water-depth inference models across surface-sediment transects in Worth Lake，northwest Ontario, Canada. Journal of Paleolimnology，44（4）：1009-1024.

Li S L. 2013. Evaluation of nitrate source in surface water of southwestern China based on stable isotopes. Environmental Earth Sciences，68：219-228.

Li S L，Liu C Q，Li J，et al. 2016. Modulation of the interannual variation of the India-Burma trough on the winter moisture supply over Southwest China. Climate Dynamics ，46：147-158.

Li Y，He D，Hu J，et al. 2015. Variability of extreme precipitation over Yunnan Province，China 1960—2012. International Journal of Climatology，35（2）：245-258.

Li Z，Xu X，Xu C，et al. 2018. Dam construction impacts on multiscale characterization of sediment discharge in two typical karst watersheds of southwest China. Journal of Hydrology，558：42-54.

Lian Y，You J Y，Lin K，et al. 2015. Characteristics of climate change in southwest China Karst region and their potential environmental impacts. Environmental Earth Sciences，74（2）：937-944.

Lidskog R，Soneryd L，Uggla Y. 2010.Transboundary Risk Governance. London：Earthscan.

Liu B，Chen C，Lian Y，et al. 2015. Long-term change of wet and dry climatic conditions in the southwest karst area of China. Global and Planetary Change，127：1-11.

Liu J，Wand R，Huang B，et al. 2011. Distribution and bioaccumulation of steroidal and phenolic endocrine disrupting chemicals in wild fish species from Dianchi Lake，China. Environmental Pollution，159：2815-2822.

Liu L，Xu Z X. 2016. Regionalization of precipitation and the spatiotemporal distribution of extreme precipitation in southwestern China. Natural Hazards，80：1195-1211.

Liu T，Li L，Lai J，et al. 2016. Reference evapotranspiration change and its sensitivity to climate variables in southwest China. Theoretical and Applied Climatology，125：499-508.

Liu X F，Jin Y，Ye H. 2013. Recent spread and climatic ecological niche of the invasive guava fruit fly，*Bactrocera correcta*，in mainland China. Journal of Pest Science，86（3）：449-458.

Liu Y S，Liu J L，Zhou Y. 2017. Spatio-temporal patterns of rural poverty in China and targeted poverty alleviation strategies. Journal of Rural Studies，52：66-75.

Liu Y S，Zhou Y，Liu J L. 2016.Regional differentiation characteristics of rural poverty and targeted-poverty alleviation strategy in China. Bulletin of Chinese Academy of Sciences，31（3）：269-278.

Long D，Shen Y J，Sun A，et al. 2014. Drought and flood monitoring for a large karst plateau in Southwest China using extended GRACE data. Remote Sensing of Environment，155：145-160.

Lu J，Ju J，Ren J，et al. 2012. The influence of the Madden-Julian Oscillation activity anomalies on Yunnan's extreme drought of 2009~2010. Science China：Earth Sciences，55：8-112.

Lu X，Siemann E，Shao X，et al. 2013. Climate warming affects biological invasions by shifting interactions of plants and herbivores. Global Change Biology，19（8）：2339-2347.

Ma S Y，Wu Q X，Wang J，et al. 2017. Temporal evolution of regional drought detected from GRACE TWSA and CCI SM in Yunnan Province，China. Remote Sensing，9（11）：1124.

Maqsood S，Afzal M，Aqueel A，et al. 2016. Influence of weather factors on population dynamics of armyworm，*Spodoptera litura* F. on cauliflower，*Brassica oleracea* in Punjab. Pakistan Journal of Zoology，48（5）：1311-1315.

Mateusz J F，Zhang Y M，Chen K Z. 2015. Making health insurance pro-poor：evidence from a household panel in rural China. BMC Health Services Research，15（1）：210.

Matthews J，Velde G，Collas F P L，et al. 2017. Inconsistencies in the risk classification of alien species and implications for risk assessment in the European Union. Ecosphere，8（6）：e01832.

McClain C R，Barry J P，Eernisse D，et al. 2016. Multiple processes generate productivity-diversity relationships in experimental wood-fall communities. Ecology，97（4）：885-898.

Myers N，Mittermeier R A，Mittermeier C G，et al. 2000. Biodiversity hotspots for conservation priorities. Nature，403：853-858.

Ni C，Li G，Xiong X. 2017. Analysis of a vortex precipitation event over Southwest China using AIRS and in situ measurements. Advances in Atmospheric Sciences ，34：559-570.

Olson D M，Dinerstein E. 2002. The Global 200：priority ecoregions for global conservation. Annals of the Missouri Botanical Garden，89：199-224.

Pearson D E，Ortega Y K，Eren O. 2018. Community assembly theory as a framework for biological invasions. Trends in Ecology & Evolution，33（5）：313-325.

Punning J M，Puusepp L. 2007. Diatom assemblages in sediments of Lake Juusa，Southern Estonia with an assessment of their habitat. Hydrobiologia，586（1）：27-41.

Ramirez-Cabral N Y Z，Kumar L，Shabani F. 2017. Future climate scenarios project a decrease in the risk of fall armyworm outbreaks. Journal of Agricultural Science，155（8）：1219-1238.

Ren Z，Peng H，Liu Z W. 2016. The rapid climate change-caused dichotomy on subtropical evergreen broad-leaved forest in Yunnan：reduction in habitat diversity and increase in species diversity. Plant Diversity，38：142-148.

Rull V，Vegas-vilarrubia T. 2006.Unexpected biodiversity loss under global warming in the neotropical guayana highlands：a preliminary appraisal. Global Change Biology，12：1-9.

Shi Z，Pan P J，Wang X Y，et al. 2017. Stable Isotopes of hydrogen and oxygen in runoff waters in northwestern Sichuan of southwestern China. Applied Ecology and Environmental Research，15：1489-1510.

Sidle R C，Ghestem M，Stokes A. 2014. Epic landslide erosion from mountain roads in Yunnan，China—challenges for sustainable development. Natural Hazards and Earth System Sciences，14：3093-3104.

Song X，Gao Y，Green S M，et al. 2017. Nitrogen loss from karst area in China in recent 50 years：an in-situ simulated rainfall experiment's assessment. Ecology and Evolution，7：10131-10142.

Sorte C J B，Ibáñez I，Blumenthal D M，et al. 2013. Poised to prosper? A cross-system comparison of climate change effects on native and non-native species performance. Ecology Letters，16（2）：261-270.

Tan L C，An Z S，Cheng H，et al. 2017. Decreasing monsoon precipitation in southwest China during the last 240 years associated with the warming of tropical ocean. Climate Dynamics, 48: 1769-1778.

Tang J, Ye S, Li W, et al. 2013. Status and historical changes in the fish community in Erhai Lake. Chinese Journal of Oceanology and Limnology, 31: 712-723.

van Dam H, Mertens A, Sinkeldam J. 1994. A coded checklist and ecological indicator values of freshwater diatoms from the Netherlands. Netherland Journal of Aquatic Ecology, 28 (1): 117-133.

Wan F H, Jiang M X, Zhan A B. 2017. Biological Invasions and Its Management in China. Beijing: Springer.

Wan F H, Yang N W. 2016. Invasion and management of agricultural alien insects in China. Annual Review of Entomology, 61 (1): 77-98.

Wan J Z, Wang C J, Tan J F, et al. 2017. Climatic niche divergence and habitat suitability of eight alien invasive weeds in China under climate change. Ecology and Evolution, 7 (5): 1541-1552.

Wang C L, Zhong S B, Yao G N, et al. 2017. BME spatiotemporal estimation of annual precipitation and detection of drought hazard clusters using space-time scan statistics in the Yun-Gui-Guang Region, mainland China. Journal of Applied Meteorology and Climatology, 56: 2301-2316.

Wang J J, Wu R D, He D M, et al. 2018. Spatial relationship between climatic diversity and biodiversity conservation value. Conservation Biology, 32 (6): 1266-1277.

Wang L Y, Hu C, Li Z H, et al. 2015. Population dynamics and associated factors of cereal aphids and armyworms under global change. Scientific Reports, 5: 18801.

Wang R, John A D, Peter G L, et al. 2012. Flickering gives early warning signals of a critical transition to a eutrophic lake state. Nature, 492 (7492): 419-422.

Wang S, Wang J, Li M, et al. 2013. Six decades of changes in vascular hydrophyte and fish species in three plateau lakes in Yunnan, China. Biodiversity and Conservation, 22: 3197-3221.

Wang Y, Wang W, Wang Z, et al. 2018. Regime shift in Lake Dianchi (China) during the last 50 years. Journal of Oceanology and Limnology, 36: 1075-1090.

Wang Z, He B, Pan X, et al. 2010. Levels, trends and risk assessment of arsenic pollution in Yangzonghai Lake, Yunnan Province, China. Science China Chemistry, 53: 1809-1817.

Wang Z, Li J, Lai C, et al. 2018. Increasing drought has been observed by SPEI_pm in Southwest China during 1962—2012. Theoretical and Applied Climatology, 133 (1-2): 23-38.

Winder M, Jassby A D, Nally R M. 2011. Synergies between climate anomalies and hydrological modifications facilitate estuarine biotic invasions. Ecology Letters, 14 (8): 749-757.

Wu J, Lin X, Wang M, et al. 2017. Assessing agricultural drought vulnerability by a VSD model: a case study in Yunnan Province, China. Sustainability, 9 (6): 918.

Wu Q L. 2019. Migration patterns and winter population dynamics of rice planthoppers in Indochina: new perspectives from field surveys and atmospheric trajectories. Agricultural and Forest Meteorology, 265: 99-109.

Wu Q L, Hu G, Tuan H A, et al. 2018. Multiple isotope geochemistry and hydrochemical monitoring of karst water in a rapidly urbanized region. Journal of Contaminant Hydrology, 218: 44-58.

Xiao H F, Schaefer D A, Lei Y B, et al. 2013. Influence of invasive plants on nematode communities under simulated CO_2 enrichment. European Journal of Soil Biology, 58: 91-97.

Xiao H F, Schaefer D A, Lei Y B, et al. 2017. The hazard risk assessment of regional heavy rainfall over Sichuan Basin of China. Natural Hazards, 88: 1155-1168.

Xu H, Pittock J. 2019. Limiting the effects of hydropower dams on freshwater biodiversity: options on the Lancang River, China. Marine and Freshwater Research, 70: 169-194.

Xu K, Yang D, Xu X, et al. 2015. Copula based drought frequency analysis considering the spatio-temporal variability in Southwest China. Journal of Hydrology, 527: 630-640.

Ye S, Lin M, Li L, et al. 2015. Abundance and spatial variability of invasive fishes related to environmental factors in a eutrophic Yunnan Plateau lake, Lake Dianchi, southwestern China. Environmental Biology of Fishes, 98: 209-224.

Yi Y, Tang C, Yang Z, et al. 2014. Influence of Manwan Reservoir on fish habitat in the middle reach of the Lancang River. Ecological Engineering, 69: 106-117.

You G J Y, Lin K R, Jiang Z C, et al. 2014. Characteristics of climate change in southwest China karst region and their potential environmental impacts. Environmental Earth Sciences, 74 (2): 937-944.

Yu W, Shao M, Ren M, et al. 2013. Analysis on spatial and temporal characteristics drought of Yunnan Province. Acta Ecologica Sinica, 33 (6): 317-324.

Yuan J, Xu F, Deng G, et al. 2018. Using stable isotopes and major ions to identify hydrogeochemical characteristics of karst groundwater in Xide country, Sichuan Province. Carbonates and Evaporites, 33: 223-234.

Yuan X P, Wu Y A, Hong B, et al. 2012. Mitochondrial DNA diversity of *Glyptothorax zanaensis* populations in Nu River, China. Environmental Biology of Fishes, 93 (1): 137-142.

Yue X L, Wu S H, Huang M, et al. 2018. Spatial association between landslides and environmental factors over Guizhou Karst Plateau, China. Journal of Mountain Science, 15: 1987-2000.

Zhang C, Ding C Z, Ding L Y, et al. 2019. Large-scale cascaded dam constructions drive taxonomic and phylogenetic differentiation of fish fauna in the Lancang River, China. Reviews in Fish Biology and Fisheries, 29: 895-916.

Zhang C, Ding L, Ding C, et al. 2018. Responses of species and phylogenetic diversity of fish communities in the Lancang River to hydropower development and exotic invasions. Ecological Indicators, 90: 261-279.

Zhang D D, Yan D H, Lu F L, et al. 2015. Copula-based risk assessment of drought in Yunnan province, China. Natural Hazards, 75: 2199-2220.

Zhang H, Ran C, Teame T, et al. 2020. Research progress on gut health of farmers teleost fish: a viewpoint concerning the intestinal mucosal barrier and the impact of its damage. Reviews in Fish Biology and Fisheries, 30: : 569-586.

Zhang J L, Fang L, Song J Y, et al. 2019. Health risk assessment of heavy metals in *Cyprinus carpio* (Cyprinidae) from the upper Mekong River. Environmental Science and Pollution Research International, 26 (10): 9490-9499.

Zhang L Y, Li Y B, Huang J C, et al. 2019. Evaluation of the short-term and long-term performance of biological invasion management in the China-Myanmar border region. Journal of Environmental

Management，240：1-8.

Zhang M，Qian S Q，Li D M，et al. 2010. Phytoplankton community structure and biodiversity in summer Yunnan Guizhou Plateau lakes. Journal of Lake Sciences，22（6）：829-836.

Zhang X，Yang L，LI Y，et al. 2012. Impacts of lead/zinc mining and smelting on the environment and human health in China. Environmental Monitoring and Assessment，184：2261-2273.

Zhao M，Hu Y D，Zeng C，et al. 2018. Effects of land cover on variations in stable hydrogen and oxygen isotopes in karst groundwater：a comparative study of three karst catchments in Guizhou Province，Southwest China. Journal of Hydrology，565：374-385.

Zhao X M，Ren B P，Garber P A，et al. 2018. Impacts of human activity and climate change on the distribution of snub-nosed monkeys in China during the past 2000 years. Diversity and Distributions，24（1）：92-102.

Zhao X M，Ren B P，Garber P A，et al. 2019. Climate change，grazing，and collecting accelerate habitat contraction in an endangered primate. Biological Conservation，231：88-97.

Zheng X L，Huang Q C，Cao W Z，et al. 2015. Modeling climate change impacts on overwintering of Spodoptera exigua Hübner in regions of China. Chilean Journal of Agricultural Research，75（3）：328-333.

Zhu X H，Zhang P P，Chen X G，et al. 2016. Natural and anthropogenic influences on the arsenic geochemistry of lacustrine sediment from a typical fault-controlled highland lake：Yangzonghai Lake，Yunnan，China. Environmental Earth Sciences, 75：217.

Ziegler A D，Fox J M，Xu J C，et al. 2009. The rubber juggernaut. Science，324：1024-1025.

第21章 “一带一路”

主要作者协调人：方创琳、杜德斌
编　　　　审：罗　勇
主　要　作　者：王振波、范育鹏、杨文龙

▪ 执行摘要

“一带一路”沿线地区地域广阔，生态系统复杂多样，气候总体变暖，中高纬度降水普遍增多，极端高温与旱灾明显增多，极端降水强度总体增强，这些变化对沿线地区人类生产与生活活动产生了显著影响，加大了“一带一路”沿线地区经济社会发展的风险和脆弱性。其具体表现为：扩大了环境脆弱区人口外移与气候移民规模，减缓了部分地区经济增长速度，加大了特大城市与城市群发展风险及旅游业发展的脆弱性；增加了城市防洪排涝压力、碳排放压力与城市公共健康威胁，诱发了粮食安全、水安全、能源安全、航运安全风险和金融精算的不确定性；增加了基础设施建设运行成本和金融保险违约机会，降低了互联互通效率；可能加大了北极通航、国家间地缘政治摩擦与民族间冲突。在“一带一路”建设过程中，需要坚持趋利避害并举、适应和减缓并重原则，科学评判气候变化和生态环境演变对“一带一路”建设的影响，有效提出适应策略。

21.1 引　　言

“一带一路”（The Belt and Road，B&R）是“丝绸之路经济带”和“21 世纪海上丝绸之路”的简称，2013 年 9 月和 10 月国家主席习近平分别提出建设“丝绸之路经济带”和“21 世纪海上丝绸之路”的合作倡议。依靠中国与有关国家既有的双边和多边机制，借助古代丝绸之路的历史符号和既有的区域合作平台，高举和平发展旗帜，积极发展与沿线国家的经济合作伙伴关系，共同打造政治互信、经济融合、文化包容的利益共同体、命运共同体和责任共同体。

2017 年 5 月发布实施的《推动共建丝绸之路经济带和 21 世纪海上丝绸之路的愿景与行动》提出，“强化基础设施绿色低碳化建设和运营管理，在建设中充分考虑气候变化影响”“在投资贸易中突出生态文明理念，加强生态环境、生物多样性和应对气候变化合作，共建绿色丝绸之路”。“一带一路”倡议以政策沟通、设施联通、贸易畅通、资金融通、民心相通为主要内容，提出了“六廊六路多国多港”的合作框架，为完善全球治理体系变革提供了新思路新方案。六大国际经济合作走廊包括中蒙俄、新亚欧大陆桥、中国 – 中亚 – 西亚、中国 – 中南半岛、中巴、孟中印缅经济合作走廊。截至 2019 年 3 月底，中国已与 122 个国家和 29 个国际组织签署了共建“一带一路”合作文件。“一带一路”沿线地区已成为中国投资的重点，标志着中国“走出去”战略迈向新的发展阶段。

“一带一路”沿线地区地域广阔，自然环境复杂多样，地带性气候资源禀赋差异悬殊，生态系统结构与生产力差异明显，覆盖了世界上最高的高原和山区，以及最肥沃的平原和三角洲，还覆盖了热带雨林、沙漠和异常寒冷的极地冰冻圈。沿线国家是人类活动比较集中和活跃的地区。“一带一路”沿线地区生活着全球约 70% 的人口，大部分国家社会经济发展水平较低。在经济结构中，农业和工业增加值比重明显高于世界平均水平，而服务业增加值比重则明显低于世界平均水平。大部分国家城镇化进入快速发展阶段，但城镇化水平总体落后于世界平均水平。2018~2033 年“一带一路”沿线地区经济规模将以年均 4.8% 左右的速度增长，超过世界 2.9% 的年均增速，对同期世界经济增长的贡献率将达到 61%，在世界经济中的重要性和地位将明显提升[①]。

“一带一路”沿线地区气候变暖、极端天气增多的趋势及生态系统剧烈变化的现状已成为该地区可持续发展的瓶颈，但同时也为其开展绿色发展领域的经济技术国际合作提供了难得的契机、巨大潜力和广阔空间。本章以“一带一路”倡议的“五通”，即政策沟通、设施联通、贸易畅通、资金融通、民心相通为脉络，重点从人口迁移、城市发展、基础设施、经济贸易、文化交流、地缘政治、北极航道等方面，分析气候变化及其导致的极端自然灾害、水土资源安全、生态系统变化等对“一带一路”建设的影响及表现出的脆弱性，并提出应对和适应策略。

① https：//cebr.com/welt–2019/.

21.2 气候变化与生态环境演变特征

21.2.1 “一带一路”沿线地区气候变化特征

“一带一路”沿线地区气候类型复杂多样，总体呈变暖趋势，极端高温与旱灾明显增多；中高纬度降水普遍增多，中低纬度区域差异明显，极端降水强度总体增强（高信度）。

1. 气候总体变暖，极端高温与旱灾明显增多

1900 年以来，“一带一路”沿线地区升温趋势明显，根据 CRUTEM4.6.0.0 全球陆地气温数据，1901~2017 年亚欧大陆平均近地面气温显著升高（高信度），达到 1.14 ± 0.04 ℃/100a，存在明显的年代际变率（严中伟等，2019）。1980~2015 年，“一带一路”沿线地区以 0.4℃/10a 的速率呈明显升温态势（徐新良等，2016）。未来中低纬地区升温速率加快，暖干趋势主要出现在亚欧大陆西部，青藏高原两侧区域为高温热浪高风险区，中东欧寒冷湿润区东部为干旱高风险区，孟印缅温暖湿润区和中国东部季风区为洪涝高风险区，荒漠边缘区域为生态脆弱高风险区，中低纬区域为粮食减产高风险区（吴绍洪等，2018）。亚洲（除东南亚）在 20 世纪后半叶的热浪普遍增多，中亚夏季热浪次数是 20 世纪上半叶的 1.6 倍。绝大部分地区生长季延长，霜冻日数减少（Yu et al.，2019）。在气候变化影响下，内陆地区干旱化程度持续加剧，如乍得是非洲最大的内陆国家，1985~2015 年该地区降水量急剧减少，温度以每十年 0.15 ℃的速度上升，地区性的缺水日益严峻（Maharana et al.，2018）。

1900 年以来，气候变暖引起的干旱主要发生在北半球中高纬度地区。而降水减少引起的干旱主要发生在东南亚及南欧。“一带一路”沿线地区干旱化趋势明显，但区域差异大，旱灾增多增强（Dai，2013）。1961~2013 年，“一带一路”沿线地区地面接收太阳总辐射呈现先下降、后上升的趋势（周志高等，2017）。冰川融水补给湖泊的数量和面积均发生不同程度的上升（Li，2014；李清等，2014）。北极变暖趋势明显，IPCC AR5 指出，北极海冰在 21 世纪随着全球平均表面温度上升，覆盖面积缩小、冰层厚度变薄，北半球春季积雪和全球冰川体积将进一步减少，北半球高纬度地区近地表多年冻土范围将减少（高信度）。

2. 中高纬度降水普遍增多，中低纬度区域差异明显，极端降水强度总体增强

根据 IPCC AR5，1901 年以来全球陆地平均降水没有显著的长期变化趋势，但北半球中纬度（30° N~60° N）陆地降水总体增多（高信度）；高纬度（60° N~90° N）陆地区域降水也增多，但数据少，信度较低。根据 GPCC v2018 数据，1951~2016 年亚欧大陆 40° N 以北地区除中国部分区域之外，降水普遍增多，尤其北欧、俄罗斯部分地区、中国新疆显著增多（中等信度）。除西非靠近赤道地区降水显著减少外，40° N 以南大多

数区域趋势不明显，区域差异很大。整体而言，亚欧大陆 1979~2016 年降水呈现显著增多趋势（0.83 ± 0.75mm/10a）。

根据 IPCC AR5，极端降水强度变化总体上和气候湿化趋势一致，但空间分布没有气温变化那么均匀。根据 GHCNDEX 数据，1951~2012 年，极端降水强度在北欧和东欧以及贝加尔湖以东地区呈显著增长态势，中国东北一带有下降趋势，但不明显，亚欧大陆区域呈显著增长态势。极端降水频率在中高纬大部分地区是增加的，尤其在东欧、西伯利亚和远东地区是显著的，但也存在一些零星地区呈减少趋势。

21.2.2 “一带一路”沿线地区生态环境演变特征

“一带一路”沿线地区面临的生态环境问题有水土流失、土地荒漠化、森林和草地资源减少、生物多样性减少、旱涝灾害频繁、水体污染等；东亚、西亚和中东大部分地区以及中国新疆、内蒙古多为荒漠化严重地区，水资源短缺；南亚和东南亚地区对森林资源过度利用导致生物多样性锐减、洪涝灾害频发（江东等，2015）。在干旱区绿洲和半湿润 / 半干旱区的灌溉农业区，大气降水不能满足农田蒸散耗水需求，其依靠河流径流和地下水补充水分亏缺，农业生产用水与生态用水之间矛盾突出，导致局部生态环境退化（柳钦火等，2018）。

1. 植被覆盖度总体增加，其增长率存在显著区域差异

1982~2016 年，“一带一路”沿线地区植被覆盖度总体呈增加趋势，NDVI 以 0.5×10^{-3}/a（$P<0.05$）的速度增加，但 NDVI 的变化存在区域差异，近 69% 的区域 NDVI 呈增长趋势（中等信度），31% 的区域呈下降趋势（杨永平等，2019）。其中，中国南部地区、南亚、欧洲地区 NDVI 显著增加；中亚和阿拉伯半岛地区 NDVI 明显下降，俄罗斯中部和东部 NDVI 变化不明显。大气二氧化碳浓度升高和气候变暖是该区域 NDVI 增加的主要原因。此外，在不同生态系统中，NDVI 增加趋势也具有明显的异质性。NPP 总体呈增加态势，生态系统总体发挥碳汇功能。20 世纪 80 年代以来，NPP 增加可归结为大气二氧化碳浓度升高、气候变化和人类活动等的共同作用（杨永平等，2019）。

2. 生态系统复杂多样，空间分异显著，其中森林、湿地、海岸带生态系统等受威胁较大

“一带一路”地域广阔，自然环境复杂多样，陆域地带性气候资源禀赋差异悬殊，生态系统结构与生产力差异明显（中等信度），是全球生物多样性最丰富的地区之一，包含有四大植物地理分区，即泛北极植物区、东亚植物区、地中海植物区和古热带植物区，其占世界的 1/2；四大动物地理分区，即古北界、东洋界、中国 – 日本界和撒哈拉 – 阿拉伯界，占世界的 4/11。欧洲区与俄罗斯北部寒温带与寒带森林、非洲南部区和东南亚区热带雨林是全球森林碳库的重要组成部分。中国、印度、菲律宾、马来西亚、印度尼西亚和巴布亚新几内亚六个国家属于生物多样性富集国家。生物多样性和多样的生态系统服务为人类福祉和可持续发展提供重要支撑。“一带一路”沿线陆域不

同地区生态系统结构差异明显，森林、荒漠、草地、农田、水域和城市六大生态系统面积占比依次为34.73%、24.10%、23.44%、15.01%、2.16%和0.57%（柳钦火等，2018）。2015年“一带一路”沿线地区森林地上生物量总量达2813亿t，欧洲区与俄罗斯北部寒温带和寒带森林、非洲南部区和东南亚区热带雨林是全球森林碳库的重要组成部分。

“一带一路”沿线地区的森林、湿地、海岸带生态系统等受威胁较大，部分国家（中国、俄罗斯、马来西亚、越南）生态系统质量随着国家对生态环保的重视呈现逐渐上升趋势，这将有利于“一带一路”经济建设的实施（李伟等，2019）。中南半岛受威胁物种占比最高，达到18.78%；其次是南亚和东北亚地区，森林破碎化导致野生哺乳动物和鸟类减少。1990~2015年，东南亚森林覆盖率下降12.9%。

21.3 影响、脆弱性与风险

“一带一路”沿线地区总体上经济发展方式粗放，生态环境变化剧烈，其已成为该地区可持续发展的瓶颈，但同时也为其开展绿色发展领域的经济技术国际合作提供了难得的契机、巨大潜力和广阔空间。这里以“一带一路”的五通，即政策沟通、设施联通、贸易畅通、资金融通、民心相通为重点，从人口迁移、城市发展、基础设施、经济贸易、文化交流、地缘政治、北极航道等方面分析气候变化及生态环境演变对“一带一路”建设的影响及脆弱性（图21-1）。

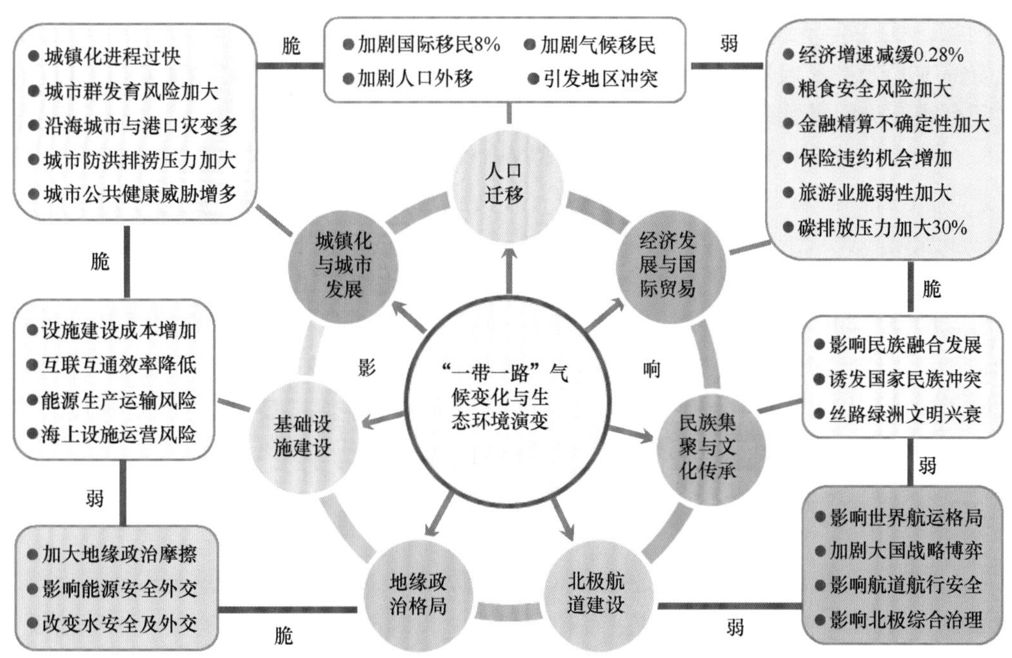

图21-1 气候变化与生态环境演变对“一带一路”经济社会发展的影响与脆弱性分析图

21.3.1 对人口迁移的影响及风险

气候和地理一直是决定世界人口增长和分布的主要因素。气候变化不仅改变了天气模式，还影响粮食安全，加速海平面上升，导致洪水泛滥和土壤盐渍污染加剧。气候变化及不利影响所导致的现实或潜在的大量气候移民成了21世纪人类社会面临的严峻挑战，但其促进了区域间人口迁移与城镇化进程（Black et al.，2011）。研究表明，到2050年气候变化可能会导致全球有约2亿或更多的移民（Myers，2002）。当人们面临严重的气候变化和环境退化时，有3种选择：①留下来并适应以减轻影响；②留下来，什么都不做，接受低质量的生活；③离开受影响地区（Warner et al.，2010）。

1. 气候变化影响土地、生计和生境安全，加剧了发展中国家向外移民进程

极端气候事件可能是诱发“一带一路”沿线“气候难民”迁徙的主要根源（中等信度）。在未来几年内，全球由气候引起的移民人数增长率可能为8.6%~12.8%，特别是来自发展中国家的移民，这些国家的农村就业水平更有可能受到气候冲击的影响（Maurel and Tuccio，2016）。气候变化导致的3个影响被确定为移民的可能驱动因素：土地安全、生计安全和生境安全的丧失或减少。如果这些地区受到气候变化的威胁，移民将被迫迁移，并需要放弃一些地区。这种迁移会带来大量的社会、文化、情感和经济成本，即使是相对较小的距离（Campbell，2014）。气温上升，特别是在依赖农业的国家，往往会导致国际移民。许多研究表明，气候条件通过农业生产力、城市化、工资等中间变量影响移民（Berlemann and Steinhardt，2017）。生态环境演变与人口迁移之间可能互为因果关系（Hermans-Neumann et al.，2017）。

在东南亚地区，洪水对湄公河地区以农业种植等为主的生存方式影响显著，洪涝灾害增加可能导致该地区出现移民现象；在南亚地区，气候变化可能导致该地区贫困进一步加剧、民众生存艰难、国内政治与社会局势动荡；在中亚地区，有10%~30%的人会成为潜在的气候移民；在东北非地区，气候变化增加民众陷入持久贫困的风险，族群或国家之间争夺资源的暴力冲突不断，移民和难民问题可能会越来越严重（IPCC，2014；王志芳，2015）。大规模的迁移也可能给迁入区域带来安全风险。如果气候变化加剧了向外移民进程，移民目的地国家可能会面临移民浪潮，其规模之大、速度之快，使得融合变得越来越困难（Cattaneo and Bosetti，2017）。

2. 局部生态环境恶化导致了“一带一路”沿线地区处于人口外流状态

“一带一路”沿线地区在1950~2018年一直处于人口外流状态，这与本地区大部分国家是发展中国家以及局部地区生态环境恶化，以及战争冲突频发有关（中等信度）。迁出国不良气候事件的发生对穷国向富国的外移具有重要的直接和间接影响（Coniglio and Pesce，2015）。1950~1955年，“一带一路”沿线地区净迁出人口为50.2万人，这种外流在20世纪90年代开始激增，2005~2010年达到峰值1106.6万人，预计2020~2050

年，“一带一路”沿线地区净迁出人口仍达到 670 万人（Liu et al.，2018）。

3. 气候脆弱性大的发展中国家更易受到气候变化影响而发生大规模人口迁移

预计到 2100 年，气候变化将以前所未有的方式影响“一带一路”许多地区的可居住性。孟加拉国是最容易受到极端天气事件等气候变化影响的国家之一，其地势低洼、人口密度高和普遍贫困。针对该国研究表明，突发性灾害往往造成大量人员流离失所，而发生较慢的灾害影响到环境、当地的生态系统服务和就业机会，迫使人们首先进行常规的经济迁移，然后是永久性的迁移。这种永久性的迁移对他们的生计，特别是对妇女、老年人和残疾人产生了长期的不利影响（Islam and Shamsuddoha，2017）。孟加拉国到 2050 年将有 300 万 ~1000 万的国内移民（Hassani-Mahmooei and Parris，2012），到 2100 年将有 210 万人可能因居住地和生产地被淹没而流离失所，而且几乎所有的这些迁移都将发生在该国南部地区（Davis et al.，2018）。

柬埔寨是东南亚气候最脆弱的国家，多达 45% 的家庭发生过国内迁移，其中一半以上与气候变化有关（Jacobson et al.，2019）。针对菲律宾的研究表明，气温升高和台风活动在一定程度上促进了迁徙，可能对作物产量产生负面影响，受教育程度较高的男性和较年轻的个体对气候变化影响更为敏感而发生迁移（Bohra-Mishra et al.，2017）。

由于 21 世纪末气候条件的变化，撒哈拉以南非洲地区每千人每年将有 1.21~5.32 人离开他们的国家（Marchiori et al.，2012）。南非黑人和低收入移民的流动受到气候变化的强烈影响，而白人和高收入移民的流动受到气候变化的影响比较微弱。农业可能是不良气候条件影响的主要行业（Mastrorillo et al.，2016）。

4. 气候变化与人口迁移之间的关系具有异质性和不确定性

造成这种异质性的原因是人口对气候变化的脆弱性各不相同，地方本身的脆弱性也不同（Nawrotzki and deWaard，2018）。乌干达的迁徙倾向于随温度异常而增加，肯尼亚和布基纳法索的迁徙倾向于随温度异常而减少，尼日利亚和塞内加尔的迁徙与温度没有一致关系。这些结果挑战了将预测全球范围内移民对气候变化做出一致反应的研究（Gray and Wise，2016）。气候条件通过影响干旱严重程度来间接影响武装冲突，2011~2015 年其对寻求庇护起到了重要的解释作用（中等信度）。气候对冲突发生的影响在 2010~2012 年对西亚国家尤其重要，当时许多国家正在进行政治转型（Abel et al.，2019）。此外，也有研究表明，气候变量影响移民的作用有限，社会经济和成本因素发挥的作用更为突出（Joseph and Wodon，2013）。气候与移民的关系具有不确定性，其取决于与有关居民和该区域脆弱性有关的许多因素（Perch-Nielsen et al.，2008）。气候变化导致的移民程度可能是高度非线性的，而且这种非线性程度取决于人口增长（Kniveton et al.，2012）。因此，气候变化与生态环境演变对人口迁移的影响是复杂的，并存在很大不确定性。

知识窗

气候难民

气候难民是指由于气候异常变化，被迫离开原先生活的土地而进行跨区域迁移的难民群体。根据联合国经济及社会理事会的报告，2016 年大约有 2400 万人因气候原因而转移，其是同期因战争冲突转移人数的 3 倍。世界银行对全球气候变化的预测报告指出，在未来 30 年内，全球可能超过 1.43 亿人被迫成为气候难民，其中世界上人口最稠密的三个地区受威胁最为严峻——南亚、拉丁美洲和撒哈拉以南的非洲。上述三个地区人口数量占到了全球发展中国家总人数的 55%，由于水资源短缺、农作物歉收、海平面上升和风暴潮等极端气候威胁日益严重，许多地区将变得不再适宜人类居住，届时将有数以千万计的人口面临迁徙，以逃避气候变化带来的影响。

世界银行预测显示，在撒哈拉以南的非洲，到 2050 年将有 8600 万人被迫迁移，以印度为主的南亚地区则有 4000 万气候难民，拉丁美洲有 1700 万人。此外，大洋洲的图瓦卢将在数十年后完全被海水淹没而成为气候变化的第一个受害者；中国的长江中下游平原、华北平原亦面临着被海水淹没的威胁。要想避免这一现状，各个国家应转向更加多样化和气候适应性强的经济体系建设。

21.3.2 对城镇化与城市发展的影响及风险

城市消耗了全球 70% 以上的能源，排放的温室气体占全球温室气体的 80% 以上，城市成为温室气体减排的关键区域（IPCC，2014）。同时，城市也是气候变化的高度敏感和脆弱区，气候变化对城市地区造成的负面影响主要是通过改变极端气候事件发生的频率和强度实现的（张明顺和王义臣，2015）。极端降雨引发城市内涝，造成巨大的经济损失，并严重威胁城市安全（Jha et al.，2012）；干旱、雷电、大风等气象灾害对城市正常运转的影响日益突出（Bulkeley，2013）。

1. 气候变化可能加快“一带一路”沿线地区城市化进程，但存在地区差异

21 世纪以来，“一带一路”沿线区域城市化速度快于全球的平均速度（图 21-2）。一些学者认为，不断恶化的环境条件可能会破坏农村的生计，导致人们向城市迁移，气候变化将加速城市化进程（Suckall et al.，2015）。但在“一带一路”干旱地区，气候变化将限制城市用地的快速扩张（Liu et al.，2019）。快速城市化和经济转型的“一带一路”沿线地区在对气候变化的风险抵御和能力建设方面面临重大挑战（中等信度），国家的收入越低，这些挑战往往越大，但城市化可以成为提高应对能力的主要动力（Garschagen and Romero-Lankao，2015）。

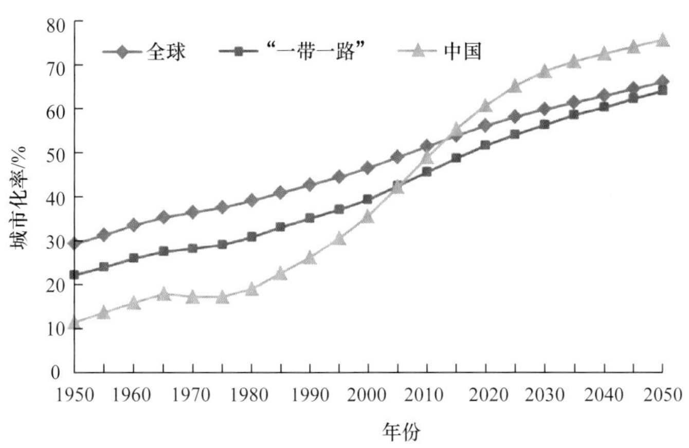

图 21-2 1950~2050 年“一带一路”沿线地区城市化进程

2. 城市群和特大城市成为遭受气候变化影响的高风险区

“一带一路”沿线地区城市群和特大城市发展迅速，东亚和南亚地区特大城市分布密集，中国的 19 个城市群中有 6 个集中在沿海地区，包括长三角城市群、珠三角城市群、京津冀城市群、辽中南城市群、山东半岛城市群和海峡两岸城市群（方创琳，2020）。这些地区大多处于海 – 陆交互作用地带，是国家城镇化的主体区和经济社会发展的核心区，但受海陆复合型灾害影响，承灾体庞大，其是易遭受气候变化引起的灾害侵袭并造成重大损失的高风险区。随着城市化进程加快和气候变化的影响，淡水短缺、环境污染、生态退化等问题将日趋显现，城市群面临的环境和灾害问题更复杂、风险和威胁更多（董锁成等，2011）。大城市地区人口集中，生活水平相对较高，对温度适宜性要求相对更高，从而增加了大城市地区因温度调节而产生的额外能源消费，使热岛效应明显存在，加剧了能源稀缺性，日益频发的高温天气对城市能源供应系统造成了巨大压力，增加了社会经济发展过程中的经济损失，从而影响经济的可持续发展（中等信度）。

气候变化加剧城市内涝，导致未来城市排水压力整体上升（高信度）。气候变化对城市水循环具有重要影响，其中极端降水的变化，对城市排水系统产生巨大冲击，造成城市内涝、交通瘫痪及生命财产损失等问题。如果城市管理不善，将面临洪水、水资源短缺、水污染、不利的健康影响和巨大的恢复成本等问题（Koop and van Leeuwen，2017）。随着气候变化的影响，中国未来城市排水压力整体上升，城市未来短期排水压力相对于现有水平总体上升 2.9%，具体 75 个城市的排水压力增加明显（陆咏晴等，2018）。

3. 气候变化导致海平面上升、风暴潮和盐水入侵，对沿海城市影响风险加大

气候变化导致海平面上升，其对“一带一路”沿海城市和地区的影响尤为突出（高信度）。因为海岸带是沿海国家和地区人口、产业、城市、财富高度集聚的黄金地

带，同时亦是海、陆两大自然地理单元的结合部，所以其最易受到来自全球气候变暖所造成或加剧的海平面上升、风暴潮、盐水入侵、海岸侵蚀、湿地生态退化等海洋灾害和沿海生态事件的影响（Temmerman et al.，2013）。所以其主要影响包括：导致海岸侵蚀，扩大侵蚀范围；强降水和风暴潮对沿线港口构成极大威胁；沿海低地与湿地被淹没；海水入侵加剧，范围扩大，水资源和水环境遭到破坏；防汛工程功能降低，洪涝灾害加剧（吴喜德和纪龙，2013）。

4. 气候变化对海上丝绸之路的港口建设和印度洋、太平洋等航线通畅造成较大影响

在气候变化背景下，"海上丝绸之路"海区的海水显著变暖，海平面升高明显，"海上丝绸之路"沿海洪水、风暴潮等高水位事件发生频次可能会增加，进而对港口建设和航线通畅造成较大影响（中等信度）（齐庆华和蔡榕硕，2017）。1940~2016 年，西北太平洋风暴灾害主要集中登陆和影响厦门以南沿海地区，其中，南海风暴灾害的路径分布自 1980 年后有向孟加拉湾周边地区拓展的趋势。预测表明，2016~2035 年风暴灾害登陆路径和影响范围以向北迁移推进为主，这可能会在一定程度上有利于中国"海上丝绸之路"建设的顺利实施（齐庆华和蔡榕硕，2017）。

5. 气候变化影响城市公共健康，造成相关疾病增多的可能性加大

气候变化对"一带一路"沿线城市的公共健康造成较大影响（中等信度）。气候变化引起的高温热浪、干旱、大气污染等增加了民众营养不良、肺部疾病、心血管疾病（Liu et al.，2017; McMichael，2013）。气候变暖有助于一些昆虫的滋生繁衍，增加了主要通过蚊虫传染的疾病，如疟疾、血吸虫病和登革热暴发的频率和强度（Watts et al.，2017）。"一带一路"沿线地区的发展中国家还会增加饥饿和营养不良的风险，导致儿童发育不良，成人活动减少，一些地区社会经济衰退，日常生活和健康受到不利影响（Woodward and Porter，2016）。

21.3.3 对重大基础设施建设的影响及风险

1. 气候变化加大了基础设施建设及运营成本，互联互通效率面临降低风险

基础设施一般包括铁路、公路、水路、民航和管道运输，其极易受到气候和生态环境的影响。陆路交通选线时要考虑到沿线地区的雪情、泥石流、滑坡及塌方等风险；在高原冻土地区，铁路公路建设要考虑到气候变化对冻土消融的影响。气候变化和生态环境演变会影响运输设备和地面设施，使交通基础设施成本增加，运营效率降低，安全隐患加大（中等信度）。

极端天气事件频率的增加会导致影响城市正常运行的不稳定因素增多（中等信度）。气候变化会改变相对湿度，进而改变混凝土基础设施的周围环境，使其安全性、适用性和耐久性加速衰减。预计至 2100 年，气候变化可使平均碳化深度增加达 8mm，温热地区的混凝土建筑物的碳化腐蚀破坏概率增加 12%~19%（彭里政俐和 Stewart，

2014)。气候变化同样会对景区基础设施的建设运营提出新的挑战，近年来法国阿尔卑斯山冰雪产业发展迅速，在可能存在多年冻土的地区已经安装了数百条索道运输系统。由于气候变化和随之而来的多年冻土退化，这些基础设施易受破坏的程度可能会增加，可能对当地索道运输的稳定性造成威胁(Duvillard et al., 2019)。泰国东部是东南亚的热门旅游目的地，旅游业发展已成为该地区实现快速城市化的主要推动力，然而气候变化使该地区污染物不易扩散、污染物累积，进而加剧了这一地区的缺水与环境退化(Thongdejsri and Nitivattananon, 2019)。

气候变化还会与复杂独特的地质、地貌、水文条件综合作用，导致“一带一路”沿线中巴公路等基础设施较之以往更易发生崩塌、滑坡、泥石流、堰塞湖、雪崩、路面积雪与结冰、涎流冰等自然灾害，使交通互联互通效率下降(Zhu et al., 2014)。

2. 气候变化加大传统能源生产与传输的脆弱性，给清洁能源生产带来良好前景

“一带一路”沿线地区能源生产与能源传输的脆弱性较为明显，最易受到气候变化的影响。单凭减缓政策已难以起到有效的遏制作用，政府干预(如鼓励投资、提供补贴、传播信息等)能够使能源基础设施更好地适应气候变化。未来持续的气候变化将对电力系统等能源基础设施的寿命提出巨大挑战，加大传统能源生产与传输设备的脆弱性，“一带一路”沿线国家整体经济发展水平较低，发展中国家较多，基础设施薄弱，能源缺口大(王绍锋等，2019)，较大的人口压力促使相关国家和地区开始关注清洁能源开发(高信度)。

3. 海平面上升加大了“一带一路”沿线地区港口基础设施营建成本及风险

全球气候变暖造成海平面上升，上升后的海平面将为狂风巨浪抬升基础水位，导致台风频率和强度增加，加剧台风风暴潮的危险性，对海岸带和海洋生态系统造成严重影响(中等信度)。受气候变化影响，海水入侵将破坏水环境，使海岸侵蚀加剧，风暴潮强度与频率增加，导致港口基础设施建设、维护及运行成本增加，经受洪涝灾害威胁的风险加大，严重的风暴潮预计将变得更加强烈。气候变化导致的冰川消融、海平面上升等对陆路交通与港口营建成本造成直接影响。

21.3.4 对经济发展与国际贸易的影响及风险

气候变化是影响“一带一路”沿线地区农业、服务业、旅游业与贸易兴衰的关键性因子(中等信度)。一系列气候因素对过去、现在和未来的社会和经济具有重大影响，目前的气候变化使全球经济增长减缓了约 0.25 个百分点，未来的气候变暖可能会使全球经济增长率下降 0.28 个百分点(Carleton and Hsiang, 2016)。所有国家经济生产率随温度变化呈非线性关系，生产率在年平均温度为 13℃时达到峰值，其在更高的温度下大幅下降(Burke et al., 2015)。气候变化通过三个路径影响人类社会经济发展：地表温度升高对社会经济系统的影响；极端天气气候事件加剧对社会经济系统的影响；气候变化引起人类响应对社会经济的影响(丑洁明等，2016)。

1. 气候变化加剧了粮食生产的波动性，加大了区域和全球粮食安全风险

基于RCP8.5情景下2021~2050年和1971~2000年的植被NPP、粮食产量对比，对生态脆弱性和粮食生产变化进行评估。“一带一路”沿线地区陆域生态环境脆弱，未来陆域植被NPP以增加为主，气候变化将改变沿线地区粮食生产空间布局，极端气候事件频发亦会加剧粮食生产的波动性，进而威胁到区域和全球粮食安全（中等信度）（吴绍洪等，2018）。针对亚洲地区的分析表明，亚洲国家全年气温的总体上升降低了农业产量，升温3℃时农业经济损失约为840亿美元，印度农业系统尤其脆弱（Lee et al.，2012；Mendelsohn，2014）。

气候变化对农业领域的主要影响包括：气候变暖使中国年平均气温上升，导致农业生产所需的热量资源都有不同程度的增加，从而延长了气候生长季，使气候变化对农业气候资源产生影响；气候变化使中国的种植制度和农业布局发生改变，导致种植区和种植制度分界线北移；气候变化对农作物产量和品质产生影响，可延长无霜期，提高农作物产量，改良作物种质；气候变化还对农业旱涝及病虫害等气候灾害及粮食安全和农产品贸易产生影响（钱凤魁等，2014）。气候变化导致中国粮食主产区极端气候事件频发，促进农业生物灾害与农业气象灾害形成与发展，进而对中国粮食生产方式、栽培管理、经营方式、种植制度、结构布局产生较大影响（覃志豪等，2015）。

2. 气候变化对促进制造业实施清洁生产机制产生了积极影响

气候变化对该区域产业结构转型、能源消费总量和能源使用结构、清洁生产技术、环境绩效管理等都产生促进作用（Angel and Rock，2017）。在气候变化背景下，企业开始追求绿色增长，从一个不断增长的传统产业转变到追求经济的可持续性增长（Jänicke，2012）。

为了应对气候变化，当企业面临更高的含税燃料价格时，它们倾向于在清洁（而非污染）技术上进行更多的创新（Aghion et al.，2016）。基于自然资源的气候变化观念发生变化，对汽车工业的技术创新带来挑战。汽车二氧化碳排放量的显著下降得益于清洁技术创新，清洁技术带来的好处会继续持续（中等信度）。此外，产品管理和清洁技术创新之间也出现了互补性，对进一步减少二氧化碳排放产生了积极影响（de Stefano et al.，2016）。

3. 气候变化加大了金融系统精算的不确定性与金融风险，影响着资产的长期安全性

气候变化增加了对“一带一路”沿线地区金融风险评估的不确定性，增加了金融行业的运行压力，影响了金融服务水平（中等信度）。气候变化通过改变金融业利益相关者的经济行为以及监管行为，进而对金融业发展形成全方位影响。气候变化以及与气候变化有关的天气事件的变化可能会增加风险评估中保险精算的不确定性，对保险业造成更大的压力，导致成本增加，进而放慢金融服务业向“一带一路”发展中国家扩展的速度，减弱保险业对各种突发事件的保障作用，增加自然灾害发生之后社会对

政府赔偿金的需求（封珊和徐长乐，2014）。

金融业对气候变化的影响在很大程度上仍被低估，银行可以引导客户投资低排放技术，并调整向温室气体密集型行业提供的贷款条件（Furrer et al., 2012）。其不利影响还表现在气候变化带来的投资者信贷组合的改变、零售贷款和抵押贷款违约机会的增加，从而造成资产价值下跌，影响资产的长期安全性。气候变化也给金融业发展带来了机遇，碳限制政策的实施给新能源贸易以及新商品交易和新金融工具的出现带来了许多新机会。能源价格的上涨、气候模式的转变给金融机构开发“碳金融”衍生工具带来了契机；机构和消费者对极端气候的防范意识增强，增加了其对财产和意外伤害保险的需求（刘砚平和贾路路，2011）。

4. 气候变化加大了旅游业发展的脆弱性

作为对气候变化高度敏感的旅游业可能是受气候变化影响最大的产业之一，也是温室气体排放的重要贡献者（Pang et al., 2013）。气候变化对于旅游发展的影响包括直接的气候影响、间接的气候影响、对旅游流的影响、对社会的影响 4 个方面。直接的气候影响包括与气候相关的推–拉因素的变化、由气候变化引起的运作成本的变化以及极端天气事件形式的变化；间接的气候影响包括导致的水资源短缺、生物多样性的丧失、目的地风景资源的退化、食品安全威胁、基础设施破坏等，它们都可以间接影响到旅游业（中等信度）；对旅游流的影响包括影响旅游流的流量、流向、出行工具、旅游政策、旅游目的地选择和旅游收入等；对社会的影响主要表现在旅游目的地的经济动荡、公共安全、疾病传播和社会不稳定等（贺小荣和 Jiang, 2015）。

气候变化对于“一带一路”沿线地区冬季运动旅游、沿海旅游和自然旅游均具有不同程度的影响（Scott et al., 2012）。气候变化预计将严重影响“一带一路”部分国家的滑雪产业，基于不同的场景、滑雪场的海拔以及它们的造雪能力，气候变化对雪场的影响也会有明显的不同（Gilaberte-Búrdalo et al., 2014）。非洲地区旅游业对气候变化的适应能力可以说是最低的，这些气候变化包括气温升高、降水量变化和海平面上升（Hoogendoorn and Fitchett, 2018）。气候舒适度变化对中国国内及入境旅游有重要影响，综合气候舒适指数每变化 1 个单位，国内及入境旅游客流量将增加或减少 1.85 万人次或 35.26 万人次（马丽君等，2012）。

5. 导致碳密集型产品国际贸易壁垒加大，水密集型产品国际贸易壁垒减小

“一带一路”沿线地区隐含碳流动分析表明，生产碳强度大都高于消费碳强度，全球 95% 以上的隐含碳净流出发生在“一带一路”沿线地区，美国、西欧等发达国家和地区的消费所引发的“一带一路”沿线主要区域直接碳排放占比约为 30%（中等信度）。考虑到跨国贸易中的隐含碳排放，“一带一路”沿线地区整体承受了较大的碳排放压力（姚秋蕙等，2018）。此外，水密集型产品的国际贸易（虚拟水贸易）已被建议作为全球节约用水的一种方式，国际粮食贸易有利于全球水资源的节约，这表明其在全球用水方面的效率日益提高。亚洲的实际水进口量增加了 170% 以上，中国虚拟水进口的大

幅增长与2000年国内政策转变后大豆进口的增加有关（Dalin et al., 2012）。实施减缓气候变化措施的跨国公司的销售效率和产品领先地位可能会显著提高，但股本回报率不会显著提高。当跨国公司的国际化程度提高时，减缓气候变化对销售效率和产品领先地位的积极影响更为显著（Chakrabarty and Wang, 2013）。

21.3.5 对民族和谐发展的影响

气候变化是全球性问题，尤其"一带一路"沿线地区受气候变化的影响更显著（丁金光和张超，2018）。自然层面上，气候变化是温室气体排放引发的环境问题，但其本质涉及"一带一路"沿线地区社会、政治、文化、外交等国家利益问题（国家气候变化对策小组办公室，2005）。全球海平面上升引起的气候变化可能对"一带一路"的民族关系、文化交往、国家关系存在潜在的影响。从现阶段研究来看，这些研究结论存在不确定性。

气候变化对沿线地区民族和谐发展存在积极或消极的不确定影响（中等信度）。在积极效应层面，气候变化是人类面临的共同威胁，这种威胁是无形的号召力，能够使人类抛弃或搁置分歧和利益冲突，扩大共识、加强合作，推动全球各个民族间合力的形成，以共同应对气候变化的挑战（徐冠华等，2013）。环境全球化使气候变化成为人类社会共荣共生的问题，而共同应对气候变化的议题能否促进"一带一路"沿线地区民族关系和谐发展有待评估（低信度）。在消极效应层面，"一带一路"沿线地区覆盖137个国家（截至2019年10月），这些国家或由单一民族构成，或由多民族构成，民族的多样化会带来民族关系的复杂化（冯雪红和张梦尧，2018）。例如，东南亚地区人口100万人以上的有24个民族（不包括外来民族）；南亚地区除马尔代夫为单一民族国家外，其他均为多民族国家（杨思灵，2016；郭家宏，2007）；中亚五国均为多民族国家。在无政府状态的国际社会中，气候变化的治理机制、制度、框架的构建是多民族国家相互博弈、相互竞争、相互妥协的过程，民族文化的差异是否引发共享观念、身份认同的冲突，这种冲突是否在一定程度上促进"一带一路"民族关系的稳定发展具有不确定性（中等信度）。

21.3.6 对地缘政治格局的影响与摩擦风险

随着气候变化对各国竞争力以及重要地缘战略地区影响的加大，气候变化逐渐超出科学研究范畴，影响国际经济的运行模式，乃至影响未来国际地缘政治发展态势（王礼茂等，2012；王文涛等，2014）。气候变化对能源安全、水资源安全、粮食安全等的影响愈发显著（杜祥琬，2013）。一方面，气候变化可能引发"一带一路"沿线地区资源的空间结构变化，引起国家间战略资源的争夺（王文涛等，2014）；气候变化可能引发"一带一路"沿线区域大规模"气候难民"的迁徙，水资源短缺导致的粮食危机可能引发内战，增加地缘环境动荡的风险，引起国家间暴力冲突（Reuveny, 2007）；气候变化可能会降低"一带一路"沿线地区为民众提供服务和维护稳定的能力，增加国内冲突的可能性，尤其对发展中国家的影响更为突出（Streck and Terhalle, 2013）。另一方面，应对气候变化这一全球性问题，必须全球合作，气候变化在一定程度上提高了“一带一路”沿线地区合作的可能性。

1. 气候变化引发“一带一路”沿线地区能源安全和能源结构调整，导致大国间形成能源地缘政治冲突

应对气候变化的理念是减少碳排放，从而影响国家能源安全和能源结构的调整，碳排放配额分配与争夺、低碳技术与新能源技术竞争、碳市场和碳金融等因素成为影响地缘政治格局的主要因素（王礼茂等，2012），因此气候变化引起的国家利益冲突与地缘政治斗争成为未来国际秩序的新特征之一（高信度）（许琳和陈迎，2013）。例如，美国提出的“印太战略”是对中国“一带一路”倡议的掣肘，对中国崛起之路的制衡，西方学者建议美国在能源方面加强美日同盟以制衡中国（Swaine et al., 2013）；中国与中亚地区能源合作可能引发俄罗斯的疑虑，进而影响“一带一路”建设进程（杨晨曦，2014）；中印两国在国际能源贸易中存在竞争，印度更是陆续强化与东南亚国家的双边关系，扩大与中亚国家的能源贸易规模，因此印度成为“一带一路”能源合作的不确定因素之一（Gokhale, 2014）。

2. 气候变化改变水资源空间格局，可能引发亚洲水塔周边地区地缘政治摩擦

中亚地区水资源分布极不均衡，水资源“高供给－低需求”的上游国家（吉尔吉斯斯坦和塔吉克斯坦）与水资源“低供给－高需求”的下游国家（哈萨克斯坦、土库曼斯坦和乌兹别克斯坦）形成非对称地缘政治分歧（Abdullaev and Rakhmatullaev, 2015；Unger-Shayesteh et al., 2013）。南亚是全球水资源最为紧缺的地区之一，该地区水资源治理面临短期方向不明、动力不足等，导致跨国间围绕水资源的纷争呈加剧之势（Price et al., 2014；刘锦前和李立凡，2015）。东南亚平衡战略和大国干预是东南亚跨境河流合作的重大障碍（洪菊花和骆华松，2015）。气候变化导致亚洲水塔河流径流量变化、水系改道等，从而引发周边国家争夺水资源，进而影响“一带一路”地缘政治格局稳定（中等信度）。

知识窗

地 缘 政 治

地缘政治是政治地理学说中的一种理论。它主要是根据地理要素和政治格局的地域形式，分析和预测世界或地区范围的战略形势和有关国家的政治行为。它把地理因素视为影响甚至决定国家政治行为的一个基本因素。

20 世纪，由于全球政治、经济和军事发展，因此出现了各种地缘政治理论。A.T. 马汉强调海权对国际政治的影响，认为谁能控制海洋，谁就能成为世界强国，而控制海洋的关键在于对世界重要海道和海峡的控制，他的理论被称为海权论。H.J. 麦金德则提出陆心说，认为随着陆上交通工具的发展，欧亚大陆的心脏地带成为最重要的战略地区，他的理论被称为陆权论，对世界政治的影响很大。到 40 年代，N.J. 斯皮克曼强调边缘地带的重要性，提出陆缘说，其为陆权论中

的另一派地缘政治理论。50 年代塞维尔斯基根据空军在战略中的重要作用和美国、苏联空军控制范围重叠的地区，提出北极地区对美国争夺制空权十分重要的理论，被称为空权论。1973 年 S.B. 科恩提出地缘政治战略模型，将世界分为海洋贸易区和欧亚大陆区两个地缘战略区。地缘政治已经成为各国制订国防和外交等政策的一项重要依据。各种地缘政治理论的研究虽然都是以地理环境作为基础，但依据重点有所不同，过去多从历史、政治、军事等方面考虑，而后来对经济、社会等方面受美元贬值、地缘政治等因素影响的作用日益重视。

3. 气候变化可能是引发“一带一路”沿线地区间冲突的重要因素之一

气候变化对国际政治、国际安全都产生重大影响，从而深刻制约着国际关系的发展（中等信度）。2014 年，IPCC AR5 中提出气候变化影响国家安全与国际关系的发展具备坚实的科学基础（IPCC，2014）。同年，中美发布了《中美气候变化联合声明》，首次确认气候变化是人类面临的最大威胁，应对气候变化同时也将增强国家安全和国际安全。当前，“一带一路”沿线地区的局部冲突在一定程度上与气候变化相关，如叙利亚可能由于干旱引发的粮食危机，导致 100 多万人迁移而发生内战；尼日利亚伊斯兰极端分子利用气候变化引发自然资源短缺发动反政府袭击；苏丹达尔富尔地区由于气候变化形成的持续性干旱而导致牧民与农民发生冲突（刘长松，2017）。“一带一路”沿线区域多为发展中国家，而气候变化受到的影响和损害程度最深的是发展中国家，这种影响可能会影响“一带一路”沿线地区关系的发展（中等信度）。

4. 气候变化促进沿线地区增进生态环境合作和地缘环境合作

“一带一路”沿线区域超过 60 个国家正遭受荒漠化、土地退化和干旱危害，中亚、北亚、南亚、中东等地区均不同程度地遭受荒漠化和干旱的威胁，尽管不同经济走廊不同分段的主要生态约束性因素不尽相同，但气候变化可能加剧“一带一路”沿线区域生态环境脆弱性[①]。因此，环境保护是“一带一路”建设的重要议题。沿线区域经济发展任务繁重与生态环境先天脆弱之间的矛盾可能倒逼“一带一路”沿线地区提升环境保护的战略地位，为“一带一路”构建新型环境治理体系提供机遇（王洛忠和张艺君，2016）。应对气候变化和生态环境的合作可能推动国家合作的深化（中等信度），推动地缘环境合作议题向深层次地缘政治合作议题转变。

21.3.7 对北极航道的影响

北极是全球气候变化响应最显著的地区之一，特别是北极海冰融化导致的北极航道开通将对世界航运格局和大国战略博弈造成深刻的影响，同时也为中国参与北极事务、分享北极权益和拓展战略空间带来了机遇、挑战和风险（杨孟倩等，2016）。“冰

① 科技部 . 2018. 全球生态环境遥感监测 2018 年度报告 .

上丝绸之路”与北极航道有着紧密联系，两者不仅在空间上具有明显的共性特征，还存在本质上的可交汇融合之处，北极航道是“冰上丝绸之路”实施的基础，“冰上丝绸之路”则以北极航道为主体（李振福等，2018）。“冰上丝绸之路”赋予了北极航道新的发展契机，在“冰上丝绸之路”建设背景下，充分了解北极航道对气候变化的响应，将更好地推动“冰上丝绸之路”建设。

1. 气候变化对东北亚航运格局和沿线大国战略博弈产生宏观影响

在通航条件上，随着气候变暖，北极航道的经济性进一步显现，北极适航的时期逐年增加（中等信度）。据统计，2007~2012年通过东北航道的船只仅有107艘，而2013年一年通过东北航道的船只就高达71艘（孟德宾，2015）。在全球气候变化环境下，北极航道资源发展将趋于“新常态”。基于多年来北极东北航道内的海冰变化特征和通航情况分析，东北航道在9月通航的可能性最大，8月次之，10月通航困难较大（孟上等，2013）。有学者认为，北极海上航线将对全球海运集装箱运输系统产生深远影响，随着“北方航道”航行日的增加，集装箱贸易将越来越倾向于该航线（Wang et al.，2018）。同时也要看到，北极航道通航将对中国北方港口产生较为直接的影响和正面的冲击，中国应完善港口布局并积极参与北极通航事务（王丹和张浩，2014）。北极航道的通航对大国间的战略博弈也将造成深刻影响。诸如俄罗斯在北冰洋底的“插旗”行动及其在北极地区的计划，实质上反映了北极利益已促使各国加大了在北极地区的军事存在，将推进北极军事化（Lasserre et al.，2012）。中国同北极国家特别是航道所在国相比处于不对称地位，航道拥有者和支配者处在相反的战略位置，北极航道的开通对中国所造成的战略上的被动性不容忽视（陆俊元，2014）。针对这一问题，我国提出“近北极机制”这一新的治理北极的尝试，试图帮助中国在未来参与北极事务的策略层面寻求突破（柳思思，2012）。

2. 北极极端气候对“冰上丝绸之路”航行安全产生明显的负面影响

在具体影响层面上，低温和低能见度、海冰和冰山对北极航道和“冰上丝绸之路”建设的影响将成为长期的关注热点（中等信度）。比“商业价值”预期更直接、更重要的是必须应对北极复杂超常、严酷自然条件下的通航安全风险挑战，极地通航安全的基础和能力是建设北极航道中不可忽略的环节。北极航道通航中，低温不仅对船体造成危害，而且对船员自身也极易造成损伤。同时，冬季吹雪势必会影响能见度，而北极地区的积雪大部分是松散、颗粒片形式，容易被吹起，极易影响船舶操作人员对前方险情的判断（闫立，2011）。由于环境条件恶劣，北极水域的运输受到严格的技术限制，在冰雪侵袭的水域中运行的船需要更加强化的船体和更加强大的发动机，这些要求则反映在船舶的冰区等级中（Solakivi et al.，2018）。

海冰和冰山会对航道通航效率、航行安全产生较为明显的负向作用。基于1982~2004年的卫星数据分析表明，北极航道所在海域的海表反照率、海冰密集度均呈现明显的下降趋势（耿家营等，2014）。通过对比东北航道与苏伊士运河航线上各航行方案的经济性指标可以发现，在未考虑海冰的前提下，同等情况下前者的货运量较后者高 89.2%，考虑海冰影响后则下降至 27.6%（张爱锋和宋艳平，2014）。

21.4 适应对策

适应“一带一路”沿线地区的气候变化与生态环境演变，从减缓脆弱性和降低风险角度，提出人口迁移与气候移民、城市建设和城镇化发展、重大基础设施建设、经济发展与国际贸易、民族文化传承、地缘政治关系构建和北极航道建设等方面的宏观应对策略。

21.4.1 人口迁移与气候移民的适应对策

在可以预见的未来，极端气候风险事件将更加频繁，气候变化和自然灾害将成为民众迁移的又一个推动力，气候风险将是未来造成“一带一路”沿线地区人口迁移的主要原因。《联合国气候变化框架公约》（UNFCCC）中首次就移民、流离失所和计划搬迁问题达成一致，并指导人类在适应气候变化过程中如何应对人口流动问题。《坎昆适应框架》将移徙、流离失所和计划搬迁列为技术合作问题，强调有助于指导适应资金筹措的活动。通过《坎昆适应框架》、执行损失和损害工作计划附属机构，面向行动的解决方案和讨论正在 UNFCCC 进程中向前推进。这些政策进程促进了在气候变化背景下由国家和区域推动的关于气候移民、流离失所和重新安置等问题的工作的开展（Warner，2012）。

1. 建立“一带一路”沿线地区联合行动机制，提升气候移民适应能力建设

基于对气候移民问题的关心，易受影响的地区和国家必须立即行动起来，实施更广泛的应对气候移民的措施，在国家、区域和国际层面建立有效的适应机制，以应对其带来的各种不利影响，尽量减小未来气候移民对全球可持续发展的不利影响。具体包括：加强国际合作，推进地区间协作机制的建立与完善，协力促进气候移民难题的有效解决；在国际社会建立灵活应对气候移民迁移的政策、治理机制和管理机构；致力减缓与主动适应并举，降低气候移民被迫迁移的社会风险；降低气候移民的社会脆弱性，提升气候移民适应能力建设，弱化气候风险影响（曹志杰和陈绍军，2013）。

2. 立足气候承载力，将环境移民规划纳入国家和地方的适应战略

根据气候承载力和社会经济发展情景进行人口规划和布局，对于是否需要移民、往哪里移、如何移的问题，需要将“生态环境的人口承载力”作为衡量标准。将环境移民规划纳入国家和地方的适应战略，在更宏观的大背景下进行移民总体规划，需要充分考虑气候变化、国家和地方中长期发展规划等发展目标。加强国内外环境移民经验的分享与国际交流，建立区域气候变化和移民的基础数据库和信息沟通机制，建立气候移民领域的适应资金机制等（郑艳，2013）。移民本身是应对气候变化对自然资源

条件和环境危害影响的一部分，应对气候移民最终需要提高社区特别是易受气候变化影响的社区的恢复能力（Wyman，2013）。中国舟曲突发性特大泥石流和宁夏中部干旱引起的移民可作为案例借鉴。中国支持气候移民政策选择，综合突发和缓慢发生的灾害，结合自上而下和自下而上的方法，鼓励私营部门建立公私伙伴关系是主要的政策选择（Zhou et al.，2014）。

21.4.2 城市建设和城镇化发展的适应对策

应建立科学的城市气候变化预测系统及指标监测系统，制定符合地方条件的气候目标；将地方政府的气候承诺植入城市规划目标和行动计划中，制定并指导相关行动计划；通过多方合作提供更健全的行动保障体系（宋彦等，2011）。

1. 从减缓和适应两个方面制定适应气候变化的城市规划

城市规划是城市应对气候变化的关键途径，应从减缓和适用两个方面寻找路径。城市应从人口密度、土地覆被与植被、建筑特征、空间组织结构、土地利用多样性、太阳能应用、居住区空间分布和基础设施等方面开展适应气候变化的规划（Berrang-Ford et al.，2015；Wamsler et al.，2013）。在城市基础设施的规划上，应尽快完善城市极端天气应急响应机制，在城市道路的布设中引入弹性雨水基础设施。由于人为压力和气候变化引发的事件，沿海栖息地的可持续景观规划和管理已经成为全球议程的一个组成部分。

对于规划从业者，应该思考目前使用哪些信息来开发适应气候变化的城市响应，需要哪些额外的知识和资源来有效地规划未来的气候变化（Mitchell and Laycock，2019）。对城市形态的管理是决定城市气候变化适应能力的关键要素之一，低碳的城市空间形态应当防止城市的低密度蔓延式开发，提高土地混合和多样化利用，增强居住、就业、商业服务等活动的临近度和可达性，以减少出行需求，并鼓励公共交通和低碳出行（崔胜辉等，2015）。城市重要的绿色基础设施，同城市道路、给排水等基础设施一样对适应气候变化至关重要（Temmerman et al.，2013）。

2. 抓住影响城市气候安全的关键要素，建设气候适应型城市

气候适应型城市建设首先体现在安全性增量，不断降低灾害影响，即减少损失和减少人员伤亡（廖玉芳等，2018）。从影响城市气候安全的 6 个关键要素（城市设计、交通系统、能源系统、建筑、水系统和固体废弃物管理系统）来考虑适应策略。城市设计应改善基本服务不足的状况以及建设有恢复力的基础设施系统，降低城市地区的脆弱性和暴露度（刘绿柳等，2014）。对于交通系统气候安全策略，为应对气候变化带来的影响，“一带一路”沿线地区应遵循“减少—转变—改善”策略。城市建筑的气候安全策略主要通过以节能为导向的建筑设计和建筑运营两个途径来实现。能源系统通过减少能源需求、变革能源结构、发展分布式能源来应对气候变化。城市系统通过改善城市排水系统和固体废弃物管理系统，来提升防汛抗旱能力（Kang et al.，2016；张

媛媛等，2017）；为了使天然洪泛区功能能够支撑城市本身的抗洪能力，应提倡洪水适应，而不是洪水控制（Liao，2012）。

3. 借鉴发展中国家经验，开展气候适应型城市试点建设

对于“一带一路”沿线很多发展中国家，提倡利用当地的规划采取措施应对气候变化，发挥城市居民已有的创造潜力，不是照搬发达国家经验（Broto，2014），但发展中国家的经验值得借鉴（Jarvie et al.，2015）。2016 年中国政府印发《城市适应气候变化行动方案》，提出要依托现有的城市绿地、道路、河流及其他公共空间，打通城市通风廊道，增加城市的空气流动性，缓解城市“热岛效应”和雾霾等问题。中国选择 28 个典型城市开展气候适应型城市试点建设工作，其主要行动涉及城市规划、基础设施设计与建设、建筑工程、城市生态绿化、城市水安全、灾害综合管理系统、城市适应气候变化科技支撑能力等。

在南亚和东南亚，在洛克菲勒基金会和众多合作伙伴的支持下，很多城市已经确定了 59 项以上具体的复原能力建设措施，考虑了 10 个关键城市气候变化适应行动领域，以便加强它们预测、准备和应对突发与缓慢发作的影响类型的能力。具体包括：气候敏感的土地利用和城市规划；机构协调机制和能力支持；排水、防洪及固体废物管理；需水和养护系统；紧急管理和预警系统；响应卫生系统；弹性住房和运输系统；加强生态系统服务；多样化和保护受气候影响的生计；公民教育和能力建设（Brown et al.，2012）。

21.4.3 重大基础设施建设的适应对策

1. 联合搭建应对气候变化的基础设施建设科技合作平台，保障沿线重大工程顺利实施

开展“一带一路”沿线的科技合作是关乎中国对外开放长远大计和造福沿线人民福祉的重大部署，是实现民心相通的重要组成部分和促进途径（李泽红等，2015）。重大工程与基础设施规划布局要考虑气候变化因素，加强工程的气候可行性论证，建立适应气候变化和气象灾害的施工标准，运用适宜当地的低能耗、低排放技术助力沿线交通、管道等基础设施的建设，降低自然灾害对沿线重大工程的影响。当前基础设施建设方面科技合作的具体方式主要有共建联合实验室（研究中心）、国际技术转移中心，合作开展重大科技攻关，加强科技人员交流合作，开展青年创业培训和职业技能开发等。为进一步加强应对气候变化的能力，中国先后与德国、越南展开农业合作。其形式主要包括农业科技人员的定期互访与联合培养、农科问题的共同攻关、农业管理模式的学习借鉴、农业科研咨询的互联互通等（俞建飞和姜爱良，2018）。此外，国家间政策的契合性为加强气候变化与生态环境领域的科技合作、保障沿线重大工程顺利实施提供了重要契机。鉴于此，应加强海洋资源规划、产业链优化、基础设施风险防控、重大自然灾害应对等重点领域的合作，尤其应重点关注气候变化和自然灾害应对合作领域。

2. 建立“一带一路”沿线地区气候变化与生态环境联合风险监测预警机制

“一带一路”沿线地区是自然灾害多发地区，减少自然灾害应当建立丝绸之路经济带孕灾背景和灾害数据库，集成现有的灾害防控技术，发展空 – 天 – 地立体、全天候的监测预警方法，科学评估灾害风险，并建立多国协调减灾和信息共享机制（崔鹏等，2018）。未来“一带一路”沿线城市化水平和经济总量将呈增加趋势，城市人口比重由 2016 年的 48% 增长至 2100 年的 77.9%，GDP 总量由 57 万亿美元增长至 371 万亿美元（景丞等，2019）。到 21 世纪中叶，沿线国家平均人口密度约 95 人 / 平方千米，GDP 约 164 万美元 / 平方千米（姜彤等，2018），应尽快在沿线各国构建起生态环境联合风险监测预警机制，将经济发展保持在合理的规模。

3. 提升港口建设水平与运载能力，加强国际海运合作

当前中国与东盟诸国还存在港口基础设施参差不齐、合作机制不足、便利化水平不高和具体行业规则标准衔接不够等问题，为此，在中国 – 东盟港口建设中应力求合作共赢，打造“海上港口网络”；加快相关基础设施建设；完善港口建设合作机制和通关便利化制度。维持海洋航行安全是实现沿线各国经贸往来的重要前提，一定的海运能力是“21 世纪海上丝绸之路”沿线各国实现互联互通的基本保障。2013 年 6 月 20 日，中国与欧盟进一步修订《中欧海运协定》议定书，将合作领域扩展到船舶能效、清洁能源应用、船级社互认等海运、海事领域。为保障海运安全，中国与国际社会一道，开展以亚丁湾编队为代表的护航任务（唐永胜，2013）。此外，中国还致力于改进海洋灾害预警方法，提升预警精度，为沿线国家提供险情预报等服务。

21.4.4 经济发展与国际贸易的适应对策

在经济发展中，通过共同利益促进“一带一路”沿线地区在减缓气候变化、改善当地环境质量和经济发展方面取得双赢局面（de Oliveira et al.，2013）。各国根据自身情况制定减排政策的同时，需要国际社会制定与其相适应的差异化且有侧重的援助方案。技术创新强国在涉及应对气候变化技术转移知识产权等事项上应该给予技术需求国让步（马志云和刘云，2017）。

1. 从水资源安全性进行系统思考，减少气候变化对农业的影响

应对气候变化对农业水资源的影响，应从水资源安全性制度进行系统思考，组成一个以水资源产权制度为核心，水资源统一管理制度为前提，水权交易与水资源市场制度为基础，水资源价格制度为手段，水资源法律监督制度为保障，水资源文化制度为条件的完整的水资源制度体系（张秀琴，2013）。重视气候变化的时空差异与水、土、气、生的可持续发展，研发适应气候变化的农业持续发展精细化适应区划技术，平衡适应气候变化的作物布局及其与粮食产量的关系，平衡适应气候变化的节水农业技术及其与粮食产量的关系，针对气候变化的时空变异大、不同地区的种植制度不同的特

点，研究品种更新换代、引进适宜作物品种，确定适应气候变化的灌溉量指标和方案（周广胜等，2016）。

2. 制定灵活的战略实施方案，鼓励发展本地化的气候适应技术

利用现有环境与气候合作机制，协助提升沿线国家应对气候变化的能力。发挥融资机制的激励和约束作用，提高各方应对气候变化的自觉性。针对沿线不同地区的自然条件和社会状况，制定灵活的战略实施方案（王志芳，2015）。对于“一带一路”不发达地区，鼓励发展本地化的气候适应技术，如小型和微型水力发电、风力涡轮机、电动汽车和太阳能电池等（Schmidt and Huenteler，2016）。

3. 加强气候金融支持，推进绿色产业发展

气候金融伴随着全球气候变化问题的产生而形成，其也必将伴随全球应对气候变化事业的深入而发展。气候变化减缓化、适应化和气候友好技术市场化将是气候金融支持的三大领域（吴恩涛和马靖，2015）。适应策略包括：推动开展巨灾保险证券化工作，加大对地震、水灾等保险公司不愿承担重大灾难的资金支持；鼓励低碳类企业发行低碳债券；大力发展绿色产业，制定基础建设的绿色标准、实施严格的绿色财税政策、推行大力扶持绿色产业发展的金融政策、加强低碳技术的国际合作。

4. 发挥中国带头作用，推进“一带一路”绿色命运共同体建设

中国在国际上积极促进《巴黎协定》全面均衡落实和实施的同时，要利用当前减排压力相对宽松的国际环境和全球能源变革与低碳发展的有利形势，立足国内可持续发展的内在需求，加快促进经济绿色低碳转型，打造先进能源和低碳技术的核心竞争力，为应对未来全球减排进程更为紧迫的形势奠定基础（王文涛等，2018）。从绿色外交实力、制度性能力、资源协调能力、绿色金融引领力以及话语性能力这五个方面来推动中国清洁能源外交，并以此为契机，推进“一带一路”绿色命运共同体的建设（李昕蕾，2017）。切实履行中国企业社会责任，从产品和服务的全生命周期角度出发，将环境影响评价、生态补偿和企业社会责任纳入其中，通过供应链管理措施，减少对“一带一路”投资国潜在的环境与生态影响（刘海猛等，2019）。秉承生态文明建设和绿色发展理念，与沿线国家可持续发展战略相对接，加强先进能源产业与低碳基础设施的建设和互联互通（何建坤，2018）。

21.4.5 民族文化传承的适应对策

1. 建立“一带一路”气候治理综合论坛和联盟，缩小民族之间的文化鸿沟

以《联合国气候变化框架公约》和《巴黎协定》为核心，搭建多元共生的“一带一路”气候治理制度框架和应对气候变化的合作平台，建立“一带一路”气候治理的综合论坛和联盟，并纳入“一带一路”高端论坛峰会，以发挥气候共同治理形成的民

族凝聚力，缩小民族之间的文化鸿沟。提升气候变化适应能力，加强沿线国家的基础设施建设和清洁能源投资。中国企业可重点投资包括道路、港口、桥梁和电站等在内的基建项目，加强清洁能源投资和贸易，提高沿线国家抵御环境灾害风险能力和清洁能源产业的发展，促进沿线国家关系的稳定。

2. 构建“一带一路”生态环境文明传播机制，共建绿色丝绸之路

在维护发展中国家经济发展诉求的基础上，弘扬丝绸之路文化，坚持以“共同但有区别的责任”为基本原则，大力倡导“共建绿色丝绸之路”，积极构建“低碳共同体”。调动沿线非政府组织应对气候变化的积极性。开展丝路文明兴衰过程、社会文化变迁与气候变化的相互作用研究，解释气候突变对丝绸之路兴衰的影响。提升沿线国家对中国生态发展理论的认同，实现对中国生态发展理论的科学引领，树立“一带一路”生态环境建设的大国形象。

21.4.6 地缘政治关系构建的适应对策

为有效防范气候变化引发的“一带一路”地缘政治风险，各国需要与沿线国家相关政府部门和工作组联合开展活动。

1. 积极承担应对全球气候变化合作，推进气候变化南南合作

中国可考虑将气候变化南南合作重心向“一带一路”沿线地区倾斜，形成以“一带一路”气候治理机制为核心的国际气候治理新模式。多学科交叉和综合本地研究，开展全球变化影响、适应和防灾减灾的研究，厘清气候变化与能源安全、水资源冲突、粮食安全等多重安全关系。

2. 借鉴国际油气资源开发合作模式，强化沿线国家能源合作与能源外交

可供国际尤其资源开发合作的模式包括：①贷款换油模式。为油气资源国提供资金，实现油气产量增长。②产量分成模式。资源国拥有油气资源所有权与专营权，油气公司承担勘探、开发和生产费用，与资源国进行产量分成。③联合经营模式。其包括合资经营和联合作业。④技术服务模式。合作国为解决资源国油气资源勘探、开发、加工等技术问题而开展合作。

3. 加强跨境流域水资源协同管理，建立公平互认的公共水科学分配机制

在全球变化影响下，水危机位列未来10年世界风险之首，以国际河流区的跨境水纠纷及其导致的地缘战略竞争最受关注（何大明等，2016）。跨境河流具有重要的地缘政治和地缘经济内涵，但由于人口与经济的快速发展，跨境河流沿岸国常围绕水资源的开发和利用引发地区矛盾。为更好地应对“一带一路”沿线地区可能出现的各种水安全挑战，中国必须遵循坚持维护国家整体利益；坚持和谐世界思想和“亲、诚、惠、容”的外交理念，坚持和平发展、互利共赢；坚持政府水外交与公共水外交相互配合

的基本原则，建立科学的利益分享与生态补偿机制，着力提升国际话语权（张瑞金等，2017）。

21.4.7 北极航道建设的适应对策

北极科学既是一个具有全球意义的基础理论问题，也是一个关系到中国现实利益的应用问题（陆俊元，2010）。在基础研究方面，我们需要理解北极自然条件的变化对中国自然、经贸环境变化的作用机制等问题，继续加强对北极地区的科学调查与研究，为制定中国的北极战略提供科学支持（梁昊光，2018）；在应用方面，我们需逐步搞清北极气候变暖对中国气候、生态、运输、贸易等各领域的具体影响，为中国的北极适应策略指明方向，防止其在复杂的北极国际竞争中陷于盲目被动地位（李振福等，2018；董利民，2019）。

1. 优先开展北极航道的可行性及相关基础工作论证

基础论证是研究包括气候变暖对北极航道各方面影响的先行工作。2018 年 7~9 月，中国进行了第九次北极科学考察。通过在北极地区的九次科学考察，中国有关机构和科研人员获得了大量重要的科学数据和成果，但是离我们掌握北极状况的巨大需求尚存在较大距离。因此，中国应该继续加大对北极研究的投入，开展更广泛、更细致和更全面的北极调查，尤其需要取得北极航道、能源资源等同中国国家利益密切关联的科学数据和成果，以利于我们对中国在北极地区的国家利益进行客观评估，为中国制定北极政策和处理北极事务时提供科学依据（李振福，2019）。

2. 加强气候变化对北极影响的基础研究和调查，共建北极命运共同体

随着北极变暖，北极海冰快速消融，传统冰封区域日益具备通航条件，一旦北极航道开启规模性通航，势必给沿线国家带来航运便利以及巨大的经济利益，对世界的政治、经济格局也将产生复杂而深远的影响。但同时，北极近海大陆架的主权归属、航道管辖权、战略制高点争夺以及资源开发利用话语权、环境保护将会成为国际上富有争议的热点问题。尽管北极理事会发布了一列评估报告，但是人类现存的北极地区知识体系与现实之间仍存在较大的知识鸿沟，需要进一步开展大量细致的观测与研究。相对于世界其他地区而言，北极地区的自然地理、地质构造、水文气象更为复杂，这就需要强化北极地区国家以及各个国际组织间的协调组织能力，主动参与并构建由多个国家及组织的科学家参与的国家科学考察团队到北极地区进行联合科学考察，建立北极观测网络，构建北极科学考察共同体和北极命运共同体。

3. 提升北极航道环境安全保障的监测能力

北极作为一个巨大的冷源，是全球气候系统的重要组成部分。但北极极端且复杂的自然地理环境使得北极区域的航行具有危险性和特殊性，特别是低温和低能见度、海冰和冰山等情况，对北极航道能否开通、能否安全航行起着决定性作用（解国强，

2014）。目前，对复杂海况的监测主要包括沿岸台站测量、沿岸冰调查、破冰船调查、卫星遥感、平台定点观测、航空遥感、机载监测等测量手段。但长期以来，中国对海况的监测一般停留在大尺度的卫星遥感监测上，对北冰洋地区的监测也存在进一步细化的空间（马龙等，2018）。因此，在气候变暖、北极航道即将全面通航的大背景下，提升小尺度范围的海冰监测技术能力、对北极航道加强观测是中国自身应该加强的工作重点；同时也应积极推动国际合作，在北冰洋区域，特别是在北极航道周边设置更多的观测站，提升北极航道的环境安全保障。

4. 积极参与俄罗斯北极航道开发

中俄共同致力于深化全面战略协作关系，建立互信、互尊、互助、互惠的北极关系，其是中俄全面战略协作关系新的重要拓展。一方面，中俄两国在地缘经济上具有互补性。俄罗斯与中国围绕北极地区资源开发合作方面的互补性尤为突出。俄罗斯在北极地区的能源和资源富足，经济开发潜力巨大（肖洋，2018；谢晓光和程新波，2019）。而中国对能源与资源的需求量巨大，对外依赖较严重，但其具有强大的对外投资优势（程春华，2012）。另一方面，在国际政治中，俄罗斯保持较强的自主性和独立性。中俄在国际政治中的共同遭遇和两国的共同战略利益使两国关系不断往前推进，在很多国际和地区热点问题上，俄罗斯与中国的战略互信、战略合作在双边关系和多边关系中都得到体现。因此，中国与俄罗斯在政治上的互信与合作是两国在未来发展中开展北极事务的重要保障，而积极参与俄罗斯对北极航道的开发，将是中国融入“北极圈子”、开发北极航道的重要手段（赵隆，2018）。

21.5 主要结论和知识差距

21.5.1 主要结论

“一带一路”沿线地区总体气候变暖，极端高温与旱灾明显增多；中高纬度降水普遍增多，中低纬度区域差异明显，极端降水强度总体增强。植被覆盖度总体增加，其增长率存在显著区域差异。生态系统复杂多样，且空间分异显著，其中森林、湿地、海岸带生态系统等受到的威胁较大。

“一带一路”沿线地区气候变化与生态环境演变对该地区的政策沟通、设施联通、贸易畅通、资金融通、民心相通等领域产生了重要影响，在人口迁移、城市化发展、基础设施、经济贸易、文化交流、地缘政治、北极航道等多方面表现出较大风险与脆弱性。其主要表现在：“一带一路”沿线地区一直处于人口外流状态，气候变化通过土地、水资源、生境等加剧了发展中国家向外移民的进程；气候变化引发的海平面上升、风暴潮、盐水入侵对沿海城市和港口影响的风险加大，城市群和特大城市成为遭受气候变化影响的高风险区，增加了城市防洪排涝压力、碳排放压力与城市公共健康威胁；加大了交通运输等基础设施建设及运营成本，降低了互联互通的效率；改变着“一带一路”沿线地区粮食生产空间格局，加大了区域和全球粮食安全风险；也加大了“一带一路”沿线地区旅游业、金融保险业等行业的不确定性，促进了制造业清洁生产机制的实施；气候变化可能是引发“一带一路”沿线地区或民族间冲突的重要因素；气候变化引发“一带一路”能源安全和能源结构调整，导致大国间形成能源地缘政治冲突；气候变暖有利于“北极航道”的通航，将改变东北亚航运格局和中国在北极战略博弈中的地位。

应对和适应“一带一路”沿线地区气候变化与生态环境演变态势，需要建立气候变化与生态环境联合风险监测预警和跨国共建机制；加强气候变化与生态环境领域科技合作，保障沿线重大工程建设顺利实施；加强跨境流域水资源协同管理，评估资源承载力和环境容量；加强沿线国家海上合作，保护海洋生态系统健康和生物多样性；加强国际海运合作，提升海洋公共服务和海上航行安全合作；弘扬丝路文化，倡导生态文明和人类命运共同体理念。

在“一带一路”建设过程中，需要坚持趋利避害并举、适应和减缓并重原则，不断提升对气候变化规律的认识水平和把握能力，科学评判气候变化和生态环境演变对“一带一路”建设的影响，有效提出应对和适应策略，从而进一步为构建包括经济发展共同体、生态环境保护共同体、应对全球气候变化共同体等人类命运共同体提供科学支撑。

21.5.2 知识差距

受“一带一路”沿线地区研究空间范围大且仍在变动的影响，本章无法准确绘制出气候变化和生态环境演变对“一带一路”沿线地区建设影响的图件和表格。“一带一路”倡议于 2013 年提出，时间短、尺度大、无确定范围，给开展评估带来了挑战。本章梳理的近 200 篇文献多数是对典型地区、典型事件所做的工作，缺乏对“一带一路”沿线地区整体性和系统性的深入研究，这大大增加了本次评估的难度。受知识结构的限制，本章对长尺度的气候变化和生态环境演变规律掌握不够，评估“一带一路”沿线地区气候变化与生态环境演变对其建设的影响后果带有一定的主观性和不确定性，但仍可把握其总体演变方向和影响趋势，因此有针对性地提出宏观适应策略。

分析评估气候变化和生态环境演变对“一带一路”建设的影响及适应策略，实质是落实《联合国 2030 年可持续发展议程》和“未来地球计划”在“一带一路”沿线地区的具体实践。归根到底是研究“一带一路”沿线地区人地关系耦合演变规律，寻找“一带一路”沿线地区人与自然和谐共生的最佳平衡点。但气候变化和生态环境演变对“一带一路”沿线地区经济社会发展、地缘政治格局、资源能源配置的影响存在诸多的不确定性，受评估能力和知识水平所限，评估结果可能存在偏差，系统性的科学认知是今后努力的重要方向。

▪ 参考文献

曹志杰，陈绍军 . 2013. 气候变化条件下的气候移民问题及对策分析 . 长江流域资源与环境，22（4）:

527-534.
程春华 . 2012. 北极能源开发新动向 . 国际石油经济, 20（5）: 54-58.
丑洁明, 董文杰, 延晓冬 . 2016. 关于气候变化对社会经济系统影响的机理和途径的探讨 . 大气科学, 40（1）: 191-200.
崔鹏, 胡凯衡, 陈华勇, 等 . 2018. 丝绸之路经济带自然灾害与重大工程风险 . 科学通报, 63（11）: 989-997.
崔胜辉, 徐礼来, 黄云凤, 等 . 2015. 城市空间形态应对气候变化研究进展及展望 . 地理科学进展, 34（10）: 1209-1218.
丁金光, 张超 . 2018.“一带一路”建设与国际气候治理 . 现代国际关系, 9 : 53-59.
董利民 . 2019. 北极地区斯瓦尔巴群岛渔业保护区争端分析 . 国际政治研究, 40（1）: 70-96.
董锁成, 陶澍, 杨旺舟, 等 . 2011. 气候变化对中国中西部地区城市群的影响 . 干旱区资源与环境,（2）: 72-76.
杜祥琬 . 2013. 气候变化问题的深度: 应对气候变化与转型发展 . 中国人口 · 资源与环境, 23（9）: 4-8.
方创琳 . 2020. 中国城市群地图集 . 北京: 科学出版社 .
封珊, 徐长乐 . 2014. 全球气候变化及其对人类社会经济影响研究综述 . 中国人口 · 资源与环境, 24（S2）: 6-10.
冯雪红, 张梦尧 . 2018.“一带一路”建设中民族交往的意义、内容及路径 . 湖北民族学院学报（哲学社会科学版）, 36（5）: 16-19.
耿家营, 管磊, 吴凡, 等 . 2014. 基于卫星数据的北极海冰变化分析 . 海洋技术学报, 33（2）: 8-13.
郭家宏 . 2007. 20 世纪南亚民族主义的发展及其特征 . 世界经济与政治论坛,（2）: 62-68.
国家气候变化对策小组办公室 . 2005. 全球气候变化: 人类面临的挑战 . 北京: 商务印书馆 .
国家信息中心 . 2018.“一带一路”大数据报告（2018）. 北京: 商务印书馆 .
何大明, 刘恒, 冯彦, 等 . 2016. 全球变化下跨境水资源理论与方法研究展望 . 水科学进展, 27（6）: 928-934.
何建坤 . 2018.《巴黎协定》后全球气候治理的形势与中国的引领作用 . 中国环境管理, 10（1）: 9-14.
贺小荣, Jiang M. 2015. 国外气候变化与旅游发展研究的新进展 . 地理与地理信息科学, 31（4）: 100-106.
洪菊花, 骆华松 . 2015. 中国与东南亚地缘环境和跨境河流合作 . 世界地理研究, 24（1）: 29-37.
江东, 付晶莹, 郝朦朦, 等 . 2015. 一带一路沿线资源环境与社会发展特征分析 . 石家庄: 河北科学技术出版社 .
姜彤, 王艳君, 袁佳双, 等 . 2018.“一带一路”沿线地区 2020—2060 年人口经济发展情景预测 . 气候变化研究进展, 14（2）: 155-164.
景丞, 苏布达, 巢清尘, 等 . 2019. 基于共享社会经济路径的“一带一路”沿线地区城市化水平与经济预测研究 . 中国人口 · 资源与环境, 29（1）: 21-31.
李德仁, 余涵若, 李熙 . 2017. 基于夜光遥感影像的“一带一路”沿线地区城市发展时空格局分析 . 武汉大学学报（信息科学版）, 42（6）: 711-720.
李明亮, 李原园, 侯杰, 等 . 2017.“一带一路”沿线地区水资源特点分析及合作展望 . 水利规划与设计,（1）: : 34-38.

李清，康世昌，张强弓，等 . 2014. 青藏高原纳木错湖近 150 年来气候变化的湖泊沉积记录 . 沉积学报，32（4）：669-676.

李伟，杜伟，王帅强 . 2019.“一带一路”部分国家生态绩效评估 . 会计之友，（2）：137-142.

李昕蕾 . 2017.“一带一路”框架下中国的清洁能源外交——契机、挑战与战略性能力建设 . 国际展望，9（3）：36-57.

李泽红，董锁成，石广义 . 2015. 关于制定“‘丝绸之路经济带’重大工程建设与安全科技支撑计划”的思考 . 中国科学院院刊，30（1）：37-45，31.

李振福 . 2019.“冰上丝绸之路”再思考 . 中国船检，（1）：50-53.

李振福，陈卓，陈雪，等 . 2018. 北极航线开发与“冰上丝绸之路”建设：一个文献综述 . 中国海洋大学学报（社会科学版），（6）：7-18.

梁昊光 . 2018. 北极航道的“新平衡”：战略与对策 . 人民论坛 · 学术前沿，（22）：92-97.

廖玉芳，温家洪，郭凌曜，等 . 2018. 关于气候适应型城市建设的思考 . 灾害学，33（3）：1-6.

刘长松 . 2017. 气候变化与国家安全 . 中国发展观察，（11）：20-22.

刘海猛，胡森林，方恺，等 . 2019.“一带一路”沿线地区政治 – 经济 – 社会风险综合评估及防控 . 地理研究，38（12）：2966-2984.

刘锦前，李立凡 . 2015. 南亚水环境治理困局及其化解 . 国际安全研究，（3）：136-154.

刘绿柳，许红梅，马世铭 . 2014. 气候变化对城市和农村地区的影响、适应和脆弱性研究的认知 . 气候变化研究进展，10（4）：254-259.

刘砚平，贾路路 . 2011. 气候变化对金融业发展影响文献综述 . 山东行政学院学报，（6）：49-52，76.

柳钦火，吴俊君，李丽，等 . 2018.“一带一路”沿线地区可持续发展生态环境遥感监测 . 遥感学报，22（4）：686-708.

柳思思 . 2012.“近北极机制”的提出与中国参与北极 . 社会科学，（10）：26-34.

陆俊元 . 2010. 北极地缘政治与中国应对 . 北京：时事出版社 .

陆俊元 . 2014. 北极环境变化对中国的战略影响分析 . 人文地理，29（4）：98-103.

陆咏晴，严岩，丁丁，等 . 2018. 中国极端降水变化趋势及其对城市排水压力的影响 . 生态学报，38（5）：1661-1667.

马丽君，孙根年，谢越法，等 . 2012. 气候变化对旅游业的影响：气候舒适度视角 40 座城市的定量分析 . 旅游论坛，5（4）：35-40.

马龙，王加跃，刘星河，等 . 2018. 北极东北航道通航窗口研究 . 海洋预报，35（1）：52-59.

马志云，刘云 . 2017. 应对气候变化关键技术创新差异的时空格局——以“一带一路”沿线地区为例 . 中国人口 · 资源与环境，27（9）：102-111.

孟德宾 . 2015. 北极航道对全球贸易格局的影响研究 . 上海：上海社会科学院 .

孟上，李明，田忠翔，等 . 2013. 北极东北航道海冰变化特征分析研究 . 海洋预报，30（2）：8-13.

彭里政俐，Stewart M G. 2014. 气候变化对中国钢筋混凝土基础设施碳化腐蚀及破坏风险的影响 . 土木工程学报，47（10）：61-69.

齐庆华，蔡榕硕 . 2017. 21 世纪海上丝绸之路海洋环境的气候变化与风暴灾害风险探析 . 海洋开发与管理，34（5）：67-75.

钱凤魁，王文涛，刘燕华 . 2014. 农业领域应对气候变化的适应措施与对策 . 中国人口 · 资源与环境，24

（5）: 19-24.

覃志豪，唐华俊，李文娟 . 2015. 气候变化对中国粮食生产系统影响的研究前沿 . 中国农业资源与区划，36（1）: 1-8.

乔东海，赵元艺，汪傲，等 . 2017.“一带一路”沿线地区能源金属矿床分布规律及开发工艺 . 地质通报，36（1）: 66-79.

宋彦，刘志丹，彭科 . 2011. 城市规划如何应对气候变化——以美国地方政府的应对策略为例 . 国际城市规划，26（5）: 3-10.

唐金荣，张涛，周平，等 . 2015.“一带一路”矿产资源分布与投资环境 . 地质通报，34（10）: 1918-1928.

唐永胜 . 2013. 中国参与亚丁湾反海盗行动与大国责任 . 国际政治研究，34（2）: 6-9.

王丹，张浩 . 2014. 北极通航对中国北方港口的影响及其应对策略研究 . 中国软科学，（3）: 16-31.

王豪杰，左其亭，郝林钢，等 . 2018.“一带一路”西亚地区降水时空特征及空间均衡分析 . 水资源保护，34（4）: 35-41，79.

王礼茂，李红强，顾梦琛 . 2012. 气候变化对地缘政治格局的影响路径与效应 . 地理学报，67（6）: 853-863.

王洛忠，张艺君 . 2016.“一带一路”视域下环境保护问题的战略定位与治理体系 . 中国环境管理，8（4）: 60-64.

王绍锋，张洪勋，胡磊闯 . 2019.“一带一路”沿线国家清洁能源投资区位选择研究 . 国际工程与劳务，414（1）: 47–50.

王文涛，刘燕华，于宏源 . 2014. 全球气候变化与能源安全的地缘政治 . 地理学报，69（9）: 1259-1267.

王文涛，滕飞，朱松丽，等 . 2018. 中国应对全球气候治理的绿色发展战略新思考 . 中国人口 · 资源与环境，28（7）: 1-6.

王晓芳，谢贤君，赵秋运 . 2018.“一带一路”倡议下基础设施建设推动国际产能合作的思考——基于新结构经济学视角 . 国际贸易，（8）: 22-27.

王志芳 . 2015. 中国建设“一带一路”面临的气候安全风险 . 国际政治研究，36（4）: 56-72.

吴恩涛，马靖 . 2015. 关于气候金融问题的回顾与展望 . 环境与可持续发展，40（6）: 54-55.

吴绍洪，刘路路，刘燕华，等 . 2018.“一带一路”陆域地理格局与环境变化风险 . 地理学报，73（7）: 1214-1225.

吴喜德，纪龙 . 2013. 关于气候变化对中国港口影响及应对措施的探讨 . 中国水运（下半月），13（10）: 116-118，212.

肖洋 . 2018. 俄罗斯参建“冰上丝绸之路”的战略动因与愿景展望 . 和平与发展，（6）: 107-119.

谢晓光，程新波 . 2019. 俄罗斯北极政策调整背景下的“冰上丝绸之路”建设 . 辽宁大学学报（哲学社会科学版），47（1）: 184-192.

解国强 . 2014. 北极东北航道航行环境及安全航行研究 . 大连：大连海事大学 .

徐冠华，葛全胜，宫鹏，等 . 2013. 全球变化和人类可持续发展：挑战与对策 . 科学通报，58（21）: 2100-2106.

徐新良，王靓，蔡红艳 . 2016.“丝绸之路经济带”沿线主要国家气候变化特征 . 资源科学，38（9）: 1742-1753.

许琳，陈迎 . 2013. 全球气候治理与中国的战略选择 . 世界经济与政治，1：116-134.

闫力 . 2011. 北极航道通航环境研究 . 大连：大连海事大学 .

严中伟，钱诚，罗毅，等 . 2019. 气候特征与变化趋势 // 刘卫东等 . 共建绿色丝绸之路：资源环境基础与社会经济背景 . 北京：商务印书馆：308-320.

杨晨曦 . 2014. "一带一路" 沿线地区能源合作中的大国因素及应对策略 . 新视野，（4）：124-128.

杨孟倩，葛珊珊，张韧 . 2016. 气候变化与北极响应：机遇，挑战与风险 . 中国软科学，（6）：17-25.

杨思灵 . 2016. 南亚地区安全：多重层次分析视角 . 国际安全研究，34（6）：66-89.

杨永平，王艳芬，陈曦，等 . 2019. 生态系统和生物多样性的现状与变化趋势 . 共建绿色丝绸之路：资源环境基础与社会经济背景 . 北京：商务印书馆 .

姚俊强，刘志辉，张文娜 . 2014. 土库曼斯坦水资源现状及利用问题 . 中国沙漠，34（3）：885-892.

姚秋蕙，韩梦瑶，刘卫东 . 2018. "一带一路" 沿线地区隐含碳流动研究 . 地理学报，73（11）：2210-2222.

姚予龙，邵彬，李泽红 . 2018. "一带一路" 倡议下中俄林业合作格局与资源潜力研究 . 资源科学，40（11）：2153-2167.

于胜泉 . 2012. 北极航线通航环境影响因素分析 . 大连：大连海事大学 .

俞建飞，姜爱良 . 2018. 探索新增长点："一带一路" 背景下中德农业科技合作的现实困境与模式创新 . 科技管理研究，38（22）：31-35.

张爱锋，宋艳平 . 2014. 基于海冰影响的北极航线经济性研究 . 大连海事大学学报，40（2）：43-46.

张明顺，王义臣 . 2015. 城市地区气候变化脆弱性与对策研究进展 . 环境与可持续发展，40（1）：28-32.

张瑞金，张欣，樊彦芳，等 . 2017. "一带一路" 背景下中国周边水外交战略思考 . 边界与海洋研究，2（6）：14-23.

张秀琴 . 2013. 气候变化背景下我国农业水资源管理的适应对策 . 杨凌：西北农林科技大学 .

张媛媛，刘江，高莉洁，等 . 2017. 中国沿海城市应对气候风险发展策略概述 . 城市建筑，（21）：6-9.

赵隆 . 2018. 中俄北极可持续发展合作：挑战与路径 . 国际问题研究，（4）：49-67.

赵同谦，欧阳志云，郑华 . 2004. 中国森林生态系统服务功能及其价值评价 . 自然资源学报，19（4）：480-491.

郑艳 . 2013. 环境移民：概念辨析、理论基础及政策含义 . 中国人口 · 资源与环境，23（4）：96-103.

周广胜，何奇瑾，汲玉河 . 2016. 适应气候变化的国际行动和农业措施研究进展 . 应用气象学报，27（5）：527-533.

周志高，林爱文，王伦澈 . 2017. 长江中游城市群太阳辐射长期变化特征及其与气象要素的关系研究 . 长江流域资源与环境，26（4）：563-571.

Abdullaev I，Rakhmatullaev S. 2015. Transformation of water management in Central Asia：from State-centric，hydraulic mission to socio-political control. Environmental Earth Sciences，73：84-861.

Abel G J，Brottrager M，Cuaresma J C，et al. 2019. Climate，conflict and forced migration. Global Environmental Change-Human and Policy Dimensions，54：239-249.

Aghion P，Dechezleprêtre A，Hemous D，et al. 2016. Carbon taxes，path dependency，and directed technical change：evidence from the auto industry. Journal of Political Economy，124（1）：1-51.

Angel D，Rock M. 2017. Asia's Clean Revolution：Industry，Growth and the Environment. London：

Routledge.

Berlemann M, Steinhardt M F. 2017. Climate change, natural disasters, and migration—a survey of the empirical evidence. Cesifo Economic Studies, 63 (4): 353-385.

Berrang-Ford L, Pearce T, Ford J D. 2015. Systematic review approaches for climate change adaptation research. Regional Environmental Change, 15 (5): 755-769.

Black R, Bennett S R, Thomas S M, et al. 2011. Climate change: migration as adaptation. Nature, 478 (7370): 447.

Bohra-Mishra P, Oppenheimer M, Cai R H, et al. 2017. Climate variability and migration in the Philippines. Population and Environment, 38 (3): 286-308.

Broto V C. 2014. Viewpoint: planning for climate change in the African city. International Development Planning Review, 36 (3): 257-264.

Brown A, Dayal A, del Rio C R. 2012. From practice to theory: emerging lessons from Asia for building urban climate change resilience. Environment and Urbanization, 24 (2): 531-556.

Bulkeley H. 2013. Cities and Climate Change. London: Routledge.

Burke M, Hsiang S M, Miguel E. 2015. Global non-linear effect of temperature on economic production. Nature, 527 (7577): 235.

Campbell J R. 2014. Climate-change migration in the Pacific. Contemporary Pacific, 26 (1): 1-29.

Carleton T A, Hsiang S M. 2016. Social and economic impacts of climate. Science, 353 (6304): aad9837.

Cattaneo C, Bosetti V. 2017. Climate-induced international migration and conflicts. Cesifo Economic Studies, 63 (4): 500-528.

Chakrabarty S, Wang L. 2013. Climate change mitigation and internationalization: the competitiveness of multinational corporations. Thunderbird International Business Review, 55 (6): 673-688.

Coniglio N D, Pesce G. 2015. Climate variability and international migration: an empirical analysis. Environment and Development Economics, 20 (4): 434-468.

Dai A. 2013. Increasing drought under global warming in observations and models. Nature Climate Change, 3 (1): 52-58.

Dalin C, Konar M, Hanasaki N, et al. 2012. Evolution of the global virtual water trade network. Proceedings of the National Academy of Sciences of the United States of America, 109 (16): 5989-5994.

Davis K F, Bhattachan A, d'Odorico P, et al. 2018. A universal model for predicting human migration under climate change: examining future sea level rise in Bangladesh. Environmental Research Letters, 13 (6): 1-10.

de Oliveira J A P, Doll C N H, Kurniawan T A, et al. 2013. Promoting win win situations in climate change mitigation, local environmental quality and development in Asian cities through co-benefits. Journal of Cleaner Production, 58: 1-6.

de Stefano M C, Montes-Sancho M J, Busch T. 2016. A natural resource-based view of climate change: innovation challenges in the automobile industry. Journal of Cleaner Production, 139: 1436-1448.

Duvillard P A, Ravanel L, Marcer M, et al. 2019. Recent evolution of damage to infrastructure on permafrost in the French Alps. Regional Environmental Change, 19 (5): 1281-1293.

Furrer B, Hamprecht J, Hoffmann V H. 2012. Much ado about nothing? How banks respond to climate change. Business & Society，51（1）：62-88.

Garschagen M，Romero-Lankao P. 2015. Exploring the relationships between urbanization trends and climate change vulnerability. Climatic Change，133（1）：37-52.

Gilaberte-Búrdalo M，López-Martín F，Pino-Otín M，et al. 2014. Impacts of climate change on ski industry. Environmental Science & Policy，44：51-61.

Gokhale N. 2014. India's rising regional military engagement. The Diplomat，（2）：32-39.

Gray C，Wise E. 2016. Country-specific effects of climate variability on human migration. Climatic Change，135（3-4）：555-568.

Hassani-Mahmooei B，Parris B W. 2012. Climate change and internal migration patterns in Bangladesh：an agent-based model. Environment and Development Economics，17：763-780.

He S，Gao Y，Furevik T，et al. 2018. Teleconnection between sea ice in the Barents Sea in June and the Silk Road，Pacific-Japan and East Asian rainfall patterns in August. Advances in Atmospheric Sciences，35（1）：52-64.

Hermans-Neumann K，Priess J，Herold M. 2017. Human migration，climate variability，and land degradation：hotspots of socio-ecological pressure in Ethiopia. Regional Environmental Change，17（5）：1479-1492.

Hoogendoorn G，Fitchett J M. 2018. Tourism and climate change：a review of threats and adaptation strategies for Africa. Current Issues in Tourism，21（7）：742-759.

IPCC. 2014. Impacts，Adaptation，and Vulnerability. Part A：Global and Sectoral Aspects. Contribution of Working Group II to the Fifth Assessment Report of the Intergovernmental Panel on Climate Change. Cambridge：Cambridge University Press.

Iskandar A，Shavkat R. 2015. Transformation of water management in Central Asia：from State-centric，hydraulic mission to socio-political control. Environmental Earth Sciences，73（2）：849-861.

Islam M R，Shamsuddoha M. 2017. Socioeconomic consequences of climate induced human displacement and migration in Bangladesh. International Sociology，32（3）：277-298.

Jacobson C，Crevello S，Chea C，et al. 2019. When is migration a maladaptive response to climate change? Regional Environmental Change，19（1）：101-112.

Jänicke M. 2012. "Green growth"：from a growing eco-industry to economic sustainability. Energy Policy，48：13-21.

Jarvie J，Sutarto R，Syam D，et al. 2015. Lessons for Africa from urban climate change resilience building in Indonesia. Current Opinion in Environmental Sustainability，13：19-24.

Jha A K，Bloch R，Lamond J. 2012. Cities and Flooding：a Guide to Integrated Urban Flood Risk Management for the 21st Century. Washington DC：The World Bank.

Joseph G，Wodon Q. 2013. Is internal migration in Yemen driven by climate or socio-economic factors? Review of International Economics，21（2）：295-310.

Kang N，Kim S，Kim Y，et al. 2016. Urban drainage system improvement for climate change adaptation. Water，8（7）：268.

Kniveton D R，Smith C D，Black R. 2012. Emerging migration flows in a changing climate in dryland

Africa. Nature Climate Change，2（6）：444-447.

Koop S H A，van Leeuwen C J. 2017. The challenges of water，waste and climate change in cities. Environment Development and Sustainability，19（2）：385-418.

Lasserre F，Roy J L，Garon R. 2012. Is there an arms race in the Arctic? Journal of Military & Strategic Studies，14（3）：1-56.

Lee J，Nadolnyak D A，Hartarska V M. 2012. Impact of Climate Change on Agricultural Production in Asian Countries：Evidence from Panel Study. Birmingham USA：Southern Agricultural Economics Association.

Li Z G. 2014. Glacier and lake changes across the Tibetan Plateau during the past 50 years of climate change. Journal of Resources and Ecology，5（2）：123-131.

Liao K H. 2012. A theory on urban resilience to floods-a basis for alternative planning practices. Ecology and Society，17（4）：48

Liu H M，Fang C L，Miao Y，et al. 2018. Spatio-temporal evolution of population and urbanization in the countries along the Belt and Road 1950—2050. Journal of Geographical Sciences，28（7）：919-936.

Liu H M，Fang C L，Zhang X L，et al. 2017. The effect of natural and anthropogenic factors on haze pollution in Chinese cities：a spatial econometrics approach. Journal of Cleaner Production，165：323-333.

Liu Z，Yang Y，He C，et al. 2019. Climate change will constrain the rapid urban expansion in drylands：a scenario analysis with the zoned Land Use Scenario Dynamics-urban model. Science of the Total Environment，651：2772-2786.

Maharana P，Abdel-Lathif A Y，Pattnayak K C. 2018. Observed climate variability over Chad using multiple observational and reanalysis datasets. Global and Planetary Change，162：252-265.

Marchiori L，Maystadt J F，Schumacher I. 2012. The impact of weather anomalies on migration in sub-Saharan Africa. Journal of Environmental Economics and Management，63（3）：355-374.

Mastrorillo M，Licker R，Bohra-Mishra P，et al. 2016. The influence of climate variability on internal migration flows in South Africa. Global Environmental Change-Human and Policy Dimensions，39：155-169.

Maurel M，Tuccio M. 2016. Climate instability，urbanisation and international migration. Journal of Development Studies，52（5）：735-752.

McMichael A J. 2013. Globalization，climate change，and human health. New England Journal of Medicine，368（14）：1335-1343.

Mendelsohn R. 2014. The impact of climate change on agriculture in Asia. Journal of Integrative Agriculture，13（4）：660-665.

Mitchell C L，Laycock K E. 2019. Planning for adaptation to climate change：exploring the climate science-to-practice disconnect. Climate and Development，11（1）：60-68.

Myers N. 2002. Environmental refugees：a growing phenomenon of the 21st century. Philosophical Transactions of the Royal Society of London Series B：Biological Sciences，357（1420）：609-613.

Nawrotzki R J，deWaard J. 2018. Putting trapped populations into place：climate change and inter-district migration flows in Zambia. Regional Environmental Change，18（2）：533-546.

Pang S F，McKercher B，Prideaux B. 2013. Climate change and tourism：an overview. Asia Pacific Journal of Tourism Research，18（1-2）：4-20.

Perch-Nielsen S, Battig M, Imboden D. 2008. Exploring the link between climate change and migration. Climatic Change, 91（3-4）: 375-393.

Price G, Alam R, Hasan S, et al. 2014. Attitudes to Water in South Asia. London: Royal Institute of International Affairs.

Reuveny R. 2007. Climate Change Induced Migration and Violent Conflict. Political Geography, 26: 656.

Schmidt T S, Huenteler J. 2016. Anticipating industry localization effects of clean technology deployment policies in developing countries. Global Environmental Change, 38: 8-20.

Scott D, Gössling S, Hall C M. 2012. International tourism and climate change. Wiley Interdisciplinary Reviews: Climate Change, 3（3）: 213-232.

Shesternev D M. 2014. Transportation infrastructure in the Russian cold regions and problems of its functioning in the context of climate change. Journal of Engineering of Heilongjiang University, 5（3）: 13-22.

Simon D. 2014. Rethinking geopolitics: climate security in the Anthropocene. Global Policy, 5（1）: 1-9.

Solakivi T, Kiiski T, Ojala L. 2018. The impact of ice class on the economics of wet and dry bulk shipping in the Arctic waters. Maritime Policy & Management, 45（2）: 1-13.

Streck C, Terhalle M. 2013. The changing geopolitics of climate change. Climate Policy, 13（5）: 533-537.

Suckall N, Fraser E, Forster P, et al. 2015. Using a migration systems approach to understand the link between climate change and urbanisation in Malawi. Applied Geography, 63: 244-252.

Swaine M D, Mochizuki M M, Brown M L, et al. 2013. China's Military & the US-Japan Alliance in 2030: a Strategic Net Assessment. Washington DC: Carnegie Endowment for International Peace.

Temmerman S, Meire P, Bouma T J, et al. 2013. Ecosystem-based coastal defence in the face of global change. Nature, 504（7478）: 79.

Thongdejsri M, Nitivattananon V. 2019. Assessing impacts of implementing low-carbon tourism program for sustainable tourism in a world heritage city. Tourism Review, 74（2）: 216-234.

UNDP. 2016. Human Development Report 2016: Human Development for Everyone. New York: United Nations Publications.

Unger-Shayesteh K, Vorogushyn S, Farinotti D, et al. 2013. What do we know about past changes in the water cycle of Central Asian headwaters? A review. Global and Planetary Change, 110: 4-25.

Wamsler C, Brink E, Rivera C. 2013. Planning for climate change in urban areas: from theory to practice. Journal of Cleaner Production, 50: 68-81.

Wang Y, Zhang R, Ge S, et al. 2018. Investigating the effect of Arctic sea routes on the global maritime container transport system via a generalized Nash equilibrium model. Polar Research, 37（1）: 1-10.

Warner K. 2012. Human migration and displacement in the context of adaptation to climate change: the Cancun Adaptation Framework and potential for future action. Environment and Planning C-Government and Policy, 30（6）: 1061-1077.

Warner K, Hamza M, Oliver-Smith A, et al. 2010. Climate change, environmental degradation and migration. Natural Hazards, 55（3）: 689-715.

Watts N, Adger W N, Ayeb-Karlsson S, et al. 2017. The Lancet Countdown: tracking progress on health and climate change. The Lancet, 389 (10074): 1151-1164.

Woodward A, Porter J R. 2016. Food, hunger, health, and climate change. The Lancet, 387 (10031): 1886-1887.

Wyman K M. 2013. Responses to climate migration. Harvard Environmental Law Review, 37 (1): 167-216.

Yu S, Xia J, Yan Z, et al. 2019. Loss of work productivity in a warming world: differences between developed and developing countries. Journal of cleaner production, 208: 1219-1225.

Zhang J, Lu H, Wu N. 2013. Palaeoenvironment and agriculture of ancient Loulan and Milan on the Silk Road. The Holocene, 23 (2): 208-217.

Zhou H J, Zhang W X, Sun Y H, et al. 2014. Policy options to support climate-induced migration: insights from disaster relief in China. Mitigation and Adaptation Strategies for Global Change, 19 (4): 375-389.

Zhu Y Y, Yang Z Q, Steve Z, et al. 2014. Glacier geo-hazards along China-Pakistan International Karakoram Highway. Journal of Highway and Transportation Research and Development, 31 (11): 51-59.

第 22 章 影响、脆弱性与适应的综合评估

主要作者协调人：丁永建、罗　勇
编　　　　审：王晓明
主　要　作　者：王生霞、王少平、赵求东、秦　甲、李晨毓

▪ 执行摘要

本章从区域的角度，系统地总结了气候变化对中国的气象灾害、水文水资源、荒漠化、冰冻圈和生态系统等自然环境以及关键行业、人居环境、人体健康和重大工程等社会经济领域在过去（1961~2018 年）和未来（2050~2100 年）产生的影响，以及相应的自然环境和社会经济系统的脆弱性和面临的风险。华北地区是受高温与热浪、干旱、洪涝、雪 / 冰灾害、热带气旋影响的重点区域。西北干旱区的出山径流和青藏高原及新疆湖泊面积呈现显著增加趋势，黄河中下游及松花江、辽河和海河流域的径流以及东部平原及云贵高原的湖泊面积呈现显著减少趋势。2000 年以来，除甘肃外其他北方省份的荒漠化与沙化面积以减少为主；西南地区石漠化面积趋于减少。冰川和冻土（东北和青藏高原）在过去和未来都呈显著减少趋势，积雪（新疆北部、东北和青藏高原）在过去呈增加趋势、在未来呈不显著的减少趋势。未来几十年，中国的水资源系统将面临更高的脆弱性和风险，其中西北和东北区域的脆弱性增加比较明显；中国生态系统的脆弱性和风险在未来二三十年可能会逐渐增加，其中东北、华南和西南部分地区脆弱性增加的可能性比较大。华北和西北地区的农业、西南地区的交通和华南及华东地区的能源系统受气候变化影响严重，其脆弱性和未来的风险都高（高信度）。华北和华中地区的人居环境和华南地区的人群健康对气候变化的脆弱性和未来风险高（中等信度）。水利工程、冻土区工程、生态修复工程及林业工程等重大工程的正常和安全运营、工程建设和实施质量也受到气候变化的严重影响。由于目前适应气候变化政策的科学基础仍相对薄弱，且气候变化适应偏重于自然环境，社会经济方面的研究较少，适应对策的决策因素考虑仍不够全面，亟须加快国家和地方层面适应气候变化的整体性、一体化政策的制定。

22.1 引　　言

气候变化的影响已经在广泛领域不断显现。全球范围内，气候变化的影响通过大气圈、水圈、冰冻圈、生物圈和岩石圈表层等的相互作用，影响到天气气候、陆地径流和海平面、陆地和大洋生物及地表环境。在全国范围内，气候变化对中国的影响在全域和地方尺度表现出了程度不同、范围有别、地区差异等特点。随着气候变化累加效应的不断增强，气候变化对中国的影响领域将不断增多，影响的范围也将不断增大。

气候变化对中国已经产生了什么影响？这种影响深度和广度到底有多大？这种影响所产生的结果是利还是弊，风险如何？未来气候变化的影响又如何？这些问题是目前气候变化影响方面普遍关注的问题，也是本评估报告第二卷力图回答的问题。为此，第二卷主要针对气候变化对中国的影响，从全国和重点区两个尺度上进行了系统评估，其涉及水资源、冰冻圈、陆地生态系统、海洋生态系统、气象水文灾害等自然环境系统以及农业、旅游业、交通运输、能源、制造业、人居环境、人群健康、保险业和重大工程等社会经济领域。作为第二卷的结束章，本章主要依据本卷各章评估结果并参考相关文献，从自然环境和社会经济两个方面，通过归纳与总结，试图在宏观层面勾勒出气候变化对中国主要影响的基本图景。

22.2 气候变化对中国影响的基本特征

本节通过对气候变化影响研究领域的文献数量分析、影响的级联关系辨析，来阐释气候变化对中国影响的基本特征。

22.2.1 气候变化已经影响到的主要领域和部门

就目前的认知程度，气候变化已经对中国产生显著影响，影响到的领域主要有水资源、冰冻圈、陆地生态系统、海洋生态系统、气象水文灾害等；影响到的部门有农业、旅游业、交通运输、能源、制造业、人居环境、人群健康、保险业和重大工程等（图 22-1）。上述各领域和部门受到的影响在时空尺度、影响过程、影响程度上差异较大，信度水平有高有低。

统计分析关于气候变化对以上各个领域或部门影响的相关文献（文献的时间范围为 1950~2019 年，文献的类型包括学术期刊、专著、学位论文和科技报告）数量（图 22-2），目前在科学上已经有一定认识的主要领域依次为气象水文灾害、农业、能源、水资源、冰冻圈和陆地生态系统。人群健康、海洋生态系统、重大工程、交通运输的关注程度虽然较前者低，但文献数量也超过 1866 篇。旅游业、制造业和人居环境文献数量大约为 615 篇，但近几年增长迅速，增长率为 80% 以上。保险业虽然文献最少，但这一行业在气候变化中地位特殊，国外保险业在气候变化领域较为活跃，估计未来会有较大增长。

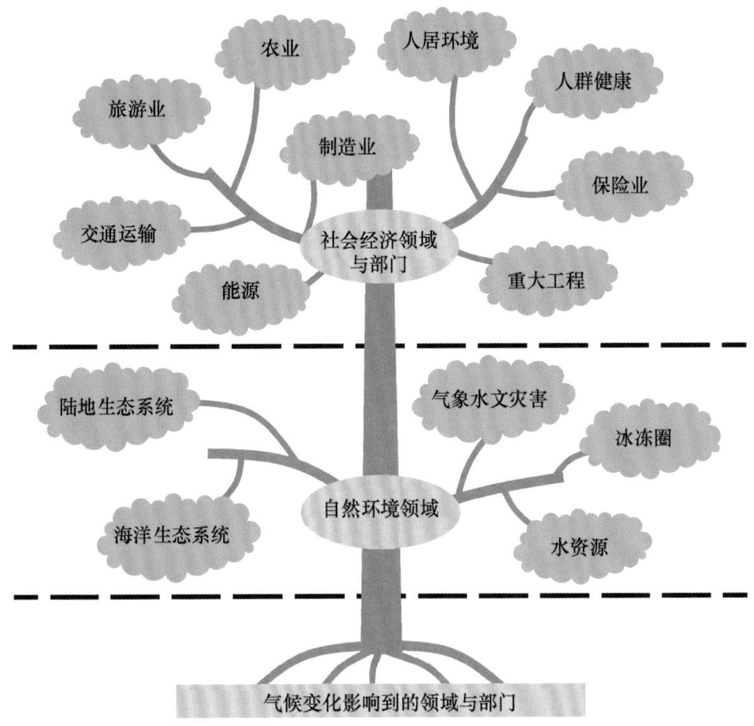

图 22-1　气候变化已经影响到的领域和部门（据本卷第 2~ 第 10 章）

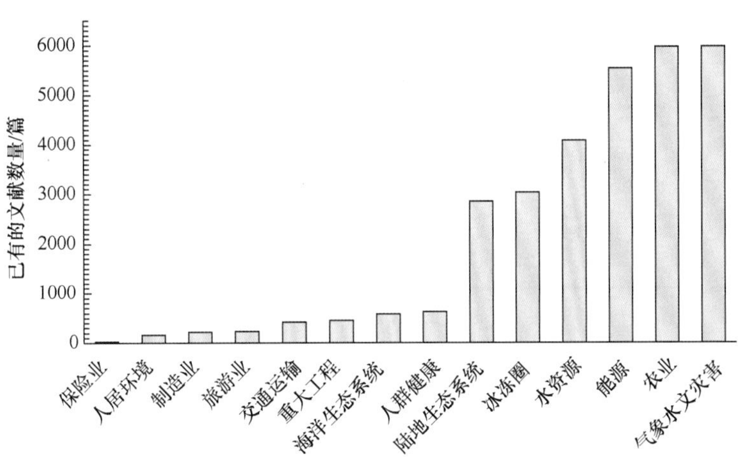

图 22-2　气候变化对中国不同领域或部门影响的文献数量

在 CNKI 和 Web of Science 数据库中分别搜索到中文文献 16757 篇，英文文献 13405 篇，中英文文献总共 30162 篇。其中，气候变化对陆地生态系统、冰冻圈、水资源、能源、农业和气象水文灾害的影响的论文数量较多，受科研人员研究和关注的程度较高；气候变化对人群健康、海洋生态系统、重大工程、交通运输、旅游业、制造业、人居环境和保险业的影响的论文数量较少，目前受科研人员研究和关注的程度相对较低

根据文献数量情况，结合本卷各章评估结论，给出了这些领域和部门受气候变化影响的信度等级（图 22-3）。需要指出的是，图中信度结论是根据文献数量并依据各章评估结论所得的，具有一定的科学性和可靠度。图中的信度是综合判识的结果，可分以下几类。第一类：证据量大且一致性高。例如，关于气候变化对水资源和气象水文灾害的影响的论文数量多、证据量大，且其结论的一致性高（据第二卷第 3 章、第一卷第 10 章），所以其信度很高。第二类：证据量大、影响显著，但由于其受气候变化影响的特殊性和多样性，信度水平有所降低。例如，陆地生态系统，尽管研究文献较多，但由于生态系统响应气候影响过程的复杂性，气候变化对生态系统的影响又表现在众多方面，加之时空差异和所研究的生态系统类型不同等原因，其研究结论的一致性受到影响（第二卷第 4 章）。又如，冰冻圈受气候变化影响的证据确凿无疑，证据量中等，但冰冻圈变化后对其他圈层和社会经济领域的影响的证据量却有限（第一卷第 6 章、第二卷第 4 章）；农业受关注度很高，其受气候变化影响的证据量也大，但其结论在一致性方面存在差异（第二卷第 6 章）。第三类：目前证据量有限，但影响直接又明显，而且人们是直接可感知或体验到的。例如，旅游业、交通运输、人居环境等（第二卷第 7~ 第 10 章）。第四类：证据量有限，信度很低。例如，保险业，限于文献不足，本次没有评估。

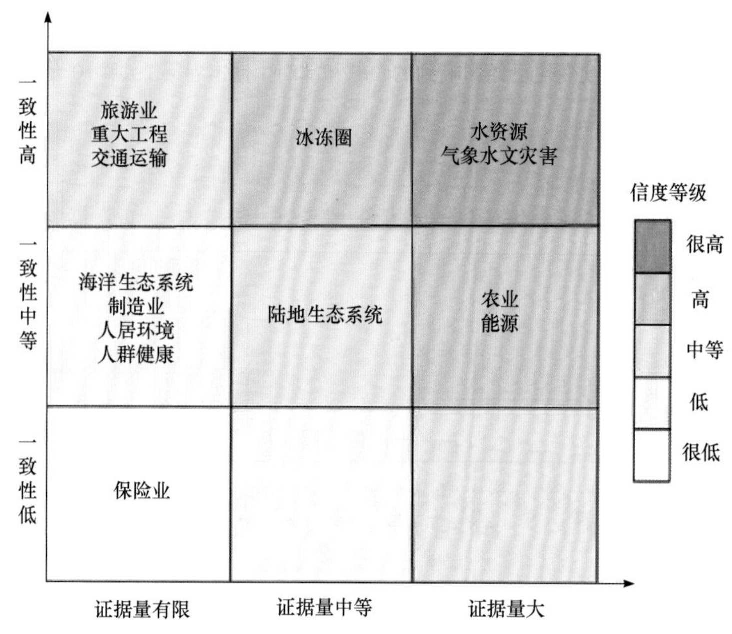

图 22-3 气候变化对中国不同领域和部门影响的信度等级

水资源和气象水文灾害受气候变化影响的信度很高，冰冻圈、农业和能源受气候变化影响的信度高，旅游业、重大工程、交通运输和陆地生态系统受气候变化影响的信度中等，海洋生态系统、制造业、人居环境和人群健康受气候变化影响的信度低，保险业受气候变化影响的信度很低

22.2.2　气候变化的级联影响

气候变化的级联影响是指气候变化的影响具有显著的逐级传递特点，影响的对象也不是孤立单一的，而往往表现出不同受影响对象的相互关联，逐步向下传递。随着影响的传递，影响的程度也渐次减弱。气候变化的影响首先是通过自然系统各圈层表现出来，进而进入社会经济系统，并对社会经济系统不同领域产生程度各异的影响。气候变化的级联影响过程十分复杂，下面重点以水资源、冰冻圈、农业和生态系统为例，说明气候变化对中国的级联影响。

气候变化对水资源的级联影响主要通过增大工业需水量、改变农业需水量、加大水资源时空分布不均匀性和影响生活用水质量等途径，来给水资源管理造成压力（图 22-4）。其主要表现在：①气候变暖一方面影响工业产品需求量，如夏季空调的需求量增大，另一方面使进入冷却系统的原水水温（以地表水为水源的更为明显）以及冷却塔等周边的气温升高，这都将降低冷却效率，增大工业冷却需水量；②气候变暖使水循环加剧，蒸散发增强，引起降水的时空变化，使作物可利用的有效降水减少，从而增大作物的灌溉需水量；③连续无降水日增多引起干旱，集中且强度大的降水引发洪涝，从而使水资源的时空分布更加不均匀；④气候变暖使水循环加剧、水文循环的各个要素和循环方式有所改变，从而使水环境中污染物的来源和迁移转化行为受到影响，进而影响水质，可能增大生活用水的需水量。以上几个方面都可导致需水量增加而供水不足，从而给水资源管理造成压力，因此需要建设更多的水利工程进行调控。

气候变化通过影响积雪、冰川和冻土来对水资源、生态、碳循环（高信度）及社会经济领域产生影响（中等信度）（图 22-5）。气候变暖使积雪发生变化，一方面使融雪期提前并缩短，从而有利于增加高寒地区植物物种的多样性，对生态系统产生影响；另一方面，使积雪量产生变化，再加上融雪期的提前和缩短，改变了积雪覆盖地区（东北和新疆北部以及青藏高原）径流量的年内分配，从而对农业和生态系统产生影响。其中，东北和新疆北部的积雪融水显著增多，容易发生融雪洪水，从而造成生命财产损失。气候变暖导致冻土退化：①使冻土活动层加深，改变年内径流过程，影响农业和生态系统；②使冻土活动层加深，使高寒草甸在非生长季节的呼吸作用增强，大气氮沉降又使高寒草甸的光合作用增强，最终高寒草甸表现为弱的碳汇，对生态系统产生影响；③使冻土地下冰消融，一方面导致冻土分布区的径流量发生变化，改变植物生长的水分条件，影响农业和生态系统，另一方面导致路基下沉、桥基失稳，影响冻土区的重大工程。气候变暖导致冰川退化，冰川融水增加：①导致受冰川融水补给比重大的河流的水文过程发生改变；②导致海平面上升，影响沿海低地的人居环境；③导致冰湖溃决性洪水增多，造成生命财产损失。

气候变化对中国农业的级联影响整体显著且影响领域愈加广泛（中等信度，参见第二卷第 6 章）。气候变化主要通过使热量资源增加、降水时空分布改变以及极端气候事件频发对农业产生影响（图 22-6）。气候变暖使热量资源增加主要体现在：①≥ 10℃的积温增加，喜温作物的生育期缩短、无霜期延长，春季播种提前和秋季播种期推迟，从而使农作物的种植结构和种植制度发生改变。同时冬季变暖提高了有害生物的越冬存活率与基数，使病虫害的发生提早、危害期延长、繁殖世代增多，最终影响粮食产量。②海水变暖，一方面暖水性鱼种类从低纬度向高纬度海区迁徙，使寒冷地区可养殖的鱼类的丰富度升高。另一方面，台湾暖流和中国沿岸南下寒流的强度变化使寒暖流交汇处的海水搅动强度发生变化，从而使东海海鱼种类和组成发生变化、捕获鱼类的丰富度升高，其对渔业有促进作用。气候变暖使降水时空分布发生改变，与 CO_2 浓度升高共同产生作用，改变饲草和农作物生长的水分条件，以及促进光合作用的施肥效应，从而引起草场面积和覆盖度的变化，影响牲畜存栏数和出栏数，最终使畜产品和农作物的产量发生变化。气候变暖使极端气候事件频发，极端气温事件和极端降水事件增多使作物和畜产品的产量和品质发生改变。气候变化对种植业、畜牧业和渔业产量和品质的影响，最终会影响农产品的供求关系和价格，进而影响人民的生活水平以及国家的粮食安全。

气候变化对中国生态系统的级联影响日益显著且检测到的信度越来越高（高信度，参见第二卷第 4、第 5 章）。气候变化主要通过使气温与降水格局改变以及极端天气事件增多对生态系统产生影响（图 22-7）。气候变暖主要是由大气中的 CO_2 浓度升高引起的，其一方面导致海水酸化，影响球石藻、部分贝类、海星、海胆以及珊瑚等海洋生物的结构完整性，威胁其生存；另一方面导致近海区海水升温，使沿海红树林减少、珊瑚白化，从而改变海洋生态系统的生物多样性和群落结构。气候变暖导致降水改变以及高温热浪和干旱等极端天气事件增多，其一方面导致病虫害，使树木死亡率上升；另一方面导致荒漠化、水土流失、石漠化、盐渍化及冻土退化等现象，从而使植被生产力下降，减弱陆地生态系统服务的稳定性与可持续性。气候变暖导致热量资源增加和降水格局改变，这两者的综合作用一方面使植被带向高纬度和高海拔推移，改变了陆地生态系统的物种组成、群落结构、过程与功能，从而改变了生物多样性及生态系统的稳定度；另一方面使生长季的开始日期提前、结束日期延迟，生长季延长，从而使植被生产力得到显著提高，增强了陆地生态系统服务的稳定性与可持续性。气候变暖从以上阐述的三个方面最终影响了生态系统的平衡和对人类的服务功能。

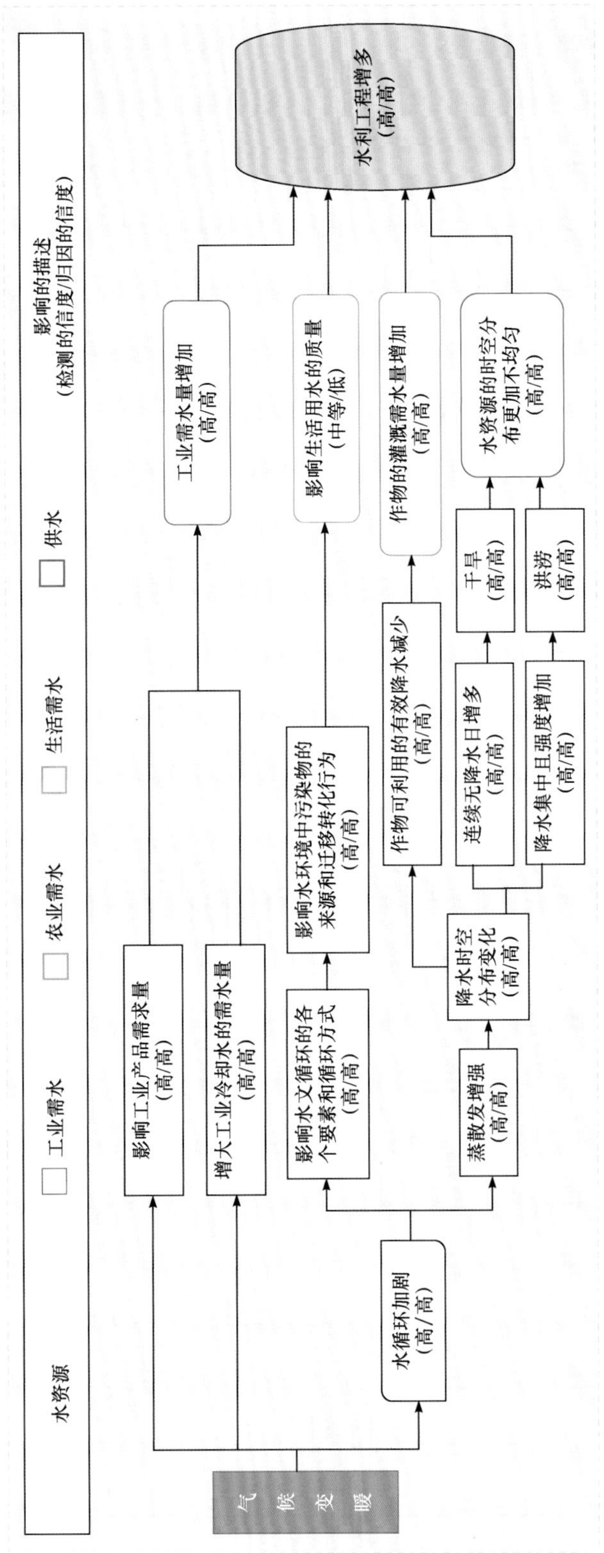

图22-4　气候变化对水资源的级联影响

括号里面的内容表示该影响被检测的信度及其归因的信度。按本卷第2章节内容整理

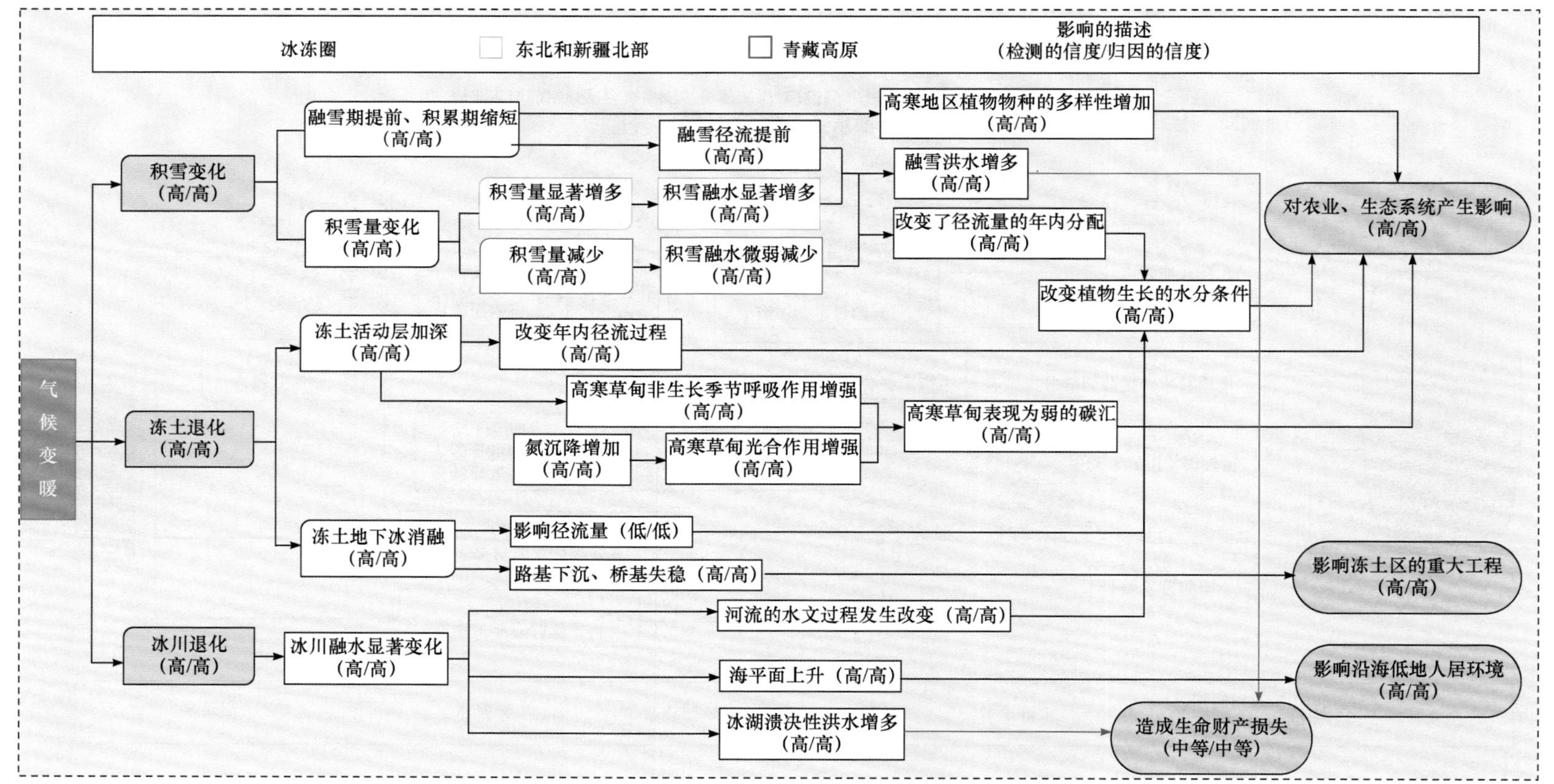

图22-5　气候变化对冰冻圈的级联影响

括号里面的内容表示该影响被检测的信度及其归因的信度。按本卷第3章节内容整理

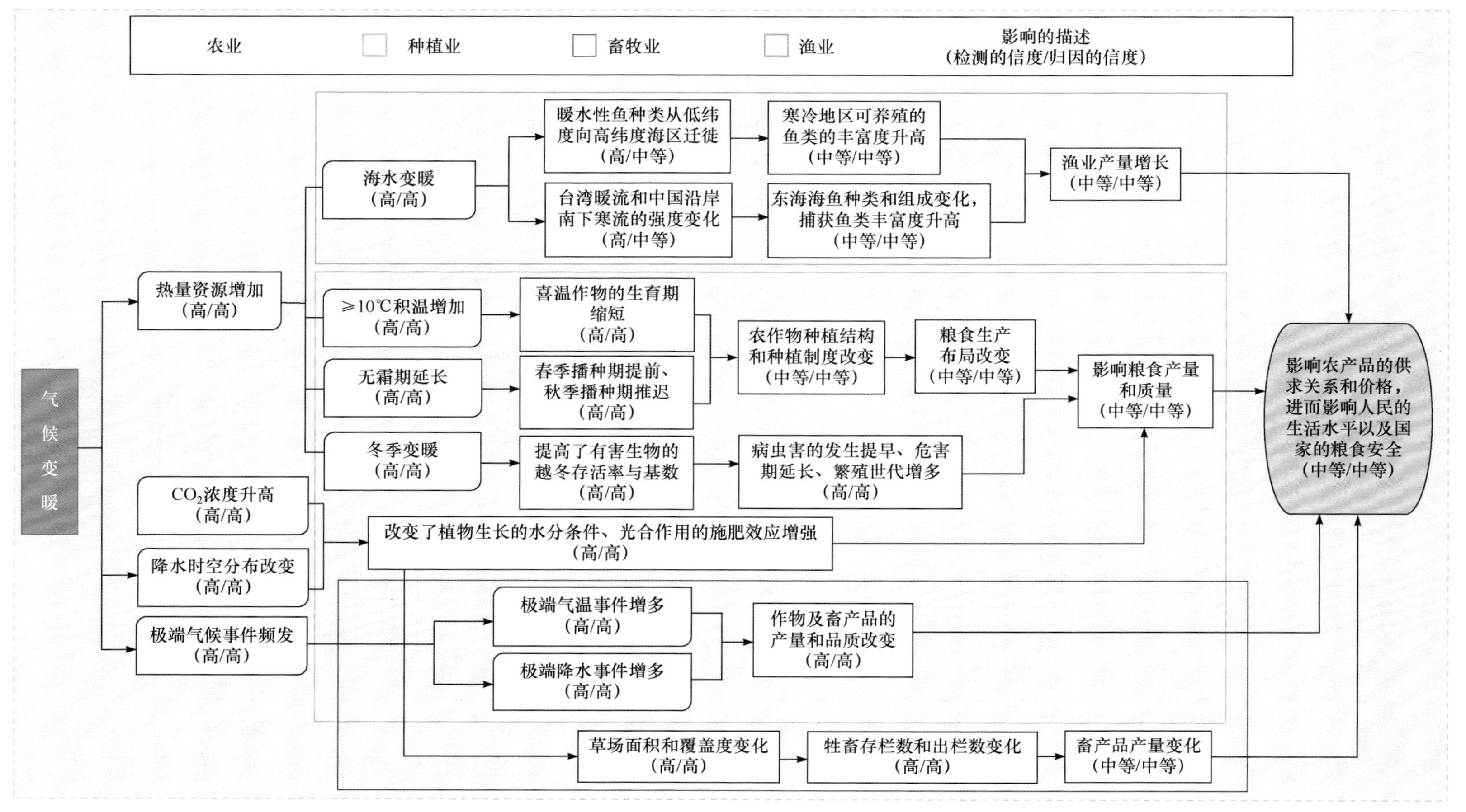

图22-6　气候变化对农业的级联影响

括号里面的内容表示该影响被检测的信度及其归因的信度。按本卷第6章内容整理

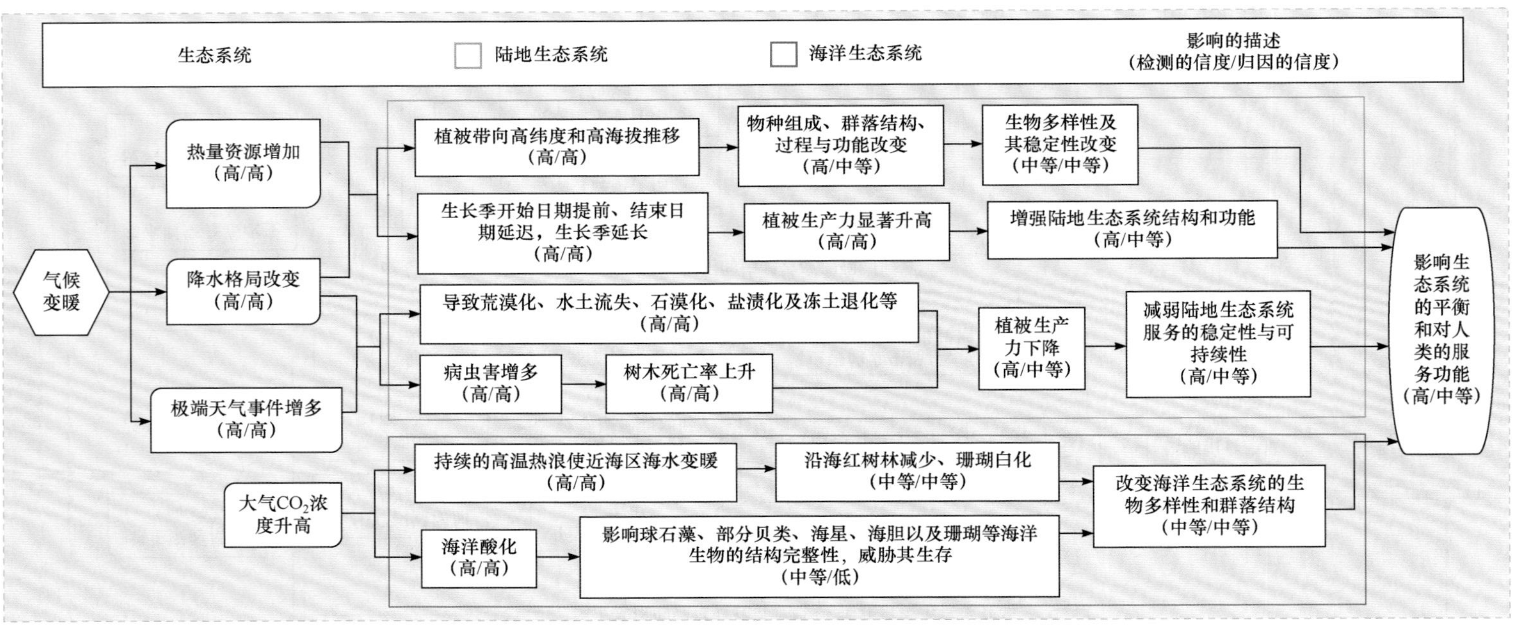

图22-7 气候变化对生态系统的级联影响

括号里面的内容表示该影响被检测的信度及其归因的信度。按本卷第4章和第5章内容整理

22.3　气候变化对自然环境的影响与脆弱性

随着全球变暖的持续发展，气候变化的影响广度在不断扩大，影响的深度在不断加剧（IPCC，2014a，2014b）。中国升温幅度高于全球平均（秦大河等，2012），气候变化对中国各领域的影响开始显现（陈宜瑜等，2005），并日益显著（丁永建等，2012），加之经济的加速发展，各个领域和部门受气候变化影响的脆弱性和风险也相应增大。

22.3.1　气候变化对自然环境的影响

这部分内容涉及面较广，主要从极端天气气候事件（大气圈）、地表水（水圈）、荒漠化（岩石圈）、冰雪冻土（冰冻圈）和生态系统（生物圈）五个方面总结了气候变化对自然环境的影响。

1. 极端天气气候事件

极端天气气候事件是指一定地区在一定时间内出现的历史上罕见的气象事件，其发生概率通常小于 5% 或 10%。极端天气气候事件总体可以分为极端高温、极端低温、极端干旱和极端降水等几类。中国境内常发生的极端天气气候事件主要有雪 / 冰灾害、高温与热浪、寒潮与冻害、沙尘暴、热带气旋、洪涝和干旱。高温与热浪以及干旱对中国整个区域的影响普遍较重，在过去（1961~2018 年）和未来（2050~2100 年），高温与热浪在中国各地区都为显著增加和不显著增加的趋势（高信度），干旱对华北、东北、西南和华南地区都为显著增加和不显著增加的趋势（高信度）。北方的沙尘暴在过去为减少趋势（高信度）。洪涝在整个西北（除新疆外）和东北地区过去为减少趋势，在华北、华东、华中、华南和西南地区均为增加趋势（高信度）。受热带气旋影响的地区，除了西北地区外，其他地区在过去都为增加趋势（中等信度）。在西北、华北和东北地区，雪 / 冰灾害在过去和未来都在增加，在华东和华中地区，雪 / 冰灾害在过去和未来都在减少（高信度）。寒潮与冻害过去在华北、西南、华中和华东地区整体处于减少趋势，在西北、东北、华南地区无明显变化趋势（高信度）（图 22-8）。

表 22-1 针对中国的典型区域给出了气象灾害在过去（1961~2018 年）和未来（2050~2100 年）对这些地区的影响程度及其变化趋势。在过去（1961~2018 年）和未来（2050~2100 年），高温与热浪、寒潮与冻害、洪涝和干旱对中国十个典型区域普遍有较重的影响。高温与热浪在过去和未来在九个典型区域都呈现增加趋势（高信度）。寒潮与冻害过去在京津冀地区、长三角地区、长江中上游地区、台湾和福建地区、西北干旱区和青藏高原都为减少趋势，在其他区域无明显变化趋势（高信度）。洪涝过去在东北和黄土高原为减少趋势，在其他典型区域为增加趋势（高信度）。干旱在东北地区、京津冀地区、长江中上游地区、粤港澳大湾区、台湾和福建、黄土高原和云贵高原的过去和未来都为增加趋势，在长三角地区、西北干旱区和青藏高原过去都为减少趋势，未来都为增加趋势（高信度）。热带气旋对长三角地区、粤港澳大湾区及台湾和

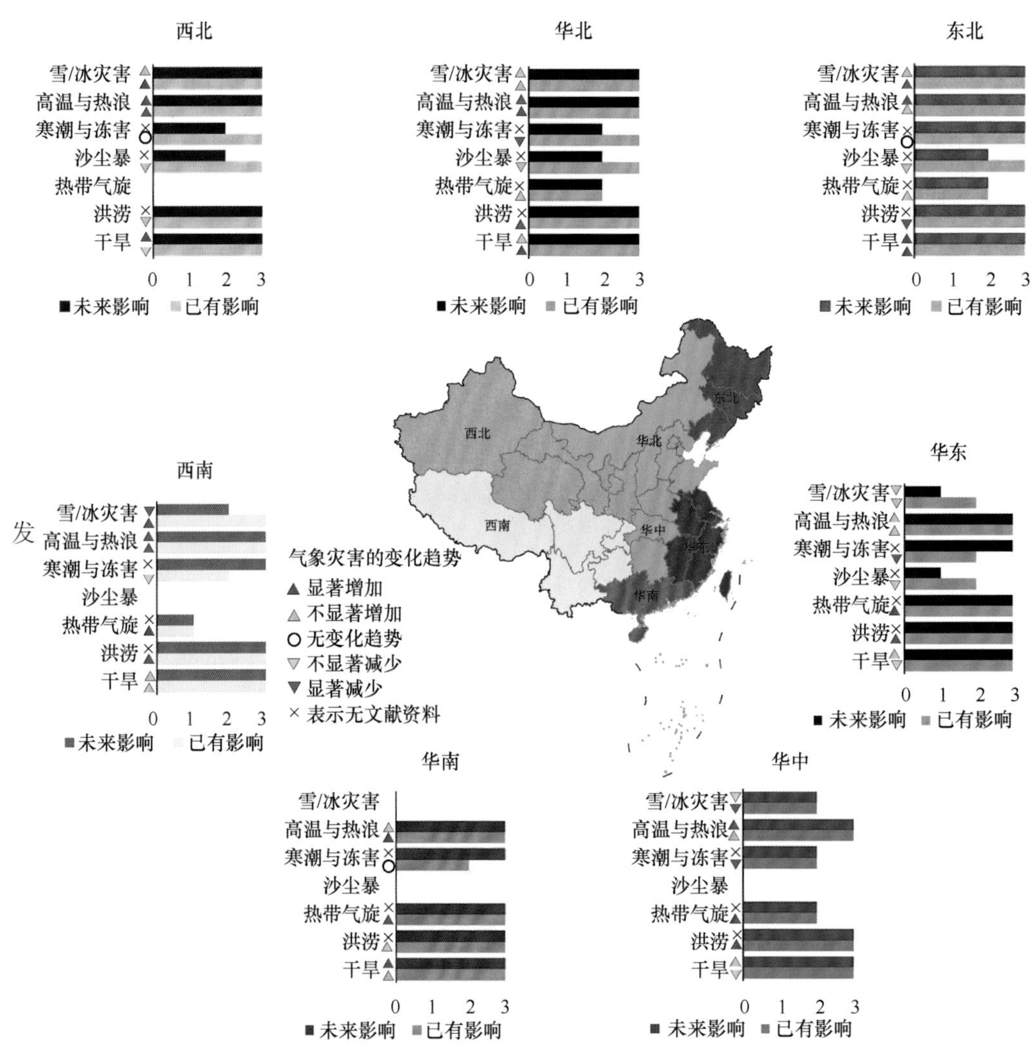

图 22-8 中国不同地区受主要气候灾害影响的程度

图中 0、1、2、3 代表其影响的程度分别为无影响或者影响不确定、影响轻微、影响一般和影响较重。本图根据第一卷第 10 章及相关文献（江晓菲等，2018；莫兴国等，2018；贾佳和胡泽勇，2017；倪云虎等，2017；Wang et al.，2017；温姗姗等，2017；Sun et al.，2010；许崇海等，2010；魏凤英，2008；周自江等，2002）内容综合评估而成。主要在归纳总结中国主要的气象灾害在过去和未来变化结果的基础上，结合这些气象灾害的变化趋势，定性地给出了这几个气象灾害对我国东北、华北、华中、华南、西南、西北和华东地区在过去和未来的影响程度

福建影响较重，且其过去都为增加趋势（中等信度）。沙尘暴主要影响西北干旱区、京津冀地区、东北地区、黄土高原和青藏高原，在过去其变化趋势都是减少的（高信度）。雪 / 冰灾害对东北地区、京津冀地区、西北干旱区、黄土高原和青藏高原的影响较重（高信度），在西北干旱区和东北地区，其过去和未来的变化趋势都是增加的，在青藏高原其过去是增加的而未来将减少，在京津冀地区和黄土高原其过去是减少的而未来将增加（高信度）。

表 22-1　中国典型区域受主要气候灾害影响的程度及趋势

区域	影响及趋势		干旱	洪涝	热带气旋	沙尘暴	寒潮与冻害	高温与热浪	雪 / 冰灾害
东北地区	影响程度	已有	★★★	★★★	★★	★★★	★★★	★★★	★★★
		未来	★★★	★★★	★★	★★	★★★	★★★	★★★
	变化趋势	已有	▲	▼	△	▽	○	△	▲
		未来	▲	×	×	×	×	▲	△
京津冀地区	影响程度	已有	★★★	★★★	★★	★★★	★★★	★★★	★★★
		未来	★★★	★★★	★★	★★	★★	★★★	★★★
	变化趋势	已有	▲	▲	△	▽	▼	▼	▼
		未来	▲	×	×	×	×	△	△
长三角地区	影响程度	已有	★★★	★★★	★★★	★★	★★	★★★	★★
		未来	★★★	★★★	★★★	★	★★★	★★★	★
	变化趋势	已有	▽	▲	▲	▽	▼	▲	▽
		未来	△	×	×	×	×	△	▽
长江中上游	影响程度	已有	★★★	★★★	★★	/	★★	★★★	★★★
		未来	★★★	★★★	★★	/	★★★	★★★	★★
	变化趋势	已有	△	△	△		▽	▲	▲
		未来	△	×	×		×	▲	▽
粤港澳大湾区	影响程度	已有	★★★	★★★	★★★	/	★★	★★★	/
		未来	★★★	★★★	★★★	/	★★★	★★★	/
	变化趋势	已有	△	△	▲		○	▲	
		未来	△	×	×		×	△	
台湾和福建	影响程度	已有	★★★	★★★	★★★	★★	★★	★★★	★
		未来	★★★	★★★	★★★	★	★★★	★★★	★
	变化趋势	已有	△	△	▲	▽	▽	▲	▽
		未来	△	×	×	×	×	△	▽
西北干旱区	影响程度	已有	★★★	★★★	/	★★★	★★★	★★★	★★★
		未来	★★★	★★★	/	★★	★★	★★★	★★★
	变化趋势	已有	▽	△		▽	▽	▲	▲
		未来	▲	×		×	×	▲	△
黄土高原	影响程度	已有	★★★	★★★	/	★★★	★★★	★★★	★★★
		未来	★★★	★★★	/	★★	★★	★★★	★★★
	变化趋势	已有	△	▽		▽	○	▲	▽
		未来	△	×		×	×	▲	△

续表

区域	影响及趋势		干旱	洪涝	热带气旋	沙尘暴	寒潮与冻害	高温与热浪	雪/冰灾害
青藏高原	影响程度	已有	★★★	★★★	/	★★★	★★★	★★★	★★★
		未来	★★★	★★★	/	★★	★★	★★★	★★★
	变化趋势	已有	▼	▲		▽	▽	▲	▲
		未来	△	×		×	×	▲	▼
云贵高原	影响程度	已有	★★★	★★★	★	/	★★	★★★	★★★
		未来	★★★	★★★	★	/	★★★	★★★	★★
	变化趋势	已有	△	▲	▲		○	▲	▲
		未来	△	×	×		×	▲	▼

注：/、★、★★、★★★分别代表无影响或者影响不确定、影响轻微、影响一般和影响较重。▲、△、○、▽、▼和×分别代表这些气候灾害的变化趋势为显著增加、不显著增加、无变化趋势、不显著减少、显著减少和无文献资料。

资料来源：本表根据第一卷第10章、第二卷第11~第21章及相关文献（江晓菲等，2018；莫兴国等，2018；贾佳和胡泽勇，2017；Wang et al.，2017；温姗姗等，2017；Sun et al.，2010；许崇海等，2010；魏凤英，2008；周自江等，2002）内容综合评估而成。

2. 地表水

气候变化对中国地表水资源变化影响显著，地表径流的变化区域差异性明显（高信度）（图22-9）。21世纪初以来，人类活动对地表径流的影响程度增加，气候变化对其的影响程度有所减弱；湖泊面积总体增加，青藏高原及新疆的湖泊面积增加是湖泊面积总体增加的主因（高信度）。从中国主要流域气候和人类活动对径流变化的影响、度、年地表径流量的变化以及未来径流的变化趋势分析（图22-9），自20世纪50年代以来，西北干旱区流域的出山口径流总体呈现显著增加趋势；黄河中下游及松花江、辽河和海河流域的径流呈现显著减少趋势，部分河流的径流在21世纪初至10年代相比于20世纪50年代至21世纪10年代下降了80%以上；其他大部分地区，包括长江流域、黄河源区和西南诸河（怒江、澜沧江、雅鲁藏布江）源区以及淮河、珠江流域中下游部分地区的径流均呈现不显著的变化趋势（高信度）（图22-9）。未来我国十大流域的年径流总体都呈增加的趋势（中等信度）。气候变化和人类活动对河流的影响常相互交织，河道流量变化是气候变化和人类活动共同影响的结果。中国云贵高原的诸流域、珠江流域、淮河流域、西北干旱区山区流域及青藏高原的河流径流变化主要受控于气候变化，人类活动的影响相对较小；而其他区域的河流径流变化主要受控于人类活动的影响。尤其21世纪以来，人类活动对径流影响程度增加明显，中国东部大部分地区的径流变化由气候变化主导转变为由人类活动主导，其中黄河流域中下游、松花江、辽河流域和东南诸河的人类活动对径流变化的影响高达80%以上。中国湖泊总面积近几十年显著增加，特别是1995年后，增加速率快速升高；东部平原及云贵高原的湖泊面积减小；中国北部的内蒙古高原和东北平原及山地的湖泊有萎缩有扩张（高信度）。青藏高原和新疆的湖泊面积增大是全中国湖泊面积在1995年后快速增大的主要原因。青藏高原湖泊扩张跟气候变暖冰川加速消融密切相关，粗略估算 2000~2013 年冰川融水对青藏高原不同区域湖泊贡献为 22.2%~100%。围垦是近 10~20 年东部平原湖泊面积锐减的主要因素。持续干旱和人为破坏湖泊环境是云贵高原湖泊面积减小的重要原因。降水增加和人类活动分别是内蒙古高原和东北平原及山地地区的湖泊扩张和萎缩的主要原因。

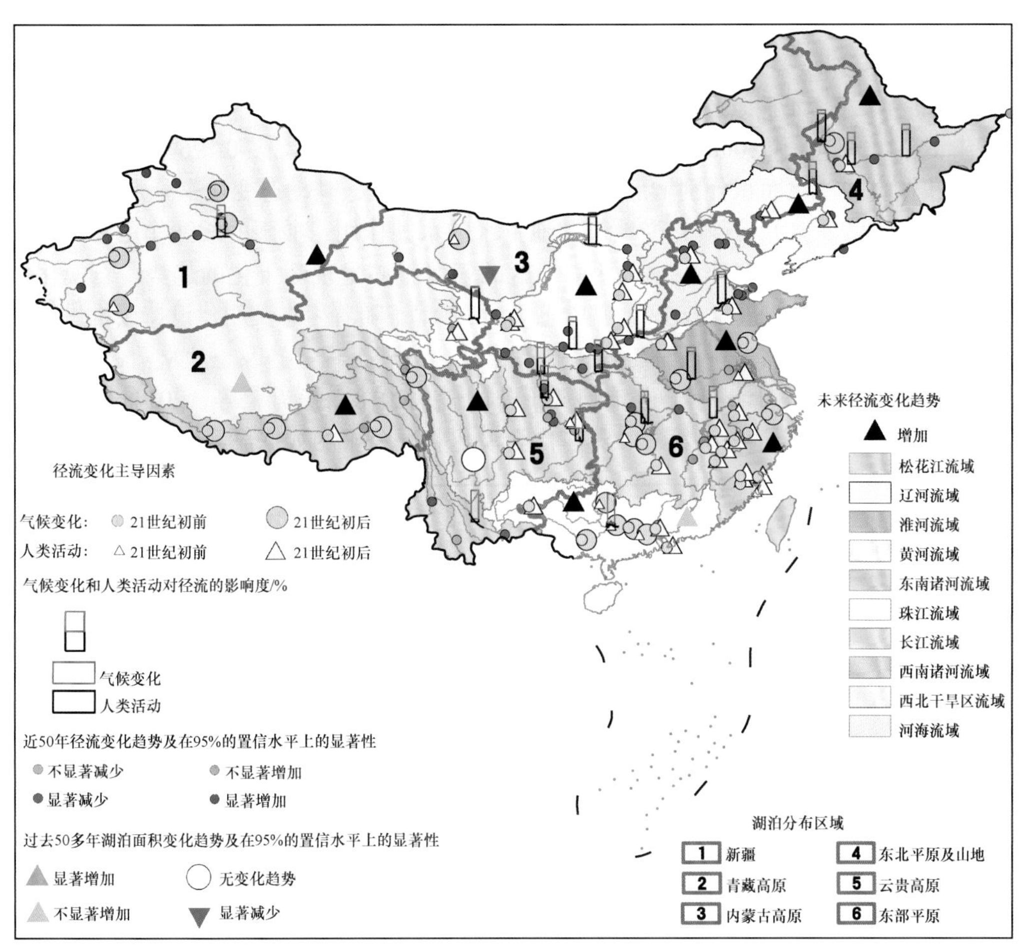

图 22-9　20 世纪 50 年代至 21 世纪 10 年代中国地表水（年径流量和湖泊面积）变化、影响其因素的因素及其未来（2050~2100 年）的变化趋势

资料来源：本图参考第二卷第 2 章及相关文献（Zhang G et al.，2019；Zhang Z H et al.，2019；Zhao et al.，2019；Chen et al.，2018；Xu et al.，2017；刘剑宇等，2016；李艳和张鹏飞，2014；范利杰等，2013；Luo et al.，2013；邵骏等，2012；王国庆等，2012；王兆礼等，2010；Gao et al.，2010；游松财等，2002）综合编绘

3. 荒漠化

近几十年来，气候和人类活动共同影响荒漠化的进程，气候变化在宏观尺度上影响着荒漠化过程，人类活动在局地荒漠化加速或逆转的进程中起着决定性作用（高信度）。气候的变干、变暖及局地性暴雨的增强，导致荒漠化进程加快。1981~2010 年，中国北方有约 75 万 km^2 的土地的荒漠化发生变化，其占北方总荒漠化面积的

24.8%。其中，在荒漠化逆转中，气候变化和人类活动贡献相当，分别影响到 22.6% 和 26% 的荒漠化逆转面积，另有 23.8% 的逆转面积由气候变化和人类活动共同作用影响（其余 27.6% 的荒漠化逆转区域的影响分析未通过显著性检验，P>0.1）（Xu et al., 2019）。中国第三、第四、第五次荒漠化和沙化状况公报的数据显示，2000~2014 年，内蒙古、青海、新疆和西藏的荒漠化面积分别减少了 13200km^2、1300km^2、1000km^2 和 900km^2，其动态变化率分别为 –2.121%、–0.678%、–0.208% 和 –0.093%；甘肃的增加了 1500km^2，其动态变化率为 0.775%；内蒙古、青海和西藏的沙化面积分别减少了 8000 km^2、1000km^2 和 1000km^2，其动态变化率分别为 –1.924%、–0.796% 和 –0.461%，而新疆和甘肃的沙化面积分别增加了 800km^2 和 1400km^2，其动态变化率分别为 0.107% 和 1.164%（图 22-10）。石漠化受地表和地下水的水蚀作用、酸雨的酸蚀作用和风蚀作用等综合影响。近几十年来，中国西南地区的气候整体呈现暖干化的趋势，石漠化的面积因持续干旱气候扩展了 6.8%（温庆忠等，2014）。随着生态文明建设持续推进和国家重大生态工程实施，退耕还林工程、石漠化综合治理工程实施及土地整治力度加大，石漠化程度在近二三十年有了逆转趋势（耿国彪，2018；张勇荣等，2014；李森等，2009）。中国岩溶地区第一、第二、第三次石漠化状况公报的数据显示，2005~2016 年，

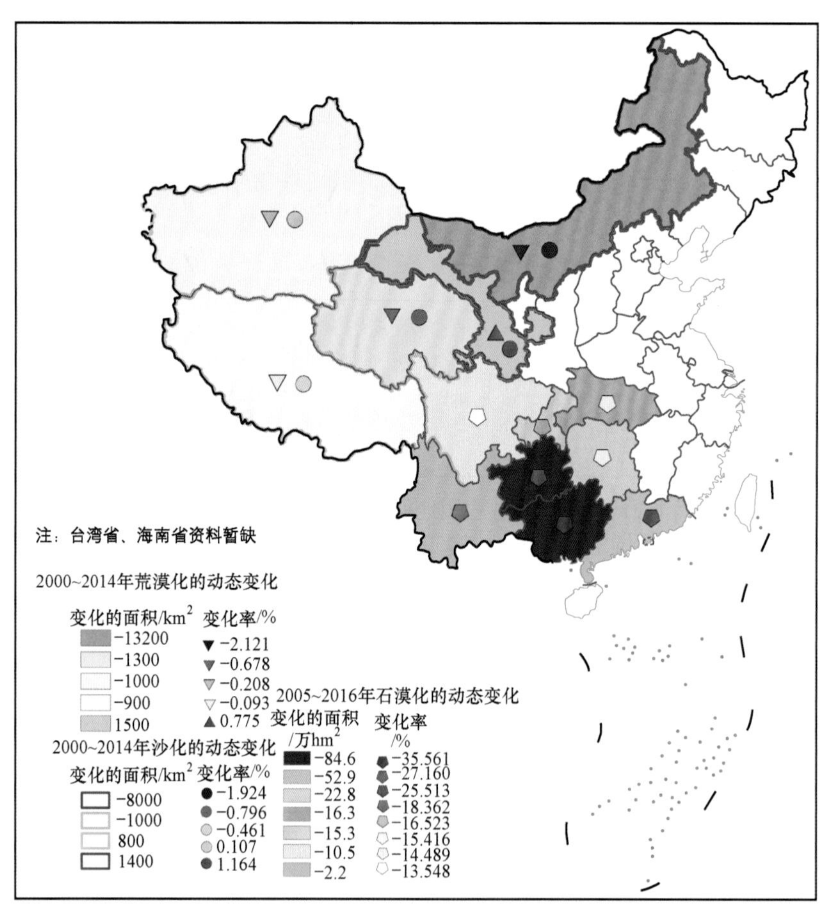

图 22-10　中国 2000~2014 年北方荒漠化、沙化的动态变化以及 2005~2016 年石漠化的动态变化

贵州、广西、云南、湖南、湖北、重庆、四川和广东的石漠化面积分别减少了 84.6 万 hm^2、84.6 万 hm^2、52.9 万 hm^2、22.8 万 hm^2、16.3 万 hm^2、15.3 万 hm^2、10.5 万 hm^2 和 2.2 万 hm^2，其动态变化率分别为 –25.513%、–35.561%、–18.362%、–15.416%、–14.489%、–16.523%、–13.548% 和 –27.160%。

4. 冰雪冻土

冰雪冻土在过去和未来呈现整体、持续减少趋势（高信度）（图 22-11）（参见第一卷第 6 章，第二卷第 3 章）。在过去近半个世纪，中国三大积雪分布区，除青藏高原的积雪量无明显增加趋势外，新疆北部、东北和内蒙古东北部的积雪量都有明显的增加

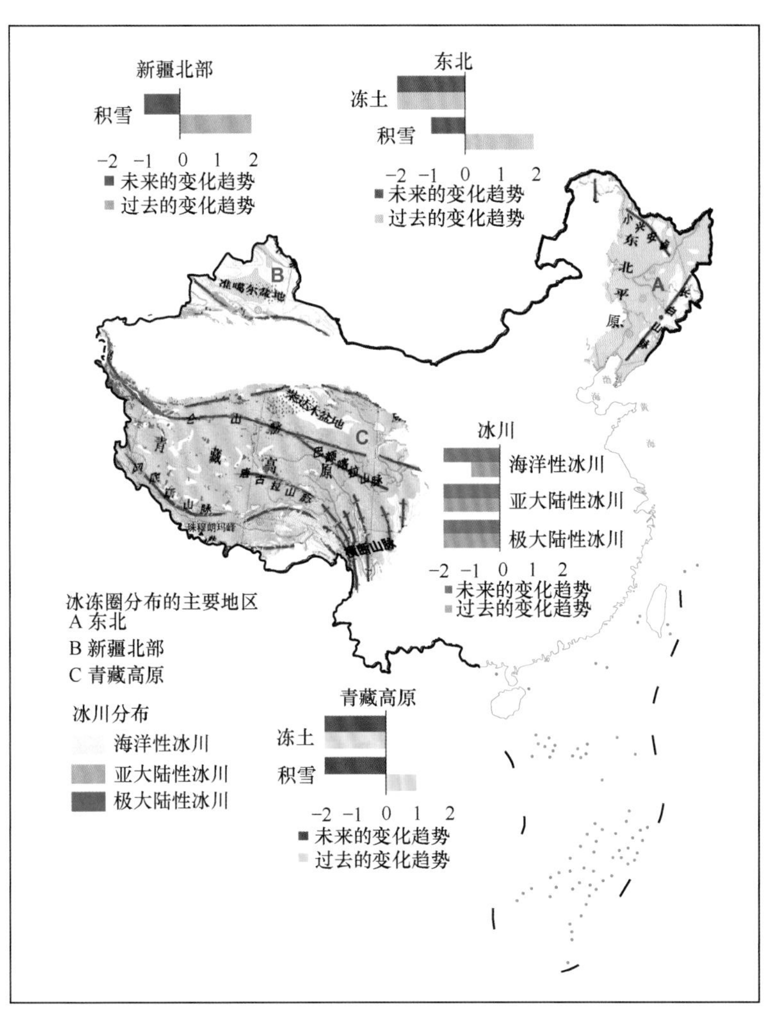

图 22-11　中国冰冻圈在其主要分布区域的过去和未来的变化趋势

–2、–1、0、1 和 2 分布表示其变化趋势为显著减少、不显著减少、无变化趋势、不显著增加和显著增加。积雪主要分布在东北、新疆北部和青藏高原地区。冻土主要分布在青藏高原和东北地区。冰川主要分布在西部地区，分为海洋性冰川、亚大陆性冰川和极大陆性冰川三种类型

资料来源：第一卷第 6 章，第二卷第 3 章及张明军等（2011）

趋势（希爽和张志富，2013）；到21世纪前半个世纪，青藏高原地区积雪量将显著减少，而东北地区和新疆北部的积雪量将不显著减少（王芝兰和王澄海，2012）。过去几十年，青藏高原的冻土由南北边界向内部退化，东北地区冻土的南界北移（Zhang et al.，2018；王澄海等，2014）；未来100年青藏高原和东北地区的冻土都将显著退化50%左右（中等信度）（王澄海等，2014；魏智，2011）。海洋性冰川、亚大陆性冰川和极大陆性冰川面积到2030年将分别减少14%、15%和6%，到2070年将分别减少43%、32%和13%，到2100年将分别减少75%、48%和20%，该结果的不确定性至21世纪末为30%~67%（丁永建等，2012）。中国西部冰川融水自20世纪60年代以来呈逐步增加的趋势，到21世纪中后期多种气候变化情景预估结果表明其普遍为减小的趋势，且冰川覆盖率越小的流域冰川径流减小得越快（高鑫，2010）。但对于一些由大冰川组成的冰川覆盖率高的流域，到20世纪50年代之前，冰川径流仍可能继续增加，如冰川径流补给率较大的天山山区的昆马力克河流域和昆仑山北坡的叶尔羌河等（Zhao et al.，2015；Zhang et al.，2012）。冰冻圈变化对流域的水文过程有综合影响，表现在：融雪期提前并缩短导致融雪洪峰提前；冻土退化导致流域的年内径流过程线平缓，枯水径流增加和夏季径流减少；冰川融水增多导致冰川补给率高的流域的夏季径流反而增大。

20世纪80年代以来，在相对稳定的连续多年冻土区，高寒植被NDVI整体增加明显，增加幅度也较大；在不连续多年冻土区，植被NDVI增加与减少并存，但以增加为主导；在岛状和不连续多年冻土区边缘地带，则以退化的区域居多；在季节冻土区，植被NDVI变化趋势则完全取决于降水变化。气候变暖导致的积雪融化提前，有利于增加高寒植物物种多样性，其也是促进春季物候提前的重要因素。在多年冻土区，气候变暖在促进植物生产力增大的同时，植物物种多样性出现减少的趋势，且冻土温度越低，物种多样性减少越明显。过去气候变暖和冻土退化并没有显著促进青藏高原多年冻土区高寒草甸的碳损失。气候变暖提高了冻土土壤生物固氮效率，使土壤氮输出降低或氮循环过程减弱，从而增加了土壤氮库。未来温升1℃、2℃和3℃情景下植物生物量碳库将趋于增加，而土壤碳库不确定性较大，不同地区有不同表现，青藏高原高寒草地生态系统土壤碳库将趋于减少。

5. 生态系统

气候变化已经对中国陆地和海洋生态系统的结构、过程和功能造成了不同程度的影响（高信度）（参见第二卷第4章和第5章），主要体现在以下几个方面（表22-2）：①对植被物候影响显著（高信度）。大量观测已经证实大部分地区植物春季植物返青期提前，秋季植物枯黄期推迟，最终导致植物生长季延长；并且不同生活型物种的物候变化呈现明显的垂直地带性和纬度地带性分异规律。在未来不同气候情景下，二氧化碳排放浓度越高，对植被物候的影响越显著（高信度）。②对植被分布格局影响显著（高信度）。过去观测和未来情景预估都表明，中国地带性温性植被带的分布已经存在和将存在向高纬度和高海拔地区推移的趋势。③对生态系统的组分、结构以及生物多样性影响很大（高信度）。过去的观测和未来的预估都表明，由于植被物候和植被分布格局的改变以及海水变暖和酸化，陆地和海洋生态系统的结构组分以及生物多样性都已经改变或将改变（高信度）。④对生态系统的过程和功能有影响（中等信度）。气候变暖影响生态系统中的碳、氮、水等物质的循环过程及其耦合关系，从而影响植被生产力和服务功能。⑤对生态系统的稳定性有较大影响（高信度）。陆地和海洋生态系统的组分、结构以及生物多样性的改变，会使生态系统自我维持与抗干扰能力发生改变，从而影响生态系统的稳定性。过去观测和未来预估结果均表明，极端气候事件增多会降低陆地和海洋生态系统的稳定性及其服务功能的稳定性及可持续性。气候变化对我国生态系统影响的事实见表 22-2。

表 22-2　气候变化对我国生态系统影响的事实

气候变化对我国生态系统影响的方面	气候变化对我国生态系统影响的事实	文献来源
对植被物候的影响	20 世纪 80 年代以来中国植被的生长季开始日期（SOS）和生长季结束日期（EOS）具有明显的纬度和海拔地带性。中国植被 SOS 的空间格局与中国地形的三大阶梯大体上保持一致，自东向西，SOS 随海拔升高而逐渐推迟（平均 1d/100m）；纬度每增加 1°，EOS 平均提早 0.27 天，海拔每上升 100m，EOS 平均推迟 0.2 天；青藏高原这一独特地形的存在使中国低纬度地区 SOS 显著晚于高纬度地区，平均纬度每向北移动 1°，SOS 提早 0.81 天	第一卷第 7 章
对植被分布格局的影响	黑龙江大、小兴安岭的树种的可能分布范围和最适分布范围北移。长白山岳桦苔原过渡带变宽，岳桦向苔原入侵。近 60 年，内蒙古高原西部，荒漠草地分布的东界较 20 世纪 60 年代初向东部草原带推进了 50 km；青藏高原中部，干旱山地草原带往上向湿润的山地草甸带推进了 50~100 m；新疆荒漠区的平原荒漠往上向山地草原带推进了 40~60 m。西北地区喜温作物面积增加，越冬作物种植区北界向北推移。东北地区水稻种植面积北扩；黑龙江玉米主产区南移，麦豆产区北移，而喜凉作物有所减少	苏大学，2013；居辉等，2007；刘丹等，2007；刘德祥等，2005；周晓峰等，2002
对生态系统的组分、结构以及生物多样性的影响	在气候长期呈现暖干化趋势的背景下，青藏高原高寒草地物种中，深根系的禾草增加、浅根系的莎草减少。海洋酸化会使耐受型的滨珊瑚丰度可能逐步增加。高温使沿海红树林减少、珊瑚礁白化	第二卷第 4 章和第 5 章
对生态系统的过程和功能的影响	不同气候变化因子对生态系统碳氮水循环影响的控制研究表明，气候变暖导致土壤呼吸增强、大量释放有机碳的同时也促进植物碳库的输入，最终使陆地生态系统碳收支表现为弱的碳汇；气候变暖加速氮循环，显著提高生态系统地上地下的生物量；气候变暖加剧水循环，导致降水增加，增强生态系统的 GPP 和 NPP 以及生态系统呼吸	第二卷第 4 章
对生态系统的稳定性的影响	中国天山以南的暖温带荒漠生态系统、北方温带草原生态系统以及青藏高原西部的高寒草原生态系统更易受到气候变化的不利影响，呈现较低的稳定性；而大部分以森林为主的生态系统则不易受到气候变化的影响，生产力的稳定性较高，其中以常绿阔叶林和针叶林为主的生态系统生产力稳定性最强	第二卷第 4 章
对生态系统的服务功能的影响	海水酸化将影响这些生物结构的完整性，威胁其生存，最终导致海洋生态系统发生不可逆转的变化，进而影响海洋生态系统对人类的服务功能	第二卷第 5 章

22.3.2　自然环境受气候变化影响的脆弱性

因为气候变化对各个区域自然环境影响的主要方面及程度不同，所以中国自然环境主要组成部分的脆弱性呈现出区域性差异（表 22-3）。通过对比不同区域的水文水资源、冰冻圈和生态系统的脆弱性在未来相比现在的变化发现，未来几十年，中国的水资源系统将面临更高的脆弱性和风险，其中西北和东北区域的脆弱性增加会比较明显；而冰冻圈的脆弱性在整体上会有所减小，其中青藏高原及西北地区大部分山地冰冻圈的脆弱性会明显减小；中国生态系统的脆弱性和风险在未来二三十年可能会逐渐增加，其中东北、华南和西南部分地区的脆弱性增加的可能性比较大（中等信度）。

表 22-3　中国自然环境的脆弱性

自然环境因子	区域	现在	未来	信度
水文水资源	西北	中、低脆弱性	高脆弱	高信度
	东北	低脆弱性	中、高脆弱	中等信度
	华北	高脆弱性	高脆弱	高信度
	华东、华南、华中	中、低脆弱性	中、高脆弱	低信度
	西南（四川、云南除外）	中、高脆弱性	中脆弱	中等信度
冰冻圈	西藏	高脆弱性	中、高脆弱	高信度
	新疆、青海、甘肃、内蒙古	中、低脆弱性	低脆弱性	中等信度
	东北	中度脆弱	中、低脆弱	中等信度
	其他地区	低脆弱性或很低脆弱	低脆弱性或很低脆弱	低信度
生态系统	西北及青藏高原	高脆弱性	高脆弱	高信度
	中部	中、高脆弱性	中、高脆弱性	低信度
	东北、华南、西南	低脆弱性	中、低脆弱	中等信度
	华东	中脆弱性	中、高脆弱	中等信度

资料来源：丁永建等，2019；Xia et al.，2017；Shi et al.，2017；Jin and Wang，2016；夏军等，2015；夏军和石卫，2016；Zhao and Wu，2014；何勇等，2013；吴绍洪等，2007。

目前，中国水资源系统的脆弱性空间分布特征表现为：南部地区和北部地区基本为中低脆弱性，中部地区为高脆弱性（高信度）（第二卷第 2 章）。降水结构变化是造成中国水资源脆弱性呈现明显区域差异的主要原因之一。气候变化背景下，中国降水结构改变，极端降水发生的时间、强度、频率和区域特征等显著变化，湿润地区极端降雨呈现明显的上升趋势，干旱半干旱地区极端降雨呈现明显的下降趋势。另外，西南跨界河流的水资源分配、西部青藏高原及河源区的冰川加速消融，以及东南沿海地区的台风及海水倒灌盐渍化等也加剧了中国水资源脆弱性的区域差异。面对水资源的诸多脆弱性问题，需要制定科学的适应措施来合理应对其带来的水安全风险问题（第一卷第 10 章，第二卷第 2、第 3 章）。受国家政策有效实施，近十年中国水资源系统的脆弱性总体呈现下降趋势。但在未来气候变化情景下，预估表明，至 21 世纪 30 年代中国水资源的脆弱性将整体上升，中脆弱及以上的区域面积将明显扩大，极端脆弱区域面积也将进一步扩大（高信度）。此外，未来中国经济的飞速发展和城市化进程的加剧都将引起水资源需求量增加，从而更容易引发水危机，进而增加水资源安全风险（Shi et al.，2017；Xia et al.，2017；夏军和石卫，2016；夏军等，2015）。

中国冰冻圈的脆弱性自东向西呈逐渐增加的分布特征，强脆弱区和极强脆弱区主要分布在西藏的部分地区。中度脆弱区主要分布在冰冻圈要素分布广的新疆、青海、甘肃及内蒙古地区，东北冻土分布区呈现中度脆弱，中国其他区域主要为微度和轻度脆弱区（高信度）。2000 年以来，东北地区随着气候变暖，冻土地温明显升高，季节冻土的深度逐年减小（Zhang et al.，2018）。全球变暖使得诸多中国冰川加速萎缩，呈现负物质平衡，显著地降低了冰川融水对径流的调节能力。除塔里木盆地外，新疆未来的冰川水资源将整体减少。在升温 2℃的情景下，中国冰川融水会先增后减，其拐点已经或即将出现。增温使得冰冻圈退化，冰湖溃决、冻土区滑坡和泥石流等灾害的风险增大。

中国自然生态系统受气候变化影响的脆弱性表现为北高南低、西高东低。大多数地区的生态系统脆弱性对降水的敏感性高于气温。到 21 世纪后期，生态系统易受气候变化影响的区域将减少 22.9%，与过去相比将呈现向北移动的趋势（中等信度）（Gao et al.，2018）。西北干旱区和青藏高原区是我国生态系统脆弱性较高的地区，重度脆弱和极度脆弱的区域占土地面积的比例超过 30%（Jin and Wang，2016；Zhao and Wu，2014）；中西部受地形影响，其生态系统表现为中度到重度脆弱。寒温带湿润区、温带湿润 / 半湿润区、暖温带湿润 / 半湿润区和亚热带湿润区多表现为轻度脆弱。从不同生态系统类型来看，高寒草原的脆弱性对水热变化最为敏感，温带草原和荒漠次之（Ni，2011）。在准噶尔盆地—祁连山—四川盆地—云贵高原一带，生态系统的脆弱性受气温的影响远大于受降水的影响。由于气候变暖加速蒸散发，寒温带、内蒙古高原、黄土高原和华北平原的干旱趋势加重，生态系统的脆弱性以及风险显著增加，降水的变化已经不能满足植被活动的需要。在北方气候湿润背景下，加之防沙治沙措施的有效实施，近 20 年中国沙漠的脆弱程度逐渐减低。未来情景下，生态系统易受气候变化影响的区域将呈现逐渐北移的趋势。

22.4　气候变化对社会经济系统的影响与脆弱性

气候变化及其带来的影响是现今人类社会面临的最紧迫的关键问题。多数研究结果表明，气候变化对社会经济的总体影响是负面的，故明晰气候变化对社会经济系统造成影响的领域与程度，对全面评估气候变化对人类的影响、减轻影响的负面效应、提高相应应对手段与政策的实施效率、防灾减灾、建立有效的国际合作机制等均具有重要意义。

22.4.1　气候变化对社会经济系统的影响

气候变化通过影响自然环境而对社会经济各个领域和部门产生影响。

1. 关键行业

受气候变化影响较大的关键行业有农业、旅游业、交通业、能源业和制造业等（图 22-12）。

1）农业

气候变化引起的农业气候资源（光资源 / 热量资源 / 生长季水资源）与农业生产环

境（农业用水 / 农业用地 / 农业种植结构）的变化已经并将会对水稻、冬小麦、玉米和薯类作物等的种植业以及畜牧业和渔业的产量、产品品质和种植结构等产生严重的影响（高信度）（第二卷第 6 章）。①气候变化使水稻、冬小麦、玉米和薯类作物的种植界限北移、可种植面积增加（高信度），同时极端气候事件和大气环境变化影响这些作物的产量和品质（中等信度）。②气候变化影响温带草原的生产力，从而影响养殖业的发展（高信度）。我国草地畜牧业总体仍处于超载状态（高信度）。极端气候事件增多引起的寒潮雪灾、干旱和沙尘暴等灾害导致我国草地畜牧业的脆弱性增加（高信度）。在旱作农业区，种植业向种养结合方式的转变能够在一定程度上提高农民适应气候变化的能力（中等信度）。③我国渔业对气候变化比较敏感。极端气候事件频发提高了我国渔业生产的脆弱性（高信度），但有助于渔业品种的增加（中等信度），在过去几十年我国淡水养殖的产量持续增长（高信度）。

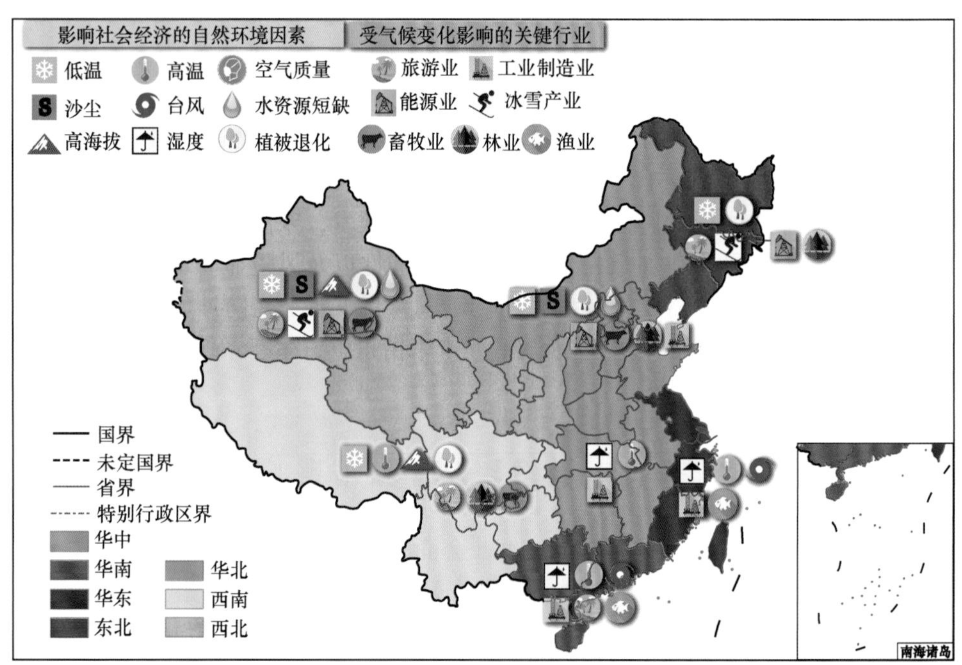

图 22-12 影响社会经济的自然环境因素与受气候变化影响的关键行业

影响社会经济的自然环境因素有低温、高温、空气质量、沙尘、台风、水资源短缺、高海拔、湿度、植被退化。高温、湿度和台风等自然环境因素主要影响我国中东部地区的社会经济发展。沙尘、植被退化和水资源短缺主要分布在西部地区。受气候变化影响的关键行业有：旅游业、制造业、种植业、冰雪产业、能源业、交通业、畜牧业、林业和渔业。东部及沿海地区的制造业和渔业受气候变化影响，东北和西北地区的冰雪产业和旅游业受气候变化影响，我国主要牧区的畜牧业都受气候变化的影响。本图参考第二卷第 6、第 7 章评估结果综合分析绘制

2）旅游业

气候变化引起极端气候事件、旅游季节及客流量的变化，这些均会直接导致旅游业的损失增加。气候变化导致的对环境的级联影响（对植物物候 / 特色食物资源等的影响）也间接影响着旅游业的正常运转（中等信度）（第二卷第 7 章）。气候变化对旅游业的直接影响巨大，如受 1998 年特大洪水影响，全国入境旅游损失了 29.9×10^4 人次。

受 2008 年雪灾的影响，广东和江苏客流量的损失分别达到了 11.7×10^4 人次和 5.6×10^4 人次。气候变化对旅游业也有间接的影响，如受气候变化的影响，云南当地植物的分布格局发生巨大变化，这会对当地的传统饮食产生巨大冲击（中等信度）。又如，夏季高温在一定程度上增加了避暑旅游的需求，而冬季偏高的气温使得以冰雪为特色的旅游产业受到了一定制约（中等信度）。

3）交通业

气候变化引起的极端气候事件已经并将直接对我国公路、铁路、航海和航空的正常运行造成极大的影响；气候变化间接影响矿物燃料的使用、农产品的重新分布、旅游及区域发展等，进而影响经济活动和人口流动，对交通业产生影响（高信度）（第二卷第 7 章）。近几十年来，随着中国日平均气温的升高，中国境内冷空气活动减弱，雾和大风日数显现减少趋势，从而有利于交通出行（中等信度）。又因为降水量的增加促进了植被覆盖度的提高，所以近几十年来中国北方地区的沙尘暴日数呈明显减少的趋势，对交通出行的影响减小（中等信度）。

4）能源业

气候变化使我国陆地表面平均接收到的年总辐射量，即太阳能资源总量有所减少，风速呈现显著减小的趋势。加之考虑人口、经济和能源利用效率等因素，我国冬季取暖能耗会降低、夏季制冷能耗会明显升高，能源的需求总体上呈现上升趋势。但是由于可再生能源在电力系统比例的增加，电力系统将越来越容易受气候变化和极端气候事件的影响，进而导致电力系统的脆弱性增加（高信度）（第二卷第 7 章）。①气候变化使我国的风力发电和太阳能发电都减少（中等信度）。②水力发电。气候变化引起未来降雨格局变化，进而影响中国水能资源禀赋和水电机组效率，其可能导致到 2030 年时 2000 万人受到电力短缺的影响，其中西南和东南沿海地区的水电受气候变化和极端气候事件的威胁最大（中等信度）。③由于气候变暖，中国北方 15 个省（自治区、直辖市）（黑龙江、吉林、辽宁、内蒙古、新疆、青海、甘肃、宁夏、陕西、山西、河北、河南、山东及北京、天津）在 1961~2016 年采暖季逐日平均温度呈现明显的上升趋势，从而减少了供暖能源的消耗（高信度）。而在上海、宁波、深圳、合肥、武汉、南昌和长沙七个城市，夏季制冷的城市居民耗电量急剧增加（高信度）。

5）制造业

气候变化对我国制造业的影响十分明显。由于制造业生产活动的高度关联性，气候变化引起的极端气候事件的频发会间接地造成生产中断损失、产业间关联损失和宏观经济反馈影响日益严重；到 21 世纪中叶，如果不采用适应措施，气候变化将导致中国制造业年产出减少 12%，相当于气候变化将导致全国年 GDP 减少 4%。应对气候变化的政策的实施会导致制造业的行业结构和规模变化、就业变化和经济损失等一系列问题（中等信度）（第二卷第 7 章）。①对 1998~2007 年中国 50 万个制造企业层面数据分析表明，日平均气温与制造业企业全要素生产率（TFP）呈现“倒 U”形关系，尤其是在高温天气下（>32℃），其对企业 TFP 的抑制作用更为显著（高信度）。②中国提出的到 2020 年单位 GDP 二氧化碳排放比 2005 年水平下降 40%~45% 的自主减缓气候变化的行动目标，预计到 2030 年左右实现二氧化碳的排放到达峰值，有助于新能源、新材料、信息、节能环保、生命科学等新兴科技产业领域的快速发展（高信度）。

2. 人居环境

“社会－生态复合系统”是人居环境科学的理论基础，而这一复合系统的基本格局由气候变化和城镇化共同塑造。未来30~50年是城镇化加速的关键时期，也是气候变化影响愈加复杂的时段。

快速的城镇化进程正使我国城市的人居环境面临不断增大的气候变化的压力以及日益频发的突发性气候灾害的风险，其中城市“五岛效应”（热岛、雨岛、干岛、静风岛和浑浊岛）已经对人居环境的影响越来越显著。气候变化能显著地影响建筑居住材料和建筑工程安全，也可以通过调节植物群落改变城市微气候，从而直接影响人居气候舒适度和旅游气候舒适度（高信度）（第二卷第8章）。①气候变化对能源供给、基础设施及城市运行和城市安全产生消极影响。在气候变化背景下，我国城镇人口的迅速聚集和下垫面的快速变化导致人居环境的脆弱性不断增大，特别是大城市和特大城市的极端气象和气候事件呈明显增加态势，导致能源供给稳定性、基础设施运营与管理、城市运行与城市安全等均受到严峻威胁（高信度）。②“五岛效应”使城市气候环境大改观。在我国特大城市区域，热岛强度随城市化进程的推进而增强，市区高温日数多于近郊和远郊。在城市降水强度以及频率加强的同时，城市气温升高也意味着饱和水汽压增加，从而使城区相对湿度减少、地表水汽显著减小，导致城市变干。我国当前大部分城市均表现为典型的静风状况，中心城区以及城市化发展比较迅速的近郊易出现最大风速的低值区（高信度）。③中国人口分布与人居环境自然适宜度指数呈高度正相关，在气候变化影响下，人居环境总体舒适度等级上升的区域大于下降的区域，这有利于增加全年及春、秋和冬季的气候舒适度，但明显缩短了夏季的气候舒适期（高信度）。

气候变化对我国农村人居环境的主要影响集中体现在淡水供应上，气候变化与城镇化一起影响着土地利用，改变了农业化学物质投入，造成了水体富营养化，影响着我国农村地区的水质安全。而这些问题也将因农村地区污水与固废处理承载力有限而进一步加剧，进而制约相关产业的发展，严重影响农村居民的生产生活（中等信度）（第二卷第8章）。①水源水质。农村饮水直接从江、河、水库中取水，因而保证供水水质成为解决农村供水安全的重要手段。气候变化将加剧农村供水水质安全方面的挑战。基于2016年全国2104个地下水测站测得的水质数据，各流域地下水质评价结果整体较差，无较好水质的测站，良好以上水质的测站也仅占24.0%（高信度）。②土地利用变化与城镇化。气候变化与城镇化的综合作用导致流域下垫面情况发生转变，流域水循环特征发生变化，进而影响水环境。同时，2010~2015年，我国耕地面积由13526.83万hm^2减少到13500万hm^2，减少了0.2%。③牧业渔业。牧业渔业是我国城镇地区较为依赖的经济形式，气候变化增加了草原畜牧业的不稳定性，牧民成为对气候变化反应敏感的脆弱人群。受海洋气候变化、陆源入海污染以及风暴潮灾害的影响，海洋渔业社会－生态系统的暴露度呈现出从增大到减小再到增大的波动变化趋势（高信度）。

3. 人群健康

气候变化引起极端天气气候事件频发，从而对人群健康产生不利影响。例如，极端气温可以使呼吸、循环和泌尿等多个系统出现疾病，也可以对孕产、职业人群健康和劳动生产率产生负面影响；洪涝、干旱和台风既可以直接带来人群的伤残和死亡，又可以间接地通过水体污染与食物短缺等问题增大水源和食源性疾病的风险。到 21 世纪末，为应对高温热浪导致的职业人群劳动生产率的降低，高温津贴可能占到中国 GDP 的 3%（中等信度）（第二卷第 9 章）。①极端气温。中国 184 个城市 800 万心脑血管疾病病例表明，短期气温的急剧变化可显著增加心血管疾病、缺血性心脏病、心力衰竭、心律失常和缺血性中风的住院率（中等信度）。高温可以影响病原体活性、加速食物腐败和增加饮用水需求等，从而增加当地人群感染性腹泻的发病风险（中等信度）。在极端高温天气下，总死亡率、心血管系统疾病死亡率和呼吸系统疾病死亡率随 PM_{10} 浓度的升高而相应的升高（中等信度）。②洪涝。洪涝灾害的频发已成为我国血吸虫病疫情反复的重要自然因素之一，其将加剧钉螺孳生地的扩散和血吸虫病传染源的传播（中等信度）。洪涝可能会导致心血管疾病、缺血性心脏病、女性以及农村人群死亡人数增加以及甲型肝炎病毒感染风险增大（中等信度）。

4. 重大工程

气候变化影响较大的重大工程主要包括水利工程、冻土区工程、生态修复工程及林业工程等。本次评估主要继承了上次评估的核心内容（2012 年评估），并做出了符合实际情况的相应调整。

1）水利工程

气候变化将会对我国重大的水利工程设施造成不同程度的影响，其中三峡工程中的长江上游径流的丰枯变化受到气候变化的严重影响，其可能会影响三峡工程的正常运行。气候变化引起南水北调工程的水资源分配时空不均匀性、生态环境和工程的气候效应，从而对长江口航道、入海径流量和长江口海岸带环境工程产生影响（中等信度）（第二卷第 10 章）。①在气候变化与人类活动的双重作用下，三峡水库入库径流在汛期所占比例远高于枯水期，其中汛期可占 70% 以上。近十年，受降雨变化和上游水库蓄水的影响，三峡水库来水持续偏枯，但上游水库建成后，三峡水库年内来水的丰枯比更加平稳。三峡工程及其周边地区未来极端天气气候事件的发生频率及强度可能增大，这将引发超标洪水，对三峡工程造成防洪压力，同时可能会增加库区突发泥石流和滑坡等地质灾害的发生概率，对水库管理、大坝安全以及防洪等产生不利影响（中等信度）。②过去观测事实表明，南水北调东线和中线工程调水区年均气温呈增加趋势，其受水区降水量分别呈增多和减少趋势；西线工程水源区年均气温和降水均呈增加趋势。中线受水区降水的减少导致需水量增加，从而对调水工程的中线造成压力。③长三角气候的年际变化受季风进退和其强度年际变化影响显著，尤其是夏半年的汛期（5~9 月），降水和雨带位置的变化与夏季风活动密切相关。热带太平洋海表热力异常，如厄尔尼诺和拉尼娜事件，是引起大气环流异常的重要原因，也是东亚季风异常及旱涝和飓风等极端天气事件发生的重要原因。另外，气候变化引起的长江源区的冰川、冻土和湿地退化可能极大地影响长江径流补给。这几项因素叠加可能改变长三角地区水环境，进而胁迫本区的自然生态系统（中等信度）。

2）冻土区工程

气候变化引起的多年冻土退化破坏了冻土区工程稳定性。多年冻土退化也诱发了大量的冻融灾害，如热融湖塘和热融滑塌等，使多年冻土区基础设施安全风险增大，已经并将持续严重影响冻土区重大工程的安全运营（高信度）（第二卷第 10 章）。①青藏铁路。2006~2010 年工程沿线路基下部冻土均显著降温，块石路基下部降温幅度要大于一般填土路基 1~1.5℃，同时路基下部人为冻土上限抬升幅度较大，相对稳定。路基变形以冻胀和沉降变形为主，但五年总冻胀变形小于 2cm，沉降变形小于 5cm。对于年平均地温高于 –1.0℃的高温冻土，块石路基下部土体显著降温，但是一般填土路基土体显著升温，较块石路基高 2℃，部分路基沉降变形大于 5cm，有些路段沉降变形超过了 10cm（高信度）。②青藏直流联网工程。2013~2016 年，工程沿线 120 个冻土区塔基天然场地地温状况监测结果表明，114 个监测孔中 6m 深度年平均地温呈现升高的趋势，仅 6 个监测孔地温呈降温趋势，地温升高速率最高达到 0.22℃/a，平均升温速率 0.06℃/a，导致青藏直流联网工程沿线塔基绝大多数（约 70%）发生着不同程度的沉降（高信度）。③中俄输油管道工程。在气候变化和工程热的扰动下，中俄输油管道工程管道周围冻土融化和固结沉降给管道的安全稳定运行造成了潜在的威胁。2015 年监测数据显示，管道埋深从设计时的 1.6 m 下沉到 3.0 m，管道沉降高达 1.4 m，且沿着管道纵向，其垂向沉降不均匀，20 m 范围内，差异性沉降可达 0.2 m，原油管道下部冻土融化圈扩大显著，原油管道安全运营风险增大（高信度）。

3）生态修复工程

在气候变化背景下，生态修复工程建设主要面临工程建设难度增大、所需资源的保护压力加大、建设体制机制缺乏活力、建设基础设施装备落后、管理服务整体水平不高等问题，加快北方草原生态恢复、加强草原适应气候变化和防灾减灾的科学研究势在必行（中等信度）（第二卷第 10 章）。①三江源。1982~2013 年，在气候变化和人类活动的叠加影响下，三江源地区植被生产力、气候生产力和人类活动影响均趋于好转，平均每 10 年分别增加 179kg/hm^2、154kg/hm^2 和 24kg/hm^2。气候变化是影响植被生产力的决定性因素，人类活动在一定程度上加快了其变化速率，尤其是进入 21 世纪以来，人类活动的正面影响较为明显，气候变化和人类活动对植被生产力的贡献率分别为 87% 和 13%。②祁连山。2000~2017 年祁连山植被覆盖度整体上呈增加趋势，低覆盖度的区域显著减少而中低覆盖度的区域显著增加，这与气候变化背景下，近年来祁连山气温持续升高、祁连山区降水的增加密切相关（高信度）。③塔里木河。塔里木河流域年际降雨与气温变化是引起径流变化的根本原因。巴音布鲁克（开 – 孔河）和塔什库尔干（叶尔羌河）源流区 1961~2005 年出山口径流量与气温和降水的相关性表明，塔里木河流域的气温升高对径流增加有较大贡献（高信度）。

4）林业工程

气候变化引起了各项重大林业工程区域气温和降水的变化，从而影响着工程实施质量，而暖湿化的气候对大部分工程质量都发挥了明显的正效益（高信度）（第二卷第 10 章）。①三北防护林。近 52 年来，三北防护林工程区增温趋势明显，增温速率为 0.346℃/10a，年降水量呈减少趋势，减少速率为 3.554mm/10a。1981~2013 年，三北防护林工程区西部的年降水量增加最多，中部的年降水量略有增加，东部的年降水量明显减少。东部的植被覆盖增加最多，其次是中部，西部最少，生态恢复活动是东部和中部植被覆盖增加较多的主要因素。②退耕还林还草工程。退耕还林还草工程实施以来，黄土高原降水量呈增加趋势（4.08mm/a），平均气温、最高气温为降低的趋势（–0.0085℃/a、–0.0026℃/a）。从空间分布上看，相对湿度呈现增加趋势的区域和最高气温呈现降低趋势的区域都与夏季植被改善明显的区域较吻合。水分是影响黄土高原植被的重要因素。

5. 气候变化对区域社会经济影响的综合评估

综合气候变化对中国人居环境、关键行业、人群健康及重大工程造成的影响（图 22-13），可以看出气候变化对我国不同区域社会经济影响的区域差异性。根据已有研究认识（第二卷第 2~ 第 21 章），对不同区域中不同影响因素的作用强度、关键行业受影响的程度和气候变化带来的不同健康后果进行了分级，且分为“强—中—弱”三个等级，对受气候变化影响的重大工程也做了相应展示。

（1）西北地区影响程度强的自然环境因素有水资源短缺、高海拔和植被退化，影响程度中等的有沙尘，影响程度弱的有低温；受影响程度强的关键行业有畜牧业和交通业，受影响程度中等的有能源业、冰雪产业和种植业，受影响程度弱的有旅游业；气候变化引发的不良健康后果中发生强度最大的是极端气候事件直接致死，强度中等的是空气污染相关疾病，强度最弱的是传染病。

（2）西南地区影响程度强的自然环境因素有低温和高海拔，影响程度中等的有高温，影响程度弱的有植被退化；受影响程度强的关键行业有畜牧业和交通业，受影响程度中等的有能林业和种植业，受影响程度弱的有旅游业；气候变化引发的不良健康后果中发生强度最大的是极端气候事件直接致死，强度中等的是传染病，强度最弱的是空气污染相关疾病。

（3）华南地区影响程度强的自然环境因素有台风，影响程度中等的有高温和湿度；受影响程度强的关键行业有旅游业、种植业和渔业，受影响程度中等的有制造业和交通业；气候变化引发的不良健康后果中发生强度最大的是传染病，强度中等的是空气污染相关疾病，强度最弱的是极端气候事件直接致死。

（4）华中地区影响程度强的自然环境因素有湿度，影响程度中等的有高温；受影响程度强的关键行业有制造业、种植业和渔业，受影响程度中等的有交通业；气候变化引发的不良健康后果中发生强度最大的是空气污染相关疾病，强度中等的是传染病，强度最弱的是极端气候事件直接致死。

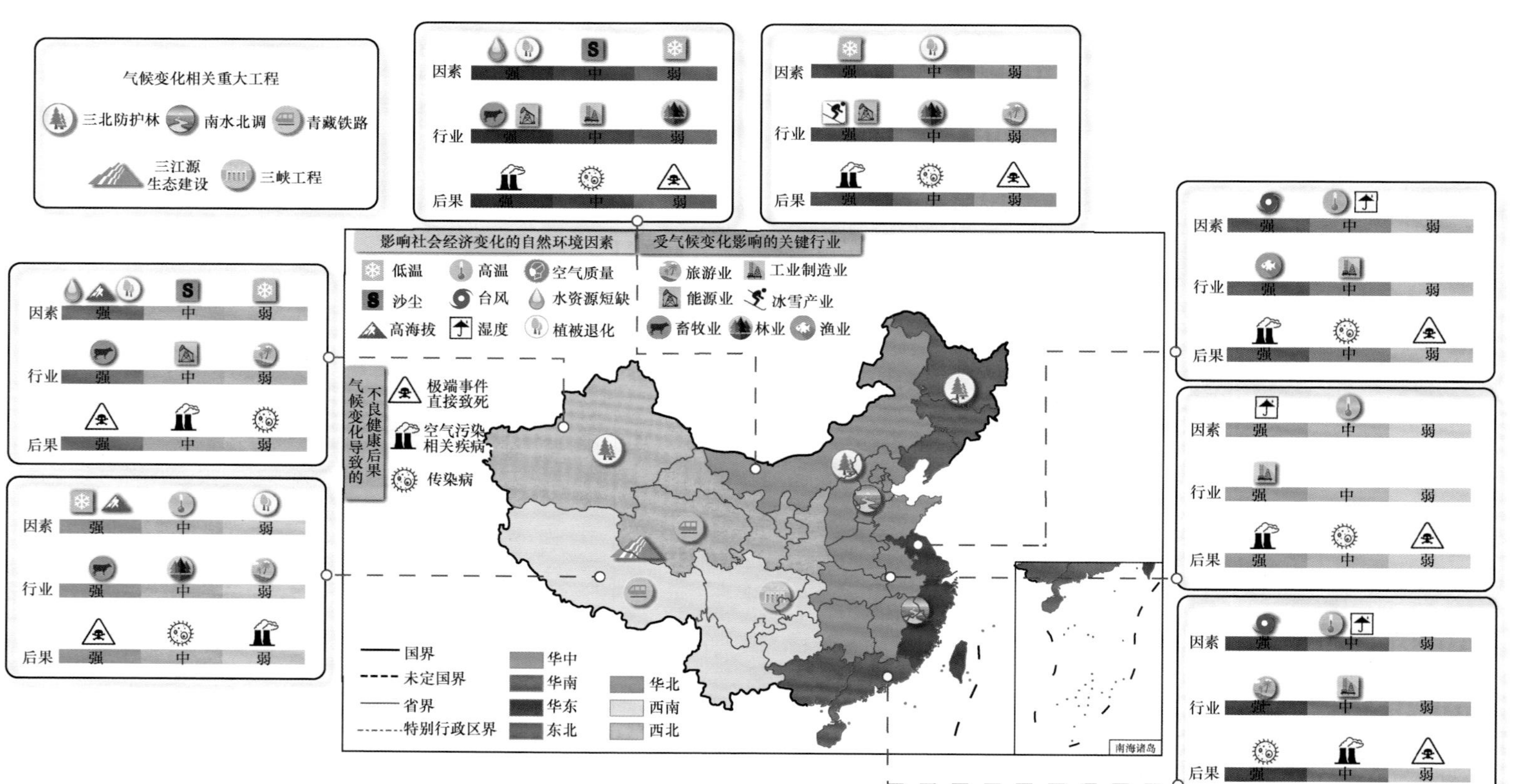

图22-13　气候变化对社会经济影响的综合图

根据本卷第6~第10 章节与专家知识，影响社会经济变化的自然环境因素、受气候变化影响的关键行业与气候变化导致的不良健康影响均具有明显的地带性特征，且三者之间有着因果联系。以华北地区为例，干旱与植被退化使得该地区畜牧业与种植业的发展受到较大影响，同时也使得该地区应对空气污染的能力不足，易导致相关健康不良后果

（5）华东地区影响程度强的自然环境因素有台风，影响程度中等的有高温和湿度；受影响程度强的关键行业有渔业、种植业，受影响程度中等的有交通业和制造业；气候变化引发的不良健康后果中发生强度最大的是空气污染相关疾病，强度中等的是传染病，强度最弱的是极端气候事件直接致死。

（6）东北地区影响程度强的自然环境因素有低温，影响程度中等的有植被退化；受影响程度强的关键行业有冰雪产业、能源业和种植业，受影响程度中等的有交通业和林业，受影响程度弱的有旅游业；气候变化引发的不良健康后果中发生强度最大的是空气污染相关疾病，强度中等的是传染病，强度最弱的是极端气候事件直接致死。

（7）华北地区影响程度强的自然环境因素有水资源短缺和植被退化，影响程度中等的有沙尘，影响程度弱的有低温；受影响程度强的关键行业有种植业和畜牧业，受影响程度中等的有能源业、制造业和交通业，受影响程度弱的有林业；气候变化引发的不良健康后果中发生强度最大的是空气污染相关疾病，强度中等的是传染病，强度最弱的是极端气候事件直接致死。

综上所述，在气候变化背景下，各区域的气候特征不同，导致各区的特色产业和高发的疾病不同。因此，针对不同的区域因地制宜地制定应对气候变化的策略更有助于实现区域和国家的社会经济的可持续发展。

22.4.2　社会经济系统对气候变化的脆弱性及相应风险

中国对气候变化敏感的社会经济系统主要包括农业、旅游业、交通业、能源业、制造业等关键行业（表 22-4）和人居环境、人群健康以及重大工程等（表 22-5）。社会经济系统和自然系统对气候变化的脆弱性表现出极大的空间差异性（高信度），主要是气候变化在空间上的差异性、区域本身的自然和社会系统的差异性、区域的自然和发展水平的差异性以及各区域对变化的敏感度及适应能力的差异性所致。

表 22-4　中国关键行业的现状脆弱性及未来风险（据第二卷第 6、第 7 章）

行业	区域	现状脆弱性	未来风险	信度
农业	东北	中脆弱性	高风险	高信度
	华北	高脆弱性	高风险	高信度
	华中	中脆弱性	中风险	中等信度
	华南	低脆弱性	低风险	中等信度
	华东	低脆弱性	低风险	中等信度
	西南	中脆弱性	中风险	中等信度
	西北	高脆弱性	高风险	高信度
旅游业	东北	高脆弱性	中、高风险	中等信度
	华北	中脆弱性	中风险	中等信度
	华中	低脆弱性	低风险	中等信度
	华南	低脆弱性	低风险	高信度
	华东	低脆弱性	低风险	高信度
	西南	中、高脆弱性	中、高风险	高信度
	西北	高脆弱性	高风险	高信度

续表

行业	区域	现状脆弱性	未来风险	信度
交通业	东北	中脆弱性	低风险	中等信度
	华北	中脆弱性	中风险	高信度
	华中	中脆弱性	中风险	中等信度
	华南	中脆弱性	高风险	高信度
	华东	中脆弱性	高风险	高信度
	西南	高脆弱性	高风险	高信度
	西北	中脆弱性	低风险	中等信度
能源业	东北	低脆弱性	低风险	高信度
	华北	中脆弱性	中风险	中等信度
	华中	中脆弱性	中风险	中等信度
	华南	高脆弱性	高风险	高信度
	华东	高脆弱性	高风险	高信度
	西南	中脆弱性	中风险	中等信度
	西北	低脆弱性	中风险	高信度
制造业	东北	低脆弱性	低风险	高信度
	华北	中脆弱性	中风险	中等信度
	华中	中脆弱性	中风险	中等信度
	华南	高脆弱性	高风险	高信度
	华东	高脆弱性	高风险	高信度
	西南	低脆弱性	高风险	中等信度
	西北	低脆弱性	高风险	中等信度

表 22-5 中国人居环境、人群健康和重大工程的社会经济领域现状脆弱性及未来风险

（据第二卷第 8~ 第 10 章）

领域	区域	现状脆弱性	未来风险	信度
人居环境	东北	低脆弱性	低风险	高信度
	华北	高脆弱性	高风险	中等信度
	华中	高脆弱性	高风险	中等信度
	华南	高脆弱性	高风险	高信度
	华东	中、高脆弱性	中、高风险	中等信度
	西南	中脆弱性	低风险	高信度
	西北	中脆弱性	中风险	高信度
人群健康	东北	中脆弱性	中风险	高信度
	华北	中、高脆弱性	中、高风险	中等信度
	华中	中、低脆弱性	中、高风险	高信度
	华南	高脆弱性	高风险	高信度
	华东	中、高脆弱性	中、高风险	中等信度
	西南	低脆弱性	低风险	高信度
	西北	中脆弱性	中风险	中等信度
重大工程	生态修复工程	低脆弱性	中风险	高信度
	冻土区工程	高脆弱性	高风险	高信度
	高速铁路	低脆弱性	中风险	中等信度
	水利工程	高脆弱性	中风险	高信度
	林业工程	低脆弱性	高风险	高信度

农业在全国一半以上的省份表现为中度以上的脆弱性（高信度）（周文魁，2014）。脆弱性高的地区主要分布在华北地区和西部部分地区。华北地区的河北、山西和天津，由于气候变化的波动大，其温度变化率、降水变化率和日照时数变化率都较大，加之农用水资源极度紧缺，土地利用不合理，森林覆盖率较低，垦殖指数较高，因此其对气候变化的敏感性较高，从而导致其脆弱程度高。而位于西北地区的贵州、青海和甘肃，本身生产条件较差，经济发展水平低，其适应气候变化的能力弱，导致其脆弱性高。在东部沿海地区，由于其农业生产条件和经济发展水平高，其适应气候变化能力较强，因此其脆弱性较低。中国农业未来风险等级较高的地区主要分布在黄淮海平原、东南沿海丘陵、南岭山地、西南南部、新疆南部和青海东部。

中国旅游业整体上处于中等脆弱水平，分布不平衡（高信度）（李锋等，2014）。旅游业脆弱性高的地区集中在西部和北方地区，其旅游自然和社会经济环境脆弱是导致旅游业脆弱的根本原因，旅游结构不平衡也是重要影响因素。中国旅游低脆弱地区集中在东部，旅游产业较为发达，其旅游投入和结构调整也较为完善。受极端天气气候事件、旅游舒适度、旅游季节长短及当地饮食文化等的影响，旅游的高风险地区主要集中在西部、东北和华北地区。

中国的交通整体上呈中度脆弱状态，主要受天气条件、交通环境等客观因素以及人为驾驶、交通管理等主观因素的影响（中等信度）。经济较为发达的东部省份及中部部分地区脆弱性较高，交通事故发生率高，且死亡人数较多。西部地区交通条件较差，交通运行速度相对较低，导致交通拥挤，脆弱性高。交通的高风险地区集中在经济发达的东部和南部地区，西部和北部由于交通条件相对较差，风险较低。

中国东南沿海地区的水电能源脆弱性高于全国平均水平，受气候变化和极端天气事件的影响最大（高信度）。西北地区的油气能源脆弱性较高，同时受地理因素和技术程度的制约，其未来风险较高。中部地区的煤炭能源开发利用度高，脆弱性较高。其导致的环境污染等，进一步加大煤炭能源的风险。

整体上，中国制造业受气候变化影响的脆弱性较高，其产生的影响不容忽视（中等信度）。制造业较发达的地区集中在东部沿海地区，其脆弱性较高，未来风险较大。中部和西部地区工业制造业发展欠缺，脆弱性等级不高，但其未来风险相对较高。

城市人口的迅速增加导致人居环境脆弱性不断增加，而农村由于极端气候事件频发，农村人居环境变差，其脆弱性指数较高（高信度）。整体上看，东部的城市地区和中西部的农村地区人居环境面临较高的脆弱性，同时也有较高风险。

中国东部沿海和西部地区受高温热浪的影响较高，南方地区受低温寒潮影响较大，这些地区的人群健康面临着较高的脆弱性。同时南方地区的人群健康风险呈增大的趋势。

目前，重大工程中冻土区工程和水利工程的脆弱性等级较高，生态修复和林业工程脆弱性等级较低（高信度）。重大工程大都面临较高的风险（表 22-5），因此应采取适当措施保护重大工程。

22.5 适应对策

联合国所有会员国于2015年通过了可持续发展目标（sustainable development goals，SDGs），以普遍呼吁采取行动消除贫困，保护地球并确保到2030年所有人享有和平与繁荣。17个可持续发展目标是整合在一起的，他们认识到一个领域的行动将影响其他领域的成果，其发展必须要与社会、经济和环境的可持续性相平衡。这17个可持续发展目标是：无贫穷（SDG1），零饥饿（SDG2），良好健康与福祉（SDG3），优质教育（SDG4），性别平等（SDG5），清洁饮水和卫生设施（SDG6），经济适用的清洁能源（SDG7），体面工作和经济增长（SDG8），产业、创新和基础设施（SDG9），减少不平等（SDG10），可持续城市和社区（SDG11），负责任消费和生产（SDG12），气候行动（SDG13），水下生物（SDG14），陆地生物（SDG15），和平、正义与强大机构（SDG16）和促进目标实现的伙伴关系（SDG17）。

积极适应气候变化是实现可持续发展、推进生态文明建设的内在要求①。应对气候变化技术包括“减缓”和“适应”两个方面，相比较而言，减缓技术措施的经济成本较高，适应技术的应用和推广成本相对较低、见效更快。适应行动的关键环节是降低对未来气候变化的脆弱性和暴露度（翟盘茂等，2019），这样不仅可以在气候变化的大环境下达到“将损失降到最低”的目的，甚至还可以充分利用气候变化带来的某些有利因素，变“负值”为“正值”，来促进经济增长方式的转变和经济社会的可持续发展（许吟隆，2016）。

应对气候变化的适应与减缓策略可从国家层面整合协调机制出发，提出引导地方规划行动的基本原则（中等信度）。国家层面应对气候变化宏观战略需遵循可持续发展的长远目标，在维护正当发展权益的同时，履行应对气候变化的国际承诺。地方行动则立足于整体利益原则，明确“共同但有区别”及“责权对等”，同时行动抉择应遵循三个基本原则（杨东峰等，2018）：①适应优先原则，在地方处于有可能遭受气候灾害的境遇之下，应先确认适应气候变化的优先地位，再考虑减缓性行动；②最大收益原则，即以最小代价获得最大减排和适应效果；③补偿行为原则，在发展与气候保护之间冲突难以避免时，考虑环境补偿行为，最大限度地抵消地方发展活动所造成的负面影响。

气候变化对中国的影响已在多个领域呈现，并且某些负面影响具有不可逆性，如果不采取有效的适应措施，气候变化产生的不利影响及可能造成的损失将进一步加大，并可能会阻碍经济社会的进一步发展。适应并合理应对气候变化对于中国来说是现实而紧迫的任务。中国在气候变化适应研究方面进行了若干部署，但适应计划仍有待进一步完善。总体来说，在气候变化适应方面，今后还需要在以下方面开展工作：①识别气候变化影响的热点或脆弱地区，继续加强地面观测系统建设，以便满足未来气候变化影响和适应评价研究需要；②加强对极端天气气候事件的监测预警能力建设，建立相应的气象及其衍生和次生灾害应急处置机制；③识别气候变化可能对基础设施产生的影响，加强基础设施的建设，增强其应对气候变化的适应能力和防灾减灾能力；④加强宣传教育，引导全民参与；⑤深入开展气候变化影响、脆弱性和适应评估研究，

① 国家发展和改革委员会 . 2016. 关于印发城市适应气候变化行动方案的通知（发改气候〔2016〕245号）.

为科学制定适应对策和措施提供技术储备；⑥制定和实施适应气候变化的政策，这是适应工作的重要组成部分，是确保国家和地方适应目标得以有效落实的重要保证。中国不同领域及部门应对气候变化的适应对策见表 22-6。

表 22-6　不同研究领域及部门应对气候变化的适应对策（据第二卷第 2~ 第 10 章）

领域与部门	适应对策
水资源	（1）提升水资源安全保障能力；（2）加强水生态文明建设；（3）制定措施及规章制度，切实控制水污染源，落实防污综合管理措施；（4）加强台风、干旱及洪涝灾害预报预警以及应对灾害能力建设；（5）合理配置水资源，制定科学规划和水资源分配措施；（6）恢复、修建水涵养工程设施，增强水战略储备；（7）提高节水宣传教育，全民参与建设节水型社会
冰冻圈	（1）建立冰冻圈脆弱区域保护区，立法保护；（2）节能减排，限制排污；（3）建立和完善冰冻圈灾害综合风险管控体系；（4）开展冰冻圈要素变化的实时精细化监测，构建地 – 空一体监测体系，系统评估变化影响，开展预估工作；（5）普及和落实全国环保宣传教育
陆地生态系统	（1）建立适应气候变化的生物多样性保护和生物资源管理机制，以及相应的政策与法律体系；（2）建立有害生物控制对策和防御有害生物入侵的监测预警与控制体系、应急预案、防治技术；（3）加强森林防火预警系统、基础设施与林火阻隔系统建设；（4）遴选荒漠化、水土流失、冻土退化、泥石流等灾害问题的防御技术与对策，并选择未来生态脆弱区适应气候变化的合理管理政策与保护技术；（5）建立生态环境监测系统，做好生态环境现状调查以及生态功能区划工作；（6）加强生态系统对气候变化的适应研究，提供适应性技术储备
海洋生态系统	（1）将海洋自然保护区和海洋生态红线划定相结合，制定海洋开发利用与保护规划，加强保护区的相关保护和监管能力的建设；（2）加强陆源污水排放、粗放型养殖业、沿海围填海和工程建设、破坏性捕捞、过度捕捞等破坏生境和资源行为的管控力度；（3）开展典型海洋生态系统的修复保护相关技术研究；（4）提升公众合理利用海洋资源和保护海洋生态环境的意识
农业	（1）调整农作物的种植模式，改进农作物的品种布局，提高复种指数，调整作物种植周期；（2）开发高光效、抗高温的作物品种，提高作物的光合效率以及对逆境的抵抗能力；（3）开展农业气候灾害预测研究，建立农业灾害监测与预警系统；（4）加强农业基础设施建设，增强应对气候变化的适应能力和防灾减灾能力
旅游业	（1）提升旅游行业对气候变化的认知；（2）加强旅游资源的保护；（3）开发气候适应性强的旅游产品；（4）加强旅游基础设施建设，提高缓解或抵抗极端气候变化的应变能力；（5）建立气候变化对旅游业影响的监测系统
交通业	（1）在交通运输的规划、设计、建造、运行以及维护等方面应充分考虑气候变化带来的影响；（2）制定政策、法规从源头上控制气候变化；（3）加强重点地区主要路段、城市的交通气象观测网建设，构建交通气象预测、预警和评估系统；（4）开展有针对性的交通安全宣传，提高对恶劣气候的认识，提高人们的交通安全意识和自我调节意识
能源业	（1）提高能源供应的保障能力；（2）提高能源基础设施气象灾害防护标准；（3）完善气象灾害能源应急保障机制；（4）完善气象灾害能源应急保障机制；（5）政府规划引导能源高效利用；（6）加强清洁能源的开发和利用
重大工程	（1）加强对冻土退化地区铁路、输油管道的动态监测，加强对多年冻土区规划工程的可行性论证；（2）对于三北防护林地区的水量平衡进行动态监测及评估，在水量条件改善的区域实施荒漠绿化治理；（3）加强农田水利工程建设，进一步提高年内用水调蓄能力；（4）进一步加强海岸线防护和水利工程建设，加强对风暴潮和台风的抵御能力；（5）交通和公共设施加强防雷措施，降低雷暴天气对高铁和输变电、通信设施的影响；（6）加强对降水的动态监测和预报，提高水利水电设施的运行效率和水库调蓄的能力；（7）加强重大输变电和通信设备及电气化高铁对低温寒潮天气的抵御能力；（8）加强对大风、冰雹、凌汛、沙尘等天气水文现象的监测，建立预警机制，随时预防极端天气对高铁、机场、水利工程、风电、光伏设施等带来的不利影响
人居环境	（1）改进基础设施和生态系统，降低气候变化的影响、脆弱性，避免连锁风险和系统失灵；（2）增强社会主体的适应能力，为其提供支持性的城市系统服务；（3）评估制度因素，减小容易诱发系统脆弱性的政策行动，增强决策参与和包容性；（4）城乡统筹、低碳发展、节水工程及相关措施、资源保育、社会保障体系建设、抗灾能力建设等
人群健康	（1）制定气候变化健康适应相关政策；（2）加强适应基础能力建设；（3）增强防灾减灾救灾的适应能力；（4）完善气象灾害能源应急保障机制；（5）地方行动和社会参与

由于气候变化的空间差异性、区域本身的自然和社会系统的差异性以及区域的自然环境和制度的差异性，人类和自然系统受气候变化的影响和脆弱性表现出极大的空间差异性，因此适应其影响的对策也必须考虑区域差异性。图 22-14 和表 22-7 分别列出了我国不同区域水资源与人群健康受气候变化以及极端气候事件影响的风险要素、大小程度，以及不同区域应对气候变化影响的对策。例如，我国不同区域的水资源所面临的风险存在差异，西北诸河区主要的水资源问题是生态缺水、干旱及冰川加速退化。而中、东部地区，包括东北松辽、海河、淮河、珠江流域以及黄河、长江流域的中下游地区，水污染和洪涝灾害是水资源面临的主要风险。对于西部流域存在的干旱和河流断流等水资源短缺及分配不均问题，需要合理配置水资源，掌握气候变化对水资源的影响，制定科学规划和水资源分配措施，将缺水的影响降到最低。同时恢复和修建水涵养工程设施、增强水战略储备、提高节水宣传教育，鼓励全民参与建设节水型社会。针对水污染引起的水资源脆弱，需要制定措施及规章制度，切实控制水污染源，落实防污综合管理措施。针对洪涝灾害，需要因地制宜，加强预报预警以及应对灾害能力建设，调整防洪规划及布局，修建防洪措施，完善防洪体系建设。

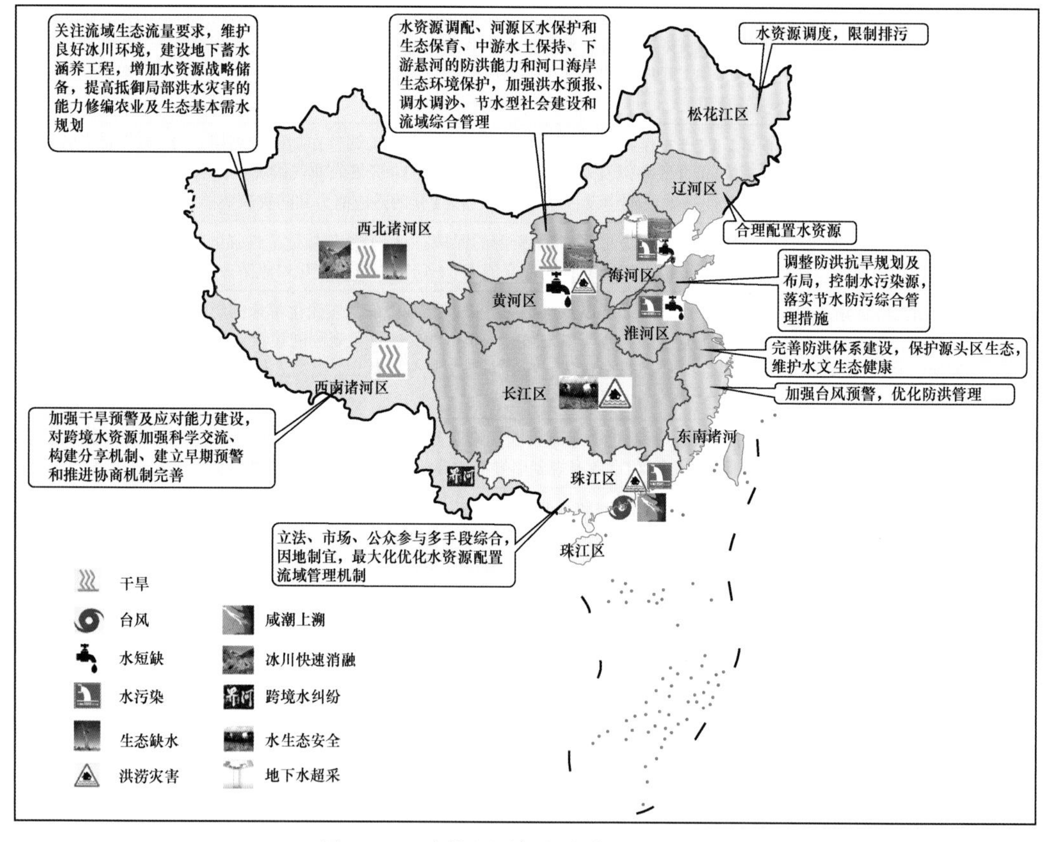

图 22-14 水资源对气候变化的适应措施

几大流域的典型风险要素存在差异，总体北方以防治缺水问题为主，南方则以应对洪涝灾害及极端气候事件为主

表 22-7　极端气候事件对人群健康可能造成的影响及适应对策

极端天气气候事件	影响	脆弱性（案例）	适应对策
高温热浪、热岛效应	缺血性心脏病死亡率上升	全国（城市>农村），华南最严重	建立人与自然协调发展的宜居城市；开展城镇功能布局的气候可行性论证，根据人口和社会经济规模，科学评估高温灾害风险阈值，建立高温热浪与相关疾病监测预警系统，确定影响疾病的气象、环境敏感因子及其暴露反应关系；拓宽高温热浪期间的伙伴互助，开展气候变化对人体健康影响的科普宣传与培训，增加下垫面反照率
	贫困人群经济负担加重，脆弱人群非意外死亡风险上升	全国	
	呼吸系统疾病增加	全国，华南最严重	
	中暑、热痉挛	全国	
空气污染、重度雾霾	呼吸科疾病患者增加；急性健康损失（急/门诊）相当于非雾霾事件状态下所有健康终端损失的近 2 倍	我国中东部和京津冀区域，包括浙江、江苏、山东、河北、上海、北京等省市（2013 年 1 月）	调整产业结构、改善能源结构、节能减排，加强污染控制，强化区域大气污染联防联控；政府积极推行节能补贴政策、推行全民减排、倡导绿色消费。更严格的气候政策和更高的碳价格能够带来更大的健康收益
雨内涝	肠道传染病、皮肤病和其他水性疾病	全国，沿海沿江地势低洼地区最严重	加强水文水资源监测，共同建设灾害监测预警、联防联控和应急调度系统，提高防洪防潮减灾应急能力，完善防洪（潮）排涝体系；海绵城市计划
	冲毁公共设施带来的人身财产安全影响	全国	
	鼠疫发病率	干旱半干旱气候区	
台风、风暴潮	外伤、猝死，如高空落物、坠落重伤；出行阻碍；增加海岸线游玩及劳作者的受伤风险		完善防汛防台风综合防灾减灾体系，完善灾害预警信息发布机制，建立突发公共事件预警信息平台
高温多雨	虫媒疾病（如疟疾、吸血虫病和登革热等）发病率上升（气温高于 33℃时发病率下降）	北纬 45° 以南，华南地区最严重，全球变暖情况下影响带北移。	参考"高温热浪、热岛效应"及"暴雨内涝"部分的适应措施
寒潮、低温冰冻	脆弱人群非意外死亡风险上升	全国，华南最严重	完善寒潮低温预警机制，做好公共设施的防寒防冻
野火	呼吸系统健康，如哮喘和慢性阻塞性肺病的恶化，还包括支气管炎和肺炎等	主要集中在中国北方及中东部地区	加强监测预警，做好林草火灾防护措施，加强宣传教育
干旱	营养不良（间接影响）	干旱半干旱气候区	建立国家和地方的干旱防治体系，利用好跨流域调水工程
	鼠疫发病率	气候湿润区	

资料来源：第二卷第 8、第 9 章及相关文献（崔学勤等，2020；宫鹏等，2018；侯祥等，2019；黄存瑞和王琼，2018）。

总之，中国作为发展中的大国，毋庸讳言，在气候变化的国际舞台上已经成为核心力量。面对国际上复杂多样的形势，中国在适应气候变化的国际和国内舞台上如何应对，是一个十分重大又十分迫切的现实问题。就目前的国内外情势，我国在适应气候变化上，首先要理清国内和国际两条线，在国际和国内应采取不同的策略。简单而言，在国际上适应策略更多的应关注战略层面，在国内则更应关注战术层面，当然，战略中有战术，战术中有战略，有时很难区别对待，这里主要强调的侧重点有区别（丁永建等，2012）。在国际层面：①坚持减缓与适应并重的原则，强调适应与减缓具有同等重要地位，并以 SDGs 为目标，以人类命运共同体理念为指导，以谋求为广大发展中国家争取发展空间为出发点，积极主动开展相关活动；②在坚持为发展中国家谋利益的过程中，强调发达国家在适应方面的资金和技术转让应该具体、足够、透明和可查；③坚持在国际适应谈判中积极参与的主动性原则，吸纳国际有利因素，宣介中国成功经验。在国内层面：①加强适应气候变化的基础及应用研究，全面提升适应气候变化的科学认识水平；②科学理解减缓与适应的关系，重视适应在国家和区域发展中的作用；③ 在可持续发展框架下采取适应行动；④因地制宜、有的放矢、未雨绸缪，与“与暖共舞”适应气候变化。

▪ 参考文献

陈宜瑜，丁永建，佘之祥，等 . 2005. 中国气候与环境演变评估（Ⅱ）：气候与环境变化的影响与适应、减缓对策 . 气候变化研究进展，1（2）：51-57.

崔学勤，蔡闻佳，施小明，等 . 2020. 当前应对气候变化的力度决定未来中国的公众健康水平 . 科学通报，65（1）：12-17.

丁永建，穆穆，林而达 . 2012. 中国气候与环境演变：2012（影响与脆弱性）. 北京：气象出版社 .

丁永建，杨建平，效存德，等 . 2019. 中国冰冻圈变化的脆弱性与适应研究 . 北京：科学出版社 .

范利杰，穆兴民，赵广举 . 2013. 近 50a 嘉陵江流域径流变化特征及影响因素 . 水土保持通报，33（1）：12-17.

高鑫 . 2010. 西部冰川融水变化及其对径流的影响 . 北京：中国科学院研究生院 .

耿国彪 . 2018. 我国石漠化土地扩展趋势实现逆转——国家林业和草原局公布第三次石漠化监测结果 . 绿色中国，23：8-11

宫鹏，杨军，徐冰，等 . 2018. 发展中国的健康城市建设理论与实践 . 科学通报，63（11）：979-980.

何勇，武永峰，刘秋峰 . 2013. 未来气候变化情景下中国冰冻圈变化影响区域的脆弱性评价 . 科学通报，58：833-839.

侯祥，刘可可，刘小波，等 . 2019. 气候因素对广东省登革热流行影响的非线性效应 . 中国媒介生物学及控制杂志，30（1）：30-35.

黄存瑞，王琼 . 2018. 气候变化健康风险评估、早期信号捕捉及应对策略研究 . 地球科学进展，33(11)：5-11.

贾佳，胡泽勇 . 2017. 中国不同等级高温热浪的时空分布特征及趋势 . 地球科学进展，32（5）：546-559.

江晓菲，李伟，游庆龙 . 2018. 中国未来极端气温变化的概率预估及其不确定性 . 气候变化研究进展，14(3)：228-236.

居辉，许吟隆，熊伟 . 2007. 气候变化对我国农业的影响 . 环境保护，6（11）：71-73.

李锋，万年庆，史本林，等 . 2014. 基于“环境－结构”集成视角的旅游产业脆弱性测度——以中国大陆 31 个省区市为例 . 地理研究，33（3）：569-581.
李森，王金华，王兮之，等 . 2009. 30a 来粤北山区土地石漠化演变过程及其驱动力——以英德、阳山、乳源、连州四县（市）为例 . 自然资源学报，24（5）：816-826.
李艳，张鹏飞 . 2014. 人类活动影响下的北江流域径流变化特征及其变异性分析 . 水资源与水工程学报，25（2）：61-65.
刘丹，那继海，杜春英，等 . 2007. 1961—2003 年黑龙江省主要树种的生态地理分布变化 . 气候变化研究进展，3（2）：100-105.
刘德祥，董安祥，陆登荣 . 2005. 中国西北地区近 43 年气候变化及其对农业生产的影响 . 干旱地区农业研究，23（2）：195-201.
刘剑宇，张强，陈喜，等 . 2016. 气候变化和人类活动对中国地表水文过程影响定量研究 . 地理学报，77：1875-1885.
莫兴国，胡实，卢洪健，等 . 2018. GCM 预测情景下中国 21 世纪干旱演变趋势分析 . 自然资源学报，33（7）：1244-1256.
倪云虎，梁好，徐俊德，等 . 2017. 中国华北地区寒潮的变化特征 . 农业开发与装备，3：66-67.
秦大河，董文杰，罗勇 . 2012. 中国气候与环境演变：2012（科学基础）. 北京：气象出版社 .
邵骏，范可旭，郦建平，等 . 2012. 乌江干流年径流变化趋势及成因分析 . 水文，32（6）：86-91.
苏大学 . 2013. 中国草地资源调查与地图编制 . 北京：中国农业大学出版社 .
王澄海，靳双龙，施红霞 . 2014. 未来 50a 中国地区冻土面积分布变化 . 冰川冻土，36（1）：1-8.
王国庆，李迷，金君良，等 . 2012. 涪江流域径流变化趋势及其对气候变化的响应 . 水文，32（1）：22-28.
王兆礼，陈晓宏，杨涛 . 2010. 近 50 a 东江流域径流变化及影响因素分析 . 自然资源学报，25（8）：1365-1374.
王芝兰，王澄海 . 2012. IPCC AR4 多模式对中国地区未来 40a 雪水当量的预估 . 冰川冻土，34（6）：1273-1283.
魏凤英 . 2008. 气候变暖背景下我国寒潮灾害的变化特征 . 自然科学进展，18（3）：289-295.
魏智，金会军，张建明，等 . 2011. 气候变化条件下东北地区多年冻土变化预测 . 中国科学：地球科学，41（1）：74-84.
温庆忠，肖丰，罗娅 . 2014. 气候因素对云南石漠化治理的影响与对策 . 林业调查规划，39（5）：61-64.
温姗姗，翟建青，Fischer T，等 . 2017. 1984—2014 年影响中国热带气旋的经济损失标准化及其变化特征 . 热带气象学报，33（4）：478-487.
吴绍洪，戴尔阜，黄玫，等 . 2007. 21 世纪未来气候变化情景（b2）下我国生态系统的脆弱性研究 . 科学通报，52（7）：811-817.
希爽，张志富 . 2013. 中国近 50a 积雪变化时空特征 . 干旱气象，31（3）：451-456.
夏军，石卫 . 2016. 变化环境下中国水安全问题研究与展望 . 水利学报，47（3）：292-301.
夏军，石卫，雒新萍，等 . 2015. 气候变化下水资源脆弱性的适应性管理新认识 . 水科学进展，26（2）：279-286.
许崇海，罗勇，徐影 . 2010. IPCC AR4 多模式对中国地区干旱变化的模拟及预估 . 冰川冻土，32（5）：867-874.

许吟隆 . 2016. 气候适应规划有利于经济可持续发展 . 中国气象报，2016-02-22（003）.

杨东峰，刘正莹，殷成志 . 2018. 应对全球气候变化的地方规划行动——减缓与适应的权衡抉择 . 城市规划，42（1）：35-42.

游松财，Takahashi K，Matsuoka Y. 2002. 全球气候变化对中国未来地表径流的影响 . 第四纪研究，22（2）：148-157.

翟盘茂，袁宇锋，余荣，等 . 2019. 气候变化和城市可持续发展 . 科学通报，（1）：1-7.

张明军，王圣杰，李忠勤，等 . 2011. 近 50 年气候变化背景下中国冰川面积状况分析 . 地理学报，66（9）：1155-1165.

张强，高歌 . 2004. 我国近 50 年旱涝灾害时空变化及监测预警服务 . 科技导报，（7）：21-24.

张勇荣，周忠发，马士彬，等 . 2014. 基于 NDVI 的喀斯特地区植被对气候变化的响应研究——以贵州省六盘水市为例 . 水土保持通报，34（4）：114-117，2.

周文魁 . 2014. 我国农业生产对气候变化的脆弱性评价研究 . 齐齐哈尔工程学院学报，8（2）：61-66.

周晓峰，王晓春，韩士杰，等 . 2002. 长白山岳桦苔原过渡带动态与气候变化 . 地学前缘，9（1）：227-231.

周自江，王锡稳，牛若芸 . 2002. 近 47 年中国沙尘暴气候特征研究 . 应用气象学报，13（2）：193-200.

Chen R，Wang G，Yang Y，et al. 2018. Effects of cryospheric change on alpine hydrology：combining a model with observations in the upper reaches of the Hei River，China. Journal of Geophysical Research：Atmospheres，123（7）：3414-3442.

Gao X，Ye B S，Zhang S Q，et al. 2010. Glacier runoff variation and its influence on river runoff during 1961—2006 in the Tarim River Basin，China. Science China：Earth Sciences，53（6）：880-891.

Gao Y，Jiang Z，Du M，et al. 2018. Photosynthetic and metabolic responses of eelgrass *Zostera marina* L. to short-term high-temperature exposure. Journal of Oceanology and Limnology，37：199-209.

IPCC. 2014a. Climate change 2014：impacts，adaptation，and vulnerability// Field C B，Barros V R，Dokken D J，et al. Part A：Global and Sectoral Aspects. Contribution of Working Group II to the Fifth Assessment Report of the Intergovernmental Panel on Climate Change. Cambridge：Cambridge University Press：1132.

IPCC. 2014b. Climate change 2014：impacts，adaptation，and vulnerability// Barros V R，Field C B，Dokken D J，et al. Part B：Regional Aspects. Contribution of Working Group II to the Fifth Assessment Report of the Intergovernmental Panel on Climate Change. Cambridge：Cambridge University Press：688.

Jin J，Wang Q. 2016. Assessing ecological vulnerability in western China based on Time-Integrated NDVI data. Journal of Arid Land，8（4）：533-545.

Luo Y，Arnold J，Liu S，et al. 2013. Inclusion of glacier processes for distributed hydrological modeling at basin scale with application to a watershed in Tianshan Mountains，northwest China. Journal of Hydrology，477：72-85.

Ni J. 2011. Impacts of climate change on Chinese ecosystems：key vulnerable regions and potential thresholds. Reg Environ Change，11：49-64.

Shi Y，Xu G，Wang Y，et al. 2017. Modelling hydrology and water quality processes in the Pengxi River Basin of the Three Gorges Reservoir using the soil and water assessment tool. Agricultural Water

Management，182：24-38.

Sun J Q，Wang H J，Yuan W，et al. 2010. Spatial-temporal features of the intense snowfall events in China and their possible change. Journal of Geophysical Research，115（D16）：1-8.

Wang S P，Ding Y J，Jiang F Q，et al. 2017. Defining indices for the extreme snowfall events and analyzing their trends in Northern Xinjiang，China. Journal of the Meteorological Society of Japan，95（5）：287-299.

Xia J，Ning L，Wang Q，et al. 2017. Vulnerability of and risk to water resources in arid and semi-arid regions of West China under a scenario of climate change. Climatic Change，144：549-563.

Xu D Y，Song A L，Li D J，et al. 2019. Assessing the relative role of climate change and human activities in desertification of North China from 1981 to 2010. Frontiers of Earth Science，13（1）：43-54.

Xu M，Wu H，Kang S C. 2017. Impacts of climate change on the discharge and glacier mass balance of the different glacierized watersheds in the Tianshan Mountains，Central Asia. Hydrological Processes，31（1）：126-145.

Zhang G，Yao T，Chen W，et al. 2019. Regional differences of lake evolution across China during 1960s—2015 and its natural and anthropogenic causes. Remote Sensing of Environment，221：386-404.

Zhang S Q，Gao X，Ye B S，et al. 2012. A modified monthly degree-day model for evaluating glacier runoff changes in China. Part II：application. Hydrological Processes，26（11）：1697-1706.

Zhang Z H，Deng S F，Zhao Q D，et al. 2019. Projected glacier meltwater and river runoff changes in the upper reach of the Shule River Basin，north-eastern edge of the Tibetan Plateau. Hydrological Processes，33（7）：1059-1074.

Zhang Z Q，Wu Q B，Xun X Y，et al. 2018. Climate change and the distribution of frozen soil in 1980—2010 in northern northeast China. Quaternary International，467：230-241.

Zhao D，Wu S. 2014. Vulnerability of natural ecosystem in China under regional climate scenarios：an analysis based on eco-geographical regions. Journal of Geographical Sciences，24（2）：237-248.

Zhao Q D，Ding Y J，Wang J，et al. 2019. Projecting climate change impacts on hydrological processes on the Tibetan Plateau with model calibration against the glacier inventory data and observed streamflow. Journal of Hydrology，573：60-81.

Zhao Q D，Zhang S Q，Ding Y J，et al. 2015. Modeling hydrologic response to climate change and shrinking glaciers in the highly glacierized Kunma Like River Catchment，Central Tian Shan. Journal of Hydrometeorology，16（6）：2383-2402.